高等工程流体力学

张土乔　张仪萍　邵　煜　郑飞飞　编著

ZHEJIANG UNIVERSITY PRESS
浙江大学出版社
·杭州·

图书在版编目 (CIP) 数据

高等工程流体力学 / 张土乔等编著. -- 杭州 ：浙江大学出版社，2024. 7. -- ISBN 978-7-308-25194-5

Ⅰ. TB126

中国国家版本馆 CIP 数据核字第 2024XE6770 号

内容提要

本书第 1 章介绍了流体力学理论推导中常用的张量分析。第 2 章基于质量守恒、动量守恒和能量守恒三大守恒定律，推导出了描述流体运动的基本方程组。第 3 章阐述了流体涡旋运动的基本性质。第 4 章到第 6 章重点介绍不可压缩流体分别做有势流动、层流流动和湍流流动时，流体运动基本方程组的简化及其相关计算理论。第 7 章以现实生活中常见的壁面剪切湍流流动、一维非定常流动和地下水渗流为例，讲述了流体运动过程中阻力、压强、水位、流速和流量等重要流动参数的计算问题。书末附有矢量运算常用公式、正交曲线坐标系、复变函数、傅里叶级数与傅里叶变换等相关附录。本书在编写上力求基本概念准确、理论推导严谨、结构体系完整、内容循序渐进，具有工科背景的读者均可阅读本书。

本书可用作土木、水利、海洋、环境、机械、能源等工科专业的研究生教材，也可作为相关专业教师、科研人员和工程技术人员的参考用书。

高等工程流体力学

张土乔　张仪萍　邵　煜　郑飞飞　编著

策　　划　黄娟琴
责任编辑　王　波
责任校对　吴昌雷
封面设计　雷建军
出版发行　浙江大学出版社
（杭州市天目山路 148 号　邮政编码 310007）
（网址：http://www.zjupress.com）
排　　版　杭州晨特广告有限公司
印　　刷　杭州宏雅印刷有限公司
开　　本　787mm×1092mm　1/16
印　　张　20.75
字　　数　480 千
版 印 次　2024 年 7 月第 1 版　2024 年 7 月第 1 次印刷
书　　号　ISBN 978-7-308-25194-5
定　　价　68.00 元

前　言

许多流体力学教材在编写上更侧重于理论或公式的直接应用，这种现象在偏应用的工科类教材中尤为突出。对于刚刚开启科研之路的研究生而言，提升自身的理论素养至关重要，因此在学习流体力学的过程中不仅需要“知其然”，更要“知其所以然”。基于夯实工科研究生理论素养的教学理念，本书编者在“高等工程流体力学”课程的教学过程中，非常注重对流体力学基础理论的传授。编写本书的初衷也是为培养具有扎实理论基础的创新型工程技术人才提供一本流体力学教材或教学参考用书。

本书在内容安排上兼顾理论和应用，在章节安排上力求循序渐进。开篇第 1 章张量分析是流体力学中非常重要的数学工具，掌握了张量分析方法可以更好地理解流体力学。第 2 章和第 3 章是流体力学的理论基础，其中第 2 章基于三大守恒定律推导出了流体运动积分形式和微分形式的连续方程、动量方程和能量方程。由于流体运动绝大多数是有涡的流动，因此第 3 章流体的涡旋运动介绍了涡量的时空变化规律以及引起涡量产生、发展和消亡的原因，相关内容对于理解流体运动的本质具有非常重要的作用。第 4 章到第 6 章是流体力学理论在特定条件下的简化，其中第 4 章介绍不可压缩流体做有势流动时的基本方程和计算理论，第 5 章和第 6 章则介绍不可压缩流体分别做层流流动和湍流流动时的相关理论及其计算方法。第 7 章为工程应用部分，选取了现实生活中常见的壁面剪切湍流流动、一维非定常流动和地下水渗流等典型流体力学问题进行阐述，目的在于培养研究生从实际中发现问题、凝练问题以及应用流体力学理论知识解决问题的能力。对于不同专业背景的研究生，教师也可结合授课对象的专业背景来讲述所在研究领域中的典型流动问题，在教学内容的安排上可灵活调整。若受教学时数的限制，有些内容可以不在课堂上讲授，而留给学生在课外阅读。

从 1995 年开始，本书编者在浙江大学针对市政工程、水工结构、水力学与河流动力学等专业的研究生开设了“高等工程流体力学”课程，该课程 2009 年入选浙江大学首批研究生示范性课程。在示范性课程建设过程中，编者重新梳理了课程教学内容并编写了讲义。本书在原讲义的基础上对内容结构又作了重新调整，并进行了较大幅度的修订和扩充。虽然本书主要内容已经历了近三十年的教学实践，然而，由于编者水平有限，书中仍难免有诸多不妥之处，恳请广大读者批评指正！

2024 年 3 月

主要符号表

英文字母

$\boldsymbol{a}$,加速度矢量

A,普朗特阻力修正参数

A,面积

$\mathbf{A}$,旋转速率张量

b,宽度

B,伯努利函数

c,波速,声速

c_{ijkl},黏性系数张量

c_v,定容比热

C,常数

C,谢才系数

C_{D},阻力系数

C_{f}、C_{f0},切应力系数

C_{L},广义朗之万模型参数

C_p,压强系数

C_{R1}、C_{R2},雷诺应力模型常数

$C_{\mathrm{s}}(k_{\mathrm{s}}^{+})$,粗糙壁面流分布常数

C_θ,速度—频率联合概率密度函数输运方程参数

C_ν,普适科尔莫戈罗夫常数

C_μ、C_k、C_ε、$C_{\varepsilon1}$、$C_{\varepsilon2}$,k-ε 模型常数

d,直径

D,直径

D,耗散积分

$D(\kappa)$,耗散谱

e,内能

e_{ijk},置换符号

$\boldsymbol{e}$,基矢量

E,弹性模量

E,总能量

$E(\kappa)$,能量谱

$\boldsymbol{f}$,质量力矢量

$\boldsymbol{F}$,作用力矢量

F_{D},阻力

g,重力加速度

G,质量力势函数

$G(z)$,复势

G_{ij},广义朗之万模型参数

h,高度

h,水头或水深

h_{f},水头损失

h_{w},井中的水深

H,总水头

i,底坡

$\boldsymbol{I}$,单位张量

J,雅可比行列式

J_{f},水力坡降

k,渗透系数

k,湍动能

k_{s}^{+},粗糙雷诺数

k_{s},当量粗糙高度

K,体积压缩模量

K,动能

$\bar{K}$,平均运动的动能

K_T,热传导系数

l,长度

l,元流断面湿周

l_{m},混合长度

l_{t},湍流长度尺度

l_*,黏性长度尺度

l_k,含能涡区长度尺度

l_ε,惯性子区长度尺度

l_ν,科尔莫戈罗夫长度尺度

l_{ij},积分长度尺度

L,长度

m',附加质量

M,质量

M，含水层厚度
M，偶极子强度
n，孔隙度
$\boldsymbol{n}$，法线方向矢量
p，流体压强
$\bar{p}$，平均运动的流体压强
$\hat{p}(\boldsymbol{\kappa})$，压强谱
p_d，流体动压强
p_m，平均法向应力
$\boldsymbol{p}_n$，面积力矢量
p_s，流体静压强
p_t，湍流压强
p_w，壁面压强
p_∞，无穷远处压强
P，压力函数
P，湍动能产生项
P_{ij}，湍动能产生项张量
q，散度场
q，单位流量
q_R，热辐射量
$\boldsymbol{q}_C$，热传导量
Q，流量
Q，热量
r，半径
r，距离
r_w，井的半径
$\boldsymbol{r}$，矢径
R，气体常数
R，半径
R，影响半径
R_h，水力半径
R_{ij}，时空互相关函数
R_{ij}，压力应变速率张量
Re，雷诺数
Re_c，临界雷诺数
Re_{ind}，无差异雷诺数
Re_x，用流动距离定义的雷诺数
Re_k，用含能涡区特征尺度定义的雷诺数
Re_ν，用科尔莫戈罗夫微尺度定义的雷诺数
Re_δ，用边界层厚度定义的雷诺数
Re_λ，用泰勒微尺度定义的雷诺数
s，降深
s，断面位置
s_w，井中的降深
S，表面积
S，贮水系数
$\boldsymbol{S}$，变形速率张量
t，时间
t_r，水击的相长
t_s，阀门关闭时间
t_t，湍流时间尺度
t_k，含能涡区时间尺度
t_ε，惯性区时间尺度
t_ν，科尔莫戈罗夫时间尺度
$\boldsymbol{t}$，切线方向矢量
T，热力学温度
T，导水系数
T_{kij}，雷诺应力扩散通量
u，随机变量
u，x 方向的速度，表示其他坐标方向的速度时用下标区分，如 u_r
u^+，无量纲流速
u_*，摩擦流速
u_m，脉动速度的均方根
u_t，湍流速度尺度
u_k，含能涡区速度尺度
u_ε，惯性子区速度尺度
u_ν，科尔莫戈罗夫速度尺度
$\hat{u}(\boldsymbol{\kappa})$，速度谱
$\boldsymbol{u}$，流速矢量
$\boldsymbol{u}'$，脉动流速矢量

$\bar{\boldsymbol{u}}$，平均运动的流速矢量

$\boldsymbol{u}_n$，法向流速矢量

$\boldsymbol{u}_s$，固体壁面的流速矢量

U，来流流速，或起动流速，或管道中心最大流速

U，随机变量 u 的样本空间

U_n，流速比尺

U，矢势

v，y 方向的速度

v，比容

$\tilde{v}$，经边界层变换后 y 方向的无量纲速度

V，体积

V，断面平均速度

$V(z)$，复速度

$\bar{V}(z)$，共轭复速度

V_m，最大断面平均流速

w，z 方向的速度

W，功

W，补给（蒸发）强度

$W(z)$，复势

$W(\theta)$，井函数

x，位置矢量

y^+，无量纲距离

$\tilde{y}$，经边界层变换后的无量纲距离

z，高程

希腊字母

α_1、α_2 和 α_3，福克纳－斯坎方程的系数

α_{ij}，方向余弦

α_s，固体颗粒骨架压缩系数

γ，重度

γ，间歇系数

γ，环量密度

$\dot{\gamma}$，变形速率

Γ，环量

δ，边界层厚度

δ，间隙高度

δ，管壁厚度

δ_{ij}，克罗内克符号

ε，湍动能耗散率

$\tilde{\varepsilon}$，总脉动耗散

ε_{ij}，耗散率张量

ζ，压强损失系数

ζ，相对水击增压

ζ_m，末相水击最大相对增压

η，相似变量

η，相对流速

κ，卡门常数

κ，曲率

$\boldsymbol{\kappa}$，波数矢量

λ，实数

λ，沿程水头损失系数

λ，波长

$\lambda(x)$，波尔豪森参数

λ_f、λ_g，泰勒微尺度

μ，动力黏度

μ，管道特征系数

μ_s，贮水率

μ_v，体积黏度

μ_w，给水度

ν，运动黏度

ν_t，涡黏度

ξ，物质坐标

Π，尾流强度

ρ，密度

ρ_{ij}，相关系数

σ，应力

σ，末相水击增压计算参数

σ_k、σ_ε，涡黏性模型常数

$\boldsymbol{\sigma}$，应力张量

τ，切应力

τ，阀门的相对开度

τ_t，湍流切应力

τ_v，黏性切应力

τ_w，壁面切应力

τ_t^+，无量纲湍流切应力

$\boldsymbol{\tau}$，偏应力张量

ϕ，标量

ϕ，势函数

$\phi(y)$，复幅度

$\phi_{ij}(\boldsymbol{\kappa})$，速度谱张量

Φ，耗散功

ψ，流函数

$\psi(s)$，随机变量的特征函数

ω，湍流频率

ω，角转速

Ω，涡量

其他

下标"0"，表示特征物理量，或表示初始时刻的物理量，或表示参考位置的物理量

上标"0"，表示无量纲量

Contents 目录

第1章

张量分析

在众多的流体力学教材和著作当中，人们广泛采用张量表示方法来描述流体力学基本方程。张量表示方法不仅可以极大地简化书写，而且可以使基本方程的物理意义更为鲜明。更为重要的是，流体力学中绝大多数物理量本身就是张量。因此，张量分析是建立和理解流体力学基本方程的重要工具，一旦掌握了张量分析的方法，推导流体力学基本方程就非常自然和容易。鉴于张量分析在流体力学中的重要性，同时也为了使学生能打下扎实的理论基础，在本书中我们参照吴望一教授编著的《流体力学》教材，将张量分析作为正文内容的一部分，而不是放在附录当中。在学习流体力学理论知识前，先掌握一些张量分析的基础知识，对于学习流体力学而言有百利而无一害，况且具备了微积分、线性代数等数学知识后，学习基础的张量知识并不困难。

在任意曲线坐标系中定义的张量称为普遍张量，在笛卡儿坐标系中定义的张量则称为笛卡儿张量(Cartesian tensors)。本章仅讨论笛卡儿张量，一般掌握笛卡儿张量的基础知识就能够满足学习流体力学理论的需要。

由于张量的运算法则与矢量的运算法则是类似的，且矢量通常也是一阶张量，如果掌握了矢量的运算法则，再来学习张量的运算就容易得多。基于上述考虑，本章先安排矢量及其运算法则的学习。矢量的运算法则相对比较简单，运算法则的物理意义也很具体，易于理解，因此学习起来困难相对较少。而且，流体力学中大多数物理量都是矢量，流体力学基本方程的推导也主要是矢量间的运算。如果读者能熟练运用矢量的运算法则，流体力学的许多基本方程根本不用死记硬背，随时可以推导出来，因此矢量运算可以说是推导流体力学基本方程的钥匙。在流体力学基本方程推导中经常用到的有关矢量运算公式，读者可以在附录A中查到，有兴趣的读者还可以运用本章介绍的矢量运算法则，来推导附录A中的常用公式，以便熟练掌握矢量运算的技巧。基于对矢量及其运算法则的理解和掌握，本章接下来介绍张量的严格定义及其运算法则，并对二阶张量的有关性质进行详细介绍。在流体力学中，除极少数几个物理量属于阶次高于二阶的张量外，绝大多数物理量都是阶次不高于二阶的张量，因此一般掌握二阶张量的有关性质就可以了。

如果读者已经具备了张量分析的相关基础知识，可以直接跳过本章，进入第 2 章流体运动的基本方程的学习。

1.1 张量表示法

为了方便在三维物理空间中描述流体的运动状态，通常需要建立一个参考坐标系，最常用的坐标系是由原点和三个相互垂直的坐标轴 x_1、x_2 和 x_3 构成的直角坐标系，也称笛卡儿坐标系（见图 1.1.1）。通常，坐标轴 x_1、x_2 和 x_3 的方向分别用基矢量（basis vector）$\boldsymbol{e}_1$、$\boldsymbol{e}_2$ 和 $\boldsymbol{e}_3$ 表示。基矢量的长度为 1，因此也称为单位矢量。

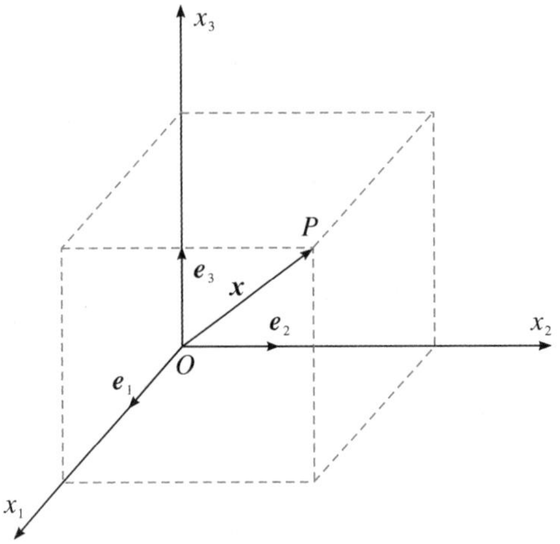

图 1.1.1　笛卡儿坐标系与位置矢量

在连续介质力学中，只需定义大小而无须规定方向的物理量通常称为标量（scalar），比如密度、能量、功等都是标量，只需用 1 个表征物理量大小的数来表示即可。如果不仅需要定义物理量的大小而且需要规定物理量的方向，这类物理量通常称为矢量（vector）。无论是标量还是矢量，在物理空间中，这些物理量都是空间位置的函数。

在笛卡儿坐标系中，物理空间中任意点 P 的位置（见图 1.1.1）可表示成

$$\boldsymbol{x}=x_1\boldsymbol{e}_1+x_2\boldsymbol{e}_2+x_3\boldsymbol{e}_3 \tag{1.1.1}$$

式中 $\boldsymbol{x}$ 称为位置矢量，其方向由原点 O 指向位置点 P，x_1、x_2 和 x_3 分别表示位置矢量 $\boldsymbol{x}$ 在 3 个坐标轴上的分量大小（或者说投影）。显然，坐标系一旦建立后，数组 (x_1, x_2, x_3) 就能准确地描述出 P 点的方位。于是，某时刻 t 占据空间位置点 P 的流体质点所具有的属性（亦即物理量）可表示成位置矢量 $\boldsymbol{x}$ 和时间 t 的函数。对于标量，如密度，可表示成 $\rho(x_1, x_2, x_3, t)$ 或 $\rho(\boldsymbol{x}, t)$。对于既有大小又有方向的任意矢量 $\boldsymbol{a}$，则可表示成如下形式

$$\boldsymbol{a}(x_1,x_2,x_3,t)=a_1(x_1,x_2,x_3,t)\boldsymbol{e}_1+a_2(x_1,x_2,x_3,t)\boldsymbol{e}_2+a_3(x_1,x_2,x_3,t)\boldsymbol{e}_3$$

或者

$$\boldsymbol{a}(\boldsymbol{x},t)=a_1(\boldsymbol{x},t)\boldsymbol{e}_1+a_2(\boldsymbol{x},t)\boldsymbol{e}_2+a_3(\boldsymbol{x},t)\boldsymbol{e}_3$$

为方便书写起见，常简写成

$$\boldsymbol{a}=a_1\boldsymbol{e}_1+a_2\boldsymbol{e}_2+a_3\boldsymbol{e}_3=\sum_{i=1}^{3}a_i\boldsymbol{e}_i \tag{1.1.2}$$

式中 a_1、a_2 和 a_3 为矢量 $\boldsymbol{a}$ 在 3 个坐标轴上的分量，同样也是位置矢量 $\boldsymbol{x}$ 和时间 t 的函数。

根据爱因斯坦求和约定，在同一项表达式中重复出现两次的下标，如(1.1.2)式中的下标 i，表示需要对该下标的所有取值(在三维空间中 i 的所有取值为 1、2、3)的各项相加求和。按此约定，(1.1.2)式可简写成

$$\boldsymbol{a}=a_i\boldsymbol{e}_i \tag{1.1.3}$$

该表示方法称为张量表示法(tensor notation)，或称下标表示法。在张量表示法中，同一项中任何下标不能出现超过两次，即最多出现两次。同一项中重复两次的下标称为哑标，而只出现一次的下标则称为自由指标，表示对该下标轮流取值。例如

$$p_j=n_i\sigma_{ij} \tag{1.1.4}$$

式中下标 i 为哑标，j 为自由指标。哑标可以任意更换成其他下标，并不影响表达，如 $p_j=n_k\sigma_{kj}$ 与 $p_j=n_i\sigma_{ij}$ 是完全相同的两个方程。对自由指标进行更换时，则需要对方程中的每一项的相同自由指标同时进行更换，如 $p_k=n_i\sigma_{ik}$ 与 $p_j=n_i\sigma_{ij}$ 也是两个完全相同的方程。如果将(1.1.4)式写成直角坐标形式，则需写成如下 3 个方程

$$\left.\begin{aligned}p_1&=n_1\sigma_{11}+n_2\sigma_{21}+n_3\sigma_{31}\\p_2&=n_1\sigma_{12}+n_2\sigma_{22}+n_3\sigma_{32}\\p_3&=n_1\sigma_{13}+n_2\sigma_{23}+n_3\sigma_{33}\end{aligned}\right\} \tag{1.1.5}$$

(1.1.5)式是(1.1.4)式的自由指标 j 轮流取值(即分别取 1、2、3)后得到的 3 个方程，且每个方程又都需要对哑标 i 进行求和。(1.1.5)式和(1.1.4)式是完全等价的两种表示方法。显然，张量表示法大大简化了方程的书写。

下面我们采用张量表示法来阐述矢量的运算法则。

1.2 矢量的运算

1.2.1 代数运算

1. 矢量的加减

矢量 $\boldsymbol{a}=a_i\boldsymbol{e}_i$ 和 $\boldsymbol{b}=b_i\boldsymbol{e}_i$ 的加减运算定义为

$$\boldsymbol{c}=\boldsymbol{a}\pm\boldsymbol{b} \tag{1.2.1}$$

式中 $\boldsymbol{c}=c_i\boldsymbol{e}_i$，是一个新的矢量。上式也可写成

$$c_i = a_i \pm b_i \tag{1.2.2}$$

注意，每个参与运算的矢量的下标应是相同的，即加减运算是在相同分量之间进行的。矢量 $\boldsymbol{a}$、$\boldsymbol{b}$、$\boldsymbol{c}$ 构成一个矢量三角形，此即矢量加减运算的物理意义。

2. 矢量的点积

矢量 $\boldsymbol{a}=a_i\boldsymbol{e}_i$ 和 $\boldsymbol{b}=b_j\boldsymbol{e}_j$ 的点积，或称内积(inner product)定义为

$$\boldsymbol{a}\cdot\boldsymbol{b}=(a_i\boldsymbol{e}_i)\cdot(b_j\boldsymbol{e}_j)=a_ib_j(\boldsymbol{e}_i\cdot\boldsymbol{e}_j) \tag{1.2.3}$$

由于笛卡儿坐标系中的基矢量是一组相互正交的矢量，满足

$$\boldsymbol{e}_i\cdot\boldsymbol{e}_j=\delta_{ij} \tag{1.2.4}$$

式中 δ_{ij} 称为克罗内克符号(Kronecker delta)，其定义为

$$\delta_{ij}=\begin{cases}1, & i=j\\ 0, & i\neq j\end{cases} \tag{1.2.5}$$

于是(1.2.3)式可改写成

$$\boldsymbol{a}\cdot\boldsymbol{b}=a_ib_j\delta_{ij}=a_ib_i \tag{1.2.6}$$

上式最后一步是根据(1.2.5)式克罗内克符号 δ_{ij} 的性质得到的。可见，矢量的点积运算实质上是坐标轴基矢量间的点积运算，两个矢量的点积得到的是一个标量。由于 $\delta_{ij}=\delta_{ji}$，因此必有 $\boldsymbol{a}\cdot\boldsymbol{b}=\boldsymbol{b}\cdot\boldsymbol{a}$，即两个矢量的点积与顺序无关。

从(1.2.6)式可知，克罗内克符号 δ_{ij} 的作用是进行换标，即如果 δ_{ij} 的两个指标中有一个指标与同项中其他因子的某指标相同，则可以把同项因子中的指标替换成 δ_{ij} 的另一个指标，而 δ_{ij} 自动消失，例如，$x_i\delta_{ij}=x_j$，$b_{ij}\delta_{jk}=b_{ik}$。关于 δ_{ij} 的性质我们在1.4.2节中还会进一步介绍。

根据平面几何知识，矢量的点积也可表示成

$$\boldsymbol{a}\cdot\boldsymbol{b}=|\boldsymbol{a}|\,|\boldsymbol{b}|\cos\theta \tag{1.2.7}$$

式中 $|a|$ 和 $|b|$ 分别为矢量 $\boldsymbol{a}$ 和 $\boldsymbol{b}$ 的模，θ 为两个矢量之间的夹角。由(1.2.7)式可知，点积的物理意义表示矢量 $\boldsymbol{b}$ 在矢量 $\boldsymbol{a}$ 上的投影 $|\boldsymbol{b}|\cos\theta$ 与矢量 $\boldsymbol{a}$ 的模 $|\boldsymbol{a}|$ 的乘积。由(1.2.6)式和(1.2.7)式可得两个矢量夹角的余弦为

$$\cos\theta=\frac{a_ib_i}{|\boldsymbol{a}|\,|\boldsymbol{b}|} \tag{1.2.8}$$

上式可通过平面几何中的余弦定理予以证明。

3. 矢量的叉积

矢量 $\boldsymbol{a}=a_i\boldsymbol{e}_i$ 和 $\boldsymbol{b}=b_j\boldsymbol{e}_j$ 的叉积(cross product)定义为

$$\boldsymbol{a}\times\boldsymbol{b}=(a_i\boldsymbol{e}_i)\times(b_j\boldsymbol{e}_j)=e_{ijk}a_ib_j\boldsymbol{e}_k \tag{1.2.9}$$

上式表明矢量 $\boldsymbol{a}$ 和 $\boldsymbol{b}$ 的叉积为一新的矢量，该矢量垂直于矢量 $\boldsymbol{a}$ 和 $\boldsymbol{b}$ 所在的平面，其方向与矢量 $\boldsymbol{a}$ 和 $\boldsymbol{b}$ 之间符合右手法则。式中 e_{ijk} 称为置换符号(alternating symbol)，依据 i、j 和 k 的排列顺序分别取0、1和−1，取值规则如下

$$e_{ijk}=\begin{cases}0, & i=j/j=k/k=i\\ 1, & 1,2,3/2,3,1/3,1,2\\ -1, & 1,3,2/3,2,1/2,1,3\end{cases} \tag{1.2.10}$$

矢量的叉积也可表示成行列式的形式，即

$$\boldsymbol{a}\times\boldsymbol{b}=\begin{vmatrix}\boldsymbol{e}_1 & \boldsymbol{e}_2 & \boldsymbol{e}_3\\ a_1 & a_2 & a_3\\ b_1 & b_2 & b_3\end{vmatrix} \tag{1.2.11}$$

根据行列式的运算法则，显然有 $\boldsymbol{a}\times\boldsymbol{b}=-\boldsymbol{b}\times\boldsymbol{a}$，这表明矢量的叉积与顺序有关。

由平面几何的知识可知，矢量叉积的模的物理意义表示矢量 $\boldsymbol{a}$ 和矢量 $\boldsymbol{b}$ 所构成的平行四边形的面积，即

$$|\boldsymbol{a}\times\boldsymbol{b}|=|\boldsymbol{a}|\,|\boldsymbol{b}|\sin\theta \tag{1.2.12}$$

由矢量点积和叉积的运算规则，可得三个矢量 $\boldsymbol{a}$、$\boldsymbol{b}$ 和 $\boldsymbol{c}$ 的混合积为

$$(\boldsymbol{a}\times\boldsymbol{b})\cdot\boldsymbol{c}=e_{ijk}a_ib_j\boldsymbol{e}_k\cdot c_l\boldsymbol{e}_l=e_{ijk}a_ib_jc_k=\begin{vmatrix}a_1 & a_2 & a_3\\ b_1 & b_2 & b_3\\ c_1 & c_2 & c_3\end{vmatrix} \tag{1.2.13}$$

其结果为一标量，在数值上等于三个矢量所构成的六面体的体积。

最后，我们给出几个克罗内克符号 δ_{ij} 和置换符号 e_{ijk} 之间的重要恒等式，这些恒等式在矢量运算中会经常用到。

$$e_{ijk}e_{iqr}=\delta_{jq}\delta_{kr}-\delta_{jr}\delta_{kq}\,,e_{ijk}e_{ijr}=2\delta_{kr}\,,e_{ijk}e_{ijk}=2\delta_{kk}=6 \tag{1.2.14}$$

1.2.2　微分和积分运算

在流体力学中，通常将物理量在空间上的分布看成一个“场”。如果在某一几何空间中每一个点的某物理量都有一个确定的值，则表示在该空间上确定了该物理量的一个“场”。根据物理量是标量还是矢量，对应可分为标量场和矢量场，如密度场、浓度场、温度场等为标量场，速度场、加速度场等则为矢量场。下面要介绍的矢量的微分运算，实质上是研究“场”在空间上的变化。

1. 方向导数和梯度

设有一标量场 $\phi(\boldsymbol{x},t)$，在 $t=t_0$ 时刻，取标量场 ϕ 中任一点 M 在任意方向 $\boldsymbol{n}$ 上的某点 M'，若

$$\frac{\partial\phi}{\partial n}=\lim_{|MM'|\to 0}\frac{\phi(M)-\phi(M')}{|MM'|}$$

存在，则称 $\partial\phi/\partial n$ 为 ϕ 在 M 点沿 $\boldsymbol{n}$ 方向的方向导数(directional derivative)。在过 M 点所有可能的方向中，存在一个 ϕ 的变化率最大的方向，该方向的方向导数称为标量场的梯度(gradient)，记为

$$\mathrm{grad}\phi=\frac{\partial\phi}{\partial x_1}\boldsymbol{e}_1+\frac{\partial\phi}{\partial x_2}\boldsymbol{e}_2+\frac{\partial\phi}{\partial x_3}\boldsymbol{e}_3=\frac{\partial\phi}{\partial x_i}\boldsymbol{e}_i \tag{1.2.15}$$

可见标量场的梯度是一个矢量，其方向与过该点的标量 ϕ 的等值线的法线方向重合，且指向标量增大的方向。

引入微分算子

$$\nabla=\frac{\partial}{\partial x_1}\boldsymbol{e}_1+\frac{\partial}{\partial x_2}\boldsymbol{e}_2+\frac{\partial}{\partial x_3}\boldsymbol{e}_3=\frac{\partial}{\partial x_i}\boldsymbol{e}_i \tag{1.2.16}$$

称为哈密顿算子(Hamilton operator),它是流体力学方程中非常重要的一个微分算子,具有矢量和微分双重性质:一方面它作为一个矢量参与到矢量的运算当中;另一方面它又是一个微分算子,对物理量起微分的作用。但要注意,它只对其右边的物理量进行微分。引入哈密顿算子后,(1.2.15)式可改写成

$$\mathrm{grad}\phi=\nabla\phi \tag{1.2.17}$$

梯度是标量场不均匀性的度量,其在任一方向上的投影等于沿该方向的方向导数,即过 M 点任意方向($\boldsymbol{n}$ 为该方向的基矢量)的方向导数为(参看(1.2.7)式点积的物理意义)

$$\frac{\partial\phi}{\partial n}=\boldsymbol{n}\cdot\nabla\phi \tag{1.2.18}$$

矢量同样存在梯度,由于矢量的梯度是一个二阶张量,所以我们将在 1.3.4 节中再介绍。

2. 通量和散度

设有一矢量场 $\boldsymbol{a}(\boldsymbol{x},t)$,在 $t=t_0$ 时刻,在矢量场 $\boldsymbol{a}$ 中任取一曲面 S,$\mathrm{d}S$ 为曲面的面积微元,M 为 $\mathrm{d}S$ 内一点,$\boldsymbol{n}$ 为曲面 S 在点 M 的外法线方向,则积分

$$\iint_S \boldsymbol{n}\cdot\boldsymbol{a}\mathrm{d}S$$

称为矢量场 $\boldsymbol{a}$ 通过曲面 S 的通量(flux)。若曲面 S 为封闭曲面,且 M 点位于曲面 S 所包围的体积 V 内,如果

$$\lim_{V\to 0}\frac{\oiint_S \boldsymbol{n}\cdot\boldsymbol{a}\mathrm{d}S}{V}$$

存在,则称为矢量场 $\boldsymbol{a}$ 在 M 点的散度(divergence),记为

$$\mathrm{div}\boldsymbol{a}=\lim_{V\to 0}\frac{\oiint_S \boldsymbol{n}\cdot\boldsymbol{a}\mathrm{d}S}{V} \tag{1.2.19}$$

当矢量 $\boldsymbol{a}$ 的三个分量函数 $a_i(\boldsymbol{x},t)$ 具有连续的一阶偏导数时,(1.2.19)式中的极限一定存在。

应用数学中的高斯定理,可得

$$\oiint_S \boldsymbol{n}\cdot\boldsymbol{a}\mathrm{d}S=\iiint_V\left(\frac{\partial a_1}{\partial x_1}+\frac{\partial a_2}{\partial x_2}+\frac{\partial a_3}{\partial x_3}\right)\mathrm{d}V \tag{1.2.20}$$

因为(1.2.20)式积分中的被积函数是连续函数,根据中值公式,可得

$$\oiint_S \boldsymbol{n}\cdot\boldsymbol{a}\mathrm{d}S=V\left(\frac{\partial a_1}{\partial x_1}+\frac{\partial a_2}{\partial x_2}+\frac{\partial a_3}{\partial x_3}\right)_P$$

下标 P 表示被积函数取体积 V 内某一点 P 处的函数值,上式代入(1.2.19)式,得

$$\mathrm{div}\boldsymbol{a}=\lim_{V\to 0}\frac{\oiint_S \boldsymbol{n}\cdot\boldsymbol{a}\mathrm{d}S}{V}=\lim_{V\to 0}\left(\frac{\partial a_1}{\partial x_1}+\frac{\partial a_2}{\partial x_2}+\frac{\partial a_3}{\partial x_3}\right)_P$$

当体积 V 向 M 点收缩时，P 点最终与 M 点重合，且因为 $a_i(\boldsymbol{x},t)$ 的一阶偏导数连续，上式极限于是等于 M 点处的函数值，即

$$\mathrm{div}\boldsymbol{a}=\frac{\partial a_1}{\partial x_1}+\frac{\partial a_2}{\partial x_2}+\frac{\partial a_3}{\partial x_3}=\frac{\partial a_i}{\partial x_i}=\nabla\cdot\boldsymbol{a} \tag{1.2.21}$$

可见矢量 $\boldsymbol{a}$ 的散度是哈密顿算子 ∇ 与矢量 $\boldsymbol{a}$ 的点积，是一个标量。

将(1.2.21) 式代入(1.2.20) 式，可将高斯定理(Gauss theorem) 写成

$$\oiint_S \boldsymbol{n}\cdot\boldsymbol{a}\mathrm{d}S=\iiint_V \nabla\cdot\boldsymbol{a}\mathrm{d}V \tag{1.2.22}$$

高斯定理在流体力学基本方程的推导中经常用到，是极其重要的一个公式，其他推广形式的高斯定理已列入附录 A.3 中。

当 $\mathrm{div}\boldsymbol{a}=0$ 时，称矢量 $\boldsymbol{a}$ 为无源场。无源场具有如下性质：(1) 矢量通过矢量管(由矢量线组成的管状曲面，如由流线组成的流管即是一种矢量管) 任一截面的通量相等。(2) 矢量管不能在场内产生或终止，只能延伸到无穷远，或位于边界上，或成封闭环状管。(3) 矢量经过张于已知封闭曲线上的所有曲面上的通量相同，即通量的大小只依赖于封闭曲线而与所张曲面的形状无关。其中性质(1) 和(2) 我们将在 3.1.2 节中以涡管为例予以证明，性质(3) 可以应用高斯定理进行证明。设有张于同一周线上的任意两个曲面 S_1 和 S_2，组成一封闭曲面 S，其所包围的体积为 V，则根据高斯定理有

$$\iiint_V \nabla\cdot\boldsymbol{a}\mathrm{d}V=\oiint_S \boldsymbol{a}\cdot\boldsymbol{n}\mathrm{d}S=\iint_{S_1}\boldsymbol{a}\cdot\boldsymbol{n}_1\mathrm{d}S+\iint_{S_2}\boldsymbol{a}\cdot\boldsymbol{n}_2\mathrm{d}S=0$$

上式中若 $\boldsymbol{n}_1$ 是曲面 S_1 的外法线，则 $\boldsymbol{n}_2$ 必是曲面 S_2 的内法线，反之亦然。因此曲面 S_2 的外法线 $\boldsymbol{n}'_2=-\boldsymbol{n}_2$，于是有

$$\iint_{S_1}\boldsymbol{a}\cdot\boldsymbol{n}_1\mathrm{d}S=-\iint_{S_2}\boldsymbol{a}\cdot\boldsymbol{n}_2\mathrm{d}S=\iint_{S_2}\boldsymbol{a}\cdot\boldsymbol{n}'_2\mathrm{d}S$$

因为曲面 S_1 和 S_2 是任取的，所以上式表明所有曲面上的通量大小都相等，无源场的性质(3) 成立。

3. 环量和旋度

设有一矢量场 $\boldsymbol{a}(\boldsymbol{x},t)$，在 $t=t_0$ 时刻，在场内取一有向曲线 $\boldsymbol{L}$，则矢量 $\boldsymbol{a}$ 沿曲线 $\boldsymbol{L}$ 的积分

$$\int_L \boldsymbol{a}\cdot\mathrm{d}\boldsymbol{l}$$

称为矢量 $\boldsymbol{a}$ 沿曲线 $\boldsymbol{L}$ 的环量(circulation)，$\mathrm{d}\boldsymbol{l}$ 为曲线 $\boldsymbol{L}$ 上的弧长微元。当曲线 $\boldsymbol{L}$ 为封闭曲线时，在张于封闭曲线 $\boldsymbol{L}$ 上的曲面 S 内取一点 M，令曲面 S 向点 M 收缩，面积大小趋于零，方向趋于某固定方向 $\boldsymbol{n}$，若

$$\lim_{S\to 0}\frac{\oint_L \boldsymbol{a}\cdot\mathrm{d}\boldsymbol{l}}{S}$$

存在，则称为矢量 $\boldsymbol{a}$ 在点 M 的旋度(curl) 在 $\boldsymbol{n}$ 方向的投影，记为

$$(\mathrm{rot}\boldsymbol{a})_n=\lim_{S\to 0}\frac{\oint_L \boldsymbol{a}\cdot\mathrm{d}\boldsymbol{l}}{S} \tag{1.2.23}$$

与散度类似，当矢量 $\boldsymbol{a}$ 的三个分量函数 $a_i(\boldsymbol{x},t)$ 具有连续的一阶偏导数时，(1.2.23)式中的极限一定存在。应用数学中的斯托克斯定理可得

$$\oint_L \boldsymbol{a}\cdot \mathrm{d}\boldsymbol{l} = \iint_S \left[\left(\frac{\partial a_3}{\partial x_2}-\frac{\partial a_2}{\partial x_3}\right)\cos(\boldsymbol{n},\boldsymbol{e}_1)+\left(\frac{\partial a_1}{\partial x_3}-\frac{\partial a_3}{\partial x_1}\right)\cos(\boldsymbol{n},\boldsymbol{e}_2)+\left(\frac{\partial a_2}{\partial x_1}-\frac{\partial a_1}{\partial x_2}\right)\cos(\boldsymbol{n},\boldsymbol{e}_3)\right] \tag{1.2.24}$$

同样应用中值公式，有

$$\oint_L \boldsymbol{a}\cdot \mathrm{d}\boldsymbol{l} = S\left[\left(\frac{\partial a_3}{\partial x_2}-\frac{\partial a_2}{\partial x_3}\right)\cos(\boldsymbol{n},\boldsymbol{e}_1)+\left(\frac{\partial a_1}{\partial x_3}-\frac{\partial a_3}{\partial x_1}\right)\cos(\boldsymbol{n},\boldsymbol{e}_2)+\left(\frac{\partial a_2}{\partial x_1}-\frac{\partial a_1}{\partial x_2}\right)\cos(\boldsymbol{n},\boldsymbol{e}_3)\right]_P$$

P 为曲面 S 上的某一点。将上式代入(1.2.23)式，可得

$$\begin{aligned}(\mathrm{rot}\boldsymbol{a})_n &= \lim_{S\to 0}\frac{\oint_L \boldsymbol{a}\cdot \mathrm{d}\boldsymbol{l}}{S}\\ &= \left(\frac{\partial a_3}{\partial x_2}-\frac{\partial a_2}{\partial x_3}\right)\cos(\boldsymbol{n},\boldsymbol{e}_1)+\left(\frac{\partial a_1}{\partial x_3}-\frac{\partial a_3}{\partial x_1}\right)\cos(\boldsymbol{n},\boldsymbol{e}_2)+\left(\frac{\partial a_2}{\partial x_1}-\frac{\partial a_1}{\partial x_2}\right)\cos(\boldsymbol{n},\boldsymbol{e}_3)\\ &= (\mathrm{rot}\boldsymbol{a})\cdot\boldsymbol{n}\end{aligned}$$

因此，矢量 $\boldsymbol{a}$ 在点 M 的旋度可表示为

$$\mathrm{rot}\boldsymbol{a} = \left(\frac{\partial a_3}{\partial x_2}-\frac{\partial a_2}{\partial x_3}\right)\boldsymbol{e}_1+\left(\frac{\partial a_1}{\partial x_3}-\frac{\partial a_3}{\partial x_1}\right)\boldsymbol{e}_2+\left(\frac{\partial a_2}{\partial x_1}-\frac{\partial a_1}{\partial x_2}\right)\boldsymbol{e}_3 \tag{1.2.25}$$

或写成

$$\mathrm{rot}\boldsymbol{a} = \nabla\times\boldsymbol{a} = e_{ijk}\frac{\partial a_j}{\partial x_i}\boldsymbol{e}_k = \begin{vmatrix}\boldsymbol{e}_1 & \boldsymbol{e}_2 & \boldsymbol{e}_3\\ \dfrac{\partial}{\partial x_1} & \dfrac{\partial}{\partial x_2} & \dfrac{\partial}{\partial x_3}\\ a_1 & a_2 & a_3\end{vmatrix} \tag{1.2.26}$$

可见，矢量 $\boldsymbol{a}$ 的旋度是哈密顿算子∇与矢量 $\boldsymbol{a}$ 的叉积，其方向为环量面密度最大的方向。

将(1.2.26)式代入(1.2.24)式中，可将斯托克斯定理(Stokes theorem)表示成

$$\oint_L \boldsymbol{a}\cdot \mathrm{d}\boldsymbol{l} = \iint_S (\nabla\times\boldsymbol{a})\cdot\boldsymbol{n}\mathrm{d}S \tag{1.2.27}$$

当 $\mathrm{rot}\boldsymbol{a}=\boldsymbol{0}$ 时，称矢量场为无旋场。若 $\boldsymbol{a}$ 可表示为某标量场 ϕ 的梯度，即 $\boldsymbol{a}=\mathrm{grad}\phi=\nabla\phi$，则称矢量 $\boldsymbol{a}$ 为有势场。由于$\nabla\times\nabla\phi=\boldsymbol{0}$(见附录(A.2.1)式)，所以 $\mathrm{rot}\boldsymbol{a}=\nabla\times\nabla\phi=\boldsymbol{0}$，此时矢量 $\boldsymbol{a}$ 必为无旋的。反之亦然，若 $\mathrm{rot}\boldsymbol{a}=\boldsymbol{0}$，则必有 $\boldsymbol{a}=\nabla\phi$，因此矢量 $\boldsymbol{a}$ 为有势场。可见，无旋场和有势场是等价的。

1.3 张量及其运算

1.3.1　坐标变换

如 1.1 节所述，建立参考坐标系只是为了方便对流体的运动进行描述。在研究同一流动问题时，可以选择不同的坐标系。在不同坐标系中，物理量在坐标轴上各分量的大小可能是各不相同的。然而，物理量又是客观存在的，不会因为选择了不同的坐标系而发生改变，即具有坐标不变性，这也正是张量的本质。为此，在介绍张量的定义前，我们先介绍坐标变换。

设旧笛卡儿直角坐标系的基矢量为 $\boldsymbol{e}_1$、$\boldsymbol{e}_2$ 和 $\boldsymbol{e}_3$，新坐标系的基矢量为 $\boldsymbol{e}'_1$、$\boldsymbol{e}'_2$ 和 $\boldsymbol{e}'_3$。任意新坐标系总可以通过平移、旋转、反射旧坐标的坐标轴得到，例如图 1.3.1 中的新坐标系是由旧坐标系通过旋转 x_1x_2 平面以及反射 x_3 轴得到。

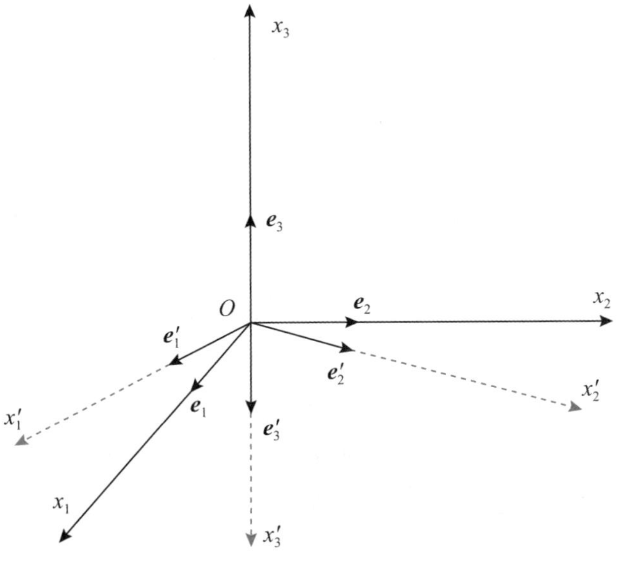

图 1.3.1　新坐标系和旧坐标系

新旧坐标系的位置关系可用新旧坐标系基矢量之间的夹角余弦来表示，即

$$\alpha_{ji} = \boldsymbol{e}'_j \cdot \boldsymbol{e}_i \tag{1.3.1}$$

式中 α_{ji} 称为方向余弦(directional cosines)，其中 α_{ji} 第一个下标代表新坐标系的坐标轴，第二个下标代表旧坐标系的坐标轴。由(1.3.1) 式两边同时点乘 $\boldsymbol{e}_i$ 可得

$$\boldsymbol{e}'_j = \alpha_{ji}\boldsymbol{e}_i \tag{1.3.2}$$

上式表明 α_{ji} 的物理意义表示新坐标的基矢量在旧坐标系坐标轴上的分量大小，或者说投

影长度。类似地，(1.3.1) 式两边同时点乘 $\boldsymbol{e}'_j$ 可得

$$\boldsymbol{e}_i = \alpha_{ji}\boldsymbol{e}'_j \tag{1.3.3}$$

应用(1.2.4) 式和(1.3.2) 式可得

$$\boldsymbol{e}'_j \cdot \boldsymbol{e}'_k = (\alpha_{ji}\boldsymbol{e}_i) \cdot (\alpha_{ki}\boldsymbol{e}_i) = \alpha_{ji}\alpha_{ki} = \delta_{jk} \tag{1.3.4}$$

同理，应用(1.2.4) 式和(1.3.3) 式，由 $\boldsymbol{e}_j \cdot \boldsymbol{e}_k$ 可得

$$\alpha_{ij}\alpha_{ik} = \delta_{jk} \tag{1.3.5}$$

设旧坐标系中位置矢量 $\boldsymbol{x} = x_i\boldsymbol{e}_i$，在新坐标系中则表示成 $\boldsymbol{x} = x'_j\boldsymbol{e}'_j$，由于 $x_i\boldsymbol{e}_i$ 和 $x'_j\boldsymbol{e}'_j$ 均表示同一位置矢量 $\boldsymbol{x}$，因此必有

$$x'_j\boldsymbol{e}'_j = x_i\boldsymbol{e}_i \tag{1.3.6}$$

在(1.3.6) 式左右两端点乘 $\boldsymbol{e}'_j$，可得

$$x'_j\boldsymbol{e}'_j \cdot \boldsymbol{e}'_j = x_i\boldsymbol{e}'_j \cdot \boldsymbol{e}_i$$

因为 $\boldsymbol{e}'_j \cdot \boldsymbol{e}'_j = 1$，$\boldsymbol{e}'_j \cdot \boldsymbol{e}_i = \alpha_{ji}$，所以有

$$x'_j = \alpha_{ji}x_i \tag{1.3.7}$$

由(1.3.7) 式可计算出位置矢量 $\boldsymbol{x}$ 在新坐标中的分量 x'_j。(1.3.7) 式亦即坐标变换的规则，两边对 x_i 微分，可得

$$\alpha_{ji} = \frac{\partial x'_j}{\partial x_i} \tag{1.3.8}$$

上式给出了新旧坐标系之间方向余弦的计算方法。

1.3.2 张量的定义

在熟悉了坐标变换的规则之后，我们来研究如何通过坐标变换规则来判断一个物理量是不是一个张量。先给出一个张量的通俗定义，如果一个物理量在不同坐标系中具有不变性，则该物理量是张量(tensor)。例如，标量在不同坐标系中都具有相同的数值，显然具备在坐标变换中保持不变的性质，所以任何标量都属于张量。张量具有不同的阶次，m 阶张量在 n 维空间中共有 n^m 个分量，用张量表示法表示张量时，不同下标的个数就是张量的阶次。标量是阶次为 0 的张量，称为零阶张量，其只有一个分量，即标量本身。除标量一定为零阶张量外，其他物理量是不是张量需要依据该物理量在坐标变换中是否保持不变来判断。

如果一个矢量 $\boldsymbol{a}$ 在坐标变换过程中具有不变性，即满足

$$\boldsymbol{a} = a'_j\boldsymbol{e}'_j = a_i\boldsymbol{e}_i \tag{1.3.9}$$

则该矢量一定是张量，其张量阶次为 1，称为一阶张量(first-order tensor)。类似(1.3.7) 式的推导过程，上式两端点乘 $\boldsymbol{e}'_j$，可知新旧坐标中矢量 $\boldsymbol{a}$ 各分量之间满足变换规则

$$a'_j = \alpha_{ji}a_i \tag{1.3.10}$$

显然，变换规则(1.3.9) 和(1.3.10) 是等价的。

判断一个矢量是否属于张量，需要检验该矢量是否满足变换规则(1.3.9) 或(1.3.10)

式。例如，标量函数 $\phi(\boldsymbol{x})$ 是零阶张量，其梯度 $\partial\phi/\partial x_i$ 为矢量，现在我们来检验标量的梯度是不是一阶张量。

在旧坐标系中函数 $\phi(\boldsymbol{x})$ 的梯度表示成 $(\partial\phi/\partial x_i)\boldsymbol{e}_i$，而在新坐标中则表示成 $(\partial\phi/\partial x'_j)\boldsymbol{e}'_j$，因为

$$\frac{\partial\phi}{\partial x'_j}\boldsymbol{e}'_j=\frac{\partial\phi}{\partial(\alpha_{ji}x_i)}\boldsymbol{e}'_j=\frac{\partial\phi}{\partial x_i}\frac{\boldsymbol{e}'_j}{\alpha_{ji}}=\frac{\partial\phi}{\partial x_i}\boldsymbol{e}_i$$

可见标量的梯度满足变换规则(1.3.9) 式，从而是一阶张量。上述推导过程中分别应用了(1.3.7) 式和(1.3.2) 式。

习惯上，我们将一阶张量称为矢量，但需要说明的是，矢量和一阶张量并不是完全等价的，有些矢量并不是张量，在 1.3.3 节中我们将说明这一点。出于习惯，在接下来的表述中，除非特别说明，提到矢量时都默认为是一阶张量。

三维空间中的二阶张量(second-order tensor) 共有 $3^2=9$ 个分量。若采用张量表示法，二阶张量可表示成

$$\boldsymbol{B}=b_{11}\boldsymbol{e}_1\boldsymbol{e}_1+b_{12}\boldsymbol{e}_1\boldsymbol{e}_2+\cdots+b_{33}\boldsymbol{e}_3\boldsymbol{e}_3=\sum_{i=1}^{3}\sum_{j=1}^{3}b_{ij}\boldsymbol{e}_i\boldsymbol{e}_j=b_{ij}\boldsymbol{e}_i\boldsymbol{e}_j \tag{1.3.11}$$

每个二阶张量的分量除定义了大小外，还规定了两个方向。比如 $b_{12}\boldsymbol{e}_1\boldsymbol{e}_2$ 表示分量的大小为 b_{12}，分量所在平面的外法线方向为 $\boldsymbol{e}_1$，分量自身的方向为 $\boldsymbol{e}_2$。根据张量不变性的要求，二阶张量必须满足

$$\boldsymbol{B}=b'_{kl}\boldsymbol{e}'_k\boldsymbol{e}'_l=b_{ij}\boldsymbol{e}_i\boldsymbol{e}_j \tag{1.3.12}$$

用 $\boldsymbol{e}'_k$ 和 $\boldsymbol{e}'_l$ 依次点乘(1.3.12) 式，可得

$$b'_{kl}=\alpha_{ki}\alpha_{lj}b_{ij} \tag{1.3.13}$$

若 $\boldsymbol{B}$ 满足(1.3.12) 式或(1.3.13) 式，则 $\boldsymbol{B}$ 必为二阶张量。

推广到 m 阶张量，当采用张量表示法时，m 阶张量可写成

$$\boldsymbol{T}=t_{i_1i_2\cdots i_m}\boldsymbol{e}_{i_1}\boldsymbol{e}_{i_2}\cdots\boldsymbol{e}_{i_m} \tag{1.3.14}$$

式中 $i_1,i_2,\cdots,i_m$ 为 m 个不同的下标，在三维空间中，这 m 个不同下标的取值均为 1、2 和 3。根据张量不变性的要求，在坐标变换过程中，m 阶张量应满足

$$\boldsymbol{T}=t'_{j_1j_2\cdots j_m}\boldsymbol{e}'_{j_1}\boldsymbol{e}'_{j_2}\cdots\boldsymbol{e}'_{j_m}=t_{i_1i_2\cdots i_m}\boldsymbol{e}_{i_1}\boldsymbol{e}_{i_2}\cdots\boldsymbol{e}_{i_m} \tag{1.3.15}$$

其在不同坐标系中的 3^m 个分量满足变换规则

$$t'_{j_1j_2\cdots j_m}=\alpha_{j_1i_1}\alpha_{j_2i_2}\cdots\alpha_{j_mi_m}t_{i_1i_2\cdots i_m} \tag{1.3.16}$$

至此，我们可以给出 m 阶笛卡儿张量的普遍定义：在每个三维笛卡儿坐标系中给出的 3^m 个数，当坐标变换时，这 3^m 个数按照(1.3.16) 式转换，则此 3^m 个数定义了一个 m 阶张量。

在任意笛卡儿直角坐标系中，若物理量各分量皆为零，则一定能满足坐标变换规则，因此各分量皆为零的物理量一定是张量，称为零张量，通常记为 $\boldsymbol{0}$。

1.3.3　各向同性张量

张量经坐标变换后，其分量大小一般都会发生改变，但也有少数张量在坐标变换后，

每个分量的大小仍保持不变，这类张量称为各向同性张量(isotropic tensor)，反之则称为各向异性张量(anisotropic tensor)。例如标量就是各向同性张量，克罗内克符号 δ_{ij} 则是一个二阶各向同性张量。在多数教材中，认为置换符号 e_{ijk} 也是一个张量，而且是一个三阶各向同性张量。在此引用波普的证明(Pope,2018)，来说明 e_{ijk} 并不满足变换规则(1.3.16)式。

假设新坐标系是由旧坐标系的每个坐标轴反射得到的，即有 $\boldsymbol{e}'_i=-\boldsymbol{e}_i$，则方向余弦为

$$\alpha_{ij}=\boldsymbol{e}'_i\cdot\boldsymbol{e}_j=(-\boldsymbol{e}_i)\cdot\boldsymbol{e}_j=-\delta_{ij}$$

由此可得

$$\alpha_{pi}\alpha_{qj}\alpha_{rk}e_{ijk}=(-\delta_{pi})(-\delta_{qj})(-\delta_{rk})e_{ijk}=-e_{pqr}$$

即

$$e_{pqr}=-\alpha_{pi}\alpha_{qj}\alpha_{rk}e_{ijk} \tag{1.3.17}$$

根据(1.3.16)式的变换规则，如果 e_{ijk} 为三阶张量，则应满足

$$e_{pqr}=\alpha_{pi}\alpha_{qj}\alpha_{rk}e_{ijk} \tag{1.3.18}$$

可见，e_{ijk} 并不是一个三阶张量。实际上，在坐标变换过程中，若有奇数个(1个或3个)坐标轴经历反射变换，则变换规则为(1.3.17)式，只有当反射的坐标轴为偶数(0个或2个)时，变换规则才是(1.3.18)式。因为 e_{ijk} 不是张量，所以(1.2.9)式中两个矢量叉积的结果也不是一阶张量，更为准确的称呼应是伪矢量(pseudovector)。在有些教材和文献中，假定坐标变换中只考虑坐标轴的平移和旋转，而不考虑反射，两个矢量的叉积也认为是一阶张量。

各向同性张量的严格定义可依据张量的变换规则来确定：若 m 阶张量 $H_{i_1i_2\cdots i_m}$ 满足如下变换规则

$$H'_{j_1j_2\cdots j_m}=H_{i_1i_2\cdots i_m} \tag{1.3.19}$$

则其必为各向同性张量。

各向同性张量的主要性质归纳如下：

(1) 零阶张量都是各向同性张量。

(2) 一阶张量除零矢量外，都是各向异性张量。

(3) 二阶各向同性张量的形式必为 $\lambda\delta_{ij}$，其中 λ 为标量。

(4) 四阶各向同性张量的形式必为

$$H_{ijkl}=\gamma\delta_{ij}\delta_{kl}+\alpha\delta_{ik}\delta_{jl}+\beta\delta_{il}\delta_{jk} \tag{1.3.20}$$

其中 γ、α 和 β 为标量。对换(1.3.20)式的下标 i 和 j，可得

$$H_{jikl}=\gamma\delta_{ji}\delta_{kl}+\alpha\delta_{jk}\delta_{il}+\beta\delta_{jl}\delta_{ik}$$

若四阶张量关于下标 i 和 j 对称，即 $H_{ijkl}=H_{jikl}$，同时考虑到 $\delta_{ij}=\delta_{ji}$，则以上两式相加可得

$$H_{ijkl}=\gamma\delta_{ij}\delta_{kl}+\mu(\delta_{ik}\delta_{jl}+\delta_{il}\delta_{jk}) \tag{1.3.21}$$

其中 $\mu=(\alpha+\beta)/2$。由(1.3.21)式易知，H_{ijkl} 关于下标 k 和 l 也对称。四阶各向同性张量的性质在2.2.3节研究本构方程的时候我们将会应用到。

有关各向同性张量性质的证明读者可参考其他文献资料，在此不再赘述。

1.3.4 张量的运算

张量的运算与矢量的运算基本一致，多数矢量的运算都是张量运算的特例，但两者之间也有细微的区别。

1. 张量的加减

设两个 m 阶张量分别为

$$\boldsymbol{B}=b_{i_1i_2\cdots i_m}\boldsymbol{e}_{i_1}\boldsymbol{e}_{i_2}\cdots\boldsymbol{e}_{i_m},\boldsymbol{C}=c_{i_1i_2\cdots i_m}\boldsymbol{e}_{i_1}\boldsymbol{e}_{i_2}\cdots\boldsymbol{e}_{i_m}$$

则两个张量的和或差为

$$\boldsymbol{T}=\boldsymbol{B}\pm\boldsymbol{C} \tag{1.3.22}$$

或写成

$$t_{i_1i_2\cdots i_m}=b_{i_1i_2\cdots i_m}\pm c_{i_1i_2\cdots i_m} \tag{1.3.23}$$

张量的加减只能在同阶张量之间进行，每个参与运算的张量的下标相同。

2. 张量的并乘

设 $\boldsymbol{B}=b_{i_1i_2\cdots i_m}\boldsymbol{e}_{i_1}\boldsymbol{e}_{i_2}\cdots\boldsymbol{e}_{i_m}$ 为 m 阶张量，$\boldsymbol{C}=c_{j_1j_2\cdots j_n}\boldsymbol{e}_{j_1}\boldsymbol{e}_{j_2}\cdots\boldsymbol{e}_{j_n}$ 为 n 阶张量，则两个张量的并乘(tensor product) 为

$$\boldsymbol{T}=\boldsymbol{B}\boldsymbol{C} \tag{1.3.24}$$

或写成

$$t_{i_1i_2\cdots i_mj_1j_2\cdots j_n}=b_{i_1i_2\cdots i_m}c_{j_1j_2\cdots j_n} \tag{1.3.25}$$

m 阶张量和 n 阶张量并乘的结果为 $(m+n)$ 阶张量。两个张量的并乘运算可推广到任意多个张量的并乘，所得张量的阶数为所有参与并乘运算张量的阶数之和。特别地，任意 m 阶张量可表示成 m 个一阶张量的并乘。

张量的并乘与顺序有关。以两个矢量的并乘为例，矢量 $\boldsymbol{a}$ 和 $\boldsymbol{b}$ 的并乘为

$$\boldsymbol{ab}=(a_i\boldsymbol{e}_i)(b_j\boldsymbol{e}_j)=a_ib_j\boldsymbol{e}_i\boldsymbol{e}_j \tag{1.3.26}$$

两个矢量的并乘得到一个二阶张量。若交换并乘矢量的顺序，则有

$$\boldsymbol{ba}=a_ib_j\boldsymbol{e}_j\boldsymbol{e}_i=a_jb_i\boldsymbol{e}_i\boldsymbol{e}_j \tag{1.3.27}$$

为便于比较，(1.3.27) 式推导过程的最后一步对哑标 i 和 j 作了对换。比较(1.3.26) 式和(1.3.27) 式可知 $\boldsymbol{ab}\neq\boldsymbol{ba}$，而是

$$\boldsymbol{ba}=(\boldsymbol{ab})_{\mathrm{C}} \tag{1.3.28}$$

其中 $(\boldsymbol{ab})_{\mathrm{C}}$ 表示二阶张量 $\boldsymbol{ab}$ 的共轭张量(共轭张量的定义见 1.4.2 节)。可见，张量的并乘与顺序有关。

哈密顿算子 ∇ 与 m 阶张量 $\boldsymbol{B}=b_{i_1i_2\cdots i_m}\boldsymbol{e}_{i_1}\boldsymbol{e}_{i_2}\cdots\boldsymbol{e}_{i_m}$ 的并乘称为张量的梯度，即

$$\nabla\boldsymbol{B}=\frac{\partial}{\partial x_k}\boldsymbol{e}_kb_{i_1i_2\cdots i_m}\boldsymbol{e}_{i_1}\boldsymbol{e}_{i_2}\cdots\boldsymbol{e}_{i_m}=\frac{\partial b_{i_1i_2\cdots i_m}}{\partial x_k}\boldsymbol{e}_k\boldsymbol{e}_{i_1}\boldsymbol{e}_{i_2}\cdots\boldsymbol{e}_{i_m}$$

或简写成

$$\nabla \boldsymbol{B} = \frac{\partial b_{i_1 i_2 \cdots i_m}}{\partial x_k} \tag{1.3.29}$$

$\nabla \boldsymbol{B}$ 为 $(m+1)$ 阶张量，$k, i_1, i_2, \cdots, i_m$ 为不同的自由指标。

在流体力学中经常需要用到矢量的梯度，如流速梯度。矢量 $\boldsymbol{a}$ 的梯度为哈密顿算子 ∇ 与矢量 $\boldsymbol{a}$ 的并乘，即

$$\nabla \boldsymbol{a} = \frac{\partial}{\partial x_i} \boldsymbol{e}_i a_j \boldsymbol{e}_j = \frac{\partial a_j}{\partial x_i} \boldsymbol{e}_i \boldsymbol{e}_j \tag{1.3.30}$$

容易验证，矢量的梯度必定是二阶张量。

3. 张量的点积

设张量 $\boldsymbol{B} = b_{i_1 i_2 \cdots i_m} \boldsymbol{e}_{i_1} \boldsymbol{e}_{i_2} \cdots \boldsymbol{e}_{i_m}$ 和 $\boldsymbol{C} = c_{j_1 j_2 \cdots j_n} \boldsymbol{e}_{j_1} \boldsymbol{e}_{j_2} \cdots \boldsymbol{e}_{j_n}$ 分别为 m 阶张量和 n 阶张量，则两个张量的点积为

$$\boldsymbol{T} = \boldsymbol{B} \cdot \boldsymbol{C} \tag{1.3.31}$$

因为

$$\begin{aligned}
\boldsymbol{B} \cdot \boldsymbol{C} &= b_{i_1 i_2 \cdots i_{m-1} i_m} \boldsymbol{e}_{i_1} \boldsymbol{e}_{i_2} \cdots \boldsymbol{e}_{i_m} \cdot c_{j_1 j_2 \cdots j_n} \boldsymbol{e}_{j_1} \boldsymbol{e}_{j_2} \cdots \boldsymbol{e}_{j_n} \\
&= b_{i_1 i_2 \cdots i_{m-1} i_m} c_{j_1 j_2 \cdots j_n} \boldsymbol{e}_{i_1} \boldsymbol{e}_{i_2} \cdots \boldsymbol{e}_{i_{m-1}} (\boldsymbol{e}_{i_m} \cdot \boldsymbol{e}_{j_1}) \boldsymbol{e}_{j_2} \cdots \boldsymbol{e}_{j_n} \\
&= b_{i_1 i_2 \cdots i_{m-1} i_m} c_{j_1 j_2 \cdots j_n} \boldsymbol{e}_{i_1} \boldsymbol{e}_{i_2} \cdots \boldsymbol{e}_{i_{m-1}} \delta_{i_m j_1} \boldsymbol{e}_{j_2} \cdots \boldsymbol{e}_{j_n} \\
&= b_{i_1 i_2 \cdots i_{m-1} i_m} c_{i_m j_2 \cdots j_n} \boldsymbol{e}_{i_1} \boldsymbol{e}_{i_2} \cdots \boldsymbol{e}_{i_{m-1}} \boldsymbol{e}_{j_2} \cdots \boldsymbol{e}_{j_n} \\
&= b_{i_1 i_2 \cdots i_{m-1} k} c_{k j_2 \cdots j_n} \boldsymbol{e}_{i_1} \boldsymbol{e}_{i_2} \cdots \boldsymbol{e}_{i_{m-1}} \boldsymbol{e}_{j_2} \cdots \boldsymbol{e}_{j_n}
\end{aligned}$$

因此所得张量 $\boldsymbol{T}$ 为 $(m+n-2)$ 阶张量。张量点积运算总是在运算符号"·"左右两侧的两个基矢量之间进行，如上式的点积是在基矢量 $\boldsymbol{e}_{i_m}$ 和 $\boldsymbol{e}_{j_1}$ 之间进行，即 $\boldsymbol{e}_{i_m} \cdot \boldsymbol{e}_{j_1} = \delta_{i_m j_1}$。上式最后一步将哑标 i_m 更换成哑标 k。于是(1.3.31)式可改写成

$$t_{i_1 i_2 \cdots i_{m-1} j_2 \cdots j_n} = b_{i_1 i_2 \cdots i_{m-1} k} c_{k j_2 \cdots j_n} \tag{1.3.32}$$

我们在矢量的点积运算中已说明两个矢量的点积与顺序无关，但通常两个张量(其中至少一个张量的阶次高于1阶)间的点积与顺序有关。例如，矢量 $\boldsymbol{c}$ 与二阶张量 $\boldsymbol{ab}$(由矢量 $\boldsymbol{a}$ 和 $\boldsymbol{b}$ 的并乘得到，见(1.3.26)式)的点积为

$$\boldsymbol{c} \cdot \boldsymbol{ab} = (c_k \boldsymbol{e}_k) \cdot (a_i b_j \boldsymbol{e}_i \boldsymbol{e}_j) = c_k a_i b_j (\boldsymbol{e}_k \cdot \boldsymbol{e}_i \boldsymbol{e}_j) = c_k a_i b_j \delta_{ki} \boldsymbol{e}_j = c_i a_i b_j \boldsymbol{e}_j$$

若交换矢量 $\boldsymbol{c}$ 和二阶张量 $\boldsymbol{ab}$ 点积的顺序，则有

$$\boldsymbol{ab} \cdot \boldsymbol{c} = (a_i b_j \boldsymbol{e}_i \boldsymbol{e}_j) \cdot (c_k \boldsymbol{e}_k) = a_i b_j c_k (\boldsymbol{e}_i \boldsymbol{e}_j \cdot \boldsymbol{e}_k) = a_i b_j c_k \delta_{jk} \boldsymbol{e}_i = c_j b_j a_i \boldsymbol{e}_i = c_i b_i a_j \boldsymbol{e}_j$$

为了比较，对 $\boldsymbol{ab} \cdot \boldsymbol{c}$ 运算结果的下标 i 和 j 作了对换。比较以上两式可知，由于 $c_i a_i b_j \neq c_i b_i a_j$，所以 $\boldsymbol{c} \cdot \boldsymbol{ab} \neq \boldsymbol{ab} \cdot \boldsymbol{c}$。只有当二阶张量 $\boldsymbol{ab}$ 为对称张量时(二阶对称张量见1.4.2节)，即当 $a_i b_j = b_i a_j$ 时，矢量与二阶张量的点积才与顺序无关。

两个二阶张量之间的两次点积称为双点积(double dot product)。双点积有两种形式，一种为并联式，即

$$\boldsymbol{B} : \boldsymbol{C} = (b_{ij} \boldsymbol{e}_i \boldsymbol{e}_j) : (c_{kl} \boldsymbol{e}_k \boldsymbol{e}_l) = b_{ij} c_{kl} \delta_{ik} \delta_{jl} = b_{ij} c_{ij} \tag{1.3.33}$$

（图中标注：$\boldsymbol{e}_j \cdot \boldsymbol{e}_l$；$\boldsymbol{e}_i \cdot \boldsymbol{e}_k$）

另一种为串联式，即

$$\boldsymbol{e}_i\cdot\boldsymbol{e}_l$$

$$\boldsymbol{B}\cdot\cdot\boldsymbol{C}=(b_{ij}\boldsymbol{e}_i\boldsymbol{e}_j)\cdot\cdot(c_{kl}\boldsymbol{e}_k\boldsymbol{e}_l)=b_{ij}c_{kl}\delta_{jk}\delta_{il}=b_{ij}c_{ji} \tag{1.3.34}$$

$$\boldsymbol{e}_j\cdot\boldsymbol{e}_k$$

两个二阶张量在进行双点积运算后，张量阶次降低了 4 阶，结果为零阶张量，即标量。

哈密顿算子与 m 阶张量 $\boldsymbol{B}=b_{i_1i_2\cdots i_m}\boldsymbol{e}_{i_1}\boldsymbol{e}_{i_2}\cdots\boldsymbol{e}_{i_m}$ 的点积，称为张量的散度，即

$$\nabla\cdot\boldsymbol{B}=\frac{\partial}{\partial x_k}\boldsymbol{e}_k\cdot b_{i_1i_2\cdots i_m}\boldsymbol{e}_{i_1}\boldsymbol{e}_{i_2}\cdots\boldsymbol{e}_{i_m}=\frac{\partial b_{i_1i_2\cdots i_m}}{\partial x_k}(\boldsymbol{e}_k\cdot\boldsymbol{e}_{i_1})\boldsymbol{e}_{i_2}\cdots\boldsymbol{e}_{i_m}=\frac{\partial b_{ki_2\cdots i_m}}{\partial x_k}\boldsymbol{e}_{i_2}\cdots\boldsymbol{e}_{i_m}$$

或简写成

$$\nabla\cdot\boldsymbol{B}=\frac{\partial b_{ki_2\cdots i_m}}{\partial x_k} \tag{1.3.35}$$

$\nabla\cdot\boldsymbol{B}$ 为 $(m-1)$ 阶张量，$i_2,\cdots,i_m$ 为不同的自由指标，而 k 为哑标。一阶张量的散度已在 1.2.2 节中做了介绍，见(1.2.21) 式。

矢量运算中的高斯定理(1.2.22) 式，也可推广到任意阶张量，即

$$\oiint_S \boldsymbol{n}\cdot\boldsymbol{B}\mathrm{d}S=\iiint_V \nabla\cdot\boldsymbol{B}\mathrm{d}V \tag{1.3.36}$$

4. 张量的收缩

如果令 m 阶张量 $\boldsymbol{B}=b_{i_1i_2\cdots i_m}\boldsymbol{e}_{i_1}\boldsymbol{e}_{i_2}\cdots\boldsymbol{e}_{i_m}$ 中的两个下标相等，则张量的阶次降为 $(m-2)$ 阶，这种运算称为张量收缩(tensor contraction)。每进行一次收缩，张量的阶次降低 2 阶。例如两个张量的并矢 $\boldsymbol{ab}=a_ib_j$，收缩后得标量 a_ib_i，即为两个张量的点积 $\boldsymbol{a}\cdot\boldsymbol{b}$。值得注意的是，同一个张量可以收缩到多个阶次相同的不同张量，例如三阶张量 b_{ijk} 收缩一次可得矢量 b'_{iik}、b''_{iji} 和 b'''_{ijj} 等，但这是三个不同的一阶张量。

比较矢量和张量的运算可知，矢量的运算多数情况下是张量运算的特例，即矢量运算是一阶张量的运算，比如加减、点积、并乘等代数运算法则是相同的，梯度和散度等微分运算法则也相同。但两者之间也有不同之处，主要体现在：(1) 两个矢量的点积与顺序无关，而两个张量的点积通常与顺序有关；(2) 张量的收缩只对二阶及以上的高阶张量才有效，矢量不存在收缩运算；(3) 矢量可进行叉乘运算，因此存在旋度，而由于 $\boldsymbol{e}_{ijk}$ 不是张量，所以张量并不存在叉乘运算，也不存在旋度。由此可见，矢量与张量既有联系又有区别。另外，无论是矢量还是高阶张量，都不存在除法运算，只有标量才可进行除法运算。

5. 张量识别定理

在 1.3.2 节中，我们给出了如何依据张量的定义去判别一个物理量是不是张量的方法，但这种判别方法有时候会比较烦琐。张量识别定理(tensor identification theorem) 为张量判别提供了一种简单易行的方法，而不必去直接验证是否满足变换法则。

定理 1：若 $\boldsymbol{B}=b_{i_1i_2\cdots i_mj_1j_2\cdots j_n}\boldsymbol{e}_{i_1}\boldsymbol{e}_{i_2}\cdots\boldsymbol{e}_{i_m}\boldsymbol{e}_{j_1}\boldsymbol{e}_{j_2}\cdots\boldsymbol{e}_{j_n}$ 和任意 n 阶张量 $\boldsymbol{C}=c_{j_1j_2\cdots j_n}\boldsymbol{e}_{j_1}\boldsymbol{e}_{j_2}\cdots\boldsymbol{e}_{j_n}$ 的点积

$$b_{i_1i_2\cdots i_mj_1j_2\cdots j_n}c_{j_1j_2\cdots j_n}=t_{i_1i_2\cdots i_m}$$

恒为 m 阶张量，则 $\boldsymbol{B}$ 必为 $m+n$ 阶张量。

例如，因克罗内克符号 δ_{ij} 和任意一阶张量 a_j 的点积 $\delta_{ij}a_j=a_i$ 恒成立，根据定理1，可以判定 δ_{ij} 必为二阶张量。

定理2：若 $\boldsymbol{B}=b_{i_1i_2\cdots i_m}\boldsymbol{e}_{i_1}\boldsymbol{e}_{i_2}\cdots\boldsymbol{e}_{i_m}$ 和任意 n 阶张量 $\boldsymbol{C}=c_{j_1j_2\cdots j_n}\boldsymbol{e}_{j_1}\boldsymbol{e}_{j_2}\cdots\boldsymbol{e}_{j_n}$ 的并乘

$$b_{i_1i_2\cdots i_m}c_{j_1j_2\cdots j_n}=T_{i_1i_2\cdots i_mj_1j_2\cdots j_n}$$

恒为 $(m+n)$ 阶张量，则 $\boldsymbol{B}$ 必为 m 阶张量。

1.4 二阶张量的性质

在1.2节中，我们对矢量的运算法则进行了较为详细的介绍，在1.3节中对任意阶张量的运算只作了最基本的介绍，主要是因为流体力学中高阶张量非常少，因此也没必要对高阶张量进行过多的论述。然而，流体力学中有许多重要的二阶张量，如应力张量、变形率张量等都是二阶张量，因此还有必要对二阶张量的性质作进一步的介绍。

1.4.1 主轴、主值和不变量

设 $\boldsymbol{B}$ 为二阶张量，$\boldsymbol{a}$ 为任意非零矢量，两者的点积可得另一矢量 $\boldsymbol{c}=\boldsymbol{B}\cdot\boldsymbol{a}$，若矢量 $\boldsymbol{c}$ 和矢量 $\boldsymbol{a}$ 共线，即 $\boldsymbol{c}=\lambda\boldsymbol{a}$，其中 λ 为标量，则称矢量 $\boldsymbol{a}$ 的方向为张量 $\boldsymbol{B}$ 的主轴(principal axis)方向，而 $\boldsymbol{a}$ 称为张量 $\boldsymbol{B}$ 的特征矢量(eigenvector)，λ 称为张量 $\boldsymbol{B}$ 的特征值(eigenvalue)或主值。张量 $\boldsymbol{B}$ 的特征向量和特征值可由下式求出

$$\boldsymbol{B}\cdot\boldsymbol{a}=\lambda\boldsymbol{a} \tag{1.4.1}$$

写成矩阵形式为

$$\begin{bmatrix} b_{11} & b_{12} & b_{13} \\ b_{21} & b_{22} & b_{23} \\ b_{31} & b_{32} & b_{33} \end{bmatrix}\begin{bmatrix} a_1 \\ a_2 \\ a_3 \end{bmatrix}=\begin{bmatrix} \lambda a_1 \\ \lambda a_2 \\ \lambda a_3 \end{bmatrix} \tag{1.4.2}$$

(1.4.2)式为关于 a_1、a_2 和 a_3 的线性齐次代数方程，该方程具有非零解的条件为

$$\begin{vmatrix} b_{11}-\lambda & b_{12} & b_{13} \\ b_{21} & b_{22}-\lambda & b_{23} \\ b_{31} & b_{32} & b_{33}-\lambda \end{vmatrix}=0 \tag{1.4.3}$$

由(1.4.3)式可解得三个特征值 λ_1、λ_2 和 λ_3，然后分别代入(1.4.2)式中，即可求出三个主轴方向。

将(1.4.3)式展开可得

$$\lambda^3-\lambda^2I_1+\lambda I_2-I_3=0 \tag{1.4.4}$$

其中

$$I_1 = b_{ii} = \mathrm{tr}(\boldsymbol{B}) = \lambda_1 + \lambda_2 + \lambda_3 \tag{1.4.5}$$

$$I_2 = \frac{1}{2}(b_{ii}b_{jj} - b_{ji}b_{ij}) = \lambda_1\lambda_2 + \lambda_1\lambda_3 + \lambda_2\lambda_3 \tag{1.4.6}$$

$$I_3 = e_{ijk}b_{1i}b_{2j}b_{3k} = \det(\boldsymbol{B}) = \lambda_1\lambda_2\lambda_3 \tag{1.4.7}$$

式中 $\mathrm{tr}(\boldsymbol{B})$ 和 $\det(\boldsymbol{B})$ 分别为二阶张量 $\boldsymbol{B}$ 的迹和行列式值，而 I_1、I_2 和 I_3 则为三个不随坐标而改变的量，称为不变量(invariant)。

1.4.2　几种特殊的二阶张量

1. 单位张量

克罗内克符号 δ_{ij} 是张量运算中一个非常重要的二阶张量，也称为单位张量(unit tensor)，通常记为 $\boldsymbol{I}$，可表示成

$$\boldsymbol{I} = \delta_{ij} = \begin{bmatrix} \delta_{11} & \delta_{12} & \delta_{13} \\ \delta_{21} & \delta_{22} & \delta_{23} \\ \delta_{31} & \delta_{32} & \delta_{33} \end{bmatrix} = \begin{bmatrix} 1 & 0 & 0 \\ 0 & 1 & 0 \\ 0 & 0 & 1 \end{bmatrix} \tag{1.4.8}$$

单位张量是对称张量，也是各向同性张量。

2. 共轭张量

设 $\boldsymbol{B} = b_{ij}\boldsymbol{e}_i\boldsymbol{e}_j$ 为二阶张量，则 $\boldsymbol{B}_{\mathrm{C}} = b_{ji}\boldsymbol{e}_i\boldsymbol{e}_j$，即

$$\boldsymbol{B}_{\mathrm{C}} = \begin{bmatrix} b_{11} & b_{21} & b_{31} \\ b_{12} & b_{22} & b_{32} \\ b_{13} & b_{23} & b_{33} \end{bmatrix} \tag{1.4.9}$$

称为 $\boldsymbol{B}$ 的共轭张量(conjugate tensors)。“共轭”是针对复数矩阵而言的，对于矩阵元素为实数的实矩阵，共轭矩阵即转置矩阵。

3. 对称张量

设 $\boldsymbol{S} = s_{ij}\boldsymbol{e}_i\boldsymbol{e}_j$ 为二阶张量，若各分量之间满足

$$s_{ij} = s_{ji} \tag{1.4.10}$$

则 $\boldsymbol{S}$ 为对称张量(symmetric tensors)。显然，对称二阶张量只有 6 个独立的分量。

对称二阶张量具有如下性质：

(1) 对称张量 $\boldsymbol{S}$ 与自己的共轭张量 $\boldsymbol{S}_{\mathrm{C}}$ 相等，即满足 $\boldsymbol{S} = \boldsymbol{S}_{\mathrm{C}}$。

(2) 对称性不因坐标转换而改变，即若在某一坐标系中为对称张量，则在任意坐标系中也是对称张量。

(3) 对称张量的三个主值都是实数，而且一定存在三个相互垂直的主轴。

(4) 对称张量在主轴坐标系中具有最简单的标准形式，为

$$\boldsymbol{S} = \begin{bmatrix} \lambda_1 & 0 & 0 \\ 0 & \lambda_2 & 0 \\ 0 & 0 & \lambda_3 \end{bmatrix} \tag{1.4.11}$$

其中 λ_1、λ_2 和 λ_3 为张量 $\boldsymbol{S}$ 的三个特征值。

以上性质的证明请读者自行验证或阅读相关文献资料，在此不再赘述。

4. 反对称张量

设 $\boldsymbol{A} = a_{ij}\boldsymbol{e}_i\boldsymbol{e}_j$ 为二阶张量，若各分量之间满足

$$a_{ij} = -a_{ji} \tag{1.4.12}$$

则称 $\boldsymbol{A}$ 为反对称张量(antisymmetric tensors)。反对称二阶张量对角线上的分量为零，且只有三个独立的分量。

若令 $\omega_1 = a_{23}$，$\omega_2 = a_{31}$，$\omega_3 = a_{12}$，则反对称张量的三个分量可构成一个矢量

$$\boldsymbol{\omega} = \omega_1\boldsymbol{e}_1 + \omega_2\boldsymbol{e}_2 + \omega_3\boldsymbol{e}_3$$

而反对称张量则可写成

$$a_{ij} = e_{ijk}\omega_k \tag{1.4.13}$$

反对称二阶张量具有如下性质：

(1) 满足 $\boldsymbol{A} = -\boldsymbol{A}_C$。

(2) 反对称性同样不因坐标系改变而改变。

(3) 反对称张量 $\boldsymbol{A}$ 与任意矢量 $\boldsymbol{a}$ 满足如下关系

$$\boldsymbol{a} \cdot \boldsymbol{A} = \boldsymbol{\omega} \times \boldsymbol{a} \tag{1.4.14}$$

应用(1.4.13)式，上式可证明如下：

$$\boldsymbol{a} \cdot \boldsymbol{A} = a_l\boldsymbol{e}_l \cdot e_{ijk}\omega_k\boldsymbol{e}_i\boldsymbol{e}_j = e_{ijk}a_i\omega_k\boldsymbol{e}_j = -\boldsymbol{a} \times \boldsymbol{\omega} = \boldsymbol{\omega} \times \boldsymbol{a}$$

一个对称张量和一个反对称张量的并联式双点积为

$$\boldsymbol{S} : \boldsymbol{A} = s_{ij}a_{ij} = \frac{1}{2}(s_{ij}a_{ij} + s_{ij}a_{ij}) = \frac{1}{2}(s_{ij}a_{ij} + s_{ji}a_{ji}) = \frac{1}{2}(s_{ij}a_{ij} - s_{ij}a_{ij}) = 0$$

可见，两者的并联式双点积恒为零。上式推导过程中首先根据哑标更换法则将 $s_{ij}a_{ij}$ 变为 $s_{ji}a_{ji}$，然后利用了对称张量的性质(1.4.10)式和反对称张量的性质(1.4.12)式。类似地，可以证明对称张量和反对称张量的串联式双点积也恒等于零。

1.4.3　二阶张量的分解

对于任意二阶张量 $\boldsymbol{B} = b_{ij}\boldsymbol{e}_i\boldsymbol{e}_j$，都可表示成

$$b_{ij} = \frac{1}{3}b_{kk}\delta_{ij} + b_{ij} - \frac{1}{3}b_{kk}\delta_{ij} = b_{ij}^{\mathrm{I}} + b_{ij}^{\mathrm{II}} \tag{1.4.15}$$

其中

$$b_{ij}^{\mathrm{I}} = \frac{1}{3}b_{kk}\delta_{ij} = \frac{1}{3}\mathrm{tr}(\boldsymbol{B})\delta_{ij} \tag{1.4.16}$$

是一个二阶各向同性张量。而

$$b_{ij}^{\mathrm{II}} = b_{ij} - \frac{1}{3}b_{kk}\delta_{ij} = b_{ij} - b_{ij}^{\mathrm{I}} \tag{1.4.17}$$

是迹为零的二阶偏张量。可见，任意一个二阶张量总可以分解成一个各向同性张量和一个

偏张量之和。

另外，也可将任意二阶张量 **B** 表示成

$$b_{ij} = s_{ij} + a_{ij} \tag{1.4.18}$$

其中

$$s_{ij} = \frac{1}{2}(b_{ij} + b_{ji}) \tag{1.4.19}$$

$$a_{ij} = \frac{1}{2}(b_{ij} - b_{ji}) \tag{1.4.20}$$

显然 s_{ij} 满足 $s_{ij} = s_{ji}$，而 a_{ij} 满足 $a_{ij} = -a_{ji}$，因此 s_{ij} 为对称张量，a_{ij} 为反对称张量。(1.4.18)式表明，任意一个二阶张量都可分解成一个对称张量和一个反对称张量之和，且这种分解是唯一的，称为张量分解定理(tensor decomposition theorem)。

第 1 章习题

第 2 章

流体运动的基本方程

本章我们介绍如何建立描述流体运动的基本方程。研究流动的宏观运动可以从分子和原子的运动出发，基于统计平均的方法确定流体的性质和建立描述流体宏观运动物理量所需要满足的方程，例如热力学三大定律就是基于统计方法建立起来的。另一条研究途径是以连续介质假设为基础，基于物理学中的普遍性定律来建立有关流体宏观运动物理量的基本方程，而基本方程中所包含的流体性质参数如黏度等则通过实验确定，此途径是目前在流体力学中广泛被采用并取得了巨大成功的方法。连续介质假设(continuum assumption)认为"流体质点"(fluid particle)连续无空隙地充满流体所占有的空间，而流体质点则被认为是在微观上充分大在宏观上又足够小的流体分子团，在几何上可以看成是没有维度的一个点。

当采用连续介质和流体质点等理论模型时，描述流体运动最直接的方法是跟踪每一个流体质点的运动，掌握了所有流体质点的运动规律后，整个流动问题自然也就得到了解答。然而，实际流动中要跟踪每个流体质点的运动轨迹并非易事，因而在流体力学中更多的是描述经过某空间位置的流体质点的运动，而不是持续跟踪某一个固定的流体质点。持续跟踪每一个流体质点运动的方法称为拉格朗日法，而描述经过空间具体位置上的流体质点运动的方法则称为欧拉法。在 2.1 节我们首先介绍这两种方法的区别和联系，并重点介绍在欧拉法中如何描述物理量的变化率，这是采用欧拉法建立流体运动基本方程的数学基础。

流体在运动过程中受到各种力的作用，在建立流体运动的基本方程前，还需要了解在外力作用下流体是如何产生变形的。因此，在 2.2 节将介绍流体所受的作用力、流体中一点的应力状态等概念，然后介绍流体微团基本变形的类型以及度量基本变形的物理量，最后建立流体受力与变形之间的关系，亦即建立流体的本构方程。不同性质的流体具有截然不同的本构方程，在本书中主要介绍以水为代表的所谓牛顿流体的本构方程。

在 2.3、2.4 和 2.5 三节中，我们基于物理学中总结出来的普遍定律，包括质量守恒定律、动量守恒定律和能量守恒定律，分别阐述如何应用欧拉法建立描述流体运动的连续方程、动量方程和能量方程等三大流体运动的基本方程。为了简化和方便实际应用，这些基本方程往往需要引入各种假设条件，如流体为牛顿流体、不可压缩、黏度为常数等，由此得到各种形式的基本方程。在应用这些基本方程时，务必牢记方程所适用的条件和范围。

最后，在 2.6 节对流体运动基本方程组的定解条件、数学性质和求解方法等做了总结和概述。

2.1 流体运动的描述方法

2.1.1 拉格朗日法和欧拉法

拉格朗日法(Lagrangian description) 着眼于研究具体流体质点的运动，设法描述出每一个流体质点的运动过程，通过了解所有质点的运动规律来掌握整个流场的运动情况。由于这种方法研究的是每个流体质点，因此又称为质点系法。通常以初始时刻流体质点的位置坐标作为区分不同流体质点的标志，即不同的流体质点 $\boldsymbol{\xi} = \boldsymbol{x}(t_0)$。当然也可用其他的识别标志，不过由于假设流体是连续介质，因此识别标志必须是连续函数。

从时间 t_0 到时间 t，流体质点的运动可用位置矢量表示(见图 2.1.1)，即

$$\boldsymbol{x} = \boldsymbol{x}(\boldsymbol{\xi}, t) \tag{2.1.1}$$

式中 $\boldsymbol{\xi}$ 和 t 称为拉格朗日变量。对于某一确定的质点，其初始位置 $\boldsymbol{\xi}$ 为确定值，位置矢量 $\boldsymbol{x}$ 仅是时间 t 的函数，因此(2.1.1) 式表示的是该质点的运动轨迹；对于某一确定的时刻，即当 t 为常数时，$\boldsymbol{x}$ 仅是各质点初始位置的函数，(2.1.1) 式则表示 t 时刻不同质点在空间的分布情况。

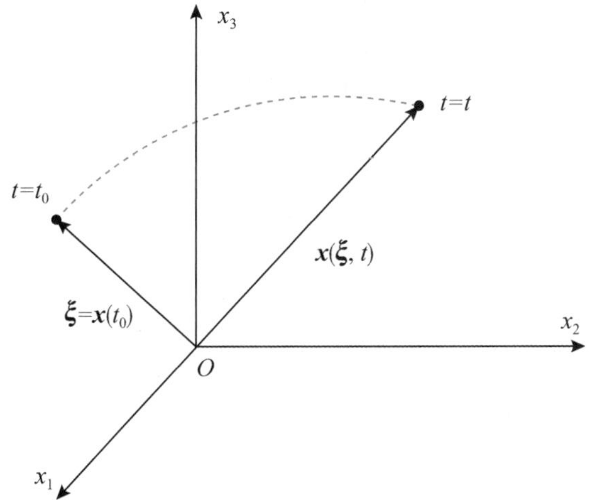

图 2.1.1　拉格朗日描述

由(2.1.1)式可得到流体质点的速度和加速度

$$\boldsymbol{u}(\boldsymbol{\xi},t)=\frac{\partial \boldsymbol{x}(\boldsymbol{\xi},t)}{\partial t} \tag{2.1.2}$$

$$\boldsymbol{a}(\boldsymbol{\xi},t)=\frac{\partial \boldsymbol{u}(\boldsymbol{\xi},t)}{\partial t}=\frac{\partial^2 \boldsymbol{x}(\boldsymbol{\xi},t)}{\partial t^2} \tag{2.1.3}$$

上述微分是针对同一流体质点的,即 $\boldsymbol{\xi}$ 保持不变,流速和加速度分别是位置矢量 $\boldsymbol{x}$ 对时间的一阶和二阶偏导数。

在流体流动过程中要跟踪每一个流体质点并去描述它的运动通常十分困难,多数时候也没有必要。欧拉法(Eulerian description)并不关注某一个特定质点的运动情况,而是着眼于研究质点流经空间特定位置时的运动特性,综合流场中所有空间位置点上流体质点的运动属性及其变化规律,即可得到整个流场的运动特征,因此欧拉法又称流场法。在欧拉法中,因为在不同时刻通过某空间点的流体质点是不同的,在固定空间点上无法观测到经过流体质点在此以前和以后的运动历史,因此不能像拉格朗日法那样能直接描述出每个流体质点位置随时间的变化情况。尽管如此,不同时刻经过固定空间位置的流体质点的运动属性,如速度、压强等仍是可以观测的,因此可以采用速度矢量等来描述空间点上流体运动的变化情况。

在欧拉法中,流体质点的运动属性都可表示成空间位置 $\boldsymbol{x}$ 和时间 t 的函数,即

$$q=q(\boldsymbol{x},t)$$

式中 $\boldsymbol{x}$ 和 t 为独立变量,称为欧拉变量。$q(\boldsymbol{x},t)$ 表示流体质点的运动属性,如流速、压强、密度等。对于某一固定的空间位置,位置矢量 $\boldsymbol{x}$ 为常数,此时运动属性仅与时间有关,$q(\boldsymbol{x},t)$ 表示不同时刻先后通过该固定位置点的各流体质点的运动属性;对于某一确定的时刻 t,$q(\boldsymbol{x},t)$ 则表示该时刻在不同空间位置点上的流体质点运动属性的分布情况。

拉格朗日法和欧拉法这两种描述流体运动的方法虽然着眼点不同,但由于两者研究的是同一流动问题,所以它们之间一定是可以相互转换的。

如果已知拉格朗日法中流体的运动规律,即(2.1.1)式,则由此式可解得

$$\boldsymbol{\xi}=\boldsymbol{\xi}(\boldsymbol{x},t) \tag{2.1.4}$$

将(2.1.4)式代入拉格朗日法的流速(2.1.2)式中,即可得到用欧拉变量表示的流速

$$\boldsymbol{u}(\boldsymbol{\xi},t)=\boldsymbol{u}[\boldsymbol{\xi}(\boldsymbol{x},t),t]=\boldsymbol{u}(\boldsymbol{x},t)$$

需要说明的是,由(2.1.1)式解得(2.1.4)式,在数学上需要满足雅可比行列式(Jacobian determinant)

$$J=e_{kmn}\frac{\partial x_k}{\partial \xi_1}\frac{\partial x_m}{\partial \xi_2}\frac{\partial x_n}{\partial \xi_3}=\begin{vmatrix}\frac{\partial x_1}{\partial \xi_1} & \frac{\partial x_2}{\partial \xi_1} & \frac{\partial x_3}{\partial \xi_1}\\ \frac{\partial x_1}{\partial \xi_2} & \frac{\partial x_2}{\partial \xi_2} & \frac{\partial x_3}{\partial \xi_2}\\ \frac{\partial x_1}{\partial \xi_3} & \frac{\partial x_2}{\partial \xi_3} & \frac{\partial x_3}{\partial \xi_3}\end{vmatrix} \tag{2.1.5}$$

不为零且不为无穷的条件。对于流体流动问题而言,我们将在 2.1.3 节中证明,方程(2.1.1)

式的雅可比行列式总是满足这一条件的，因此方程的解(2.1.4)式一定存在。

如果已知欧拉法中的流速 $\boldsymbol{u}(\boldsymbol{x},t)$，可将流速表示成

$$\frac{\mathrm{d}\boldsymbol{x}}{\mathrm{d}t}=\boldsymbol{u}(\boldsymbol{x},t)$$

上式表示由三个方向的流速组成的常微分方程组，由此常微分方程组可获得通解

$$\boldsymbol{x}=\boldsymbol{x}(C_1,C_2,C_3,t)$$

其中 C_1、C_2 和 C_3 为三个积分常数，由初始条件 $\boldsymbol{\xi}=\boldsymbol{x}(t_0)$来确定，即

$$C_1=C_1(\boldsymbol{\xi}),C_2=C_2(\boldsymbol{\xi}),C_3=C_3(\boldsymbol{\xi})$$

将积分常数代回通解，得 $\boldsymbol{x}=\boldsymbol{x}(C_1,C_2,C_3,t)=\boldsymbol{x}(\boldsymbol{\xi},t)$，即得到拉格朗日法中流体质点的运动规律(2.1.1)式。

欧拉法中每个物理量在空间的分布为一个物理场，因此可以利用场论、张量分析等方法，从而在进行理论研究时拥有强有力的数学工具。采用拉格朗日法时，物理量并不是空间坐标的函数，而是质点的函数，无法应用场论中的相关方法，在数学工具应用上处于劣势。另外，在拉格朗日法中描述流体运动的是矢径，在运动方程中加速度是矢径的二阶导数，而在欧拉法中，描述流体运动的是流速，运动方程中加速度是流速的一阶导数，因此拉格朗日法中运动方程的偏微分要比欧拉法中高一阶，求解更为困难。基于上述原因，在流体力学中广泛采用欧拉法。然而，由于运动属性仅是流体质点的属性，不是空间位置的属性，因此在欧拉法中仍要采用拉格朗日法中跟踪流体质点运动的这一物理本质。在接下来所要讲的物质导数中可以看到如何应用这一点。

2.1.2　物质导数

欧拉法中研究某物理量 $q(\boldsymbol{x},t)$对时间的变化率 $\partial q/\partial t$，表示的是在某一空间点上物理量对时间的变化率，而不是流体质点的物理量对时间的变化率。由于物理量所代表的属性(如温度、速度、压强)是流体质点的属性而不是空间位置的属性，因此在欧拉空间场中研究流体属性 $q(\boldsymbol{x},t)$的变化率仍要跟拉格朗日法一样，需要针对确定的流体质点。设时刻 t 具有属性$q(\boldsymbol{x},t)$的流体质点位于空间点$\boldsymbol{x}$，该质点的运动轨迹可用(2.1.1)式来描述，即$\boldsymbol{x}=\boldsymbol{x}(\boldsymbol{\xi},t)$，所具有的属性 q 对时间的变化率可表示为

$$\frac{\mathrm{D}q}{\mathrm{D}t}=\frac{\mathrm{D}}{\mathrm{D}t}q[\boldsymbol{x}(\boldsymbol{\xi},t),t]=\frac{\partial q}{\partial t}+\frac{\partial q}{\partial x_i}\frac{\partial x_i}{\partial t}$$

式中 $\mathrm{D}q/\mathrm{D}t$ 称为物质导数(material derivative)，或称质点导数、随体导数，是以欧拉空间坐标表示的流体质点运动属性对时间的全导数，采用 $\mathrm{D}/\mathrm{D}t$ 符号以区别于一般对时间的微分算子 $\mathrm{d}/\mathrm{d}t$。

因为 $\partial x_i/\partial t=u_i$，上式进一步改写成

$$\frac{\mathrm{D}q}{\mathrm{D}t}=\frac{\partial q}{\partial t}+u_i\frac{\partial q}{\partial x_i}\tag{2.1.6}$$

或表示成

$$\frac{\mathrm{D}q}{\mathrm{D}t}=\frac{\partial q}{\partial t}+(\boldsymbol{u}\cdot\nabla)q \tag{2.1.7}$$

式中 $\partial q/\partial t$ 称为时变导数，也称当地变化率(local derivative)，表示在固定空间位置上物理量 q 对时间的变化率，是由于流动非定常所引起的；$(\boldsymbol{u}\cdot\nabla)q$ 称为位变导数，也称迁移变化率(convective derivative)，表示流体质点由于随时间而改变了空间位置从而导致了物理量 q 的变化，是由于流场不均匀所引起的。微分算子 $\boldsymbol{u}\cdot\nabla$ 是流速 $\boldsymbol{u}$ 与哈密顿算子 ∇ 的点乘，但要注意，两者不满足交换律，即 $\boldsymbol{u}\cdot\nabla\neq\nabla\cdot\boldsymbol{u}$。对于定常流动(steady flow)，物理量的时变导数 $\partial q/\partial t=0$，表示物理量不依赖于时间，反之称为非定常流动(unsteady flow)；而对于均匀流动(uniform flow)，物理量的位变导数 $(\boldsymbol{u}\cdot\nabla)q=0$，表示物理量不依赖于空间位置，反之称为非均匀流动(non-uniform flow)。

物质导数给出了流体质点属性的拉格朗日变化率 $\mathrm{D}q/\mathrm{D}t$ 与欧拉变化率 $\partial q/\partial t$ 和 $\partial q/\partial x_i$ 之间的联系。物质导数是应用欧拉法研究物理量变化率的数学基础，在基本方程的推导中具有非常重要的地位。

2.1.3 雷诺输运方程

物质导数给出了欧拉法中流体质点物理量随时间的变化率。研究流动问题时，有时候需要考虑一个有限大小的流体团的物理量对时间的变化率，而不是单个的流体质点。该有限大小的流体团由确定的流体质点所组成，称为系统(system)。系统以外的一切统称为外界。系统的边界是把系统和外界分开的真实的或假想的表面，其具有如下特征：

(1) 系统的边界随流体一起运动，系统的体积、边界面的形状和大小随时间发生变化；

(2) 在系统的边界上没有质量交换；

(3) 在系统的边界上受到外界作用在系统上的表面力；

(4) 在系统的边界上可以有能量交换。

选定一个确定的系统后，该系统所具有的物理量可表示成

$$q=\iiint_V \phi\,\mathrm{d}V \tag{2.1.8}$$

式中 V 是系统在某一时刻所具有的体积，ϕ 表示物理量在系统中的体积分布密度。例如，若 ϕ 表示密度 ρ，则 q 表示系统的质量；若 ϕ 表示 $\rho\boldsymbol{u}$，则 q 表示系统的动量。

与系统相对应的另一概念是控制体(control volume)，表示相对于某个坐标系有流体流过的固定不变的任何空间。控制体的边界称为控制面，控制面总是封闭的，具有如下特征：

(1) 控制面相对于坐标系是固定的；

(2) 在控制面上可以有质量的交换；

(3) 在控制面上受到控制体以外物体施加在控制体内流体上的力；

(4) 在控制面上可以有能量交换。

由系统和控制体的定义可知，系统是拉格朗日法研究的对象，而控制体则是欧拉法着

眼的对象。接下来我们需要建立系统的物理量对时间的变化率与控制体中物理量对时间的变化率之间的关系。

设初始时刻 t_0 在 $\boldsymbol{\xi} = \boldsymbol{x}(t_0)$ 位置，有一未变形的呈正六面体形状的流体微团（见图 2.1.2），流体微团的边长分别为 $d\xi_1$、$d\xi_2$ 和 $d\xi_3$，体积为 $dV_0 = d\xi_1 d\xi_2 d\xi_3$。在 t 时刻，流体微团运动到 $\boldsymbol{x}(t)$ 位置，且由于微团内部各质点速度各不相同，因此流体微团产生了相对变形。根据(2.1.1) 式，变形后的流体微团的边长 $d\boldsymbol{x}_1$、$d\boldsymbol{x}_2$ 和 $d\boldsymbol{x}_3$ 分别为

$$d\boldsymbol{x}_1 = \frac{\partial \boldsymbol{x}}{\partial \xi_1} d\xi_1, d\boldsymbol{x}_2 = \frac{\partial \boldsymbol{x}}{\partial \xi_2} d\xi_2, d\boldsymbol{x}_3 = \frac{\partial \boldsymbol{x}}{\partial \xi_3} d\xi_3 \tag{2.1.9}$$

应用(1.2.13) 式和(2.1.9) 式，t 时刻流体微团体积为

$$\begin{aligned} dV &= (d\boldsymbol{x}_1 \times d\boldsymbol{x}_2) \cdot d\boldsymbol{x}_3 \\ &= \left(\frac{\partial x_k}{\partial \xi_1} d\xi_1 \boldsymbol{e}_k \times \frac{\partial x_m}{\partial \xi_2} d\xi_2 \boldsymbol{e}_m\right) \cdot \frac{\partial x_n}{\partial \xi_3} d\xi_3 \boldsymbol{e}_n \\ &= e_{kmn} \frac{\partial x_k}{\partial \xi_1} \frac{\partial x_m}{\partial \xi_2} \frac{\partial x_n}{\partial \xi_3} d\xi_1 d\xi_2 d\xi_3 \end{aligned}$$

或简写成

$$dV = J dV_0 \tag{2.1.10}$$

其中 J 即(2.1.5) 式中的雅可比行列式。由(2.1.10) 式可知，雅可比行列式 J 的物理意义表示流体微团的体积之比，由质量守恒定律有 $\rho dV = \rho_0 dV_0$，所以也可看成是流体微团在不同时刻的密度之比。由于流体密度总是有一定大小的，因此雅可比行列式也总是不会为零，也不会为无穷。所以，可以由方程(2.1.1) 式求得(2.1.4) 式，也就是说拉格朗日法和欧拉法互换的条件一定是成立的。

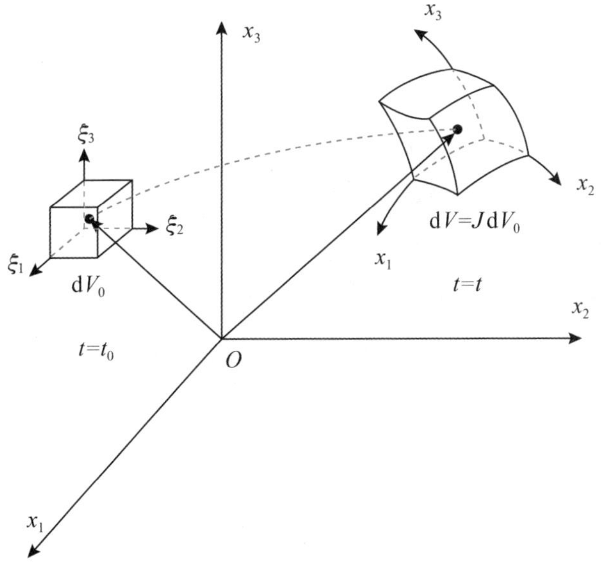

图 2.1.2　系统体积的变化

现在我们来研究 t 时刻系统所具有的物理量(2.1.8) 式随时间的变化率，其可表示成

$$\frac{\mathrm{D}q}{\mathrm{D}t}=\frac{\mathrm{D}}{\mathrm{D}t}\iiint_V \phi\,\mathrm{d}V$$

由于系统体积 $V(t)$ 是随时间发生变化的，用上式计算系统物理量对时间的变化率时积分和微分的顺序并不能交换。为方便推导，我们利用(2.1.10)式将积分区域由可变体积 $V(t)$ 改为初始时刻 t_0 时的固定体积 V_0。由于 V_0 不随时间 t 变化，从而在体积 V_0 上的积分和对时间 t 的微分在顺序上可以交换，即

$$\frac{\mathrm{D}}{\mathrm{D}t}\iiint_V \phi\,\mathrm{d}V=\frac{\mathrm{D}}{\mathrm{D}t}\iiint_{V_0}\phi J\,\mathrm{d}V_0=\iiint_{V_0}\frac{\mathrm{D}}{\mathrm{D}t}(\phi J)\,\mathrm{d}V_0$$

运用链式求导法则，可得

$$\iiint_{V_0}\frac{\mathrm{D}}{\mathrm{D}t}(\phi J)\,\mathrm{d}V_0=\iiint_{V_0}\left(J\frac{\mathrm{D}\phi}{\mathrm{D}t}+\phi\frac{\mathrm{D}J}{\mathrm{D}t}\right)\mathrm{d}V_0 \tag{2.1.11}$$

由于系统体积随时间发生改变，由(2.1.10)式可知，雅可比行列式同样也会随时间发生变化，其对时间的变化率可根据物质导数(2.1.7)式来计算，即

$$\frac{\mathrm{D}J}{\mathrm{D}t}=\frac{\partial J}{\partial t}+(\boldsymbol{u}\cdot\nabla)J=\frac{\partial}{\partial t}\left(e_{kmn}\frac{\partial x_k}{\partial\xi_1}\frac{\partial x_m}{\partial\xi_2}\frac{\partial x_n}{\partial\xi_3}\right)+u_j\frac{\partial}{\partial x_j}\left(e_{kmn}\frac{\partial x_k}{\partial\xi_1}\frac{\partial x_m}{\partial\xi_2}\frac{\partial x_n}{\partial\xi_3}\right) \tag{2.1.12}$$

由于空间位置各分量是相互独立的变量，因此(2.1.12)式右端第二项为零。右端第一项展开后有

$$\frac{\partial}{\partial t}\left(e_{kmn}\frac{\partial x_k}{\partial\xi_1}\frac{\partial x_m}{\partial\xi_2}\frac{\partial x_n}{\partial\xi_3}\right)=e_{kmn}\frac{\partial x_m}{\partial\xi_2}\frac{\partial x_n}{\partial\xi_3}\frac{\partial}{\partial t}\left(\frac{\partial x_k}{\partial\xi_1}\right)+e_{kmn}\frac{\partial x_k}{\partial\xi_1}\frac{\partial x_n}{\partial\xi_3}\frac{\partial}{\partial t}\left(\frac{\partial x_m}{\partial\xi_2}\right)+e_{kmn}\frac{\partial x_k}{\partial\xi_1}\frac{\partial x_m}{\partial\xi_2}\frac{\partial}{\partial t}\left(\frac{\partial x_n}{\partial\xi_3}\right)$$

由于 ξ 不是时间的函数，上式关于 ξ 和 t 微分顺序可以更换，于是右端第一项可变形为

$$e_{kmn}\frac{\partial x_m}{\partial\xi_2}\frac{\partial x_n}{\partial\xi_3}\frac{\partial}{\partial t}\left(\frac{\partial x_k}{\partial\xi_1}\right)=e_{kmn}\frac{\partial x_m}{\partial\xi_2}\frac{\partial x_n}{\partial\xi_3}\frac{\partial}{\partial\xi_1}\left(\frac{\partial x_k}{\partial t}\right)=e_{kmn}\frac{\partial x_m}{\partial\xi_2}\frac{\partial x_n}{\partial\xi_3}\frac{\partial u_k}{\partial\xi_1}=e_{kmn}\frac{\partial x_m}{\partial\xi_2}\frac{\partial x_n}{\partial\xi_3}\frac{\partial x_k}{\partial\xi_1}\frac{\partial u_k}{\partial x_k}$$

类似地，右端第二项和第三项也可写成

$$e_{kmn}\frac{\partial x_k}{\partial\xi_1}\frac{\partial x_n}{\partial\xi_3}\frac{\partial}{\partial t}\left(\frac{\partial x_m}{\partial\xi_2}\right)=e_{kmn}\frac{\partial x_k}{\partial\xi_1}\frac{\partial x_n}{\partial\xi_3}\frac{\partial x_m}{\partial\xi_2}\frac{\partial u_m}{\partial x_m}$$

$$e_{kmn}\frac{\partial x_k}{\partial\xi_1}\frac{\partial x_m}{\partial\xi_2}\frac{\partial}{\partial t}\left(\frac{\partial x_n}{\partial\xi_3}\right)=e_{kmn}\frac{\partial x_k}{\partial\xi_1}\frac{\partial x_m}{\partial\xi_2}\frac{\partial x_n}{\partial\xi_3}\frac{\partial u_n}{\partial x_n}$$

因为 $\partial u_k/\partial x_k$、$\partial u_m/\partial x_m$ 和 $\partial u_n/\partial x_n$ 的下标为哑标，同时改变哑标不影响结果，因此(2.1.12)式右端第一项最终可写成

$$\frac{\partial}{\partial t}\left(e_{kmn}\frac{\partial x_k}{\partial\xi_1}\frac{\partial x_m}{\partial\xi_2}\frac{\partial x_n}{\partial\xi_3}\right)=\frac{\partial u_i}{\partial x_i}\left(e_{kmn}\frac{\partial x_k}{\partial\xi_1}\frac{\partial x_m}{\partial\xi_2}\frac{\partial x_n}{\partial\xi_3}\right)=(\nabla\cdot\boldsymbol{u})J \tag{2.1.13}$$

将(2.1.13)式代回(2.1.12)式，可得雅可比矩阵随时间的变化率为

$$\frac{\mathrm{D}J}{\mathrm{D}t}=(\nabla\cdot\boldsymbol{u})J \tag{2.1.14}$$

将(2.1.14)式代入(2.1.11)式，可得

$$\begin{aligned}\iiint_{V_0}\left(J\frac{\mathrm{D}\phi}{\mathrm{D}t}+\phi\frac{\mathrm{D}J}{\mathrm{D}t}\right)\mathrm{d}V_0&=\iiint_{V_0}\left[\frac{\mathrm{D}\phi}{\mathrm{D}t}+\phi(\nabla\cdot\boldsymbol{u})\right]J\,\mathrm{d}V_0\\&=\iiint_V\left[\frac{\partial\phi}{\partial t}+(\boldsymbol{u}\cdot\nabla)\phi+\phi(\nabla\cdot\boldsymbol{u})\right]\mathrm{d}V\end{aligned}$$

$$= \iiint_V \left(\frac{\partial \phi}{\partial t} + \nabla \cdot \phi \boldsymbol{u}\right) \mathrm{d}V$$

$$= \iiint_V \frac{\partial \phi}{\partial t} \mathrm{d}V + \iiint_V \nabla \cdot \phi \boldsymbol{u} \mathrm{d}V$$

上式推导过程中利用了(2.1.10)式、(2.1.7)式和恒等式$(\boldsymbol{u} \cdot \nabla)\phi + \phi(\nabla \cdot \boldsymbol{u}) = \nabla \cdot \phi \boldsymbol{u}$。因此系统的物理量随时间的变化率可表示为

$$\frac{\mathrm{D}}{\mathrm{D}t}\iiint_V \phi \mathrm{d}V = \iiint_V \frac{\partial \phi}{\partial t} \mathrm{d}V + \iiint_V (\nabla \cdot \phi \boldsymbol{u}) \mathrm{d}V \tag{2.1.15}$$

利用高斯公式，上式也可写成

$$\frac{\mathrm{D}}{\mathrm{D}t}\iiint_V \phi \mathrm{d}V = \frac{\partial}{\partial t}\iiint_V \phi \mathrm{d}V + \oiint_S \phi (\boldsymbol{u} \cdot \boldsymbol{n}) \mathrm{d}S \tag{2.1.16}$$

以上两式称为雷诺输运方程(Reynolds transport equation)。

由(2.1.16)式可知，系统物理量对时间的变化率由两部分组成，其中右端第一项表示控制体内所含物理量在单位时间内的增量，是由于流场中 ϕ 的非定常所引起，称为系统物理量的当地变化率；而右端第二项则表示单位时间内流体通过控制体表面有净流出量而引起控制体内物理量的变化，是由于流场的不均匀所引起，称为系统物理量的迁移变化率。

雷诺输运方程给出了在物质体(即系统)中所定义的物理量的变化率，是物质体积分的物质导数。当在物质线或物质面(即由确定流体质点组成的曲线或曲面)上定义某物理量时，也可建立类似积分的物质导数，如在物质线上定义的速度环量(见(3.1.3)式)对时间的变化率，就是物质线积分的物质导数。

2.2 流体所受的力与变形

2.2.1 流体的应力状态

作用在流体上的力包括质量力和面积力。质量力(body force)是作用在每个流体质点上的非接触力，如重力、惯性力等，而面积力(surface force)则是流体或边界通过接触面施加在另一部分流体上的力，如压力、摩擦力等。

在流场空间位置 $\boldsymbol{x}$ 处取一点 M，围绕该点作体积元 ΔV，体积元的质量为 Δm，作用在体积元 ΔV 上的质量力为 $\Delta \boldsymbol{F}$，令 ΔV 向 M 点收缩，若

$$\boldsymbol{f}(\boldsymbol{x}, t) = \lim_{\Delta V \to 0} \frac{\Delta \boldsymbol{F}}{\Delta m} \tag{2.2.1}$$

存在，则 $\boldsymbol{f}$ 为 M 点上单位质量流体所受到的质量力。显然，$\boldsymbol{f}$ 是位置 $\boldsymbol{x}$ 和时间 t 的函数。

类似地，围绕点 M 作面积元 ΔS。设 ΔS 的外法线单位矢量为 $\boldsymbol{n}$，作用于 ΔS 上的力为 $\Delta\boldsymbol{P}$，令 ΔS 向 M 点收缩，若

$$\boldsymbol{p}_n(\boldsymbol{x},t)=\lim_{\Delta S\to 0}\frac{\Delta\boldsymbol{P}}{\Delta S} \tag{2.2.2}$$

存在，则 $\boldsymbol{p}_n$ 代表在 M 点以 $\boldsymbol{n}$ 为法线方向的单位面积上的面积力，即面积力的分布密度，也称为应力(stress)。

过 M 点可以作无数个不同方向的面积元。一般来讲，作用在这些面积元上的面积力是互不相等的。也就是说，应力矢量 $\boldsymbol{p}_n$ 不仅是空间位置 $\boldsymbol{x}$ 和时间 t 的函数，还是外法线方向 $\boldsymbol{n}$ 的函数。若要描述 M 点的应力，需要知道过 M 点任意面积元上所受的应力。值得庆幸的是，过同一点不同面积元上所受的应力并不是互不相关的，任一已知法向方向为 $\boldsymbol{n}$ 的面积元上的应力，可以由三个正交平面上已知的应力矢量表示出来。接下来证明这一结论。

在流体中取四面体微元 $OABC$，其三个侧面分别垂直于三个坐标轴，倾斜面 ABC 的法向方向 $\boldsymbol{n}$ 是任意的，如图 2.2.1 所示。下面分析该四面体微元所受的力和力矩。

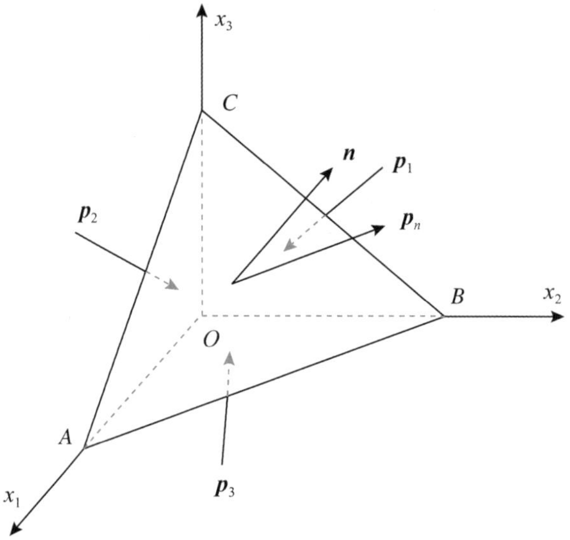

图 2.2.1　应力状态

作用在四面体上的力包含质量力和面积力。根据达朗贝尔原理，这些力及其力矩应该处于平衡状态。由于质量力在微元体中是三阶小量，而面积力是二阶小量，因此建立四面体微元的力和力矩的平衡方程时，可以忽略质量力的作用。

设作用在四面体微元三个相互垂直的侧面上的应力矢量分别为 $\boldsymbol{p}_1$、$\boldsymbol{p}_2$ 和 $\boldsymbol{p}_3$，作用在倾斜面上的应力矢量为 $\boldsymbol{p}_n$，则根据四面体微元的受力平衡，可得

$$\boldsymbol{p}_n\Delta S-\boldsymbol{p}_1 n_1\Delta S-\boldsymbol{p}_2 n_2\Delta S-\boldsymbol{p}_3 n_3\Delta S=0$$

亦即

$$\boldsymbol{p}_n=n_1\boldsymbol{p}_1+n_2\boldsymbol{p}_2+n_3\boldsymbol{p}_3 \tag{2.2.3}$$

其中 n_1、n_2 和 n_3 为四面体微元的倾斜面外法向方向 $\boldsymbol{n}$ 与坐标轴夹角的余弦，ΔS 为倾斜面的面积。

当四面体微元在保持形状不变的情况下，逐渐收缩到一点时，$\boldsymbol{p}_1$、$\boldsymbol{p}_2$ 和 $\boldsymbol{p}_3$ 三个应力矢量作用在同一空间点上，将它们分别沿坐标轴方向分解，可得

$$\begin{cases} \boldsymbol{p}_1 = \sigma_{11}\boldsymbol{e}_1 + \sigma_{12}\boldsymbol{e}_2 + \sigma_{13}\boldsymbol{e}_3 \\ \boldsymbol{p}_2 = \sigma_{21}\boldsymbol{e}_1 + \sigma_{22}\boldsymbol{e}_2 + \sigma_{23}\boldsymbol{e}_3 \\ \boldsymbol{p}_3 = \sigma_{31}\boldsymbol{e}_1 + \sigma_{32}\boldsymbol{e}_2 + \sigma_{33}\boldsymbol{e}_3 \end{cases} \tag{2.2.4}$$

将(2.2.4)式代入(2.2.3)式，可得

$$\boldsymbol{p}_n = (n_1\sigma_{11} + n_2\sigma_{21} + n_3\sigma_{31})\boldsymbol{e}_1 + (n_1\sigma_{12} + n_2\sigma_{22} + n_3\sigma_{32})\boldsymbol{e}_2 + (n_1\sigma_{13} + n_2\sigma_{23} + n_3\sigma_{33})\boldsymbol{e}_3 \tag{2.2.5}$$

另外应力矢量 $\boldsymbol{p}_n$ 还可表示成

$$\boldsymbol{p}_n = p_{n1}\boldsymbol{e}_1 + p_{n2}\boldsymbol{e}_2 + p_{n3}\boldsymbol{e}_3 \tag{2.2.6}$$

其中 p_{n1}、p_{n2} 和 p_{n3} 为 $\boldsymbol{p}_n$ 在三个坐标轴上的分量。比较(2.2.6)式和(2.2.5)式，可知 $\boldsymbol{p}_n$ 的三个分量可表示成

$$p_{ni} = n_1\sigma_{1i} + n_2\sigma_{2i} + n_3\sigma_{3i} = n_j\sigma_{ji} \tag{2.2.7}$$

或写成

$$\boldsymbol{p}_n = \boldsymbol{n} \cdot \boldsymbol{\sigma} \tag{2.2.8}$$

式中 $\boldsymbol{\sigma}$ 称为应力张量(stress tensor)，是一个二阶张量，可表示成

$$\boldsymbol{\sigma} = \sigma_{ij} = \begin{bmatrix} \sigma_{11} & \sigma_{12} & \sigma_{13} \\ \sigma_{21} & \sigma_{22} & \sigma_{23} \\ \sigma_{31} & \sigma_{32} & \sigma_{33} \end{bmatrix} \tag{2.2.9}$$

应力张量 $\boldsymbol{\sigma}$ 共有 9 个分量，分量 σ_{ij} 的第一个下标 i 表示应力作用面的外法线方向，第二个下标 j 表示应力的方向。

由此可见，过空间一点任意方向 $\boldsymbol{n}$ 上的应力 $\boldsymbol{p}_n$ 可由三个应力矢量 $\boldsymbol{p}_1$、$\boldsymbol{p}_2$ 和 $\boldsymbol{p}_3$，或者说由应力张量 $\boldsymbol{\sigma}$ 唯一确定。

接下来我们根据力矩平衡，证明应力张量 $\boldsymbol{\sigma}$ 是对称张量。在流体中任取体积微元 V，其外表面为 S，在 V 内任取一点作为力矩参考点，表面力对参考点的力矩之和为

$$\begin{aligned} \oiint_S \boldsymbol{x} \times \boldsymbol{p}_n \mathrm{d}S &= \oiint_S \boldsymbol{x} \times (\boldsymbol{n} \cdot \boldsymbol{\sigma}) \mathrm{d}S \\ &= \oiint_S e_{ijk} x_j (\boldsymbol{n} \cdot \boldsymbol{\sigma})_k \mathrm{d}S \\ &= \oiint_S e_{ijk} x_j n_l \sigma_{lk} \mathrm{d}S \end{aligned}$$

利用高斯公式，可得

$$\begin{aligned} \oiint_S e_{ijk} x_j n_l \sigma_{lk} \mathrm{d}S &= \iiint_V e_{ijk} \frac{\partial (x_j \sigma_{lk})}{\partial x_l} \mathrm{d}V \\ &= \iiint_V e_{ijk} \left(\frac{\partial x_j}{\partial x_l} \sigma_{lk} + x_j \frac{\partial \sigma_{lk}}{\partial x_l} \right) \mathrm{d}V \\ &= \iiint_V e_{ijk} \left(\delta_{jl} \sigma_{lk} + x_j \frac{\partial \sigma_{lk}}{\partial x_l} \right) \mathrm{d}V \end{aligned}$$

$$= \iiint_V e_{ijk} \left(\sigma_{jk} + x_j \frac{\partial \sigma_{lk}}{\partial x_l} \right) \mathrm{d}V$$

上式推导过程中应用了 $\partial x_j / \partial x_l = \delta_{jl}$，以及克罗内克符号的换标作用，即 $\delta_{jl}\sigma_{lk} = \sigma_{jk}$。在体积微元 V 内，力臂 x_j 是一阶小量，所以上式括号中的第二项为二阶小量，可以忽略不计。由此可得

$$\oiint_S \boldsymbol{x} \times \boldsymbol{p}_n \mathrm{d}S = \iiint_V e_{ijk}\sigma_{jk} \mathrm{d}V$$

根据力矩平衡，面积力的力矩之和应等于零，所以有

$$\iiint_V e_{ijk}\sigma_{jk} \mathrm{d}V = 0$$

由于体积微元是任取的，所以上式被积函数应为零，即

$$e_{ijk}\sigma_{jk} = 0$$

在上式中，令 $i = 1$，因 $j \neq k \neq i = 1$，$e_{ijk} \neq 0$，可得 $\sigma_{23} - \sigma_{32} = 0$。同理，当 $i = 2$ 时，可得 $\sigma_{31} - \sigma_{13} = 0$；当 $i = 3$ 时，可得 $\sigma_{12} - \sigma_{21} = 0$。于是有

$$\sigma_{jk} = \sigma_{kj} \tag{2.2.10}$$

可见，应力张量 $\boldsymbol{\sigma}$ 是一个对称张量，独立的分量只有 6 个。

对于静止流体，质点不承受切应力，因此 $\sigma_{ij} = 0 (i \neq j)$，由(2.2.5) 式可得

$$\boldsymbol{p}_n = n_1\sigma_{11}\boldsymbol{e}_1 + n_2\sigma_{22}\boldsymbol{e}_2 + n_3\sigma_{33}\boldsymbol{e}_3 \tag{2.2.11}$$

同样因为不承受切应力，倾斜面上应力 $\boldsymbol{p}_n$ 的方向与法线 $\boldsymbol{n}$ 方向重合，若将 $\boldsymbol{p}_n$ 沿法向和切向分解，则只有法向分量，切向分量为零。于是 $\boldsymbol{p}_n$ 可表示成

$$\boldsymbol{p}_n = -n_1 p_s\boldsymbol{e}_1 - n_2 p_s\boldsymbol{e}_2 - n_3 p_s\boldsymbol{e}_3 \tag{2.2.12}$$

式中 p_s 为法向分量，称为静压强(static pressure)，负号表示压强的方向总是与法向方向相反。比较(2.2.11) 式和(2.2.12) 式可知

$$\sigma_{11} = \sigma_{22} = \sigma_{33} = -p_s$$

由于方向 $\boldsymbol{n}$ 是任选的，上式表明在任何方向上的法向应力都是相等的。因此，对于静止流体，只需一个标量函数 p_s 便可以描述一点的应力状态，应力张量可表示成

$$\boldsymbol{\sigma} = -p_s\boldsymbol{I} \tag{2.2.13}$$

或写成

$$\sigma_{ij} = -p_s\delta_{ij} \tag{2.2.14}$$

若流体不存在黏性，则此类流体称为理想流体(ideal fluid)。对于运动中的理想流体，由于流体没有黏性，同样不存在切应力。因此与分析静止流体的应力张量类似，可得运动理想流体的应力张量为

$$\boldsymbol{\sigma} = -p\boldsymbol{I} \tag{2.2.15}$$

或写成

$$\sigma_{ij} = -p\delta_{ij} \tag{2.2.16}$$

需要注意的是，式中 p 表示运动流体的压强，它不等于流体静压强 p_s，但当流体趋于静止时其值趋于静压强。

对于运动中的实际流体，由于黏滞作用，流体质点不仅能承受压应力，还能承受切应力。可以将运动中的实际流体的应力张量分解成一个各向同性张量和一个各向异性张量之和，即

$$\boldsymbol{\sigma} = -p\boldsymbol{I} + \boldsymbol{\tau} \tag{2.2.17}$$

或写成

$$\sigma_{ij} = -p\delta_{ij} + \tau_{ij} \tag{2.2.18}$$

上式右端第二项 τ_{ij} 表示由于流体黏性而引起的应力，称为偏应力张量(deviatoric stress tensor)。可表示成

$$\boldsymbol{\tau} = \tau_{ij} = \sigma_{ij} + p\delta_{ij} = \begin{bmatrix} \sigma_{11}+p & \sigma_{12} & \sigma_{13} \\ \sigma_{21} & \sigma_{22}+p & \sigma_{23} \\ \sigma_{31} & \sigma_{32} & \sigma_{33}+p \end{bmatrix} \tag{2.2.19}$$

因为 σ_{ij} 和 $p\delta_{ij}$ 均为对称张量，所以 τ_{ij} 也必是对称张量。

2.2.2　流体微团的变形

在流体的运动过程中，如果流体微团中所有流体质点具有相同的运动速度，则该流体微团只会做平移运动。反之，当流体微团各流体质点间的速度存在差异时，由于流体质点间存在相对运动，此时流体微团各个流体质点的相对位置也会随着流体微团运动而发生改变。接下来我们分析流体微团由于各流体质点的流速不同(即存在流速梯度)而导致流体微团自身的变形。当然，之所以流体质点之间存在速度差异，究其原因是每个流体质点所受的力不同，或者说每个流体质点的应力状态是不同的。

为方便起见，以二维流体微团的变形为例来分析，所得结论可推广到三维的情形。设 t 时刻四边形流体微团 $ABCD$ 经时间 $\mathrm{d}t$ 后运动至 $A'B'C'D'$，如图 2.2.2 所示。若假定 t 时刻流体微团 $ABCD$ 中 A 点两个方向的流速分量分别为 u_1 和 u_2，则 B、C、D 各点的流速可用 A 点流速的泰勒展开来表示，各点流速分量如表 2.2.1 所示。

表 2.2.1　流体微团的速度分量

点号	x_1 方向流速分量	x_2 方向流速分量
A	u_1	u_2
B	$u_1 + \dfrac{\partial u_1}{\partial x_1}\mathrm{d}x_1$	$u_2 + \dfrac{\partial u_2}{\partial x_1}\mathrm{d}x_1$
C	$u_1 + \dfrac{\partial u_1}{\partial x_2}\mathrm{d}x_2$	$u_2 + \dfrac{\partial u_2}{\partial x_2}\mathrm{d}x_2$
D	$u_1 + \dfrac{\partial u_1}{\partial x_1}\mathrm{d}x_1 + \dfrac{\partial u_1}{\partial x_2}\mathrm{d}x_2$	$u_2 + \dfrac{\partial u_2}{\partial x_1}\mathrm{d}x_1 + \dfrac{\partial u_2}{\partial x_2}\mathrm{d}x_2$

从表 2.2.1 中可以看到，每个流体质点两个方向的速度分量都分别包含了 u_1 和 u_2，如

果流体微团中各流体质点与 A 点不存在流速差，即流速增量为零，则运动过程中流体微团各质点之间的相对位置将不发生变化，流体微团类似刚体一样运动，称之为平动(translation)。

由表 2.2.1 可知，在 x_1 方向上，由于 B 点的流速相比 A 点变化了 $(\partial u_1/\partial x_1)\mathrm{d}x_1$，使得流体微团 AB 边经 $\mathrm{d}t$ 时间后在 x_1 方向上变化了 $(\partial u_1/\partial x_1)\mathrm{d}x_1\mathrm{d}t$，因此流体微团 AB 边的边长 $\mathrm{d}x_1$ 在单位时间内单位长度上的变形为

$$\dot{\gamma}_{11}=\frac{1}{\mathrm{d}x_1}\frac{\mathrm{D}(\mathrm{d}x_1)}{\mathrm{D}t}=\frac{(\partial u_1/\partial x_1)\mathrm{d}x_1\mathrm{d}t}{\mathrm{d}x_1\mathrm{d}t}=\frac{\partial u_1}{\partial x_1} \tag{2.2.20}$$

这种流体微团长度的变化称为线变形(extension)，$\dot{\gamma}_{11}$ 称为线变形速率，简称线变率(extension velocity)，$\dot{\gamma}_{11}$ 上面的"·"表示对时间的微分。

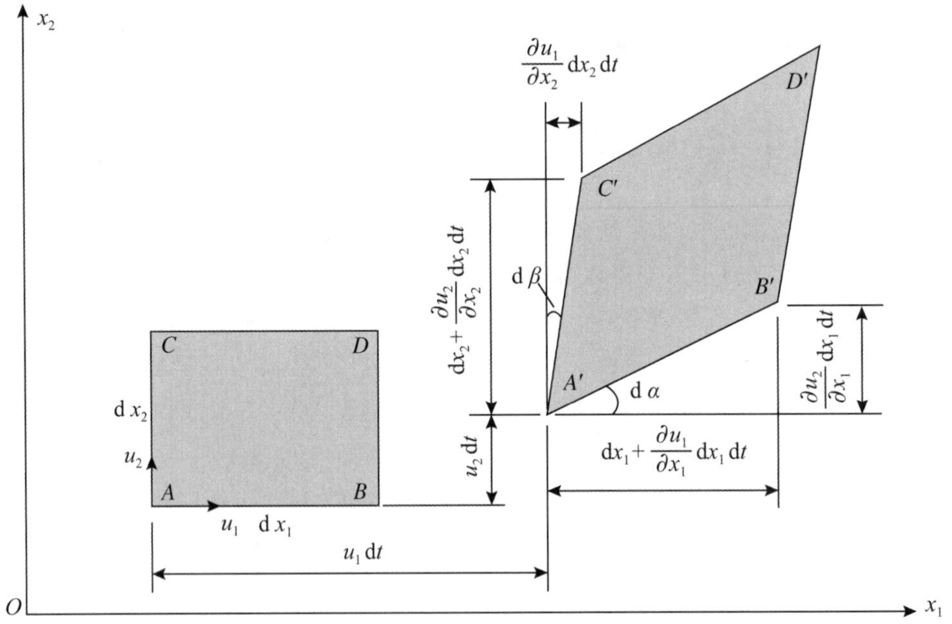

图 2.2.2　流体微团的变形

类似可推导出 x_2 和 x_3 方向上的线变率为

$$\dot{\gamma}_{22}=\frac{1}{\mathrm{d}x_2}\frac{\mathrm{D}(\mathrm{d}x_2)}{\mathrm{D}t}=\frac{\partial u_2}{\partial x_2} \tag{2.2.21}$$

$$\dot{\gamma}_{33}=\frac{1}{\mathrm{d}x_3}\frac{\mathrm{D}(\mathrm{d}x_3)}{\mathrm{D}t}=\frac{\partial u_3}{\partial x_3} \tag{2.2.22}$$

流体微团的边长变化引起流体微团体积的改变，单位时间单位体积的变化率为

$$\frac{[\mathrm{d}x_1+(\partial u_1/\partial x_1)\mathrm{d}x_1\mathrm{d}t][\mathrm{d}x_2+(\partial u_2/\partial x_2)\mathrm{d}x_2\mathrm{d}t][\mathrm{d}x_3+(\partial u_3/\partial x_3)\mathrm{d}x_3\mathrm{d}t]-\mathrm{d}x_1\mathrm{d}x_2\mathrm{d}x_3}{\mathrm{d}x_1\mathrm{d}x_2\mathrm{d}x_3\mathrm{d}t}$$

$$=\frac{\partial u_1}{\partial x_1}+\frac{\partial u_2}{\partial x_2}+\frac{\partial u_3}{\partial x_3}$$

此即流体微团的体积膨胀率，可表示成

$$\frac{1}{dV}\frac{D(dV)}{Dt}=\frac{\partial u_1}{\partial x_1}+\frac{\partial u_2}{\partial x_2}+\frac{\partial u_3}{\partial x_3}=\frac{\partial u_i}{\partial x_i}=\dot{\gamma}_{ii}=\nabla\cdot\boldsymbol{u} \tag{2.2.23}$$

结合(2.1.11)式和(2.2.23)式,可得

$$\frac{1}{dV}\frac{D(dV)}{Dt}=\frac{dV_0}{dV}\frac{D}{Dt}\left(\frac{dV}{dV_0}\right)=\frac{1}{J}\frac{DJ}{Dt}=\nabla\cdot\boldsymbol{u} \tag{2.2.24}$$

上式从体积膨胀率出发,也推导出了雅可比行列式的物质导数(2.1.15)式。

接下来分析 x_1x_2 平面内原来相互垂直的 AB 边和 AC 边经时间 dt 后夹角的变化。由于在 x_2 方向上 B 点的流速相比 A 点变化了 $(\partial u_2/\partial x_1)dx_1$,$AB$ 边产生了转动,转过的转角用其正切来表示

$$d\alpha=\frac{(\partial u_2/\partial x_1)dx_1 dt}{dx_1+(\partial u_2/\partial x_1)dx_1 dt}=\frac{\partial u_2}{\partial x_1}dt$$

注意,上式分母中第二项 $(\partial u_2/\partial x_1)dx_1 dt$ 相比第一项 dx_1 是高阶小量,可予以忽略。规定逆时针方向的转角为正,若 $\partial u_2/\partial x_1$ 为正,转动方向为逆时针方向,反之为顺时针方向,因此 $\partial u_2/\partial x_1$ 总是与转动方向同号。同理,经时间 dt 后 AC 边产生的角度变化为

$$d\beta=-\frac{\partial u_1}{\partial x_2}dt$$

上式中的负号表示 $\partial u_1/\partial x_2$ 总是与转动方向异号。因此 AB 和 AC 两条边夹角在 dt 时段内的变化量为 $d\alpha+(-d\beta)=d\alpha-d\beta$,这种流体微团角度的变化称为剪切变形或角变形(shear deformation)。流体微团原来相互垂直的两条边,在单位时间内的平均角度变化为

$$\dot{\gamma}_{12}=\frac{1}{2}\frac{d\alpha-d\beta}{dt}=\frac{1}{2}\left(\frac{\partial u_2}{\partial x_1}+\frac{\partial u_1}{\partial x_2}\right) \tag{2.2.25}$$

式中 $\dot{\gamma}_{12}$ 称为角变率(shear deformation velocity)。显然,交换上式的下标,所得结果会保持不变,因此有 $\dot{\gamma}_{12}=\dot{\gamma}_{21}$。

同理,可得 x_1x_3、x_2x_3 平面上的角变率分别为

$$\dot{\gamma}_{13}=\frac{1}{2}\left(\frac{\partial u_3}{\partial x_1}+\frac{\partial u_1}{\partial x_3}\right) \tag{2.2.26}$$

$$\dot{\gamma}_{23}=\frac{1}{2}\left(\frac{\partial u_3}{\partial x_2}+\frac{\partial u_2}{\partial x_3}\right) \tag{2.2.27}$$

除了剪切变形会引起流体微团边长方位的变化外,流体微团绕自身中心旋转也会引起边长方位的变化,这种流体微团角度的变化称为转动(rotation)。流体微团在单位时间内旋转的角度即旋转角速度,简称角转速(angular velocity)。在图 2.2.2 中,AB 和 AC 两条边向同一方向的转动引起的角度变化量为 $d\alpha-(-d\beta)=d\alpha+d\beta$,因此流体微团绕 x_3 轴的平均角转速为

$$\omega_3=\frac{1}{2}\frac{d\alpha+d\beta}{dt}=\frac{1}{2}\left(\frac{\partial u_2}{\partial x_1}-\frac{\partial u_1}{\partial x_2}\right) \tag{2.2.28}$$

同理,可得流体微团绕 x_1 轴和 x_2 轴的角转速分别为

$$\omega_1=\frac{1}{2}\left(\frac{\partial u_3}{\partial x_2}-\frac{\partial u_2}{\partial x_3}\right) \tag{2.2.29}$$

$$\omega_2 = \frac{1}{2}\left(\frac{\partial u_1}{\partial x_3} - \frac{\partial u_3}{\partial x_1}\right) \tag{2.2.30}$$

绕三个坐标轴的角转速可构成一个矢量，即

$$\boldsymbol{\omega} = \omega_1 \boldsymbol{e}_1 + \omega_2 \boldsymbol{e}_2 + \omega_3 \boldsymbol{e}_3 \tag{2.2.31}$$

角转速矢量的方向沿流体微团的瞬时中心轴，与流体微团旋转方向构成右手法则。根据角转速的表达式，易得角转速矢量与流速矢量之间的关系为

$$\boldsymbol{\omega} = \frac{1}{2}\nabla\times\boldsymbol{u} \tag{2.2.32}$$

在流体力学中，将 $\boldsymbol{\omega} = \boldsymbol{0}$ 这类流动称为有势流动，或称无旋流动(potential flow)。反之，称为有涡流动，或称有旋流动(rotational flow)。

从上面的分析可知，流体微团的基本变形包括平移、变形(包括线变形和角变形)以及转动。除平移外，这些基本变形均是由于流场中不同流体质点之间存在速度差异所致。为此，下面我们分析流场中任意两点之间速度与这些基本变形之间的关系。

设流场中相距 $\mathrm{d}\boldsymbol{x}$ 的任意两点在某时刻的流速可分别表示为 $\boldsymbol{u}(\boldsymbol{x},t)$ 和 $\boldsymbol{u}(\boldsymbol{x}+\mathrm{d}\boldsymbol{x},t)$，应用泰勒展开可得

$$\boldsymbol{u}(\boldsymbol{x}+\mathrm{d}\boldsymbol{x},t) = \boldsymbol{u}(\boldsymbol{x},t) + \mathrm{d}\boldsymbol{u} = \boldsymbol{u}(\boldsymbol{x},t) + \mathrm{d}\boldsymbol{x}\cdot\nabla\boldsymbol{u} \tag{2.2.33}$$

其中 $\nabla\boldsymbol{u}$ 为速度矢量的梯度(见矢量的梯度(1.3.30)式)，是一个二阶张量，即

$$\nabla\boldsymbol{u} = \frac{\partial u_j}{\partial x_i} = \begin{bmatrix} \dfrac{\partial u_1}{\partial x_1} & \dfrac{\partial u_2}{\partial x_1} & \dfrac{\partial u_3}{\partial x_1} \\ \dfrac{\partial u_1}{\partial x_2} & \dfrac{\partial u_2}{\partial x_2} & \dfrac{\partial u_3}{\partial x_2} \\ \dfrac{\partial u_1}{\partial x_3} & \dfrac{\partial u_2}{\partial x_3} & \dfrac{\partial u_3}{\partial x_3} \end{bmatrix} \tag{2.2.34}$$

根据张量分解定理(见 1.4.3 节)，可将速度梯度张量可以分解成一个对称张量和一个反对称张量之和，即

$$\nabla\boldsymbol{u} = \boldsymbol{S} + \boldsymbol{A} = \frac{1}{2}\left(\frac{\partial u_j}{\partial x_i} + \frac{\partial u_i}{\partial x_j}\right) + \frac{1}{2}\left(\frac{\partial u_j}{\partial x_i} - \frac{\partial u_i}{\partial x_j}\right) \tag{2.2.35}$$

其中式中右端第一项是对称张量，即

$$\boldsymbol{S} = s_{ij} = \frac{1}{2}\left(\frac{\partial u_j}{\partial x_i} + \frac{\partial u_i}{\partial x_j}\right) \tag{2.2.36}$$

写成矩阵形式为

$$\boldsymbol{S} = s_{ij} = \begin{bmatrix} \dfrac{\partial u_1}{\partial x_1} & \dfrac{1}{2}\left(\dfrac{\partial u_2}{\partial x_1} + \dfrac{\partial u_1}{\partial x_2}\right) & \dfrac{1}{2}\left(\dfrac{\partial u_3}{\partial x_1} + \dfrac{\partial u_1}{\partial x_3}\right) \\ \dfrac{1}{2}\left(\dfrac{\partial u_1}{\partial x_2} + \dfrac{\partial u_2}{\partial x_1}\right) & \dfrac{\partial u_2}{\partial x_2} & \dfrac{1}{2}\left(\dfrac{\partial u_3}{\partial x_2} + \dfrac{\partial u_2}{\partial x_3}\right) \\ \dfrac{1}{2}\left(\dfrac{\partial u_1}{\partial x_3} + \dfrac{\partial u_3}{\partial x_1}\right) & \dfrac{1}{2}\left(\dfrac{\partial u_2}{\partial x_3} + \dfrac{\partial u_3}{\partial x_2}\right) & \dfrac{\partial u_3}{\partial x_3} \end{bmatrix} \tag{2.2.37}$$

根据(2.2.20)～(2.2.22)式和(2.2.25)～(2.2.27)式，(2.2.37)式可表示成

$$\boldsymbol{S}=\begin{bmatrix}\dot{\gamma}_{11} & \dot{\gamma}_{12} & \dot{\gamma}_{13}\\ \dot{\gamma}_{21} & \dot{\gamma}_{22} & \dot{\gamma}_{23}\\ \dot{\gamma}_{31} & \dot{\gamma}_{32} & \dot{\gamma}_{33}\end{bmatrix} \tag{2.2.38}$$

即

$$s_{ij}=\dot{\gamma}_{ij} \tag{2.2.39}$$

可见，对称张量$\boldsymbol{S}$代表了流体微团的线变形和角变形，称为变形速率张量(strain rate tensor)。

(2.2.35) 式右端第二项是反对称张量，即

$$\boldsymbol{A}=a_{ij}=\frac{1}{2}\left(\frac{\partial u_j}{\partial x_i}-\frac{\partial u_i}{\partial x_j}\right) \tag{2.2.40}$$

写成矩阵形式为

$$\boldsymbol{A}=\begin{bmatrix}0 & \frac{1}{2}\left(\frac{\partial u_2}{\partial x_1}-\frac{\partial u_1}{\partial x_2}\right) & \frac{1}{2}\left(\frac{\partial u_3}{\partial x_1}-\frac{\partial u_1}{\partial x_3}\right)\\ \frac{1}{2}\left(\frac{\partial u_1}{\partial x_2}-\frac{\partial u_2}{\partial x_1}\right) & 0 & \frac{1}{2}\left(\frac{\partial u_3}{\partial x_2}-\frac{\partial u_2}{\partial x_3}\right)\\ \frac{1}{2}\left(\frac{\partial u_1}{\partial x_3}-\frac{\partial u_3}{\partial x_1}\right) & \frac{1}{2}\left(\frac{\partial u_2}{\partial x_3}-\frac{\partial u_3}{\partial x_2}\right) & 0\end{bmatrix} \tag{2.2.41}$$

由(2.2.28) ～ (2.2.30) 式，可将(2.2.41) 式写成

$$\boldsymbol{A}=\begin{bmatrix}0 & \omega_3 & -\omega_2\\ -\omega_3 & 0 & \omega_1\\ \omega_2 & -\omega_1 & 0\end{bmatrix} \tag{2.2.42}$$

即

$$a_{ij}=e_{ijk}\omega_k \tag{2.2.43}$$

所以反对称张量 $\boldsymbol{A}$ 代表了流体微团的转动变形，称为旋转速率张量(angular velocity tensor)。

需要说明的是，在许多教材中，(2.2.34) 式并不是流速梯度$\nabla\boldsymbol{u}$ 的表达形式，而是$\nabla\boldsymbol{u}$ 的共轭张量的表达形式，因此流速梯度张量分解后所得的旋转速率张量 $\boldsymbol{A}$ 将与(2.2.42) 式相差一个负号，变形速率张量 $\boldsymbol{S}$ 则因为是对称张量，并不受此影响，仍保持不变。根据矢量梯度的定义(1.3.30) 式，流速梯度是哈密顿算子∇与流速 $\boldsymbol{u}$ 的并矢，而根据并矢的运算法则(1.3.26) 式的表达方式，流速梯度张量$\nabla\boldsymbol{u}$ 应该表示成(2.2.34) 式的形式，且这种表示方式与二阶张量的矩阵表示方式一致，即在二阶张量的矩阵表示中第一个下标是行标，第二个下标是列标。

将(2.2.35) 式代入(2.2.33) 式，可得

$$\boldsymbol{u}(\boldsymbol{x}+\mathrm{d}\boldsymbol{x},t)=\boldsymbol{u}(\boldsymbol{x},t)+\mathrm{d}\boldsymbol{x}\cdot\boldsymbol{S}+\mathrm{d}\boldsymbol{x}\cdot\boldsymbol{A} \tag{2.2.44}$$

上式称为亥姆霍兹速度分解定理(Helmholtz velocity decomposing theorem)。

应用(2.2.43) 式，有

$$\mathrm{d}\boldsymbol{x}\cdot\boldsymbol{A}=\mathrm{d}x_i a_{ij}=\mathrm{d}x_i e_{ijk}\omega_k=-\mathrm{d}\boldsymbol{x}\times\boldsymbol{\omega}=\boldsymbol{\omega}\times\mathrm{d}\boldsymbol{x}=\frac{1}{2}(\nabla\times\boldsymbol{u})\times\mathrm{d}\boldsymbol{x}$$

上式代入(2.2.44)式,且考虑到 $\boldsymbol{S}$ 为对称矩阵,所以 $\mathrm{d}\boldsymbol{x}\cdot\boldsymbol{S}$ 与点乘顺序无关,也可写成 $\boldsymbol{S}\cdot\mathrm{d}\boldsymbol{x}$,于是可将亥姆霍兹速度分解定理改写成

$$\boldsymbol{u}(\boldsymbol{x}+\mathrm{d}\boldsymbol{x},t)=\boldsymbol{u}(\boldsymbol{x},t)+\boldsymbol{S}\cdot\mathrm{d}\boldsymbol{x}+\frac{1}{2}(\nabla\times\boldsymbol{u})\times\mathrm{d}\boldsymbol{x} \tag{2.2.45}$$

式中第一项表示平动速度,第二项表示变形(包括线变形和角变形)所引起的速度增量,第三项表示转动引起的速度增量。从(2.2.45)式可以看出,亥姆霍兹速度分解定理的物理意义表示流体速度发生变化可看成是流体微团产生平动、变形和转动的结果。

2.2.3 流体的本构方程

由于不同流体具有不同的物理性质,因此在承受外力作用时会有不同的变形特性,应力和变形之间的关系称为材料的本构方程(constitutive equation)。1678 年,牛顿(I. Newton)基于剪切流动的实验结果,得到了切应力与流速梯度成正比的重要结论,由此提出了著名的一维黏性流动的牛顿内摩擦定律。1848 年,斯托克斯(G. G. Stokes)提出了牛顿流体中应力张量与变形率张量之间一般关系的三个假设:(1) 在静止流体中,切应力为零,正应力为流体静压强,即热力学平衡态压强;(2) 切应力与流速梯度呈线性关系;(3) 流体的物理性质与方向无关,即各向同性假设。

根据假设(1),可以将应力张量表示成(2.2.17)式的形式,即表示成各向同性和各向异性两部分之和。当流体趋于静止时,切应力(各向异性部分)趋于零,而压强(各向同性部分)趋于静压强。各向同性部分 $-p\boldsymbol{I}$ 在建立本构关系时可视为已知量,因此只需建立各向异性部分即偏应力张量 $\boldsymbol{\tau}$ 与流速梯度 $\nabla\boldsymbol{u}$ 之间的关系。

根据假设(2),切应力与流速梯度呈线性关系,有

$$\tau_{ij}=c_{ijkl}\frac{\partial u_l}{\partial x_k} \tag{2.2.46}$$

根据(2.2.35)、(2.2.36)、(2.2.40)以及(2.2.43)式,上式可改写成

$$\tau_{ij}=c_{ijkl}s_{kl}+c_{ijkl}a_{kl}=c_{ijkl}s_{kl}+c_{ijkl}e_{klm}\omega_m \tag{2.2.47}$$

式中 c_{ijkl} 为表征流体性质(即黏性)的常数。因为 τ_{ij}、s_{kl} 和 a_{kl} 均为二阶张量,根据张量识别定理 1,可以判别 c_{ijkl} 为四阶张量,称为黏性系数张量(viscosity coefficient tensor)。

根据假设(3),c_{ijkl} 应为各向同性张量,对于四阶的各向同性张量,可以写成(1.3.20)式的形式,即

$$c_{ijkl}=\lambda\delta_{ij}\delta_{kl}+\alpha\delta_{ik}\delta_{jl}+\beta\delta_{il}\delta_{jk} \tag{2.2.48}$$

因为 τ_{ij} 为对称张量,c_{ijkl} 也必关于指标 i 和 j 对称。因此,四阶张量 c_{ijkl} 可进一步写成(1.3.21)式的形式

$$c_{ijkl}=\lambda\delta_{ij}\delta_{kl}+\mu(\delta_{ik}\delta_{jl}+\delta_{il}\delta_{jk}) \tag{2.2.49}$$

式中 λ 和 $\mu=(\alpha+\beta)/2$ 为常数。从(2.2.49)式可以看出,下标 k 与 l 对调,c_{ijkl} 也将保持不变,即 c_{ijkl} 关于指标 k 和 l 也对称,因为 $e_{klm}=-e_{lkm}$,所以(2.2.47)式中右端第二项为 0。于

是有

$$
\begin{aligned}
\tau_{ij} &= c_{ijkl} s_{kl} \\
&= [\lambda\delta_{ij}\delta_{kl} + \mu(\delta_{ik}\delta_{jl} + \delta_{il}\delta_{jk})] s_{kl} \\
&= \frac{1}{2}[\lambda\delta_{ij}\delta_{kl} + \mu(\delta_{ik}\delta_{jl} + \delta_{il}\delta_{jk})]\left(\frac{\partial u_k}{\partial x_l} + \frac{\partial u_l}{\partial x_k}\right) \\
&= \frac{1}{2}\lambda\delta_{ij}\delta_{kl}\left(\frac{\partial u_k}{\partial x_l} + \frac{\partial u_l}{\partial x_k}\right) + \frac{1}{2}\mu\delta_{ik}\delta_{jl}\left(\frac{\partial u_k}{\partial x_l} + \frac{\partial u_l}{\partial x_k}\right) + \frac{1}{2}\mu\delta_{il}\delta_{jk}\left(\frac{\partial u_k}{\partial x_l} + \frac{\partial u_l}{\partial x_k}\right) \\
&= \frac{1}{2}\lambda\delta_{ij}\left(\frac{\partial u_k}{\partial x_k} + \frac{\partial u_k}{\partial x_k}\right) + \frac{1}{2}\mu\left(\frac{\partial u_i}{\partial x_j} + \frac{\partial u_j}{\partial x_i}\right) + \frac{1}{2}\mu\left(\frac{\partial u_j}{\partial x_i} + \frac{\partial u_i}{\partial x_j}\right) \\
&= \lambda\delta_{ij}\frac{\partial u_k}{\partial x_k} + \mu\left(\frac{\partial u_i}{\partial x_j} + \frac{\partial u_j}{\partial x_i}\right) \\
&= \lambda\delta_{ij} s_{kk} + 2\mu s_{ij}
\end{aligned}
\tag{2.2.50}
$$

上式推导过程应用了克罗内克符号的换标作用。(2.2.50) 式亦可写成

$$
\boldsymbol{\tau} = \lambda \boldsymbol{I}\ \nabla\cdot \boldsymbol{u} + 2\mu \boldsymbol{S} \tag{2.2.51}
$$

将(2.2.50) 式代入(2.2.18) 式，可得

$$
\begin{aligned}
\sigma_{ij} &= -p\delta_{ij} + \lambda s_{kk}\delta_{ij} + 2\mu s_{ij} \\
&= -p\delta_{ij} + 2\mu\left(s_{ij} - \frac{1}{3}s_{kk}\delta_{ij}\right) + \left(\lambda + \frac{2}{3}\mu\right)s_{kk}\delta_{ij} \\
&= -p\delta_{ij} + 2\mu\left(s_{ij} - \frac{1}{3}s_{kk}\delta_{ij}\right) + \mu_v s_{kk}\delta_{ij}
\end{aligned}
\tag{2.2.52}
$$

或写成

$$
\boldsymbol{\sigma} = -p\boldsymbol{I} + 2\mu\left(\boldsymbol{S} - \frac{1}{3}\boldsymbol{I}\ \nabla\cdot \boldsymbol{u}\right) + \mu_v \boldsymbol{I}\ \nabla\cdot \boldsymbol{u} \tag{2.2.53}
$$

式中 μ 为表征流体黏性的参数，称为流体的动力黏度(dynamic viscosity)，简称黏度，$\mu_v = \lambda + 2\mu/3$ 称为第二黏度，或称体积黏度(bulk viscosity)。

对于流场中的任意点，过该点所有面上的法向应力的平均值，等于以该点为球心、r 为半径的无限小球面上的法向应力的平均值，即

$$
\begin{aligned}
p_{\mathrm{m}} &= \frac{1}{4\pi r^2}\oiint_S \boldsymbol{n}\cdot \boldsymbol{p}_n \mathrm{d}S = \frac{1}{4\pi r^2}\oiint_S \boldsymbol{n}\cdot(\boldsymbol{n}\cdot\boldsymbol{\sigma})\mathrm{d}S \\
&= \frac{1}{4\pi r^2}\iiint_V \nabla\cdot(\boldsymbol{n}\cdot\boldsymbol{\sigma})\mathrm{d}V = \frac{1}{4\pi r^2}\iiint_V \frac{\partial}{\partial x_j}(n_i\sigma_{ij})\mathrm{d}V \\
&= \frac{\sigma_{ij}}{4\pi r^2}\iiint_V \frac{1}{r}\frac{\partial x_i}{\partial x_j}\mathrm{d}V = \frac{\sigma_{ij}\delta_{ij}}{4\pi r^3}\frac{4\pi r^3}{3} \\
&= \frac{1}{3}\sigma_{ii}
\end{aligned}
\tag{2.2.54}
$$

因为球体无限小，所以 σ_{ij} 可取球心点处的应力值，其值只与球心位置有关，在上式积分过程中视为常数。另外，上式推导过程中还应用了 $\delta_{ij} = \partial x_i/\partial x_j$。由上式可知，因为 $\sigma_{ii} = \sigma_{11} + \sigma_{22} + \sigma_{33}$ 为应力张量 $\boldsymbol{\sigma}$ 的第一不变量(见 1.4.1 节)，所以流场中任意点的法向应力平均值是一个不随坐标改变的不变量。另外，由(2.2.53) 式还可得

$$\frac{1}{3}\sigma_{ii} = -p + \mu_v \nabla \cdot \boldsymbol{u} \tag{2.2.55}$$

于是可得法向应力平均值 p_m 与运动流体的压强 p 的关系

$$p_m = -p + \mu_v \nabla \cdot \boldsymbol{u} \tag{2.2.56}$$

斯托克斯认为平均压强与体积膨胀率有关的事实是不合理的，于是提出 $\mu_v = 0$ 的假设，称为斯托克斯假设，于是有 $p = -p_m$。大量事实证明，斯托克斯假设在大部分情形下是成立的，运动流体的压强就等于平均法向应力的负值。

若 $\mu_v = 0$，则(2.2.52)式和(2.2.53)式分别简化为

$$\sigma_{ij} = -p\delta_{ij} + 2\mu\left(s_{ij} - \frac{1}{3}s_{kk}\delta_{ij}\right) \tag{2.2.57}$$

$$\boldsymbol{\sigma} = -p\boldsymbol{I} + 2\mu\left(\boldsymbol{S} - \frac{1}{3}\boldsymbol{I}\nabla \cdot \boldsymbol{u}\right) \tag{2.2.58}$$

以上两式称为广义牛顿黏性定律(generalized Newton's law of viscosity)。应力张量和变形速率张量满足广义牛顿黏性定律的流体，称为牛顿流体(Newtonian fluid)，否则称为非牛顿流体(non-Newtonian fluid)。

当流体不可压缩时，因为$\nabla \cdot \boldsymbol{u} = 0$(见(2.3.7)式)，则(2.2.53)式可进一步简化为

$$\boldsymbol{\sigma} = -p\boldsymbol{I} + 2\mu\boldsymbol{S} \tag{2.2.59}$$

此即不可压缩牛顿流体的本构方程。

在介绍了描述流体运动的方法、流体的应力状态和流体本构方程等基础上，接下来我们基于物理学中的质量守恒、动量守恒和能量守恒三大普遍性定律，采用欧拉法建立描述流体运动的三大基本方程，即连续方程、动量方程和能量方程，每种方程分别给出了积分和微分两种形式的方程。

2.3 流体运动的连续方程

2.3.1 积分形式的连续方程

取 t 时刻体积为 V 的流体团为系统，系统所占住的空间为控制体。根据(2.1.8)式，系统的质量可表示为

$$M = \iiint_V \rho \mathrm{d}V$$

流体运动的连续方程是质量守恒定律在流体运动中的具体表现。根据质量守恒定律，对于确定的系统来说，在不存在源和汇的情况下，系统的质量不随时间变化，即

$$\frac{\mathrm{D}}{\mathrm{D}t}\iiint_V \rho \mathrm{d}V = 0 \tag{2.3.1}$$

此即拉格朗日型积分形式的连续方程。

应用雷诺输运方程(2.1.15)式,可得

$$\frac{\mathrm{D}}{\mathrm{D}t}\iiint_V \rho \mathrm{d}V = \iiint_V \frac{\partial \rho}{\partial t}\mathrm{d}V + \iiint_V (\nabla\cdot \rho\boldsymbol{u})\mathrm{d}V = 0 \tag{2.3.2}$$

或应用高斯公式写成

$$-\iiint_V \frac{\partial \rho}{\partial t}\mathrm{d}V = \oiint_S \rho(\boldsymbol{u}\cdot\boldsymbol{n})\mathrm{d}S \tag{2.3.3}$$

以上两式即欧拉型积分形式的连续方程。由(2.3.3)式可知,连续方程的物理含义表示单位时间内控制体中减少的质量等于同一时间内通过控制面流出的质量。

2.3.2 微分形式的连续方程

由(2.3.2)式可得

$$\iiint_V \left(\frac{\partial \rho}{\partial t} + \nabla\cdot \rho\boldsymbol{u}\right)\mathrm{d}V = 0$$

由于上式积分体积是任取的,对任意体积进行积分都为零意味着被积函数必须为零,故有

$$\frac{\partial \rho}{\partial t} + \nabla\cdot \rho\boldsymbol{u} = 0 \tag{2.3.4}$$

此即欧拉型微分形式的连续方程。

由于$\nabla\cdot \rho\boldsymbol{u} = \rho\,\nabla\cdot \boldsymbol{u} + (\boldsymbol{u}\cdot\nabla)\rho$,代入(2.3.4)式可得

$$\frac{\partial \rho}{\partial t} + (\boldsymbol{u}\cdot\nabla)\rho + \rho\,\nabla\cdot\boldsymbol{u} = \frac{\mathrm{D}\rho}{\mathrm{D}t} + \rho\,\nabla\cdot\boldsymbol{u} = 0 \tag{2.3.5}$$

此为连续方程的另一种形式。

对于定常流动,由于 $\partial\rho/\partial t = 0$,由(2.3.4)式可得

$$\nabla\cdot \rho\boldsymbol{u} = 0 \tag{2.3.6}$$

此即流体作定常流动时的连续方程。对于作定常流动的可压缩和不可压缩流体都适用。

当流体是不可压缩流体时,由于 $\mathrm{D}\rho/\mathrm{D}t = 0$,且 $\rho \neq 0$,于是由(2.3.5)式可得

$$\nabla\cdot \boldsymbol{u} = 0 \tag{2.3.7}$$

此即不可压缩流体的连续方程,其对于不可压缩流体做定常和非定常流动都适用。由(2.2.23)式可知,(2.3.7)式的物理意义表示单位体积流体在单位时间内的体积膨胀量等于零,即不可压缩流体在流动过程中不发生体积变化。

不可压缩流体经常被误认为是密度不变的流体,即所谓常密度流体。实际上不可压缩流体和常密度流体是两个不同的概念。由

$$\frac{\mathrm{D}\rho}{\mathrm{D}t} = \frac{\partial \rho}{\partial t} + \boldsymbol{u}\cdot\nabla\rho = 0 \tag{2.1.8}$$

可知,不可压缩流体虽然满足 $\mathrm{D}\rho/\mathrm{D}t = 0$,但仍可以有 $\partial\rho/\partial t \neq 0$ 和$\nabla\rho \neq 0$,也就是说不可压缩流体在运动过程中密度仍可以随时间和空间位置发生变化。只有当流体不可压缩($\mathrm{D}\rho/\mathrm{D}t = 0$)同时又是均质流体($\nabla\rho = 0$)时,密度才不随时间发生变化($\partial\rho/\partial t = 0$),此时

密度必为常数。换句话说，常密度流体是指不可压缩的均质流体。

在连续方程中，并没有涉及运动中的作用力，因此上述所有不同形式的连续方程对理想流体和实际流体均适用。

2.4 流体运动的动量方程

2.4.1 积分形式的动量方程

流体运动的动量方程是动量守恒定律在流体运动中的具体表现。动量守恒定律指系统的动量变化率等于外界作用在该系统上的合力，即

$$\frac{\mathrm{D}}{\mathrm{D}t}\iiint_V \rho \boldsymbol{u}\,\mathrm{d}V = \sum \boldsymbol{F} \tag{2.4.1}$$

此即拉格朗日型积分形式的动量方程。

根据雷诺输运方程(2.1.15)式，上式左端可写成

$$\begin{aligned}\frac{\mathrm{D}}{\mathrm{D}t}\iiint_V \rho \boldsymbol{u}\,\mathrm{d}V &= \iiint_V \left[\frac{\partial(\rho \boldsymbol{u})}{\partial t} + \nabla\cdot(\rho \boldsymbol{u})\boldsymbol{u}\right]\mathrm{d}V \\ &= \iiint_V \left[\frac{\partial(\rho \boldsymbol{u})}{\partial t} + (\boldsymbol{u}\cdot\nabla)\rho \boldsymbol{u} + \rho \boldsymbol{u}(\nabla\cdot \boldsymbol{u})\right]\mathrm{d}V \\ &= \iiint_V \left[\frac{\mathrm{D}(\rho \boldsymbol{u})}{\mathrm{D}t} + \rho \boldsymbol{u}(\nabla\cdot \boldsymbol{u})\right]\mathrm{d}V \\ &= \iiint_V \left\{\rho\frac{\mathrm{D}\boldsymbol{u}}{\mathrm{D}t} + \boldsymbol{u}\left[\frac{\mathrm{D}\rho}{\mathrm{D}t} + \rho(\nabla\cdot \boldsymbol{u})\right]\right\}\mathrm{d}V\end{aligned}$$

根据连续方程(2.3.5)式，上式方括号中这项应为零，因此有

$$\frac{\mathrm{D}}{\mathrm{D}t}\iiint_V \rho \boldsymbol{u}\,\mathrm{d}V = \iiint_V \rho\frac{\mathrm{D}\boldsymbol{u}}{\mathrm{D}t}\mathrm{d}V \tag{2.4.2}$$

(2.4.2)式具有普遍意义，将式中的流速 $\boldsymbol{u}$ 改为任意物理量 ϕ 仍然成立，即

$$\frac{\mathrm{D}}{\mathrm{D}t}\iiint_V \rho \phi\,\mathrm{d}V = \iiint_V \rho\frac{\mathrm{D}\phi}{\mathrm{D}t}\mathrm{d}V \tag{2.4.3}$$

称为雷诺第二输运方程(Reynolds second transport equation)。

外界作用在系统上的力包括质量力和面积力，因此(2.4.1)式右端项可表示成

$$\sum \boldsymbol{F} = \iiint_V \rho \boldsymbol{f}\,\mathrm{d}V + \oiint_S \boldsymbol{p}_n\,\mathrm{d}S \tag{2.4.4}$$

式中为 $\boldsymbol{f}$ 单位质量力，$\boldsymbol{p}_n$ 为单位面积上的面积力。

将应力矢量 $\boldsymbol{p}_n$ 与应力张量 $\boldsymbol{\sigma}$ 的关系(2.2.8)式代入(2.4.4)式，可得

$$\sum \boldsymbol{F} = \iiint_V \rho \boldsymbol{f}\,\mathrm{d}V + \oiint_S (\boldsymbol{n}\cdot\boldsymbol{\sigma})\,\mathrm{d}S \tag{2.4.5}$$

然后,将(2.4.2) 式和(2.4.5) 式代入(2.4.1) 式,可得

$$\iiint_V \rho \frac{\mathrm{D}\boldsymbol{u}}{\mathrm{D}t}\mathrm{d}V = \iiint_V \rho \boldsymbol{f}\,\mathrm{d}V + \oiint_S (\boldsymbol{n} \cdot \boldsymbol{\sigma})\,\mathrm{d}S \tag{2.4.6}$$

此即欧拉型积分形式的动量方程。

2.4.2　微分形式的动量方程

利用高斯公式,并考虑到积分体积是任意选取的,由(2.4.6) 式被积函数应为零的条件,可得

$$\rho \frac{\mathrm{D}\boldsymbol{u}}{\mathrm{D}t} = \rho \boldsymbol{f} + \nabla \cdot \boldsymbol{\sigma} \tag{2.4.7}$$

应用(2.2.17) 式,上式可写成

$$\rho \frac{\mathrm{D}\boldsymbol{u}}{\mathrm{D}t} = \rho \boldsymbol{f} - \nabla p + \nabla \cdot \boldsymbol{\tau} \tag{2.4.8}$$

以上两式即欧拉型微分形式的动量方程,也称柯西运动方程(Cauchy equation of motion)。

1. N-S 方程

将本构方程(2.2.53) 式代入(2.4.7) 式,可得

$$\rho \frac{\mathrm{D}\boldsymbol{u}}{\mathrm{D}t} = \rho \boldsymbol{f} - \nabla p + \nabla \cdot 2\mu \boldsymbol{S} - \frac{2}{3}\nabla(\mu\,\nabla \cdot \boldsymbol{u}) + \nabla(\mu_v\,\nabla \cdot \boldsymbol{u}) \tag{2.4.9}$$

假设流体的动力黏度 μ 和体积黏度 μ_v 为常数,并将上式右端第三项改写成

$$\begin{aligned}\nabla \cdot 2\mu \boldsymbol{S} &= \mu \frac{\partial}{\partial x_i}\left(\frac{\partial u_j}{\partial x_i} + \frac{\partial u_i}{\partial x_j}\right) \\ &= \mu \frac{\partial^2 u_j}{\partial x_i^2} + \mu \frac{\partial}{\partial x_i}\left(\frac{\partial u_i}{\partial x_j}\right) \\ &= \mu \frac{\partial^2 u_j}{\partial x_i^2} + \mu \frac{\partial}{\partial x_j}\left(\frac{\partial u_i}{\partial x_i}\right) \\ &= \mu\,\nabla^2 \boldsymbol{u} + \mu\,\nabla(\nabla \cdot \boldsymbol{u})\end{aligned} \tag{2.4.10}$$

应用上式,可将(2.4.9) 式改写成

$$\rho\left[\frac{\partial \boldsymbol{u}}{\partial t} + (\boldsymbol{u} \cdot \nabla)\boldsymbol{u}\right] = \rho \boldsymbol{f} - \nabla p + \mu\,\nabla^2 \boldsymbol{u} + \left(\frac{1}{3}\mu + \mu_v\right)\nabla(\nabla \cdot \boldsymbol{u}) \tag{2.4.11}$$

如果满足斯托克斯假设,即 $\mu_v = 0$,则(2.4.11) 式可简化为

$$\rho\left[\frac{\partial \boldsymbol{u}}{\partial t} + (\boldsymbol{u} \cdot \nabla)\boldsymbol{u}\right] = \rho \boldsymbol{f} - \nabla p + \mu\,\nabla^2 \boldsymbol{u} + \frac{1}{3}\mu\,\nabla(\nabla \cdot \boldsymbol{u}) \tag{2.4.12}$$

此即牛顿流体的动量方程,称为纳维—斯托克斯方程(Navier-Stokes equation),简称 N-S 方程。方程左边项表示惯性力项,即加速度项,右边第一项称为质量力项,第二项称为压力梯度项,最后两项称为黏性力项。

若流体不可压缩,因为满足 $\nabla \cdot \boldsymbol{u} = 0$,则由(2.4.11) 式或(2.4.12) 式都可得到

$$\frac{\mathrm{D}\boldsymbol{u}}{\mathrm{D}t} = \boldsymbol{f} - \frac{1}{\rho}\nabla p + \nu\nabla^2\boldsymbol{u} \tag{2.4.13}$$

此即不可压缩牛顿流体的动量方程，是本书主要应用的动量方程。式中 $\nu = \mu/\rho$，称为运动黏度(kinematic viscosity)。

由于

$$\nabla\left(\frac{1}{2}\boldsymbol{u}\cdot\boldsymbol{u}\right) = (\boldsymbol{u}\cdot\nabla)\boldsymbol{u} + 2\boldsymbol{u}\times\boldsymbol{\omega} \tag{2.4.14}$$

恒成立（详见附录(A.2.7)式），将(2.4.14)式代入(2.4.12)式，则 N-S 方程还可写成

$$\frac{\partial\boldsymbol{u}}{\partial t} + \nabla\left(\frac{1}{2}\boldsymbol{u}\cdot\boldsymbol{u}\right) + 2\boldsymbol{\omega}\times\boldsymbol{u} = \boldsymbol{f} - \frac{1}{\rho}\nabla p + \nu\nabla^2\boldsymbol{u} + \frac{1}{3}\nu\nabla(\nabla\cdot\boldsymbol{u}) \tag{2.4.15}$$

此即兰姆 — 葛罗米柯方程(Lamb-Gromeka equation)，是动量方程的另一种表达形式。

2. 欧拉方程

由(2.4.8)式可知，当 $\nabla\cdot\boldsymbol{\tau} = \boldsymbol{0}$ 时，动量方程可简化为

$$\frac{\mathrm{D}\boldsymbol{u}}{\mathrm{D}t} = \boldsymbol{f} - \frac{1}{\rho}\nabla p \tag{2.4.16}$$

上式称为欧拉方程(Euler equation)，其兰姆 — 葛罗米柯形式可由(2.4.15)式简化得到，即

$$\frac{\partial\boldsymbol{u}}{\partial t} + 2\boldsymbol{\omega}\times\boldsymbol{u} = \boldsymbol{f} - \frac{1}{\rho}\nabla p - \nabla\left(\frac{1}{2}\boldsymbol{u}\cdot\boldsymbol{u}\right) \tag{2.4.17}$$

当 $\mu = 0$ 时，由(2.4.12)式同样可退化得到欧拉方程(2.4.16)式。在大多数教材中，都将欧拉方程称为理想流体运动方程，但要注意，欧拉方程不只是适用于 $\mu = 0$ 的理想流体。从柯西运动方程(2.4.8)式的退化可以看出，欧拉方程只需要满足 $\nabla\cdot\boldsymbol{\tau} = \boldsymbol{0}$，而并不要求流体的黏度必须为零，甚至没有要求流体必须是牛顿流体，因为要求流体为牛顿流体的条件是在本构方程中给出的，而柯西运动方程(2.4.8)式中还没涉及本构方程。下面针对欧拉方程的适用条件更深入地进行一些讨论。

若流体为黏性牛顿流体，比较(2.4.8)式和(2.4.12)式可知，当 $\nabla\cdot\boldsymbol{\tau} = \boldsymbol{0}$ 时有

$$\nabla\cdot\boldsymbol{\tau} = \mu\left[\nabla^2\boldsymbol{u} + \frac{1}{3}\nabla(\nabla\cdot\boldsymbol{u})\right] = \boldsymbol{0} \tag{2.4.18}$$

由上式可以清楚地看到，流体黏度 $\mu = 0$ 即流体为理想流体，只是 $\nabla\cdot\boldsymbol{\tau} = \boldsymbol{0}$ 成立的情形之一。也就是说流体为理想流体只是欧拉方程成立的充分条件，而非必要条件，更不是充分必要条件。(2.4.18)式成立的另外一种情形是

$$\nabla^2\boldsymbol{u} + \frac{1}{3}\nabla(\nabla\cdot\boldsymbol{u}) = \boldsymbol{0} \tag{2.4.19}$$

如果流体还是不可压缩的，则上式可进一步退化成

$$\nabla^2\boldsymbol{u} = \boldsymbol{0} \tag{2.4.20}$$

根据恒等(A.2.8)式有

$$\nabla\times(\nabla\times\boldsymbol{u}) = \nabla(\nabla\cdot\boldsymbol{u}) - \nabla^2\boldsymbol{u} \tag{2.4.21}$$

于是，当流体不可压缩时，由上式可得

$$\nabla^2\boldsymbol{u} = -\nabla\times(\nabla\times\boldsymbol{u}) = -\nabla\times\boldsymbol{\Omega} \tag{2.4.22}$$

式中 $\boldsymbol{\Omega}$ 称为涡量(详见 3.1.1 节)。由上式可知,如果 $\boldsymbol{\Omega}$ 为非零常矢量,或 $\boldsymbol{\Omega}=\mathbf{0}$ 即流动为有势流动,则(2.4.20)式成立,在这两种情况下不可压缩黏性流体的流动同样满足欧拉方程。

综上分析可知,欧拉方程适用的条件是 $\nabla\cdot\boldsymbol{\tau}=\mathbf{0}$,亦即偏应力张量的散度为零。对于任一体积为 V、表面积为 S 的确定系统而言,作用在系统表面上的黏性偏应力的合力为

$$\oiint_S(\boldsymbol{n}\cdot\boldsymbol{\tau})\,\mathrm{d}S=\iiint_V(\nabla\cdot\boldsymbol{\tau})\,\mathrm{d}V$$

由上式可知,当 $\nabla\cdot\boldsymbol{\tau}=\mathbf{0}$ 时,表示作用在系统表面上的黏性偏应力的合力等于零,此即 $\nabla\cdot\boldsymbol{\tau}=\mathbf{0}$ 的物理意义。正因为系统黏性偏应力的合力等于零,所以其不影响流体运动过程中的动量输运,也就是说黏性偏应力在宏观上并不会改变流体质点的速度和加速度,黏性项也不出现在动量方程当中,这正是欧拉方程仍可以适用的原因。但满足 $\nabla\cdot\boldsymbol{\tau}=\mathbf{0}$ 的条件,并不意味着作用在系统表面上的黏性偏应力一定等于零,更不意味着流体的黏度必须为零,因此"理想流体"并不是欧拉方程成立的必要条件。理想流体的流动自然满足欧拉方程,但满足欧拉方程的流动不一定是理想流体的流动。为了更准确和叙述方便,类似于将惯性力可以忽略的流动称为斯托克斯流动(见5.2.1 节),在本书中将满足 $\nabla\cdot\boldsymbol{\tau}=\mathbf{0}$ 条件即黏性力影响可以忽略的流动称为欧拉流动(Euler flow)。用"欧拉流动"而不是"理想流体"来代表欧拉方程的适用条件。例如,在第 3 章将开尔文定理的适用条件描述为"正压流体且质量力有势的欧拉流动",而不是"正压、理想流体、质量力有势的流动"。

3. 质量力只有重力时的动量方程

当质量力只有重力时,通常可将质量力项并入压力梯度项中,从而在动量方程中消去质量力项。根据流体静力学的知识,流场中一点的静压强 p_s 可表示成

$$p_s=p_0+\rho gh=p_0+\rho g(z_0-z)$$

式中 p_0 为参考点的压强,比如自由液面的大气压强;z_0 为参考点的垂直坐标位置;$h=z_0-z$ 为待求点距离参考点的垂直距离,如取自由液面为参考点,h 即表示水深;z 为待求点的垂直坐标位置。将运动流体的总压强表示成静压强 p_s 和动压强 p_d 两部分之和,则有

$$-\frac{1}{\rho}\nabla p=-\frac{1}{\rho}\nabla(p_s+p_d)=-\frac{1}{\rho}\nabla[p_0+\rho g(z_0-z)+p_d]=\boldsymbol{g}-\frac{1}{\rho}\nabla p_d \tag{2.4.23}$$

式中 $\boldsymbol{g}$ 为重力加速度矢量。应当注意,上式只有在均质流体(即 $\nabla\rho=0$)中才成立。当质量力只有重力时,质量力 $\boldsymbol{f}$ 可表示为

$$\boldsymbol{f}=-\boldsymbol{g} \tag{2.4.24}$$

于是动量方程中质量力项与压力梯度项之和为

$$\boldsymbol{f}-\frac{1}{\rho}\nabla p=-\boldsymbol{g}+\boldsymbol{g}-\frac{1}{\rho}\nabla p_d=-\frac{1}{\rho}\nabla p_d \tag{2.4.25}$$

可见,当流体为均质流体且质量力只有重力时,如果用动压强替代总压强,则动量方程中可不出现质量力项。出于习惯,以后压强一般仍用 p 表示,读者可根据上下文的意思区分是表示动压强还是总压强。

2.5 流体运动的能量方程

2.5.1 积分形式的能量方程

能量方程是能量守恒定律在流体运动中的表现。对于一个确定的系统来说，能量守恒指系统的总能量 E 对时间的变化率等于单位时间内由外界传入的热量 Q 与外力对系统所做的功 W 之和。

取任一体积为 V、表面积为 S 的确定系统，则该系统的能量守恒定律可表示为

$$\frac{\mathrm{D}E}{\mathrm{D}t} = Q + W \tag{2.5.1}$$

此即拉格朗日型积分形式的能量方程。

系统的总能量可表示成

$$E = \iiint_V \rho\left(e + \frac{1}{2}\boldsymbol{u}\cdot\boldsymbol{u}\right)\mathrm{d}V \tag{2.5.2}$$

式中 e 为单位质量流体所含有的内能，$(\boldsymbol{u}\cdot\boldsymbol{u})/2$ 为单位质量流体所具有的动能。应用雷诺第二输运方程(2.4.3)式，可得

$$\frac{\mathrm{D}}{\mathrm{D}t}\iiint_V \rho\left(e + \frac{1}{2}\boldsymbol{u}\cdot\boldsymbol{u}\right)\mathrm{d}V = \iiint_V \rho\,\frac{\mathrm{D}}{\mathrm{D}t}\left(e + \frac{1}{2}\boldsymbol{u}\cdot\boldsymbol{u}\right)\mathrm{d}V \tag{2.5.3}$$

外界传入系统的热量有两种途径，一是通过系统表面传入的热量，即热传导，二是由于辐射或其他原因传到系统每个流体质点上的热量，于是外界传入的热量可表示成

$$Q = \iiint_V \rho q_{\mathrm{R}}\,\mathrm{d}V - \oiint_S \boldsymbol{n}\cdot\boldsymbol{q}_{\mathrm{C}}\,\mathrm{d}S = \iiint_V \rho q_{\mathrm{R}}\,\mathrm{d}V - \iiint_V \nabla\cdot\boldsymbol{q}_{\mathrm{C}}\,\mathrm{d}V \tag{2.5.4}$$

式中 q_{R} 表示单位时间内由于辐射或其他原因传到系统单位质量流体上的热量，$\boldsymbol{q}_{\mathrm{C}}$ 为单位时间内通过系统表面单位面积传入的热量。

外力对系统所做的功可分为质量力所做的功和面积力所做的功，即

$$\begin{aligned} W &= \iiint_V \rho\boldsymbol{f}\cdot\boldsymbol{u}\,\mathrm{d}V + \oiint_S \boldsymbol{p}_n\cdot\boldsymbol{u}\,\mathrm{d}S \\ &= \iiint_V \rho\boldsymbol{f}\cdot\boldsymbol{u}\,\mathrm{d}V + \oiint_S (\boldsymbol{n}\cdot\boldsymbol{\sigma})\cdot\boldsymbol{u}\,\mathrm{d}S \\ &= \iiint_V \rho\boldsymbol{f}\cdot\boldsymbol{u}\,\mathrm{d}V + \iiint_V \nabla\cdot(\boldsymbol{\sigma}\cdot\boldsymbol{u})\,\mathrm{d}V \end{aligned} \tag{2.5.5}$$

将(2.5.3)～(2.5.5)式代入(2.5.1)式，可得

$$\iiint_V \rho\,\frac{\mathrm{D}}{\mathrm{D}t}\left(e + \frac{1}{2}\boldsymbol{u}\cdot\boldsymbol{u}\right)\mathrm{d}V = \iiint_V [\rho\boldsymbol{f}\cdot\boldsymbol{u} + \nabla\cdot(\boldsymbol{\sigma}\cdot\boldsymbol{u}) + \rho q_{\mathrm{R}} - \nabla\cdot\boldsymbol{q}_{\mathrm{C}}]\,\mathrm{d}V \tag{2.5.6}$$

此即欧拉型积分形式的总能量方程。

2.5.2　微分形式的能量方程

微分形式的能量方程同样可由(2.5.6)式被积函数为零的条件得到，即

$$\rho\frac{\mathrm{D}e}{\mathrm{D}t}+\rho\boldsymbol{u}\cdot\frac{\mathrm{D}\boldsymbol{u}}{\mathrm{D}t}=\rho\boldsymbol{f}\cdot\boldsymbol{u}+\nabla\cdot(\boldsymbol{\sigma}\cdot\boldsymbol{u})+\rho q_{\mathrm{R}}-\nabla\cdot\boldsymbol{q}_{\mathrm{C}}\tag{2.5.7}$$

此即欧拉型微分形式的总能量方程。

因为

$$\begin{aligned}\nabla\cdot(\boldsymbol{\sigma}\cdot\boldsymbol{u})&=\frac{\partial}{\partial x_i}(\sigma_{ij}u_j)=u_j\frac{\partial\sigma_{ij}}{\partial x_i}+\sigma_{ij}\frac{\partial u_j}{\partial x_i}\\&=u_j\frac{\partial\sigma_{ij}}{\partial x_i}+(\tau_{ij}-p\delta_{ij})\frac{\partial u_j}{\partial x_i}\\&=\boldsymbol{u}\cdot(\nabla\cdot\boldsymbol{\sigma})-p\nabla\cdot\boldsymbol{u}+\boldsymbol{\tau}:\nabla\boldsymbol{u}\end{aligned}\tag{2.5.8}$$

其中 $\boldsymbol{\tau}:\nabla\boldsymbol{u}$ 表示二阶张量 $\boldsymbol{\tau}$ 和 $\nabla\boldsymbol{u}$ 的并联式双点积(见(1.3.33)式)。将上式代入(2.5.7)式可得

$$\rho\frac{\mathrm{D}e}{\mathrm{D}t}+\rho\boldsymbol{u}\cdot\frac{\mathrm{D}\boldsymbol{u}}{\mathrm{D}t}=\rho\boldsymbol{f}\cdot\boldsymbol{u}+\boldsymbol{u}\cdot(\nabla\cdot\boldsymbol{\sigma})-p\nabla\cdot\boldsymbol{u}+\boldsymbol{\tau}:\nabla\boldsymbol{u}+\rho q_{\mathrm{R}}-\nabla\cdot\boldsymbol{q}_{\mathrm{C}}\tag{2.5.9}$$

以流速 $\boldsymbol{u}$ 点乘动量方程(2.4.7)式，得

$$\rho\boldsymbol{u}\cdot\frac{\mathrm{D}\boldsymbol{u}}{\mathrm{D}t}=\rho\boldsymbol{f}\cdot\boldsymbol{u}+\boldsymbol{u}\cdot(\nabla\cdot\boldsymbol{\sigma})\tag{2.5.10}$$

上式不包含内能 e，称为机械能方程(mechanical energy equation)。

将总能量方程(2.5.9)式减去机械能方程(2.5.10)式，得

$$\rho\frac{\mathrm{D}e}{\mathrm{D}t}=-p\nabla\cdot\boldsymbol{u}+\boldsymbol{\tau}:\nabla\boldsymbol{u}+\rho q_{\mathrm{R}}-\nabla\cdot\boldsymbol{q}_{\mathrm{C}}\tag{2.5.11}$$

此即内能方程(internal energy equation)。(2.5.11)式右端第一项称为压缩功，是由于系统的体积变化导致压力做功，压缩功和内能可以相互转化；第二项称为耗散功，是黏性应力对剪切变形所做的功，黏性力做的功转化为流体的内能，这种转化是不可逆的。

将 $\lambda=\mu_v-2\mu/3$ 代入(2.2.50)式可得

$$\tau_{ij}=(\mu_v-2\mu/3)\delta_{ij}s_{kk}+2\mu s_{ij}$$

应用上式，可将(2.5.11)式中的耗散功 $\boldsymbol{\tau}:\nabla\boldsymbol{u}$ 记为

$$\Phi=\boldsymbol{\tau}:\nabla\boldsymbol{u}=[(\mu_v-2\mu/3)\delta_{ij}s_{kk}+2\mu s_{ij}](s_{ij}+a_{ij})$$

因为对称张量和反对称张量的双点积恒为零，而 δ_{ij}、s_{ij} 为对称张量，a_{ij} 为反对称张量，故有 $\delta_{ij}a_{ij}=s_{ij}a_{ij}=0$。于是上式可改写成

$$\begin{aligned}\Phi&=(\mu_v-2\mu/3)s_{kk}^2+2\mu s_{ij}s_{ij}\\&=\mu_v s_{kk}^2+2\mu\left(s_{ij}-\frac{1}{3}s_{kk}\delta_{ij}\right)^2\end{aligned}\tag{2.5.12}$$

由上式可见，耗散功总是非负的。上式第一项表示体积发生变化时也会耗散机械能，这种

耗散跟切应力做功耗散机械能一样，是不可逆的。在有些教材中，将(2.2.50)式中的λ称为体积黏度，从(2.5.12)式可以看出，μ_v才是独立的流体物理性质参数，因此将μ_v称为体积黏度更合理，λ并不能准确表达体积黏度的物理意义。

将(2.5.12)式代入(2.5.11)式，将内能方程写成

$$\rho \frac{\mathrm{D}e}{\mathrm{D}t} = -p\,\nabla\cdot \boldsymbol{u} + \Phi + \rho q_{\mathrm{R}} - \nabla\cdot \boldsymbol{q}_{\mathrm{C}} \tag{2.5.13}$$

对于不可压缩流体，上式可简化成

$$\rho \frac{\mathrm{D}e}{\mathrm{D}t} = \Phi + \rho q_{\mathrm{R}} - \nabla\cdot \boldsymbol{q}_{\mathrm{C}} \tag{2.5.14}$$

2.6 流体运动的方程组

2.6.1 基本方程及定解条件

1. 基本方程组

描述流体运动的方程组包括连续方程、动量方程和能量方程等基本方程。对于黏性牛顿流体运动的方程组可归纳如下：

$$\left.\begin{aligned} &\frac{\mathrm{D}\rho}{\mathrm{D}t} + \rho\,\nabla\cdot \boldsymbol{u} = 0 \\ &\rho \frac{\mathrm{D}\boldsymbol{u}}{\mathrm{D}t} = \rho \boldsymbol{f} - \nabla p + \mu\,\nabla^2 \boldsymbol{u} + \left(\frac{\mu}{3} + \mu_v\right)\nabla(\nabla\cdot \boldsymbol{u}) \\ &\rho \frac{\mathrm{D}e}{\mathrm{D}t} = -p\,\nabla\cdot \boldsymbol{u} + \Phi + \rho q_{\mathrm{R}} - \nabla\cdot \boldsymbol{q}_{\mathrm{C}} \end{aligned}\right\} \tag{2.6.1}$$

上述方程组中除流速$\boldsymbol{u}$、压强p等4个未知量外，还有密度ρ、内能e、热传导参数$\boldsymbol{q}_{\mathrm{C}}$、热辐射参数$q_{\mathrm{R}}$等未知量，因此还需要补充其他方程。

压强和内能都是密度ρ和温度T的函数，根据具体流动问题需要补充相关的方程。例如状态方程

$$p = p(\rho, T) \tag{2.6.2}$$

对于完全(理想)气体，一般采用如下状态方程

$$p = \rho R T \tag{2.6.3}$$

式中R为气体常数，对于空气$R = 287\mathrm{J/kg\cdot K}$。对于均质的液体，除少数为情况外，一般无须考虑密度随压强、温度变化，因此其状态方程为$\rho = C$，即等于常数。再如内能公式

$$e = e(\rho, T) \tag{2.6.4}$$

对于完全气体，其内能公式为

$$e = c_v T \tag{2.6.5}$$

式中 c_v 为定容比热。

上述方程组共包括 1 个连续方程、3 个动量方程、1 个能量方程、1 个状态方程、1 个内能方程共 7 个方程，共有 $\boldsymbol{u}$、p、ρ、e、T 等 7 个未知量，方程组未知量数与方程数相等，属于封闭方程组，一起构成了描述黏性牛顿流体运动的基本方程组。

如果考虑热传导和热辐射，则需要增加热传导量 $\boldsymbol{q}_{\mathrm{C}}$ 以及热辐射量 q_{R} 的方程。单位时间单位面积上的热传导量 $\boldsymbol{q}_{\mathrm{C}}$ 由热传导方程计算

$$\boldsymbol{q}_{\mathrm{C}} = -K_T \nabla T \tag{2.6.6}$$

式中 K_T 为导热系数。

一般流体的物理性质参数 μ、μ_v、c_v 和 K_T 等也是温度的函数，如果需要考虑物理性质参数随温度的变化，则也需要给出相应的函数关系。

当不可压缩牛顿流体做绝热流动(不存在热传导和热辐射) 时，只有 p、$\boldsymbol{u}$、e 共 5 个未知量，方程数为 5 个，即

$$\left.\begin{aligned} \nabla\cdot \boldsymbol{u} &= 0 \\ \rho\frac{\mathrm{D}\boldsymbol{u}}{\mathrm{D}t} &= \rho\boldsymbol{f} - \nabla p + \mu\nabla^2\boldsymbol{u} \\ \rho\frac{\mathrm{D}e}{\mathrm{D}t} &= \Phi \end{aligned}\right\} \tag{2.6.7}$$

此即不可压缩牛顿流体做绝热流动时的方程组。当主要讨论以水为研究对象的流体时，大多数情况无须考虑温度的影响，因此可忽略流体内能的变化，而只考虑机械能守恒。从而在方程组(2.6.7) 中，一般只需应用连续方程和动量方程，来求解流速 $\boldsymbol{u}$ 和压强 p。

2. 无量纲方程

在流体力学中，经常采用无量纲形式的方程。令 l_0、u_0、p_0、t_0、ρ_0、μ_0 和 g_0 分别代表长度、流速、压强、时间、密度、黏度和重力加速度的特征量，可以将方程组中的各物理量表示成无量纲量的形式，即

$$x_i^0 = \frac{x_i}{l_0}, u_i^0 = \frac{u_i}{u_0}, p^0 = \frac{p}{p_0}, t^0 = \frac{t}{t_0}, \rho^0 = \frac{\rho}{\rho_0}, \mu^0 = \frac{\mu}{\mu_0}, g^0 = \frac{g}{g_0} \tag{2.6.8}$$

将无量纲流速代入连续方程，可得

$$\nabla^0\cdot\boldsymbol{u}^0 = 0 \tag{2.6.9}$$

其中 ∇^0 表示 $\partial/\partial x_i^0$。无量纲连续方程在形式上与有量纲的连续方程相同。

若质量力只有重力，流体的压强可表示为 $(p+\rho g h)$，将上述无量纲量代入不可压缩流体的 N-S 方程(2.4.13) 式，经整理后可得

$$St\frac{\partial u_i^0}{\partial t^0} + u_j^0\frac{\partial u_i^0}{\partial x_j^0} = -\frac{1}{Fr^2}g^0\frac{\partial h^0}{\partial x_i^0} - Eu\frac{1}{\rho^0}\frac{\partial p^0}{\partial x_i^0} + \frac{1}{Re}\frac{\mu^0}{\rho^0}\frac{\partial^2 u_i^0}{\partial x_j^0\partial x_j^0} \tag{2.6.10}$$

式中

$$St = \frac{l_0}{t_0 u_0} \tag{2.6.11}$$

$$Fr = \frac{u_0}{\sqrt{g_0}\, l_0} \tag{2.6.12}$$

$$Eu = \frac{p_0}{\rho_0 u_0^2} \tag{2.6.13}$$

$$Re = \frac{\rho_0 u_0 l_0}{\mu_0} \tag{2.6.14}$$

分别称为斯特劳哈数(Strouhal number)、弗劳德数(Froude number)、欧拉数(Euler number)和雷诺数(Reynolds number)。从以上各式可以看出，无量纲数 St、Fr、Eu 和 Re 分别表征了非定常运动惯性力、重力、压力和黏性力与对流惯性力之间的相对大小。如果两个流动是相似的，则流动的无量纲方程相同，对应的无量纲数应分别相等。在流体运动的模型实验中，通常要求模型与原型的流动是相似的。然而，在模型实验过程中很难做到与原型的所有量纲数都相等，因此往往优先确保所研究的流动问题的主要无量纲数是相同的，如重力流中，一般确保弗劳德数相等即可。

3. 初始条件和边界条件

对不可压缩黏性牛顿流体方程组进行求解，还需结合具体流动问题的初始条件和边界条件，才可获得所求流动问题的确定解。

在初始时刻，方程组的解等于给定的函数值，称为初始条件，即 $t = t_0$ 时，有

$$\boldsymbol{u}(\boldsymbol{x}, t_0) = \boldsymbol{u}_0(\boldsymbol{x}) \tag{2.6.15}$$

$$p(\boldsymbol{x}, t_0) = p_0(\boldsymbol{x}) \tag{2.6.16}$$

其中 $\boldsymbol{u}_0(\boldsymbol{x})$、$p_0(\boldsymbol{x})$ 分为初始时刻已知的流速分布和压强分布。定常流动问题无须给出初始条件，而如果研究的是不可压缩流体，则不需要压强的初始条件。

在流场的边界上，方程组的解应满足的条件称为边界条件。边界条件的形式多种多样，通常需根据具体问题来确定。以下是经常遇到的几种边界条件。

(1) 固体壁面

对于理想流体，流体可在固体壁面上滑移，切向流速不等于零，而法向流速 $\boldsymbol{u}_\mathrm{n}$ 等于固体壁面的流速 $\boldsymbol{u}_\mathrm{s}$，即

$$\boldsymbol{u}_\mathrm{n} = \boldsymbol{u}_\mathrm{s} \tag{2.6.17}$$

对于黏性流体，流体质点与固体壁面没有相对滑动，称为无滑移条件(no slip condition)，因此应满足流体的流速等于固体壁面的流速，即

$$\boldsymbol{u} = \boldsymbol{u}_\mathrm{s} \tag{2.6.18}$$

如果壁面静止不动，则 $\boldsymbol{u} = \boldsymbol{0}$。

(2) 气液界面

气液界面最典型的就是水与大气的分界面，即自由面。与液体相比，气体的密度和黏度都很小，气体的运动一般不会对液体流动产生显著影响。如果不考虑表面张力的影响，在自由液面上的压强等于与之接壤气体的压强 p_0，即

$$p = p_0 \tag{2.6.19}$$

而如果需要考虑表面张力的影响，则界面两侧的压差由表面张力所平衡，满足杨-拉普拉斯方程（Young-Laplace equation），即

$$p_0 - p = \gamma\left(\frac{1}{R_1} + \frac{1}{R_2}\right) \tag{2.6.20}$$

式中 γ 为表面张力系数，R_1 和 R_2 为界面两个主曲率半径。如果忽略气相的黏性，则界面上的切应力等于 0。

在气液界面上，无滑条件一般不再适用，但仍需要求法向流速连续，即与理想流体固体壁面的条件类似，需要满足（2.6.17）式。

（3）液液界面

若界面两侧都是黏性液体，则界面上的法向应力与表面张力之间维持平衡状态，类似（2.6.20）式，有

$$\boldsymbol{n} \cdot \boldsymbol{\sigma}^{(1)} - \boldsymbol{n} \cdot \boldsymbol{\sigma}^{(2)} + \gamma\left(\frac{1}{R_1} + \frac{1}{R_2}\right)\boldsymbol{n} = \boldsymbol{0} \tag{2.6.21}$$

式中 $\boldsymbol{\sigma}^{(1)}$ 和 $\boldsymbol{\sigma}^{(2)}$ 分别为两种介质的应力张量，界面法向方向 $\boldsymbol{n}$ 指向介质 1，当曲率中心在 $\boldsymbol{n}$ 指向的一侧时，R_1 和 R_2 取正值。将（2.2.59）式代入（2.6.21）式，并沿界面法向 $\boldsymbol{n}$ 和切向 $\boldsymbol{t}$ 进行分解，可得

$$p^{(1)} - 2\mu_1 s_{ij}^{(1)} n_i n_j = p^{(2)} - 2\mu_2 s_{ij}^{(2)} n_i n_j + \gamma\left(\frac{1}{R_1} + \frac{1}{R_2}\right) \tag{2.6.22}$$

$$\mu_1 s_{ij}^{(1)} t_i n_j = \mu_2 s_{ij}^{(2)} t_i n_j \tag{2.6.23}$$

由以上两式可知，在界面两侧切应力总是连续的，而当界面曲率不为零时，表面张力会引起法向应力的阶跃。

在液液界面两侧，介质的流速一般来说是连续的，满足无滑条件，即

$$\boldsymbol{u}^{(1)} = \boldsymbol{u}^{(2)} \tag{2.6.24}$$

（4）无穷远处

对于物体在无界区域中运动问题，如舰艇在海洋中航行，需要将无穷远处定义为流动的边界。如果将坐标系建立在运动的物体上，无穷远边界条件可写成

$$\boldsymbol{r} \to \infty : \boldsymbol{u} = \boldsymbol{u}_\infty, p = p_\infty \tag{2.6.25}$$

2.6.2 N-S 方程性质及求解策略

1. N-S 方程的数学性质

依据偏微分方程理论，二阶偏微分方程可以分成不同的类型，不同类型的方程具有不同的数学、物理性质和求解方法。设二阶偏微分方程具有如下形式

$$A\frac{\partial^2 \phi}{\partial x^2} + B\frac{\partial^2 \phi}{\partial x \partial y} + C\frac{\partial^2 \phi}{\partial y^2} = D \tag{2.6.26}$$

式中系数 A、B、C 和 D 可能是 x、y、ϕ、$\partial\phi/\partial x$ 以及 $\partial\phi/\partial y$ 的非线性函数，但不是 ϕ 的二阶导数，因此上式称为拟线性二阶偏微分方程，其性质依据以下判别式确定

$$B^2 - 4AC = \begin{cases} < 0, & \text{椭圆型方程} \\ = 0, & \text{抛物型方程} \\ > 0, & \text{双曲型方程} \end{cases} \tag{2.6.27}$$

不同类型的偏微分方程，求解的方法截然不同。椭圆型方程需要给定求解区域封闭边界上的全部条件，此类问题称为边值问题。抛物型方程的边界条件必须在一个方向的两端给定，而在另一方向的一端给定一端待求，可以通过步进的方法逐步求出所有位置（时刻）的未知量值，此类问题称为初 — 边值问题。对于双曲型方程，只需给定与求解区域相关的一部分边界条件，其余边界条件待定，此类问题称为初值问题。

流体力学基本方程中的动量方程（N-S 方程）为二阶偏微分方程。对于定常流动，N-S 方程为椭圆型方程，要求给出全部边界上的流速值，但压强只需给出一点的值就足够了，因为在方程中只有压强的一阶导数。非定常流动的 N-S 方程在空间坐标方面为椭圆方程，需要给定全部边界上的流速值，而在时间坐标方面则是抛物型方程，可以从初始时刻出发向前积分求出所有时刻的未知量值。通常假设初始时刻流体是静止的，而在边界上给定非零的速度条件，即边界是运动的。

2. 流动问题的求解策略

在黏性流体运动的方程组中，由于非线性对流项惯性项$(\boldsymbol{u} \cdot \nabla)\boldsymbol{u}$的存在，使得方程组的求解在数学上遇到很大的困难，N-S 方程求解问题仍是当今流体力学中主要的、未被解决的科学难题之一。目前除极少数因为流动本身很简单而具有解析解外，大多数流动问题都需要依赖对问题的近似简化，或采用实验模拟和数值模拟的手段来解决实际的流动问题。

由前可知，雷诺数代表了惯性力与黏性力的比值。对于雷诺数很大$(Re \to \infty)$的流动，黏性力相比惯性力而言可忽略不计。在第 3 章有涡流动的介绍中将可以看到，黏性是引起涡量产生的主要原因之一，如果流体的黏性作用可以忽略不计，流体流动大多数情况下是无旋的有势流动。在数学上处理有势流动要方便得多，在第 4 章我们将介绍求解有势流动问题的数学方法。

当需要考虑流体的黏性作用时，雷诺数往往是流动中最为重要的参数。依据流动雷诺数的大小，可以将黏性流动分为层流流动和湍流流动。

当雷诺数较小时，在流动过程中流体层与层之间没有宏观的流体质量交换，这种流动称为层流（laminar flow）。层流流动需要直接求解方程组（2.6.7），因此，只有部分简单的流动问题可得到精确的解析解，在第 5 章，我们将首先介绍两类典型流动问题（即平行剪切流动和平面圆周运动）的 N-S 方程解析解法。对于雷诺数很小$(Re \to 0)$的层流流动，由于此时对流惯性力相比黏性力可忽略不计，因此可忽略对流惯性力（即斯托克斯近似）或对其线性化（即奥辛近似）。雷诺数很小的流动称为低雷诺数流动，也称为斯托克斯流动，例如悬浮颗粒的沉降、烟囱灰尘的流动等都属于斯托克斯流动。在 5.2 节，将介绍此类可以忽略 N-S 方程中对流项的流动问题的求解方法。在固体壁面上，由于要满足无滑条件（2.6.18）式，因此沿壁面法线方向流速由零迅速增大，在近壁面区域存在很大的流速梯度，即使远离壁面的主流的雷诺数很大，即在主流中可以视为黏性无影响的有势流动，但因在近壁面区的黏性切应力很大，黏性的影响仍不可忽略。于是，对于大雷诺数流动（$Re \to \infty$），通常将流动分解成远离壁面的无黏性流动和近壁面的黏性流动。远离壁面的无黏性流动通常可视为无旋的有势流动，按第 4 章有势流动问题处理即可。对于近壁面的黏性流动，由于在壁面法向方向的尺度相比流动主流方向的尺度而言很小，基于这一流动特征可对 N-S 方程进行合理简化，此即所谓的普朗特边界层理论，我们将在 5.3 节介绍边界层层流流动的有关理论和计算方法。

当雷诺数较大时，流体质点开始做无规则的随机脉动，流层与流层之间相互混掺，流动的能量损耗显著增大，流动变为三维的有涡流动，这种流动称为湍流（turbulent flow）。湍流流动最主要的特征之一是随机性，因此最直接的方法是统计方法，在第 6 章我们会介绍湍流的统计理论。然而，迄今湍流统计理论仍只能应用于理论研究，解决实际工程问题时仍主要依赖于基于湍流模式理论的数值模拟。湍流模式理论首先需要对流场的脉动特性进行均化处理，在第 6 章我们将介绍方程组（2.6.7）的平均方法，并重点介绍如何解决方程组平均后所得到的雷诺方程组的封闭问题。应当说明的是，流体运动的方程组（2.6.7）仍然适用于描述湍流运动，因此也可对该方程组直接进行数值求解，这类方法称为直接数值模拟（DNS），直接数值模拟需要非常短的时间步长和非常小的计算网格，一般只应用于湍流结构等理论研究当中，受制于计算机的性能，目前尚无法满足实际应用的需要。在第 6 章的最后，我们将对湍流问题的高级数值模拟方法，如直接数值模拟（DNS）和大涡模拟（LES）等，进行扼要介绍。

第 2 章习题

第3章

流体的涡旋运动

在 2.2.2 节中我们已经介绍，存在流体微团绕自身中心旋转变形的流动称为有涡流动，反之称为有势流动。由于自然界中的流体运动绝大多数都是这种含有涡旋(vortex) 的有涡流动，且涡旋对流体的运动有着至关重要的影响，因此研究并掌握涡旋运动的基本规律对于理解流体运动的本质具有重要的作用。

本章首先介绍涡旋运动的一些基本概念，并推导出描述涡量演化过程的涡量方程，在此基础上进一步探讨引起涡旋产生、发展和消亡的原因，最后介绍涡旋如何诱导周围流体进行运动的问题。

3.1 涡旋运动的基本性质

3.1.1 涡旋的基本概念

1. 涡量与涡量场

除了采用旋转角速度 $\boldsymbol{\omega}$ 来表征流体微团的旋转运动外，通常也用速度的旋度即涡量(vorticity) 来定量描述流体微团旋转的程度，即

$$\boldsymbol{\Omega} = \nabla \times \boldsymbol{u} = 2\boldsymbol{\omega} \tag{3.1.1}$$

可见，涡量的大小为流体微团旋转角速度的 2 倍，方向与旋转角速度方向一致。至少有一部分流体的涡量不为零(即 $\boldsymbol{\Omega} = \nabla \times \boldsymbol{u} \neq \mathbf{0}$) 的流动属于有涡流动。

需要说明的是，流体微团绕自身旋转的运动与流体微团做圆周运动是两个不同的概念，因此判断一种流动是否属于有涡流动有时候往往与直觉相反。我们以两种典型的流动为例来说明有涡流动的本质。如图 3.1.1(a) 所示为两平行板间的剪切流动，下板固定，上

板以恒定流速做水平向右的运动，板间流体在上板的带动下，也做水平向右运动。流场的流速分布为

$$u = Cy, v = w = 0$$

式中 C 为常数。该流动的流线平行于 x 轴，所有流体质点做直线运动，那该流动是不是有涡流动呢？根据(3.1.1) 式，可计算出流场中任一点的涡量为

$$\Omega_z = -C \neq 0$$

即流场中任一点的涡量均不为零，可见是属于有涡流动。

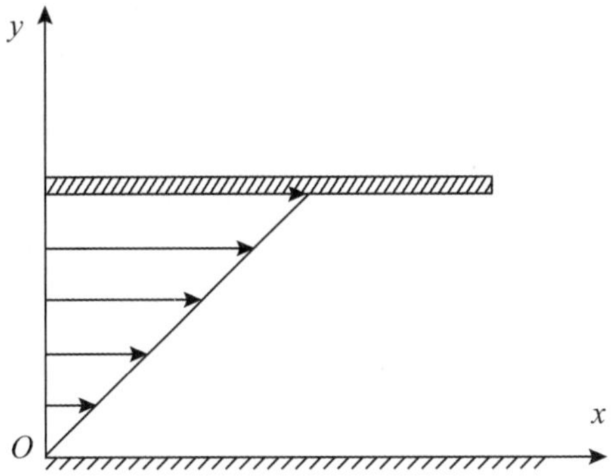

(a)

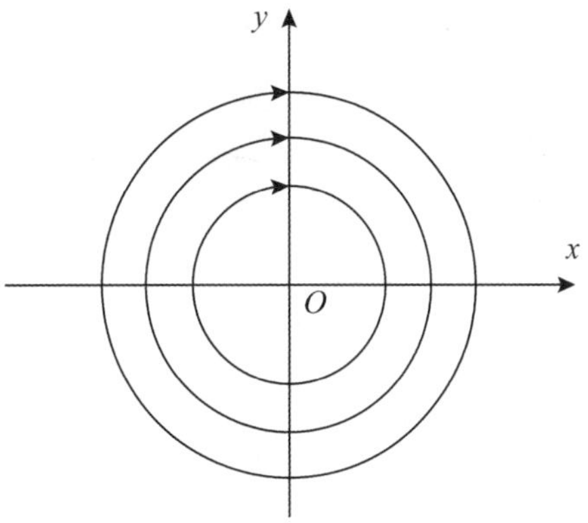

(b)

图 3.1.1　有涡流动与有势流动

再如图 3.1.1(b) 中的流动，流场中所有流体质点都绕中心点 O 做圆周运动。流场的流速分布为(采用圆柱坐标)

$$u_\theta = \frac{C}{r}, u_r = u_z = 0$$

该流动的流线为以 O 点为圆心的同心圆，那该流动是否又属于有涡流动呢？同样，根据(3.1.1) 式可计算得到流场的涡量为

$$\Omega_z = \frac{1}{r}\frac{\partial(ru_\theta)}{\partial r} - \frac{1}{r}\frac{\partial u_r}{\partial \theta} = 0$$

可见，除原点外(原点处涡量无限大)，流场处处无旋，因此不是有涡流动，而是有势流动。

从以上两种流动可以看出，有涡流动是流体运动的一种局部性质，流动是否有旋关键看流体微团是不是在自转，而不是看流体微团整体的运动轨迹。做圆周运动的流体微团自身可能是不旋转的，而做直线运动的流体微团可能同时围绕自身中心做旋转运动。现实中黏性流体的流动绝大多数是有涡流动，在第 6 章我们将会进一步看到，自然界中大量存在的湍流流动就是一种三维的有涡流动。但要注意，理论上无黏性流体(即理想流体)同样存在有涡流动，反过来，黏性流体也可以做无旋的流动，即有势流动。也就是说，黏性只是影响流动是否有旋的一个主要因素，但不是唯一因素。在本章后面的分析中可以清晰地看到这一点。

一般来说，涡量是空间和时间的函数，即 $\boldsymbol{\Omega} = \boldsymbol{\Omega}(\boldsymbol{x}, t)$，它组成的矢量场称为涡量场，可用类似于流速场的方法和概念来描述涡量场，如流速场有流线、流管和流量等概念，涡

量场相应有涡线、涡管和涡通量等概念。如图 3.1.2 所示，某一瞬时在涡量场中处处与涡量矢量相切的曲线称为涡线(vortex line)，涡线上各流体微团绕涡线的切线方向旋转，涡线方程为

$$\boldsymbol{\Omega} \times \mathrm{d}\boldsymbol{x} = \boldsymbol{0} \tag{3.1.2}$$

在涡量场中取一条不与涡线重合的曲线，同一时刻通过该曲线上每一点作涡线，这些涡线组成的曲面称为涡面(vortex surface)。如果所取的曲线为不自交的封闭曲线，则构成的管状封闭曲面称为涡管(vortex tube)。如果涡管周围流体的涡量均为零，则称该涡管为孤立涡管(isolated vortex tube)。

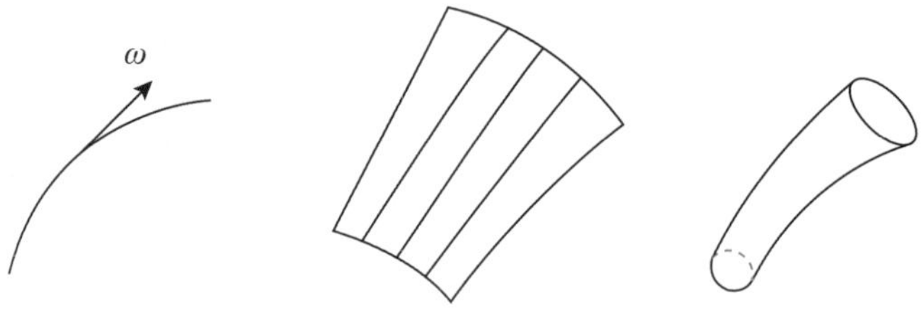

图 3.1.2　涡线、涡面和涡管

2. 涡通量与速度环量

在流场中通过任一截面 S 的涡量的通量

$$\iint_S \boldsymbol{\Omega} \cdot \boldsymbol{n} \mathrm{d}S$$

称为涡通量(vortex flux)，若所取截面 S 是孤立涡管中的某一截面，则称为涡管强度(vortex strength)。

速度 $\boldsymbol{u}$ 沿有向封闭曲线 $\boldsymbol{L}$(规定 $\boldsymbol{L}$ 的正方向为逆时针方向)的线积分称为速度环量，简称环量(circulation)，即

$$\Gamma = \oint_L \boldsymbol{u} \cdot \mathrm{d}\boldsymbol{l} \tag{3.1.3}$$

设有一曲面 S 张于封闭曲线 $\boldsymbol{L}$ 上，曲面 S 的法线方向为 $\boldsymbol{n}$，规定 $\boldsymbol{n}$ 的正方向和 $\boldsymbol{L}$ 的正方向符合右手螺旋法则。若流速的三个分量函数 u_1、u_2 和 u_3 为域内连续可微函数，根据数学中的斯托克斯定理(见(1.2.27)式)有

$$\oint_L (u_1 \mathrm{d}x_1 + u_2 \mathrm{d}x_2 + u_3 \mathrm{d}x_3)$$

$$= \iint_S \left[\left(\frac{\partial u_3}{\partial x_2} - \frac{\partial u_2}{\partial x_3} \right) \mathrm{d}x_2 \mathrm{d}x_3 + \left(\frac{\partial u_1}{\partial x_3} - \frac{\partial u_3}{\partial x_1} \right) \mathrm{d}x_1 \mathrm{d}x_3 + \left(\frac{\partial u_2}{\partial x_1} - \frac{\partial u_1}{\partial x_2} \right) \mathrm{d}x_1 \mathrm{d}x_2 \right]$$

上式左边正好是沿封闭曲线 $\boldsymbol{L}$ 的环量 Γ，而右边则是通过曲面 S 的涡通量，于是有

$$\oint_L \boldsymbol{u} \cdot \mathrm{d}\boldsymbol{l} = \iint_S \boldsymbol{\Omega} \cdot \boldsymbol{n} \mathrm{d}S \tag{3.1.4}$$

这表明沿包围单连通域的有向封闭曲线 $\boldsymbol{L}$ 的速度环量等于通过此连通域的涡通量。

当包围的区域为多连通域时，在应用斯托克斯定理时需要将多连通域改造成单连通域。如图 3.1.3 所示的双连通域，不仅有外边界 L，还有内边界 L'。从外边界上任一点 A 处切开至内边界上一点 B，流速沿路径 $L_0: A \to B \to L' \to B \to A \to L \to A$ 积分，则走过的

路线围成的区域为单连通域。于是，由斯托克斯定理有

$$\iint_S \boldsymbol{\Omega} \cdot \boldsymbol{n} \mathrm{d}S = \oint_{L_0} \boldsymbol{u} \cdot \mathrm{d}\boldsymbol{l} = \int_{AB} \boldsymbol{u} \cdot \mathrm{d}\boldsymbol{l} + \oint_{-L'} \boldsymbol{u} \cdot \mathrm{d}\boldsymbol{l} + \int_{BA} \boldsymbol{u} \cdot \mathrm{d}\boldsymbol{l} + \oint_{L} \boldsymbol{u} \cdot \mathrm{d}\boldsymbol{l}$$

设曲面的法向方向 $\boldsymbol{n}$ 与 $\boldsymbol{L}$ 构成右手螺旋，则 $\boldsymbol{L}'$ 与 $\boldsymbol{L}$ 的方向相反，而曲线 BA 和 AB 的方向相反，因此有

$$\int_{BA} \boldsymbol{u} \cdot \mathrm{d}\boldsymbol{l} = -\int_{AB} \boldsymbol{u} \cdot \mathrm{d}\boldsymbol{l}, \oint_{-L'} \boldsymbol{u} \cdot \mathrm{d}\boldsymbol{l} = -\oint_{L'} \boldsymbol{u} \cdot \mathrm{d}\boldsymbol{l}$$

若令 $\Gamma_L = \oint_L \boldsymbol{u} \cdot \mathrm{d}\boldsymbol{l}, \Gamma_{L'} = \oint_{L'} \boldsymbol{u} \cdot \mathrm{d}\boldsymbol{l}$，则可得

$$\Gamma_L - \Gamma_{L'} = \iint_S \boldsymbol{\Omega} \cdot \boldsymbol{n} \mathrm{d}S \tag{3.1.5}$$

即双连通域的涡通量为两个单连通域的速度环量 Γ_L 和 $\Gamma_{L'}$ 之差。

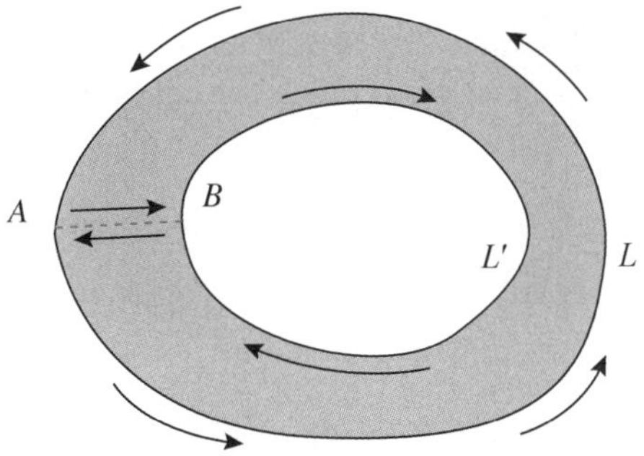

图 3.1.3　双连通域

涡通量和速度环量都能表征涡旋的强度，但一般利用速度环量来研究涡旋运动更为方便，主要是因为速度环量是曲线积分，被积函数是速度本身，而涡通量是曲面积分，被积函数是速度的偏导数，因此在数学处理上，应用速度环量常常比应用涡通量更简单。

3.1.2　涡旋的运动学性质

在涡量场中任取一段涡管，该涡管段由两个端面 S_1 和 S_2 以及涡管侧面 S' 组成封闭曲面 S，如图 3.1.4 所示。

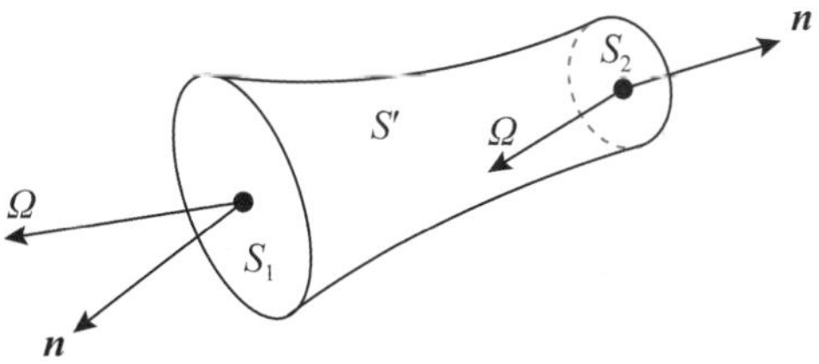

图 3.1.4　涡管段

通过封闭曲面 S 的涡通量为 $\oiint_S \boldsymbol{\Omega} \cdot \boldsymbol{n} \mathrm{d}S$，设封闭曲面 S 所包围的体积为 V，应用高斯公式可得

$$\oiint_S \boldsymbol{\Omega} \cdot \boldsymbol{n} \mathrm{d}S = \iiint_V \nabla \cdot \boldsymbol{\Omega} \mathrm{d}V = \iiint_V \nabla \cdot (\nabla \times \boldsymbol{u}) \mathrm{d}V$$

由附录(A.2.2)式可知,$\nabla\cdot(\nabla\times\boldsymbol{u})=0$ 恒成立,因此必有

$$\nabla\cdot\boldsymbol{\Omega}=\nabla\cdot(\nabla\times\boldsymbol{u})=0 \tag{3.1.6}$$

上式也称为涡量连续方程,同时表明涡量场是无源场。可见,通过封闭曲面 S 的涡通量为零,即

$$\oiint_S\boldsymbol{\Omega}\cdot\boldsymbol{n}\mathrm{d}S=\iint_{S_1}\boldsymbol{\Omega}\cdot\boldsymbol{n}\mathrm{d}S+\iint_{S_2}\boldsymbol{\Omega}\cdot\boldsymbol{n}\mathrm{d}S+\iint_{S'}\boldsymbol{\Omega}\cdot\boldsymbol{n}\mathrm{d}S=0$$

曲面 S' 由涡线构成,涡量与曲面法线处处垂直,所以有$\iint_{S'}\boldsymbol{\Omega}\cdot\boldsymbol{n}\mathrm{d}S=0$,从而由上式可得

$$-\iint_{S_1}\boldsymbol{\Omega}\cdot\boldsymbol{n}\mathrm{d}S=\iint_{S_2}\boldsymbol{\Omega}\cdot\boldsymbol{n}\mathrm{d}S \tag{3.1.7}$$

上式左端取负号是因为截面 S_1 的外法线方向与涡量方向相反。

(3.1.7)式表明通过涡管任意截面的涡通量都相等。根据斯托克斯定理,速度环量等于涡通量,因此绕涡管的任意两条封闭周线的速度环量也应相等,即

$$\Gamma_1=\Gamma_2 \tag{3.1.8}$$

此称为涡管强度守恒定理。涡管强度守恒定理描述出了涡管强度在空间上的变化规律。

由涡管强度守恒定理可知,某时刻在同一涡管上的任意两个截面一定满足

$$\omega_1S_1=\omega_2S_2$$

其中 ω_1 和 ω_2 分别为两个截面的角转速,S_1 和 S_2 分别为两个截面的面积。由此可以推断:(1)某时刻对于同一涡管而言,在截面积越小的地方,流体旋转的角转速越大,涡量也越大;(2)由于涡管截面不可能收缩为零,否则流体旋转的角转速为无穷大,因此涡管不能在流体中间产生或消灭,涡管要不组成环状,要不消失在边界上。这两个推断,也是无源矢量场(见1.2.2节)的普遍性质。

上述有关涡管的运动学性质不涉及力的作用,因此对于理想流体和黏性流体均适用。

3.1.3　涡量动力学方程

用哈密顿算子∇叉乘兰姆—葛罗米柯形式的动量方程(2.4.15)式,得

$$\nabla\times\frac{\partial\boldsymbol{u}}{\partial t}+\nabla\times\nabla\left(\frac{\boldsymbol{u}\cdot\boldsymbol{u}}{2}\right)-\nabla\times(\boldsymbol{u}\times\boldsymbol{\Omega})$$
$$=\nabla\times\boldsymbol{f}-\nabla\times\left(\frac{1}{\rho}\nabla p\right)+\nu\nabla\times(\nabla^2\boldsymbol{u})+\frac{1}{3}\nu\nabla\times[\nabla(\nabla\cdot\boldsymbol{u})] \tag{3.1.9}$$

因为 $\boldsymbol{u}\cdot\boldsymbol{u}=u^2$ 和$\nabla\cdot\boldsymbol{u}$均为标量,由附录恒等式(A.2.1)式,可知(3.1.9)式左端第二项和右端最后一项均等于零。应用附录恒等式(A.2.9)式,(3.1.9)式左端第三项可写成

$$\nabla\times(\boldsymbol{u}\times\boldsymbol{\Omega})=(\boldsymbol{\Omega}\cdot\nabla)\boldsymbol{u}+(\nabla\cdot\boldsymbol{\Omega})\boldsymbol{u}-(\boldsymbol{u}\cdot\nabla)\boldsymbol{\Omega}-(\nabla\cdot\boldsymbol{u})\boldsymbol{\Omega} \tag{3.1.10}$$

根据涡量连续方程(3.1.6)式,(3.1.10)式右端第二项应为零,从而简化成

$$\nabla\times(\boldsymbol{u}\times\boldsymbol{\Omega})=(\boldsymbol{\Omega}\cdot\nabla)\boldsymbol{u}-(\boldsymbol{u}\cdot\nabla)\boldsymbol{\Omega}-(\nabla\cdot\boldsymbol{u})\boldsymbol{\Omega} \tag{3.1.11}$$

同时考虑到

$$\nabla\times\frac{\partial\boldsymbol{u}}{\partial t}=\frac{\partial}{\partial t}(\nabla\times\boldsymbol{u})=\frac{\partial\boldsymbol{\Omega}}{\partial t},\nabla\times(\nabla^2\boldsymbol{u})=\nabla^2(\nabla\times\boldsymbol{u})=\nabla^2\boldsymbol{\Omega}$$

于是，(3.1.9) 式可改写成

$$\frac{\mathrm{D}\boldsymbol{\Omega}}{\mathrm{D}t}=\frac{\partial\boldsymbol{\Omega}}{\partial t}+(\boldsymbol{u}\cdot\nabla)\boldsymbol{\Omega}=(\boldsymbol{\Omega}\cdot\nabla)\boldsymbol{u}-(\nabla\cdot\boldsymbol{u})\boldsymbol{\Omega}+\nabla\times\boldsymbol{f}-\nabla\times\left(\frac{1}{\rho}\nabla p\right)+\nu\nabla^2\boldsymbol{\Omega}\tag{3.1.12}$$

此即涡量方程(vorticity equation)。

由(3.1.12)式可以看出，质量力、压强梯度和黏性是涡量发生变化的因素。此外，从方程右端第二项也可以看到，体积变化也会引起涡量的变化。右端第一项的物理意义表示涡量与流体微团变形的相互作用，即由于涡管拉伸、弯曲等变形引起涡量的增强或减弱，因此该项也称为涡旋变形项。在涡量变化的影响因素中，涡管变形的影响最为重要，下面先对涡管变形如何影响涡量变化做进一步分析。

以单根涡线为例，来阐述流场的速度梯度场对涡管变形的影响。过涡线上一点 P 作局部正交坐标系(如图 3.1.5)，三个坐标方向分别为涡线的切线方向 t、法线方向 n 和副法线方向 b，三个方向的单位矢量分别为 $\boldsymbol{e}_t$、$\boldsymbol{e}_n$ 和 $\boldsymbol{e}_b$。因为涡量矢量的方向为涡线的切线方向，所以有 $\boldsymbol{\Omega}=\Omega\boldsymbol{e}_t$，$\Omega$ 为涡矢量 $\boldsymbol{\Omega}$ 的模。于是，(3.1.12) 式右端第一项可表示为

$$\begin{aligned}(\boldsymbol{\Omega}\cdot\nabla)\boldsymbol{u}&=\Omega\boldsymbol{e}_t\cdot\left(\frac{\partial}{\partial t}\boldsymbol{e}_t+\frac{\partial}{\partial n}\boldsymbol{e}_n+\frac{\partial}{\partial b}\boldsymbol{e}_b\right)\boldsymbol{u}\\&=\Omega\frac{\partial\boldsymbol{u}}{\partial t}=\Omega\frac{\partial u_t}{\partial t}\boldsymbol{e}_t+\Omega\frac{\partial u_n}{\partial t}\boldsymbol{e}_n+\Omega\frac{\partial u_b}{\partial t}\boldsymbol{e}_b\end{aligned}$$

上式右端第一项 $\partial u_t/\partial t$ 表示速度分量 u_t 沿切向方向的变化率，其使涡线受到拉伸($\partial u_t/\partial t>0$)或压缩($\partial u_t/\partial t<0$)，从而使涡量 $\boldsymbol{\Omega}$ 增大或减小，第二项和第三项则是由于速度法线方向的分量 u_n 和副法线方向的分量 u_b 沿切线方向的变化，使涡线发生弯曲变形，由此引起涡量 $\boldsymbol{\Omega}$ 的变化。可见，流动速度场分布的不均匀导致了涡管的拉伸和弯曲变形，进而改变了流场中涡量场的分布。

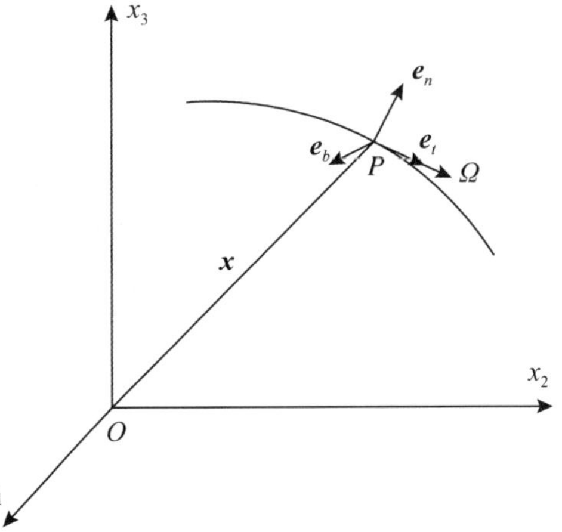

图 3.1.5　涡管的变形

涡管的变形主要是拉伸变形，根据涡管强度守恒定理，涡管强度沿涡管长度保持不

变，涡管拉伸使涡管截面变小，角转速必然增大，因此涡量增大。涡管变形对其他涡管的影响也主要是拉伸作用。如图 3.1.6 所示的两个平行的涡管在 x_1 方向(垂直纸面方向)拉伸，图中虚线表示初始时刻的涡管，实线表示当前时刻的涡管。拉伸后涡管截面变小，转速加快，涡量增大。位于上半平面的涡管加大了 $+x_2$ 方向的流速，而位于下半平面的涡管加大了 $-x_2$ 方向的流速，其作用的结果是使得位于两个涡管之间的沿 x_2 方向的涡管受到拉伸，从而也使其截面变小，涡量增大。

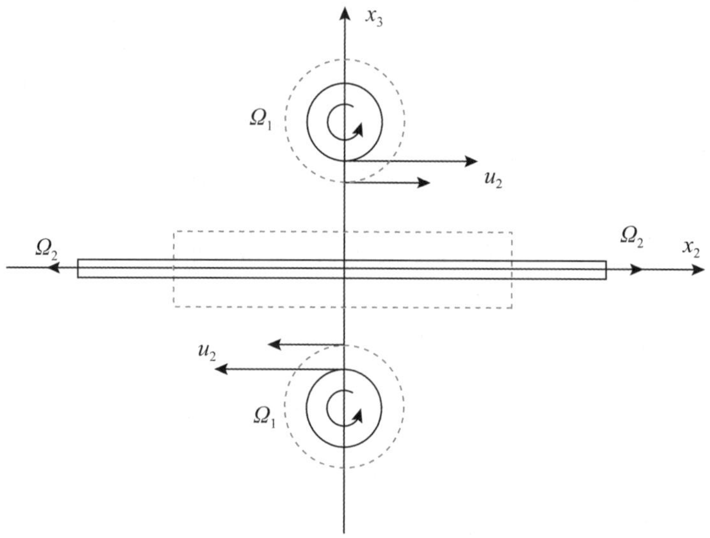

图 3.1.6　涡管变形对其他涡管的影响

继续分析其他因素对涡量变化的影响。若假设质量力有势，则质量力可用某一标量函数 G 的全微分表示(参看 1.2.2 节中有关有势场的介绍)，亦即

$$\boldsymbol{f} = -\nabla G \tag{3.1.13}$$

于是(3.1.12)式右端第三项 $\nabla\times\boldsymbol{f} = \nabla\times(-\nabla G) = \boldsymbol{0}$。

定义压力函数

$$P = \int \frac{1}{\rho}\mathrm{d}p \tag{3.1.14}$$

当流体密度在流体运动过程中只与压强的变化有关，而和其他参数(如温度)无关，则称此类流体为正压流体(barotropic fluid)，否则称为斜压流体(baroclinic fluid)。若流体为正压流体，因 ρ 只是 p 的函数，所以 P 也只是 p 的函数，于是有

$$\nabla P = \frac{\partial P}{\partial p}\frac{\partial p}{\partial x_1} + \frac{\partial P}{\partial p}\frac{\partial p}{\partial x_2} + \frac{\partial P}{\partial p}\frac{\partial p}{\partial x_3} = \frac{\mathrm{d}P}{\mathrm{d}p}\left(\frac{\partial p}{\partial x_1} + \frac{\partial p}{\partial x_2} + \frac{\partial p}{\partial x_3}\right) = \frac{\mathrm{d}P}{\mathrm{d}p}\nabla p$$

根据压力函数 P 的定义(3.1.14)式，有

$$\frac{\mathrm{d}P}{\mathrm{d}p} = \frac{1}{\rho}$$

因此可得

$$\nabla P = \frac{1}{\rho}\nabla p \tag{3.1.15}$$

所以，当流体为正压流体时，(3.1.12) 式右端第四项$\nabla\times[(1/\rho)\nabla p]=\nabla\times\nabla P=\mathbf{0}$。

若流动满足欧拉方程，由于黏性对流场速度和加速度的变化不起作用，因此在涡量方程中将不出现黏性项，于是由(3.1.12)式可简化得到在流体正压、质量有势情况下欧拉流动的涡量方程

$$\frac{\mathrm{D}\boldsymbol{\Omega}}{\mathrm{D}t}=(\boldsymbol{\Omega}\cdot\nabla)\boldsymbol{u}-(\nabla\cdot\boldsymbol{u})\boldsymbol{\Omega} \tag{3.1.16}$$

对于不可压缩黏性流体有$\nabla\cdot\boldsymbol{u}=0$，若流体同样为正压流体，且同样质量力有势，则对应的涡量方程应为

$$\frac{\mathrm{D}\boldsymbol{\Omega}}{\mathrm{D}t}=(\boldsymbol{\Omega}\cdot\nabla)\boldsymbol{u}+\nu\nabla^2\boldsymbol{\Omega} \tag{3.1.17}$$

3.2 速度环量不变化时的涡旋运动

3.2.1 开尔文定理

在流场中取一条由确定的流体质点组成的封闭流体线 $\boldsymbol{L}$，沿封闭流体线 $\boldsymbol{L}$ 的速度环量对时间的变化率为

$$\frac{\mathrm{D}\Gamma}{\mathrm{D}t}=\frac{\mathrm{D}}{\mathrm{D}t}\oint_L\boldsymbol{u}\cdot\mathrm{d}\boldsymbol{l} \tag{3.2.1}$$

由于曲线 $\boldsymbol{L}$ 随时间变化，上式中微分和积分两种运算不能交换顺序。为此，引入单位长度线元密度 ρ_l，将上式右端改写成

$$\frac{\mathrm{D}}{\mathrm{D}t}\oint_L\boldsymbol{u}\cdot\mathrm{d}\boldsymbol{l}=\frac{\mathrm{D}}{\mathrm{D}t}\oint_L(\boldsymbol{u}\cdot\boldsymbol{t})\frac{\rho_l\mathrm{d}l}{\rho_l}=\frac{\mathrm{D}}{\mathrm{D}t}\oint_M\left(\frac{\boldsymbol{u}\cdot\boldsymbol{t}}{\rho_l}\right)\mathrm{d}m$$

式中 $\mathrm{d}\boldsymbol{l}=\boldsymbol{t}\mathrm{d}l$，$\boldsymbol{t}$ 为线元 $\mathrm{d}l$ 的切向单位矢量；$\mathrm{d}m=\rho_l\mathrm{d}l$，为线元 $\mathrm{d}l$ 的质量。引入线元密度后，可将积分域改成流体线的质量 M。由于封闭曲线是由确定的流体质点组成的，因此流体线的质量 M 并不随时间变化，上式微分和积分可交换顺序，从而有

$$\frac{\mathrm{D}}{\mathrm{D}t}\oint_M\left(\frac{\boldsymbol{u}\cdot\boldsymbol{t}}{\rho_l}\right)\mathrm{d}m=\oint_M\frac{\mathrm{D}}{\mathrm{D}t}\left(\frac{\boldsymbol{u}\cdot\boldsymbol{t}}{\rho_l}\right)\mathrm{d}m=\oint_M\left[\frac{\mathrm{D}\boldsymbol{u}}{\mathrm{D}t}\cdot\frac{\boldsymbol{t}}{\rho_l}+\boldsymbol{u}\cdot\frac{\mathrm{D}}{\mathrm{D}t}\left(\frac{\boldsymbol{t}}{\rho_l}\right)\right]\mathrm{d}m$$

将 $\mathrm{d}m=\rho_l\mathrm{d}l$ 和 $\boldsymbol{t}\mathrm{d}l=\mathrm{d}\boldsymbol{l}$ 代回上式，可得

$$\oint_L\left[\frac{\mathrm{D}\boldsymbol{u}}{\mathrm{D}t}\cdot\mathrm{d}\boldsymbol{l}+\boldsymbol{u}\cdot\frac{\mathrm{D}}{\mathrm{D}t}(\mathrm{d}\boldsymbol{l})\right]=\oint_L\frac{\mathrm{D}\boldsymbol{u}}{\mathrm{D}t}\cdot\mathrm{d}\boldsymbol{l}+\oint_L\boldsymbol{u}\cdot\mathrm{d}\boldsymbol{u}=\oint_L\frac{\mathrm{D}\boldsymbol{u}}{\mathrm{D}t}\cdot\mathrm{d}\boldsymbol{l}+\oint_L\mathrm{d}\left(\frac{u^2}{2}\right)$$

由于 $u^2/2$ 为标量函数，其沿封闭曲线的积分应为零，于是有

$$\oint_L\left[\frac{\mathrm{D}\boldsymbol{u}}{\mathrm{D}t}\cdot\mathrm{d}\boldsymbol{l}+\boldsymbol{u}\cdot\frac{\mathrm{D}}{\mathrm{D}t}(\mathrm{d}\boldsymbol{l})\right]=\oint_L\frac{\mathrm{D}\boldsymbol{u}}{\mathrm{D}t}\cdot\mathrm{d}\boldsymbol{l}$$

因此，(3.2.1) 式变为

$$\frac{\mathrm{D}\Gamma}{\mathrm{D}t}=\oint_L \frac{\mathrm{D}\boldsymbol{u}}{\mathrm{D}t}\cdot \mathrm{d}\boldsymbol{l} \tag{3.2.2}$$

上式表明速度环量 Γ 随时间的变化率等于加速度环量。需要强调的是，(3.2.2) 式的推导过程是纯运动学的，因此无论是对无黏性流体还是黏性流体，都是成立的。

将牛顿流体的动量方程(2.4.12) 式代入(3.2.2) 式，可得

$$\frac{\mathrm{D}\Gamma}{\mathrm{D}t}=\oint_L \left(\boldsymbol{f}-\frac{1}{\rho}\nabla p+\nu\nabla^2\boldsymbol{u}+\frac{1}{3}\nu\nabla(\nabla\cdot\boldsymbol{u})\right)\cdot \mathrm{d}\boldsymbol{l} \tag{3.2.3}$$

应用斯托克斯公式(1.2.27) 式，将(3.2.3) 式改写成

$$\begin{aligned}\frac{\mathrm{D}\Gamma}{\mathrm{D}t}&=\iint_S \nabla\times\left(\boldsymbol{f}-\frac{1}{\rho}\nabla p+\nu\nabla^2\boldsymbol{u}+\frac{1}{3}\nu\nabla(\nabla\cdot\boldsymbol{u})\right)\cdot \boldsymbol{n}\mathrm{d}S\\&=\iint_S\left[\nabla\times\boldsymbol{f}-\nabla\times\left(\frac{1}{\rho}\nabla p\right)+\nu\nabla\times(\nabla^2\boldsymbol{u})+\frac{1}{3}\nu\nabla\times\nabla(\nabla\cdot\boldsymbol{u})\right]\cdot\boldsymbol{n}\mathrm{d}S\\&=\iint_S\left[\nabla\times\boldsymbol{f}-\nabla\times\left(\frac{1}{\rho}\nabla p\right)+\nu\nabla^2\boldsymbol{\Omega}\right]\cdot\boldsymbol{n}\mathrm{d}S\end{aligned} \tag{3.2.4}$$

上式推导过程中，假定运动黏度 ν 为常数，所以放在微分算子 ∇ 之外。另外，由于 $\nabla\cdot\boldsymbol{u}$ 为一标量，根据附录(A.2.1) 式，有 $\nabla\times\nabla(\nabla\cdot\boldsymbol{u})=\boldsymbol{0}$。

由(3.2.4) 式可知，引起速度环量随时间发生变化的主要因素包括外力（质量力）、压强梯度和黏性。对于正压流体且质量力有势的欧拉流动，因为 $\nabla\times\boldsymbol{f}=\boldsymbol{0}$，$\nabla\times[(1/\rho)\nabla p]=\boldsymbol{0}$，以及 $\nu\nabla^2\boldsymbol{\Omega}=\boldsymbol{0}$，所以(3.2.4) 式可简化为

$$\frac{\mathrm{D}\Gamma}{\mathrm{D}t}=0 \tag{3.2.5}$$

上式表明，对于正压流体且质量力有势的欧拉流动，速度环量不随时间发生变化，此即开尔文定理(Kelvin theorem)。

接下来我们利用开尔文定理来证明正压流体且质量力有势的欧拉流动的涡旋动力学性质。

3.2.2 拉格朗日定理

对于正压流体且质量力有势的欧拉流动，若在某一时刻的某部分流体内没有涡旋，则在此以前或以后的时间内，该部分流体内也不会有涡旋；反之，若某一时刻该部分流体内有涡旋，则在此以前或以后的时间内，该部分流体内皆有涡旋，此称为拉格朗日定理(Lagrange theorem)，也称为涡旋不生不灭定理。

拉格朗日定理通俗地讲就是若流体运动无旋则永远无旋，有旋则永远有旋。该定理是开尔文定理的直接推论。证明如下：

设在某时刻 t_0 所考虑的那部分流体的运动是无旋的，即 $\boldsymbol{\Omega}=\boldsymbol{0}$。在这部分流体内部任意取一条封闭曲线 $\boldsymbol{L}$，张于曲线 $\boldsymbol{L}$ 上的曲面为 S。根据斯托克斯定理，沿曲线 $\boldsymbol{L}$ 的速度环量

$$\Gamma=\oint_L\boldsymbol{u}\cdot\mathrm{d}\boldsymbol{l}=\iint_S\boldsymbol{\Omega}\cdot\boldsymbol{n}\mathrm{d}S=0$$

说明在时刻 t_0 所考虑的那部分流体沿任意封闭流体线的速度环量都等于零。由开尔文定理可知，组成封闭曲线 $\boldsymbol{L}$ 的流体质点在 t_0 时刻以前或以后的任何时刻所构成的封闭曲线 $\boldsymbol{L}'$ 的速度环量也都等于零。再次应用斯托克斯定理，在 t_0 以前或以后的某时刻通过张于封闭曲线 $\boldsymbol{L}'$ 上的曲面 S' 的涡通量

$$\iint_{S'} \boldsymbol{\Omega} \cdot \boldsymbol{n} \mathrm{d}S = \oint_{L'} \boldsymbol{u} \cdot \mathrm{d}\boldsymbol{l} = \Gamma = 0$$

由于曲面 S' 是任选的，要使上式成立，必须处处满足 $\boldsymbol{\Omega} = \boldsymbol{0}$，由此证明所考虑的那部分流体在 t_0 之前或之后都是无旋的。

拉格朗日定理的后半部分表明某时刻 t_0 运动有旋，则在此之前或之后都有旋。可用反证法证明，设 t_0 时刻之前或之后的某一时刻这部分流体无旋，则根据前面无旋部分的证明可知，在任意时刻包括 t_0 时刻这部分流体也是无旋的，这与时刻 t_0 运动是有旋的假设相矛盾，因此运动一定是有旋的。

拉格朗日定理说明，对于正压流体且质量力有势的欧拉流动，涡旋既不会产生也不会消失。

3.2.3　亥姆霍兹定理

如果正压流体的流动满足欧拉方程，当质量力有势时，则在某一时刻组成涡面的流体质点在此以前或以后任意时刻永远组成涡面。涡管是涡面的一种特殊情况，因此在某一时刻组成涡管的流体质点在此以前或以后任意时刻也永远组成涡管。当涡管截面趋于零时，涡管可以看成是一条涡线，类似地，在某一时刻组成涡线的流体质点在此以前或以后任意时刻永远都组成涡线。可见，涡面、涡管、涡线都具有保持性，此称为亥姆霍兹第一定理(Helmholtz first theorem)。

同样利用斯托克斯定理和开尔文定理可以证明亥姆霍兹第一定理。以涡面为例，设某时刻 t_0 流体中有一涡面，在涡面上任取封闭流体线 $\boldsymbol{L}$，其围成的曲面为 S。应用斯托克斯公式，并根据涡面的定义，可得沿曲线 $\boldsymbol{L}$ 的速度环量

$$\Gamma = \oint_{L} \boldsymbol{u} \cdot \mathrm{d}\boldsymbol{l} = \iint_{S} \boldsymbol{\Omega} \cdot \boldsymbol{n} \mathrm{d}S = 0$$

设在 t_0 时刻之前或之后某时刻，组成曲线 $\boldsymbol{L}$ 的流体质点所组成的曲线为 $\boldsymbol{L}'$。根据开尔文定理，速度环量不随时间变化，因此沿曲线 $\boldsymbol{L}'$ 的速度环量也等于零。设曲线 $\boldsymbol{L}'$ 所围成的曲面为 S'，根据斯托克斯公式有

$$\iint_{S'} \boldsymbol{\Omega} \cdot \boldsymbol{n} \mathrm{d}S = \oint_{L'} \boldsymbol{u} \cdot \mathrm{d}\boldsymbol{l} = \Gamma = 0$$

由于所取涡面及曲线的任意性，上式成立必须满足 $\boldsymbol{\Omega} \cdot \boldsymbol{n} = 0$，即在曲面 S' 上，处处有 $\boldsymbol{\Omega}$ 与曲面 S' 法线 $\boldsymbol{n}$ 垂直，因此曲面 S' 必为涡面。

由亥姆霍兹第一定理可知，组成涡管的流体质点永远组成涡管，因此研究涡管强度的变化规律是有意义的。由于涡管强度等于通过任意截面的涡通量，也等于沿围成涡管截面

的封闭曲线的速度环量，因此根据开尔文定理有：正压流体且质量力有势的欧拉流动的涡管强度不随时间变化，称为亥姆霍兹第二定理(Helmholtz second theorem)，此定理表明涡管强度也具有保持性。

拉格朗日定理、亥姆霍兹定理全面地描述了在正压流体且质量力有势的欧拉流动中涡旋随时间变化的规律，其主要性质是保持性。首先流体运动的涡旋性是保持的，即无旋永远无旋，有旋永远有旋。其次对于有旋流动，涡线、涡面、涡管具有保持性，即组成涡线、涡面和涡管的流体质点永远组成涡线、涡面和涡管，流体质点好像冻结在涡线(涡面或涡管)上随涡线(涡面或涡管)一起运动。最后，涡管强度具有保持性，即在运动过程中涡管强度也保持不变。

另外，根据3.1.2节的涡管强度守恒定理还可知道，在同一瞬时涡管任意截面的涡通量或速度环量相等，即涡管强度沿涡管长度也保持不变。不过，需要强调的是，涡管强度守恒定理是基于涡量场是无源场推导而来的，不涉及流体运动的动力学性质，因此对任何性质流体的涡管都是成立的，并不受正压、黏性和质量力有势等假设条件的限制。

3.3 引起速度环量变化的因素

由开尔文定理可知，要速度环量不随时间变化，必须满足流体正压、黏性无影响和质量力有势三个条件。反过来说明，如果速度环量随时间发生了改变，则必定是因为斜压、黏性和质量力无势中的一个或几个因素导致了涡量产生、变化或湮灭。下面分别单独讨论这三个因素对涡旋运动的影响。

3.3.1 流体斜压的影响

如果流体的密度不仅仅是压强的函数，还与温度、湿度(如对空气而言)、含盐度(如对海水而言)等因素有关，则这些流体统称为斜压流体。为讨论斜压流体中涡旋的运动，首先假定流动满足欧拉方程和质量力有势这两个条件，于是由(3.2.4)式可得斜压流体运动的速度环量的变化为

$$
\begin{aligned}
\frac{\mathrm{D}\Gamma}{\mathrm{D}t} &= -\iint_S \nabla\times\left(\frac{1}{\rho}\nabla p\right)\cdot \boldsymbol{n}\mathrm{d}S \\
&= -\iint_S \left[\nabla\frac{1}{\rho}\times\nabla p + \frac{1}{\rho}\nabla\times(\nabla p)\right]\cdot \boldsymbol{n}\mathrm{d}S \\
&= -\iint_S \left(\nabla\frac{1}{\rho}\times\nabla p\right)\cdot \boldsymbol{n}\mathrm{d}S \\
&= \iint_S \frac{\nabla\rho\times\nabla p}{\rho^2}\cdot \boldsymbol{n}\mathrm{d}S
\end{aligned}
\tag{3.3.1}
$$

对于正压流体，因为满足(3.1.15)式，所以有

$$\nabla\times\left(\frac{1}{\rho}\nabla p\right)=\nabla\times\nabla P=\mathbf{0}$$

从而可得

$$\nabla\rho\times\nabla p=\mathbf{0}$$

上式表示对于正压流体等密度面和等压面是相互平行的，于是由(3.3.1)式可知 $\mathrm{D}\Gamma/\mathrm{D}t=0$，表明此时速度环量不随时间变化。而对于斜压流体，密度不仅仅是压强的函数，还与温度等其他因素有关，等密度面与等压面不再平行，亦即 $\nabla\rho\times\nabla p\neq\mathbf{0}$，从而 $\mathrm{D}\Gamma/\mathrm{D}t\neq0$。由此可见，等密度面与等压面斜交是斜压流体中产生涡旋运动的原因之一。

(3.3.1)式中的 $1/\rho$ 表示单位质量流体的体积，称为比容(specific volume)，$v=1/\rho$。压强相等的点组成的面称为等压面，而比容相等的点组成的面称为等比容面，等比容面也即等密度面。斜压流体的等比容面和等压面斜交，在流场中作一系列的等比容面和等压面，如图3.3.1所示。设相邻等压面和等比容面的差值 Δp 和 Δv 均假设为单位1，则整个流场被等压面和等比容面分割成若干空间通道，这些通道称为等压—等容管。

沿某一等压—等容管道 $\boldsymbol{L}_0$，可计算线积分 $-\oint_{L_0}\mathrm{d}p/\rho=-\oint_{L_0}v\mathrm{d}p$ 如下：

(1) 在等压 DA、BC 上，因为 $\mathrm{d}p=0$，所以积分值等于零；

(2) 在等容面 AB 上，$-v_0\int_{p_0}^{p_0+1}\mathrm{d}p=-v_0$；

(3) 在等容面 CD 上，$-(v_0+1)\int_{p_0+1}^{p_0}\mathrm{d}p=v_0+1$。

因此沿周线 L 积分为

$$-\oint_{L_0}v\mathrm{d}p=-v_0+v_0+1=1$$

显然，若方向与上述相反，则积分值为 -1。

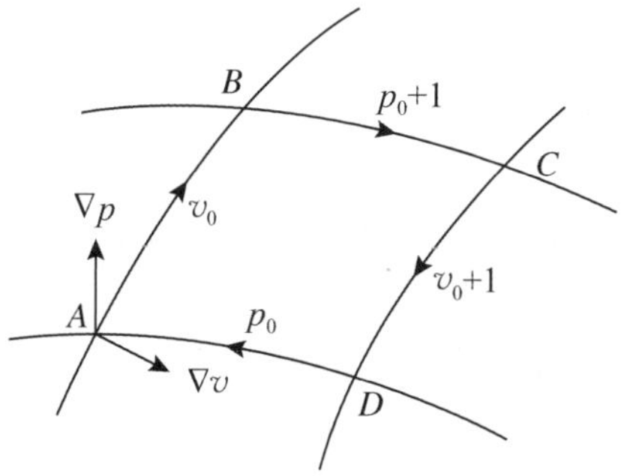

图 3.3.1　等压-等容管

一般而言，沿任何一条封闭曲线 $\boldsymbol{L}$ 包含了许多等压—等容管道，顺着曲线 $\boldsymbol{L}$ 一定的方向，区分曲线 $\boldsymbol{L}$ 内各单位管的正负号，则当流体黏性无影响且质量力有势时，由(3.2.3)式可得速度环量的随体变化为

$$\frac{\mathrm{D}\Gamma}{\mathrm{D}t}=-\oint_L\frac{1}{\rho}\nabla p\cdot\mathrm{d}\boldsymbol{l}=-\oint_L\frac{1}{\rho}\mathrm{d}p=N_1-N_2\tag{3.3.2}$$

称为布耶尔克涅斯定理(Bjerknes theorem),其中 N_1 和 N_2 分别为正管道和负管道的个数。

斜压流体引起涡旋运动的一个典型例子是气象学上的所谓贸易风。大气是完全气体,气体的压强 p、密度 ρ 和温度 T 的关系由气体状态方程(2.6.3)式确定。假设地球为圆球,在高度相同的高空压强相等,等压面为地球的同心球面,压强梯度垂直指向地心。由于不同纬度的地方日照强度不同,空气的温度也随之不同,赤道处温度最高,而北极温度最低,因此在相同高度处,赤道处的气体密度小于北极处的气体密度。在同一地点,密度又随高度增加而减小。因此,等密度面将自赤道开始向上倾斜至北极,等密度面与等压面斜交,如图 3.3.2 所示。$\nabla\rho$ 和 ∇p 均指向地球内部,容易判断 $(\nabla\rho\times\nabla p)\cdot\boldsymbol{n}>0$,所以由(3.3.1)式可知 $\mathrm{D}\Gamma/\mathrm{D}t>0$,这表明,随着时间的推移将产生涡旋运动,大气在东半球形成逆时针方向的流动:空气在地面由北向南流动,在赤道处由地面上升到高空,然后在高空由南向北流回北极,并在北极由高空流向地面。在西半球则形成顺时针方向的气流流动。

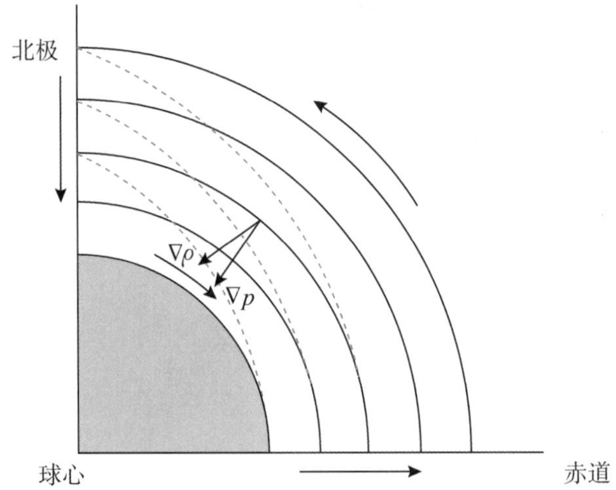

图 3.3.2　贸易风的形成

3.3.2　质量力无势的影响

有势质量力(也称保守质量力,如重力和离心力)的作用线通过流体微团的质心,对流体微团无力偶的作用,因此不会改变流体微团的旋转状态,也就不会引起涡量的变化。旋转坐标系中的柯氏力不是有势质量力,例如相对于地球处于静止的流体由容器底部的开孔流出时,会由于柯氏力作用产生旋转,形成所谓的浴盆涡。再如,除流体斜压外,地球自转产生的非保守柯氏力也是贸易风形成的原因之一。

仍以大气运动为例,并假设黏性的影响可以忽略。设地球自转的角速度为 ω,考虑地球自转影响,流体相对运动的动量方程为

$$\frac{\mathrm{D}\boldsymbol{u}_r}{\mathrm{D}t}=\boldsymbol{f}-\frac{1}{\rho}\nabla p-\omega^2\boldsymbol{r}-2(\boldsymbol{\omega}\times\boldsymbol{u}_r)\tag{3.3.3}$$

其中 $\boldsymbol{u}_r$ 是相对速度,$\boldsymbol{r}$ 为质点到地球自转轴的矢径,方程右端第三项为牵连加速度,第四

项则是考虑地球自转的柯氏加速度。因为大气的重力是有势质量力，而牵连加速度满足

$$\omega^2 \boldsymbol{r} = \nabla\left(\frac{\omega^2 r^2}{2}\right)$$

所以也是有势质量力，于是(3.3.3)式右端前第一项和第三项对速度环量的变化均不产生影响。将(3.3.3)式代入(3.2.2)式可得

$$\frac{\mathrm{D}\Gamma}{\mathrm{D}t} = \oint_L \left[-\frac{1}{\rho}\nabla p - 2(\boldsymbol{\omega} \times \boldsymbol{u}_r)\right] \cdot \mathrm{d}\boldsymbol{l} \tag{3.3.4}$$

上式右端第一项流体斜压的影响已经在上一小节中讨论过，现在来分析柯氏力对速度环量变化的影响。在地面同一纬度取绕地球一圈的圆为封闭流体线 $\boldsymbol{L}$，令其从北极看为逆时针的方向为正方向，如图 3.3.3 所示。由于地面的贸易风自北向南吹，所以 $\boldsymbol{u}_r$ 的方向与经线相切指向赤道，而地球自转角速度矢量 $\boldsymbol{\omega}$ 指向北极，因此 $\boldsymbol{\omega} \times \boldsymbol{u}_r$ 的方向指向封闭流体线 $\boldsymbol{L}$ 的正方向，即与 $\mathrm{d}\boldsymbol{l}$ 方向一致，因此可以判断 $(\boldsymbol{\omega} \times \boldsymbol{u}_r) \cdot \mathrm{d}\boldsymbol{l}$ 为正值，从而

$$-\oint_L 2(\boldsymbol{\omega} \times \boldsymbol{u}_r) \cdot \mathrm{d}\boldsymbol{l} < 0$$

由(3.3.4)式可知，柯氏力将使 $\mathrm{D}\Gamma/\mathrm{D}t$ 减小，由此产生自东向西吹的风，其结果是使得贸易风不是严格地自北向南吹，而是自东北向西南吹，这与实际观测的结果相吻合。

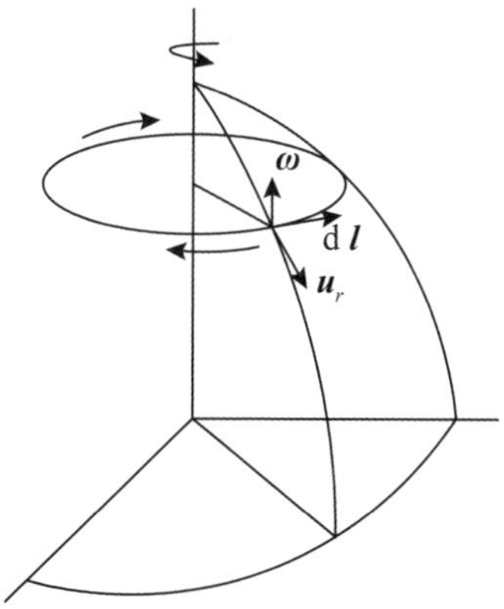

图 3.3.3　地球自转对大气运动的影响

3.3.3　黏性的影响

最后，我们来分析黏性对涡量产生和传递的作用。如图 3.3.4 所示均匀来流绕平板的流动，假设上游均匀来流为无旋流动，因此涡量处处为零。当流体接触平板壁面后，由于需要满足无滑条件，在壁面上的流速减小为零，在平板上方离平板很小距离处的流体仍保持原来的流速向下游流动，因此在平板法线方向存在很大的流速梯度。在壁面处有 $\partial v/\partial x = 0$，$\partial u/\partial y \neq 0$，其中 u、v 分别为 x、y 方向的流速。故

$$\Omega_z = \frac{\partial v}{\partial x} - \frac{\partial u}{\partial y} = -\frac{\partial u}{\partial y} \neq 0$$

可见，在壁面处产生了涡量，流体微团开始转动。紧贴壁面的流体微团开始旋转后，因为黏

性又会对邻近的流体微团施加力偶使其旋转。以此类推，于是涡量由壁面向外传递。可见，由于黏性导致涡量在壁面上产生，并且由于黏性使涡量在流体中由涡量大的地方向涡量小的地方传递，称之为涡量扩散。

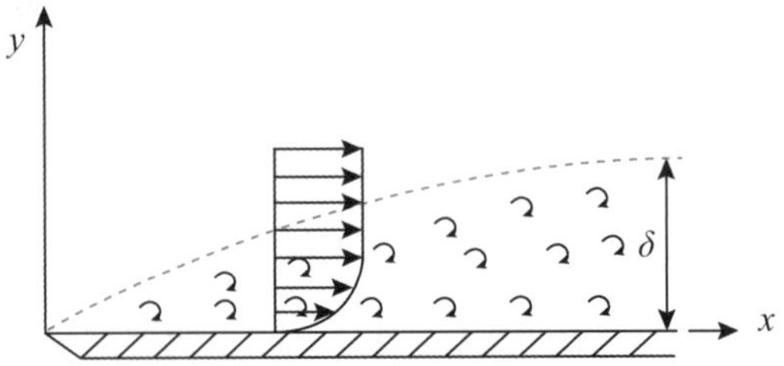

图 3.3.4　绕平板流动中的旋涡

以不可压缩黏性流体的平面运动来说明涡量的扩散。在平面运动中，涡量只有 Ω_z，z 方向的流速 $w=0$，且 $\partial u/\partial z=0$，$\partial v/\partial z=0$，因此必然有

$$(\boldsymbol{\Omega}\cdot\nabla)\boldsymbol{u}=\mathbf{0}$$

于是不可压缩黏性流体的涡量方程(3.1.17)式可简化成

$$\frac{\mathrm{D}\Omega_z}{\mathrm{D}t}=\nu\nabla^2\Omega_z \tag{3.3.5}$$

令 l_0 和 u_0 分别为特征长度和特征流速，$t_0=l_0/u_0$ 为特征时间，将(3.3.5)式无量纲化得

$$\frac{\mathrm{D}\Omega_z^0}{\mathrm{D}t^0}=\frac{1}{Re}\nabla^{0^2}\Omega_z^0 \tag{3.3.6}$$

其中

$$\Omega_z^0=\frac{\partial v^0}{\partial x^0}-\frac{\partial u^0}{\partial y^0},Re=\frac{u_0 l_0}{\nu}$$

式中，$u^0=u/u_0$，$v^0=v/u_0$，$t^0=t/t_0$，$x^0=x/l_0$，$y^0=y/l_0$。

从(3.3.6)式可以看出，涡量的扩散与雷诺数 Re 有关，$1/Re$ 相当于扩散系数。当 $Re\ll 1$ 时，黏性占主导地位，扩散系数 $1/Re$ 很大，因此涡量可扩散到很广的范围。反之，当 $Re\gg 1$ 时，涡量只能在很小的范围内扩散。在大雷诺数的流动中，在固体壁面处产生的涡量，扩散的范围为仅限于固体壁面附近的薄层区域，即边界层区域(详见 5.3 节介绍)。

3.4 涡旋运动的诱导速度

3.4.1 诱导速度的普遍公式

流动区域内出现的涡旋会使整个流场状态发生改变，如大气中出现的龙卷风，绕流物体背后出现的涡街等都是涡旋引起流场改变的典型流动问题，解决这类问题往往需要根据涡量场来确定出速度场。在某些绕流问题中，物体对流动的扰动可用一奇点（如点涡）来代替，此时亦需要由已知的涡量场来确定诱导的速度场。因此，研究涡旋的诱导速度场具有工程实际意义。涡旋的诱导速度是由流体的黏性作用引起的，若流体没有黏性，涡旋就不能带动周围流体与它一起运动，从而在涡旋与周围流体的分界面上形成速度间断，黏性作用则保证了分界面上以及整个流场中速度的连续分布。本节我们来研究如何由涡量场确定流速场。

设不可压缩流体流场中在有限体积 V 内的流动为有涡流动，在该体积以外的流动为有势流动。为更具有普遍性，我们假定涡量场内同时还存在散度场。即

$$\begin{cases}\nabla\cdot \boldsymbol{u}=q, & \nabla\times \boldsymbol{u}=\boldsymbol{\Omega}, \quad \boldsymbol{x}\in V\\ \nabla\cdot \boldsymbol{u}=0, & \nabla\times \boldsymbol{u}=\boldsymbol{0}, \quad \boldsymbol{x}\notin V\end{cases} \tag{3.4.1}$$

上式即是由已知散度场 q 和涡量场 $\boldsymbol{\Omega}$ 求相应诱导速度场 $\boldsymbol{u}$ 这一流动问题的数学表达。由于该问题是线性问题，可拆分成两个问题分别求解，即求散度场 q 引起的诱导速度场 $\boldsymbol{u}_1$，其满足

$$\begin{cases}\nabla\cdot \boldsymbol{u}_1=q, & \nabla\times \boldsymbol{u}_1=\boldsymbol{0}, \quad \boldsymbol{x}\in V\\ \nabla\cdot \boldsymbol{u}_1=0, & \nabla\times \boldsymbol{u}_1=\boldsymbol{0}, \quad \boldsymbol{x}\notin V\end{cases} \tag{3.4.2}$$

以及求涡量场 $\boldsymbol{\Omega}$ 引起的诱导速度场 $\boldsymbol{u}_2$，其满足

$$\begin{cases}\nabla\cdot \boldsymbol{u}_2=0, & \nabla\times \boldsymbol{u}_2=\boldsymbol{\Omega}, \quad \boldsymbol{x}\in V\\ \nabla\cdot \boldsymbol{u}_2=0, & \nabla\times \boldsymbol{u}_2=\boldsymbol{0}, \quad \boldsymbol{x}\notin V\end{cases} \tag{3.4.3}$$

容易验证

$$\boldsymbol{u}=\boldsymbol{u}_1+\boldsymbol{u}_2$$

就是问题(3.4.1)式的解。

先确定问题(3.4.2)式的解 $\boldsymbol{u}_1$，因为 $\nabla\times \boldsymbol{u}_1=\boldsymbol{0}$，故是有势流动，根据有势流动的性质（详见第 4 章），存在速度势函数 ϕ，使得

$$\boldsymbol{u}_1=\nabla\phi \tag{3.4.4}$$

代入(3.4.2)式中，得

$$\nabla^2\phi=q \tag{3.4.5}$$

上述方程为数理方程中的泊松方程。

(3.4.5)式的解可以通过流体力学中的质量守恒定理获得。将 V 内的散度场分成许多的流体微团，每个流体微团可以看作一个点源，其强度为 $q\mathrm{d}V$，因为(3.4.5)式是线性方程，整个散度场诱导的速度场可以看成是所有点源诱导的速度场之和。于是，问题归结为求位于点 $M(\xi_1,\xi_2,\xi_3)$ 的点源 $q\mathrm{d}V$ 对 M 外任一点 $P(x_1,x_2,x_3)$ 的诱导速度，如图 3.4.1 所示。以 M 点为球心、$r=|MP|$ 为半径作一球面。由于对称，在球面上任一点的速度均为 u_r。根据质量守恒定理，通过球面的流量 $4\pi r^2u_r$ 等于点源的强度 $q\mathrm{d}V$，于是有

$$u_r=\frac{\partial}{\partial r}\mathrm{d}\phi=\frac{q(\xi_1,\xi_2,\xi_3)}{4\pi r^2}\mathrm{d}V \tag{3.4.6}$$

其中

$$r = |MP| = \sqrt{(x_1 - \xi_1)^2 + (x_2 - \xi_2)^2 + (x_3 - \xi_3)^2} \tag{3.4.7}$$

(3.4.6) 式中 $\mathrm{d}\phi$ 表示点源 $q\mathrm{d}V$ 对应的速度势函数。积分(3.4.6) 式可得

$$\mathrm{d}\phi = -\frac{q(\xi_1, \xi_2, \xi_3)}{4\pi r}\mathrm{d}V \tag{3.4.8}$$

于是在体积 V 上积分(3.4.8) 式，可得整个散度场的势函数

$$\phi = -\frac{1}{4\pi}\iiint_V \frac{q(\xi_1, \xi_2, \xi_3)}{r}\mathrm{d}V \tag{3.4.9}$$

上式代入(3.4.4) 式可得

$$\boldsymbol{u}_1 = -\frac{1}{4\pi}\nabla\iiint_V \frac{q(\xi_1, \xi_2, \xi_3)}{r}\mathrm{d}V \tag{3.4.10}$$

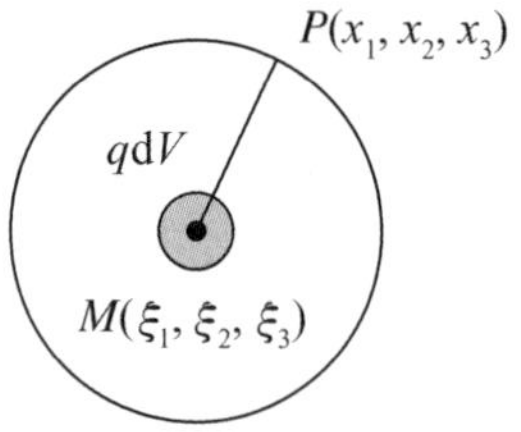

图 3.4.1　散度场的诱导速度

接下来确定涡量场引起的诱导速度场 $\boldsymbol{u}_2$。由于在体积 V 内，$\nabla\times\boldsymbol{u}_2 = \boldsymbol{\Omega} \neq \boldsymbol{0}$，流动为有涡流动，因此不存在势函数。然而，由于 $\nabla\cdot\boldsymbol{u}_2 = 0$，根据恒等式 $\nabla\cdot(\nabla\times\boldsymbol{U}) = 0$，所以可假设

$$\boldsymbol{u}_2 = \nabla\times\boldsymbol{U} \tag{3.4.11}$$

其中 $\boldsymbol{U}$ 称为矢势。将(3.4.11) 式代入(3.4.3) 式中，得

$$\begin{cases} \nabla\times\boldsymbol{u}_2 = \nabla\times(\nabla\times\boldsymbol{U}) = \nabla(\nabla\cdot\boldsymbol{U}) - \nabla^2\boldsymbol{U} = \boldsymbol{\Omega}, & \boldsymbol{x}\in V \\ \nabla\times\boldsymbol{u}_2 = \nabla\times(\nabla\times\boldsymbol{U}) = \nabla(\nabla\cdot\boldsymbol{U}) - \nabla^2\boldsymbol{U} = \boldsymbol{0}, & \boldsymbol{x}\notin V \end{cases}$$

若假定矢势 $\boldsymbol{U}$ 满足

$$\nabla\cdot\boldsymbol{U} = 0 \tag{3.4.12}$$

则有

$$\begin{cases} \nabla^2\boldsymbol{U} = -\boldsymbol{\Omega}, & \boldsymbol{x}\in V \\ \nabla^2\boldsymbol{U} = \boldsymbol{0}, & \boldsymbol{x}\notin V \end{cases} \tag{3.4.13}$$

从而将求解(3.4.3) 式的流速场 $\boldsymbol{u}_2$ 转化为求解满足(3.4.12) 式和(3.4.13) 式的矢量场 $\boldsymbol{U}$。矢量 $\boldsymbol{U}$ 在有限体积 V 内也满足泊松方程，在该体积外满足拉普拉斯方程。显然，(3.4.13) 式的解形式上与(3.4.10) 式相同，即

$$\boldsymbol{U} = \frac{1}{4\pi}\iiint_V \frac{\boldsymbol{\Omega}}{r}\mathrm{d}V \tag{3.4.14}$$

其中 r 表示涡量点源位置到诱导速度待求点的距离，仍为(3.4.7) 式。将(3.4.14) 式代入(3.4.11) 式中，可得涡量场引起的诱导速度

$$\boldsymbol{u}_2 = \nabla\times\frac{1}{4\pi}\iiint_V \frac{\boldsymbol{\Omega}}{r}\mathrm{d}V \tag{3.4.15}$$

由于(3.4.14) 式和(3.4.15) 式是基于假设条件(3.4.12) 式得到的，因此需要验证所

得矢势(3.4.14)式是否满足(3.4.12)式。将(3.4.14)式代入(3.4.12)式中，可得

$$\nabla\cdot\boldsymbol{U}=\nabla\cdot\frac{1}{4\pi}\iiint_V\frac{\boldsymbol{\Omega}}{r}\mathrm{d}V$$

需要注意的是，式中哈密顿算子∇是对坐标(x_1,x_2,x_3)而言的，但积分则是针对坐标(ξ_1,ξ_2,ξ_3)进行的。体积 V 与坐标(x_1,x_2,x_3)无关，所以微分和积分可以交换顺序，因此有

$$\begin{aligned}\nabla\cdot\boldsymbol{U}&=\frac{1}{4\pi}\iiint_V\nabla\cdot\left(\frac{\boldsymbol{\Omega}}{r}\right)\mathrm{d}V\\&=\frac{1}{4\pi}\iiint_V\left(\frac{1}{r}\nabla\cdot\boldsymbol{\Omega}+\boldsymbol{\Omega}\cdot\nabla\frac{1}{r}\right)\mathrm{d}V\\&=\frac{1}{4\pi}\iiint_V\left(\boldsymbol{\Omega}\cdot\nabla\frac{1}{r}\right)\mathrm{d}V\end{aligned}$$

以上推导过程中应用了涡量连续方程(3.1.6)式，即$\nabla\cdot\boldsymbol{\Omega}=0$。由(3.4.7)式，可得

$$\nabla\frac{1}{r}=-\nabla'\frac{1}{r}$$

其中∇'表示对坐标(ξ_1,ξ_2,ξ_3)的微分。于是有

$$\begin{aligned}\nabla\cdot\boldsymbol{U}&=-\frac{1}{4\pi}\iiint_V\left(\boldsymbol{\Omega}\cdot\nabla'\frac{1}{r}\right)\mathrm{d}V\\&=-\frac{1}{4\pi}\iiint_V\left(\frac{1}{r}\nabla'\cdot\boldsymbol{\Omega}+\boldsymbol{\Omega}\cdot\nabla'\frac{1}{r}\right)\mathrm{d}V\\&=-\frac{1}{4\pi}\iiint_V\nabla'\cdot\frac{\boldsymbol{\Omega}}{r}\mathrm{d}V\\&=-\frac{1}{4\pi}\oiint_S\frac{\boldsymbol{n}\cdot\boldsymbol{\Omega}}{r}\mathrm{d}S\end{aligned}$$

上述推导过程中同样利用了涡量连续方程$\nabla'\cdot\boldsymbol{\Omega}=0$。式中 S 为有限体积的表面，由于有限体积 V 以外为有势流动，因此表面 S 必为涡面，从而在涡面上 $\boldsymbol{n}\cdot\boldsymbol{\Omega}=0$，于是上式积分结果为零，由此证明了假设条件(3.4.12)式成立。

根据(3.4.10)式和(3.4.15)式，流动问题(3.4.1)式所表示的速度场为

$$\boldsymbol{u}=\boldsymbol{u}_1+\boldsymbol{u}_2=-\frac{1}{4\pi}\nabla\iiint_V\frac{q}{r}\mathrm{d}V+\frac{1}{4\pi}\nabla\times\iiint_V\frac{\boldsymbol{\Omega}}{r}\mathrm{d}V\tag{3.4.16}$$

此即有旋散度场诱导速度的普遍公式。

3.4.2　涡丝与涡层

1. 毕奥 — 萨伐尔公式

设无界不可压缩流体流场中有一根涡管，此涡管可近似看成几何上的一条曲线，称为涡丝，如图 3.4.2 所示。在涡丝上取一微元弧矢量 $\mathrm{d}\boldsymbol{l}$，因涡量方向与涡丝方向一致，因此有 $\boldsymbol{\Omega}\mathrm{d}V=\Omega\mathrm{d}A\mathrm{d}\boldsymbol{l}$，$\mathrm{d}A$ 为涡丝截面的面积。涡丝的速度环量应为有限定值，定义

$$\Gamma = \lim_{\substack{\Omega \to \infty \\ dA \to 0}} \Omega dA \tag{3.4.17}$$

为涡丝强度。

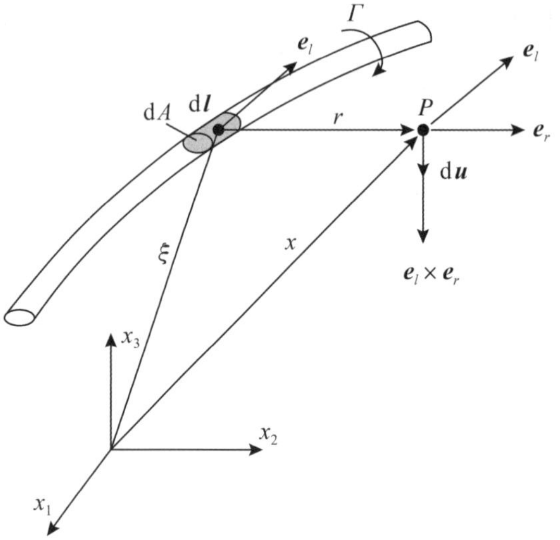

图 3.4.2　涡丝的诱导速度

不计散度场，只考虑涡量场的诱导速度，根据(3.4.16)式，涡丝对 P 点的诱导速度为

$$\boldsymbol{u} = \nabla \times \frac{1}{4\pi}\int_L \frac{\Omega}{r} dA d\boldsymbol{l} = \frac{\Gamma}{4\pi}\nabla \times \int_L \frac{d\boldsymbol{l}}{r}$$

上式中∇是对坐标(x_1, x_2, x_3)的微分，而 d$\boldsymbol{l}$ 则是坐标(ξ_1, ξ_2, ξ_3)的函数，因此积分和微分顺序可以交换，于是有

$$\begin{aligned}\boldsymbol{u} &= \frac{\Gamma}{4\pi}\int_L \nabla \times \left(\frac{d\boldsymbol{l}}{r}\right) \\ &= \frac{\Gamma}{4\pi}\int_L \left[\frac{1}{r}\nabla \times d\boldsymbol{l} + \left(\nabla \frac{1}{r}\right) \times d\boldsymbol{l}\right] \\ &= \frac{\Gamma}{4\pi}\int_L \left(-\frac{1}{r^2}\frac{\boldsymbol{r}}{r} \times d\boldsymbol{l}\right) \\ &= \frac{\Gamma}{4\pi}\int_L \frac{d\boldsymbol{l} \times \boldsymbol{r}}{r^3}\end{aligned} \tag{3.4.18}$$

因 d$\boldsymbol{l}$ 与(x_1, x_2, x_3)无关，所以在上式推导过程中有$\nabla \times d\boldsymbol{l} = \boldsymbol{0}$。于是，由上式可得涡丝微元弧 d$\boldsymbol{l}$ 所诱导的速度为

$$d\boldsymbol{u} = \frac{\Gamma}{4\pi}\frac{d\boldsymbol{l} \times \boldsymbol{r}}{r^3} \tag{3.4.19}$$

此即涡丝诱导速度的毕奥—萨伐尔公式(Biot-Savart formula)。诱导速度的大小为

$$|d\boldsymbol{u}| = \frac{\Gamma}{4\pi}\frac{\sin\theta}{r^2}dl \tag{3.4.20}$$

其中 θ 为矢量 $\boldsymbol{r}$ 与微元弧 d$\boldsymbol{l}$ 的夹角，d$\boldsymbol{u}$ 垂直于 d$\boldsymbol{l}$ 和 $\boldsymbol{r}$ 所在的平面(如图 3.4.2)，大小与距离 r 的平方成反比。由(3.4.19)式可计算出任意形状涡丝引起的诱导速度。

2. 涡丝对自身的诱导作用

涡旋除对自身以外的流体质点具有诱导作用外，对自身也会产生诱导速度，从而引起自身的运动和变形。下面我们研究涡丝对自身的诱导速度。

如图 3.4.3 所示，设 O 点为曲线涡丝 AB 上的一点，以 O 为原点建立坐标系，涡丝 AB 位于 x_1x_2 平面内，x_1 轴为涡丝的切线方向 $\boldsymbol{t}$，x_2 轴为涡丝的法线方向 $\boldsymbol{n}$，而 x_3 轴为涡丝的副法线方向 $\boldsymbol{b}$。下面推导涡丝 AB 对 O 点邻域内一点 P 的诱导速度。设 P 点位于涡丝的法平面内(即位于 x_2x_3 平面)，M 为涡丝上一点。由图 3.4.3 中的几何关系，可得

$$\boldsymbol{r}_P = x_2\boldsymbol{e}_2 + x_3\boldsymbol{e}_3,\ \boldsymbol{r}_M \approx l\cos\theta\boldsymbol{e}_1 + l\sin\theta\boldsymbol{e}_2 \approx l\boldsymbol{e}_1 + \frac{1}{2}\kappa l^2\boldsymbol{e}_2$$

式中 l 为 M 点到原点 O 的弧长，κ 为 O 点的曲率。由此可得 M 点到 P 点的矢径为

$$\boldsymbol{r} = \boldsymbol{r}_P - \boldsymbol{r}_M = -l\boldsymbol{e}_1 + \left(x_2 - \frac{1}{2}\kappa l^2\right)\boldsymbol{e}_2 + x_3\boldsymbol{e}_3$$

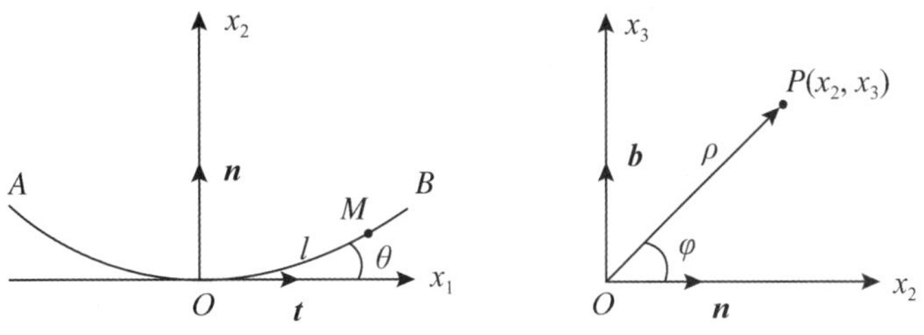

图 3.4.3　曲线涡丝

由矢径 $\boldsymbol{r}_M$ 可得

$$\mathrm{d}\boldsymbol{r}_M = \mathrm{d}\boldsymbol{l} = (\boldsymbol{e}_1 + \kappa l\boldsymbol{e}_2)\mathrm{d}l$$

将 $\boldsymbol{r}$ 和 $\mathrm{d}\boldsymbol{l}$ 的表达式代入(3.4.19)式，可得 M 点处的微元 $\mathrm{d}\boldsymbol{l}$ 对 P 点的诱导速度为

$$\mathrm{d}\boldsymbol{u} = \frac{\Gamma}{4\pi}\frac{\mathrm{d}\boldsymbol{l}\times\boldsymbol{r}}{r^3} = \frac{\Gamma}{4\pi}\frac{x_3\kappa l\boldsymbol{e}_1 - x_3\boldsymbol{e}_2 + (x_2 + \kappa l^2/2)\boldsymbol{e}_3}{[x_2^2 + x_3^2 + l^2(1 - x_2\kappa) + \kappa^2 l^4/4]^{3/2}}\mathrm{d}l$$

令 $\rho^2 = x_2^2 + x_3^2$，$m = l/\rho$，且 $x_2 = \rho\cos\varphi$，$x_3 = \rho\sin\varphi$，代入上式，然后沿涡丝 AB 从 $-L$ 到 L 积分，可得涡丝 AB 对 P 点的诱导速度为

$$\boldsymbol{u} = \frac{\Gamma}{4\pi}\int_{-L/\rho}^{+L/\rho}\frac{\kappa m\sin\varphi\boldsymbol{e}_1 + \rho^{-1}(\cos\varphi\boldsymbol{e}_3 - \sin\varphi\boldsymbol{e}_2) + (\kappa m^2/2)\boldsymbol{e}_3}{[1 + m^2(1 - \kappa\rho\cos\varphi) + \kappa^2\rho^2 m^4/4]^{3/2}}\mathrm{d}m$$

当 $\rho\to 0$ 时，上式分母趋于 $(1+m^2)^{3/2}$。将上式分母以 $(1+m^2)^{3/2}$ 代替，然后积分，可得 $\rho\to 0$ 时 $\boldsymbol{u}$ 的渐近表达式为

$$\boldsymbol{u} = \frac{\Gamma}{4\pi}\Big\{-(1+m^2)^{-1/2}\kappa\sin\varphi\boldsymbol{e}_1 + \rho^{-1}m(1+m^2)^{-1/2}(\cos\varphi\boldsymbol{e}_3 - \sin\varphi\boldsymbol{e}_2)$$
$$+ \frac{1}{2}\kappa\{-m(1+m^2)^{-1/2} + \ln[m + (1+m^2)^{1/2}]\}\boldsymbol{e}_3\Big\}_{-L/\rho}^{+L/\rho}$$

当 $\rho\to 0$ 时，$m = L/\rho \gg 1$，则有

$$(1+m^2)^{-1/2}\Big|_{-L/\rho}^{+L/\rho} \approx 0$$

$$m(1+m^2)^{-1/2}\Big|_{-L/\rho}^{+L/\rho} = \frac{L/\rho}{\sqrt{1+(L/\rho)^2}} - \frac{(-L/\rho)}{\sqrt{1+(-L/\rho)^2}} \approx 2$$

以及

$$\ln\left[m+(1+m^2)^{1/2}\right]_{-L/\rho}^{+L/\rho}=\ln\left[L/\rho+\sqrt{1+(L/\rho)^2}\right]-\ln\left[-L/\rho+\sqrt{1+(-L/\rho)^2}\right]$$
$$=\ln\left[L/\rho+\sqrt{1+(L/\rho)^2}\right]^2$$
$$\approx 2[\ln(L/\rho)+\ln 2]$$

于是有

$$\boldsymbol{u}=\frac{\Gamma}{2\pi\rho}(\cos\varphi\boldsymbol{e}_3-\sin\varphi\boldsymbol{e}_2)+\frac{\Gamma\kappa}{4\pi}[\ln(L/\rho)+C]\boldsymbol{e}_3 \tag{3.4.21}$$

式中 C 为常数。

由(3.4.21)式可知,O 点邻域内流体速度由两部分组成,其中右端第一项诱导涡丝绕 O 点旋转,但不引起 O 点处涡丝的移动,而右端第二项则是使 O 点处的涡丝沿副法线法方向(图 3.4.3 中的 x_3 轴)移动,由于该项与涡丝曲率有关,所以对于变曲率涡丝而言,涡丝上各点的移动速度并不相同,导致涡丝在移动过程中发生变形。对于曲率相同的圆形涡丝,由于自身诱导引起的涡丝移动速度处处相等,所以涡丝将沿着涡丝所在平面的法线方向以常速度向前移动,在移动过程中涡丝保持不变形。对于曲率为零的直线涡丝而言,(3.4.21)式右端第二项为零,因此涡丝不会发生移动。

需要说明的是,当 $\rho\to 0$ 时,诱导速度趋于无穷大,这是因为涡丝强度有限,而截面积无限小,因此涡量无限大,从而导致速度无限大。在实际中,涡管截面积总是有限大小的,因此不可能出现速度无限大的现象。另一需要说明的问题是,除 O 点附近涡丝对诱导速度的贡献外,理论上整根涡丝都对 P 点的速度都有贡献,但从(3.4.20)式可知,诱导速度的大小与距离 r 的平方成反比,因此远处涡丝对 P 点速度的贡献很小,可以忽略不计。

3. 直线涡丝

设 AB 为有限长直线涡丝(见图 3.4.4),涡量方向沿 z 轴方向,任意点 P 至涡线的垂直距离为 R,则根据(3.4.20)式,直线涡丝 AB 对任意点 P 的诱导速度大小为

$$u=|\boldsymbol{u}|=\frac{\Gamma}{4\pi}\int_A^B\frac{\sin\theta}{r^2}\mathrm{d}l \tag{3.4.22}$$

式中 θ 为微元弧 $\mathrm{d}\boldsymbol{l}$ 与矢径 $\boldsymbol{r}$ 之间的夹角。由于 $r=R/\sin\theta$,$\mathrm{d}l\sin\theta\approx r\mathrm{d}\theta$,上式积分可得

$$u=\frac{\Gamma}{4\pi R}(\cos\theta_1-\cos\theta_2) \tag{3.4.23}$$

θ_1、θ_2 分别为 AB 与 AP、BP 的夹角。

根据(3.4.23)式,可得到半无限长和无限长直线涡丝产生的诱导速度。对于半无限长的直线涡丝,即当 A 点延伸至无限远时,$\theta_1=0$,$\theta_2=\pi/2$,由(3.4.23)式得

$$u=\frac{\Gamma}{4\pi R} \tag{3.4.24}$$

对于无限长的直线涡丝,即 $\theta_1=0$,$\theta_2=\pi$ 时,则有

$$u=\frac{\Gamma}{2\pi R} \tag{3.4.25}$$

无限长直线涡丝可视为二维流动,任何与涡丝垂直的平面上的流动都是相同的,在平面上

涡丝可以看成一个点，且是流场中的一个奇点（即速度无限大的点），所代表的流动即 3.1.1 节举例中的有势流动，称为点涡或自由涡，作为一种基本势流在 4.2.2 节中将会进一步介绍。

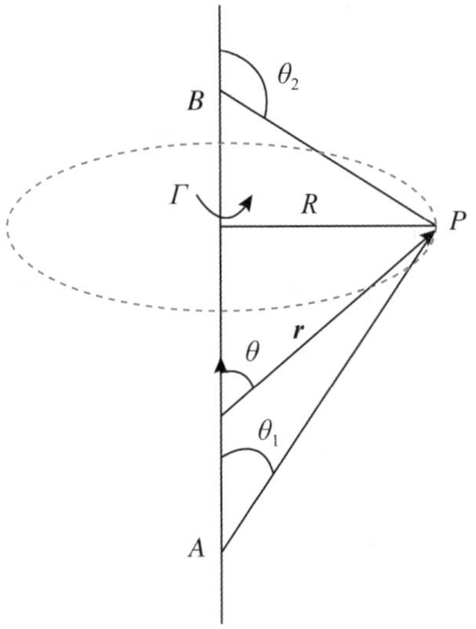

图 3.4.4　直线涡丝

当流场中有两个及以上的无限长直线涡时，称为涡群。涡群对任意点的诱导速度由涡的独立作用原理确定：(1) 涡系的诱导速度场是每个涡诱导速度场的几何和；(2) 每个涡的运动速度等于其他涡在其涡心上的诱导速度的几何和。为了计算涡群的诱导速度，将 (3.4.25) 式写成直角坐标形式，并假定涡丝并不位于原点，而是位于 (ξ,η)，则有

$$u=-\frac{\Gamma}{2\pi}\frac{y-\eta}{(x-\xi)^2+(y-\eta)^2} \tag{3.4.26}$$

$$v=\frac{\Gamma}{2\pi}\frac{x-\xi}{(x-\xi)^2+(y-\eta)^2} \tag{3.4.27}$$

涡群对流场中任何一点 (x,y) 的诱导速度可根据(3.4.26) 式和(3.4.27) 式表示为

$$u=-\frac{1}{2\pi}\sum_{k=1}^{n}\Gamma_k\frac{y-\eta_k}{(x-\xi_k)^2+(y-\eta_k)^2} \tag{3.4.28}$$

$$v=-\frac{1}{2\pi}\sum_{k=1}^{n}\Gamma_k\frac{x-\xi_k}{(x-\xi_k)^2+(y-\eta_k)^2} \tag{3.4.29}$$

式中 n 为直线涡的总数，(ξ_k,η_k) 为各个涡的中心位置坐标。注意，以上两式只是给出了某一瞬时的流速分布，由于每个涡都受到其他涡的诱导作用，直线涡本身在不断发生变形，因此整个流场是非定常的。

4. 圆形涡丝

接下来分析半径为 a 的圆形涡丝（称为涡环）所引起的诱导速度场。建立如图 3.4.5 所示的直角坐标系 (x_1,x_2,x_3)，单位矢量为 $\boldsymbol{e}_1$、$\boldsymbol{e}_2$ 和 $\boldsymbol{e}_3$，涡环位于 x_1x_2 平面内，原点在涡环的圆心 O，x_3 轴通过圆心。同时也建立圆柱坐标系 (ρ,θ,z)，对应的单位矢量为 $\boldsymbol{e}_\rho$、$\boldsymbol{e}_\theta$ 和 $\boldsymbol{e}_z$。两个坐标系之间具有如下关系

$$x_1 = \rho\cos\theta, x_2 = \rho\sin\theta, x_3 = z$$

由于对称,通过 z 轴的所有平面上的流动都是相同的。不失普遍性,取 $\theta = 0$ 平面作为研究对象,在该平面内取一点 P,其矢径为

$$\boldsymbol{r}_P = \rho\boldsymbol{e}_1 + z\boldsymbol{e}_3$$

在圆形涡丝上取一点 M,其矢径为

$$\boldsymbol{r}_M = a\cos\theta\boldsymbol{e}_1 + a\sin\theta\boldsymbol{e}_2$$

M 点到 P 点的位置矢量为

$$\boldsymbol{r} = \boldsymbol{r}_P - \boldsymbol{r}_M = (\rho - a\cos\theta)\boldsymbol{e}_1 - a\sin\theta\boldsymbol{e}_2 + z\boldsymbol{e}_3$$

因为 $\boldsymbol{e}_1 = \cos\theta\boldsymbol{e}_\rho - \sin\theta\boldsymbol{e}_\theta, \boldsymbol{e}_2 = \sin\theta\boldsymbol{e}_\rho + \cos\theta\boldsymbol{e}_\theta, \boldsymbol{e}_3 = \boldsymbol{e}_z$,于是有

$$\boldsymbol{r} = \boldsymbol{r}_P - \boldsymbol{r}_M = (\rho\cos\theta - a)\boldsymbol{e}_\rho - \rho\sin\theta\boldsymbol{e}_\theta + z\boldsymbol{e}_z$$

M 点处微元弧矢量为

$$\mathrm{d}\boldsymbol{l} = -a\sin\theta\boldsymbol{e}_1 + a\cos\theta\boldsymbol{e}_2 = a\mathrm{d}\theta\boldsymbol{e}_\theta$$

进而可得

$$\mathrm{d}\boldsymbol{l} \times \boldsymbol{r} = a(a - \rho\cos\theta)\mathrm{d}\theta\boldsymbol{e}_z + az\mathrm{d}\theta\boldsymbol{e}_\rho$$

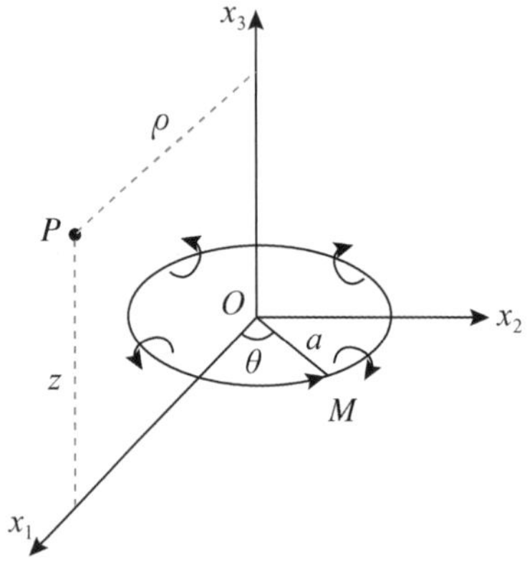

图 3.4.5 圆形涡丝

由(3.4.19)式可得 M 点涡丝在 P 点的诱导速度为

$$\mathrm{d}\boldsymbol{u} = \frac{\Gamma}{4\pi}\frac{\mathrm{d}\boldsymbol{l} \times \boldsymbol{r}}{r^3} = \frac{\Gamma a}{4\pi}\frac{(a - \rho\cos\theta)\mathrm{d}\theta\boldsymbol{e}_z + z\mathrm{d}\theta\boldsymbol{e}_\rho}{r^3} \tag{3.4.30}$$

其中

$$r = \sqrt{(\rho - a\cos\theta)^2 + (a\sin\theta)^2 + z^2} = \sqrt{\rho^2 + a^2 + z^2 - 2a\rho\cos\theta}$$

(3.4.30)式沿涡环积分,可得整个涡环对 P 点的诱导速度为

$$\boldsymbol{u} = \frac{\Gamma a}{4\pi}\left(\int_0^{2\pi}\frac{a - \rho\cos\theta}{r^3}\mathrm{d}\theta\boldsymbol{e}_z + \int_0^{2\pi}\frac{z}{r^3}\mathrm{d}\theta\boldsymbol{e}_\rho\right) \tag{3.4.31}$$

上式积分的结果也可用第一类和第二类完全椭圆积分表示出来,在此不赘述。在涡环所在平面,因为 $z = 0$,由(3.4.31)式可知径向诱导速度为零,所以涡环在径向不会发生变形,而只有 z 轴方向的速度,即涡环将保持形状不变整体沿 z 轴运动。

在 z 轴上,$\rho = 0, r = \sqrt{a^2 + z^2}$,由(3.4.31)式可得 z 轴上任一流体质点的诱导速度为

$$\boldsymbol{u} = \frac{\Gamma a}{4\pi}\pi\int_0^{2\pi}\frac{a}{(a^2+z^2)^{3/2}}\mathrm{d}\theta\boldsymbol{e}_z + \frac{\Gamma a}{4\pi}\int_0^{2\pi}\frac{z}{(a^2+z^2)^{3/2}}\mathrm{d}\theta\boldsymbol{e}_\rho$$
$$= \frac{\Gamma a^2}{2\,(a^2+z^2)^{3/2}}\boldsymbol{e}_z + \frac{\Gamma a z}{2\,(a^2+z^2)^{3/2}}\boldsymbol{e}_\rho \tag{3.4.32}$$

而在涡环圆心处，由于 $z=0$，因此该点的诱导速度为

$$\boldsymbol{u} = \frac{\Gamma}{2a}\boldsymbol{e}_z \tag{3.4.33}$$

该速度为 z 轴方向的最大诱导速度。

客观存在的涡环的截面总是有限大小的，横截面半径为 ε 的涡环前进的速度可由(3.4.21) 式得到

$$u_z = \frac{\Gamma}{4\pi a}\ln\left(\frac{a}{\varepsilon}\right) \tag{3.4.34}$$

可见，随着涡环半径增大，涡环前进的速度减小。根据此性质可以解释两涡环穿行的现象。假设两涡环沿同一轴线运动(见图 3.4.6)，后涡环在前涡环上产生背离圆心的径向诱导速度，使前涡环半径不断增大，前进速度逐渐减小。同时，前涡环对后涡环产生指向圆心的径向诱导速度，使后涡环半径不断减小，而前进速度不断加大。后涡环最终赶上并穿过前涡环，于是前后涡环易位，上述过程又重复进行。

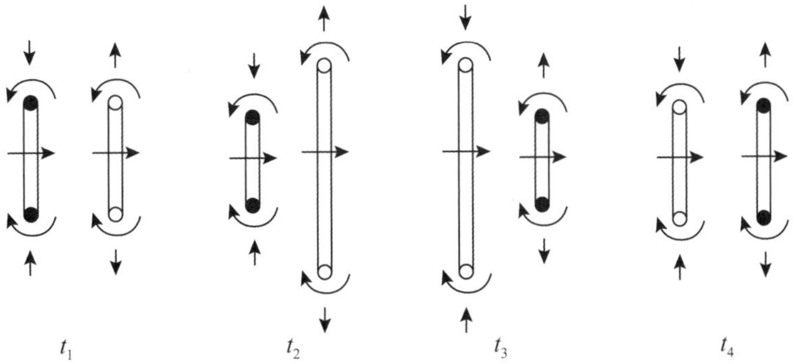

图 3.4.6　涡环穿行

5. 涡层

当许多涡旋出现在一个薄层内时，可以将其看成是一个无限薄的涡层，涡层也可以看成是无限多的涡丝并排排列而成。在许多实际流动问题中，经常遇到切向速度在一薄层内发生剧烈变化的现象，例如冷热空气接触面就是切向速度发生剧烈变化的地方，称这种速度发生突变的薄层为切向速度间断层。切向速度间断层是具有很大剪切速度梯度的薄层，显然层内处处有旋。在处理实际流体力学问题时，经常用涡层取代切向速度间断层来求解相应的流场问题。例如在研究机翼绕流问题时，就可以用涡层代替机翼的作用。

下面以平面涡层为例来阐述如何用涡层取代切向速度间断层。设有一平面涡层沿 x 方向分布，如图 3.4.7 所示。微元段 $\mathrm{d}\xi$ 上产生的速度环量为 $\mathrm{d}\Gamma$，则任意位置 ξ 处单位长度上产生的环量

$$\gamma(\xi) = \frac{\mathrm{d}\Gamma}{\mathrm{d}\xi} \tag{3.4.35}$$

称为环量密度。$\gamma(\xi)$ 可以随位置变化，也可以是常数。涡层微元段 $d\xi$ 对层外任一点 $P(x,y)$ 的诱导速度可由(3.4.26)式和(3.4.27)式计算，即

$$u=-\frac{1}{2\pi}\int_{-L}^{L}\frac{y\gamma(\xi)}{(x-\xi)^2+y^2}d\xi \tag{3.4.36}$$

$$v=\frac{1}{2\pi}\int_{-L}^{L}\frac{(x-\xi)\gamma(\xi)}{(x-\xi)^2+y^2}d\xi \tag{3.4.37}$$

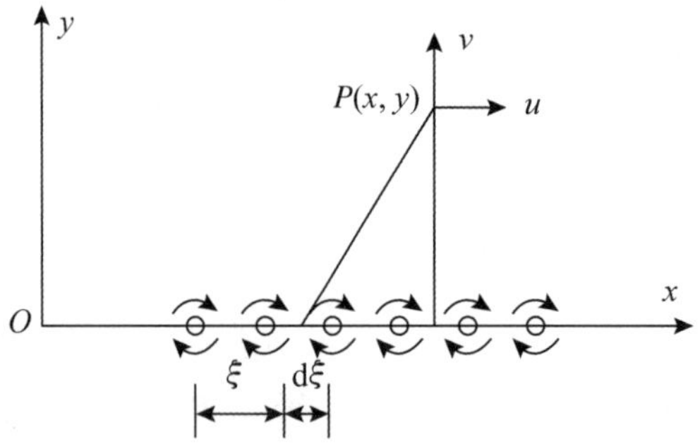

图 3.4.7 平面涡层

若假定 $\gamma(\xi)$ 为常数，且涡层沿 x 方向延伸至无穷远处，由于 P 点左右两侧涡所引起 y 方向的诱导速度相互抵消，因此 P 点在 y 方向的诱导速度为零，而在 x 方向的诱导速度平行于 x 轴，大小为

$$\begin{aligned}u&=-\frac{\gamma}{2\pi}\int_{-\infty}^{\infty}\frac{y}{(x-\xi)^2+y^2}d\xi\\&=\frac{\gamma}{2\pi}\arctan\left(\frac{x-\xi}{y}\right)\Big|_{-\infty}^{\infty}\\&=\pm\frac{\gamma}{2}\end{aligned} \tag{3.4.38}$$

正号对应 x 轴以上的点，负号对应 x 轴以下的点。若在此流动上叠加一个 x 方向的均匀来流，其速度为 U，则涡层上下两侧的速度分别为 $U+\gamma/2$ 和 $U-\gamma/2$。因此，只需恰当地选择 U 和 γ，就可以得到上下两侧所需要的流速值，从而可用涡层代替速度间断层。

上述分析表明，涡层和速度间断层两者是等价的，只要有一个速度间断层，就可以找到一个涡层，反之由一个涡层也可以得到一个速度间断层，这给流体中产生涡旋做出了解释。

3.4.3 兰金涡

流线为圆周的运动称为涡旋流动。基本的涡旋流动有两种，一种是在图 3.1.1 中提到的属于有势流动的自由涡(free vortex)，其质点的流速和涡心距离成反比，另一种是由某种扰动力不断推动流体旋转而形成的涡旋，其流体微团的角转速 ω 等于常数，流速与涡心距离成正比，即流场流速分布为

$$u_\theta=\omega r, u_r=u_z=0$$

该流动属于有涡流动，称为强迫涡(forced vortex)。在现实中存在一类涡旋流动，其核心部分为有旋的强迫涡，远离核心部分则为无旋的自由涡，描述此类现象的流动模型称为兰金涡(Rankine vortex)。作为涡旋运动以及涡旋诱导周围流体运动的典型流动问题之一，兰金涡是许多流动问题的理论模型，比如台风、浴盆涡等流动现象都可用兰金涡模型来解释。下面我们来分析兰金涡的流场。

建立圆柱坐标系，以 z 轴为转动轴，设兰金涡中心核心部分(强迫涡区)的半径为 a，角转速为 ω，则兰金涡的流速分布(见图 3.4.8)为

$$u_\theta = \begin{cases} \omega r, r \leqslant a \\ \dfrac{\omega a^2}{r}, r > a \end{cases} \tag{3.4.39}$$

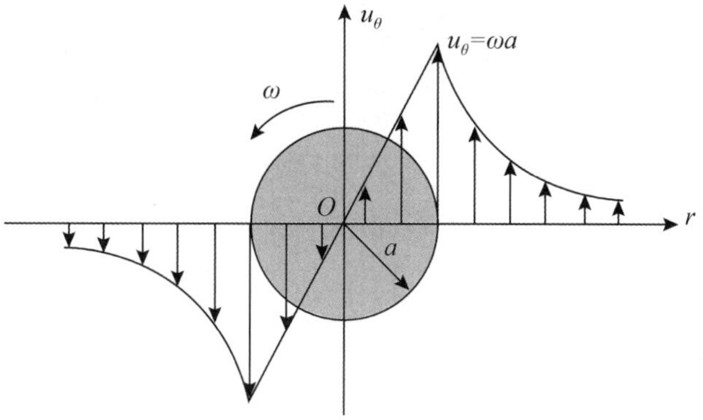

图 3.4.8　兰金涡的速度分布

在兰金涡涡核部分，涡量

$$\boldsymbol{\Omega} = \nabla\times\boldsymbol{u} = \left(\frac{\partial u_\theta}{\partial r}+\frac{u_\theta}{r}\right)\boldsymbol{e}_z = (\omega+\omega)\boldsymbol{e}_z = 2\omega\boldsymbol{e}_z$$

表明涡核部分涡量处处相等。涡核部分的剪切应力

$$\tau_{r\theta} = \mu r\frac{\partial}{\partial r}\left(\frac{u_\theta}{r}\right) = 0$$

说明涡核部分没有变形，而是像刚体一样转动。因 $\boldsymbol{\tau}=\boldsymbol{0}$，自然满足 $\nabla\cdot\boldsymbol{\tau}=\boldsymbol{0}$ 的条件，从而欧拉方程可适用于涡核部分的流动。

在涡核外围(自由涡区)，涡量

$$\boldsymbol{\Omega} = \nabla\times\boldsymbol{u} = \left(\frac{\partial u_\theta}{\partial r}+\frac{u_\theta}{r}\right)\boldsymbol{e}_z = \left(-\omega\frac{a^2}{r^2}+\omega\frac{a^2}{r^2}\right)\boldsymbol{e}_z = \boldsymbol{0}$$

所以涡核以外自由涡区的流动属于有势流动。剪切应力

$$\tau_{r\theta} = \mu r\frac{\partial}{\partial r}\left(\frac{u_\theta}{r}\right) = -2\mu\omega\frac{a^2}{r^2}$$

可见黏性应力并不为零，也就是说自由涡中存在剪切变形。而黏性应力张量的散度

$$\nabla\cdot\boldsymbol{\tau} = \frac{1}{r}\frac{\partial\tau_{r\theta}}{\partial\theta}\boldsymbol{e}_r+\frac{1}{r^2}\frac{\partial}{\partial r}(r^2\tau_{r\theta})\ \boldsymbol{e}_\theta = \frac{1}{r^2}\frac{\partial}{\partial r}\left(-r^2 2\mu\omega\frac{a^2}{r^2}\right)\ \boldsymbol{e}_\theta = \boldsymbol{0}$$

同样满足欧拉方程的适用条件。说明在自由涡区黏性力虽然处处不为零，但作用在单位体

积流体上的黏性力合力却处处为零，意味着黏性力处于平衡状态，其对流体微元的加速度没有贡献，欧拉方程仍然适用。

综上分析可知，在自由涡区和强迫涡区，动量方程中的黏性力项都不起作用，故都可应用欧拉方程，而且两个区域都只有周向流速分量，径向和轴向速度分量均为零。因此，两个区域的动量方程具有相同的形式，在圆柱坐标系中可表示成

$$\begin{cases} \rho \dfrac{u_\theta^2}{r} = \dfrac{\partial p}{\partial r} \\ 0 = -\rho g - \dfrac{\partial p}{\partial z} \end{cases} \tag{3.4.40}$$

因为流动是轴对称的，压强只是 r 和 z 的函数，则有

$$\mathrm{d}p = \frac{\partial p}{\partial r}\mathrm{d}r + \frac{\partial p}{\partial z}\mathrm{d}z$$

将动量方程(3.4.40)式代入上式，并积分可得

$$p = \int \rho \frac{u_\theta^2}{r}\mathrm{d}r - \rho g z + C \tag{3.4.41}$$

在自由涡区，$u_\theta = \omega a^2/r$，将其代入(3.4.41)式可得

$$p = \int \rho \frac{\omega^2 a^4}{r^3}\mathrm{d}r - \rho g z + C = -\rho \frac{\omega^2 a^4}{2r^2} - \rho g z + C_1$$

根据边界条件，$r \to \infty$ 时，$p = p_\infty - \rho g z$，可得积分常数 $C_1 = p_\infty$。由此可得自由涡区的压强分布为

$$p = p_\infty - \rho g z - \rho \frac{\omega^2 a^4}{2r^2} \tag{3.4.42}$$

在涡核区，$u_\theta = \omega r$，代入(3.4.41)式可得

$$p = \int \rho \omega^2 r \mathrm{d}r - \rho g z + C = \frac{1}{2}\rho\omega^2 r^2 - \rho g z + C_2$$

在涡核区和自由涡区的交界处，$r = a$，由(3.4.42)式得 $p = p_\infty - \rho g z - \rho\omega^2 a^2/2$，代入上式可得积分常数 $C_2 = p_\infty - \rho\omega^2 a^2$，于是可得涡核区的压强分布为

$$p = p_\infty - \rho g z - \rho\omega^2 a^2 + \rho\omega^2 r^2/2 \tag{3.4.43}$$

从(3.4.42)式和(3.4.43)式可知，无论在自由涡区还是在涡核区，压强均随着 r 减小而降低。在涡核中心 $r = 0$ 处，压强最低，为

$$p = p_\infty - \rho g z - \rho\omega^2 a^2 \tag{3.4.44}$$

兰金涡压强分布如图 3.4.9 所示，兰金涡中心为低压区。由压强计算公式可知，涡核旋转速度 ω 越大，压强降低越多，因此接近台风、水涡时，常有被卷吸进去的危险。

在(3.4.42)式和(3.4.43)式中，令 $p = p_\infty$，可得兰金涡的自由面方程

$$\begin{cases} z = -\dfrac{\omega^2 a^4}{2gr^2}, r > a \\ z = \dfrac{\omega^2 r^2}{2g} - \dfrac{\omega^2 a^2}{g}, r \leqslant a \end{cases} \tag{3.4.45}$$

兰金涡的自由面如图 3.4.10 所示，涡核中心自由面最低，这与现实中观察到的水涡中心液面最低是相符的。

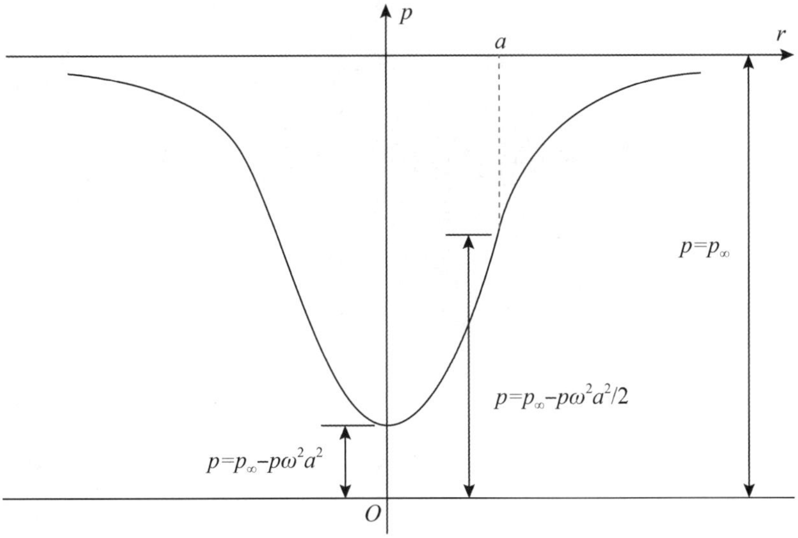

图 3.4.9　兰金涡的压强分布($z=0$)

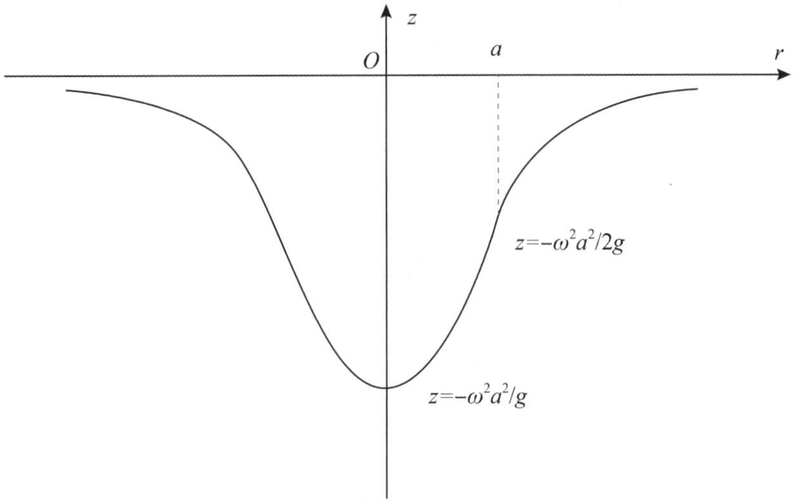

图 3.4.10　兰金涡的自由面

第 3 章习题

第4章

不可压缩流体的有势流动

本章研究不可压缩流体的有势流动问题。对于不可压缩流体而言，当流动可以看成是有势流动时，因为涡量为零，由(2.4.22)式可知流动一定满足欧拉方程，亦即流动属于欧拉流动，此时黏性对流场速度和加速度没有贡献，同样也不会对涡量产生影响。从第3章我们知道，除黏性会引起涡量的变化外，斜压和质量力无势也是产生涡量的主要原因，所以流体要作有势流动，流体必须是正压流体且质量力还必须是有势的。因此，本章所研究的不可压缩流体有势流动一定属于正压流体且质量力有势的欧拉流动。在许多实际的工程问题中，质量力往往只有有势的重力，流体也通常可以看成常密度流体，亦即不可压缩均质流体，而常密度流体属于正压流体，因而当流体的黏性作用可以忽略不计时，许多实际流动就能满足流体正压、黏性无影响和质量力有势这三个条件。根据开尔文定理可知，当流体从静止或无旋状态开始启动时，如果满足流体正压、黏性无影响和质量力有势三个条件，其运动将始终是无旋流动，即属于有势流动。可见，当黏性作用可以忽略不计时，实际工程中许多流动通常都可看成是无旋的有势流动，因此研究有势流动具有重要的实际意义。另外，相比有涡流动，数学上处理有势流动问题要简单得多，这也是研究有势流动的主要动机之一。

在实际流动中，流体的黏性作用是否可以忽略不计，需要具体情况具体分析。由第2章无量纲化的N-S方程可知，衡量黏性力对流体流动贡献大小的是雷诺数，它表征了流体运动过程中对流惯性力与黏性力之间的相对大小。当雷诺数很大时，黏性力远小于惯性力，在N-S方程中黏性力项将是一个小量，从而对加速度的贡献可以忽略不计。在3.3.3节我们还提到，由于黏性，在固壁壁面附近会产生涡量，同样由于黏性，使得涡量由壁面向外扩散，扩散的范围取决于雷诺数的大小，若雷诺数很大，涡量的扩散仅限于壁面附近很薄的一层区域，即所谓边界层范围内。因此，对于大雷诺数的流动问题，一般只需在边界层范围内考虑黏性的作用，而在边界层以外的区域则可忽略黏性的影响。但也要强调，并不是任何大雷诺数的流动都可以忽略黏性的影响。例如，管道内的流动，受管径大小的影响以及管壁的约束作用，管道内流动边界层的厚度恒为管道的半径，即使雷诺数很高，管道内的流动始终属于边界层内的黏性流动，需要当作有黏性的有涡流动来处理。另外，还有一点需要说明，黏性作用的大小也不能依据黏性应力的大小来决定。比如 3.4.3 节自由涡流动中的黏性应力再大，因为其合力始终等于零，所以对流场速度、加速度、涡量等都不会产生影响。从上述分析可以看出，实际流动问题中能否忽略黏性的作用，既不能单纯地看雷诺数的大小，也不能单纯地看黏性应力的大小，而要看在流动过程中黏性对流场速度和加速度贡献的大小。

本章我们首先基于有势流动的特点，建立描述有势流动的基本方程，然后分别介绍在求解平面和轴对称有势流动问题当中得到广泛应用的相关理论和计算方法。

4.1 有势流动的基本方程

4.1.1 势函数方程

当流动为有势流动时，由 $\boldsymbol{\Omega} = \nabla\times \boldsymbol{u} = \boldsymbol{0}$ 可得

$$\frac{\partial u_3}{\partial x_2} = \frac{\partial u_2}{\partial x_3},\frac{\partial u_1}{\partial x_3} = \frac{\partial u_3}{\partial x_1},\frac{\partial u_2}{\partial x_1} = \frac{\partial u_1}{\partial x_2} \tag{4.1.1}$$

因此一定存在一个标量函数 ϕ，满足

$$\frac{\partial u_3}{\partial x_2} = \frac{\partial}{\partial x_2}\left(\frac{\partial \phi}{\partial x_3}\right) = \frac{\partial}{\partial x_3}\left(\frac{\partial \phi}{\partial x_2}\right) = \frac{\partial u_2}{\partial x_3}$$

$$\frac{\partial u_1}{\partial x_3} = \frac{\partial}{\partial x_3}\left(\frac{\partial \phi}{\partial x_1}\right) = \frac{\partial}{\partial x_1}\left(\frac{\partial \phi}{\partial x_3}\right) = \frac{\partial u_3}{\partial x_1}$$

$$\frac{\partial u_2}{\partial x_1} = \frac{\partial}{\partial x_1}\left(\frac{\partial \phi}{\partial x_2}\right) = \frac{\partial}{\partial x_2}\left(\frac{\partial \phi}{\partial x_1}\right) = \frac{\partial u_1}{\partial x_2}$$

从而有

$$u_1 = \frac{\partial \phi}{\partial x_1},u_2 = \frac{\partial \phi}{\partial x_2},u_3 = \frac{\partial \phi}{\partial x_3}$$

写成矢量形式为

$$\boldsymbol{u} = \nabla\phi \tag{4.1.2}$$

标量函数 ϕ 称为势函数(potential function)或速度势。如果已知速度势 ϕ，通过(4.1.2)式的微分运算即可得到流速 $\boldsymbol{u}$。反过来，如果已知流速 $\boldsymbol{u}$，由(4.1.2)式也可计算出速度势 ϕ。设有曲线 L，用曲线的线元 $\mathrm{d}\boldsymbol{l}$ 点乘(4.1.2)式，可得

$$\boldsymbol{u}\cdot \mathrm{d}\boldsymbol{l} = \nabla\phi\cdot \mathrm{d}\boldsymbol{l} = \mathrm{d}\phi$$

沿曲线 L 积分可得速度势为

$$\phi = \phi_0 + \int_L \boldsymbol{u}\cdot \mathrm{d}\boldsymbol{l} \tag{4.1.3}$$

上式中 ϕ_0 可以任意选择，因为在应用(4.1.2)式计算流速时，ϕ_0 对流速的计算并没有影响。对于单连通域，当曲线 L 是封闭曲线时，因为(4.1.1)式成立，由斯托克斯定理易知

$$\oint_L \boldsymbol{u} \cdot \mathrm{d}\boldsymbol{l} = 0$$

利用上式，不难证明(4.1.3)式的积分与路径无关，因而 ϕ 为单值函数。对于双连通域，若封闭曲线不能不碰边界收缩到一点，则一般有

$$\oint_L \boldsymbol{u} \cdot \mathrm{d}\boldsymbol{l} = m\Gamma$$

其中 Γ 为速度环量，m 为封闭曲线绕某点的圈数。此时，势函数为多值函数，各值之间相差速度环量 Γ 的倍数。对于更一般的多连通域，与双连通域类似，势函数也是多值函数。

当流体不可压缩时，由连续方程可得

$$\nabla\cdot \boldsymbol{u} = \nabla\cdot \nabla\phi = \nabla^2\phi = 0 \tag{4.1.4}$$

称为不可压缩流体的势函数方程。(4.1.4)式是线性二阶偏微分方程，在数理方程中称为拉普拉斯方程或调和方程，是数理方程中最为经典的偏微分方程之一，对于该方程的性质和解已经研究得非常清楚。同时，因为该方程是线性方程，所以满足叠加原理，即如果 ϕ_1，ϕ_2，…，ϕ_n 是方程(4.1.4)的解，则这些解的任意线性组合也是方程(4.1.4)的解，这为由简单流动问题通过叠加求解复杂流动问题提供了极大的便利。

有两点需要说明，一是(4.1.4)式对于定常和非定常流动都适用，当流动是非定常流动时，时间在方程(4.1.4)中将作为参数出现；二是(4.1.4)式理论上并没有对流体是否具有黏性做出限制，只要求流体不可压缩和流动有势，所以也适用黏性流体。不过黏性流动一般都是有涡流动，除非黏性力对加速度没有贡献，比如自由涡的流动，虽然存在黏性切应力，但流动仍属于有势流动。

当流动为轴对称流动时，采用圆柱坐标系或球坐标系更为方便。在圆柱坐标系 (r,θ,z) 中，因为对称，有 $\partial/\partial\theta = 0$，由附录(B.3.2)式可得不可压缩流体有势流动势函数 ϕ 的拉普拉斯方程为

$$\nabla^2\phi = \frac{\partial^2\phi}{\partial r^2} + \frac{1}{r}\frac{\partial\phi}{\partial r} + \frac{\partial^2\phi}{\partial z^2} = 0 \tag{4.1.5}$$

由附录(B.3.1)式，可得圆柱坐标系下的速度与势函数之间的关系为

$$u_r = \frac{\partial\phi}{\partial r}, u_z = \frac{\partial\phi}{\partial z} \tag{4.1.6}$$

在轴对称流动中，$u_\theta = 0$，只有 u_r 和 u_z。

在球坐标系 (r,θ,φ) 中，因为对称，必有 $\partial/\partial\varphi = 0$，由附录(B.4.2)式可得不可压缩流体有势流动势函数 ϕ 在球坐标系下的拉普拉斯方程为

$$\nabla^2\phi = \frac{\partial}{\partial r}\left(r^2\frac{\partial\phi}{\partial r}\right) + \frac{1}{\sin\theta}\frac{\partial}{\partial\theta}\left(\sin\theta\frac{\partial\phi}{\partial\theta}\right) = 0 \tag{4.1.7}$$

由附录(B.4.1)式，可得球坐标系下的速度与势函数的关系为

$$u_r = \frac{\partial\phi}{\partial r}, u_\theta = \frac{1}{r}\frac{\partial\phi}{\partial\theta} \tag{4.1.8}$$

4.1.2　流函数方程

由流体流动的连续方程，可推出流体力学中的另一个重要函数，即流函数。我们先研究不可压缩平面流动问题的流函数。平面势流的流函数由拉格朗日引入，称为拉格朗日流函数。出于习惯，二维平面问题的坐标仍用 x 和 y 表示，流速则分别用 u 和 v 表示。

定义

$$\psi(x,y)=\int u\mathrm{d}y-v\mathrm{d}x \tag{4.1.9}$$

称为流函数(stream function)。由数学知识可知，(4.1.9) 式积分存在的充要条件是

$$\frac{\partial u}{\partial x}+\frac{\partial v}{\partial y}=0 \tag{4.1.10}$$

而上式正是二维不可压缩流体流动的连续方程。因此，二维不可压缩流体流动的流函数一定存在。

对(4.1.9) 式微分可得

$$\mathrm{d}\psi=-v\mathrm{d}x+u\mathrm{d}y$$

同时由于

$$\mathrm{d}\psi=\frac{\partial\psi}{\partial x}\mathrm{d}x+\frac{\partial\psi}{\partial y}\mathrm{d}y \tag{4.1.11}$$

比较以上两式可得

$$\frac{\partial\psi}{\partial x}=-v,\frac{\partial\psi}{\partial y}=u \tag{4.1.12}$$

显然，将(4.1.12) 式代入(4.1.10) 式，连续方程将自动满足。

对于二维不可压缩流体流动问题，无论是有势流动还是有涡流动，也无论是黏性流体还是无黏性流体，都一定存在流函数。而势函数只有当流动为有势流动时才存在，因此对于二维流动，流函数比势函数更具有普遍性。

流函数相等的线称为等流函数线，对于等流函数线，有 $\mathrm{d}\psi=0$，于是由

$$\mathrm{d}\psi=-v\mathrm{d}x+u\mathrm{d}y=0$$

可得

$$\frac{\mathrm{d}x}{u}=\frac{\mathrm{d}y}{v}$$

此即二维流动的流线方程，所以流函数为常数的曲线即流线。

若已知流函数，由(4.1.12) 式可计算出流速。反之，如果已知流速，可由(4.1.9) 式求出流函数。同势函数一样，流函数相差任意常数 ψ_0 也不影响流场分析，即

$$\psi=\psi_0+\int_L -v\mathrm{d}x+u\mathrm{d}y \tag{4.1.13}$$

当流动为有势流动时，因为

$$\Omega_z = \frac{\partial u}{\partial y} - \frac{\partial v}{\partial x} = 0 \tag{4.1.14}$$

将(4.1.12)式代入上式可得

$$\frac{\partial^2 \psi}{\partial x^2} + \frac{\partial^2 \psi}{\partial y^2} = \nabla^2 \psi = 0 \tag{4.1.15}$$

称为流函数方程，可见二维不可压缩有势流动的流函数方程也是拉普拉斯方程。注意，与(4.1.4)式一样，(4.1.15)式的推导过程也只做了流体不可压缩和流动有势两项假设。

与讨论势函数的情况类似，在上述讨论不可压缩流体的流函数和流函数方程的过程中，并未对流动是不是定常流动做出限制，因此无论流动是否定常均存在流函数，如果流动是非定常的，流函数中时间作为参数出现。

在三维流动中，由于连续方程无法满足流函数存在的充要条件，因此一般不存在流函数，但空间轴对称流动问题仍存在流函数。由附录(B.3.3)式可得圆柱坐标系下不可压缩流体做轴对称流动的连续方程

$$\nabla\cdot \boldsymbol{u} = \frac{\partial (u_r r)}{r\partial r} + \frac{\partial u_z}{\partial z} = \frac{1}{r}\left[\frac{\partial}{\partial r}(u_r r) + \frac{\partial}{\partial z}(u_z r)\right] = 0 \tag{4.1.16}$$

若令

$$\frac{\partial \psi}{\partial z} = u_r r, \frac{\partial \psi}{\partial r} = - u_z r \tag{4.1.17}$$

亦即

$$u_r = \frac{1}{r}\frac{\partial \psi}{\partial z}, u_z = -\frac{1}{r}\frac{\partial \psi}{\partial r} \tag{4.1.18}$$

则连续方程(4.1.16)自动满足，故函数 ψ 即为流函数。轴对称流动的流函数由斯托克斯引入，称为斯托克斯流函数。

对于轴对称有势流动，因 $\nabla\times \boldsymbol{u} = \boldsymbol{0}$，由附录(B.3.4)式可得

$$\frac{\partial u_r}{\partial z} - \frac{\partial u_z}{\partial r} = 0 \tag{4.1.19}$$

将(4.1.18)式代入(4.1.19)式可得

$$\frac{\partial^2 \psi}{\partial r^2} - \frac{1}{r}\frac{\partial \psi}{\partial r} + \frac{\partial^2 \psi}{\partial z^2} = 0 \tag{4.1.20}$$

此即圆柱坐标系下不可压缩流体做轴对称有势流动的流函数方程。轴对称势流的流函数方程并不是拉普拉斯方程，但方程仍然是线性的，所以叠加法仍然适用。

若采用球坐标系，由附录(B.4.3)式可得连续方程为

$$\frac{1}{r^2}\frac{\partial}{\partial r}(u_r r^2) + \frac{1}{r\sin\theta}\frac{\partial}{\partial \theta}(u_\theta \sin\theta) = \frac{1}{r^2}\left[\frac{\partial}{\partial r}(u_r r^2 \sin\theta) + \frac{\partial}{\partial \theta}(u_\theta r \sin\theta)\right] = 0 \tag{4.1.21}$$

若令

$$\frac{\partial \psi}{\partial \theta} = u_r r^2 \sin\theta, \frac{\partial \psi}{\partial r} = - u_\theta r \sin\theta \tag{4.1.22}$$

亦即

$$u_r = \frac{1}{r^2 \sin\theta} \frac{\partial \psi}{\partial \theta}, u_\theta = -\frac{1}{r\sin\theta} \frac{\partial \psi}{\partial r} \tag{4.1.23}$$

则连续方程(4.1.21)式自动满足，表明函数 ψ 是流函数。

当轴对称流动为有势流动时，因 $\nabla \times \boldsymbol{u} = \boldsymbol{0}$，根据附录(B.4.4)式，可得

$$\frac{\partial u_\theta}{\partial r} + \frac{u_\theta}{r} - \frac{\partial u_r}{r\partial \theta} = 0 \tag{4.1.24}$$

将(4.1.23)式代入上式，可得球坐标系下轴对称有势流动的流函数方程为

$$\frac{\partial^2 \psi}{\partial r^2} + \frac{1}{r^2} \frac{\partial^2 \psi}{\partial \theta^2} - \frac{\cot\theta}{r^2} \frac{\partial \psi}{\partial \theta} = 0 \tag{4.1.25}$$

4.1.3　伯努利积分和拉格朗日积分

假设流体为正压流体且质量力有势，则质量力和压强梯度将分别满足(3.1.13)式和(3.1.15)式。同时假设流动满足欧拉方程，于是由兰姆 — 葛罗米柯形式的欧拉方程(2.4.17)式可得

$$\frac{\partial \boldsymbol{u}}{\partial t} + 2\boldsymbol{\omega} \times \boldsymbol{u} + \nabla\left(G + P + \frac{1}{2}\boldsymbol{u} \cdot \boldsymbol{u}\right) = 0$$

令

$$B = G + P + \frac{\boldsymbol{u} \cdot \boldsymbol{u}}{2} = G + P + \frac{u^2}{2} \tag{4.1.26}$$

称为伯努利函数(Bernoulli function)，其中 $u = |\boldsymbol{u}|$。于是欧拉方程可改写成

$$\frac{\partial \boldsymbol{u}}{\partial t} + \nabla B = 2\boldsymbol{u} \times \boldsymbol{\omega} \tag{4.1.27}$$

下面分 $\boldsymbol{u} \times \boldsymbol{\omega} \neq \boldsymbol{0}$ 和 $\boldsymbol{u} \times \boldsymbol{\omega} = \boldsymbol{0}$ 两种情况来讨论(4.1.27)式的积分。

1. 伯努利积分

当 $\boldsymbol{u} \times \boldsymbol{\omega} \neq \boldsymbol{0}$ 时，必有 $\boldsymbol{\omega} \neq \boldsymbol{0}$，所以流动为有涡流动。在流线上取线元 $\mathrm{d}\boldsymbol{l}$，用 $\mathrm{d}\boldsymbol{l}$ 点乘(4.1.27)式，可得

$$\mathrm{d}\boldsymbol{l} \cdot \frac{\partial \boldsymbol{u}}{\partial t} + \mathrm{d}\boldsymbol{l} \cdot \nabla B = \mathrm{d}\boldsymbol{l} \cdot (2\boldsymbol{u} \times \boldsymbol{\omega}) \tag{4.1.28}$$

由于 $\mathrm{d}\boldsymbol{l}$ 方向即流线的方向，所以 $\mathrm{d}\boldsymbol{l}$ 必与流速 $\boldsymbol{u}$ 的方向一致，因此有

$$\mathrm{d}\boldsymbol{l} \cdot \frac{\partial \boldsymbol{u}}{\partial t} = \frac{\partial u}{\partial t}\mathrm{d}l$$

而(4.1.28)式左端第二项可写成

$$\mathrm{d}\boldsymbol{l} \cdot \nabla B = \frac{\partial B}{\partial x_1}\mathrm{d}x_1 + \frac{\partial B}{\partial x_2}\mathrm{d}x_2 + \frac{\partial B}{\partial x_3}\mathrm{d}x_3 = \mathrm{d}B$$

另外，因为 $\mathrm{d}\boldsymbol{l}$ 与流速 $\boldsymbol{u}$ 的方向一致，所以 $\mathrm{d}\boldsymbol{l}$ 必与 $\boldsymbol{u} \times \boldsymbol{\omega}$ 所得矢量垂直，从而有 $\mathrm{d}\boldsymbol{l} \cdot (2\boldsymbol{u} \times \boldsymbol{\omega}) = 0$，即(4.1.28)式右端为零。于是，(4.1.28)式可改写成

$$\frac{\partial u}{\partial t}\mathrm{d}l + \mathrm{d}B = \frac{\partial u}{\partial t}\mathrm{d}l + \mathrm{d}\left(G + P + \frac{u^2}{2}\right) = 0$$

上式沿流线积分可得

$$\int \frac{\partial u}{\partial t}\mathrm{d}l + G + P + \frac{u^2}{2} = C \tag{4.1.29}$$

式中 C 为常数。需要强调的是，在不同流线上，常数 C 通常具有不同的数值。由于沿涡线取线元 $\mathrm{d}\boldsymbol{l}$ 也满足 $\mathrm{d}\boldsymbol{l}\cdot(2\boldsymbol{u}\times\boldsymbol{\omega})=0$，所以(4.1.29)式沿涡线积分同样成立。

若流动为定常流动，则有

$$G + P + \frac{u^2}{2} = C \tag{4.1.30}$$

上式称为伯努利积分(Bernoulli integral)或伯努利方程(Bernoulli equation)，表明沿流线或沿涡线伯努利函数为常数。在流场中取一条流线，过流线上每一点作涡线，所有涡线构成的曲面称为兰姆面。由于在流线上伯努利函数取同一常数，因此在同一兰姆面上，伯努利函数值也相同。但在不同兰姆面上，伯努利函数值通常是不同的。

当流体密度沿流线为常数，或密度在流场中处处为常数时，(4.1.30)式压能项积分中的 ρ 可移到积分号外面，即

$$P = \int \frac{\mathrm{d}p}{\rho} = \frac{1}{\rho}\int \mathrm{d}p = \frac{p}{\rho} \tag{4.1.31}$$

同时，若质量力只有重力，则有

$$G = gz \tag{4.1.32}$$

于是伯努利方程可写成

$$z + \frac{p}{\gamma} + \frac{u^2}{2g} = C \tag{4.1.33}$$

其中 $\gamma = \rho g$。

(4.1.33)式即常密度流体(或沿流线密度为常数)在质量力只有重力时的伯努利方程，是一维流动中伯努利方程最常见的形式。式中各项都具有长度的量纲，每项的物理意义分别为：第一项代表流体质点在流线上所处的位置，称为位势头；第二项相当于液柱底面上压强为 p 时液柱的高度，称为压力头；第三项表示流体质点在真空中以速度 u 铅直向上运动能达到的高度，称为速度头，常数 C 代表流线的总水头。因此，伯努利积分或者说伯努利方程的物理意义是在同一流线(或涡线)上流体质点的总机械能保持不变，即能量守恒。

既然伯努利方程表示能量守恒，因此一定也可以由能量方程推导得到。将(2.2.17)式代入机械能方程(2.5.10)式，可得

$$\rho\boldsymbol{u}\cdot\frac{\mathrm{D}\boldsymbol{u}}{\mathrm{D}t} = \rho\boldsymbol{f}\cdot\boldsymbol{u} - \boldsymbol{u}\cdot\nabla p + \boldsymbol{u}\cdot(\nabla\cdot\boldsymbol{\tau}) \tag{4.1.34}$$

当流动满足欧拉方程时，因为有 $\nabla\cdot\boldsymbol{\tau} = \boldsymbol{0}$，于是(4.1.34)式简化成

$$\rho\boldsymbol{u}\cdot\frac{\mathrm{D}\boldsymbol{u}}{\mathrm{D}t} = \rho\boldsymbol{f}\cdot\boldsymbol{u} - \boldsymbol{u}\cdot\nabla p \tag{4.1.35}$$

当质量力有势时，根据(3.1.13)式，有 $\boldsymbol{f} = -\nabla G$，因此质量力做功项为

$$\rho\boldsymbol{f}\cdot\boldsymbol{u} = -\rho\boldsymbol{u}\cdot\nabla G$$

假设流体为正压流体，则根据(3.1.15)式，可将 $\boldsymbol{u}\cdot\nabla p$ 这项改写成

$$\boldsymbol{u}\cdot\nabla p=\rho\boldsymbol{u}\cdot\frac{1}{\rho}\nabla p=\rho\boldsymbol{u}\cdot\nabla P$$

当流动属于定常流动时，能量方程(4.1.34)式中的动能项可写成

$$\rho\boldsymbol{u}\cdot\frac{\mathrm{D}\boldsymbol{u}}{\mathrm{D}t}=\rho\frac{\mathrm{D}}{\mathrm{D}t}\left(\frac{1}{2}\boldsymbol{u}\cdot\boldsymbol{u}\right)=\rho\boldsymbol{u}\cdot\nabla\left(\frac{1}{2}\boldsymbol{u}\cdot\boldsymbol{u}\right)$$

于是，将以上诸式代入能量方程(4.1.34)式，可得

$$\rho\boldsymbol{u}\cdot\nabla\left(G+P+\frac{1}{2}\boldsymbol{u}\cdot\boldsymbol{u}\right)=0$$

上式的物理意义表示括号中三项能量之和的梯度与流速垂直，即垂直于流线，表明三项能量之和沿流线为常数。于是，再次得到了伯努利方程(4.1.30)式。

从上述推导过程可知，伯努利方程适用于正压流体、质量力有势的定常欧拉流动，共4个约束条件，即流体正压、质量力有势、流动定常和满足欧拉方程。在此基础上，伯努利方程沿流线或涡线，或者说在兰姆面上成立。伯努利方程未对流体的压缩性做出限制，因此对于不可压缩和可压缩流体都是适用的。

2. 拉格朗日积分

当 $\boldsymbol{u}\times\boldsymbol{\omega}=\boldsymbol{0}$ 时，可能有三种情况，一是 $\boldsymbol{u}=\boldsymbol{0}$，即流体静止。二是 $\boldsymbol{u}$ 和 $\boldsymbol{\omega}$ 平行，即流体质点沿流线运动同时绕流线旋转，每个流体质点都做螺旋运动，现实中这种流动极少存在。三是 $\boldsymbol{\omega}=\boldsymbol{0}$，即流动为有势流动。显然讨论有势流动更有意义。

假设流动为有势流动。因为 $\boldsymbol{\omega}=\boldsymbol{0}$，则由(4.1.27)式可得

$$\frac{\partial\boldsymbol{u}}{\partial t}+\nabla\left(G+P+\frac{1}{2}\boldsymbol{u}\cdot\boldsymbol{u}\right)=0$$

将(4.1.2)式代入上式可得

$$\frac{\partial}{\partial t}(\nabla\phi)+\nabla\left(G+P+\frac{\nabla\phi\cdot\nabla\phi}{2}\right)=\nabla\left(\frac{\partial\phi}{\partial t}+G+P+\frac{\nabla\phi\cdot\nabla\phi}{2}\right)=0$$

上式括号中的函数为标量函数，一个标量函数的梯度为零表示该标量函数在空间上是均匀分布的，因此上式表明括号中的函数值在流场中每一点上具有相同的值，即

$$\frac{\partial\phi}{\partial t}+G+P+\frac{\nabla\phi\cdot\nabla\phi}{2}=C(t)\tag{4.1.36}$$

该积分称为拉格朗日积分(Lagrange integral)。对于非定常流动，式中常数 C 是时间的函数。若流动是定常的，则(4.1.36)式在形式上与(4.1.30)式完全相同。但需要注意的是，(4.1.36)式与伯努利积分(4.1.30)式的区别在于伯努利积分只沿流线(或涡线)为常数，且沿不同流线(或涡线)的常数值并不同，而(4.1.36)式中常数在整个流场中都具有相同的值。

4.1.4　有势流动的方程组

由于不可压缩流体的有势流动一定满足欧拉方程，因此其运动方程组为

$$\begin{cases}\nabla\cdot \boldsymbol{u} = 0 \\ \dfrac{\partial \boldsymbol{u}}{\partial t} + (\boldsymbol{u}\cdot\nabla)\boldsymbol{u} = \boldsymbol{f} - \dfrac{1}{\rho}\nabla p\end{cases} \tag{4.1.37}$$

虽然方程组(4.1.37)因为黏性的影响可以忽略而有了很大的简化，但其中的动量方程仍是非线性的，且流速 $\boldsymbol{u}$ 和压强 p 相互影响，连续方程和动量方程需要同时求解，因此方程组在求解上仍是相当困难。

由于流体做有势流动时，一定存在势函数和拉格朗日积分，为避免方程组求解上的困难，可将不可压缩流体有势流动的运动方程组转化为

$$\begin{cases}\nabla^2 \phi = 0 \\ \dfrac{\partial \phi}{\partial t} + G + P + \dfrac{\nabla\phi\cdot\nabla\phi}{2} = C(t)\end{cases} \tag{4.1.38}$$

相比于方程组(4.1.37)，方程组(4.1.38)在数学上有了很大的简化。首先，由原来的一个线性和三个非线性偏微分方程变为一个线性偏微分方程和一个非线性代数方程；其次，原来方程组速度 $\boldsymbol{u}$ 和压强 p 因相互影响而需要同时求解，现在速度势 ϕ 和压强 p 可以分开求解，先求解拉普拉斯方程 $\nabla^2\phi = 0$ 得到速度势 ϕ，并由速度势 ϕ 计算出流速，然后通过拉格朗日积分计算出压强；最后，虽然方程组(4.1.38)并没有消除非线性，与非线性的动量方程等价的拉格朗日积分仍然是非线性的，但拉格朗日积分是代数方程，在数学上更容易处理。

当然，在求解过程中也可以通过求解流函数方程来得到流函数，然后由流函数计算流速，再由拉格朗日积分计算压强。

4.2 平面有势流动

从上一节分析可知，求解有势流动问题往往归结为寻求流动的势函数或流函数问题。不可压缩流体有势流动的势函数和流函数均是调和方程，调和方程是线性方程，满足叠加原理，因此求解不可压缩流体有势流动问题的基本方法是叠加法，也称奇点分布法。基本原理是：首先获得某些简单的具有基本意义的有势流动，即基本势流，然后将这些简单的基本势流通过叠加来解决更为复杂的流动问题。所求解的问题可分为两类，第一类称为正问题，即给定流动求该流动的势函数或流函数，比如给定物体形状求绕该物体流动的势函数或流函数，但一般来说，寻找满足复杂流动边界条件的基本势流的组合，在实际操作过程中是比较困难的。第二类问题称为反问题，即先给定某一势函数或流函数，然后来分析其所代表的是什么样的有势流动，这类问题分析起来比较简单，但由于是凑合的，不能解决正问题，因此应用上具有局限性。

平面有势流动的势函数和流函数可以构成一个解析函数，因此可以应用复变函数理

论这一强大的数学工具(关于复变函数的基础知识见附录 C),并且复变函数理论中的保角变换方法可较好地弥补叠加法在求解复杂边界流动问题上能力不足的短板。在本节,我们将应用复变函数理论来求解平面有势流动问题。

4.2.1 复势与复速度

对于平面有势流动问题,根据势函数、流函数分别与流速的关系,易得

$$\frac{\partial \phi}{\partial x}=\frac{\partial \psi}{\partial y}, \frac{\partial \phi}{\partial y}=-\frac{\partial \psi}{\partial x} \tag{4.2.1}$$

上式称为柯西 — 黎曼方程(Cauchy-Riemann equation)。由(4.2.1)式易证明

$$\nabla \phi \cdot \nabla \psi=\frac{\partial \phi}{\partial x} \frac{\partial \psi}{\partial x}+\frac{\partial \phi}{\partial y} \frac{\partial \psi}{\partial y}=0 \tag{4.2.2}$$

这表明等势函数线和等流函数线是正交的。正因平面有势流动的势函数与流函数具有正交特性,因此可以构造复函数

$$W(z)=\phi(x, y)+\mathrm{i} \psi(x, y) \tag{4.2.3}$$

称为复势(complex potential),其中复变量

$$z=x+\mathrm{i} y=r(\cos \theta+\mathrm{i} \sin \theta)=r \mathrm{e}^{\mathrm{i} \theta} \tag{4.2.4}$$

由复变函数理论可知,$W(z)$为解析函数的充要条件是满足柯西 — 黎曼方程,而平面有势流动这一条件一定是满足的,因此复势 $W(z)$一定是解析函数。若 $W(z)$为解析函数,则 $W(z)$处处可微,而且对 z 的微分与所取方向无关,即

$$\frac{\mathrm{d} W}{\mathrm{d} z}=\frac{\partial W}{\partial x}=\frac{\partial W}{\partial(\mathrm{i} y)}$$

(4.2.3)式对 z 微分可得

$$\frac{\mathrm{d} W}{\mathrm{d} z}=\frac{\partial \phi}{\partial x}+\mathrm{i} \frac{\partial \psi}{\partial x}=u-\mathrm{i} v \tag{4.2.5}$$

引入复速度(complex velocity)

$$V(z)=u+\mathrm{i} v=|V| \mathrm{e}^{\mathrm{i} \alpha} \tag{4.2.6}$$

其中$|V|=\sqrt{u^2+v^2}$,为复速度的大小,$\alpha=\arctan(v/u)$,为复速度的幅角。从而(4.2.5)式可表示成

$$\frac{\mathrm{d} W}{\mathrm{d} z}=\bar{V}(z)=|V| \mathrm{e}^{-\mathrm{i} \alpha} \tag{4.2.7}$$

式中 $\bar{V}(z)$为复速度 $V(z)$的共轭值,称为共轭复速度(conjugate complex velocity)。

复势 $W(z)$具有如下主要性质:

(1) 复势 $W(z)$可以相差任意常数,而不影响对流体运动的分析。这一性质与势函数和流函数可以相差任意常数是等价的。

(2) 复势 $W(z)$为常数等价于 $\phi(x,y)$和 $\psi(x,y)$均为常数,分别代表等势线和流线,

且根据柯西—黎曼条件可知，等势线和流线相互正交。

(3) 若复速度沿封闭曲线积分，则有

$$\oint_L \frac{\mathrm{d}W}{\mathrm{d}z}\mathrm{d}z = \oint_L \mathrm{d}W = \oint_L \mathrm{d}\phi + \mathrm{i}\oint_L \mathrm{d}\psi = \Gamma + \mathrm{i}Q \tag{4.2.8}$$

其中实部为沿封闭曲线的速度环量 Γ，虚部为通过封闭曲线的流量 Q。该性质由势函数和流函数的计算公式(4.1.3)和(4.1.9)式很容易导出。

引入复势后，求解平面有势流动问题从求解调和方程转变为寻求解析函数 $W(z)$。复变函数的方法比解调和方程要强有力得多，比如4.2.5节中介绍的保角变换法可解决复杂的边值问题，而求解调和方程只能在一些简单的边值问题上取得成功。

4.2.2 平面基本势流

我们先从一些简单的解析函数(复势)出发，分析其所代表的基本流动，这些简单复势所代表的流动一般称为平面基本势流。

1. 线性函数——均匀直线流

设复势为线性函数，即

$$W(z) = az \tag{4.2.9}$$

其中 a 为复数常数。由复势可得共轭复速度

$$\bar{V}(z) = \frac{\mathrm{d}W(z)}{\mathrm{d}z} = a$$

可见速度处处相等，等于常数 a。若设流速的大小为 U，方向与实轴成夹角 α，则共轭复速度可表示成

$$a = \bar{V}(z) = U\mathrm{e}^{-\mathrm{i}\alpha} = U(\cos\alpha - \mathrm{i}\sin\alpha) = u - \mathrm{i}v \tag{4.2.10}$$

因此可得流速分布为

$$u = U\cos\alpha, v = U\sin\alpha \tag{4.2.11}$$

复势(4.2.9)式也可写成

$$W(z) = \bar{V}(z)z = Uz\mathrm{e}^{-\mathrm{i}\alpha} \tag{4.2.12}$$

由于

$$W(z) = Uz\mathrm{e}^{-\mathrm{i}\alpha} = U(x+\mathrm{i}y)(\cos\alpha - \mathrm{i}\sin\alpha) = U(x\cos\alpha + y\sin\alpha) + \mathrm{i}U(y\cos\alpha - x\sin\alpha)$$

所以势函数和流函数分别为

$$\phi = U(x\cos\alpha + y\sin\alpha), \psi = U(y\cos\alpha - x\sin\alpha) \tag{4.2.13}$$

当 ϕ、ψ 等于常数时，(4.2.13)式表示两簇相互正交的直线，分别表示等势线和流线，如图4.2.1所示。可见，线性函数所代表的基本流动为均匀直线流(uniform rectilinear flow)。通常将来流流动方向设为实轴方向，即令 $\alpha = 0$，则复势可改写成

$$W(z) = Uz \tag{4.2.14}$$

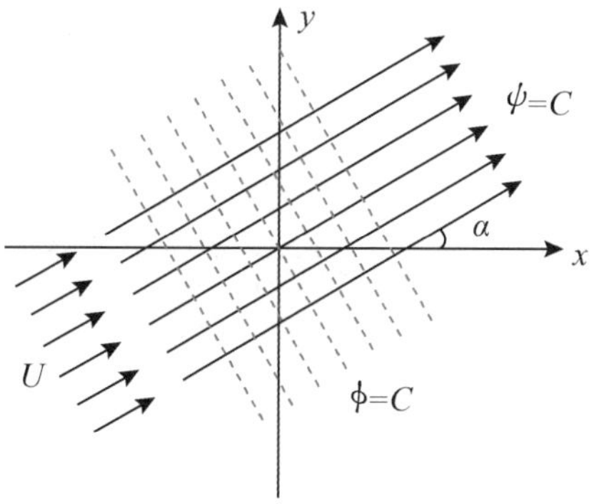

图 4.2.1　均匀直线流

2. 对数函数 —— 平面点源、点汇和点涡

设复势为对数函数，即

$$W(z) = a\ln z \tag{4.2.15}$$

由(4.2.8)式，可得

$$\Gamma + \mathrm{i}Q = \oint_L \frac{\mathrm{d}W}{\mathrm{d}z}\mathrm{d}z = \oint_L \frac{a}{z}\mathrm{d}z = \mathrm{i}2\pi a \tag{4.2.16}$$

上式的积分需要应用复数的留数定理，请参看附录 C.5。

若 a 为实数，则由(4.2.16)式可得 $\Gamma = 0, Q = 2\pi a$。(4.2.16)式表示沿任意封闭曲线的流量为 $2\pi a$，即单位时间内在原点有流量为 $2\pi a$ 的流体流出(a 为正实数)或流入(a 为负实数)。在这种情形下，复势可表示成

$$W(z) = \frac{Q}{2\pi}\ln z \tag{4.2.17}$$

将 $z = r\mathrm{e}^{\mathrm{i}\theta}$ 代入(4.2.17)式，可得

$$W(z) = \frac{Q}{2\pi}(\ln r + \mathrm{i}\theta)$$

因此有

$$\phi = \frac{Q}{2\pi}\ln r, \psi = \frac{Q}{2\pi}\theta \tag{4.2.18}$$

由(4.2.18)式可知，等势线是 r 为常数的同心圆，而等流函数线是 θ 为常数的径向直线，该直线从原点出发($Q > 0$)或指向原点($Q < 0$)。由此可见，复势(4.2.17)式所代表的基本势流是有流体从一点均匀向外流出的点源(source flow)，或有流体从四周向一点汇聚的点汇(sink flow)。复势中的实数 Q 表征了点源(或点汇)的强度。点源的流场如图 4.2.2 所示，点汇的流动方向则与图中相反。

由势函数或流函数可得流速

$$u_r = \frac{\partial \phi}{\partial r} = \frac{1}{r}\frac{\partial \psi}{\partial \theta} = \frac{Q}{2\pi r}, u_\theta = \frac{1}{r}\frac{\partial \phi}{\partial \theta} = -\frac{\partial \psi}{\partial r} = 0 \tag{4.2.19}$$

上式表明，径向流速与径向距离 r 成反比，且在源(或汇)处，径向流速为无穷大，破坏了流

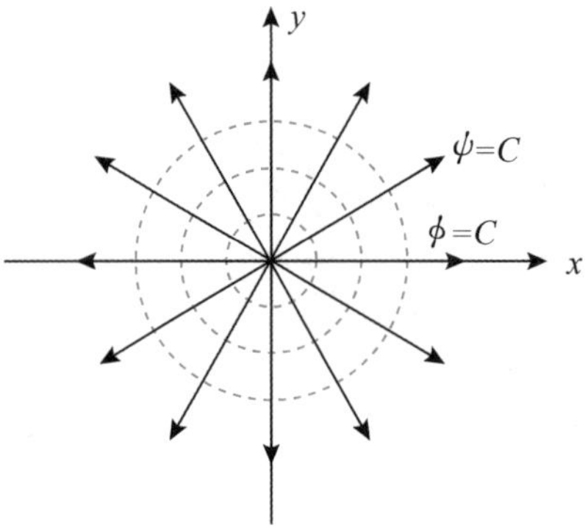

图 4.2.2　平面点源

速的连续性,因此原点为流动的奇点。

当点源(或点汇)不位于坐标原点时,复势可表示为

$$W(z)=\frac{Q}{2\pi}\ln(z-z_0) \tag{4.2.20}$$

其中 z_0 为点源(或点汇)所在的位置。

若(4.2.16)式中 $a=\mathrm{i}b$,其中 b 为实数,则可得 $\Gamma=-2\pi b$,$Q=0$,相应复势可表示成

$$W(z)=-\mathrm{i}\frac{\Gamma}{2\pi}\ln z \tag{4.2.21}$$

由复势可得势函数和流函数

$$\phi=\frac{\Gamma}{2\pi}\theta,\psi=-\frac{\Gamma}{2\pi}\ln r \tag{4.2.22}$$

与点源(或点汇)的等势线和等流函数线正好相反,等势线为经过原点的射线,而等流函数线为同心圆。该复势所表示的基本势流为点涡(point vortex flow),亦即自由涡,流场如图 4.2.3 所示。

流场相应的流速为

$$u_r=\frac{\partial\phi}{\partial r}=0,u_\theta=\frac{1}{r}\frac{\partial\phi}{\partial\theta}=\frac{\Gamma}{2\pi r} \tag{4.2.23}$$

规定 Γ 以逆时针方向为正,顺时针方向为负,则 Γ 为正时径向流速 u_θ 沿逆时针方向流动,反之,沿顺时针方向流动。同样,在原点流速为无穷大,是流场中的奇点。在 3.4.2 节我们已经得到了点涡的流速分布(4.2.23)式。

当点涡不位于原点而位于 z_0 时,复势可表示成

$$W(z)=-\mathrm{i}\frac{\Gamma}{2\pi}\ln(z-z_0) \tag{4.2.24}$$

3. 幂函数 —— 拐角绕流

设复势为幂函数,即

$$W(z)=Uz^n \tag{4.2.25}$$

式中 U 为实数,n 正实数。将(4.2.25)式表示成实部和虚部之和,可得

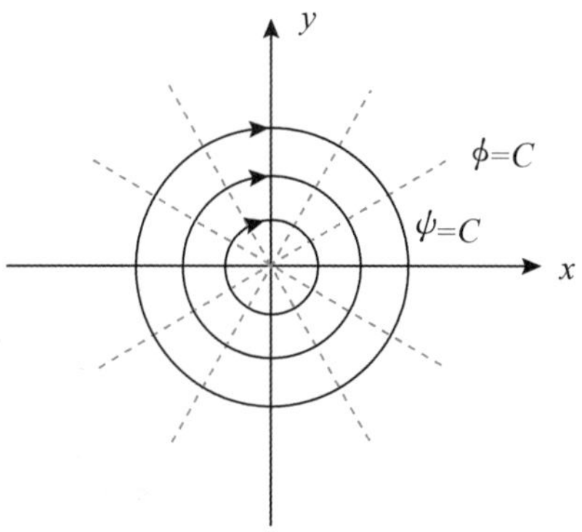

图 4.2.3　平面点涡

$$W(z) = Ur^n e^{in\theta} = Ur^n(\cos n\theta + i\sin n\theta)$$

由此可得势函数和流函数分别为

$$\phi = Ur^n \cos n\theta, \psi = Ur^n \sin n\theta \tag{4.2.26}$$

由(4.2.26)式可知，$\psi = 0$ 时，$\theta = 0$ 和 $\theta = \pi/n$ 是两条流线。如果将 $\theta = 0$ 和 $\theta = \pi/n$ 这两条流线看成两个壁面，复势(4.2.25)式所表示的流动可看成是由这两个壁面组成的拐角绕流(flow around the corner)流动。如图 4.2.4 所示，当 $n = 2$ 时，拐角为 $\pi/2$，相当于朝平板方向的垂直流动，该流动在坐标原点的流速为零，称为驻点(stagnation)，故称为驻点流动(stagnation flow)；当 $n = 1$ 时，拐角为 π，相当于平行于平板的流动，即为(4.2.14)式所表示的均匀流动；当 $n = 3/4$ 时，拐角为 $3\pi/2$，相当于绕垂直拐角的流动；当 $n = 1/2$ 时，拐角为 2π，相当于绕平板的流动。当 $n < 1/2$ 时，所代表流动的流线会出现交叉，失去物理意义，因此 n 最小只能为 1/2。

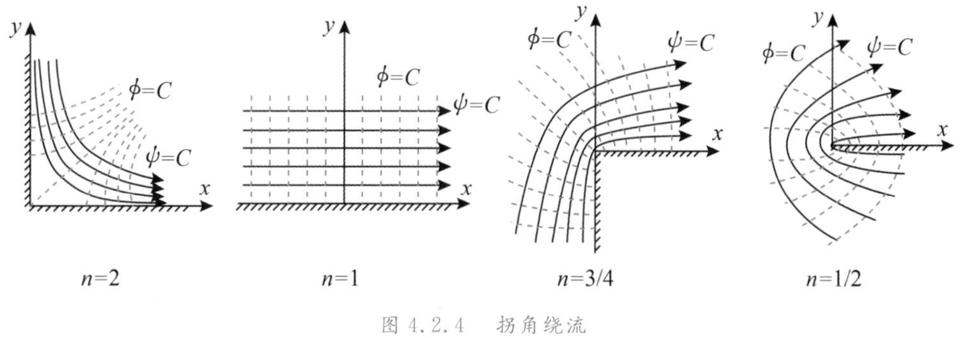

图 4.2.4　拐角绕流

由(4.2.26)式可得拐角绕流的流速为

$$u_r = \frac{\partial \phi}{\partial r} = nUr^{n-1}\cos n\theta, u_\theta = \frac{1}{r}\frac{\partial \phi}{\partial \theta} = -nUr^n \sin n\theta \tag{4.2.27}$$

由流速 u_r 的计算式可知，当 $n < 1$ 时，即拐角大于 π 时，在拐角前缘尖点，由于 $r \to 0$，流速为无穷大，所以该点为奇点。

4. 倒数函数 —— 偶极子

设实轴上有两个等强度的点源和点汇分别位于原点左右两侧，与原点相距 a。根据点

源和点汇的复势(4.2.20)式，两者叠加后所得复势为

$$W(z)=\frac{Q}{2\pi}\ln(z-a)-\frac{Q}{2\pi}\ln(z+a)=\frac{Q}{2\pi}\ln\left(\frac{z-a}{z+a}\right)$$

将上式按泰勒展开，得

$$W(z)=\frac{2Qa}{2\pi}\left(\frac{1}{z}+\frac{a^2}{z^3}+\frac{a^4}{z^5}+\cdots\right)$$

当点源和点汇无限靠近，即 $a\to 0$ 时，若假设 $\lim\limits_{\substack{a\to 0\\ Q\to\infty}}2Qa=M$，且 M 为有限值，此时对应的有势流动称为偶极子(doublet flow)，M 称为偶极子的强度。于是，偶极子的复势可表示成

$$W(z)=\frac{M}{2\pi z}\tag{4.2.28}$$

上式表明当解析函数为倒数函数时，所代表的基本势流为偶极子。偶极子的方向规定为由点汇指向点源。

由于

$$W(z)=\frac{M}{2\pi z}=\frac{M}{2\pi}\frac{1}{r(\cos\theta+\mathrm{i}\sin\theta)}=\frac{M}{2\pi r}(\cos\theta-\mathrm{i}\sin\theta)$$

由此可得

$$\phi=\frac{M}{2\pi r}\cos\theta=\frac{M}{2\pi}\frac{x}{x^2+y^2},\psi=-\frac{M}{2\pi r}\sin\theta=-\frac{M}{2\pi}\frac{y}{x^2+y^2}\tag{4.2.29}$$

由上式易知，偶极子的等势线和流线分别是与实轴和虚轴相切的圆，流场如图 4.2.5 所示。

由复势可得流速为

$$u_r=-\frac{M}{2\pi r^2}\cos\theta,u_\theta=-\frac{M}{2\pi r^2}\sin\theta\tag{4.2.30}$$

当 $r\to 0$，流速为无穷大，所以偶极子所在点为奇点。

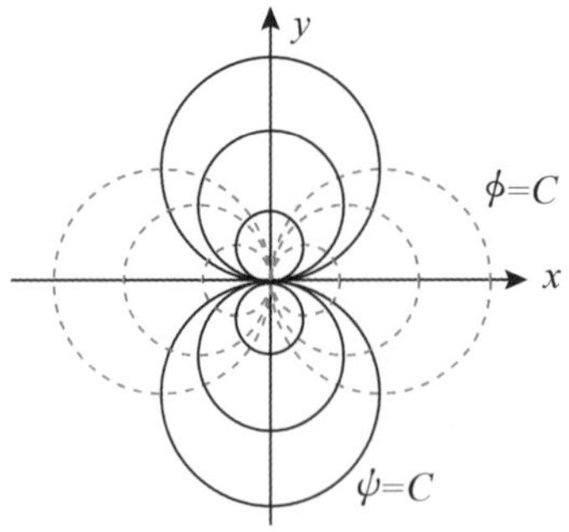

图 4.2.5　偶极子

将(4.2.28)式代入(4.2.8)式，可得

$$\Gamma+\mathrm{i}Q=\oint_L\frac{\mathrm{d}W}{\mathrm{d}z}\mathrm{d}z=-\oint_L\frac{M}{2\pi}\frac{1}{z^2}\mathrm{d}z=0\tag{4.2.31}$$

上式积分同样应用了复变函数理论中的留数定理。上式表明，在偶极子流场中，沿任意封

闭曲线的速度环量和流量均为零。

若偶极子位于 z_0，则偶极子的复势可表示为

$$W(z)=\frac{M}{2\pi}\frac{1}{z-z_0} \tag{4.2.32}$$

偶极子虽然是由点源和点汇两个基本势流叠加而来，但因为其势函数也是初等函数，一般也作为一个单独的基本势流来看待。

4.2.3　奇点分布法

本节我们根据叠加原理，通过在流场中布置若干基本势流(亦即奇点)，来分析若干经典的绕流问题。这种通过基本势流的叠加来求解复杂有势流动的方法，称为奇点分布法(singularity distribution method)。

1. 绕钝头流线型物体的流动

将均匀流的复势和点源的复势进行叠加，并将均匀来流流动方向设为实轴方向，则叠加后的复势为

$$W(z)=Uz+\frac{Q}{2\pi}\ln z \tag{4.2.33}$$

将上述复势分解成实部和虚部的形式，可得

$$W(z)=Ur\cos\theta+\frac{Q}{2\pi}\ln r+\mathrm{i}\left(Ur\sin\theta+\frac{Q}{2\pi}\theta\right)$$

由此可得势函数和流函数为

$$\phi=Ur\cos\theta+\frac{Q}{2\pi}\ln r,\psi=Ur\sin\theta+\frac{Q}{2\pi}\theta \tag{4.2.34}$$

相应的流速为

$$u_r=\frac{Q}{2\pi r}+U\cos\theta,u_\theta=-U\sin\theta \tag{4.2.35}$$

由(4.2.35)式，令 $u_r=0,u_\theta=0$，可解得 $\theta=\pi,r=Q/(2\pi U)$，这表明复势(4.2.33)式所代表流场的驻点位于实轴的反方向，距原点 $r=Q/(2\pi U)$ 的位置上(见图 4.2.6 中的 S 点)。将驻点位置代入(4.2.34)式中的流函数，可得过驻点的流函数值 $\psi=Q/2$，由此可得过驻点的流线方程为

$$r=\frac{Q}{2U\sin\theta}\left(1-\frac{\theta}{\pi}\right) \tag{4.2.36}$$

该流线是一条关于实轴对称的钝头型流线，如图 4.2.6 所示。若用固体边界代替这条流线，将对流场不产生影响，因此可认为点源对于均匀流的影响等价于二维钝头流线型半无穷体边界的影响，亦即(4.2.33)式所代表的势流是均匀流绕二维钝头流线型物体的流动。

已知钝头型物面上的流速分布，根据伯努利方程，可得物面上的压强分布。有兴趣的读者可自行推导出物面上压强分布的计算公式。

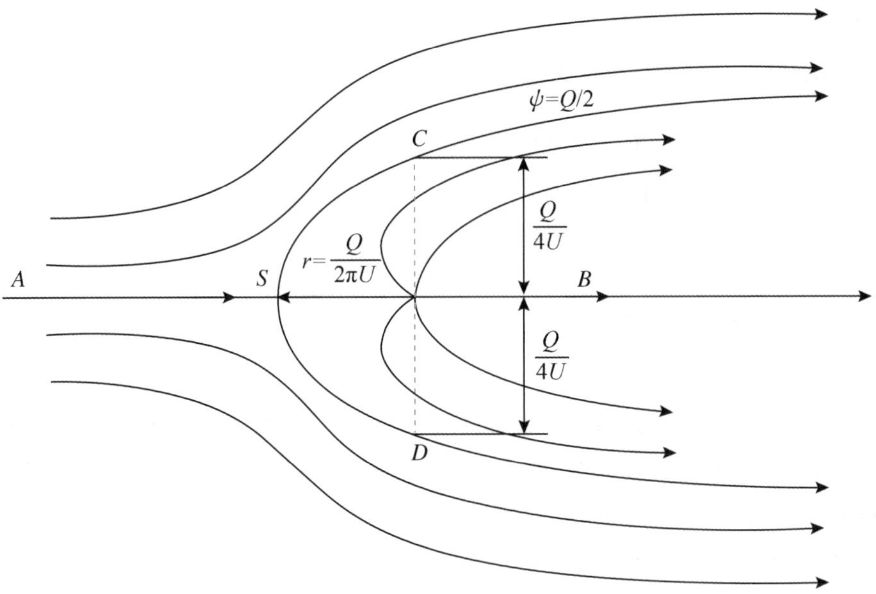

图 4.2.6　绕二维钝头流线型物体的流动

2. 绕圆柱体的流动

将均匀流与偶极子的复势叠加，可得复势

$$W(z)=Uz+\frac{M}{2\pi z}=U\left(z+\frac{R^2}{z}\right) \tag{4.2.37}$$

式中 $R=\sqrt{M/2\pi U}$。将 $z=r(\cos\theta+\mathrm{i}\sin\theta)$ 代入上式，并整理可得

$$W(z)=U\left(r+\frac{R^2}{r}\right)\cos\theta+\mathrm{i}U\left(r-\frac{R^2}{r}\right)\sin\theta$$

由此可得势函数和流函数为

$$\phi=U\left(r+\frac{R^2}{r}\right)\cos\theta,\psi=U\left(r-\frac{R^2}{r}\right)\sin\theta \tag{4.2.38}$$

由

$$\psi=U\left(r-\frac{R^2}{r}\right)\sin\theta=0$$

可得 $\sin\theta=0$ 或者 $r-R^2/r=0$。当 $\sin\theta=0$ 时，可解得 $\theta=0$ 或 $\theta=\pi$，表明实轴应为流线；而当 $r-R^2/r=0$ 时，可得 $r=R$，表明半径为 $r=R$ 的圆也是流线。因此复势(4.2.37)式所代表的流场相当于均匀来流绕半径为 R 的无限长圆柱的流动，如图 4.2.7 所示。

相应流速场为

$$u_r=U\cos\theta\left(1-\frac{R^2}{r^2}\right),u_\theta=-U\sin\theta\left(1+\frac{R^2}{r^2}\right) \tag{4.2.39}$$

显然，$r\to\infty$ 时，流速趋于均匀来流的流速 U，即在无穷远处圆柱对流场不再有影响。在圆柱表面上，$r=R$，对应流速 $u_r=0$，$u_\theta=-2U\sin\theta$，则在 $\theta=0$ 和 $\theta=\pi$ 处流速为零，是流场中的两个驻点，而在 $\theta=\pm\pi/2$ 处流速达到最大值，此时 $|u_\theta|=2U$。

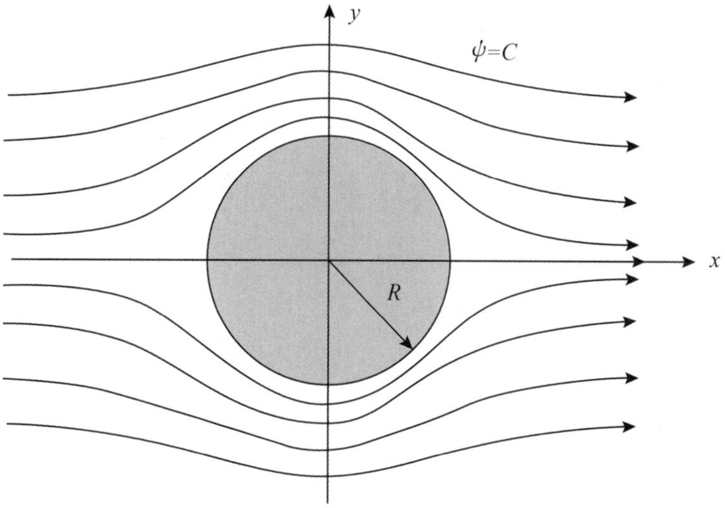

图 4.2.7　绕圆柱体的流动

当均匀来流与实轴成 α 角时,(4.2.37) 式的复势需改写成

$$W(z)=\bar{V}(z)z+V(z)\frac{R^2}{z} \tag{4.2.40}$$

其中 $V(z)$ 为均匀来流的复速度,$\bar{V}(z)$ 为其共轭复速度,见(4.2.10) 式。

已知圆柱表面上的流速分布,根据伯努利方程可计算圆柱表面上的压强分布。在圆柱面上 $u_r=0$,则沿圆柱表面的伯努利方程为

$$p+\frac{\rho u_\theta^2}{2}=p_\infty+\frac{\rho U^2}{2}$$

式中 p_∞ 为无穷远处的压强。将 $u_\theta=-2U\sin\theta$ 代入上式可得

$$p-p_\infty=\frac{\rho U^2}{2}(1-4\sin^2\theta) \tag{4.2.41}$$

定义无量纲数

$$C_p=\frac{p-p_\infty}{\rho U^2/2} \tag{4.2.42}$$

称为压强系数(pressure coefficient),则由(4.2.41) 式可得

$$C_p=1-4\sin^2\theta \tag{4.2.43}$$

由(4.2.41) 式可知,压强关于 x 轴和 y 轴都是对称的,因此圆柱所受的合力为零,既不受到与垂直来流方向的升力,也不受到平行来流方向的阻力。圆柱不受到升力作用与事实是相符合的,但不受阻力作用则与实际有出入,这就是著名的达朗贝尔悖论(详见 4.3.5 节)。阻力之所以不符合实际,是因为没有考虑黏性对圆柱所产生的摩擦力以及边界层分离所产生的压差阻力所致。

3. 绕旋转圆柱体的流动

如果在复势(4.2.37) 式的基础上再叠加一个点涡,则得复势

$$W(z)=U\left(z+\frac{R^2}{z}\right)+\mathrm{i}\,\frac{\Gamma}{2\pi}\ln\left(\frac{z}{R}\right) \tag{4.2.44}$$

由复势可得势函数和流函数为

$$\phi = U\left(r+\frac{R^2}{r}\right)\cos\theta-\frac{\Gamma}{2\pi}\theta,\psi = U\left(r-\frac{R^2}{r}\right)\sin\theta+\frac{\Gamma}{2\pi}\ln\left(\frac{r}{R}\right) \tag{4.2.45}$$

相应的流速场为

$$u_r = U\left(1-\frac{R^2}{r^2}\right)\cos\theta, u_\theta =-U\left(1+\frac{R^2}{r^2}\right)\sin\theta-\frac{\Gamma}{2\pi r} \tag{4.2.46}$$

由式(4.2.45)可知，在 $r = R$ 上，$\psi = 0$，表明 $r = R$ 的圆仍是一条流线。同时由(4.2.46)式可知，在 $r = R$ 的圆上，流速为

$$u_r = 0, u_\theta =-2U\sin\theta-\frac{\Gamma}{2\pi R} \tag{4.2.47}$$

由(4.2.47)式我们可分析得到驻点的位置。当 $u_\theta = 0$ 时，$\sin\theta =-\Gamma/(4\pi UR)$，当 $0 < \Gamma/(4\pi UR) < 1$ 时，有 $-1 < \sin\theta < 0$，在圆柱上将有两个驻点，分别位于第三和第四象限，并关于虚轴对称；当 $\Gamma/(4\pi UR) = 1$ 时，$\sin\theta =-1$，只有一个驻点，位于 $\theta = 3\pi/2$；当 $\Gamma/(4\pi UR) > 1$ 时，也只有一个驻点，且驻点位于圆柱面外。假定驻点位于(r_s,θ_s)，由(4.2.46)式可得

$$U\left(1-\frac{R^2}{{r_s}^2}\right)\cos\theta_s = 0, -U\left(1+\frac{R^2}{{r_s}^2}\right)\sin\theta_s-\frac{\Gamma}{2\pi r_s} = 0$$

由以上两式可确定驻点位置为

$$\theta_s = \frac{3\pi}{2}, r_s = \frac{\Gamma}{4\pi U}\left[1+\sqrt{1-\left(\frac{4\pi UR}{\Gamma}\right)^2}\right] \tag{4.2.48}$$

通过上述分析可知，复势(4.2.44)式代表了流速为 U 的均匀流来流绕半径为 R 的旋转圆柱体的流动，绕圆柱面的环量为 Γ，如图 4.2.8 所示。

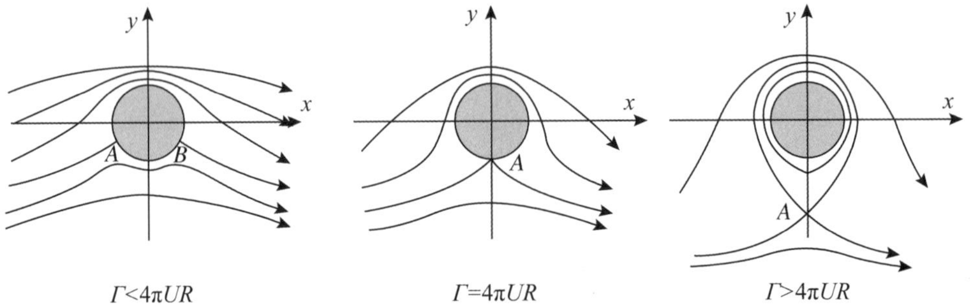

图 4.2.8　绕旋转圆柱体的流动

根据圆柱表面上的流速分布(4.2.47)式，由伯努利方程可得圆柱表面的压强分布

$$p = C-\frac{\rho u_\theta^2}{2} = C-\frac{\rho}{2}\left(2U\sin\theta+\frac{\Gamma}{2\pi R}\right)^2 \tag{4.2.49}$$

式中为 C 常数。由上式可计算圆柱所受的合力为

$$\boldsymbol{F} =-\oint p\boldsymbol{n}\,\mathrm{d}s =-\oint p(\cos\theta+\mathrm{i}\sin\theta)R\,\mathrm{d}\theta = \mathrm{i}\rho U\Gamma \tag{4.2.50}$$

上式表明圆柱同样没有受到阻力，而只受到与来流方向垂直的升力，升力的大小与速度环量、来流流速和流体密度成正比。

4.2.4 镜像法

在 4.2.3 节中我们采用流场奇点叠加的方法分析了多个绕物体流动的平面有势流动问题。在众多实际流场中，除了绕流物体的边界对流动产生影响外，还有其他固体壁面也会对流动产生影响，如地面对飞机起降的影响，从而改变绕物体流动的流场。解决这类问题的方法之一是镜像法(method of image)，其原理是将固体壁面视为一面镜子，然后将在镜中的流场与镜外的流场合并成一个无界区域中的流场。由于镜面两侧的流场对称，因此镜面必为流线，从而流场等价于原来壁面附近的绕物体流动的流场。镜像法的理论基础仍是叠加原理，因此仍然属于奇点分布法。

1. 映射定理

映射定理：设有一无界的不可压缩平面有势流动，在 $y>0$ 区域中有由若干奇点构成的复势 $W(z)$，则在 $y=0$ 处插入平面壁后，流场在 $y>0$ 区域中的复势变为

$$G(z)=W(z)+\overline{W}(z) \tag{4.2.51}$$

其中 $\overline{W}(z)$ 表示对 $W(z)$ 中除复变量 z 以外的所有复数取其共轭值。

证明：要使(4.2.51)式成立，$G(z)$必须满足：

(1) 不改变 $y>0$ 区域中奇点的性质和位置

设构成复势 $W(z)$ 的第 i 个奇点位于 z_i，则构成复势 $\overline{W}(z)$ 的对应奇点位于 $\overline{z}_i$，其中 z_i 和 $\overline{z}_i$ 关于实轴对称，由于 z_i 位于 $y>0$ 区域，因此 $\overline{z}_i$ 一定位于 $y<0$ 的区域。因此，新复势 $G(z)=W(z)+\overline{W}(z)$ 并不会改变 $y>0$ 区域中奇点的性质和位置。

(2) 在 $y=0$ 的平面壁上满足不可穿透的边界条件

在 $y=0$ 上的点均为实数，因此有 $z=\overline{z}$，所以

$$G(z)=W(z)+\overline{W}(z)=W(z)+\overline{W}(\overline{z})$$

$\overline{W}(\overline{z})$ 表示对 $W(z)$ 中所有复数取共轭，则 $G(z)=W(z)+\overline{W}(\overline{z})$ 只有实部。这表明在 $y=0$ 平面上的流函数 $\psi=0$，因此 $y=0$ 是一条流线，从而满足不可穿透的壁面条件。

需要注意的是，(4.2.51) 式只有壁面位于 x 轴时(即 $y=0$) 才成立，当壁面位于任意方向时，必须按镜像法的原则在镜面的反射处放置相同性质的奇点，然后得到相应的复势。例如，在 y 轴(即 $x=0$) 处插入平面壁，则在 $x>0$ 区域中的复势变为

$$G(z)=W(z)+\overline{W}(-z) \tag{4.2.52}$$

其中 $\overline{W}(-z)$ 表示对 $W(z)$ 中除复变量 z 以外的所有复数取其共轭值，而 z 以 $-z$ 代替之。

下面以位于壁面附近点源的流动为例来阐述镜像法的应用。设强度为 Q 的点源位于 x 轴上方距离 x 轴 h 处，即位于 $z_0=\mathrm{i}h$，如图 4.2.9(a) 所示。由(4.2.20) 式有

$$W(z)=\frac{Q}{2\pi}\ln(z-z_0)=\frac{Q}{2\pi}\ln(z-\mathrm{i}h)$$

对 $W(z)$ 中除复变量 z 以外的复数取复共轭，即得

$$\bar{W}(z)=\frac{Q}{2\pi}\ln(z+\mathrm{i}h)$$

则在 $y=0$ 处插入平面壁后的复势为

$$G(z)=W(z)+\bar{W}(z)=\frac{Q}{2\pi}\ln(z-\mathrm{i}h)+\frac{Q}{2\pi}\ln(z+\mathrm{i}h)=\frac{Q}{2\pi}\ln(z^2+h^2)$$

对应的共轭复速度为

$$\bar{V}(z)=\frac{\mathrm{d}G(z)}{\mathrm{d}z}=\frac{Q}{\pi}\frac{z}{z^2+h^2}=u-\mathrm{i}v$$

在平面壁面上 $y=0$，则 $z=x+\mathrm{i}0=x$，所以

$$\bar{V}(z)=\frac{Q}{\pi}\frac{x}{x^2+h^2}=u-\mathrm{i}v$$

由此可得

$$u=\frac{Q}{\pi}\frac{x}{x^2+h^2},v=0$$

可见在壁面法向方向（y 轴方向）的速度 v 为零，满足壁面不可穿透条件。在原点 $u=0$，$v=0$，为流场的驻点。

如果在 $x=0$ 处插入壁面，如图 4.2.9(b) 所示。设在 $x>0$ 区域距离壁面 $z_0=h$ 处有一点源，其复势可表示为

$$W(z)=\frac{Q}{2\pi}\ln(z-h)$$

在 $x=0$ 处插入壁面后，对 $W(z)$ 中的复数取复共轭，并将 z 以 $-z$ 代替，可得

$$\bar{W}(-z)=\frac{Q}{2\pi}\ln(-z-h)$$

由此可得插入壁面后的复势为

$$G(z)=W(z)+\bar{W}(-z)=\frac{Q}{2\pi}\ln(z-h)+\frac{Q}{2\pi}\ln(-z-h)=\frac{Q}{2\pi}\ln(h^2-z^2)$$

对应的共轭复速度为

$$\bar{V}(z)=\frac{\mathrm{d}G(z)}{\mathrm{d}z}=\frac{Q}{\pi}\frac{z}{z^2-h^2}=u-\mathrm{i}v$$

在 $x=0$ 的平面壁面上，$z=0+\mathrm{i}y=\mathrm{i}y$，所以

$$\bar{V}(z)=\frac{Q}{\pi}\frac{\mathrm{i}y}{(\mathrm{i}y)^2-h^2}=-\mathrm{i}\frac{Q}{\pi}\frac{y}{y^2+h^2}=u-\mathrm{i}v$$

由此可得

$$u=0,v=\frac{Q}{\pi}\frac{y}{y^2+h^2}$$

同样满足壁面不可穿透条件，在原点也同样为驻点。

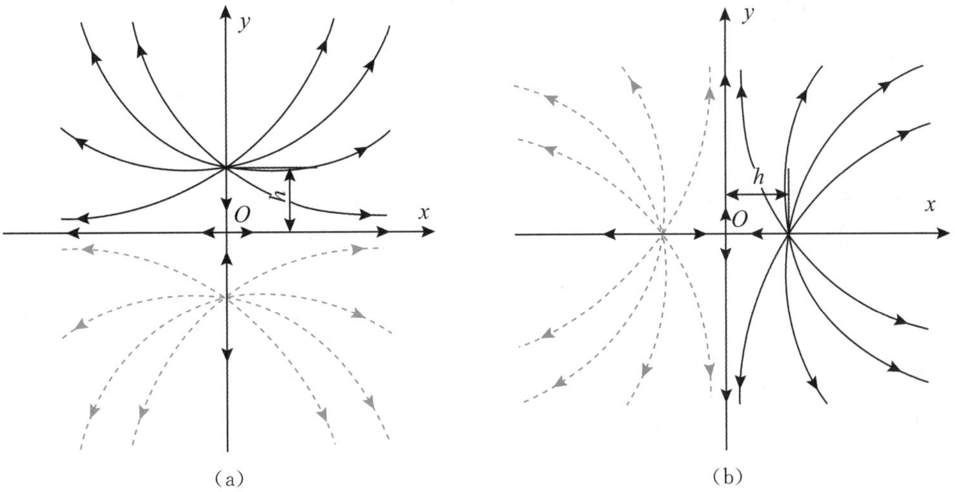

图 4.2.9　镜像定理

2. 圆定理

当壁面为圆周时，则有如下圆定理，又称米尔—汤姆逊圆定理(Milne-Thomson circle theorem)。

圆定理： 设有一不可压缩平面有势流动，流场中无固壁时它的复势为 $W(z)$，且 $W(z)$ 所有奇点都在圆 $|z|=R$ 外，如果在流体中放置一个 $|z|=R$ 的圆壁面，则复势可表示成

$$G(z)=W(z)+\bar{W}(R^2/z) \tag{4.2.53}$$

证明： 因为复势 $W(z)$ 所有奇点都在圆外，所以复势 $\bar{W}(R^2/z)$ 的奇点全部位于圆内，于是复势 $G(z)$ 在圆外的奇点完全和 $W(z)$ 相同，即插入圆后不改变原复势 $W(z)$ 奇点的性质和位置。接下来要证明圆周 $|z|=R$ 满足不可穿透的边界条件。因为在圆周上 $R^2=z\bar{z}$，即 $R^2/z=\bar{z}$，于是在圆周 $|z|=R$ 上有

$$G(z)=W(z)+\bar{W}(R^2/z)=W(z)+\bar{W}(\bar{z})$$

因为 $\bar{W}(\bar{z})$ 表示对 $W(z)$ 中所有复数取共轭，所以 $G(z)$ 只有实部，其虚部流函数 $\psi=0$，表明圆周是一条流线，从而满足不可穿透的边界条件。

我们以均匀流绕不旋转圆柱的有势流动为例，来说明圆定理的应用。当圆柱不存在时，均匀流的复势为(4.2.12)式，即 $W(z)=\bar{V}(z)z$。根据圆定理，插入圆柱后的复势为

$$G(z)=W(z)+\bar{W}(R^2/z)=\bar{V}(z)z+V(z)\frac{R^2}{z}$$

复势 $G(z)$ 与(4.2.40)式所表示的绕圆柱体有势流动的复势完全相同。

4.2.5　保角变换法

在 4.2.3 节中，我们通过在流场中布置若干奇点，构造出了均匀流绕二维钝头型半

体、圆柱体等物体流动的势函数，所遇到物体的轮廓相对比较简单。然而，如果物体的轮廓非常复杂，此时要通过布置奇点来直接构造出绕物体流动的势函数几乎是不可能的。因此，在本节我们将介绍求解绕任意物体流动问题的另一种常用而强大的方法，即保角变换法（conformal transformation）。

1. 保角变换基本原理

设复变量 $\zeta=\xi+\mathrm{i}\eta=\rho\mathrm{e}^{\mathrm{i}\beta}$ 是 $z=x+\mathrm{i}y=r\mathrm{e}^{\mathrm{i}\alpha}$ 的解析函数，即

$$\zeta=g(z) \tag{4.2.54}$$

则在 z 平面（通常称为物理平面）给定一个点，在 ζ 平面（通常称为辅助平面）上就有一个点与之对应。因此，解析函数 $g(z)$ 会把 z 平面的曲线映射到 ζ 平面上对应的曲线上，如图 4.2.10 所示。

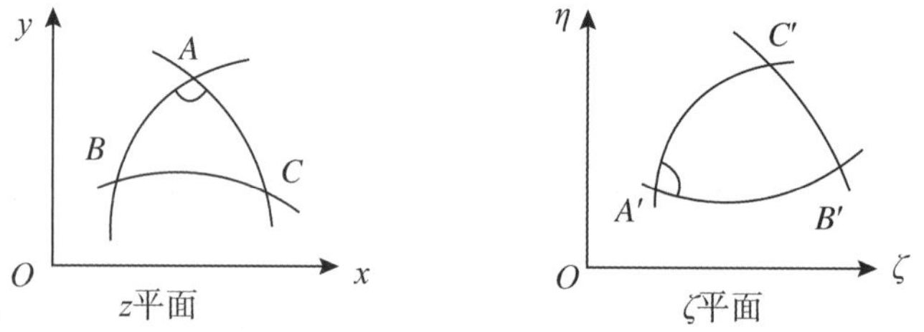

图 4.2.10　保角变换

由(4.2.54)式可得

$$\mathrm{d}\zeta=g'(z)\mathrm{d}z \tag{4.2.55}$$

其中 $g'(z)$ 为解析函数 $g(z)$ 的导数。由于 $g(z)$ 为解析函数，$\mathrm{d}\zeta/\mathrm{d}z=g'(z)$ 的值与 $\mathrm{d}z$ 的方向无关。若令

$$g'(z)=\lambda\mathrm{e}^{\mathrm{i}\theta} \tag{4.2.56}$$

式中 $\lambda=|g'(z)|$，为复数的模，$\theta=\arg g'(z)$，为复数的幅角，λ 和 θ 只是平面点的函数。于是有

$$\mathrm{d}\zeta=\mathrm{d}\rho\mathrm{e}^{\mathrm{i}\beta}=g'(z)\mathrm{d}z=\lambda\mathrm{e}^{\mathrm{i}\theta}\mathrm{d}r\mathrm{e}^{\mathrm{i}\alpha}=\lambda\mathrm{d}r\mathrm{e}^{\mathrm{i}(\alpha+\theta)}$$

于是，由上式可得如下对应关系

$$\mathrm{d}\rho=\lambda\mathrm{d}r \tag{4.2.57}$$

$$\beta=\alpha+\theta \tag{4.2.58}$$

由此可见，从 z 平面变换到 ζ 平面时，微线段的长度变化了 λ 倍（λ 称为变换比尺），而角度则向正方向多旋转 θ 角。对于 z 平面上不同的点，由于 $g'(z)$ 并不相等，因此 λ 和 θ 也不相同。

设在 z 平面上通过任意一点相交的两个线段之间的夹角为 $\alpha_2-\alpha_1$，经变换后，在 ζ 平面上相应点处两相应线段的夹角为

$$\beta_2-\beta_1=(\alpha_2+\theta)-(\alpha_1+\theta)=\alpha_2-\alpha_1$$

可见，任意两个线段之间的夹角具有保持性，故将(4.2.54)式的变换称为保角变换。

保角变换是 z 平面和 ζ 平面之间的双向单值变换，由(4.2.54)式可得

$$z=g^{-1}(\zeta) \tag{4.2.59}$$

其中 g^{-1} 为 g 的反函数。设在 ζ 平面上的复势为 $W_0(\zeta)=\phi_0(\xi,\eta)+\mathrm{i}\psi_0(\xi,\eta)$，由(4.2.59)式可以将 ζ 平面的复势变换到 z 平面上的复势 $W(z)=\phi(x,y)+\mathrm{i}\psi(x,y)$。在 z 平面和 ζ 平面的对应点有

$$W(z)=W[g^{-1}(\zeta)]=W_0(\zeta) \tag{4.2.60}$$

于是有

$$\phi=\phi_0,\psi=\psi_0 \tag{4.2.61}$$

(4.2.61)式表明，z 平面上一点的势函数 ϕ 和流函数 ψ 与 ζ 平面上对应点的势函数 ϕ_0 和流函数 ψ_0 相对应，只需将变换关系直接代入即可得到。

由(4.2.60)式可得

$$\mathrm{d}W(z)=\mathrm{d}W_0(\zeta)$$

应用(4.2.55)式，于是有

$$\mathrm{d}W(z)=\frac{\mathrm{d}W(z)}{\mathrm{d}z}\mathrm{d}z=\frac{\mathrm{d}W(z)}{\mathrm{d}z}\frac{\mathrm{d}\zeta}{g'(z)}=\mathrm{d}W_0(\zeta)$$

将上式改写成

$$\frac{\mathrm{d}W(z)}{\mathrm{d}z}=g'(z)\frac{\mathrm{d}W_0(\zeta)}{\mathrm{d}\zeta}$$

由此可得两个平面上共轭复速度的关系为

$$\bar{V}(z)=g'(z)\bar{V}_0(\zeta)=\lambda\mathrm{e}^{\mathrm{i}\theta}\bar{V}_0(\zeta) \tag{4.2.62}$$

其中 $\bar{V}(z)=\mathrm{d}W(z)/\mathrm{d}z$ 为 z 平面的共轭复速度，$\bar{V}_0(\zeta)=\mathrm{d}W_0(\zeta)/\mathrm{d}\zeta$ 为 ζ 平面上的共轭复速度。(4.2.62)式表明，两个平面上的共轭复速度成比例且相差一定的角度，这个比例就是所研究点处解析函数导数 $g'(z)$ 的模 λ，相差的角度为 $g'(z)$ 的幅角 θ。

保角变换的基本问题是针对 z 平面上具有复杂边界的流动，寻求构建一个解析函数(即(4.2.54)式)，将该流动变换成 ζ 平面上具有简单边界且已获得解答的流动，然后通过反变换即可获得 z 平面上具有复杂边界的流动的解答。根据复变函数理论中的黎曼映射定理，保角变换一定存在且只有一个。

为了更好地掌握保角变换法的应用，我们先从一种简单的保角变换来开展研究。

2. 线性变换函数

该变换的解析函数为线性函数，即

$$\zeta=C(z-z_0) \tag{4.2.63}$$

其中 $C=m\mathrm{e}^{-\mathrm{i}\theta_0}$ 为复数常数。

以 ζ 平面的圆柱绕流为例，研究其经(4.2.63)式线性变换到在 z 平面上的流动。由(4.2.37)式可知，在 ζ 平面圆柱绕流的复势为

$$W_0(\zeta)=U\left(\zeta+\frac{R^2}{\zeta}\right) \tag{4.2.64}$$

式中 U 为 ζ 平面中无穷远来流速度，其方向与实轴平行，R 为圆柱半径，圆柱圆心位于 ζ 平面的原点。

将(4.2.63)式代入(4.2.64)式,即得 z 平面上对应流动的复势为

$$W(z)=UC(z-z_0)+U\frac{R^2}{C(z-z_0)} \tag{4.2.65}$$

由此可得 z 平面上流动的共轭复速度为

$$\bar{V}(z)=\frac{\mathrm{d}W(z)}{\mathrm{d}z}=UC-U\frac{R^2}{C(z-z_0)^2} \tag{4.2.66}$$

在无穷远处,$z\to\infty$,共轭复速度为

$$\bar{V}(\infty)=UC=Um\mathrm{e}^{-\mathrm{i}\theta_0}$$

因此,在 z 平面无穷远处的来流流速为

$$V(\infty)=Um\mathrm{e}^{\mathrm{i}\theta_0}$$

上式说明在 z 平面上流动的无穷远来流流速是 ζ 平面上流动的无穷远来流流速的 m 倍,方向与实轴正方向呈 θ_0 的夹角。

在 ζ 平面上,绕流圆柱的方程为

$$\zeta=R\mathrm{e}^{\mathrm{i}\beta}$$

则根据变换关系(4.2.63)式,可得 z 平面上绕流物面的方程为

$$z-z_0=\frac{\zeta}{C}=\frac{R}{C}\mathrm{e}^{\mathrm{i}\beta}=\frac{R}{m}\mathrm{e}^{\mathrm{i}(\beta+\theta_0)}$$

上式表示一个圆心位于 $z=z_0$、半径为 R/m 的圆。可见,ζ 平面上的圆柱面经(4.2.63)式变换后,圆心从原点移到了 z_0,半径变为 R/m,而圆柱上方位角为 β 的点,对应到 z 平面上是方位角为 $\beta+\theta_0$ 的点。两个平面上对应的流动如图 4.2.11 所示。

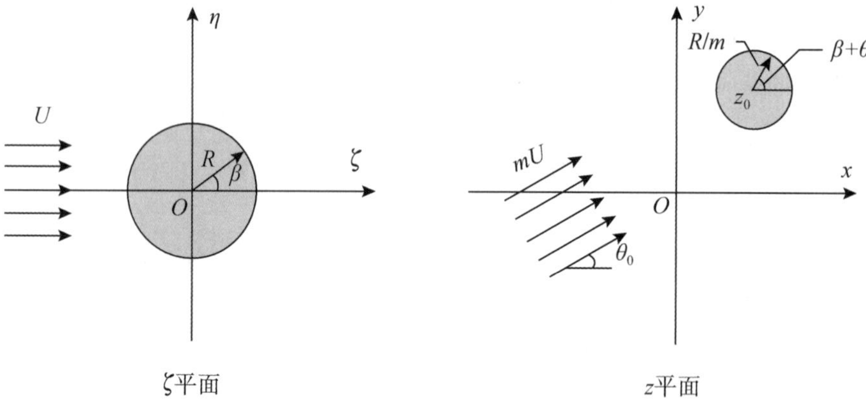

图 4.2.11 圆柱绕流的线性变换

综上可知,(4.2.63)式的线性变换表示了坐标平移(坐标原点平移到 z_0)、坐标缩放(缩放倍数为 m)和坐标旋转(旋转角度为 θ_0)。

接下来我们研究一种更复杂的变换。

3. 茹可夫斯基变换

茹可夫斯基变换是保角变换中十分重要的一种变换,它可以将绕椭圆柱流动、绕平板流动、绕翼型物体流动等变换为简单的绕圆柱的流动。

茹可夫斯基变换(Joukowski transformation)的变换函数为

$$z=\zeta+\frac{C^2}{\zeta} \tag{4.2.67}$$

式中常数 C 可为实数,也可为复数。在 $\zeta=0$ 处,为茹可夫斯基变换的奇点,但由于 $\zeta=0$ 一般位于被绕流物体周线的内部,不在研究的流动区域之内,因此该奇点没有有意义的影响。

茹可夫斯基变换的一个主要特点是当远离绕流物体壁面,即 $|\zeta|$ 较大时,$z\rightarrow\zeta$,此时茹可夫斯基变换为“同一变换”,即在 ζ 平面和 z 平面中距离原点较远处的流场是相同的。因此,若在 z 平面中无穷远来流以一定冲角绕流某物体,则在 ζ 平面中会以同样大小的无穷远来流以同样的冲角绕对应的物体流动。

由(4.2.67)式可得逆变换为

$$\zeta=\frac{z}{2}\pm\sqrt{\frac{z^2}{4}-C^2}$$

上式表明在 z 平面上的一个点对应 ζ 平面上有两个点,但当 $z=\pm 2C$ 时是单值的,所以在 $z=\pm 2C$ 是多值函数的分支点。当只讨论被绕流物体周线以外区域的流动时,在 ζ 平面对应的点为

$$\zeta=\frac{z}{2}+\sqrt{\frac{z^2}{4}-C^2} \tag{4.2.68}$$

在 ζ 平面上另一个对应的点位于绕流物体周线内,因此不予考虑。

由(4.2.62)式可知两个平面上共轭复速度的关系为

$$\bar{V}_0(\zeta)=\bar{V}(z)\frac{\mathrm{d}z}{\mathrm{d}\zeta}$$

对(4.2.67)式微分可得

$$\frac{\mathrm{d}z}{\mathrm{d}\zeta}=1-\frac{C^2}{\zeta^2} \tag{4.2.69}$$

所以有

$$\bar{V}_0(\zeta)=\bar{V}(z)\left(1-\frac{C^2}{\zeta^2}\right) \tag{4.2.70}$$

可见,当 $\zeta\rightarrow\infty$ 时,在两个平面上具有相同的共轭复速度。

下面我们介绍茹可夫斯基变换的应用。

4. 绕椭圆柱或平板流动

首先假设 ζ 平面上的流动为以原点为圆心、R 为半径的绕圆柱流动,则圆柱面方程为

$$\zeta=R\mathrm{e}^{\mathrm{i}\beta}$$

代入(4.2.67)式中,可得 z 平面上被绕流物体的物面方程为

$$z=R\mathrm{e}^{\mathrm{i}\beta}+\frac{C^2}{R}\mathrm{e}^{-\mathrm{i}\beta}=\left(R+\frac{C^2}{R}\right)\cos\beta+\mathrm{i}\left(R-\frac{C^2}{R}\right)\sin\beta$$

写成参数方程形式为

$$\begin{cases} x = \left(R + \dfrac{C^2}{R}\right)\cos\beta \\ y = \left(R - \dfrac{C^2}{R}\right)\sin\beta \end{cases} \tag{4.2.71}$$

(1) 当 C 为实数，且 $R > C$ 时，消除(4.2.71) 式中的参数 β，可得

$$\frac{x^2}{a^2} + \frac{y^2}{b^2} = 1$$

其中 $a = R + C^2/R$ 和 $b = R - C^2/R$。上式表明在 z 平面上对应的流动是绕长轴在实轴上的水平椭圆柱的流动，如图 4.2.12 所示。

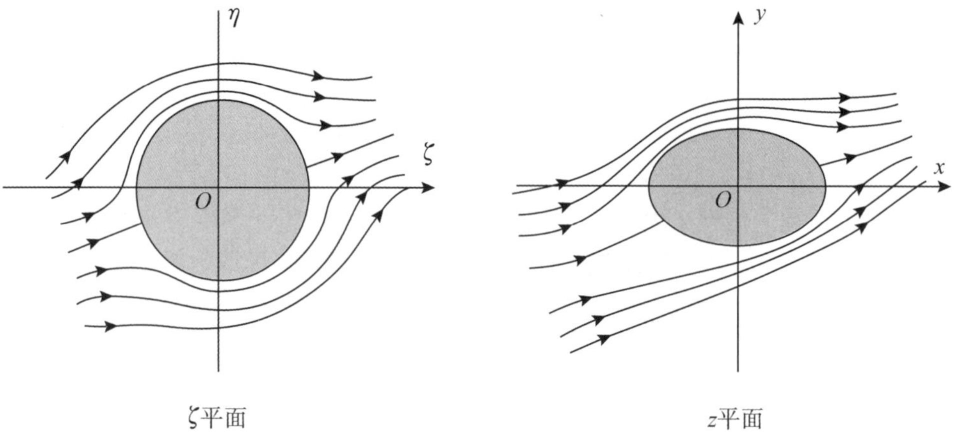

图 4.2.12　椭圆柱绕流

在 ζ 平面上绕圆柱流动的复势为

$$W_0(\zeta) = \bar{V}\zeta + V\frac{R^2}{\zeta}$$

其中均匀来流流速为 $V = Ue^{i\alpha}$。将(4.2.68) 式代入上式，即可得 z 平面上绕椭圆柱流动的复势为

$$\begin{aligned} W(z) &= \bar{V}\left(\frac{z}{2} + \sqrt{\frac{z^2}{4} - C^2}\right) + V\left(\frac{z}{2} + \sqrt{\frac{z^2}{4} - C^2}\right)^{-1} R^2 \\ &= \bar{V}\left(\frac{z}{2} + \sqrt{\frac{z^2}{4} - C^2}\right) + V\left(\frac{z}{2} - \sqrt{\frac{z^2}{4} - C^2}\right)\frac{R^2}{C^2} \end{aligned}$$

或写成

$$W(z) = \bar{V}z + \left(\frac{R^2}{C^2}V - \bar{V}\right)\left(\frac{z}{2} - \sqrt{\frac{z^2}{4} - C^2}\right) \tag{4.2.72}$$

上式右端第一项表示均匀来流的复势，第二项可视为椭圆柱边界引起的扰动复势。已知流动的复势，则可进一步分析流场流速分布、驻点位置以及物面压强分布等流场性质，分析方法与 4.2.3 节中的类似。

如果在变换函数(4.2.67) 式中以 iC 代替 C，则变为绕长轴在 y 轴上的垂直椭圆柱的流动。

(2) 当 C 为实数，且 $C = R$ 时，由(4.2.71) 式可得

$$x = 2R\cos\beta, y = 0$$

上式表明在 z 平面上的椭圆退化成厚度为零的水平平板，平板全长为 $4R$。将 $C = R$ 代入椭圆柱的复势(4.2.72) 式中，可得绕水平平板的复势为

$$W(z) = \bar{V}z + (V - \bar{V})\left(\frac{z}{2} - \sqrt{\frac{z^2}{4} - R^2}\right) \tag{4.2.73}$$

水平板绕流流场如图 4.2.13 所示。同样，如果以 iC 代替 C，则变为绕垂直平板的流动。

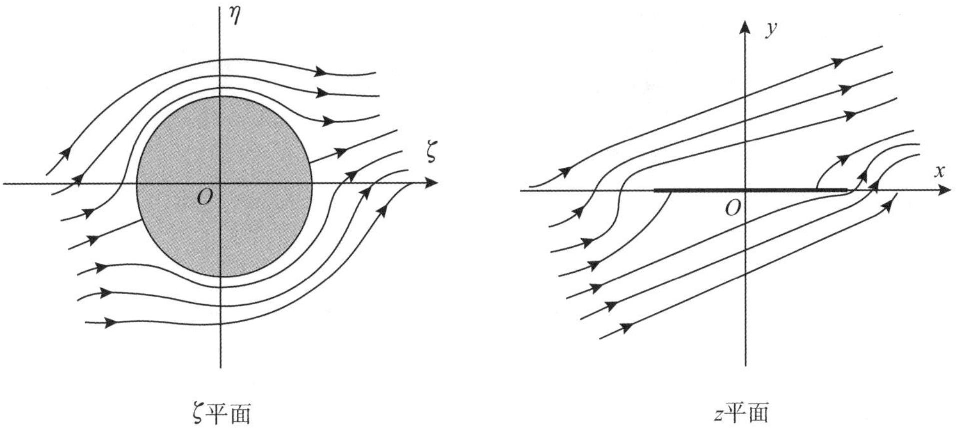

图 4.2.13　平板绕流

5. 茹可夫斯基翼型簇

如果 ζ 平面上圆柱的圆心不位于原点，而在实轴 $\zeta = -m$ 处，并假设圆心移动的距离 m 远小于圆柱半径。圆周过点 $\zeta = C$ 且关于实轴对称，圆周半径为 $R = C + m$，则在 z 平面上的流动为绕对称翼型的流动。这种翼型也称为对称茹可夫斯基翼型(symmetrical Joukowski airfoil)，如图 4.2.14 所示。

根据图 4.2.14 中由 R、ρ 和 m 三段线段组成的三角形，应用余弦定理可得如下关系

$$R^2 = (C + m)^2 = \rho^2 + m^2 - 2\rho m\cos(\pi - \beta)$$

因为 $m^2/\rho^2 \leqslant m^2/C^2 = \varepsilon^2$，因 $\varepsilon = m/C$ 为一小量，由上式可得

$$C + m = \rho\sqrt{1 + 2(m/\rho)\cos\beta + m^2/\rho^2} \approx \rho\sqrt{1 + 2(m/\rho)\cos\beta} \approx \rho[1 + (m/\rho)\cos\beta + O(\varepsilon^2)]$$

忽略高阶小量 $O(\varepsilon^2)$，上式整理可得

$$\rho = C[1 + \varepsilon(1 - \cos\beta)]$$

于是可得圆周的近似方程

$$\zeta = \rho e^{i\beta} = C[1 + \varepsilon(1 - \cos\beta)]e^{i\beta}$$

将上式代入茹可夫斯基变换(4.2.67) 式中，并同样忽略高阶小量 $O(\varepsilon^2)$，可得 z 平面上的翼型方程为

$$z = C[2\cos\beta + i2\varepsilon(1 - \cos\beta)\sin\beta]$$

上式写成参数方程为

$$\begin{cases} x = 2C\cos\beta \\ y = 2C\varepsilon(1-\cos\beta)\sin\beta \end{cases}$$

消去参数 β 后，得

$$y = \pm 2C\varepsilon\left(1-\frac{x}{2C}\right)\sqrt{1-\left(\frac{x}{2C}\right)^2}$$

令 $y=0$ 可得 $x=\pm 2C$，于是可得对称翼弦长 $l=4C$。令 $\mathrm{d}y/\mathrm{d}x=0$，可得翼型最大厚度位于 $x=-C$ 和 $y=\pm(3\sqrt{3}/2)C\varepsilon$ 处，相应的最大厚度 $t=3\sqrt{3}C\varepsilon$。于是，翼型方程可用弦长 l 和最大厚度 t 两个参数来表示

$$\frac{y}{t} = \pm\frac{2\sqrt{3}}{9}\left(1-2\frac{x}{l}\right)\sqrt{1-\left(2\frac{x}{l}\right)^2} = \pm 0.385\left(1-2\frac{x}{l}\right)\sqrt{1-\left(2\frac{x}{l}\right)^2} \tag{4.2.74}$$

式中"+"表示上表面，"−"表示下表面。而参数 ε 可表示成

$$\varepsilon = \frac{4}{3\sqrt{3}}\frac{t}{l} = 0.77\frac{t}{l} \tag{4.2.75}$$

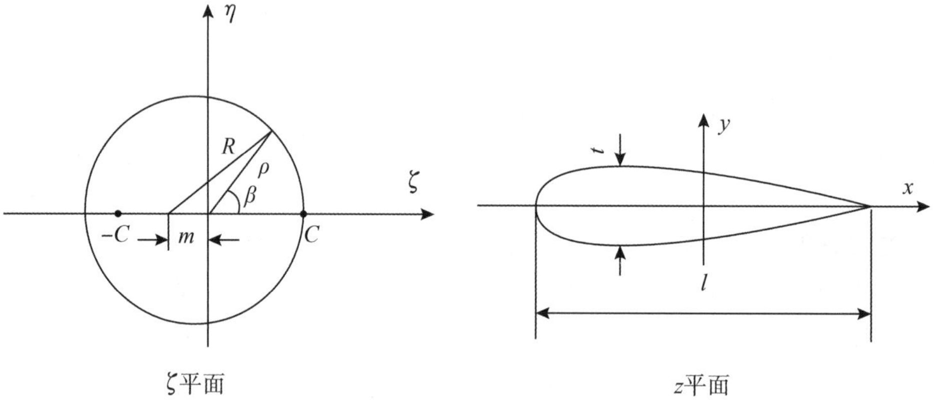

图 4.2.14　对称茹可夫斯基翼型

如果 ζ 平面上圆柱的圆心向虚轴偏移，位于 $\zeta=\mathrm{i}m$，且经过 $\zeta=\pm C$，则在 z 平面上的流动为绕圆弧翼型的流动，如图 4.2.15 所示。

将在 ζ 平面上的圆周方程 $\zeta=\rho\mathrm{e}^{\mathrm{i}\beta}$ 代入(4.2.67)式可得在 z 平面上的翼型方程的参数方程

$$\begin{cases} x = (\rho + C^2/\rho)\cos\beta \\ y = (\rho - C^2/\rho)\sin\beta \end{cases}$$

应用余弦定理，可得 $R^2 = C^2+m^2 = \rho^2+m^2-2\rho m\cos(\pi/2-\beta)$，亦即

$$\sin\beta = (\rho^2 - C^2)/2\rho m$$

应用上式消除翼型参数方程中的参数 β，可得在 z 平面上的翼型方程为

$$x^2 + \left[y + C\left(\frac{C}{m}-\frac{m}{C}\right)\right]^2 = C^2\left[4+\left(\frac{C}{m}-\frac{m}{C}\right)^2\right]$$

考虑到 $\varepsilon = m/C \ll 1$，上式可简化为

$$x^2 + (y + C^2/m)^2 = C^2(4 + C^2/m^2) \tag{4.2.76}$$

上式表示 z 平面上圆心位于 $(0, -C^2/m)$、半径为 $C\sqrt{4+C^2/m^2}$ 的圆。根据坐标 y 的参数方程 $y=(\rho-C^2/\rho)\sin\beta$ 和由余弦定理所得的关系式 $\sin\beta=(\rho^2-C^2)/2\rho m$，易得 $y=2m\sin^2\beta$，可见 $y\geqslant 0$，因此(4.2.76)式仅表示 z 平面中上半平面的一段圆弧。由翼型方程(4.2.76)式易求得圆弧的弦长 $l=4C$，当 $x=0$ 时，圆弧最大弯度 $h=2m$，可见 ζ 平面上圆心的偏移量控制了圆弧翼型的弯度。用弦长和最大弯度来表示翼型方程(4.2.76)式，可得

$$x^2+\left(y+\frac{l^2}{8h}\right)^2=\frac{l^2}{4}\left(1+\frac{l^2}{16h}\right) \tag{4.2.77}$$

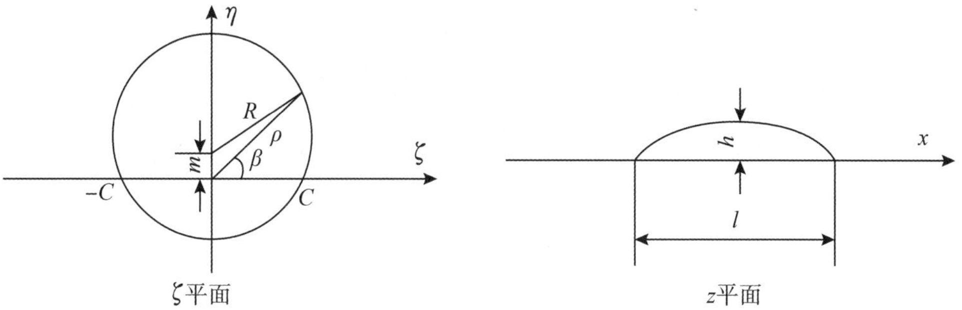

图 4.2.15　圆弧翼型

由上述分析可知，ζ 平面圆柱的圆心沿实轴负方向偏移得到 z 平面上的对称翼型只有厚度没有弯度，而圆心向虚轴正方向偏移得到的圆弧翼型则只有弯度没有厚度。若圆心偏移至第二象限，则在 z 平面上得到的翼型将是既有一定厚度又有一定弯度的翼型，称为茹可夫斯基翼型(Joukowski airfoil)，如图 4.2.16 所示。在满足 $\varepsilon=m/C\ll 1$ 的条件下，茹可夫斯基翼型的方程可由(4.2.74)式和(4.2.77)式线性叠加得到，即

$$y=\sqrt{\frac{l^2}{4}\left(1+\frac{l^2}{16h}\right)-x^2}-\frac{l^2}{8h}\pm 0.385t\left(1-2\frac{x}{l}\right)\sqrt{1-\left(2\frac{x}{l}\right)^2} \tag{4.2.78}$$

式中"+"表示上表面，"−"表示下表面。

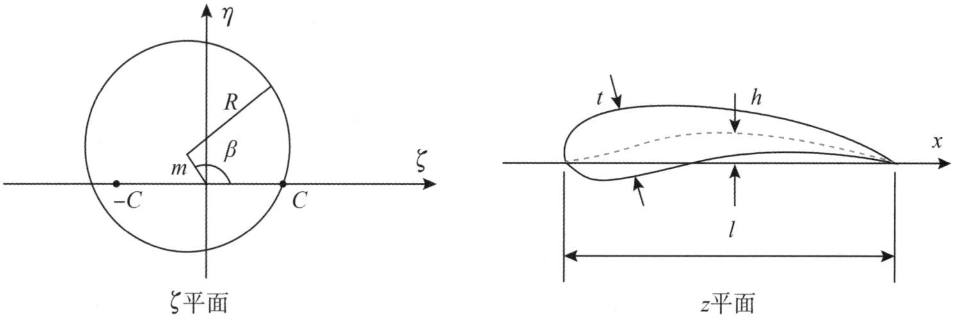

图 4.2.16　茹可夫斯基翼型

4.2.6　绕流物体所受的升力

在 4.2.3 节中，我们由绕旋转圆柱体的复势确定了圆柱表面的流速分布，然后根据伯

努利方程求出圆柱表面的压强分布，最后对压强沿圆柱表面积分求出圆柱体所受的合力。本节给出一种基于复变函数理论求无黏性不可压缩均匀流中任意柱形物体所受合力的计算方法。

在无黏性有势流动中，流体作用在单位宽度物面上的合力可表示为

$$F_x - \mathrm{i}F_y = -\oint_L \boldsymbol{n} p \,\mathrm{d}l \tag{4.2.79}$$

式中 F_x 和 F_x 分别为合力在 x 和 y 方向上的分量，p 为物面上的压强，$\mathrm{d}l$ 为物面的微元弧长，$\boldsymbol{n}$ 为物面外法线方向，如图 4.2.17 所示。设物面切向方向为 $\boldsymbol{t}$，则有 $\boldsymbol{n} = \mathrm{i}\boldsymbol{t}$。引入复合力 $F = F_x + \mathrm{i}F_y$，则其复共轭 $\bar{F} = F_x - \mathrm{i}F_y$，于是由(4.2.79)式有

$$\bar{F} = -\mathrm{i}\oint_L \boldsymbol{t} p \,\mathrm{d}l \tag{4.2.80}$$

因为 $z = x + \mathrm{i}y$，所以有 $\mathrm{d}z = \mathrm{d}x - \mathrm{i}\mathrm{d}y$，$\mathrm{d}\bar{z} = \mathrm{d}x + \mathrm{i}\mathrm{d}y$。根据图 4.2.17 中的几何关系，有 $\boldsymbol{t}\mathrm{d}l = \mathrm{d}\bar{z}$，由此可得

$$\bar{F} = -\mathrm{i}\oint_L p \,\mathrm{d}\bar{z} \tag{4.2.81}$$

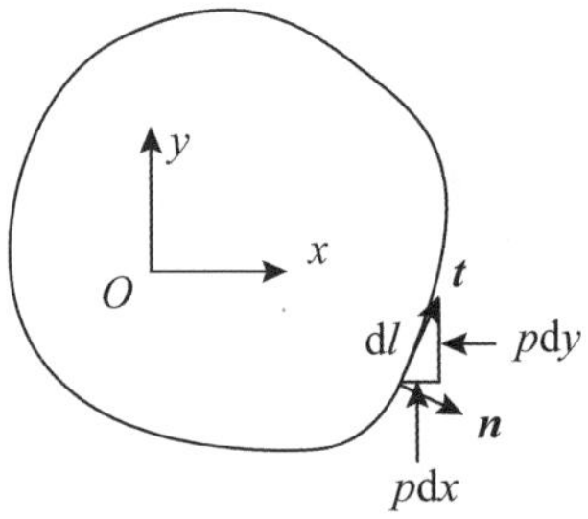

图 4.2.17　任意形状柱体所受的力

设外部平面有势流动的复势为 $W(z)$，则共轭复速度为 $\mathrm{d}W/\mathrm{d}z$。根据伯努利方程，在不计质量力的情况下，压强可表示为

$$p = p_0 - \frac{\rho}{2}\frac{\mathrm{d}W}{\mathrm{d}z}\frac{\mathrm{d}\bar{W}}{\mathrm{d}z} \tag{4.2.82}$$

其中 p_0 为参考压强，$\mathrm{d}\bar{W}/\mathrm{d}z$ 为复速度。将(4.2.82)式代入(4.2.81)式可得

$$\bar{F} = \mathrm{i}\frac{\rho}{2}\oint_L \left(\frac{\mathrm{d}W}{\mathrm{d}z}\frac{\mathrm{d}\bar{W}}{\mathrm{d}z}\right)\mathrm{d}\bar{z} \tag{4.2.83}$$

由于物面是一条流线，即 $\mathrm{d}\psi = 0$，因此有

$$\frac{\mathrm{d}W}{\mathrm{d}z}\mathrm{d}z = \mathrm{d}\phi + \mathrm{i}\mathrm{d}\psi = \mathrm{d}\phi, \frac{\mathrm{d}\bar{W}}{\mathrm{d}z}\mathrm{d}\bar{z} = \mathrm{d}\phi - \mathrm{i}\mathrm{d}\psi = \mathrm{d}\phi \tag{4.2.84}$$

亦即满足

$$\frac{\mathrm{d}W}{\mathrm{d}z}\mathrm{d}z = \frac{\mathrm{d}\bar{W}}{\mathrm{d}z}\mathrm{d}\bar{z} \tag{4.2.85}$$

代入(4.2.83)式可得

$$\bar{F} = \mathrm{i}\,\frac{\rho}{2}\oint_L \left(\frac{\mathrm{d}W}{\mathrm{d}z}\right)^2 \mathrm{d}z \tag{4.2.86}$$

上式即布拉修斯定理(Blasius theorem),可用于计算无黏性流动中任意形状柱体所受的合力。

将 $\mathrm{d}W/\mathrm{d}z$ 展开成罗朗(P. A. Laurent) 级数

$$\frac{\mathrm{d}W}{\mathrm{d}z} = A_0 + \frac{A_1}{z} + \frac{A_2}{z^2} + \cdots \tag{4.2.87}$$

由于在无穷远处流速应等于势流流速,即 $(\mathrm{d}W/\mathrm{d}z)_{z=\infty} = \bar{V}(\infty)$,由此可确定 $A_0 = \bar{V}(\infty)$。

根据复数的留数定理

$$\oint_L \frac{1}{z^n}\mathrm{d}z = \begin{cases} \mathrm{i}2\pi, & n = 1 \\ 0, & n \geqslant 2 \end{cases} \tag{4.2.88}$$

可得

$$\oint_L \frac{\mathrm{d}W}{\mathrm{d}z}\mathrm{d}z = \oint_L \left(A_0 + \frac{A_1}{z} + \frac{A_2}{z^2} + \cdots\right)\mathrm{d}z = \mathrm{i}2\pi A_1 \tag{4.2.89}$$

又由(4.2.8) 式可得

$$\oint_L \frac{\mathrm{d}W}{\mathrm{d}z}\mathrm{d}z = \oint_L \mathrm{d}\phi + \mathrm{i}\mathrm{d}\psi = \oint_L \mathrm{d}\phi = \Gamma \tag{4.2.90}$$

于是可得

$$A_1 = \mathrm{i}\,\frac{\Gamma}{2\pi} \tag{4.2.91}$$

继续利用留数定理,可得

$$\begin{aligned}\oint_L \left(\frac{\mathrm{d}W}{\mathrm{d}z}\right)^2 \mathrm{d}z &= \oint_L \left(A_0^2 + 2A_0A_1\,\frac{1}{z} + \cdots\right)\mathrm{d}z \\ &= \oint_L \left(2A_0A_1\,\frac{1}{z}\right)\mathrm{d}z = \mathrm{i}4\pi A_0A_1 = 2\Gamma\bar{V}(\infty)\end{aligned} \tag{4.2.92}$$

将(4.2.92) 式代入(4.2.86) 式,可得合力计算公式为

$$\bar{F} = \mathrm{i}\rho\Gamma\bar{V}(\infty)$$

取上式的共轭值

$$F = F_x + \mathrm{i}F_y = -\mathrm{i}\rho\Gamma V(\infty) = -\mathrm{i}\rho\Gamma U\mathrm{e}^{\mathrm{i}\alpha} \tag{4.2.93}$$

其中 $V(\infty) = U\mathrm{e}^{\mathrm{i}\alpha}$,$U$ 为无穷远处势流流速的大小,上式即库塔—茹可夫斯基定理(Kutta-Joukowski theorem),因为 $-\mathrm{i} = \mathrm{e}^{-\mathrm{i}\pi/2}$,且当 $\Gamma < 0$ 时,$\Gamma = |\Gamma|\mathrm{e}^{\mathrm{i}\pi}$,所以上式可以改写成

$$F = \rho|\Gamma|U\mathrm{e}^{\mathrm{i}(\alpha\mp\pi/2)} \tag{4.2.94}$$

其中“$\mp$”分别对应 $\Gamma > 0$ 和 $\Gamma < 0$。由上式可知,物体所受的作用力大小与势流流速、环量大小和流体密度成正比,而与物体的形状无关。作用力方向与势流流速的方向垂直,当 $\Gamma > 0$ 时,由来流方向向右转 $\pi/2$,当 $\Gamma < 0$ 时,由来流方向向左转 $\pi/2$。

接下来我们研究平面绕流中的最后一个问题，即在绕流形成过程中，环量是如何产生的，其大小又如何来确定。

从水平平板绕流的流线图(见图 4.2.13) 可知，由于来流相对于平板存在攻角，因此流场驻点并不与平板前后缘重合，而是分别位于$\zeta = Ce^{i\alpha}$和$\zeta = Ce^{i(\alpha+\pi)}$处。根据拐角绕流(见 4.2.2 节) 的知识可知，当流体绕过平板前后缘尖点时流速将趋于无限大，这在现实中当然不可能发生。实际中的翼型前缘一般都设计成有限厚度，具有一定的曲率，因此翼型前缘速度会是有限值，而后缘通常设计成尖点。实验观测发现，在具有尖锐后缘的翼型绕流中，当来流攻角不太大时，机翼尾部上表面的驻点会自动调整到后缘尖点，机翼上下表面的流体会平滑地从后缘点离开，从而避免出现速度无限大的情形。可以设想，围绕机翼有一个环量，该环量正好把机翼尾部驻点推至与后缘尖点重合，这称为库塔—茹可夫斯基条件(Kutta-Joukowski condition)。

我们首先来分析促使后驻点移至后缘尖点的环量的产生机理。设机翼突然启动，很快达到速度U(在机翼上看，相当于突然有无穷远来流绕过机翼)，并在机翼上产生两个驻点，前驻点在前缘偏下的地方，后驻点位于后缘尖点附近机翼的上方，如图 4.2.18(a) 所示。由于在后缘尖点流动速度很大，压强却很低，而在驻点处速度为零，压强很大，显然当机翼下面的流体绕过后缘尖点流向后驻点时，流动是由低压区流向高压区，因此流体将与物面分离，产生逆时针方向旋转的涡，称为启动涡(starting vortex)。该涡是不稳定的，旋涡将在尾部脱落，随流体一起向下游运动。设想在流场中作足够大的封闭流体线，包围机翼和剥落的旋涡。因为在启动前流体是静止的，此流体线上环量为零，由开尔文定理可知，该流体线上的环量将始终保持为零。当有逆时针方向旋转的启动涡剥落时，在机翼上必然同时产生一个强度相等方向相反的涡，称为附着涡(bound vortex)，如图 4.2.18(b) 所示。正是由于附着涡的作用，推动后驻点向后缘尖点移动。在驻点达到后缘尖点前，上述过程将继续进行，即不断有逆时针的启动涡流向下游，而绕机翼的附着涡强度不断增强，直至将后驻点推到后缘尖点为止，如图 4.2.18(c) 所示，这时上下两股流体在机翼后缘汇合，平滑地离开机翼后缘。

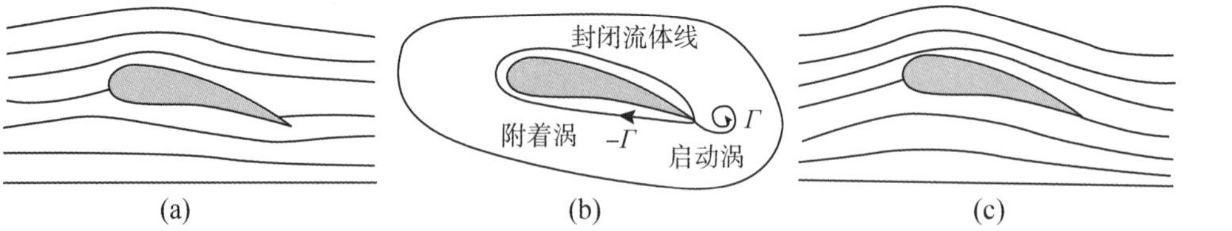

图 4.2.18　启动涡与附着涡

由库塔—茹可夫斯基条件可确定绕机翼的环量的大小。对于绕平板流动，ζ平面上的后驻点位于$\zeta = Ce^{i\alpha}$，根据库塔—茹可夫斯基条件，在z平面上的尾部驻点需要与平板后缘尖点重合，因此需要施加一个环量，使得ζ平面上的驻点由$\zeta = Ce^{i\alpha}$移向$\zeta = C$，即ζ平面上的驻点需顺时针旋转α角。由(4.2.47) 式我们可以得到环量与驻点沿圆柱表面移动角度之间的关系，即

$$\Gamma = -4\pi UC\sin\alpha = -\pi Ul\sin\alpha \tag{4.2.95}$$

式中负号表示环量是沿顺时针方向。

对于对称茹可夫斯基翼型，由于 ζ 平面上圆周半径增大为 $C(1+\varepsilon)=C(1+0.77t/l)$，如图 4.2.19(a) 所示，于是绕对称翼型的环量为

$$\Gamma = -\pi Ul(1+0.77t/l)\sin\alpha \tag{4.2.96}$$

对于圆弧翼型，圆心向虚轴偏移后，使得后驻点需要多向顺时针方向转 θ 角，如图 4.2.19(b) 所示。因为 θ 很小，所以由 $\theta \approx \tan\theta = m/C = 2h/l$，于是可得绕圆弧翼型的环量为

$$\Gamma = -\pi Ul\sin(\alpha + 2h/l) \tag{4.2.97}$$

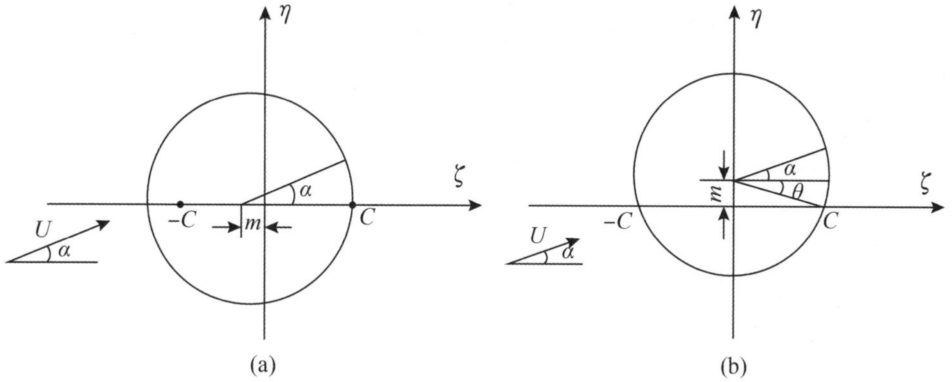

图 4.2.19　对称翼型和圆弧翼型环量的确定

由上述分析可知，与平板绕流的环量相比，厚度使对称翼型环量增大了 $0.77t/l$ 倍，弯度使圆弧翼型的有效攻角增大至 $(\alpha+2h/l)$，因此对于既有厚度又有弯度的茹可夫斯基翼型而言，其环量应为

$$\Gamma = -\pi Ul(1+0.77t/l)\sin(\alpha + 2h/l) \tag{4.2.98}$$

由保角变换的性质可知，在 z 平面上绕平板的环量等于 ζ 平面上绕圆柱的环量。已知环量后，不难确定 ζ 平面上和 z 平面上翼型绕流的复势，对应的流场和压力场也可以计算出来，并由库塔 — 茹可夫斯基升力定理(4.2.94) 式计算出绕流物体所受的合力。有兴趣的读者可参看其他文献资料，在本书中不再赘述。

最后说明一点，对于圆柱、椭圆柱等没有尖锐点的物体而言，由于不存在确定环量的库塔－茹可夫斯基条件，因此其势流解并不是唯一的，在这些有势流动中复势的环量需要预先给定才具有唯一解。对于下一节将要讨论的空间轴对称势流，在流场中绕三维物体作任意封闭曲线，总可以在此曲线上张一曲面，此曲面完全在势流场中而不与物面接触。由斯托克斯定理可知，由于势流场中通过曲面的涡通量为零，所以沿封闭曲线的速度环量始终为零，故环量也是唯一确定的，从而绕有限大小三维物体的势流仍具有唯一解。

4.3 轴对称有势流动

由于空间轴对称问题的流函数不是调和函数，因此不能满足柯西－黎曼方程，使得势函数和流函数不能构成一个解析函数，复变函数的方法在空间轴对称有势流动中不再适用，求解势函数方程或流函数方程是求解轴对称有势流动的主要方式。不过，空间轴对称势流的流函数仍然是线性的，而势函数是调和函数，所以无论采用势函数还是流函数，在空间轴对称势流流动中叠加法仍然可以使用。

4.3.1 轴对称势函数的解

下面我们给出球坐标系下轴对称流动的势函数方程(4.1.7)式解的一般形式。

对于轴对称流动，势函数 ϕ 只是 r 和 θ 的函数，令

$$\phi(r,\theta)=R(r)T(\theta) \tag{4.3.1}$$

代入(4.1.7)式，并整理得

$$\frac{1}{R}\frac{\mathrm{d}}{\mathrm{d}r}\left(r^2\frac{\mathrm{d}R}{\mathrm{d}r}\right)=-\frac{1}{T\sin\theta}\frac{\mathrm{d}}{\mathrm{d}\theta}\left(\sin\theta\frac{\mathrm{d}T}{\mathrm{d}\theta}\right) \tag{4.3.2}$$

上式左侧只是 r 的函数，而右侧只是 θ 的函数，因此上式左右两侧只有等于同一常数才有可能成立。假设此常数为 $n(n+1)$，注意，将常数表示成这种形式只是为了下面求 $T(\theta)$ 方便。于是有

$$-\frac{1}{T\sin\theta}\frac{\mathrm{d}}{\mathrm{d}\theta}\left(\sin\theta\frac{\mathrm{d}T}{\mathrm{d}\theta}\right)=n(n+1) \tag{4.3.3}$$

$$\frac{1}{R}\frac{\mathrm{d}}{\mathrm{d}r}\left(r^2\frac{\mathrm{d}R}{\mathrm{d}r}\right)=n(n+1) \tag{4.3.4}$$

常微分方程(4.3.3)式为勒让德方程。令 $x=\cos\theta$，可将(4.3.3)式变成勒让德方程的标准形式

$$\frac{\mathrm{d}}{\mathrm{d}x}\left[(1-x^2)\frac{\mathrm{d}T}{\mathrm{d}x}\right]+n(n+1)T=0 \tag{4.3.5}$$

其通解为

$$T_n(\theta)=C_nP_n(\cos\theta)+D_nQ_n(\cos\theta) \tag{4.3.6}$$

其中 $P_n(\cos\theta)$ 为第一类勒让德(A. M. Legendre) 函数，$Q_n(\cos\theta)$ 为第二类勒让德函数。由于 Q_n 在 $\cos\theta=\pm1$ 处对所有 n 都发散，因此系数 D_n 必须为零。同时，除非 n 为整数，$P_n(\cos\theta)$ 对 $\cos\theta=\pm1$ 也都发散，所以 n 必须选整数。

常微分方程(4.3.4)式的通解具有以下形式

$$R_n(r)=A_nr^n+B_nr^{-(n+1)} \tag{4.3.7}$$

式中 n 为任意整数。

将(4.3.6)式和(4.3.7)式代入(4.3.1)式，可得 n 为整数时的势函数解为

$$\phi_n(r,\theta)=\left(A_n r^n+\frac{B_n}{r^{n+1}}\right)P_n(\cos\theta) \tag{4.3.8}$$

其中系数 C_n 已被融入新的系数 A_n 和 B_n 中。

由于拉普拉斯方程为线性方程，可以应用叠加法，于是可得

$$\phi(r,\theta)=\sum_{n=0}^{\infty}\phi_n(r,\theta)=\sum_{n=0}^{\infty}\left(A_n r^n+\frac{B_n}{r^{n+1}}\right)P_n(\cos\theta) \tag{4.3.9}$$

式中第一类勒让德函数

$$P_n(x)=\frac{1}{2^n n!}\frac{\mathrm{d}^n}{\mathrm{d}x^n}(x^2-1)^n \tag{4.3.10}$$

勒让德多项式的前几项形式如下：

$$P_0(x)=1,P_1(x)=x,P_2(x)=(3x^2-1)/2,P_3(x)=(5x^3-3x)/2 \tag{4.3.11}$$

4.3.2　轴对称基本势流

由基本势流解通过叠加可得更为复杂的空间有势流动的解，(4.3.9)式包含了一些基本的空间势流解。与平面基本势流相对应，空间轴对称基本势流也有均匀流、点源和点汇、偶极子等，但轴对称有势流动不存在点涡流动。

1. 均匀流动

在(4.3.9)式中，令 $A_1=U,A_n=0(n\neq 1),B_n=0$，则当 $x=\cos\theta$ 时，有

$$P_1(x)=P_1(\cos\theta)=\cos\theta$$

于是得到势函数

$$\phi(r,\theta)=Ur\cos\theta \tag{4.3.12}$$

由势函数与流速的关系得对应的流场

$$u_r=\frac{\partial\phi}{\partial r}=U\cos\theta,u_\theta=\frac{\partial\phi}{r\partial\theta}=-U\sin\theta \tag{4.3.13}$$

上式所代表的流场为空间势流中的均匀流动。

将(4.3.13)式代入(4.1.23)式，然后积分可得流函数为

$$\psi(r,\theta)=\frac{1}{2}Ur^2\sin^2\theta+C(r)$$

式中 $C(r)$ 为 r 的任意函数，可假设 $\theta=0$ 时 $\psi=0$，则 $C(r)=0$，于是有

$$\psi(r,\theta)=\frac{1}{2}Ur^2\sin^2\theta \tag{4.3.14}$$

2. 点源或点汇

在(4.3.9)式中，令 $A_n=0,B_0=q_0,B_n=0(n\neq 0)$，从而有 $P_0(\cos\theta)=1$，可得相应

的势函数

$$\phi(r,\theta)=q_0/r \tag{4.3.15}$$

相应的流速为

$$u_r=\frac{\partial\phi}{\partial r}=-\frac{q_0}{r^2},u_\theta=\frac{\partial\phi}{r\partial\theta}=0 \tag{4.3.16}$$

上式表明流动方向均是径向，代表位于原点处的点源。流速在原点处趋于无穷，因此原点是一奇点。q_0 由流量确定，通过半径为 r 的球面的流量为

$$Q=\int_S \boldsymbol{u}\cdot\boldsymbol{n}\mathrm{d}S=\int_S -\frac{q_0}{r^2}\mathrm{d}S=-4\pi q_0$$

由此可得 $q_0=-Q/4\pi$，代入(4.3.15) 式可得

$$\phi(r,\theta)=-\frac{Q}{4\pi r} \tag{4.3.17}$$

上式表示位于 $r=0$ 处强度为 Q 的点源的势函数。对应流速场(4.3.16) 式改写成

$$u_r=\frac{Q}{4\pi r^2},u_\theta=0 \tag{4.3.18}$$

将(4.3.18) 式代入(4.1.23) 式，然后积分可得流函数为

$$\psi(r,\theta)=-\frac{Q}{4\pi}\cos\theta+C$$

同样，积分常数可由 $\theta=0$ 时 $\psi=0$ 确定为 $C=Q/4\pi$，于是得到

$$\psi(r,\theta)=\frac{Q}{4\pi}(1-\cos\theta) \tag{4.3.19}$$

以上诸式中，用 $-Q$ 代替 Q 即得到点汇的相应表达式。

3. 偶极子

与平面有势流动类似，当强度相同的点源和点汇在空间上的距离趋于无穷小时，则组成一个偶极子。空间相距为 Δz 的点源和点汇(见图 4.3.1)，可由(4.3.17) 式得到叠加后的势函数

$$\phi(r,\theta)=-\frac{Q}{4\pi r}+\frac{Q}{4\pi(r-\Delta r)}=-\frac{Q}{4\pi r}\left(1-\frac{1}{1-\Delta r/r}\right)$$

当 $\Delta r/r$ 很小时，可将上式展开成如下级数

$$\phi(r,\theta)=-\frac{Q}{4\pi r}\left\{1-\left[1+\frac{\Delta r}{r}+O\left(\frac{\Delta r}{r}\right)^2\right]\right\}=\frac{Q}{4\pi r}\left[\frac{\Delta r}{r}+O\left(\frac{\Delta r}{r}\right)^2\right]$$

从图 4.3.1 中的几何关系可得 $\Delta r=\Delta z\cos\theta$，代入上式并忽略高阶无穷小可得

$$\phi(r,\theta)=\frac{Q\Delta z}{4\pi r^2}\cos\theta$$

假设 $\Delta z\to 0$ 时，$Q\to\infty$，而 $Q\Delta z\to M$，则有

$$\phi(r,\theta)=\frac{M}{4\pi r^2}\cos\theta \tag{4.3.20}$$

其中 M 称为偶极子的强度。

由势函数可求得流速

$$u_r=\frac{\partial \phi}{\partial r}=-\frac{M}{2\pi r^3}\cos\theta, u_\theta=\frac{1}{r}\frac{\partial \phi}{\partial \theta}=-\frac{M}{4\pi r^3}\sin\theta \tag{4.3.21}$$

将(4.3.21)式代入(4.1.23)式然后积分，积分常数由 $\theta=0$ 时 $\psi=0$ 确定，可得流函数为

$$\psi(r,\theta)=-\frac{M}{4\pi r}\sin^2\theta \tag{4.3.22}$$

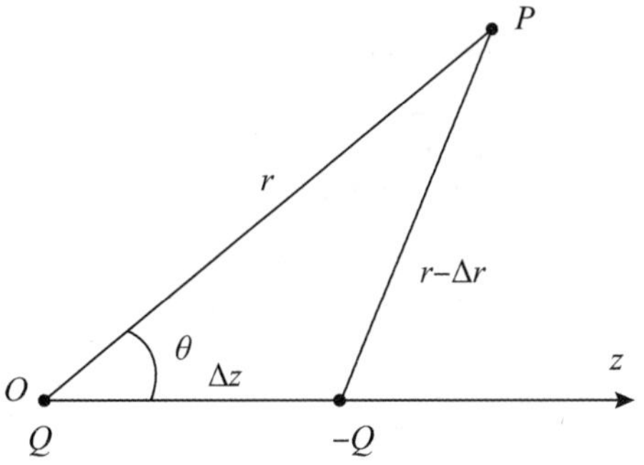

图 4.3.1　空间势流中的偶极子

4. 线源或线汇

当点源均匀分布在一条有限长的直线上时，称为线源。图 4.3.2 所示为沿 z 轴分布长度为 L 的线源，单位长度线源流出的流量为 q。由点源的流函数(4.3.19)式，可得长度为 $\mathrm{d}l$ 的线源引起在流场任意点 $P(r,\theta)$ 处的流函数为

$$\mathrm{d}\psi=\frac{q\mathrm{d}l}{4\pi}(1-\cos\alpha) \tag{4.3.23}$$

式中 α 为 $\mathrm{d}l$ 到 P 点连线与 z 轴所成的夹角。根据几何关系有

$$\cos\alpha=\frac{z-l}{\sqrt{R^2+(z-l)^2}} \tag{4.3.24}$$

式中 $R=r\sin\theta$，r 为线源起点到 P 点的距离。将(4.3.24)式代入(4.3.23)式，并对(4.3.23)式从 $z=0$ 到 $z=L$ 积分，可得整段线源引起 P 点流场的流函数为

$$\begin{aligned}\psi(r,\theta)&=\int_0^L \mathrm{d}\psi=\int_0^L \frac{q}{4\pi}(1-\cos\alpha)\mathrm{d}l\\&=\frac{qL}{4\pi}-\frac{q}{4\pi}\int_0^L \frac{(z-l)}{\sqrt{R^2+(z-l)^2}}\mathrm{d}l\\&=\frac{qL}{4\pi}+\frac{q}{8\pi}\int_0^L \frac{\mathrm{d}\,(z-l)^2}{\sqrt{R^2+(z-l)^2}}\\&=\frac{qL}{4\pi}+\frac{q}{4\pi}\sqrt{R^2+(z-l)^2}\,\Big|_0^L\\&=\frac{q}{4\pi}(L+r_L-r)\end{aligned} \tag{4.3.25}$$

式中 r_L 为线源终点到 P 点的距离。对应的势函数为

$$\phi(r,\theta)=-\frac{q}{4\pi}\ln\left[\frac{\tan(\alpha_L/2)}{\tan(\theta/2)}\right] \tag{4.3.26}$$

式中 θ 为线源起点到 P 点连线与 z 轴的夹角，α_L 为线源终点到 P 点连线与 z 轴的夹角。

以上诸式中，若 q 取负值则表示为线汇。

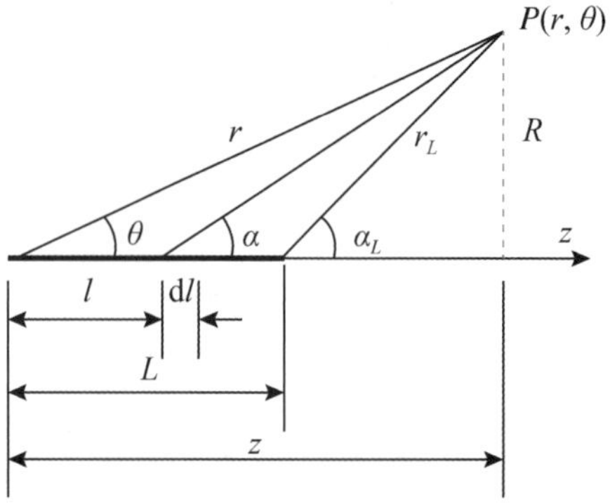

图 4.3.2 空间势流中的线源

4.3.3 三维物体绕流

根据叠加原理，应用 4.3.2 节中的基本势流，我们来研究几种典型的三维物体的绕流流动问题。

1. 三维半体绕流

类似平面有势流动中绕钝头型物体的流动，将空间势流的点源与均匀流叠加，可得到一个三维半体的绕流流动，如图 4.3.3 所示。叠加后的流函数为

$$\psi(r,\theta)=\frac{1}{2}Ur^2\sin^2\theta+\frac{Q}{4\pi}(1-\cos\theta)-\frac{Q}{2\pi}$$

为了便于进一步推导，在上式流函数中添加了一常数项 $-Q/(2\pi)$。将上式化简可得

$$\psi(r,\theta)=\frac{1}{2}Ur^2\sin^2\theta-\frac{Q}{4\pi}(1+\cos\theta) \tag{4.3.27}$$

当(4.3.27)式等于零时，表示 $\psi=0$ 的流线，为三维半体的形状，即

$$r_0=\sqrt{\frac{Q}{2\pi U}\frac{1+\cos\theta}{\sin^2\theta}}=\sqrt{\frac{Q}{4\pi U}}\frac{1}{\sin(\theta/2)} \tag{4.3.28}$$

以对称轴为回转轴的回转半径为

$$R_0=r_0\sin\theta=\sqrt{\frac{Q}{\pi U}}\cos(\theta/2) \tag{4.3.29}$$

当 $z\to\infty$ 时 $\theta\to 0$，可得半体的最大回转半径为

$$R_{0\max}=\sqrt{\frac{Q}{\pi U}} \tag{4.3.30}$$

由流函数(4.3.27)式可得流速为

$$u_r=\frac{1}{r^2\sin\theta}\frac{\partial\psi}{\partial\theta}=U\cos\theta+\frac{Q}{4\pi r^2},\ u_\theta=-\frac{1}{r\sin\theta}\frac{\partial\psi}{\partial r}=-U\sin\theta \tag{4.3.31}$$

物面上的压强分布则可根据伯努利方程计算

$$p_\infty + \frac{\rho U^2}{2} = p + \frac{\rho u^2}{2} \tag{4.3.32}$$

其中 p_∞ 为无穷远处的压强，u 为物面上的流速，根据流速(4.3.31)式及物面方程(4.3.28)式，有

$$\begin{aligned} u^2 &= \left(U\cos\theta + \frac{Q}{4\pi r_0^2}\right)^2 + (-U\sin\theta)^2 \\ &= [U\cos\theta + U\sin^2(\theta/2)]^2 + (U\sin\theta)^2 \\ &= U^2[1 + 2\cos\theta\sin^2(\theta/2) + \sin^4(\theta/2)] \\ &= U^2\{1 + 2[1 - 2\sin^2(\theta/2)]\sin^2(\theta/2) + \sin^4(\theta/2)\} \\ &= U^2[1 + 2\sin^2(\theta/2) - 3\sin^4(\theta/2)] \end{aligned}$$

将上式代入(4.3.32)式并整理得

$$C_p = \frac{p - p_\infty}{\rho U^2/2} = 1 - \frac{u^2}{U^2} = 3\sin^4(\theta/2) - 2\sin^2(\theta/2) \tag{4.3.33}$$

式中 C_p 为压强系数。

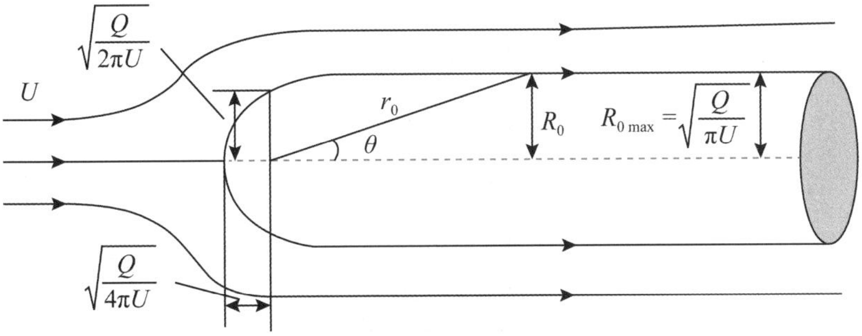

图 4.3.3　三维半体绕流

2. 圆球绕流

将均匀流与位于原点的偶极子叠加，可得相应的流函数为

$$\psi(r,\theta) = \frac{1}{2}Ur^2\sin^2\theta - \frac{M}{4\pi r}\sin^2\theta \tag{4.3.34}$$

在上式中，令 $\psi = 0$ 可得

$$r = R = \sqrt[3]{\frac{M}{2\pi U}} \tag{4.3.35}$$

上式表示半径为 R 的圆球面，所以(4.3.34)式所代表的是绕半径为 R 的圆球流动的流函数，此时偶极子的强度 $M = 2\pi U R^3$，于是可将流函数改写成

$$\psi(r,\theta) = \frac{1}{2}Ur^2\left(1 - \frac{R^3}{r^3}\right)\sin^2\theta \tag{4.3.36}$$

对应的流速场为

$$u_r = U\left(1 - \frac{R^3}{r^3}\right)\cos\theta, u_\theta = -U\left(1 + \frac{1}{2}\frac{R^3}{r^3}\right)\sin\theta \tag{4.3.37}$$

在球面上($r = R$)流速的平方为

$$u^2 = u_\theta^2 = \frac{9}{4}U^2 \sin^2\theta$$

同样应用伯努利方程(4.3.32)式,可得球面上的压强系数为

$$C_p = \frac{p - p_\infty}{\rho U^2/2} = 1 - \frac{9}{4}\sin^2\theta \tag{4.3.38}$$

3. 流线型体绕流

流线型体绕流为位于原点的源和从原点开始沿对称轴布置的线汇与均匀流叠加得到,叠加后的流函数为

$$\psi(r,\theta) = \frac{1}{2}Ur^2 \sin^2\theta + \frac{Q}{4\pi}(1-\cos\theta) - \frac{q}{4\pi}(L + r_L - r) \tag{4.3.39}$$

当由源流出的流量与线汇吸入的流量相等,即 $Q = qL$ 时,上式中的流函数可改写成

$$\psi(r,\theta) = \frac{1}{2}Ur^2 \sin^2\theta - \frac{Q}{4\pi}\cos\theta - \frac{Q}{4\pi}\left(\frac{r_L - r}{L}\right) \tag{4.3.40}$$

所表示的绕流物体形状为流线型体,如图 4.3.4 所示。

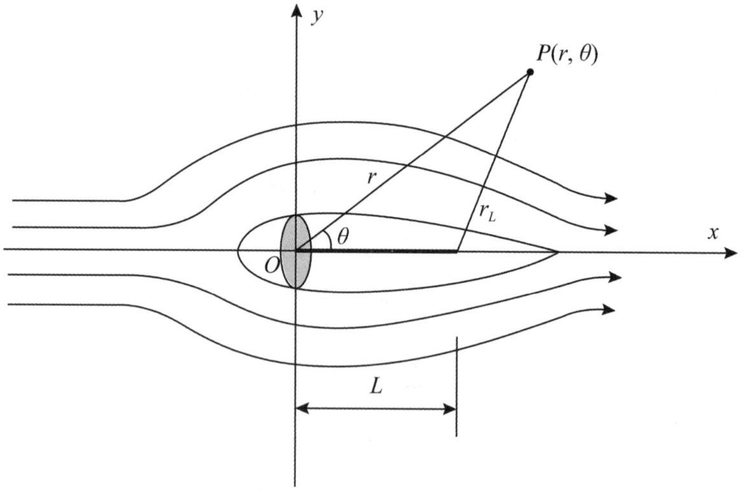

图 4.3.4 绕流线型体的流动

4.3.4 巴特勒球定理

在平面有势流动中有米尔 — 汤姆逊圆定理,在空间轴对称流动中也有类似的球定理。设在无界的不可压缩流体中有一轴对称有势流动,流函数为 $\psi_0(r,\theta)$,在 $r \leqslant R$ 的区域内没有奇点,并且在原点处 $\psi_0(0,\theta) = O(r^2)$。如果将半径为 R 的球体放在此流场中,则球外区域的流函数为

$$\psi(r,\theta) = \psi_0(r,\theta) + \psi_0^*(r,\theta) \tag{4.3.41}$$

其中

$$\psi_0^*(r,\theta) = -\frac{r}{R}\psi_0\left(\frac{R^2}{r},\theta\right) \tag{4.3.42}$$

称为巴特勒球定理(Butler sphere theorem)。

如果巴特勒球定理成立，则流函数 $\psi(r,\theta)$ 必须满足如下条件：(1) 由 $\psi(r,\theta)$ 给出的流动为有势流动；(2) 当 $r=R$ 时，$\psi(r,\theta)$ 为常数，即球面为流面；(3) 当 $r\to\infty$ 时，与 $\psi_0^*(r,\theta)$ 对应的流速必须趋于零，且 $\psi_0^*(r,\theta)$ 不应产生通过无穷远球面的流量；(4) 在球的外部即 $r>R$ 区域，$\psi_0^*(r,\theta)$ 没有奇点。

证明：(1) 因为 $\psi_0(r,\theta)$ 是有势流动，所以只需证明 $\psi_0^*(r,\theta)$ 给出的流动为有势流动，亦即证明 $\psi_0^*(r,\theta)$ 满足流函数方程(4.1.25) 式。令 $\rho=R^2/r$，则 $\partial\rho/\partial r=-R^2/r^2$，将(4.3.42) 式代入(4.1.25) 式，可得

$$
\begin{aligned}
& r^2\frac{\partial}{\partial r}\left[-\frac{1}{R}\psi_0-\frac{r}{R}\frac{\partial\psi_0}{\partial\rho}\frac{\partial\rho}{\partial r}\right]-\frac{r}{R}\sin\theta\frac{\partial}{\partial\theta}\left(\frac{1}{\sin\theta}\frac{\partial\psi_0}{\partial\theta}\right)\\
&=r^2\frac{\partial}{\partial r}\left[-\frac{1}{R}\psi_0+\frac{R}{r}\frac{\partial\psi_0}{\partial\rho}\right]-\frac{r}{R}\sin\theta\frac{\partial}{\partial\theta}\left(\frac{1}{\sin\theta}\frac{\partial\psi_0}{\partial\theta}\right)\\
&=-\frac{r^2}{R}\frac{\partial\psi_0}{\partial\rho}\left(-\frac{R^2}{r^2}\right)+r^2\left(-\frac{R}{r^2}\right)\frac{\partial\psi_0}{\partial\rho}+Rr\frac{\partial^2\psi_0}{\partial\rho^2}\left(-\frac{R^2}{r^2}\right)-\frac{r}{R}\sin\theta\frac{\partial}{\partial\theta}\left(\frac{1}{\sin\theta}\frac{\partial\psi_0}{\partial\theta}\right)\\
&=-\frac{r}{R}\left[\rho^2\frac{\partial^2\psi_0}{\partial\rho^2}+\sin\theta\frac{\partial}{\partial\theta}\left(\frac{1}{\sin\theta}\frac{\partial\psi_0}{\partial\theta}\right)\right]
\end{aligned}
$$

因为 $\psi_0(R^2/r,\theta)=\psi_0(\rho,\theta)$ 满足流函数方程(4.1.25) 式，即有

$$\rho^2\frac{\partial^2\psi_0}{\partial\rho^2}+\sin\theta\frac{\partial}{\partial\theta}\left(\frac{1}{\sin\theta}\frac{\partial\psi_0}{\partial\theta}\right)=0$$

所以 $\psi_0^*(r,\theta)$ 也满足(4.1.25) 式，条件(1) 得到证明。

(2) 当 $r=R$ 时，由(4.3.41) 式和(4.3.42) 式可得

$$\psi(R,\theta)=\psi_0(R,\theta)-(R/R)\psi_0(R^2/R,\theta)=\psi_0(R,\theta)-\psi_0(R,\theta)=0$$

因此在球面上 $\psi(r,\theta)$ 为常数 0，即球面为流面，条件(2) 也得到了证明。

(3) 当 $r\to\infty$ 时，$R^2/r\to 0$，则 $\psi_0(R^2/r,\theta)\to\psi_0(0,\theta)$。因为 $r\to 0$ 时，$\psi_0(0,\theta)=O(r^2)$，所以 $\psi_0(R^2/r,\theta)=O(R^4/r^2)$。又因 $\psi_0^*(r,\theta)=(-r/R)\psi_0(R^2/r,\theta)$，所以 $\psi_0^*(r,\theta)\to O(1/r)$。根据流函数与流速的关系(4.1.23) 式，可得流函数 ψ_0^* 产生的径向流速为

$$u_r^*=\frac{1}{r^2\sin\theta}\frac{\partial\psi_0^*}{\partial\theta}\to O\left(\frac{1}{r^3}\right)$$

因为球面面积为 r^2 的量级，所以由 $\psi_0^*(r,\theta)$ 产生的流量

$$\int u_r^*\,\mathrm{d}S\to O(1/r)$$

可见，当 $r\to\infty$ 时，$\psi_0^*(r,\theta)$ 产生的流速和流量均为零，条件(3) 由此得到证明。

(4) 因为 r 和 R^2/r 关于球面 $r=R$ 对称，所以如果一点在球面外($r>R$)，则另一点必在球面内($R^2/r<R$)。因为 $\psi_0(r,\theta)$ 在 $r\leqslant R$ 的球内没有奇点，所以 $\psi_0^*(r,\theta)$ 的奇点则必在 $r\leqslant R$ 的球内，故 $\psi_0^*(r,\theta)$ 在 $r>R$ 区域没有奇点，条件(4) 得以证明。

利用巴特勒球定理可以直接构造出一些势流的流函数，如均匀流绕球体流动可以根据均匀流的流函数应用巴特勒球定理得到

$$\begin{aligned}\psi(r,\theta) &= \psi_0(r,\theta) - \frac{r}{R}\psi_0\left(\frac{R^2}{r},\theta\right) \\ &= \frac{1}{2}Ur^2\sin^2\theta - \frac{r}{R}\left[\frac{1}{2}U\left(\frac{R^2}{r}\right)^2\sin^2\theta\right] \\ &= \frac{1}{2}Ur^2\sin^2\theta - \frac{1}{2}U\frac{R^3}{r}\sin^2\theta \\ &= \frac{1}{2}Ur^2\left(1-\frac{R^3}{r^3}\right)\sin^2\theta\end{aligned}$$

上式与(4.3.36)式完全相同。

4.3.5 达朗贝尔悖论

在平面圆柱绕流分析中，我们得到了圆柱所受合力为零的结论，即圆柱既不受到与来流方向垂直的升力，也不受到来流方向的阻力。我们还知道，当绕物体的速度环量不为零时，物体受到与来流方向垂直的升力，升力的大小与来流流速、速度环量和流体密度成正比。本节我们继续分析均匀流绕任意形状三维物体流动时，流体对物体的作用力。如图4.3.5所示，任意形状的三维物体的重心位于坐标原点，物体的表面为 S_b，物面外法线的单位矢量为 $\boldsymbol{n}$。均匀来流流速为 U。取任意封闭曲面 S_0 包围该物体，S_0 外法线的单位矢量为 $\boldsymbol{n}_0$，在 S_b 和 S_0 之间不存在奇点。设物体受到流体的作用力为 F，则物体对流体的作用力为 $-F$。以 S_b 和 S_0 之间的区域为控制体，则在定常流条件下 S_b 和 S_0 之间的流体受到的作用力等于通过 S_0（假定物面不透水，通过物面 S_b 的流量为零）净流出控制体的动量流之和，即

$$-\boldsymbol{F} + \left(-\oiint_{S_0} p\boldsymbol{n}_0\,\mathrm{d}S\right) = \oiint_{S_0} \rho\,\boldsymbol{u}(\boldsymbol{u}\cdot\boldsymbol{n}_0)\,\mathrm{d}S \tag{4.3.43}$$

其中压强可由有势流动的拉格朗日积分（因为 S_0 不是物面，不能用伯努利积分）计算，即

$$p/\rho + \boldsymbol{u}\cdot\boldsymbol{u}/2 = C$$

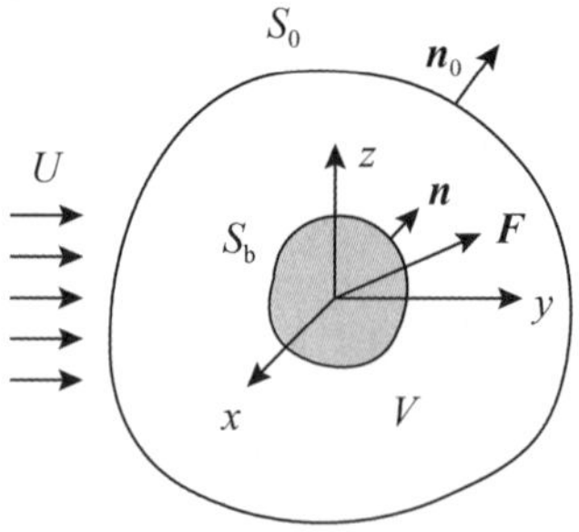

图 4.3.5 任意形状三维物体绕流

将上式代入动量方程(4.3.43)式，并注意到 $\oiint_{S_0} C\boldsymbol{n}_0\,\mathrm{d}S = 0$，得

$$\boldsymbol{F} = \rho\oiint_{S_0}\left[\boldsymbol{n}_0(\boldsymbol{u}\cdot\boldsymbol{u})/2 - \boldsymbol{u}(\boldsymbol{u}\cdot\boldsymbol{n}_0)\right]\mathrm{d}S \tag{4.3.44}$$

流场中的流速势应该是均匀来流 ϕ' 和由于绕流物体所引起的流速势 ϕ'' 的叠加。均匀来流的流速势为

$$\phi' = Ux$$

由绕流物体而引起的流速势可由(4.3.9)式得到

$$\phi'' = \sum_{n=0}^{\infty}\left(A_n r^n + \frac{B_n}{r^{n+1}}\right)P_n(\cos\theta)$$

由于在 $r\to\infty$ 时，绕流物体对流场的影响应趋于零，所以上式中 $A_n r^n$ 项除 A_0 外其他各项均不存在。考虑到势函数中增减常数项对流场没有影响，因此 A_0 项也可以不出现，于是可得

$$\phi'' = \sum_{n=0}^{\infty}\frac{B_n P_n(\cos\theta)}{r^{n+1}} = \frac{B_0}{r} + O\left(\frac{1}{r^2}\right) \tag{4.3.45}$$

由 ϕ'' 产生的流场(设对应流速为 $\boldsymbol{u}''$)同样满足连续方程 $\nabla\cdot\boldsymbol{u}''=0$，则有

$$\begin{aligned}\iiint_V \nabla\cdot\boldsymbol{u}''\mathrm{d}V &= \oiint_{S_0+S_b}\boldsymbol{n}\cdot\boldsymbol{u}''\mathrm{d}S\\ &= \oiint_{S_0}\frac{\partial\phi''}{\partial n}\mathrm{d}S + \oiint_{S_b}\frac{\partial\phi''}{\partial n}\mathrm{d}S\\ &= 0\end{aligned}$$

因为物面为不透水面，因此在 S_b 上有 $\partial\phi''/\partial n = 0$，从而可得

$$\oiint_{S_0}\frac{\partial\phi''}{\partial n}\mathrm{d}S = 0$$

而由(4.3.45)式可得

$$\frac{\partial\phi''}{\partial n} = -\frac{B_0}{r^2} + O\left(\frac{1}{r^3}\right) \tag{4.3.46}$$

所以

$$\oiint_{S_0}\frac{\partial\phi''}{\partial n}\mathrm{d}S = \oiint_{S_0}\left[-\frac{B_0}{r^2}+O\left(\frac{1}{r^3}\right)\right]\mathrm{d}S = 4\pi B_0 + O\left(\frac{1}{r}\right) = 0$$

因此必有 $B_0 = 0$，于是由(4.3.45)式可知，$\phi'' = O(1/r^2)$。由此可得流速

$$\boldsymbol{u} = \nabla(\phi'+\phi'') = \nabla[Ux + O(1/r^2)] = U\boldsymbol{e}_x + O(1/r^3)$$

上式代入(4.3.44)式中得

$$\boldsymbol{F} = \rho\oiint_{S_0}[\boldsymbol{n}_0 U^2/2 - \boldsymbol{U}(\boldsymbol{U}\cdot\boldsymbol{n}_0) + O(1/r^3)]\mathrm{d}S \tag{4.3.47}$$

因为 $\oiint_{S_0}\boldsymbol{n}_0\mathrm{d}S = 0$，乘以常数项后仍为零，所以右端第一、二两项等于零。右端第三项因为面积的量级为 r^2，所以 $\oiint_{S_0}O(1/r^3)\mathrm{d}S \to O(1/r)$，当 $r\to\infty$ 时，此项也为零。

(4.3.47)式表明位于理想流体均匀流场中的任意形状的三维物体所受的合力为零。事实上，由于真实流体具有黏性，尤其是物面附近薄层流体中的黏性作用不能忽略，这个薄层称为边界层，边界层内的流体将有切应力作用在物体表面，从而产生黏性阻力。如果边界层发生分离，在绕流物体尾部还会形成低压尾流区，产生压差阻力。因此绕流物体不受流体作用力的结论与实际流动并不相符，称为达朗贝尔悖论(d'Alembert paradox)。

4.3.6 附加质量

任意形状的三维物体以速度 U 在原来静止的无界流体中运动(见图 4.3.5),则流场 V 内流体的动能为

$$K = \iiint_V \frac{1}{2}\rho(\boldsymbol{u} \cdot \boldsymbol{u})\mathrm{d}V = \frac{\rho}{2}\iiint_V (\nabla\phi \cdot \nabla\phi)\mathrm{d}V \tag{4.3.48}$$

式中 ϕ 是由于物体运动而引起的速度势函数。根据恒等式 $\nabla \cdot (\phi\nabla\phi) = \nabla\phi \cdot \nabla\phi + \phi\nabla^2\phi$,并考虑不可压缩有势流动满足 $\nabla^2\phi = 0$,(4.3.48) 式可改写成

$$K = \frac{\rho}{2}\iiint_V \nabla \cdot (\phi\nabla\phi)\mathrm{d}V$$

应用高斯定理,上式可写成

$$\begin{aligned} K &= \frac{\rho}{2}\oiint_{S_0+S_b} \boldsymbol{n} \cdot (\phi\nabla\phi)\mathrm{d}S = \frac{\rho}{2}\oiint_{S_0+S_b} \phi\frac{\partial\phi}{\partial n}\mathrm{d}S \\ &= \frac{\rho}{2}\oiint_{S_0} \phi\frac{\partial\phi}{\partial n}\mathrm{d}S - \frac{\rho}{2}\oiint_{S_b} \phi\frac{\partial\phi}{\partial n}\mathrm{d}S \end{aligned} \tag{4.3.49}$$

右端第二项取负号是因为物面 S_b 的外法线指向体积内部。

由(4.3.45) 式和(4.3.46) 式可知,因为 $B_0 = 0$,物体运动所产生的流速势 $\phi = O(1/r^2)$,所以 $\partial\phi/\partial n = O(1/r^3)$,$\phi\partial\phi/\partial n = O(1/r^5)$,于是有

$$\oiint_{S_0} \phi\frac{\partial\phi}{\partial n}\mathrm{d}S = O\left(\frac{1}{r^3}\right)$$

当 $r \to \infty$ 时,$\oiint_{S_0} \phi(\partial\phi/\partial n)\mathrm{d}S \to 0$,于是(4.3.49) 式可写成

$$K = -\frac{\rho}{2}\oiint_{S_b} \phi\frac{\partial\phi}{\partial n}\mathrm{d}S \tag{4.3.50}$$

即物体在原来静止流体中运动时周围流体的总动能可以通过在物面上积分求出,同时也表明虽然流场是无限流场,但全部流体的动能却是一个有限量。

原本静止的流场,因为物体在其中运动,必将导致周围流体也相应运动,整个流场所具有的动能是由运动着的物体对流场做功提供的,流体的存在增大了物体运动的阻力。流体对物体运动的影响,可等效于一定质量的流体附着在物体上以同样速度一起运动,这部分假想附着在物体上的流体所具有的动能等于流场流体所具有的总动能,即(4.3.50) 式所表示的动能,故有

$$\frac{1}{2}m'U^2 = -\frac{\rho}{2}\oiint_{S_b} \phi\frac{\partial\phi}{\partial n}\mathrm{d}S$$

式中 m' 称为附加质量(added mass),可表示成

$$m' = -\frac{\rho}{U^2}\oiint_{S_b} \phi\frac{\partial\phi}{\partial n}\mathrm{d}S \tag{4.3.51}$$

当将附加质量添加到物体上后,在计算中可以忽略周围流体对物体运动的影响。对于任意形状的物体其附加质量只与物体的形状和方位有关,而与其运动速度、角速度和加速度无关。

第 4 章习题

第5章 不可压缩流体的层流流动

在第 4 章我们研究了不可压缩流体的有势流动。做有势流动的不可压缩流体忽略了流体黏性的作用。在很多情况下忽略流体黏性的作用都能给出与实际相符的结果，如绕流物体所受的升力、物面上的压强分布、除物面附近以外流场的速度分布等都与实验结果相符。但是在计算绕流物体所受的阻力等问题上，则会得到达朗贝尔悖论这样与实际截然不同的结论。一般来讲，面临阻力计算、能量耗散等问题时，我们必须考虑流体黏性的影响。黏性流体的流动需要考虑流层与流层之间的切应力，以及在固体壁面上必须满足的无滑移条件。本章主要讨论黏性流体的层流流动，黏性流体的湍流流动则安排在第 6 章中介绍。

需要考虑黏性作用的流动都属于有涡流动。对于有涡流动来说，并不存在势函数，三维问题中也一般不存在流函数，因此通常必须直接求解二阶非线性的 N-S 方程。然而，N-S 方程中非线性惯性项的存在使得在解方程时会遇到很大的困难，甚至方程解的存在性和唯一性问题迄今也仍未完全得到解决。因此，对于黏性流体的有涡流动，只在极少的简单流动中才能得到解析解。但是，研究 N-S 方程的精确解仍具有重要理论意义，一方面流动的精确解可以作为与其流动类似的实际流动问题的基础解，然后以此为基础用摄动法进一步求解复杂的流动问题，另一方面可以用于校验数值模拟结果、校核测量仪器精度等。另外，在研究精确解的过程中，通过对 N-S 方程的简化，也可掌握如何对实际流动问题进行简化和近似处理。在本章 5.1 节，我们研究平行剪切流动和平面圆周运动两类简单的黏性流动。在这两类流动中，N-S 方程中的非线性对流加速度项为零，从而可获得方程的精确解。

在了解了 N-S 方程精确解的基础上，本章接下来继续研究两种极限情况下 N-S 方程的近似解。第一种是雷诺数 $Re=0$ 的情况，此时流动中不存在惯性力，可将此极限情况下 N-S 方程的解作为 $Re\to 0$ 的低雷诺数流动问题的近似解，在本章 5.2 节将讨论低雷诺数流动问题。第二种是雷诺数 $Re=\infty$ 的情况，此极限情况不存在黏性力，此时 N-S 方程的解可作为 $Re\to\infty$ 的大雷诺数流动问题的近似解。由于 $Re\to\infty$ 表示可忽略黏性的影响，在忽略黏性作用的情况下，流动通常可视作有势流动，在第 4 章我们已经详细讨论了不可压缩流体做有势流动的问题。然而，基于不可压缩流体有势流动所得到的流速不能满足壁面无滑条件，所以 $Re\to\infty$ 时 N-S 方程的解只能作为远离壁面流动的近似解，在近壁面区的流动仍需考虑黏性的影响。普朗特将位于壁面附近需要考虑黏性影响的厚度很薄的流区称为边界层，并针对边界层内的黏性流动问题建立了著名的边界层理论，在本章 5.3 节我们将介绍这一理论并详细阐述边界层理论的求解方法。壁面边界层内的流动同样存在层流和湍流两种流态，在第 6 章中讨论的湍流流动问题同样适用于边界层内的湍流流动，因此本章只讨论层流边界层流动问题。

在 5.4 节将扼要介绍层流向湍流的过渡，阐述过渡区的流动特性以及层流稳定性理论。

5.1 N-S 方程的精确解

在本节，我们主要研究平行剪切流动和平面圆周运动两类流动问题，这两类流动的非线性惯性项均等于零，因此流体的动量方程是线性方程。

5.1.1 平行剪切流动

在平行剪切流动中，所有流体质点都做平行直线运动。若流动的方向为 x 方向，则除 x 方向的速度 u 不为零以外，y 和 z 方向的速度均为零，即 $v=w=0$。

由于 $v=w=0$，故连续方程简化成

$$\frac{\partial u}{\partial x}=0 \tag{5.1.1}$$

这表明速度 u 不随 x 变化，即不是 x 的函数，只是 y、z 和 t 的函数。同时，由 $v=w=0$ 及(5.1.1)式可得动量方程中的非线性惯性项

$$(\boldsymbol{u}\cdot\nabla)\boldsymbol{u}=u\frac{\partial u}{\partial x}\boldsymbol{e}_1=\boldsymbol{0}$$

亦即非线性惯性项等于零。继续应用 $v=w=0$ 的条件，y 和 z 方向的 N-S 方程分别退化为

$$\frac{\partial p}{\partial y}=0 \tag{5.1.2}$$

$$\frac{\partial p}{\partial z}=0 \tag{5.1.3}$$

亦即压强 p 不依赖于 y 和 z，只是 x 和 t 的函数。于是 x 方向的 N-S 方程简化为

$$\frac{\partial u}{\partial t}=-\frac{1}{\rho}\frac{\partial p}{\partial x}+\nu\left(\frac{\partial^2 u}{\partial y^2}+\frac{\partial^2 u}{\partial z^2}\right) \tag{5.1.4}$$

对于定常流动，(5.1.4)式可进一步简化成

$$\frac{\partial^2 u}{\partial y^2}+\frac{\partial^2 u}{\partial z^2}=\frac{1}{\mu}\frac{\mathrm{d}p}{\mathrm{d}x} \tag{5.1.5}$$

上式右边压强 p 只是 x 的函数，而左边速度 u 又只是 y 和 z 的函数，两边要相等只有等于同一常数才有可能。因此，对于定常平行剪切流动，沿流动方向的压强梯度 $\mathrm{d}p/\mathrm{d}x$ 为常数。

下面我们介绍几个典型的平行剪切流动，包括定常流动和非定常流动。

1. 平行板间层流流动

我们先研究相距为 h 的两无限大平行板之间的流动，其中上平板以速度 U 匀速运动，下平板固定，如图 5.1.1 所示。

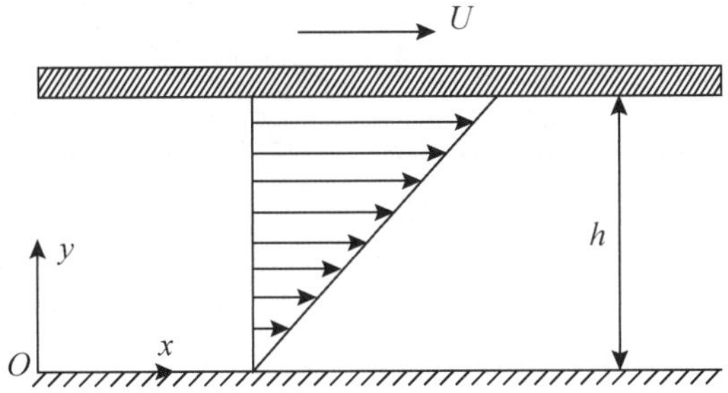

图 5.1.1　平行板间的流动

考虑到平板在 z 方向为无限延伸，因此运动方向的流速 u 不仅不依赖于 x，同时也不依赖于 z。于是由(5.1.5)式可得 x 方向的动量方程为

$$\frac{\mathrm{d}^2 u}{\mathrm{d}y^2} = \frac{1}{\mu}\frac{\mathrm{d}p}{\mathrm{d}x} \tag{5.1.6}$$

因压强梯度 $\mathrm{d}p/\mathrm{d}x$ 为常数，可假设 $\mathrm{d}p/\mathrm{d}x = -K$，其中 K 为常数。对(5.1.6)式积分可得

$$u = -\frac{K}{2\mu}y^2 + C_1 y + C_2 \tag{5.1.7}$$

基于壁面无滑假设，该流动问题的边界条件可表示成

$$u(0) = 0, u(h) = U$$

将上述边界条件代入(5.1.7)式可得积分常数

$$C_1 = \frac{U}{h} + \frac{K}{2\mu}h, C_2 = 0$$

于是，可得两平行板间流动的流速分布为

$$\frac{u}{U} = \frac{y}{h} + \frac{Kh^2}{2\mu U}\left(1 - \frac{y}{h}\right)\frac{y}{h} \tag{5.1.8}$$

由流速分布可计算单位宽度上的流量为

$$Q = \int_0^h u(y)\mathrm{d}y = \frac{U}{2}h + \frac{Kh^3}{12\mu} \tag{5.1.9}$$

流动的断面平均流速则为

$$V = \frac{Q}{h} = \frac{U}{2} + \frac{Kh^2}{12\mu} \tag{5.1.10}$$

上述流动称为库埃特—泊肃叶流动(Couette-Poiseuille flow)。当 $U \neq 0, K = 0$ 时，称为库埃特流动(Couette flow)，其流速分布为线性分布，即

$$\frac{u}{U} = \frac{y}{h} \tag{5.1.11}$$

当 $U=0, K\neq 0$ 时，称为泊肃叶流动(Poiseuille flow)，可得抛物线流速分布为

$$u=\frac{Kh^2}{2\mu}\left(1-\frac{y}{h}\right)\frac{y}{h} \tag{5.1.12}$$

库埃特流动是上平板运动引起的流动，泊肃叶流动则是在压强梯度 $\mathrm{d}p/\mathrm{d}x$ 驱动下的流动，而库埃特—泊肃叶流动可以看成是库埃特流动和泊肃叶流动的叠加。不同压强梯度作用下的流速分布如图 5.1.2 所示。

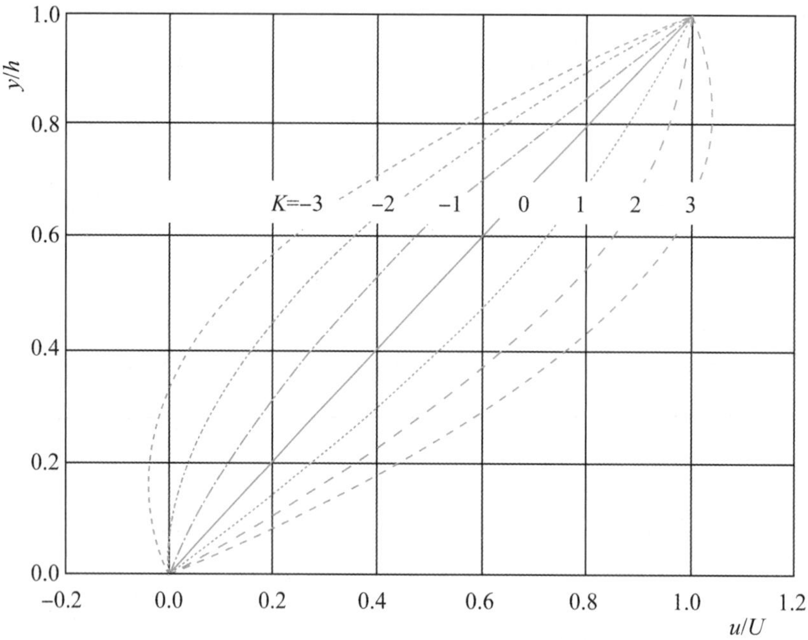

图 5.1.2　库埃特—泊肃叶流动的流速分布

2. 斜坡层流流动

如图 5.1.3 所示斜坡上具有自由表面的层流流动。由于具有自由液面，包含了压力边界条件，因此动量方程中不宜采用动压强。在斜坡流动中，重力充当了驱动流体运动的角色。重力在两个方向的分量为

$$f_x=\rho g\sin\theta, f_y=-\rho g\cos\theta \tag{5.1.13}$$

同样，假设流动在 z 方向无限延伸，流动方向的流速 u 与 x 和 z 无关，只是 y 的函数。因此，x 和 y 方向的 N-S 方程可简化为

$$-\frac{\partial p}{\partial x}+\rho g\sin\theta+\mu\frac{\mathrm{d}^2 u}{\mathrm{d}y^2}=0 \tag{5.1.14}$$

$$-\frac{\partial p}{\partial y}-\rho g\cos\theta=0 \tag{5.1.15}$$

积分(5.1.15)式可得

$$p=-\rho g y\cos\theta+C(x) \tag{5.1.16}$$

由于 $y=h$ 时，$p=p_0$，其中 p_0 为自由液面处的压强，代入(5.1.16)式可得 $C(x)=\rho g h\cos\theta+p_0$，因此有

$$p = p_0 + \rho g(h - y)\cos\theta \tag{5.1.17}$$

由上式可知，p 和 x 无关，即 $\partial p/\partial x = 0$，于是(5.1.14)式可简化为

$$\rho g \sin\theta + \mu \frac{\mathrm{d}^2 u}{\mathrm{d}y^2} = 0 \tag{5.1.18}$$

上式积分两次可得

$$u = -\frac{\rho g \sin\theta}{2\mu} y^2 + C_1 y + C_2 \tag{5.1.19}$$

根据边界条件

$$u(0) = 0, (\mu \partial u/\partial y)_{y=h} = 0$$

可确定(5.1.19)式中的积分常数

$$C_1 = \rho g h \sin\theta/\mu, C_2 = 0$$

由此可得流动断面的流速分布为

$$u = \frac{\rho g h^2 \sin\theta}{2\mu}\left(2 - \frac{y}{h}\right)\frac{y}{h} \tag{5.1.20}$$

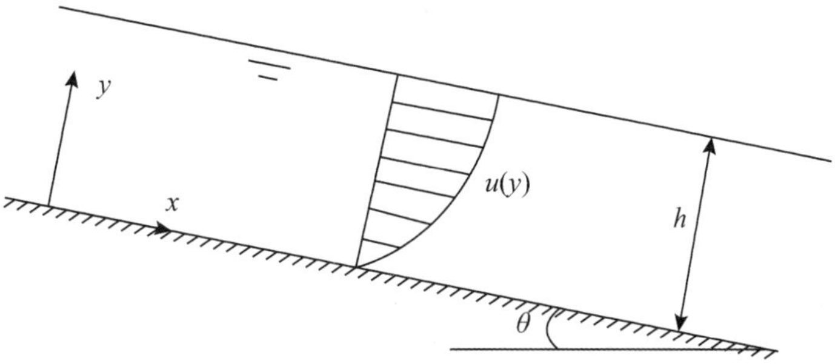

图 5.1.3　斜坡层流流动

比较(5.1.20)和(5.1.12)两式可以发现，两者是高度相似的。泊肃叶流动的驱动力是压强梯度 $K = -\mathrm{d}p/\mathrm{d}x$，而斜坡流动的驱动力是重力在流动方向上的分量 $\rho g \sin\theta$，两者的速度都跟驱动力成正比。泊肃叶流动两个流动边界都是固壁边界，而斜坡流动具有一个自由表面，如果将泊肃叶流动沿切应力为零的流层（即流速梯度为零的层面，位于 $y = h/2$ 处）切开，则可以看到，泊肃叶流动的一半流速剖面跟斜坡流动的流速剖面是相同的。

3. 圆管层流流动

考虑半径为 R 的圆形直管中的层流流动（见图 5.1.4）。因为圆管流动是轴对称流动，采用圆柱坐标系 (r,θ,z) 更方便。由于流动是轴对称的，轴向流速 u 仅为径向坐标 r 的函数。

在圆柱坐标系下，流动方向的动量方程为

$$\frac{1}{\mu}\frac{\mathrm{d}p}{\mathrm{d}z} = \frac{1}{r}\frac{\mathrm{d}}{\mathrm{d}r}\left(r\frac{\mathrm{d}u}{\mathrm{d}r}\right) \tag{5.1.21}$$

上式左边只是 z 的函数，而右边只是 r 的函数，因此左右两端只能为常数。设 $\mathrm{d}p/\mathrm{d}z$ 为常数，令 $\mathrm{d}p/\mathrm{d}z = -K$，积分上式可得

$$u(r) = -\frac{K}{4\mu}r^2 + C_1 \ln r + C_2 \tag{5.1.22}$$

由于在管道中心 $r=0$ 处 $u(0)$ 总是有限大小的，所以要求 $C_1=0$。另外，根据边界条件 $r=R, u(R)=0$，可得

$$C_2=\frac{K}{4\mu}R^2$$

于是可得圆管层流流动的流速分布为

$$u(r)=\frac{K}{4\mu}(R^2-r^2) \tag{5.1.23}$$

在管道中心 $r=0$ 处流速为最大，即

$$U=u(0)=\frac{K}{4\mu}R^2 \tag{5.1.24}$$

(5.1.23) 式也可改用管道中心流速来表示，即

$$u(r)=U\left(1-\frac{r^2}{R^2}\right) \tag{5.1.25}$$

由流速分布(5.1.25) 式可计算管道断面平均流速

$$V=\frac{1}{\pi R^2}\int_0^R \pi r u(r)\mathrm{d}r=\frac{K}{8\mu}R^2=\frac{U}{2} \tag{5.1.26}$$

将压强梯度表示成

$$\frac{\mathrm{d}p}{\mathrm{d}z}=\frac{\Delta p}{L}=-K \tag{5.1.27}$$

式中 L 为管段长度。引入一个无量纲的压强损失系数

$$\zeta=-\frac{\Delta p}{\rho V^2/2} \tag{5.1.28}$$

将(5.1.26) 式和(5.1.27) 式代入(5.1.28) 式，可得

$$\zeta=64\frac{L}{D}\frac{\mu}{\rho VD}=\frac{64}{Re}\frac{L}{D}=\lambda\frac{L}{D} \tag{5.1.29}$$

式中 $Re=\rho VD/\mu$ 为雷诺数，D 为管道直径，λ 称为沿程水头损失系数(coefficient of frictional head loss)，即

$$\lambda=\frac{64}{Re} \tag{5.1.30}$$

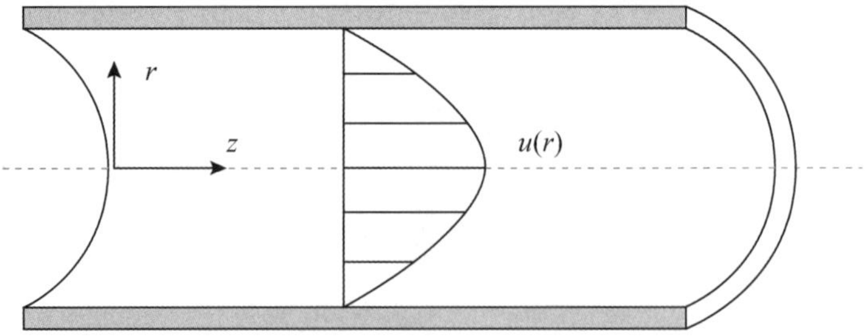

图 5.1.4　圆管层流流动

4. 瞬时启动平板引起的流动

前面我们研究的都是定常流动问题，接下来看两个非定常流动问题。先研究一无限大平板在自身平面内突然以流速 U 启动，带动平板上方流体流动的问题(见图 5.1.5)，此问

题也称为斯托克斯第一问题(Stokes first problem)。

图 5.1.5　平板突然启动引起的流动

由于平板在 x 和 z 方向均无限延伸，因此流速仅为 y 的函数。同样，压强在 x 方向也将保持为常数，即有 $\partial p/\partial x = 0$。于是由非定常平行剪切流动动量方程(5.1.4)式可得

$$\frac{\partial u}{\partial t} = \nu \frac{\partial^2 u}{\partial y^2} \tag{5.1.31}$$

对应的初始条件和边界条件为

$$u(0,t) = U(t > 0), u(y,0) = 0, u(\infty,t) = 0 \tag{5.1.32}$$

一个初始条件和两个边界条件正好与(5.1.31)式中一项对时间 t 的一阶导数和一项对位置 y 的二阶导数相对应。

与该流动有关的参数包括 y、t 和 ν，因此可设(5.1.31)式具有如下形式的解

$$\frac{u}{U} = f(y,t,\nu) \tag{5.1.33}$$

由于上式左端是无量纲量，所以函数 $f(y,t,\nu)$ 也一定是无量纲的。y、t 和 ν 三个物理量能组成唯一的无量纲量为 $y/\sqrt{\nu t}$，因此引入无量纲变量

$$\eta = \frac{y}{2\sqrt{\nu t}} \tag{5.1.34}$$

将方程(5.1.31)式的解表示成 $u = Uf(\eta)$，代入方程(5.1.31)中可得

$$f'' + 2\eta f' = 0 \tag{5.1.35}$$

上述常微分的通解为

$$f = C_1 \int_0^\eta e^{-\xi^2} d\xi + C_2 \tag{5.1.36}$$

由边界条件 $u(0,t) = U$ 可得 $\eta = 0, f(0) = 1$，因此有 $C_2 = 1$。根据边界条件 $u(\infty,t) = 0$，即 $f(\infty) = 0$，可得

$$C_1 = -\frac{1}{\int_0^\infty e^{-\xi^2} d\xi} = -\frac{2}{\sqrt{\pi}} \tag{5.1.37}$$

于是可得流速分布为

$$\frac{u}{U} = 1 - \mathrm{erf}(\eta) \tag{5.1.38}$$

式中

$$\mathrm{erf}(\eta) = \frac{2}{\sqrt{\pi}} \int_0^\eta e^{-\xi^2} d\xi$$

称为误差函数。

(5.1.38) 式所表示的无量纲的流速分布如图 5.1.6 所示。从图中可以看出，对于流场中某给定点(即 y 取定值)，流速随时间增加而增大，当 $t \to \infty$ 时，该点流速可以达到平板运动的速度 U。同时也可以看到，无量纲流速 u/U 随 η 增大而减小，当 $\eta = 1.82$ 时，$u/U = 0.01$，表明此时流速只有平板运动速度的百分之一，在此区域以外流体几乎不受平板运动的影响，因此可将 $\eta = 1.82$ 对应的流层厚度看成是边界层的厚度(关于边界层的厚度详见 5.3.1 节)，由(5.1.34) 式可得

$$\delta = 2\eta\sqrt{\nu t} = 3.64\sqrt{\nu t} \tag{5.1.39}$$

可见，边界层厚度 δ 随时间增长而增大。

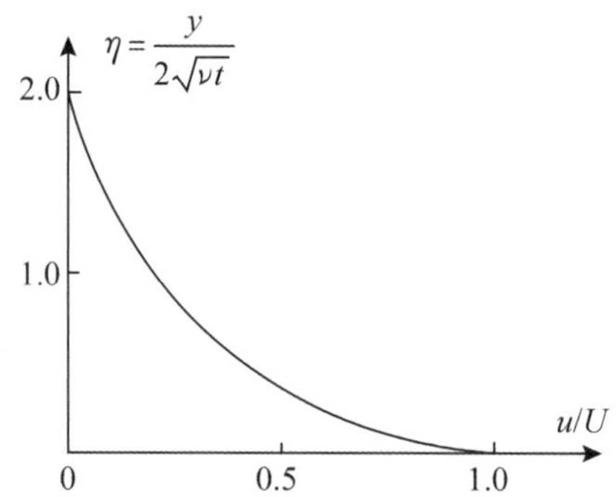

图 5.1.6　突然加速平板的流速分布

由 2.6.2 节偏微分方程的性质可以判断，(5.1.31) 式属于抛物线型偏微分方程。通常抛物线型微分方程包含两个自变量，当所研究的流动没有任何几何特征尺度或时间特征尺度时，这类流动问题会存在相似解，可将两个自变量组合成一个相似变量，并将偏微分方程化为常微分方程。对于存在相似解的流动，不同时刻(或不同位置断面)具有相同的速度分布曲线 $u/U \sim \eta$，亦即不同时刻(或不同位置断面) 的速度分布是相似的。在边界层流动中，我们会进一步研究具有相似解的流动问题，详见 5.3.3 节。

5. 平板简谐振动引起的流动

考虑间距为 h 的两无限大平板间的层流流动，与斯托克斯第一问题不同，下板在自身平面内不是做单向直线运动，而是做往复简谐振动，如图 5.1.7 所示。当板间距 h 无限大时，所对应的流动问题称为斯托克斯第二问题(Stokes second problem)。

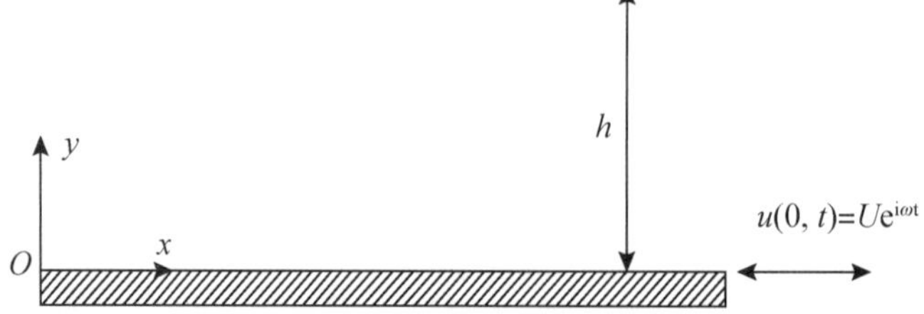

图 5.1.7　平板振动引起的流动

此流动问题的动量方程仍与斯托克斯第一问题相同，即仍为(5.1.31) 式，但边界条件

不同，而是

$$u(0,t)=Ue^{i\omega t}, u(h,t)=0 \tag{5.1.40}$$

由于只考虑稳定的周期性解，可忽略建立稳定流动前的瞬态过程，因此不需要初始条件。基于上述边界条件，我们可以假定(5.1.31)式具有如下形式的解

$$u(y,t)=Ue^{i\omega t}f(y) \tag{5.1.41}$$

式中 $f(y)$为待确定的函数，而边界条件相应改写成

$$f(0)=1, f(h)=0 \tag{5.1.42}$$

将(5.1.41)式代入(5.1.31)式中，可得

$$f''-i\frac{\omega}{\nu}f=0 \tag{5.1.43}$$

常微分方程(5.1.43)式满足边界条件(5.1.42)式的解为

$$f(y)=e^{\lambda y} \tag{5.1.44}$$

相应的特征方程为

$$\lambda^2-i\frac{\omega}{\nu}=0 \tag{5.1.45}$$

特征方程的根为

$$\lambda=\pm(1+i)\sqrt{\frac{\omega}{2\nu}} \tag{5.1.46}$$

则方程(5.1.43)的通解可表示成

$$f(y)=C_1\sinh\left[(1+i)\sqrt{\omega/(2\nu)}\,y\right]+C_2\cosh\left[(1+i)\sqrt{\omega/(2\nu)}\,y\right] \tag{5.1.47}$$

根据边界条件(5.1.42)式可确定积分常数 C_1 和 C_2，于是有

$$f(y)=\frac{\sinh\left[(1+i)(h-y)\sqrt{\omega/(2\nu)}\right]}{\sinh\left[(1+i)\sqrt{\omega/(2\nu)}\,h\right]} \tag{5.1.48}$$

因此可得流速分布为

$$\frac{u}{U}=\mathrm{Re}\left\{e^{i\omega t}\frac{\sinh\left[(1+i)(1-y/h)\sqrt{\omega h^2/(2\nu)}\right]}{\sinh\left[(1+i)\sqrt{\omega h^2/(2\nu)}\right]}\right\} \tag{5.1.49}$$

式中 Re 表示取复数的实部，物理量 h^2/ν 具有时间量纲，代表振动通过板间距 h 的扩散时间。流速分布如图 5.1.8 所示。

下面讨论两种情况下的流动。

(1)$\omega h^2/\nu \ll 1$

当 $\omega h^2/\nu \ll 1$时，表示振动扩散时间远小于下板振动时间 $1/\omega$，此时板间流体流动相当于下板瞬时运动引起的恒定剪切流动，称之为拟定常流动。由于 $\omega h^2/\nu$ 为无穷小量，将(5.1.49)式按双曲正弦函数无穷小量展开并取第一项，可得

$$\frac{u}{U}=\mathrm{Re}\left\{e^{i\omega t}\frac{(1+i)(1-y/h)\sqrt{\omega h^2/(2\nu)}}{(1+i)\sqrt{\omega h^2/(2\nu)}}\right\} \tag{5.1.50}$$

并简化成

$$u = U\cos(\omega t)(1 - y/h) = u_{\mathrm{w}}(1 - y/h) \tag{5.1.51}$$

其中 $u_{\mathrm{w}} = U\cos(\omega t)$，表示下板瞬时运动的速度。此即(5.1.11)式所表示的库埃特流动，不同的是在此下板是运动的。

(2)$\omega h^2/\nu \gg 1$

当 $\omega h^2/\nu \gg 1$ 时，采用双曲正弦函数的渐进展开式，由(5.1.49)式可得

$$u/U = \mathrm{Re}\left[\mathrm{e}^{-\sqrt{\omega/2\nu}y}\mathrm{e}^{\mathrm{i}(\omega t - \sqrt{\omega/2\nu}y)}\right] = \mathrm{e}^{-\sqrt{\omega/2\nu}y}\cos\left(\omega t - \sqrt{\omega/2\nu}y\right) \tag{5.1.52}$$

(5.1.52)式表示波长为 $\lambda = \sqrt{2\nu/\omega}$ 的剪切波的传播。因为 $h \gg \lambda = \sqrt{2\nu/\omega}$，这表明与波长相比，上板相当于位于无穷远处，因此流速与间距无关，板间距 h 在(5.1.52)式中不再出现。(5.1.52)式亦即板间距 $h \to \infty$ 时的斯托克斯第二问题的解，相关物理量可以组成三个无量纲变量，即 u/U、$y\sqrt{\omega/\nu}$ 和 ωt，均出现在(5.1.52)式中。

需要说明的是，由于存在特征时间 $1/\omega$，斯托克斯第二问题并不存在相似解，因此不能将无量纲流速归一化到一条分布曲线上。

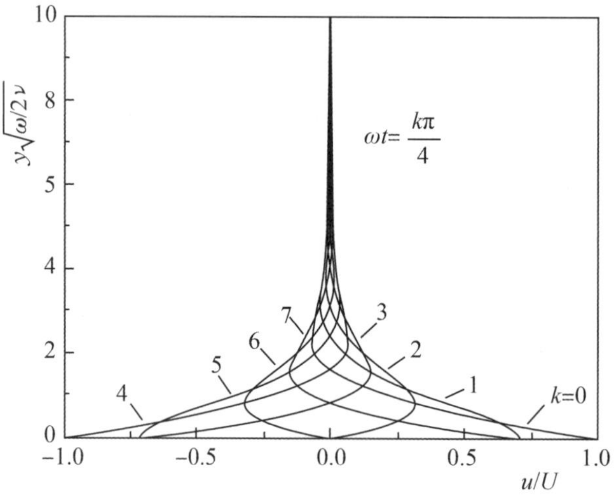

图 5.1.8　平板振动引起流动的流速分布

5.1.2　平面圆周运动

除平行剪切流动外，流体质点绕同一点做圆周运动的平面流动也可获得解析解。在圆柱坐标系(r,θ,z)下，平面圆周运动只有周向速度 u_θ 不为零，而径向 u_r 和轴向 u_z 的速度均为零。由于轴对称，关于 θ 的偏导数均为零，同时由于轴向无限延伸，关于 z 的偏导数也为零，于是流速 u_θ 和压强 p 均只是 r 和时间 t 的函数。基于上述流场特点，平面圆周运动的连续方程自动满足，而径向和周向的动量方程可分别简化为

$$\frac{\rho u_\theta^2}{r} = \frac{\mathrm{d}p}{\mathrm{d}r} \tag{5.1.53}$$

$$\frac{\partial u_\theta}{\partial t} = \nu\left(\frac{\partial^2 u_\theta}{\partial r^2} + \frac{1}{r}\frac{\partial u_\theta}{\partial r} - \frac{u_\theta}{r^2}\right) \tag{5.1.54}$$

从以上两个方程可以看出，平面圆周运动的非线性惯性项也为零，动量方程为线性方程。

(5.1.53) 式表明，流体质点做圆周运动的向心力由压强梯度提供。将(5.1.54) 式改写成

$$\frac{\partial}{\partial t}(2\pi r^2 \rho u_\theta) = \frac{\partial}{\partial r}(2\pi r^2 \tau_{r\theta}) \tag{5.1.55}$$

其中

$$\tau_{r\theta} = \mu\left(\frac{\partial u_\theta}{\partial r} - \frac{u_\theta}{r}\right)$$

为作用于流体的切应力。(5.1.55) 式左端表示角动量随时间的变化率，而右端则表示摩擦力矩。因此(5.1.54) 式表示的是动量矩定理，即流体微元角动量随时间的变化率等于作用于流体微元的摩擦力矩。在定常流动下，作用于流体微元的摩擦力矩处于平衡状态。

下面分别介绍一个定常和一个非定常的平面圆周运动问题。

1. 同轴圆柱间层流流动

考虑两个以不同转速旋转的同轴圆柱体间的流动，如图 5.1.9 所示。

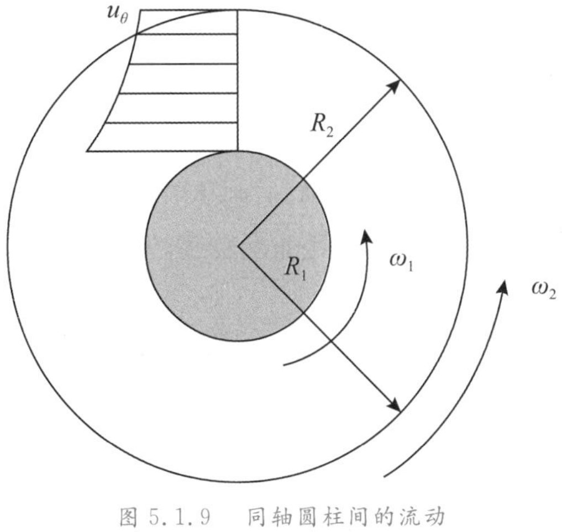

图 5.1.9　同轴圆柱间的流动

在内、外圆柱体旋转速度保持不变的条件下，圆柱体间的流体做定常流动，于是圆周方向的动量方程(5.1.54) 式可简化为

$$\frac{\mathrm{d}^2 u_\theta}{\mathrm{d}r^2} + \frac{1}{r}\frac{\mathrm{d}u_\theta}{\mathrm{d}r} - \frac{u_\theta}{r^2} = 0 \tag{5.1.56}$$

相应的边界条件为

$$r = R_1 : u_\theta = R_1\omega_1 ; r = R_2 : u_\theta = R_2\omega_2 \tag{5.1.57}$$

将(5.1.56) 式改写成

$$\frac{\mathrm{d}}{\mathrm{d}r}\left[r^3 \frac{\mathrm{d}}{\mathrm{d}}\left(\frac{u_\theta}{r}\right)\right] = 0 \tag{5.1.58}$$

积分两次可得

$$u_\theta = C_1 r + \frac{C_2}{r} \tag{5.1.59}$$

结合边界条件(5.1.57)式,可得积分常数

$$C_1=\frac{\omega_2R_2^2-\omega_1R_1^2}{R_2^2-R_1^2},C_2=\frac{(\omega_1-\omega_2)R_2^2R_1^2}{R_2^2-R_1^2}$$

因此,可得流速分布为

$$u_\theta=\frac{1}{R_2^2-R_1^2}\left[r(\omega_2R_2^2-\omega_1R_1^2)-\frac{R_1^2R_2^2}{r}(\omega_2-\omega_1)\right] \tag{5.1.60}$$

当 $C_1=0$,即 $\omega_2/\omega_1=(R_1/R_2)^2$ 时,(5.1.60)式表示的流速分布与点涡的流速分布(4.2.23)式类似,流速 u_θ 与 r 成反比,流动属于有势流动,这说明要维持两个圆柱间的流动是无旋流动,内外圆柱体的角速度必须满足 $\omega_2/\omega_1=(R_1/R_2)^2$ 的比例关系。

当 $R_1\to\infty,R_2\to\infty$ 时,在(5.1.60)式中令 $r=R_1+y,R_2-R_1=h$,则变成库埃特流动的解(5.1.11)式。

2. 黏性引起涡量的扩散

无限长圆柱体在无界黏性流体中旋转时会带动周围流体做圆周运动。假设圆柱体直径无限小,则圆柱体退化成一根无限长直线涡丝。根据(3.4.25)式,无限长直线涡丝周围流体的流速分布为

$$u_\theta=\frac{\Gamma}{2\pi r} \tag{5.1.61}$$

式中 Γ 为速度环量,即涡管强度。

假设在 $t=0$ 时刻直线涡丝突然停止转动,则周围流体的流动由于黏性的作用将逐渐减小直至停止。下面我们来分析直线涡丝停止旋转后,周围流体的运动以及流场中涡量的扩散。

显然,该问题属于一个非定常流动问题,对应动量方程即(5.1.54)式,相应的初始条件和边界条件为

$$u_\theta(r,0)=\Gamma/(2\pi r),u_\theta(0,t)=0,u_\theta(\infty,t)=\Gamma/(2\pi r) \tag{5.1.62}$$

由于在初始条件和边界条件中,都不存在特征长度和特征时间,因此该问题存在相似解。根据(5.1.61)式,可定义无量纲流速分布

$$\frac{u_\theta}{\Gamma/(2\pi r)}=f(r,t,\nu) \tag{5.1.63}$$

根据量纲分析,右端 r、t 和 ν 三个变量可组成一个无量纲量 $r/\sqrt{\nu t}$,因此选取 $\eta=r^2/(4\nu t)$作为无量纲自变量,选取 $r^2/(4\nu t)$的形式是为了简化后续的无量纲方程。于是无量纲流速分布函数可表示成 $f(\eta)$。将(5.1.63)式代入(5.1.54)式,则得到关于无量流速分布函数 f 的常微分方程

$$f''+f'=0 \tag{5.1.64}$$

式中 f' 和 f'' 分别表示 f 关于 η 的一阶和二阶导数。边界条件(5.1.62)式相应变为

$$f(\infty)=1,f(0)=0 \tag{5.1.65}$$

常微分方程(5.1.64)满足边界条件(5.1.65)式的解为

$$f=1-e^{-\eta} \tag{5.1.66}$$

由此可得流速分布为

$$u_\theta(r)=\frac{\Gamma}{2\pi r}\left[1-\mathrm{e}^{-r^2/(4\nu t)}\right] \tag{5.1.67}$$

流速随时间和距离的变化关系如图 5.1.10 所示，在中心区域（$r\ll 2\sqrt{\nu t}$），流体将像刚体一样转动，而在外部区域（$r\gg 2\sqrt{\nu t}$），流动与自由涡的速度分布类同。

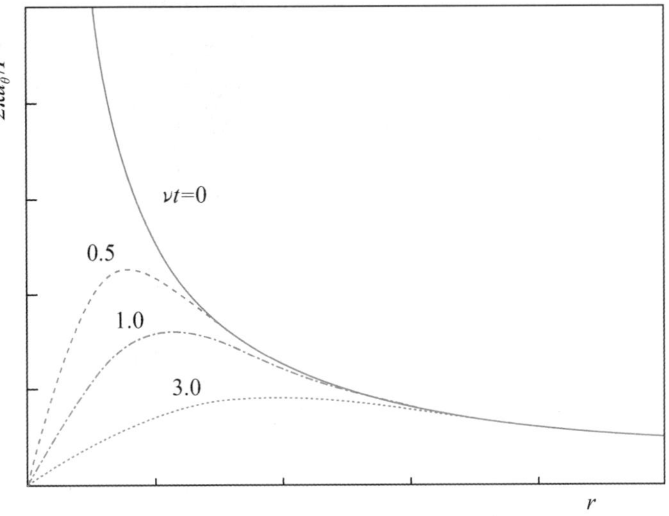

图 5.1.10　黏性涡的消散

下面我们来分析涡量的扩散。由流速分布(5.1.67) 式，可计算出涡量

$$\Omega_z=\frac{1}{r}\left[\frac{\partial}{\partial r}(ru_\theta)-\frac{\partial u_r}{\partial\theta}\right]=\frac{\Gamma}{4\pi\nu t}\mathrm{e}^{-r^2/(4\nu t)} \tag{5.1.68}$$

在 $t=0$ 时刻，$\Omega_z=0$，表明此时在 $r>0$ 的区域都是无旋的。当 $t>0$ 时，涡量开始从原点向四周扩散。在同一时刻，离原点越远（r 越大）的地方，涡量越小，如图 5.1.11(a) 所示；而在某一固定点，涡量先随时间逐渐增大，然后逐渐衰减直至为零，如图 5.1.11(b) 所示。

总的涡量为

$$\int_0^\infty \Omega_z 2\pi r\mathrm{d}r=\int_0^\infty \frac{\Gamma}{2\nu t}r\mathrm{e}^{-r^2/(4\nu t)}\mathrm{d}r=\Gamma\int_0^\infty \mathrm{e}^{-\eta}\mathrm{d}\eta=\Gamma \tag{5.1.69}$$

上式表明，在任意时刻，流场内的总涡量保持不变，扩散只是改变了涡量的分布。

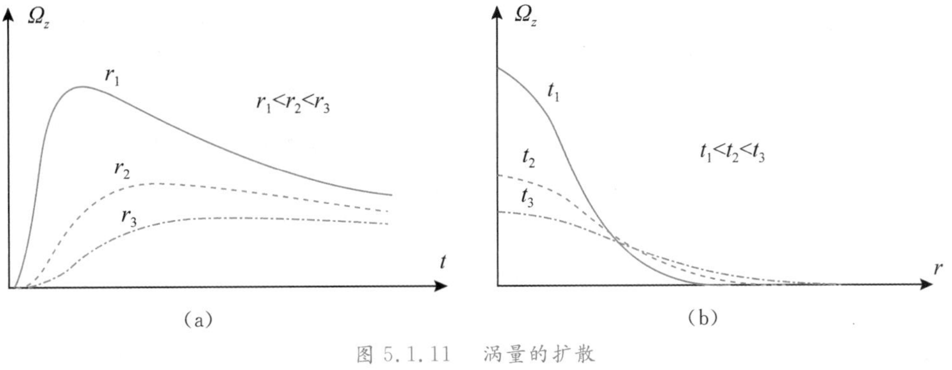

图 5.1.11　涡量的扩散

5.2 低雷诺数流动

通常将 $Re \ll 1$ 的低雷诺数流动称为斯托克斯流动(Stokes flow),在实际中,如泥沙沉降、地下水渗流、微生物游动、润滑等,都属于低雷诺数流动。在该类流动中,由于惯性力相比黏性力很小,若在 N-S 方程中令 $Re = 0$,N-S 方程将变为线性的动量方程,由此得到的 N-S 方程的解可作为低雷诺数流动的近似解。在本节中我们先介绍描述低雷诺数流动的方程,然后分析两种典型的低雷诺数流动,即绕球体的缓慢流动和滑动轴承内的流动。

5.2.1 低雷诺数流动的方程

引入特征流速 u_0 和特征长度 l_0,将空间坐标、速度和时间化为无量纲量

$$\boldsymbol{x}^0 = \frac{\boldsymbol{x}}{l_0}, \boldsymbol{u}^0 = \frac{\boldsymbol{u}}{u_0}, t^0 = \frac{tu_0}{l_0}$$

在低雷诺数流动中,因为惯性力项可以忽略,所以压强梯度项的量级应该与黏性力项的量级相当,即压强的量级可估算为 $p \sim \mu u_0/l_0$,因此可将压强无量纲化为

$$p^0 = \frac{p}{\mu u_0/l_0}$$

将上述无量纲量代入不可压缩流体运动的连续方程和 N-S 方程中,可得无量纲化方程组为

$$\nabla^0 \cdot \boldsymbol{u}^0 = 0$$

$$Re \frac{\mathrm{D}\boldsymbol{u}^0}{\mathrm{D}t} = -\nabla^0 p^0 + \nabla^{02} \boldsymbol{u}^0$$

其中 $Re = \rho u_0 l_0/\mu$,当 $Re \ll 1$ 时,动量方程左端惯性项可以忽略。恢复量纲后,上述方程组简化为

$$\nabla \cdot \boldsymbol{u} = 0 \tag{5.2.1}$$

$$\nabla p = \mu \nabla^2 \boldsymbol{u} \tag{5.2.2}$$

其中(5.2.2)式称为斯托克斯方程(Stokes equation)。严格来讲,只有 $Re = 0$ 时斯托克斯方程才成立,这要求速度或几何特征长度为零才行,因此任何真实的流动都不可能严格满足斯托克斯方程。实践证明,对于单个微粒在无界流体中的运动,当 $Re < 0.1$ 时斯托克斯方程的解能满足精度要求,对于大量微粒相互影响或单个微粒近壁面的流动,即使雷诺数再大些($Re \sim 1$),斯托克斯方程也能给出较好的近似。

对(5.2.2)式取散度,并应用连续方程(5.2.1)式,可得

$$\nabla^2 p = 0 \tag{5.2.3}$$

上式表明压强为调和函数。

对(5.2.2)式应用拉普拉斯算子∇^2,并应用(5.2.3)式,可得

$$\nabla^2 \nabla^2 \boldsymbol{u} = \boldsymbol{0} \tag{5.2.4}$$

所以流速 $\boldsymbol{u}$ 为双调和函数。

(5.2.3)式和(5.2.4)式分别给出了斯托克斯流动中压强和流速的控制方程,且可以分别计算。在流速的控制方程中不出现黏度和密度两个参数,也不出现时间的导数项,这表明斯托克斯流动中的运动学变量,如速度、涡量等,与流体的黏度和密度无关,也不依赖于流动的历史,只与瞬时的边界条件有关。因为流速与黏度和密度无关,由(5.2.2)式可知,压强只与黏度有关而与密度无关,进而其他动力学变量,如应力、物体所受合力等,也只与黏度有关,与密度无关。当然,这些斯托克斯流动的特性只有在 $Re \to 0$ 的情况下才会出现。

斯托克斯方程的求解有两种途径:一是直接应用控制方程和相应的边界条件求解边值问题,二是利用斯托克斯方程为线性方程,建立控制方程的一些基本解,然后通过基本解叠加求解某些流动问题。当采用第一条途径时,在很多情况下并不直接求解流速控制方程(5.2.4)式,而是通过求解流函数来得到流速,在本书中主要介绍应用流函数的方法。下面先推导出斯托克斯流动问题的流函数方程。

对(5.2.2)式取旋度得

$$\nabla \times \nabla p = \mu \nabla \times \nabla^2 \boldsymbol{u} = \mu \nabla^2 \boldsymbol{\Omega}$$

因为$\nabla \times \nabla p = \boldsymbol{0}$,所以有

$$\nabla^2 \boldsymbol{\Omega} = \boldsymbol{0} \tag{5.2.5}$$

即在斯托克斯流动中,涡量也满足调和方程。

对于平面斯托克斯流动,涡量 $\boldsymbol{\Omega}$ 只有 x_3 方向的分量即

$$\boldsymbol{\Omega} = \left(\frac{\partial u_2}{\partial x_1} - \frac{\partial u_1}{\partial x_2}\right)\boldsymbol{e}_3 \tag{5.2.6}$$

根据流速与流函数的关系,可得

$$\boldsymbol{\Omega} = \left[\frac{\partial}{\partial x_1}\left(-\frac{\partial \psi}{\partial x_1}\right) - \frac{\partial}{\partial x_2}\left(\frac{\partial \psi}{\partial x_2}\right)\right]\boldsymbol{e}_3 = -\nabla^2 \psi \boldsymbol{e}_3 \tag{5.2.7}$$

将(5.2.7)式代入(5.2.5)式可得

$$\nabla^2 \nabla^2 \psi = 0 \tag{5.2.8}$$

即平面斯托克斯流动的流函数是双调和方程。

对于轴对称斯托克斯流动问题,适合采用球坐标(r,θ,φ)。在球坐标系中涡量可表示为(注意,由于对称 $u_\varphi = 0, \partial/\partial\varphi = 0$)

$$\boldsymbol{\Omega} = \nabla \times \boldsymbol{u} = \frac{1}{r^2 \sin\theta}\begin{vmatrix} \boldsymbol{e}_r & r\boldsymbol{e}_\theta & r\sin\theta \boldsymbol{e}_\varphi \\ \dfrac{\partial}{\partial r} & \dfrac{\partial}{\partial \theta} & \dfrac{\partial}{\partial \varphi} \\ u_r & r u_\theta & 0 \end{vmatrix} = \frac{1}{r}\left[\frac{\partial}{\partial r}(r u_\theta) - \frac{\partial u_r}{\partial \theta}\right]\boldsymbol{e}_\varphi$$

将球坐标中流速与流函数的关系(4.1.23)式代入上述涡量 $\boldsymbol{\Omega}$ 的表达式中,经整理可得

$$\boldsymbol{\Omega} = -\frac{1}{r\sin\theta}\mathrm{E}^2 \psi \boldsymbol{e}_\varphi \tag{5.2.9}$$

其中算子

$$\mathrm{E}^2=\frac{\partial^2}{\partial r^2}+\frac{\sin\theta}{r^2}\frac{\partial}{\partial\theta}\left(\frac{1}{\sin\theta}\frac{\partial}{\partial\theta}\right)$$

对(5.2.9)式取旋度得

$$\nabla\times\boldsymbol{\Omega}=\frac{1}{r^2\sin\theta}\begin{vmatrix}\boldsymbol{e}_r & r\boldsymbol{e}_\theta & r\sin\theta\boldsymbol{e}_\varphi\\ \dfrac{\partial}{\partial r} & \dfrac{\partial}{\partial\theta} & \dfrac{\partial}{\partial\varphi}\\ 0 & 0 & -\mathrm{E}^2\psi\end{vmatrix}$$

$$=-\frac{1}{r^2\sin\theta}\left[\frac{\partial}{\partial\theta}(\mathrm{E}^2\psi)\right]\boldsymbol{e}_r+\frac{1}{r\sin\theta}\left[\frac{\partial}{\partial r}(\mathrm{E}^2\psi)\right]\boldsymbol{e}_\theta \tag{5.2.10}$$

对上式继续取旋度,可得

$$\nabla\times\nabla\times\boldsymbol{\Omega}=\frac{1}{r^2\sin\theta}\begin{vmatrix}\boldsymbol{e}_r & r\boldsymbol{e}_\theta & r\sin\theta\boldsymbol{e}_\varphi\\ \dfrac{\partial}{\partial r} & \dfrac{\partial}{\partial\theta} & \dfrac{\partial}{\partial\varphi}\\ -\dfrac{1}{r^2\sin\theta}\dfrac{\partial}{\partial\theta}(\mathrm{E}^2\psi) & \dfrac{1}{r\sin\theta}\dfrac{\partial}{\partial r}(\mathrm{E}^2\psi) & 0\end{vmatrix}=\frac{1}{r\sin\theta}\mathrm{E}^2\mathrm{E}^2\psi\boldsymbol{e}_\varphi$$

应用恒等式$\nabla\times\nabla\times\boldsymbol{\Omega}=\nabla(\nabla\cdot\boldsymbol{\Omega})-\nabla^2\boldsymbol{\Omega}$,由于$\nabla\cdot\boldsymbol{\Omega}=\nabla\cdot(\nabla\times\boldsymbol{u})=0$,以及涡量$\boldsymbol{\Omega}$满足(5.2.5)式,所以有$\nabla\times\nabla\times\boldsymbol{\Omega}=\boldsymbol{0}$。于是,由上式可得

$$\mathrm{E}^2\mathrm{E}^2\psi=0 \tag{5.2.11}$$

表明轴对称斯托克斯流动问题中的流函数同样满足双调和方程,但要注意,这里的算子E^2与拉普拉斯算子并不相同。

流函数求解出来后,根据流速与流函数的关系可求解出流速,而压强也同样可以由流函数求出。将(5.2.2)式代入恒等式$\nabla\times\nabla\times\boldsymbol{u}=\nabla(\nabla\cdot\boldsymbol{u})-\nabla^2\boldsymbol{u}=-\nabla^2\boldsymbol{u}$中,可得

$$\nabla\times\boldsymbol{\Omega}=-\frac{1}{\mu}\nabla p \tag{5.2.12}$$

对于平面问题,将(5.2.7)式代入(5.2.12)式可得

$$\frac{\partial p}{\partial x_1}=-\frac{\partial}{\partial x_2}(\nabla^2\psi) \tag{5.2.13}$$

$$\frac{\partial p}{\partial x_2}=\frac{\partial}{\partial x_1}(\nabla^2\psi) \tag{5.2.14}$$

对于轴对称问题,将(5.2.10)式代入(5.2.12)式可得

$$\frac{\partial p}{\partial r}=\frac{\mu}{r^2\sin\theta}\frac{\partial}{\partial\theta}(\mathrm{E}^2\psi) \tag{5.2.15}$$

$$\frac{\partial p}{\partial\theta}=-\frac{\mu}{r\sin\theta}\frac{\partial}{\partial r}(\mathrm{E}^2\psi) \tag{5.2.16}$$

5.2.2 绕球体的缓慢流动

1. 斯托克斯近似

设半径为 R 的刚性圆球以速度 U 在原来处于静止的流体中做匀速直线运动。当雷诺

数 $2RU/\nu \ll 1$ 时，由圆球运动引起的流动问题可采用斯托克斯方程进行求解。

将坐标系固定在运动的圆球上，原点取在圆球的瞬时球心，则可将圆球运动引起的流动问题看作均匀流场绕圆球的定常流动问题。采用球坐标系，该流动问题的流函数方程即(5.2.11)式，对应的边界条件为

$$r \to \infty: \quad u_r = U\cos\theta, \quad u_\theta = -U\sin\theta \tag{5.2.17}$$

$$r = R: \quad u_r = u_\theta = 0 \tag{5.2.18}$$

参照空间轴对称有势流动无穷远均匀来流的流函数(4.3.36)式，可设流函数具有如下形式

$$\psi = f(r)\sin^2\theta \tag{5.2.19}$$

代入流函数方程(5.2.11)式，并整理可得

$$\mathrm{E}^2\mathrm{E}^2\psi = \left(\frac{\mathrm{d}^2}{\mathrm{d}r^2} - \frac{2}{r^2}\right)\left(\frac{\mathrm{d}^2}{\mathrm{d}r^2} - \frac{2}{r^2}\right)f = 0 \tag{5.2.20}$$

上式具有 $f(r) = r^n$ 形式的解，将 $f(r) = r^n$ 代入上式可得幂指数 n 的方程为

$$[(n-2)(n-3)-2][(n(n-1)-2)] = 0$$

由上式解得 $n = -1, 1, 2, 4$，所以(5.2.20)式的通解可写成

$$f(r) = C_1 r^{-1} + C_2 r + C_3 r^2 + C_4 r^4 \tag{5.2.21}$$

由流速与流函数的关系，可得

$$u_r = \frac{1}{r^2\sin\theta}\frac{\partial\psi}{\partial\theta} = \frac{2\cos\theta}{r^2}f(r) = \frac{2}{r^2}(C_1 r^{-1} + C_2 r + C_3 r^2 + C_4 r^4)\cos\theta$$

$$u_\theta = -\frac{1}{r\sin\theta}\frac{\partial\psi}{\partial r} = -\frac{\sin\theta}{r}f'(r) = -\frac{1}{r}(-C_1 r^{-2} + C_2 + 2C_3 r + 4C_4 r^3)\sin\theta$$

根据边界条件(5.2.17)式可知，$r \to \infty$ 时，$u_r = U\cos\theta$，所以有 $C_3 = U/2$，$C_4 = 0$。再由边界条件(5.2.18)式，可得 $f(R) = f'(R) = 0$，则有

$$\frac{C_1}{R} + C_2 R + \frac{UR}{2} = 0$$

以及

$$-\frac{C_1}{R^2} + C_2 + UR = 0$$

联立以上两式可解得 $C_1 = UR^3/4$，$C_2 = -3UR/4$。至此函数 $f(r)$ 的具体形式得以确定，于是流函数可表示为

$$\psi = \frac{1}{2}Ur^2\left(1 + \frac{1}{2}\frac{R^3}{r^3} - \frac{3}{2}\frac{R}{r}\right)\sin^2\theta \tag{5.2.22}$$

对应的流速为

$$u_r = U\left(1 - \frac{3}{2}\frac{R}{r} + \frac{1}{2}\frac{R^3}{r^3}\right)\cos\theta, u_\theta = -U\left(1 - \frac{3}{4}\frac{R}{r} - \frac{1}{4}\frac{R^3}{r^3}\right)\sin\theta \tag{5.2.23}$$

将流函数代入(5.2.15)式和(5.2.16)式，可得

$$\partial p/\partial r = 3\mu URr^{-3}\cos\theta, \partial p/\partial\theta = 3\mu URr^{-2}\sin\theta/2$$

积分以上两式可得压强分布为

$$p = -\frac{3}{2}\mu URr^{-2}\cos\theta + C$$

由压强边界条件 $r \to \infty, p = p_\infty$ 确定积分常数 $C = p_\infty$。于是有

$$p - p_\infty = -\frac{3}{2}\mu URr^{-2}\cos\theta \tag{5.2.24}$$

在球面上($r = R$)的相对压强分布为

$$p(R,\theta) - p_\infty = -\frac{3}{2R}\mu U\cos\theta \tag{5.2.25}$$

流体作用在圆球表面上的黏性法向应力为

$$\tau_{rr}(R,\theta) = \left(2\mu\frac{\partial u_r}{\partial r}\right)_{r=R} = 0 \tag{5.2.26}$$

上式表明法向应力恒等于零。作用在圆球表面上的黏性切应力为

$$\tau_{r\theta}(R,\theta) = \mu\left(\frac{1}{r}\frac{\partial u_r}{\partial \theta} + \frac{\partial u_\theta}{\partial r} - \frac{u_\theta}{r}\right)_{r=R} = -\frac{3}{2}\frac{\mu U}{R}\sin\theta \tag{5.2.27}$$

从(5.2.25)式可知，相对压强在球面前部($\cos\theta < 0$)为正，在球面后部($\cos\theta > 0$)为负，从而导致沿运动方向存在压差，阻碍圆球运动，这部分阻力称为压差阻力(pressure drag)。除压差阻力外，作用在球面的黏性切应力也会阻碍球体的运动，这部分阻力称为黏性阻力(friction drag)。因为压强和黏性切应力关于来流方向对称分布，所以作用在球面上的合力方向为来流方向。压强和黏性切应力沿球面积分，可得到圆球所受的总阻力

$$\begin{aligned} F_\mathrm{D} &= \int_S -p(R,\theta)\cos\theta\mathrm{d}S + \int_S -\tau_{r\theta}(R,\theta)\sin\theta\mathrm{d}S \\ &= 2\pi\mu UR + 4\pi\mu UR \\ &= 6\pi\mu UR \end{aligned} \tag{5.2.28}$$

即流体作用于球体的阻力 1/3 来自表面压力(压差阻力)，2/3 来自表面切应力(黏性阻力)。

定义阻力系数

$$C_\mathrm{D} = \frac{F_D}{\rho U^2 A/2} \tag{5.2.29}$$

式中 A 为参考面积，对绕圆球流动一般取圆球的迎流面积，即 $A = \pi R^2$，则绕圆球流动的阻力系数为

$$C_\mathrm{D} = \frac{6\pi\mu UR}{\rho U^2\pi R^2/2} = \frac{24}{Re} \tag{5.2.30}$$

上式称为斯托克斯阻力公式(Stokes formula of friction drag)，式中雷诺数 $Re = 2RU/\nu$。在 $Re < 1$ 的情况下，斯托克斯阻力公式与实测结果吻合较好，如图 5.2.1 所示。

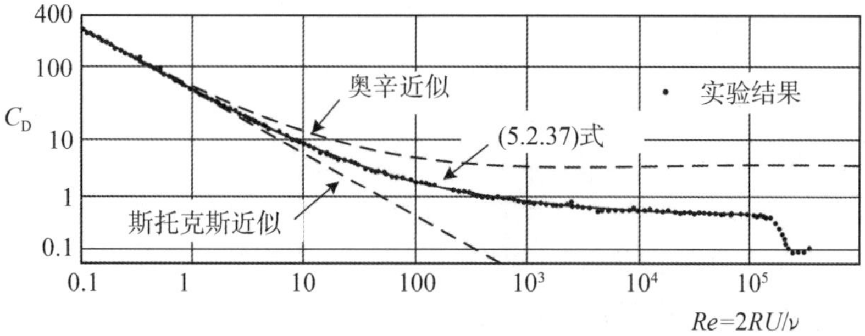

图 5.2.1　圆球绕流阻力系数

比较第 4 章中绕圆球的有势流动和本章中绕圆球的黏性流动(亦即有涡流动),以揭示两种流动的区别。将(4.3.37)式有势流动的流速绝对值减去(5.2.23)式黏性流动的流速绝对值(即只进行大小的比较),可得

$$\Delta u_r = \frac{3}{2}U\left(\frac{R}{r}-\frac{R^3}{r^3}\right)|\cos\theta|, \Delta u_\theta = \frac{3}{4}U\left(\frac{R}{r}+\frac{R^3}{r^3}\right)|\sin\theta|$$

注意 $R/r \leqslant 1$,所以 $R/r \geqslant R^3/r^3$,于是 $\Delta u_r \geqslant 0, \Delta u_\theta \geqslant 0$。这表明在流场中的同一位置,黏性流动中的流速总是小于有势流动中的流速。若将圆球附近流场流速的降低看成是圆球扰动的结果,则说明在黏性流动中球体对流场扰动影响更大。在球面的压强分布上,比较(4.3.38)式和(5.2.25)式可知,有势流动中压强与流体的密度成正比,而斯托克斯流动中压强与流体的动力黏度成正比,与密度无关。

如果用球形气泡代替刚性圆球,则气泡表面边界条件为:$r=R, u_r=0, \tau_{r\theta}=0$,其余条件与刚性圆球相同,读者可自行推导相应流场的解。可得球形气泡所受的总阻力为

$$F_D = 4\pi\mu UR \tag{5.2.31}$$

如果是球形液滴,由于存在表面切应力,液滴内部的流体在外部流体的作用下会做循环流动,在求解过程中需要考虑内外两个流场,具体求解过程读者可参考有关文献。球形液滴的总阻力介于球形气泡和刚性圆球之间

$$F_D = 6\pi\mu_1 UR\,\frac{1+2\mu_1/3\mu_2}{1+\mu_1/\mu_2} \tag{5.2.32}$$

式中 μ_1 为周围流体的动力黏度,μ_2 为液滴的动力黏度。

2. 奥辛近似

在斯托克斯近似中,完全忽略了对流惯性力的作用。如此处理,对于圆球附近的流场是合适的,但在远离圆球的区域,斯托克斯解并不适应,下面的分析可以说明这一点。

引入当地雷诺数(距离原点 r 处的雷诺数)

$$Re_r = \frac{Ur}{\nu} = \frac{UR}{\nu}\left(\frac{r}{R}\right) = Re_R\left(\frac{r}{R}\right)$$

其中 $Re_R = RU/\nu$。由上式可知,在圆球附近 $r \to R, Re_r \to Re_R$,当 $Re_R \to 0$ 时,$Re_r \to 0$,因此斯托克斯方程近似成立。然而在远离圆球的区域 $r \to \infty$,无论雷诺数 Re_R 多么小,总有 $Re_r \to \infty$,此时斯托克斯方程不再成立。

斯托克斯方程完全忽略惯性力的局限性还体现在对二维流动问题的不适应性上。在二维绕流流动中，由于斯托克斯方程的解不能同时满足物面和无穷远处的边界条件，因此对二维柱体绕流问题无解。可以通过量纲分析来解释斯托克斯方程在二维绕流问题中是如何失效的。因为忽略了惯性力的影响，物体所受的阻力与流体的密度无关，只是来流流速U、流体黏度μ及物体几何尺度L的函数。通过量纲分析，可得绕三维物体的无量纲阻力可表示为$F_D/(\mu UL)$，对于二维流动，阻力为单位长度上的阻力，其无量纲阻力的形式应为$F_D/(\mu U)$，这意味着阻力与物体的几何尺寸无关，显然这在物理上是错误的。究其原因，是由于二维绕流阻力还与密度有关，阻力的函数形式应为$F_D = f(\rho, U, \mu, L) = f(\rho UL/\mu) = f(Re)$，故无论来流流速多么小，对二维绕流流动来说雷诺数始终很重要。

鉴于斯托克斯方程存在上述局限性，奥辛（C. W. Oseen）建议将对流惯性项近似表示成

$$\boldsymbol{u} \cdot \nabla \boldsymbol{u} \approx U \frac{\partial \boldsymbol{u}}{\partial x}$$

即对流惯性项中的输运速度取来流流速U，这样对对流惯性项实现了线性化，将N-S方程近似简化为

$$U \frac{\partial \boldsymbol{u}}{\partial x} = -\frac{1}{\rho} \nabla p + \nu \nabla^2 \boldsymbol{u} \tag{5.2.33}$$

在物面附近，黏性力占主导地位，线性化的惯性项对流动的贡献很小，因此在物面附近(5.2.33)式具有跟斯托克斯方程相同的精度。而在远离物面处，由于实际流速逐渐接近来流流速U，输运速度取为来流流速U是恰当的近似。

在球坐标系中，采用奥辛近似的圆球绕流流函数为

$$\psi = \frac{1}{2}Ur^2\left(1+\frac{1}{2}\frac{R^3}{r^3}\right)\sin^2\theta - \frac{3}{2}\frac{UR^2(1+\cos\theta)}{Re_R}\left\{1-\exp\left[-\frac{Re_R}{2}\frac{r}{R}(1-\cos\theta)\right]\right\} \tag{5.2.34}$$

在物面附近，最后一项中的$Re_R(r/R)$为小量，做级数展开后可得

$$\psi = \frac{1}{2}Ur^2\left(1+\frac{1}{2}\frac{R^3}{r^3}-\frac{3}{2}\frac{R}{r}\right)\sin^2\theta + O(Re_R) \tag{5.2.35}$$

上式仅与斯托克斯近似的流函数(5.2.22)式相差$O(Re_R)$的量级。

由奥辛近似计算得到绕圆球流动的阻力系数为

$$C_D = \frac{24}{Re}\left(1+\frac{3}{16}Re\right) \tag{5.2.36}$$

在图5.2.1中也给出了奥辛近似的结果，计算精度较之斯托克斯近似略有改善，可以应用到雷诺数$Re = 2RU/\nu = 5$。在图5.2.1中还给出了根据实验数据拟合得到经验公式

$$C_D = \frac{24}{Re} + \frac{6}{1+\sqrt{Re}} + 0.4 \tag{5.2.37}$$

上式可以应用到雷诺数$Re = 2\times 10^5$，最大误差小于10%。

5.2.3 滑动轴承内的流动

为防止干摩擦，滑动轴承轴与轴承之间需要填充润滑油。在轴的自重、负荷以及油膜的作用下，轴与轴承不会处于同心位置，轴与轴承之间的间隙沿旋转方向是变化的。由于间隙与轴的半径相比很小，可以将轴与轴承的表面用平面代替，润滑油在轴与轴承之间的流动近似为倾斜平板之间的流动，如图 5.2.2 所示。

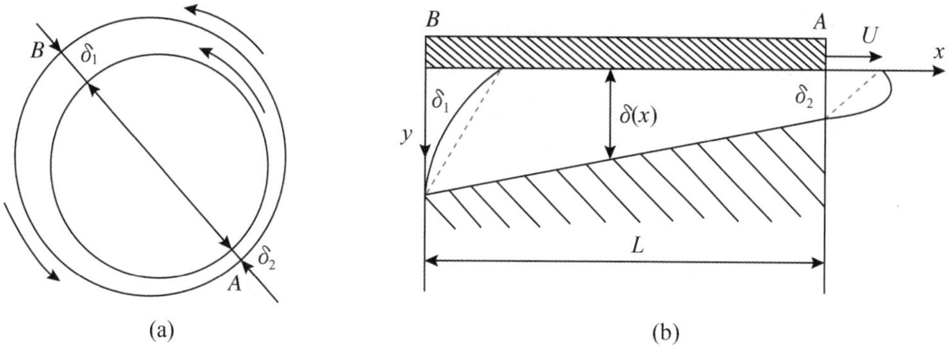

图 5.2.2　滑动轴承内的流动

假设图 5.2.2 中倾斜平板间流动的下板为静止的，而上板以流速 U 做匀速直线运动。轴和轴承半个圆周的展开长度为 L，因间隙高度 $\delta \ll L$，流动可视为平面流动。润滑油流动的速度尺度和几何尺度可估算如下

$$u \sim U, x \sim L, y \sim \bar{\delta}$$

其中 $\bar{\delta}$ 为平均间隙高度。根据连续方程可知 $\partial v/\partial y \sim \partial u/\partial x$，则有 $v \sim U\bar{\delta}/L$。于是，x 方向的 N-S 方程以及每项的量级可表示如下

$$\rho\left(u\frac{\partial u}{\partial x}+v\frac{\partial u}{\partial y}\right)=-\frac{\partial p}{\partial x}+\mu\left(\frac{\partial^2 u}{\partial x^2}+\frac{\partial^2 u}{\partial y^2}\right)$$

$$\frac{\rho U^2}{L} \qquad \frac{\rho U^2}{L} \qquad\qquad \frac{\mu U}{L^2} \qquad \frac{\mu U}{\bar{\delta}^2}$$

显然，上式右端黏性项的第一项远小于第二项，因此可以忽略。在上式中，惯性力与黏性力的比值为

$$\frac{\rho U^2/L}{\mu U^2/\bar{\delta}^2}=\frac{\rho UL}{\mu}\left(\frac{\bar{\delta}}{L}\right)^2=Re\left(\frac{\bar{\delta}}{L}\right)^2$$

式中雷诺数 $Re=\rho UL/\mu$。如果 $Re\ (\bar{\delta}/L)^2 \ll 1$，则惯性力与黏性力相比可以忽略。上式同时也表明，只要间隙高度足够小，就能满足 $Re\ (\bar{\delta}/L)^2 \ll 1$ 的条件，而不一定要求雷诺数非常小。根据上述分析，忽略惯性项等小量后，x 方向的 N-S 方程可简化为

$$-\frac{\partial p}{\partial x}+\mu\frac{\partial^2 u}{\partial y^2}=0 \tag{5.2.38}$$

同样可以给出 y 方向的 N-S 方程以及各项的量级

$$\rho\left(u\frac{\partial v}{\partial x}+v\frac{\partial v}{\partial y}\right)=-\frac{\partial p}{\partial y}+\mu\left(\frac{\partial^2 v}{\partial x^2}+\frac{\partial^2 v}{\partial y^2}\right)$$

$$\frac{\rho U^2\bar{\delta}}{L^2}\qquad\frac{\rho U^2\bar{\delta}}{L^2}\qquad\qquad\frac{\mu U\bar{\delta}}{L^3}\qquad\frac{\mu U}{L\bar{\delta}}$$

由于$\bar{\delta}/L\ll 1$，上式中各项与x方向N-S方程相应各项相比均可忽略，因此y方向的N-S方程退化为

$$\frac{\partial p}{\partial y}=0 \tag{5.2.39}$$

这表明压强p在y方向为常数，仅为x的函数。

(5.2.38)式对y积分两次，可得

$$u=\frac{1}{\mu}\frac{\mathrm{d}p}{\mathrm{d}x}\left(\frac{1}{2}y^2+C_1y+C_2\right) \tag{5.2.40}$$

根据边界条件

$$y=0,u=U;y=\delta,u=0$$

可确定(5.2.40)式中的积分常数C_1和C_2，从而可得到任意截面的流速分布

$$u=\frac{1}{2\mu}\frac{\mathrm{d}p}{\mathrm{d}x}(y^2-\delta y)+\frac{U}{\delta}(\delta-y) \tag{5.2.41}$$

流过通道的流量(单位宽度的流量)为

$$\int_0^\delta u\mathrm{d}y=-\frac{\delta^3}{12\mu}\frac{\mathrm{d}p}{\mathrm{d}x}+\frac{U\delta}{2} \tag{5.2.42}$$

在定常流动情况下，流量与x无关，其对x的微分为零，于是有

$$\frac{\partial}{\partial x}\int_0^\delta u\mathrm{d}y=\frac{\partial}{\partial x}\left(-\frac{\delta^3}{12\mu}\frac{\mathrm{d}p}{\mathrm{d}x}+\frac{U\delta}{2}\right)=0$$

化简上式可得

$$\frac{\partial}{\partial x}\left(\delta^3\frac{\mathrm{d}p}{\mathrm{d}x}\right)=6\mu U\frac{\mathrm{d}\delta}{\mathrm{d}x} \tag{5.2.43}$$

积分(5.2.43)式可得

$$\frac{\mathrm{d}p}{\mathrm{d}x}=\frac{6\mu U}{\delta^2}+\frac{C}{\delta^3} \tag{5.2.44}$$

式中C为积分常数。

假设间隙高度呈线性分布，即

$$\delta=\delta_1+(\delta_2-\delta_1)x/L \tag{5.2.45}$$

将上式代入(5.2.44)式并积分

$$\int_{p_0}^{p}\mathrm{d}p=\int_{\delta_1}^{\delta_2}\left(\frac{6\mu U}{\delta^2}+\frac{C}{\delta^3}\right)\frac{L}{\delta_2-\delta_1}\mathrm{d}\delta$$

即

$$p-p_0=\left[6\mu U\left(\frac{1}{\delta_1}-\frac{1}{\delta}\right)+\frac{C}{2}\left(\frac{1}{\delta_1^2}+\frac{1}{\delta^2}\right)\right]\frac{L}{\delta_2-\delta_1}$$

由边界条件$\delta=\delta_2,p=p_0$，可得积分常数

$$C = -\frac{12\mu U\delta_1\delta_2}{\delta_1 + \delta_2}$$

由此可得

$$p - p_0 = \frac{6\mu UL(\delta - \delta_1)(\delta - \delta_2)}{\delta(\delta_2^2 - \delta_1^2)} \tag{5.2.46}$$

根据(5.2.45)式，上式可改写成无量纲形式

$$\frac{p - p_0}{\mu UL/\delta_1^2} = \frac{6(x/L)(1 - x/L)(1 - \delta_2/\delta_1)}{(1 + \delta_2/\delta_1)[1 - (1 - \delta_2/\delta_1)(x/L)]^2} \tag{5.2.47}$$

不同间隙收缩比 δ_2/δ_1 的压强分布如图 5.2.3 所示。从图中可知，当间隙比减小时，压强增大并向出口侧移动，压强增量为 $\mu UL/\delta_1^2$ 的量级。以 SAE 润滑油为例，设 $U = 10\text{m/s}$，$L = 4\text{cm}$，$\delta_1 = 0.1\text{mm}$，$\mu = 1.4\text{Pa/s}$，则 $\mu UL/\delta_1^2 \approx 2.5 \times 10^7\,\text{Pa}$。可见，在很薄的润滑层中可以产生很高的正压力，于是轴可受很大的负荷而不与轴承接触。

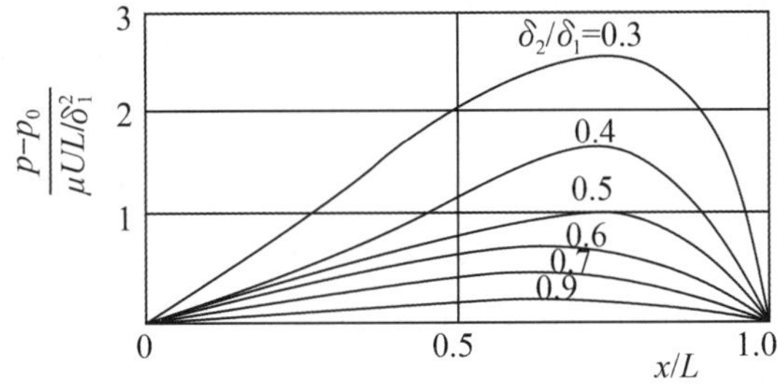

图 5.2.3　滑动轴承内的压强分布

如果倾斜平板间还存在 z 方向的流动，上板除以速度 U 向 x 方向平移外，还以常速度 W 沿 z 方向做平移运动，则 z 方向的动量方程与(5.2.38)式具有相同的形式

$$-\frac{\partial p}{\partial z} + \mu\frac{\partial^2 w}{\partial y^2} = 0 \tag{5.2.48}$$

积分可求得沿 z 方向的速度

$$w = \frac{1}{2\mu}\frac{\mathrm{d}p}{\mathrm{d}z}(y^2 - \delta y) + \frac{W}{\delta}(\delta - y) \tag{5.2.49}$$

从而可计算出 z 方向的体积流量为

$$\int_0^\delta w\,\mathrm{d}y = -\frac{\delta^3}{12\mu}\frac{\mathrm{d}p}{\mathrm{d}z} + \frac{U\delta}{2} \tag{5.2.50}$$

将连续方程沿 y 方向积分

$$\int_0^\delta \frac{\partial u}{\partial x}\mathrm{d}y + \int_0^\delta \frac{\partial w}{\partial z}\mathrm{d}y = -\int_0^\delta \frac{\partial v}{\partial y}\mathrm{d}y = -v(\delta) + v(0)$$

根据无滑边界条件有 $y = 0, v = 0$ 和 $y = \delta, v = 0$，于是由上式可得

$$\int_0^\delta \frac{\partial u}{\partial x}\mathrm{d}y + \int_0^\delta \frac{\partial w}{\partial z}\mathrm{d}y = 0 \tag{5.2.51}$$

由于

$$\int_0^\delta \frac{\partial u}{\partial x}\mathrm{d}y = \frac{\partial}{\partial x}\int_0^\delta u\,\mathrm{d}y$$

以及

$$\int_0^\delta \frac{\partial w}{\partial z}\mathrm{d}y = \frac{\partial}{\partial z}\int_0^\delta w\mathrm{d}y$$

所以有

$$\frac{\partial}{\partial x}\int_0^\delta u\mathrm{d}y + \frac{\partial}{\partial z}\int_0^\delta w\mathrm{d}y = 0 \tag{5.2.52}$$

将(5.2.42)式和(5.2.50)式代入(5.2.52)式，并整理可得

$$\frac{\partial}{\partial x}\left(\delta^3\ \frac{\mathrm{d}p}{\mathrm{d}x}\right)+\frac{\partial}{\partial z}\left(\delta^3\ \frac{\mathrm{d}p}{\mathrm{d}z}\right)=6\mu\left(U\ \frac{\mathrm{d}\delta}{\mathrm{d}x}+W\ \frac{\mathrm{d}\delta}{\mathrm{d}z}\right) \tag{5.2.53}$$

上式即润滑理论的雷诺公式(Reynolds formula)。

5.3 边界层层流流动

在上一节中，我们将雷诺数 $Re=0$ 时 N-S 方程的解作为低雷诺数流动的近似解。低雷诺数流动常常出现在高黏性、低流速、小尺度的流体流动中。在工程实际中更常见的如水、空气等流体的黏性都很低，这些低黏性流体的流动往往具有很高的雷诺数。与低雷诺数流动类同，我们可以将雷诺数 $Re=\infty$ 时 N-S 方程的解看成是大雷诺数流动的近似解，即将无黏性流体流动的解作为大雷诺数流动解的近似。然而，这种近似处理最大的问题在于流动不能满足壁面无滑条件，这正是本节所要解决的问题。

当流动流体的黏性很小，或者更准确地说当流动的黏性力相比惯性力而言可以忽略不计时，此时的流体流动可视为无黏性的理想流体流动，但理想流体因为不计黏性力的作用，在固体壁面上不能满足无滑条件。然而，大量实践表明，流体流动在壁面满足无滑条件非常重要，即使在黏度很低的流体流动中，壁面无滑条件仍需要遵循。如果流动遵循壁面无滑条件是必须的，那么对于大雷诺数流动而言，意味着流速要从无黏性流动的高流速迅速降低到壁面无滑条件所要求的零流速，这种流速的变化发生在壁面附近很薄的一个区域内，因此流速梯度必定很大，从而产生很大的黏性力，普朗特将黏性作用不可忽略的壁面附近区域称为边界层(boundary layer)。

由(5.1.39)式可知，瞬时启动平板对流体运动的影响范围 δ(相当于边界层的厚度)与 $\sqrt{\nu t}$ 成比例，若将流动时间表示成 $t=l_0/u_0$，其中 l_0 和 u_0 分别代表流场的特征长度和特征速度，则有

$$\frac{\delta}{l_0}\sim\frac{\sqrt{\nu t}}{l_0}=\sqrt{\frac{\nu}{u_0 l_0}}=\frac{1}{\sqrt{Re}} \tag{5.3.1}$$

上式也可通过假设边界层内黏性项与惯性项具有同样量级推导出来，其中黏性项 $\mu\partial^2 u/\partial y^2$ 可用 $\mu u_0/\delta^2$ 来表征，而惯性项 $\rho u(\partial u/\partial x)$ 则可用 $\rho u_0^2/l_0$ 来表征，于是有如下关系

$$\mu u_0/\delta^2\sim\rho u_0^2/l_0$$

上式稍作变化即可得到(5.3.1)式。上述分析表明，边界层厚度随雷诺数增大而减小，雷诺数很大时意味着边界层的厚度会更薄。但不管雷诺数多大，边界层一定存在，雷诺数的大小只是影响边界层的厚薄。

在 3.3.3 节中我们已经看到，当来流为无旋的有势流动遇到固体壁面后，由于流体的黏性，在固体壁面上会产生旋涡，同样因为黏性旋涡会持续向壁面外扩散。涡量扩散影响的范围与雷诺数 Re 有关，涡量的扩散系数为 $1/Re$。当雷诺数很大时，意味着涡量扩散仅发生在固体壁面附近一层很薄的区域，而在此区域以外仍保持无旋涡的有势流动。可见，大雷诺数流动可以看作由两个性质不同的流动所组成，一是固体壁面附近的边界层内的黏性流动，称为边界层流动；二是边界层以外的无黏性流动，称为外层流动。外层流动可以忽略黏滞性的作用而近似按理想流体来处理，因此可用雷诺数 $Re=\infty$ 时 N-S 方程的解作为外层流动的近似解，即第 4 章所介绍的有势流动的解。本节主要介绍边界层流动的求解方法。

5.3.1　边界层基本概念

1. 边界层的厚度

边界层是由于壁面阻滞作用而产生的流动减速的一个流区，壁面阻滞作用的影响范围并没有严格的定义，因此边界层厚度也不能严格确定。通常将当地流速恢复到外层流速的 0.99 倍处到壁面的距离作为壁面阻滞作用的影响范围，将其定义为边界层的名义厚度(nominal thickness)，记为 δ，亦即

$$y=\delta,u=0.99U \tag{5.3.2}$$

其中 U 为外层有势流动的流速。

由于壁面的阻滞作用降低了边界层中的流速，使得在横向剖面上所通过的流量较没有壁面阻滞时所能通过的流量要少。因速度降低而减少的流量为

$$\int_0^\infty (U-u)\mathrm{d}y$$

若将壁面向外移动 δ_1 距离，也会引起横剖面上通过流量的减少，所减少的流量为 $U\delta_1$。如果把壁面对流量减少的影响等效成壁面向外的移动，即两者减少的流量相等，则

$$U\delta_1=\int_0^\infty (U-u)\mathrm{d}y$$

亦即

$$\delta_1=\int_0^\infty \left(1-\frac{u}{U}\right)\mathrm{d}y \tag{5.3.3}$$

δ_1 称为边界层的位移厚度，或称排挤厚度(displacement thickness)，其物理意义如图 5.3.1 所示，相当于把边界从 OC 移到 AB，图中两个曲边三角形 OAD 和 DBE 面积相等。

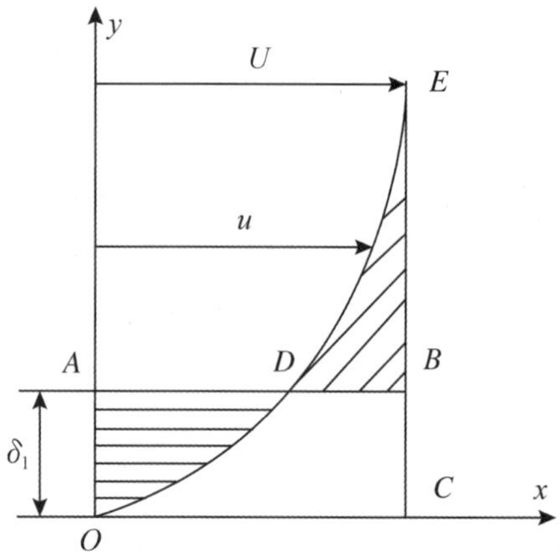

图 5.3.1　位移厚度

边界层内流速的降低不仅使通过的流量减少，也减少了所通过流体的动量。边界层中所通过流体的动量为

$$\rho\int_0^{\infty}u^2\mathrm{d}y$$

如果这部分流体的流速未受壁面的阻滞作用，所应具有的动量为

$$\rho\int_0^{\infty}uU\mathrm{d}y$$

类似位移厚度的定义，将这种由于壁面阻滞作用引起动量减少的效果等效成壁面移动的效果，则有

$$\rho U^2\delta_2=\rho\int_0^{\infty}uU\mathrm{d}y-\rho\int_0^{\infty}u^2\mathrm{d}y=\rho\int_0^{\infty}u(U-u)\mathrm{d}y$$

亦即

$$\delta_2=\int_0^{\infty}\frac{u}{U}\left(1-\frac{u}{U}\right)\mathrm{d}y \tag{5.3.4}$$

δ_2 称为边界层的动量损失厚度，简称动量厚度(momentum thickness)。

类似的，还可以根据动能通量的减少来定义边界层的能量损失厚度，简称能量厚度(energy thickness)，即

$$\frac{1}{2}\rho U^3\delta_3=\frac{1}{2}\rho\int_0^{\infty}uU^2\mathrm{d}y-\frac{1}{2}\rho\int_0^{\infty}u^3\mathrm{d}y=\frac{1}{2}\rho\int_0^{\infty}(uU^2-u^3)\mathrm{d}y$$

亦即

$$\delta_3=\int_0^{\infty}\frac{u}{U}\left(1-\frac{u^2}{U^2}\right)\mathrm{d}y \tag{5.3.5}$$

由上分析可知，边界层内的流动由于壁面阻滞作用，相当于将流体挤向物面外，使得流线向外移动，这种现象称之为位移效应或排挤效应(displacement effect)。位移效应是边界层流动的一个重要特征。

2. 流动的阻力

在壁面上满足无滑条件是边界层流动的另个一重要特征。因满足无滑条件，故在壁面

上存在切应力，计算绕流物体所受的阻力正是边界层理论的主要用途之一。壁面上的切应力定义为

$$\tau_w(x)=\mu\left(\frac{\partial u}{\partial y}\right)_{y=0} \tag{5.3.6}$$

可见，壁面上的切应力取决于壁面处的流速梯度。通常用一个无量纲的切应力系数来表示切应力的大小，切应力系数(coefficient of shear stress) 定义为

$$C_f=\frac{\tau_w}{\rho U^2/2} \tag{5.3.7}$$

已知壁面切应力的分布，沿壁面表面对切应力积分可计算出壁面所受的总阻力，即

$$F_D=b\int_0^l \tau_w(x)\cos\theta \mathrm{d}x \tag{5.3.8}$$

其中 x 取为沿壁面的坐标(如图 5.3.2 所示)，b 为壁面的宽度，l 为沿壁面的曲线长度。通常定义阻力系数(drag coefficient) 为

$$C_D=\frac{F_D}{bl\rho U^2/2} \tag{5.3.9}$$

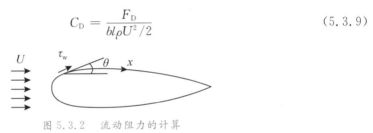

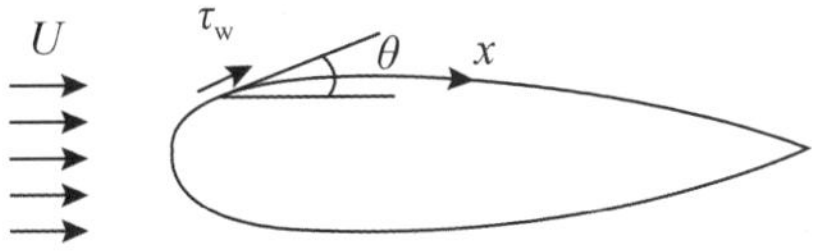

图 5.3.2　流动阻力的计算

3. 边界层分离

由于固体壁面的阻滞作用，边界层中流体质点的流速均较外界势流流速要小，这些减速了的流体质点在某些情况下，如边界层的厚度顺流急剧增大，将在边界层内发生反向回流，迫使边界层内的流体向边界层外流动，这种现象称为边界层分离(boundary layer separation)。边界层分离常常伴随着旋涡的产生和能量损失，并增加流动的阻力。

边界层的分离是边界层流动的又一重要的特征，我们以绕圆柱流动为例来说明边界层分离现象的发生和发展过程。如图 5.3.3 所示，在忽略黏性的有势流动中，流体质点的流速从驻点 D 点到 E 点是加速的，压强则顺流减小，即 $\mathrm{d}p/\mathrm{d}x<0$；相反，从 E 点到 F 点流速是减速的，压强则顺流增大，即 $\mathrm{d}p/\mathrm{d}x>0$，至 F 点恢复到与 D 点相同的压强值，即驻点压强。对于实际的黏性流体，流体质点在流动过程中由于黏性会消耗部分能量。流体质点由 D 点到 E 点压能的降低，一部分转化为动能，一部分则因克服黏滞阻力而消耗。由 E 点到 F 点的流动过程中，继续有能量的损失，同时一部分动能恢复为压强。由于黏性而损失了部分能量的流体质点将不能克服由 E 点到 F 点的压强升高，而在到达 F 点以前的某一点 S 处其动能就消耗殆尽，使得固体壁面附近的流体质点停止流动。在 S 点的下游，压强较高，在逆压强梯度的作用下，此处将发生回流，并将边界层内相继流来的流体质点挤向主流，使边界层脱离固体壁面，发生边界层分离。

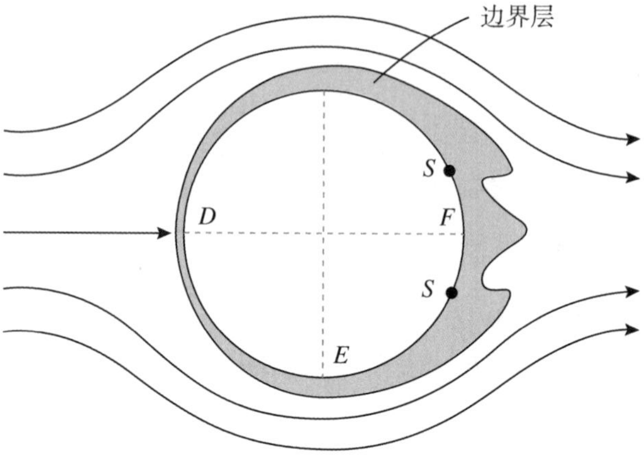

图 5.3.3 边界层分离

边界层是否发生分离跟压强梯度密切相关，图 5.3.4 示意了在分离点及其上下游处流速的分布情况。在分离点上游，沿边界的法向（y 轴）的流速分布均为正值，且在 $y=0$ 处 $\partial u/\partial y>0$。在分离点下游，壁面附近产生回流，回流区流速为负值，在 $y=0$ 处 $\partial u/\partial y<0$。而在分离点 S，在 $y=0$ 处 $\partial u/\partial y=0$，这一条件可作为边界层分离点的定义。

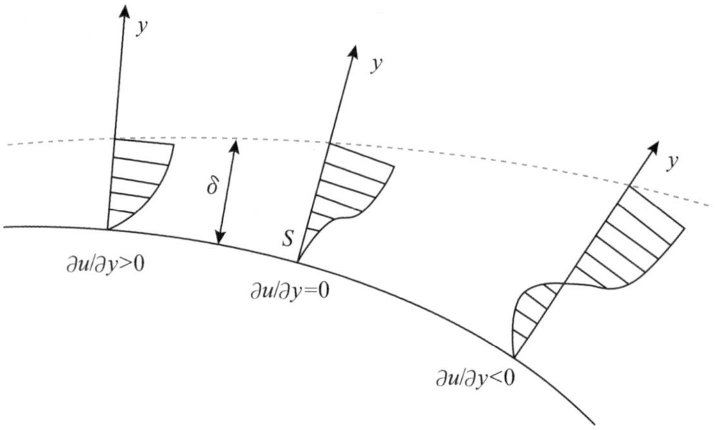

图 5.3.4 边界层分离点及上、下游流速分布

4. 层流边界层和湍流边界层

边界层中的流动同样有层流和湍流两种流动型态。在边界层的前部，由于边界厚度较小，流速梯度很大，黏滞切应力也很大，这时边界层中的流动属于层流，称为层流边界层。与其他层流流动一样，经过一个过渡区后要转变为湍流（层流向湍流的过渡详见 5.4 节），形成湍流边界层。同样采用雷诺数来衡量流动型态的转化，边界层中流动的雷诺数可表示为

$$Re_x=\frac{Ux}{\nu}\text{ 或 }Re_\delta=\frac{U\delta}{\nu}\tag{5.3.10}$$

由于边界层厚度 δ 是位置 x 的函数，因此 Re_x 和 Re_δ 两种雷诺数之间存在一一对应的关系，雷诺数的两种计算方法在实际中都可采用。当雷诺数达到临界雷诺数时，流动型态由层流转变为湍流，而对应的点则称为转捩点。

研究边界层的转捩具有重要的意义，因为层流边界层和湍流边界层在边界层厚度、边

界层内流速分布、边界层内摩擦阻力等方面均有显著的不同，对两种流态进行区分非常必要。由于影响边界层转捩的因素很复杂，目前确定转捩点仍主要依靠实验在湍流边界层内，靠近壁面的地方流速梯度仍很大，黏滞切应力仍然起主要作用，这个区域称为黏性底层，如图 5.3.5 所示。在本节主要讨论层流边界层，而湍流边界层将在第 6 章的湍流流动以及 7.1 节壁面剪切湍流等相关内容中介绍。

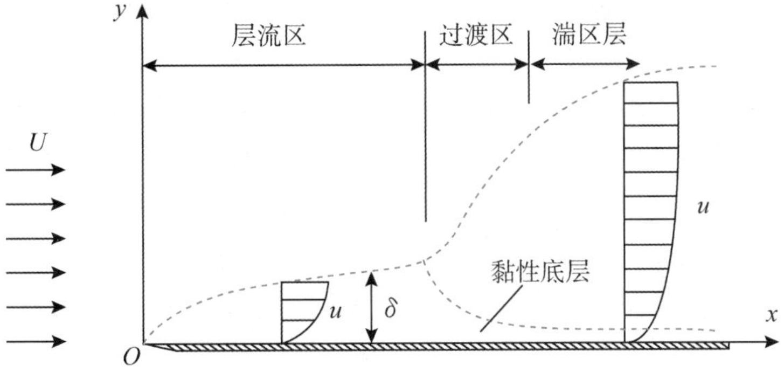

图 5.3.5　边界层中的流态

5.3.2　边界层微分方程

在本书中只讨论二维边界层流动问题，有关轴对称或三维边界层，有兴趣的读者可以参看 *Boundary Layer Theory* (Schlichting and Gersten, 2000) 这本专著。

我们先推导二维平面边界层流动的微分方程。在直角坐标系下，不可压缩流体二维流动的连续方程和动量方程为

$$\frac{\partial u}{\partial x}+\frac{\partial v}{\partial y}=0 \tag{5.3.11}$$

$$\frac{\partial u}{\partial t}+u\frac{\partial u}{\partial x}+v\frac{\partial u}{\partial y}=-\frac{1}{\rho}\frac{\partial p}{\partial x}+\frac{\mu}{\rho}\left(\frac{\partial^2 u}{\partial x^2}+\frac{\partial^2 u}{\partial y^2}\right) \tag{5.3.12}$$

$$\frac{\partial v}{\partial t}+u\frac{\partial v}{\partial x}+v\frac{\partial v}{\partial y}=-\frac{1}{\rho}\frac{\partial p}{\partial y}+\frac{\mu}{\rho}\left(\frac{\partial^2 v}{\partial x^2}+\frac{\partial^2 v}{\partial y^2}\right) \tag{5.3.13}$$

边界层通常很薄，层内的流体主要沿一个方向流动，即沿壁面流动。以沿壁面方向的特征长度为长度尺度 l_0，沿壁面方向的特征速度为速度尺度 u_0，于是可定义如下无量纲量

$$x^0=\frac{x}{l_0},y^0=\frac{y}{l_0},u^0=\frac{u}{u_0},v^0=\frac{v}{u_0},p^0=\frac{p}{\rho u_0^2},t^0=\frac{t}{l_0/u_0}$$

将上述无量纲量代入(5.3.11) ～ (5.3.13) 式，将连续方程和动量方程化为无量纲方程，即

$$\frac{\partial u^0}{\partial x^0}+\frac{\partial v^0}{\partial y^0}=0 \tag{5.3.14}$$

$$1 \qquad 1$$

$$\frac{\partial u^0}{\partial t^0}+u^0\frac{\partial u^0}{\partial x^0}+v^0\frac{\partial u^0}{\partial y^0}=-\frac{\partial p^0}{\partial x^0}+\frac{1}{Re}\left(\frac{\partial^2 u^0}{\partial x^{0^2}}+\frac{\partial^2 u^0}{\partial y^{0^2}}\right) \tag{5.3.15}$$

$$1 \qquad 1 \quad 1 \qquad \delta^0\frac{1}{\delta^0} \qquad\qquad 1 \qquad \delta^{0^2} \qquad 1 \qquad \frac{1}{\delta^{0^2}}$$

$$\frac{\partial v^0}{\partial t^0}+u^0\frac{\partial v^0}{\partial x^0}+v^0\frac{\partial v^0}{\partial y^0}=-\frac{\partial p^0}{\partial y^0}+\frac{1}{Re}\left(\frac{\partial^2 v^0}{\partial x^{0^2}}+\frac{\partial^2 v^0}{\partial y^{0^2}}\right) \tag{5.3.16}$$

$$\delta^0 \quad 1 \quad \delta^0 \quad \delta^0 \quad 1 \quad \delta^0 \quad \delta^{0^2} \quad \delta^0 \quad \frac{1}{\delta^0}$$

式中 $Re=\rho u_0 l_0/\mu$，为雷诺数。

由于边界层厚度很薄，即 $\delta \ll l_0$，因此无量纲量 $\delta^0=\delta/l_0 \ll 1$，并有

$$\delta^{0^2} \ll \delta^0 \ll 1 \ll 1/\delta^0 \ll 1/\delta^{0^2}$$

依据上述无量纲量的量级，我们来确定(5.3.14)～(5.3.16)式中各项量级的大小。

因 δ 为壁面法向的几何尺度，而 l_0 和 u_0 分别为沿壁面方向的长度尺度和速度尺度，所以有 $y^0 \sim O(\delta^0)$，$x^0 \sim O(1)$，$u^0 \sim O(1)$，进而可确定 $\partial u^0/\partial x^0 \sim O(1)$，$\partial^2 u^0/\partial x^{0^2} \sim O(1)$，$\partial u^0/\partial y^0 \sim O(1/\delta^0)$ 以及 $\partial^2 u^0/\partial y^{0^2} \sim O(1/\delta^{0^2})$。由于 $\partial u^0/\partial x^0 \sim O(1)$，根据连续方程(5.3.14)式，必有 $\partial v^0/\partial y^0 \sim O(1)$，同时因为 $y^0 \sim O(\delta^0)$，所以容易推断 $v^0 \sim O(\delta^0)$，于是可确定 $\partial^2 v^0/\partial x^{0^2} \sim O(\delta^0)$，$\partial^2 v^0/\partial y^{0^2} \sim O(1/\delta^0)$。假设流动中没有急剧加速的情况，比如不存在突然启动、高频振荡、压缩波等，则可认为 $t^0 \sim O(1)$，于是有 $\partial u^0/\partial t^0 \sim O(1)$，$\partial v^0/\partial t^0 \sim O(\delta^0)$，表明此时非定常惯性项与对流惯性项具有相同的量级。另外，根据(5.3.1)式可知，雷诺数 $Re \sim O(1/\delta^{0^2})$。而(5.3.15)式和(5.3.16)式中的压力梯度项为被动项，其量级由方程中最大的量级决定，因此有 $\partial p^0/\partial x^0 \sim O(1)$，$\partial p^0/\partial y^0 \sim O(\delta^0)$。至此，我们给出了(5.3.14)～(5.3.16)式中所有项的量级，并已标注在方程每一项的下方。

由于 $\delta^0 \sim 1/\sqrt{Re}$，当 Re 很大时，$\delta^0 \to 0$，使得方程中 $y^0 \sim O(\delta^0)$ 和 $v^0 \sim O(\delta^0)$ 两个无量纲量与 $x^0 \sim O(1)$ 和 $u^0 \sim O(1)$ 的量级相差太大，不便于描述边界层横向流场的变化，而且量级相差太大时，在计算过程中也容易带来过大的计算误差，为此引入如下变换

$$\tilde{y}=y^0\sqrt{Re}=(y/l_0)\sqrt{Re},\ \tilde{v}=v^0\sqrt{Re}=(v/u_0)\sqrt{Re} \tag{5.3.17}$$

上述变换称为边界层变换(boundary layer transformation)。变换后得到的无量纲量 $\tilde{y}$、$\tilde{v}$ 与 x^0、u^0 同样具有 $O(1)$ 的量级。

忽略(5.3.14)～(5.3.16)式中量级远小于 $O(1)$ 的项，可得

$$\frac{\partial u^0}{\partial x^0}+\frac{\partial \tilde{v}}{\partial \tilde{y}}=0 \tag{5.3.18}$$

$$\frac{\partial u^0}{\partial t^0}+u^0\frac{\partial u^0}{\partial x^0}+\tilde{v}\frac{\partial u^0}{\partial \tilde{y}}=-\frac{\partial p^0}{\partial x^0}+\frac{\partial^2 u^0}{\partial \tilde{y}^2} \tag{5.3.19}$$

$$0=\frac{\partial p^0}{\partial \tilde{y}} \tag{5.3.20}$$

以上方程称为普朗特边界层微分方程，简称普朗特方程(Pandtl boundary layer equation)。

从上述量级分析可以看到，由于假设边界层内黏性力与惯性力具有相同量级，由此得到雷诺数的量级为 $O(1/\delta^{0^2})$，使得动量方程(5.3.15)式中的黏性项 $(1/Re)\partial^2 u^0/\partial y^{0^2}$ 的量级为 $O(1)$，与惯性项的量级相同，从而保留在微分方程当中。这也使得边界层内的微分方程不同于无黏性流体的微分方程(对应 $Re=\infty$ 的情形)，黏性项并未全部消失，确保了

壁面无滑条件能得到满足。

普朗特边界层微分方程对应的边界条件为

$$\tilde{y}=0:u^0=\tilde{v}=0,\tilde{y}\to\infty:u^0=U^0 \tag{5.3.21}$$

其中 $U^0=U/u_0$，U 为外部流动的流速分布。值得注意的是，在边界层外边界上($\tilde{y}\to\infty$)，并未给出横向流速 $\tilde{v}$ 的边界条件。在后面我们将会看到，边界层外边界上的横向流速并不等于外层势流流动的横向流速，这正是无法给出外边界上横向流速边界条件的原因。另一方面，求解边界层微分方程也只需要三个边界条件，所以也无需再给出横向流速的边界条件。

与精确的动量方程相比，边界层方程已经有了相当大的简化，x 方向动量方程中的黏性项只剩 $\partial^2u^0/\partial\tilde{y}^2$ 一项，而 y 方向动量方程(5.3.20)式则更为简化，只剩压强梯度项。简化后的(5.3.20)式表明压强在边界层的横截面上保持不变，于是可取边界层与外层交界处的压强作为边界层内的压强值。当 $\tilde{y}\to\infty$ 时，有 $u^0\to U^0$，$\partial u^0/\partial\tilde{y}\to 0$ 以及 $\partial^2u^0/\partial\tilde{y}^2\to 0$，而在交界处的流动也应满足边界层微分方程(5.3.19)式，于是可得

$$\frac{\partial U^0}{\partial t^0}+U^0\frac{\partial U^0}{\partial x^0}=-\frac{\partial p^0}{\partial x^0} \tag{5.3.22}$$

将(5.3.22)式代入(5.3.19)式得

$$\frac{\partial u^0}{\partial t^0}+u^0\frac{\partial u^0}{\partial x^0}+\tilde{v}\frac{\partial u^0}{\partial\tilde{y}}=\frac{\partial U^0}{\partial t^0}+U^0\frac{\partial U^0}{\partial x^0}+\frac{\partial^2u^0}{\partial\tilde{y}^2} \tag{5.3.23}$$

因此，在边界层方程中不再出现压强这一变量，只有流速 u^0 和 $\tilde{v}$ 两个待求变量，由连续方程(5.3.18)式和动量方程(5.3.23)式，结合边界条件(5.3.21)式即可进行求解。

从边界层微分方程(5.3.19)或(5.3.23)式可知，引入边界层变换(5.3.17)式后，边界层微分方程及其解 $u^0(x^0,\tilde{y},t^0)$ 和 $\tilde{v}(x^0,\tilde{y},t^0)$ 与雷诺数无关，任意雷诺数下对应的无量纲流速 $u^0(x^0,y^0\sqrt{Re},t^0)$ 和 $\tilde{v}(x^0,y^0\sqrt{Re},t^0)$ 只需由 $u^0(x^0,\tilde{y},t^0)$ 和 $\tilde{v}(x^0,\tilde{y},t^0)$ 应用(5.3.17)式变换即可得到，这也是引入边界层变换的另一个好处。

将无量纲边界层微分方程恢复成量纲的形式，即得

$$\frac{\partial u}{\partial x}+\frac{\partial v}{\partial y}=0 \tag{5.3.24}$$

$$\frac{\partial u}{\partial t}+u\frac{\partial u}{\partial x}+v\frac{\partial u}{\partial y}=\frac{\partial U}{\partial t}+U\frac{\partial U}{\partial x}+\frac{\mu}{\rho}\frac{\partial^2u}{\partial y^2} \tag{5.3.25}$$

相应边界条件为

$$y=0:u=v=0;y=\infty(\text{或 }y=\delta):u=U \tag{5.3.26}$$

如果引入流函数 $\psi(x,y,t)$，可以将(5.3.24)式和(5.3.25)式两个关于流速 u 和 v 的微分方程变成一个关于流函数 ψ 的微分方程。定义 $u=\partial\psi/\partial y$，$v=-\partial\psi/\partial x$，则连续方程(5.3.24)式自动满足，动量方程(5.3.25)式变为

$$\frac{\partial^2\psi}{\partial y\partial t}+\frac{\partial\psi}{\partial y}\frac{\partial^2\psi}{\partial x\partial y}-\frac{\partial\psi}{\partial x}\frac{\partial^2\psi}{\partial y^2}=\frac{\partial U}{\partial t}+U\frac{\partial U}{\partial x}+\nu\frac{\partial^3\psi}{\partial y^3} \tag{5.3.27}$$

边界条件对应为

$$(\partial\psi/\partial y)_{y=0} = 0, (\partial\psi/\partial x)_{y=0} = 0, (\partial\psi/\partial y)_{y=\infty} = U \tag{5.3.28}$$

流函数方程(5.3.27)式是一个三阶微分方程,再次说明在边界层微分方程中只需给定三个边界条件。

在本小节最后,我们简要介绍一下普朗特方程的一些性质。首先,不可压缩流体二维流动的N-S方程简化成普朗特方程后,方程的性质发生了根本的变化。N-S方程属于椭圆型偏微分方程,而普朗特方程则属于抛物型偏微分方程,这一微分方程的数学性质使得外层流动只会对边界层下游流场产生影响,而不会影响上游的流动,因此在进行数值计算时,正如2.6.2节所述,对于抛物型偏微分方程可以采用步进法进行计算。其次,由(5.3.23)式或(5.3.25)式可知,边界层流动和外层流动是相互影响的。边界层内的流动由于黏性阻滞作用,流线向外移动,即所谓的位移效应,外层流体所绕流的物体不再是原来的实际物面,而是由于位移效应加厚了的等效物面,其形状只有求出边界层内的黏性流动后才能确定,但求解边界层的流动又必须知道外层流动的压强分布或流速分布。因此,原则上需要将边界层流动和外层流动两个流场联合进行求解才行,但这样做在数学上十分困难。为克服这一困难,普朗特认为由于雷诺数很大,边界层很薄,壁面阻滞作用引起的位移效应可忽略不计,可以不考虑位移效应对外层流动的影响,仍按绕实际物体边界的流动来计算外层流动,从而可独立进行求解。外层流动的流场计算出来后,再应用普朗特方程求解边界层内的流动。一般来讲,不考虑位移效应计算的结果已能满足工程精度的要求。当边界层比较厚或在分离点附近确需考虑位移效应时,可以以边界层一阶近似的解为基础,采用逐次修正等效物面形状的方法来提高计算精度,或者直接采用5.3.6节中的高阶边界层微分方程进行求解。

5.3.3 边界层的相似解

在本小节,我们先以半无限平板层流边界层为例,来介绍如何应用普朗特方程求解边界层流动问题,然后再介绍边界层微分方程在何种条件下具有相似解,以及如何获得相似解。

1.平板层流边界层

求解平板层流边界层问题是普朗特边界层微分方程应用历史上的第一个例子。1908年,在普朗特指导下,布拉修斯在博士论文中对该问题做了详细研究。

考虑顺流放置于定常均匀流中的半无限平板,均匀来流流速为常数U,如图5.3.6所示。由于流动假定为定常流动,且外层势流流速为常数,于是边界层方程和边界条件(5.3.24)~(5.3.26)式可分别写成

$$\frac{\partial u}{\partial x} + \frac{\partial v}{\partial y} = 0 \tag{5.3.29}$$

$$u\frac{\partial u}{\partial x} + v\frac{\partial u}{\partial y} = \frac{\mu}{\rho}\frac{\partial^2 u}{\partial y^2} \tag{5.3.30}$$

$$y = 0: u = v = 0; y = \infty: u = U \tag{5.3.31}$$

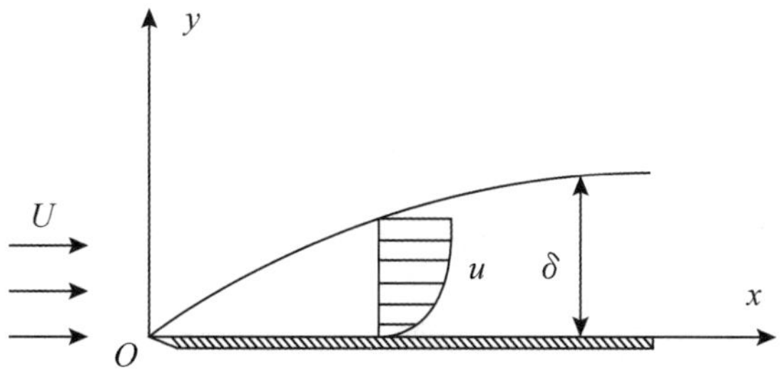

图 5.3.6　平板边界层

布拉修斯假定沿平板纵向不同位置 x 处的速度分布是相似的，只要选择合适的速度比尺和边界层横向距离比尺，则任意位置 x 处的速度剖面是相同的。速度比尺可选择外层势流流速 U，而横向距离比尺可选择边界层的厚度 δ。根据(5.3.1)式的分析，边界层的厚度 $\delta(x) \sim \sqrt{\nu t} = \sqrt{\nu x/U}$，因此可选择 $\sqrt{\nu x/U}$ 作为横向距离 y 的比尺。选定比尺后，则不同位置 x 处的速度分布具有相同的函数形式，即

$$u/U = F\left(y/\sqrt{\nu x/U}\right) = F(\eta)$$

其中

$$\eta = y\sqrt{U/(\nu x)} \tag{5.3.32}$$

引入流函数

$$\psi = \sqrt{\nu U x}\, f(\eta) \tag{5.3.33}$$

其中 $f(\eta)$ 表示无量纲的流函数。由流函数可得

$$u = \frac{\partial \psi}{\partial y} = \frac{\partial \psi}{\partial \eta}\frac{\partial \eta}{\partial y} = Uf' \tag{5.3.34}$$

$$v = -\frac{\partial \psi}{\partial x} = -\left(\left.\frac{\partial \psi}{\partial x}\right|_{\eta} + \frac{\partial \psi}{\partial \eta}\frac{\partial \eta}{\partial x}\right) = \frac{1}{2}\sqrt{\frac{\nu U}{x}}(\eta f' - f) \tag{5.3.35}$$

其中 f' 表示无量纲流函数 $f(\eta)$ 对 η 求导。将以上两个流速的表达式代入动量方程(5.3.30)式中，可得如下常微分方程

$$f''' + \frac{1}{2}ff'' = 0 \tag{5.3.36}$$

上式称为布拉修斯方程(Blasius equation)，自变量为相似变量 η。边界条件(5.3.31)式相应改写成

$$\eta = 0: f = 0, f' = 0; \eta = \infty: f' = 1 \tag{5.3.37}$$

布拉修斯方程(5.3.36)式为三阶非线性常微分方程，共有三个边界条件，因此可以确定其解。布拉修斯采用幂级数展开法获得了该微分方程的解，不过采用数值积分的方法，如龙格－库塔法，计算更为方便。由于(5.3.36)式和(5.3.37)式是边值问题，数值积分需要在起点 $\eta = 0$ 给定三个初值，除 $f(0) = 0$，$f'(0) = 0$ 在边界条件中已经给出外，还需要给定 $f''(0)$。因此，可以先给定 $f''(0)$ 的一个估计值，通过调整 $f''(0)$ 的估计值使得另一边

界条件 $f'(\infty)=1$ 得到满足，由此确定出 $f''(0)$，然后用数值方法积分(5.3.36)式可求出 $f(\eta)$、$f'(\eta)$ 和 $f''(\eta)$。表 5.3.1 给出了霍华斯(L. Howarth)1938 年计算的结果，其中几个重要参数如下：

$$\beta_0 = f''(0) = 0.332$$

$$\beta_1 = \int_0^\infty (1-f')\mathrm{d}\eta = \lim_{\eta\to\infty}[\eta - f(\eta)] = 1.721$$

$$\beta_2 = \int_0^\infty f'(1-f')\mathrm{d}\eta = 2f''(0) = 0.664$$

$$\beta_3 = \int_0^\infty f'(1-f'^2)\mathrm{d}\eta = 1.044 \tag{5.3.38}$$

表 5.3.1　平板边界层计算结果

$\eta = y\sqrt{U/(\nu x)}$	$f(\eta)$	$f'(\eta)$	$f''(\eta)$	$\eta = y\sqrt{U/(\nu x)}$	$f(\eta)$	$f'(\eta)$	$f''(\eta)$
0	0	0	0.33206	2.0	0.65003	0.62977	0.26675
0.2	0.00664	0.06641	0.33199	2.4	0.9223	0.72899	0.22809
0.4	0.02656	0.13277	0.33147	2.8	1.23099	0.81152	0.18401
0.6	0.05974	0.19894	0.33008	3.2	1.56911	0.87609	0.13913
0.8	0.10611	0.26471	0.32739	3.6	1.92954	0.92333	0.09809
1.0	0.16557	0.32979	0.32301	4.0	2.30576	0.95552	0.06424
1.2	0.23795	0.39378	0.31659	5.0	3.28329	0.99155	0.01591
1.4	0.32298	0.45627	0.30787	6.0	4.27964	0.99898	0.00240
1.6	0.42032	0.51676	0.29667	7.0	5.27926	0.99992	0.00022
1.8	0.52952	0.57477	0.28293	8.0	6.27923	1.00000	0.00001

下面我们应用所求出的平板边界层微分方程的解来计算相关流动参数。

(1) 流速分布

由(5.3.34)式可知，平板边界层内纵向速度 $u/U = f'(\eta)$，因此表 5.3.1 中的 $f'(\eta)$ 即表示无量纲的纵向流速。图 5.3.7 所示为尼古拉兹(J. Nikuradse)1942 年所测的剖面流速分布与布拉修斯理论结果的比较，不同断面(即不同雷诺数 $Re_x = Ux/\nu$)的纵向速度分布曲线与理论曲线几乎完全一致，从而验证了普朗特边界层理论的正确性，同时也说明布拉修斯假定平板边界层具有相似解是符合实际的。

平板边界层的无量纲横向流速分布如图 5.3.8 所示。在边界层外边界上，$\eta\to\infty$，$f'=1$，由(5.3.35)式可得

$$\tilde{v} = \frac{v}{U}\sqrt{\frac{Ux}{\nu}} = \frac{v}{U}\sqrt{Re_x} = \frac{1}{2}\lim_{\eta\to\infty}(\eta f' - f) = \frac{1}{2}\beta_1 = 0.860$$

于是可得在边界层外边界上的横向流速

$$v(x,\infty) = \frac{0.860U}{\sqrt{Re_x}} \tag{5.3.39}$$

上式说明在边界层外边界上横向流速并不等于外层流动(外层流动横向流速为零),反映了边界层对外层流动的影响。当然,在实际中,边界层内外的横向流速不会出现速度间断,造成这一问题的原因是普朗特方程只是一阶近似,而位移效应是二阶效应,因此若需要消除位移效应,必须采用二阶近似的边界层方程。

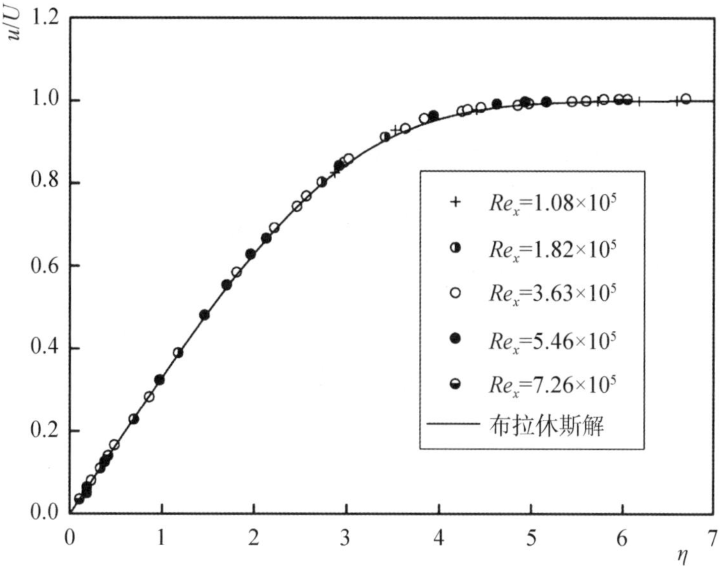

图 5.3.7　平板边界层的纵向流速分布

(实测数据来自 Nikuradse,1942)

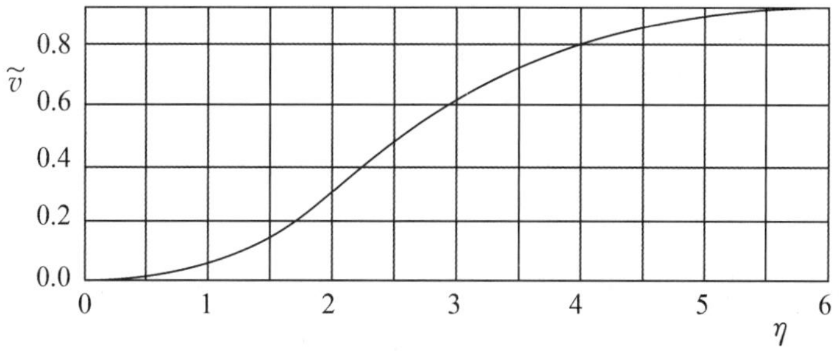

图 5.3.8　平板边界层的横向流速分布

(2) 边界层厚度

通常以流速恢复到外层流速的 0.99 倍时的厚度作为边界层的名义厚度。由表 5.3.1 可知,当 $u/U=0.99155$ 时,$\eta=\delta\sqrt{U/\nu x}=5.0$,由此可得

$$\delta=5.0\sqrt{\frac{\nu x}{U}}=5.0\frac{x}{\sqrt{Re_x}} \tag{5.3.40}$$

由上式可知,边界层厚度沿程逐渐增大,与$\sqrt{x}$ 成比例。

根据(5.3.3) 式计算平板边界层的位移厚度为

$$\delta_1=\int_0^\infty\left(1-\frac{u}{U}\right)\mathrm{d}y=\sqrt{\frac{\nu x}{U}}\int_0^\infty(1-f')\mathrm{d}\eta=\beta_1\sqrt{\frac{\nu x}{U}}=1.721\sqrt{\frac{\nu x}{U}}=1.721\frac{x}{\sqrt{Re_x}} \tag{5.3.41}$$

根据动量厚度的定义(5.3.4)式,可计算平板边界层的动量厚度为

$$\delta_2=\int_0^\infty\frac{u}{U}\left(1-\frac{u}{U}\right)\mathrm{d}y=\sqrt{\frac{\nu x}{U}}\int_0^\infty f'(1-f')\mathrm{d}\eta=\beta_2\sqrt{\frac{\nu x}{U}}=0.664\sqrt{\frac{\nu x}{U}}=0.664\frac{x}{\sqrt{Re_x}} \tag{5.3.42}$$

由(5.3.5)式可计算平板边界层的能量厚度为

$$\delta_3=\int_0^\infty\frac{u}{U}\left(1-\frac{u^2}{U^2}\right)\mathrm{d}y=\sqrt{\frac{\nu x}{U}}\int_0^\infty f'(1-f'^2)\mathrm{d}\eta=\beta_3\sqrt{\frac{\nu x}{U}}=1.044\sqrt{\frac{\nu x}{U}}=1.044\frac{x}{\sqrt{Re_x}} \tag{5.3.43}$$

(3) 黏性阻力

已知边界层内的流速分布即可计算平板所受的黏性阻力。由(5.3.6)式计算壁面上的切应力

$$\begin{aligned}\tau_w(x)&=\mu\left(\frac{\partial u}{\partial y}\right)_{y=0}=\mu\left[\frac{\partial}{\partial y}(Uf')\right]_{y=0}=\mu U\left(\frac{\partial f'}{\partial \eta}\frac{\partial \eta}{\partial y}\right)_{y=0}\\&=\mu Uf''(0)\sqrt{U/(\nu x)}=\mu U\beta_0\sqrt{U/(\nu x)}=0.332\mu U\sqrt{U/(\nu x)}\end{aligned} \tag{5.3.44}$$

由上式可知,壁面上切应力沿顺流方向逐渐减小,与 $1/\sqrt{x}$ 成比例。将上式代入(5.3.7)式中,可得切应力系数为

$$C_f=\frac{0.664}{\sqrt{Re_x}} \tag{5.3.45}$$

已知壁面上的切应力分布以后,可由(5.3.8)式计算平板所受的阻力

$$F_D=b\int_0^l\tau_w(x)\mathrm{d}x=0.664\rho U^2b\sqrt{\nu l/U}$$

式中 b 为平板宽度,l 为平板长度。由(5.3.9)式可得平板的阻力系数

$$C_D=\frac{1.328}{\sqrt{Re_l}} \tag{5.3.46}$$

式中 $Re_l=Ul/\nu$。(5.3.46)式称为布拉修斯阻力定律(Blasius law of friction drag),适用于层流边界层,即 $Re_l\leqslant 5\times(10^5\sim10^6)$。图 5.3.9 所示为切应力系数 C_f 理论值与实验值(Liepmann & Dhawan,1951;Dhawan,1953)的比较,两者基本上是一致的。当 $Re_l>5\times10^6$ 时,边界层流动已是湍流流动,此时阻力将大大增加。

从(5.3.39)和(5.3.44)两式我们看到,在平板前沿 $x=0$ 点,横向速度和切应力都为无穷,这显然不符合实际。造成这种结果的原因是当局部雷诺数 Re_x 较小时($Re_x\leqslant100$),在平板前端速度沿纵向和沿横向的变化同等重要,不能像普朗特方程那样忽略纵向速度梯度的影响。我国著名力学家郭永怀(Y. H. Kuo)在 1952 年出色地解决了这一问题,提出了所谓的 PLK 方法,给出了修正的阻力系数公式

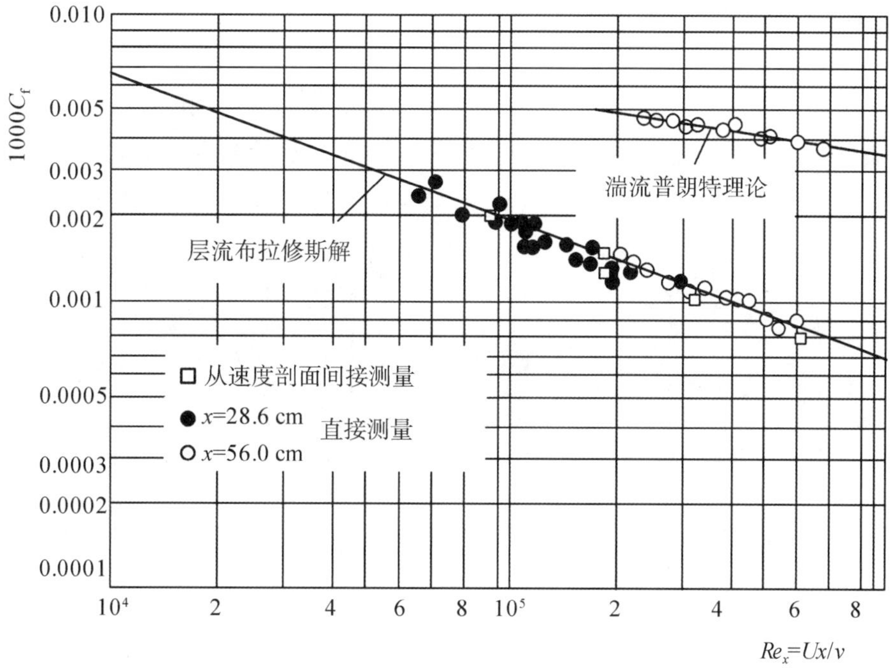

图 5.3.9　平板边界切应力系数理论值与实验值的比较

(实验数据来自 Liepmann，Dhawan，1951；Dhawan，1953)

$$C_D = \frac{1.328}{\sqrt{Re_l}} + \frac{4.18}{Re_l} \tag{5.3.47}$$

上式直到 $Re_l = 10$ 仍能和实验结果很好地吻合。

另个一需要说明的问题是，对于实际有限长的平板，由于后缘点对流场的影响，有限长平板边界层不再存在相似解，求解时需要从原始的普朗特方程出发，使问题变得困难。不过对较长平板，就阻力而言后缘点的影响是 $O(\delta^2)$ 量级，可以忽略不计。

2. 边界层的相似性解

在平板边界层的求解过程中我们看到，若选择恰当的速度比尺和边界层横向距离比尺，无量纲化后的速度分布与纵向位置无关，即任意断面的无量纲速度分布相同，符合这种现象的流动问题我们称其具有相似性解(similarity solution)。在 5.1.1 节中介绍斯托克斯第一问题时我们已提到相似解的问题。对于具有相似性解的流动问题，可将原来两个边界层偏微分方程化为一个关于相似变量的常微分方程，从而在数学上得到了很大的简化。是不是对于所有边界层流动都存在相似解呢？如果不是，那又需要满足什么样的条件才具有相似性解？下面我们来回答这些问题。

我们首先对什么是相似性解做一个数学描述。如图 5.3.10 所示，设任意两个分别位于 x_1 和 x_2 断面的流速分布满足

$$\frac{u[x_1, y/g(x_1)]}{U_n(x_1)} = \frac{u[x_2, y/g(x_2)]}{U_n(x_2)} \tag{5.3.48}$$

式中 $U_n(x)$ 为流速比尺，$g(x)$ 为边界层横向距离比尺，具有长度的量纲，称为比例因子

(scaling factor)。令

$$\eta = y/g(x) \tag{5.3.49}$$

称为相似变量(similarity variable)。若流速分布满足(5.3.48)式,则任意断面的无量纲速度分布曲线(即 $u/U_n \sim \eta$ 曲线)都将完全相同,这种情况表示边界层方程具有相似性解。

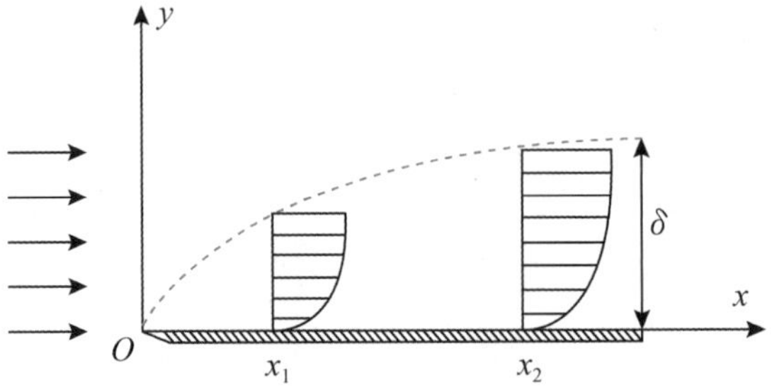

图 5.3.10 不同截面的流速分布

下面我们来研究二维定常边界层流动在何种条件下具有相似性解。由(5.3.25)式可得定常流动的边界层动量方程

$$u\frac{\partial u}{\partial x} + v\frac{\partial u}{\partial y} = U\frac{\mathrm{d}U}{\mathrm{d}x} + \frac{\mu}{\rho}\frac{\partial^2 u}{\partial y^2} \tag{5.3.50}$$

(5.3.50)式和连续方程(5.3.24)式组成了二维定常边界层流动的微分方程组,对应的边界条件仍为(5.3.26)式。

记

$$\xi = \frac{x}{l_0} \tag{5.3.51}$$

应用边界层变换(5.3.17)式,将(5.3.49)式改写成

$$\eta = \frac{y}{g(x)} = \frac{(y/l_0)\sqrt{Re}}{[g(x)/l_0]\sqrt{Re}} = \frac{\tilde{y}}{\tilde{g}(\xi)} \tag{5.3.52}$$

$\tilde{g}(\xi)$为比例因子 $g(x)$无量纲化后经边界层变换得到的形式,即

$$\tilde{g}(\xi) = \frac{g(x)}{l_0}\sqrt{Re} \tag{5.3.53}$$

引入流函数

$$\psi(x,y) = \psi(\xi,\eta) = l_0 U_n(\xi)\tilde{g}(\xi)f(\xi,\eta)/\sqrt{Re} \tag{5.3.54}$$

式中 $U_n(\xi) = U_n(x)$,即流速比尺,$f(\xi,\eta)$表示无量纲的流函数。

根据流速与流函数的关系可得

$$u(x,y) = \frac{\partial\psi}{\partial y} = \frac{\partial\psi}{\partial f}\frac{\partial f}{\partial\eta}\frac{\partial\eta}{\partial y} = U_n f' \tag{5.3.55}$$

$$v(x,y) = -\frac{\partial\psi}{\partial x} = -\frac{\partial\psi}{\partial\xi}\frac{\partial\xi}{\partial x} = -\frac{1}{\sqrt{Re}}\left[f\frac{\mathrm{d}(U_n\tilde{g})}{\mathrm{d}\xi} + U_n\left(\tilde{g}\frac{\partial f}{\partial\xi} - f'\eta\frac{\mathrm{d}\tilde{g}}{\mathrm{d}\xi}\right)\right] \tag{5.3.56}$$

其中 f' 表示 f 对 η 的一阶导数。进一步可得流速的各阶导数

$$\frac{\partial u}{\partial x} = \frac{1}{l_0}\left(f'\frac{\mathrm{d}U_n}{\mathrm{d}\xi} + U_n\frac{\partial f'}{\partial\xi}\right) \tag{5.3.57}$$

$$\frac{\partial u}{\partial y}=U_{\mathrm{n}}f''\frac{\sqrt{Re}}{l_0\tilde{g}} \tag{5.3.58}$$

$$\frac{\mu}{\rho}\frac{\partial^2 u}{\partial y^2}=f'''\frac{U_{\mathrm{n}}}{l_0}\frac{u_0}{\tilde{g}^2} \tag{5.3.59}$$

$$\frac{\partial v}{\partial y}=-\frac{1}{l_0}\left(f'\frac{\mathrm{d}U_{\mathrm{n}}}{\mathrm{d}\xi}+U_{\mathrm{n}}\frac{\partial f'}{\partial \xi}\right)+\frac{U_{\mathrm{n}}\eta}{l_0\tilde{g}}f''\frac{\mathrm{d}\tilde{g}}{\mathrm{d}\xi} \tag{5.3.60}$$

将(5.3.57)式和(5.3.60)式代入连续方程(5.3.24)式，可得

$$f''\frac{\mathrm{d}\tilde{g}}{\mathrm{d}\xi}=0 \tag{5.3.61}$$

将(5.3.55)～(5.3.59)式代入动量方程(5.3.50)式中，并考虑到(5.3.61)式，可得

$$f'''+\alpha_1 ff''+\alpha_2-\alpha_3 f'^2=\frac{U_{\mathrm{n}}}{u_0}\tilde{g}^2\left(f'\frac{\partial f'}{\partial \xi}-f''\frac{\partial f}{\partial \xi}\right) \tag{5.3.62}$$

其中

$$\alpha_1=\frac{\tilde{g}}{u_0}\frac{\mathrm{d}(U_{\mathrm{n}}\tilde{g})}{\mathrm{d}\xi},\alpha_2=\frac{\tilde{g}^2}{u_0}\frac{U}{U_{\mathrm{n}}}\frac{\mathrm{d}U}{\mathrm{d}\xi},\alpha_3=\frac{\tilde{g}^2}{u_0}\frac{\mathrm{d}U_{\mathrm{n}}}{\mathrm{d}\xi} \tag{5.3.63}$$

如果要使方程(5.3.62)式成为常微分方程，α_1、α_2 和 α_3 均应为常数，且其解 $f(\xi,\eta)$ 与 ξ 无关，即要求 $\partial f/\partial\xi=\partial f'/\partial\xi=0$。这种情况下，(5.3.62)式变为

$$f'''+\alpha_1 ff''+\alpha_2-\alpha_3 f'^2=0 \tag{5.3.64}$$

此即著名的福克纳—斯坎方程(Falkner-Skan equation)。

需要说明的是，为了更具普遍性，上述推导过程中应用到了多个参考流速，包括流场的特征流速 u_0、流速比尺 U_{n} 和外层流速 U，请读者注意区分其物理意义。(5.3.63)式中的三个微分方程可用于确定未知的三个函数 U、U_{n} 和 $\tilde{g}$。如果外层流速 $U\neq 0$，则可取外层流速作为流速比尺，即 $U_{\mathrm{n}}=U$，由(5.3.63)式中 α_2 和 α_3 的表达式可知，此时有 $\alpha_2=\alpha_3$。如果外层流速 $U=0$，比如突然启动平板引起的流动(即斯托克斯第一问题)、静止流体中的自由射流等都属于这种情况，此时 $\alpha_2=0$，流速比尺和外层流速不再是同一个流速。可见，无论外层流速是否为零，α_2 都不必另行确定，只需确定 α_1 和 α_3。

不失一般性，令 $U_{\mathrm{n}}=U$。由于

$$\frac{1}{u_0}\frac{\mathrm{d}(\tilde{g}^2U)}{\mathrm{d}\xi}=2\frac{\tilde{g}}{u_0}\left(\tilde{g}\frac{\mathrm{d}U}{\mathrm{d}\xi}+U\frac{\mathrm{d}\tilde{g}}{\mathrm{d}\xi}\right)-\frac{\tilde{g}^2}{u_0}\frac{\mathrm{d}U}{\mathrm{d}\xi}=2\frac{\tilde{g}}{u_0}\frac{\mathrm{d}(U\tilde{g})}{\mathrm{d}\xi}-\frac{\tilde{g}^2}{u_0}\frac{\mathrm{d}U}{\mathrm{d}\xi}$$

应用(5.3.63)式中 α_1 和 α_3 的表达式，上式可表示成

$$\frac{1}{u_0}\frac{\mathrm{d}(\tilde{g}^2U)}{\mathrm{d}\xi}=2\alpha_1-\alpha_3$$

积分上式得

$$\tilde{g}^2U=(2\alpha_1-\alpha_3)u_0\xi \tag{5.3.65}$$

将(5.3.63)式中 α_3 的表达式除以(5.3.65)式，可得

$$\frac{\mathrm{d}U}{U}=\frac{\alpha_3}{2\alpha_1-\alpha_3}\frac{\mathrm{d}\xi}{\xi} \tag{5.3.66}$$

积分上式，并将外层流速表示成无量纲流速 U/u_0，可得

$$U/u_0 = C\xi^m \tag{5.3.67}$$

式中 C 为积分常数，而幂指数

$$m = \alpha_3/(2\alpha_1 - \alpha_3) \tag{5.3.68}$$

将(5.3.67)式代入(5.3.65)式可得

$$\tilde{g}(\xi) = \sqrt{\frac{2\alpha_1 - \alpha_3}{C}}\xi^{\frac{1-m}{2}} \tag{5.3.69}$$

至此，我们基于 α_1、α_2 和 α_3 均为常数的假设，得到了 U 和 $\tilde{g}$(从而可得到 g)的具体形式。从上述分析可知，如果边界层方程具有相似性解，外层流速 U 应具有(5.3.67)式的幂函数形式。反之，如果外层流速 U 具有幂函数的形式，则该边界层流动一定具有相似性解。当具有相似性解时边界层微分方程可以化为常微分方程(5.3.64)式，使得边界层流动问题的解答在数学上得到极大的简化。

若将外层流速恢复成有量纲的形式，则由(5.3.67)式可得

$$U(x) = ax^m \tag{5.3.70}$$

其中 $a = Cu_0/l_0^m$ 为常数。由(5.3.51)式、(5.3.53)式以及(5.3.69)式可得

$$g(x) = \sqrt{2\alpha_1 - \alpha_3}\sqrt{\frac{\nu x}{U}} \tag{5.3.71}$$

于是，由(5.3.52)式可得相似变量

$$\eta = \frac{y}{g(x)} = \frac{y}{\sqrt{2\alpha_1 - \alpha_3}}\sqrt{\frac{U}{\nu x}} \tag{5.3.72}$$

3. 哈特里速度剖面

从(5.3.66)式可知，常数 α_1 和 α_3 的公约数对结果并没有影响，因此可先任选定 α_1 或 α_3 的值，然后再确定另一个常数，这样做并不会失去结果的普遍性。通常取 $\alpha_1 = 1$，则由(5.3.68)式可确定 $\alpha_3 = 2m/(m+1)$。另一种常用的做法是令 $2\alpha_1 - \alpha_3 = 1$，则有 $\alpha_3 = m$ 和 $\alpha_1 = (m+1)/2$。当取 $\alpha_1 = 1$ 时，由福克纳 — 斯坎方程(5.3.64)式可得

$$f''' + ff'' + \alpha_3(1 - f'^2) = 0 \tag{5.3.73}$$

相应边界条件为

$$\eta = 0: f = 0, f' = 0; \eta = \infty: f' = 1 \tag{5.3.74}$$

其中相似变量

$$\eta = \frac{y}{g(x)} = \frac{y}{\sqrt{2 - \alpha_3}}\sqrt{\frac{U}{\nu x}} \tag{5.3.75}$$

比例因子

$$g(x) = \sqrt{2 - \alpha_3}\sqrt{\frac{\nu x}{U}} \tag{5.3.76}$$

将流函数(5.3.54)式恢复成有量纲的形式，即

$$\psi(x,y) = U(x)g(x)f(\eta) = \sqrt{(2 - \alpha_3)\nu Ux}\, f(\eta) \tag{5.3.77}$$

由流函数可得纵向流速和横向流速分别为

$$u = Uf' \tag{5.3.78}$$

$$v = -\frac{1}{g}[f + (\alpha_3 - 1)\eta f'] \tag{5.3.79}$$

在(5.3.75)式中令 $y = \delta(x)$，可得边界层的名义厚度

$$\delta(x) = \eta_{99}(\alpha_3)g(x) \tag{5.3.80}$$

其中 $\eta_{99}(\alpha_3)$为 $f'(\eta) = u/U = 0.99$ 时对应的相似变量值。

由(5.3.3)式计算边界层的位移厚度

$$\delta_1(x) = \int_0^\infty \left(1 - \frac{u}{U}\right)\mathrm{d}y = g(x)\int_0^\infty (1 - f')\mathrm{d}\eta = \beta_1(\alpha_3)g(x) \tag{5.3.81}$$

其中

$$\beta_1(\alpha_3) = \int_0^\infty (1 - f')\mathrm{d}\eta = \lim_{\eta\to\infty}(\eta - f) \tag{5.3.82}$$

由(5.3.4)式可得动量厚度

$$\delta_2(x) = \int_0^\infty \frac{u}{U}\left(1 - \frac{u}{U}\right)\mathrm{d}y = g(x)\int_0^\infty f'(1 - f')\mathrm{d}\eta = \beta_2(\alpha_3)g(x) \tag{5.3.83}$$

其中

$$\beta_2(\alpha_3) = \int_0^\infty f'(1 - f')\mathrm{d}\eta = \frac{f''(0) - \alpha_3\beta_1}{1 + \alpha_3} \tag{5.3.84}$$

上式关于β_2 的表达式需要应用分步积分方法，并结合福克纳—斯坎方程(5.3.73)式来推导，请读者自行验证。$f''(0)$表示壁面处 f 的二阶导数值。

由(5.3.6)式计算壁面切应力

$$\tau_w(x) = \mu\frac{\partial u}{\partial y}\bigg|_{y=0} = \frac{\mu U}{g(x)}f''(0) = \frac{\mu U}{g(x)}\beta_0(\alpha_3) \tag{5.3.85}$$

其中

$$\beta_0(\alpha_3) = f''(0) \tag{5.3.86}$$

给定流速分布(5.3.70)式，即已知幂指数m或参数α_3值，可求出满足边界条件(5.3.74)式的常微分方程(5.3.73)式的解，由方程的解可计算出 $\eta_{99}(\alpha_3)$、$\beta_1(\alpha_3)$、$\beta_2(\alpha_3)$和$\beta_0(\alpha_3)$的数值，进而得到边界层流动的主要物理量如$\delta(x)$、$\delta_1(x)$、$\delta_2(x)$和$\tau_w(x)$。

由第 4 章可知，拐角绕流势流流速与 x^{n-1} 成比例，与(5.3.70)式流速分布形式相同，所以(5.3.70)式所代表的是拐角绕流势流流速分布。若在(5.3.68)式中取$\alpha_1 = 1$，当拐角绕流势流流速为(5.3.70)式时，则 $m = n - 1$，于是有 $n = 2/(2 - \alpha_3)$。在第 4 章我们已经知道，当 $n < 1/2$ 时拐角将大于 2π 而失去物理意义，所以必须满足 $n \geqslant 1/2$，而 $n \to \infty$ 时 $\alpha_3 \to 2$，因此有 $-2 \leqslant \alpha_3 < 2$。当 $n \geqslant 1$，即 $0 \leqslant \alpha_3 < 2$ 时，表示绕楔体的流动，楔体顶角为 $2(\pi - \pi/n) = \alpha_3\pi$，如图 5.3.11(a) 所示。当 $1/2 \leqslant n < 1$，$-2 \leqslant \alpha_3 < 0$ 时，表示绕拐角的流动，折转角为 $-\alpha_3\pi/2$，如图 5.3.11(b) 所示。

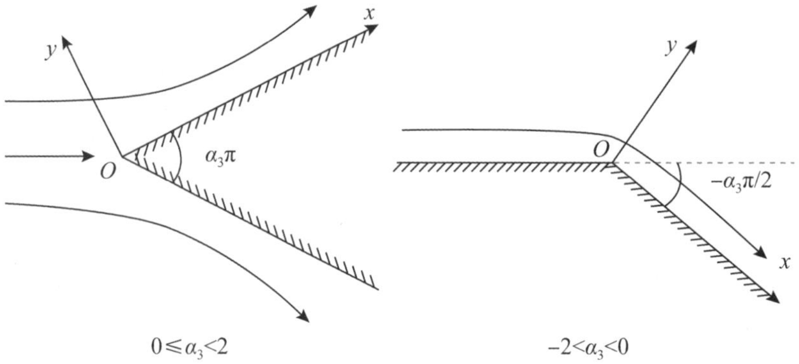

图 5.3.11　绕楔体或拐角流动

绕楔体或拐角流动边界层方程的解最早由福克纳和斯坎求得，1937 年哈特里(D. R. Hartee)对此进行了详细的计算，将相关计算结果制成了表格(见 5.3.5 节中的表 5.3.3)，通过查表可获得 $\eta_{99}(\alpha_3)$、$\beta_1(\alpha_3)$、$\beta_2(\alpha_3)$ 和 $\beta_0(\alpha_3)$ 等值。不同幂指数 m 的速度剖面如图 5.3.12 所示，这些速度剖面被称为哈特里剖面(Hartee profiles)。图中 $m=0$ 表示平板边界层流动，$m=1$ 表示平面驻点流动，也称希门茨(K. Himenz) 流动。对于加速流动($m>0$)，流速剖面中没有反弯点，整个流速剖面凸向下游；而对于减速流动($m<0$)，速度剖面中存在反弯点，在紧靠壁面处凹向下游而在外缘速度剖面仍凸向下游。当 $m=-0.091$ 时，此时壁面处切应力为零，边界层开始分离，说明层流边界层在发生分离前只能承受很小的减速流动，即只能承受很小的逆压强梯度。

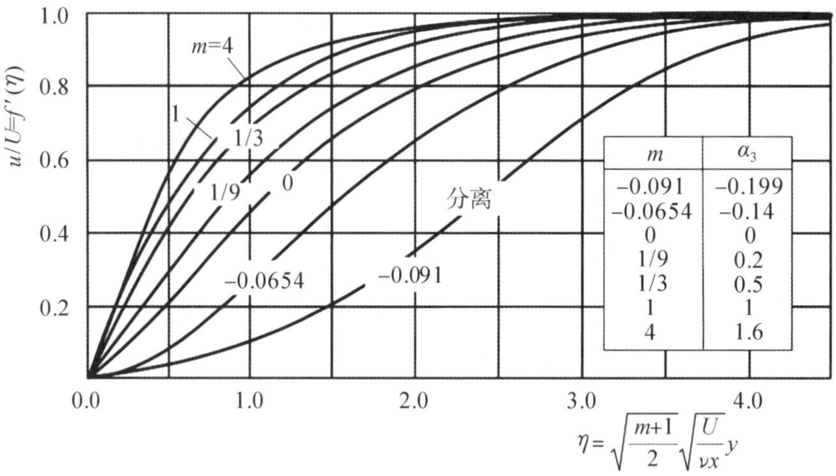

m	α_3
-0.091	-0.199
-0.0654	-0.14
0	0
1/9	0.2
1/3	0.5
1	1
4	1.6

图 5.3.12　哈特里速度剖面

5.3.4　边界层积分方程

我们已经知道当边界层存在相似性解时，边界层偏微分方程可以化为常微分方程，从而获得常微分方程的解析解或通过数值积分求得常微分方程的数值解。对于工程中常遇到的绕任意形状物体的流动问题往往不存在相似性解，但直接求解边界层偏微分方程组又困难重重，因此常常不得不寻求近似的解法。边界层微分方程的积分方程为寻求边界层问题的近似解提供了途径。采用积分方程的方法并不要求边界层内每一个流体质点的运动均满足边界层微分方程，而只是除必须满足的壁面及边界层外边缘处的边界条件外，在边界层内部只需满足在整个边界层厚度上对边界层微分方程积分所得的积分方程。因此可以用一个假设的流速分布来代替边界层内真实的流速分布，只要这个假设的流速分布满足边界层积分方程和边界条件就可以。

下面通过对边界层微分方程沿厚度方向积分，来推导出边界层动量积分方程和动能积分方程。先将连续性方程改写成

$$\frac{\partial (Uu)}{\partial x}+\frac{\partial (Uv)}{\partial y}=u\frac{\partial U}{\partial x} \tag{5.3.87}$$

在边界层动量方程(5.3.25)式左端添加 u 乘以连续方程，可将动量方程改写成

$$\frac{\partial u}{\partial t}+\frac{\partial u^2}{\partial x}+\frac{\partial (uv)}{\partial y}=\frac{\partial U}{\partial t}+U\frac{\partial U}{\partial x}+\frac{\mu}{\rho}\frac{\partial^2 u}{\partial y^2} \tag{5.3.88}$$

(5.3.87)式减去(5.3.88)式可得

$$\frac{\partial}{\partial t}(U-u)+\frac{\partial}{\partial x}[u(U-u)]+\frac{\partial}{\partial y}[v(U-u)]+(U-u)\frac{\partial U}{\partial x}=-\frac{\mu}{\rho}\frac{\partial^2 u}{\partial y^2}$$

将上式沿速度剖面从 0 到 ∞ 对 y 积分得

$$\int_0^\infty\left\{\frac{\partial}{\partial t}(U-u)+\frac{\partial}{\partial x}[u(U-u)]+\frac{\partial}{\partial y}[v(U-u)]+(U-u)\frac{\partial U}{\partial x}\right\}\mathrm{d}y=-\int_0^\infty\frac{\mu}{\rho}\frac{\partial^2 u}{\partial y^2}\mathrm{d}y \tag{5.3.89}$$

应用位移厚度的定义(5.3.3)式，可将(5.3.89)式左端第一项和第四项积分的结果表示成

$$\int_0^\infty\frac{\partial}{\partial t}(U-u)\mathrm{d}y=\frac{\partial}{\partial t}\int_0^\infty(U-u)\mathrm{d}y=\frac{\partial}{\partial t}(U\delta_1)$$

$$\frac{\partial U}{\partial x}\int_0^\infty(U-u)\mathrm{d}y=U\delta_1\frac{\partial U}{\partial x}$$

同理，应用动量厚度的定义(5.3.4)式，可将(5.3.89)式左端第二项积分结果写成

$$\int_0^\infty\frac{\partial}{\partial x}[u(U-u)]\mathrm{d}y=\frac{\partial}{\partial x}\int_0^\infty[u(U-u)]\mathrm{d}y=\frac{\partial}{\partial x}(U^2\delta_2)$$

根据边界条件(5.3.26)式，(5.3.89)式左端第三项积分后，得

$$\int_0^\infty\frac{\partial}{\partial y}[v(U-u)]\mathrm{d}y=[v(U-u)]_{y=0}^{y=\infty}=0$$

又因为 $(\partial u/\partial y)_{y=\infty}=0$，$(\mu\partial u/\partial y)_{y=0}=\tau_{\mathrm{w}}$，因此(5.3.89)式右端项积分结果为

$$\int_0^\infty-\frac{\mu}{\rho}\frac{\partial^2 u}{\partial y^2}\mathrm{d}y=\frac{\mu}{\rho}\left(\frac{\partial u}{\partial y}\right)_{y=0}=\frac{\tau_{\mathrm{w}}}{\rho}$$

将以上积分结果代回(5.3.89)式，可得

$$\frac{1}{U^2}\frac{\partial}{\partial t}(U\delta_1)+\frac{\partial \delta_2}{\partial x}+\frac{\delta_1+2\delta_2}{U}\frac{\partial U}{\partial x}=\frac{\tau_{\mathrm{w}}}{\rho U^2} \tag{5.3.90}$$

此即不可压缩流体平面边界层的动量积分方程。对于定常流动,可简化为

$$\frac{d\delta_2}{dx}+\frac{\delta_2}{U}(2+H_{12})\frac{dU}{dx}=\frac{\tau_w}{\rho U^2} \tag{5.3.91}$$

式中 $H_{12}=\delta_1/\delta_2$,称为边界层形状参数。上式亦可改写成

$$\frac{d(U^2\delta_2)}{dx}+\delta_1 U\frac{dU}{dx}=\frac{\tau_w}{\rho} \tag{5.3.92}$$

(5.3.91)式或(5.3.92)式即著名的卡门动量积分方程(Karman momentum integral equation),由冯·卡门于1921年根据动量定理首先导出。动量积分方程对层流和湍流均适用。

接下来我们推导平面边界层的动能积分方程。以 (U^2-u^2) 乘连续方程式(5.3.24)得

$$(U^2-u^2)\frac{\partial u}{\partial x}+(U^2-u^2)\frac{\partial v}{\partial y}=0 \tag{5.3.93}$$

以 $2u$ 乘动量方程(5.3.25)式,并令 $\tau=\mu\partial u/\partial y$,可得

$$2u\frac{\partial u}{\partial t}+2uu\frac{\partial u}{\partial x}+2uv\frac{\partial u}{\partial y}=2u\frac{\partial U}{\partial t}+2uU\frac{\partial U}{\partial x}+\frac{2u}{\rho}\frac{\partial \tau}{\partial y} \tag{5.3.94}$$

然后将(5.3.93)式减去(5.3.94)式得

$$\frac{\partial}{\partial t}[u(U-u)]+U^2\frac{\partial}{\partial t}\left(1-\frac{u}{U}\right)+\frac{\partial}{\partial x}[u(U^2-u^2)]+\frac{\partial}{\partial y}[v(U^2-u^2)]=\frac{2\tau}{\rho}\frac{\partial u}{\partial y}-\frac{2}{\rho}\frac{\partial(u\tau)}{\partial y}$$

类似动量积分方程的推导,对上式从 0 到 ∞ 对 y 积分。根据位移厚度、动量厚度和能量厚度的定义,其中上式左端第一项、第二项和第三项的积分可分别表示成

$$\frac{\partial}{\partial t}\int_0^\infty[u(U-u)]dy=\frac{\partial}{\partial t}(U^2\delta_2)$$

$$\frac{\partial}{\partial t}\int_0^\infty\left(1-\frac{u}{U}\right)dy=\frac{\partial\delta_1}{\partial t}$$

$$\frac{\partial}{\partial x}\int_0^\infty[u(U^2-u^2)]dy=\frac{\partial}{\partial x}(U^3\delta_3)$$

利用边界条件(5.3.26)式,左端第四项积分为

$$\frac{\partial}{\partial y}\int_0^\infty[v(U^2-u^2)]dy=[v(U^2-u^2)]_{y=0}^{y=\infty}=0$$

以及右端第二项积分为

$$\int_0^\infty\frac{\partial(u\tau)}{\partial y}dy=(u\tau)_{y=0}^{y=\infty}=0$$

同时将右端第一项积分记为

$$D=\int_0^\infty\tau\frac{\partial u}{\partial y}dy \tag{5.3.95}$$

称之为耗散积分。于是可得

$$\frac{\partial}{\partial t}(U^2\delta_2)+U^2\frac{\partial\delta_1}{\partial t}+\frac{\partial}{\partial x}(U^3\delta_3)=\frac{2D}{\rho} \tag{5.3.96}$$

此即不可压缩流体平面边界层的动能积分方程(kinetic energy integral equation)。对于定常流动,可简化为

$$\frac{\mathrm{d}}{\mathrm{d}x}(U^3\delta_3)=\frac{2D}{\rho} \tag{5.3.97}$$

同样,动能积分方程对于层流和湍流边界层均适用。

5.3.5 边界层的近似解

在本节我们研究如何应用动量积分方程求解边界层流动的近似解。基于积分方程来求解边界层流动的近似方法称为积分方法。

由动量积分方程(5.3.91)或(5.3.92)式可知,在外层势流流速分布已知的情况下,动量方程包含了 δ_1、δ_2 和 τ_w 三个未知量,而方程只有一个动量积分方程,因此需要补充方程才能进行求解。通常的做法是预先假设边界层横剖面上的流速分布,而该流速分布依赖于某一个或多个参数。基于假设的流速分布,可将 δ_1、δ_2 和 τ_w 都表示为速度剖面参数的函数,于是动量积分方程中只包含未知的速度剖面参数。由动量积分方程求解出速度剖面参数后,即可得到确切的速度分布,进而计算出边界层流动的各种物理量,如 δ_1、δ_2 和 τ_w 等。选用的速度剖面如果只包含一个参数,称为单参数速度剖面簇。单参数剖面因只有一个待确定的速度剖面参数,因此一般只需应用动量积分方程就足够了。也可选用多参数的速度剖面,此时除利用动量积分方程外,还需要用到其他积分方程,比如动能积分方程。多参数速度剖面一般能给出更高精度的解,但求解过程也更为复杂,在本教材中仅讨论单参数速度剖面的情况。截至目前,有众多学者提出了许多边界层方程的近似解法,这些方法之间的主要区别在于选用的速度剖面不同或使用的积分方法不同。

假设边界层任意位置处断面的流速分布为

$$\frac{u}{U}=F(\eta) \tag{5.3.98}$$

其中 $\eta=y/\delta(x)$。显然,$\delta(x)$决定了断面 x 处的流速分布 $F(\eta)$,是待确定的速度剖面参数。流速分布 $F(\eta)$ 与(5.3.55)式中无量纲流函数的一阶导数 f' 具有相同的物理意义,均表示无量纲的流速分布。

假设不同的流速分布便可得到不同的近似解,而所得结果的精度则取决于所假设的流速分布是否接近真实的流速分布。为提升计算结果的精度,假设的速度剖面在边界上应满足尽量多的边界条件,这些条件一般称为相容性条件(compatibility condition)。

在壁面 $y=0$ 处,除必须满足无滑条件 $u=0$ 和不穿透条件 $v=0$ 外,根据边界层动量方程(5.3.50)式可知,由于 $u=v=0$,在 $y=0$ 处有

$$\nu\left(\frac{\partial^2 u}{\partial y^2}\right)_{y=0}=-U\frac{\mathrm{d}U}{\mathrm{d}x}=\frac{1}{\rho}\frac{\partial p}{\partial x} \tag{5.3.99}$$

(5.3.99)式所表示的相容性条件非常重要,它反映了速度剖面在顺压强梯度区没有拐点,而在逆压强梯度区必有拐点的性质,一切有压强梯度的边界层都必须满足该相容性条件。

动量方程(5.3.50)式对 y 偏微分一次后，再次利用 $u=v=0$，可知在 $y=0$ 处还应满足

$$\left(\frac{\partial^3 u}{\partial y^3}\right)_{y=0}=0 \tag{5.3.100}$$

在 $y=\delta$ 处流速应与外界势流流速相衔接，因此有 $u=U(x)$。同时由于 $U(x)$ 与 y 无关，因此必有

$$\left(\frac{\partial u}{\partial y}\right)_{y=\delta}=\left(\frac{\partial^2 u}{\partial y^2}\right)_{y=\delta}=\left(\frac{\partial^3 u}{\partial y^3}\right)_{y=\delta}=\cdots=0 \tag{5.3.101}$$

假定流速分布(5.3.98)式后，动量积分方程(5.3.91)或(5.3.92)式中的参数 δ_1、δ_2 和 τ_w 均可用流速剖面的参数 $\delta(x)$ 来表示，即

$$\delta_1=\int_0^\infty\left(1-\frac{u}{U}\right)\mathrm{d}y=\int_0^\infty(1-F)\delta\mathrm{d}\eta=\beta_1\delta \tag{5.3.102}$$

$$\delta_2=\int_0^\infty\frac{u}{U}\left(1-\frac{u}{U}\right)\mathrm{d}y=\int_0^\infty F(1-F)\delta\mathrm{d}\eta=\beta_2\delta \tag{5.3.103}$$

$$\frac{\tau_w}{\rho}=\left(\nu\frac{\partial u}{\partial y}\right)_{y=0}=\beta_0\frac{\nu U}{\delta} \tag{5.3.104}$$

其中

$$\beta_1=\int_0^\infty(1-F)\mathrm{d}\eta,\beta_2=\int_0^\infty F(1-F)\mathrm{d}\eta,\beta_0=F'(0) \tag{5.3.105}$$

将式(5.3.102)～(5.3.104)式代入动量积分方程(5.3.91)式中可得

$$\frac{\mathrm{d}\delta^2}{\mathrm{d}x}+\left(2+\frac{\beta_1}{\beta_2}\right)\frac{2}{U}\frac{\mathrm{d}U}{\mathrm{d}x}\delta^2=\frac{2\beta_0\nu}{\beta_2 U} \tag{5.3.106}$$

由于 β_1、β_2 和 β_0 均依赖于速度剖面参数 δ，因此(5.3.106)式是关于 δ 的非线性常微分方程。由(5.3.106)式求解出了速度剖面参数 δ，则由(5.3.102)～(5.3.104)式可计算出边界层流动的主要物理量 δ_1、δ_2 和 τ_w 等。

以上介绍了应用边界层积分方法求解边界层流动问题的一般过程，虽然求解常微分方程相对要容易一些，但要得到解析解有时候仍十分困难，多数需要依赖数值积分的方法。尤其当存在压强梯度时($\mathrm{d}U/\mathrm{d}x\neq 0$)，即使采用数值积分方法来求解(5.3.106)式也有不小的难度。下面我们先介绍积分方法在零压强梯度的平板边界层中的应用，然后再介绍两种能处理有压强梯度边界层的积分方法。

1. 平板边界层的近似解

对于均匀流中的平板边界层，外层有势流动的流速 U 为常数，因此 $\mathrm{d}U/\mathrm{d}x=0$。于是，由(5.3.106)式可得

$$\frac{\mathrm{d}\delta^2}{\mathrm{d}x}=\frac{2\beta_0\nu}{\beta_2 U} \tag{5.3.107}$$

直接积分上式，结合边界条件 $\delta(0)=0$，可得

$$\delta(x)=\sqrt{\frac{2\beta_0}{\beta_2}}\sqrt{\frac{\nu x}{U}} \tag{5.3.108}$$

将(5.3.108)式代入(5.3.102)～(5.3.104)式可得

$$\delta_1(x) = \beta_1 \sqrt{\frac{2\beta_0}{\beta_2}} \sqrt{\frac{\nu x}{U}} \tag{5.3.109}$$

$$\delta_2(x) = \sqrt{2\beta_2\beta_0} \sqrt{\frac{\nu x}{U}} \tag{5.3.110}$$

$$\tau_w(x) = \sqrt{\frac{\beta_2\beta_0}{2}} \mu U \sqrt{\frac{U}{\nu x}} \tag{5.3.111}$$

由切应力 $\tau_w(x)$ 很容易得到切应力系数和阻力系数

$$C_f = \frac{\sqrt{2\alpha_2\beta_0}}{\sqrt{Re_x}} \tag{5.3.112}$$

$$C_D = \frac{2\sqrt{2\beta_2\beta_0}}{\sqrt{Re_l}} \tag{5.3.113}$$

接下来我们通过假设具体的流速分布来进行举例说明。设边界层的剖面流速分布为多项式分布，即

$$\frac{u}{U} = F(\eta) = a + b\eta + c\eta^2 + d\eta^3 \tag{5.3.114}$$

式中 $\eta = y/\delta$，a、b、c 和 d 为待定系数，可由边界条件确定。根据边界条件 $y = 0$ 时 $u = 0$，$\partial^2 u/\partial y^2 = 0$，以及 $y = \delta$ 时，$u = U$，$\partial u/\partial y = 0$，很容易确定待定系数 $a = 0$，$b = 3/2$，$c = 0$，$d = 1/2$。由此可得流速分布为

$$\frac{u}{U} = F(\eta) = \frac{3}{2}\eta - \frac{1}{2}\eta^3 \tag{5.3.115}$$

将流速分布(5.3.115)式代入(5.3.105)式，可得 $\beta_1 = 3/8$，$\beta_2 = 39/280$，$\beta_0 = 3/2$。进而由(5.3.108)～(5.3.113)式可得边界层厚度、切应力、切应力系数和阻力系数等各种物理量，相关结果已列于表 5.3.2 中。在表 5.3.2 中，还给出了其他几种流速分布所得的结果。从表中可以看到，积分方法一般都能给出较为满意的结果，尤其阻力的计算精度比较高，与精确解相当，而与解析方法相比，积分方法的求解过程则相对要简单得多。

表 5.3.2　平板边界层的近似解

$f(\eta)$	β_1	β_2	β_0	$\delta\sqrt{\frac{U}{\nu x}}$	$\delta_1\sqrt{\frac{U}{\nu x}}$	$\frac{\tau_w}{\mu U}\sqrt{\frac{\nu x}{U}}$	$C_D\sqrt{Re_l}$
η	1/6	1/2	1	3.46	1.732	0.289	1.155
$2\eta-\eta^2$	2/15	1/3	2	5.48	1.825	0.365	1.460
$3\eta/2-\eta^3/2$	39/280	3/8	3/2	4.64	1.740	0.323	1.292
$2\eta-2\eta^3+\eta^4$	37/315	3/10	2	5.83	1.752	0.343	1.372
$\sin(\pi\eta/2)$	$(4-\pi)/2\pi$	$(\pi-2)/\pi$	$\pi/2$	4.79	1.742	0.327	1.310
精确解				5.00	1.721	0.332	1.328

2. 卡门 — 波尔豪森法

当处理有压强梯度的任意曲面边界层问题时，求解关于速度剖面参数的微分方程

(5.3.106) 式并不容易。波尔豪森(K. Pohlhausen) 是历史上第一个采用卡门动量积分方程处理有压强梯度的曲面物体边界层问题的学者(Pohlhausen, 1921),类似的这类积分方法通常称为卡门—波尔豪森法(Karmam-Pohlhausen method)。

波尔豪森选用四次多项式作为速度剖面函数,即假定

$$\frac{u}{U}=a+b\eta+c\eta^2+d\eta^3+e\eta^4 \tag{5.3.116}$$

式中 $\eta=y/\delta(x)$,而待定系数 a、b、c、d 和 e 由以下五个相容性条件确定

$$y=0: u=0, \frac{\partial^2 u}{\partial y^2}=-\frac{U}{\nu}\frac{\mathrm{d}U}{\mathrm{d}x}$$

$$y=\delta: u=U, \frac{\partial u}{\partial y}=0, \frac{\partial^2 u}{\partial y^2}=0$$

由此确定的待定系数分别为

$$a=0, b=2+\lambda/6, c=-\lambda/2, d=-2+\lambda/2, e=1-\lambda/6 \tag{5.3.117}$$

其中

$$\lambda(x)=\frac{\delta^2}{\nu}\frac{\mathrm{d}U}{\mathrm{d}x} \tag{5.3.118}$$

称为波尔豪森参数,为无量纲变量。因为 $U\mathrm{d}U/\mathrm{d}x=-(1/\rho)\mathrm{d}p/\mathrm{d}x$,所以上式可改写成

$$\lambda(x)=\frac{-\mathrm{d}p/\mathrm{d}x}{\mu U/\delta^2}$$

上式表明,波尔豪森参数的物理意义表示压力与黏性力之比。显然,参数 $\lambda(x)$ 与 $\delta(x)$ 相互依赖,都可看成是速度剖面的参数。

将(5.3.117) 式中的系数代入(5.3.116) 式中,可得流速分布为

$$\frac{u}{U}=F(\eta,\lambda)=1-(1+\eta)(1-\eta)^3+\frac{1}{6}\lambda\eta(1-\eta)^3 \tag{5.3.119}$$

上式对 η 求一阶导数可得

$$F'(\eta,\lambda)=(1-\eta)^2[2+4\eta+\lambda(1-4\eta)/6] \tag{5.3.120}$$

在分离点上,流速的一阶导数等于零,因此由 $\eta=0$,$F'(0,\lambda)=2+\lambda/6=0$,可得 $\lambda=-12$。当 $\lambda<-12$ 时,速度剖面进入边界层分离点后的尾流区,此时边界层理论不再适用,因此 λ 需满足 $\lambda\geqslant-12$。另外,实际中的速度剖面是单调递增的,当 $\eta=1$ 时速度达到最大,此时 $u/U=1$。因此,在 $\eta\in[0,1]$ 范围内,不能出现 $u/U>1$ 的情况,否则边界层内的流速超过了外层有势流动的流速。这要求在 $0<\eta<1$ 内 $F'(\eta,\lambda)\neq0$,亦即 $F'(\eta,\lambda)=0$ 的解不能落在 $0<\eta<1$ 中。由(5.3.120) 式可知,当 $F'(\eta,\lambda)=0$ 时,有

$$\eta=\frac{2+\lambda/6}{2\lambda/3-4}$$

由上式易知,当 $\lambda>12$ 时 $\eta<1$,因此为避免出现边界层内流速超过外层有势流动流速的情况,λ 还需要满足 $\lambda\leqslant12$。

根据上述分析,参数 λ 的取值范围应为$[-12,12]$。图 5.3.13 表示的是以 λ 为参数的速度剖面簇,当参数 $\lambda\geqslant12$ 或 $\lambda\leqslant-12$ 时,图中所对应的速度剖面在实际中并不存在。

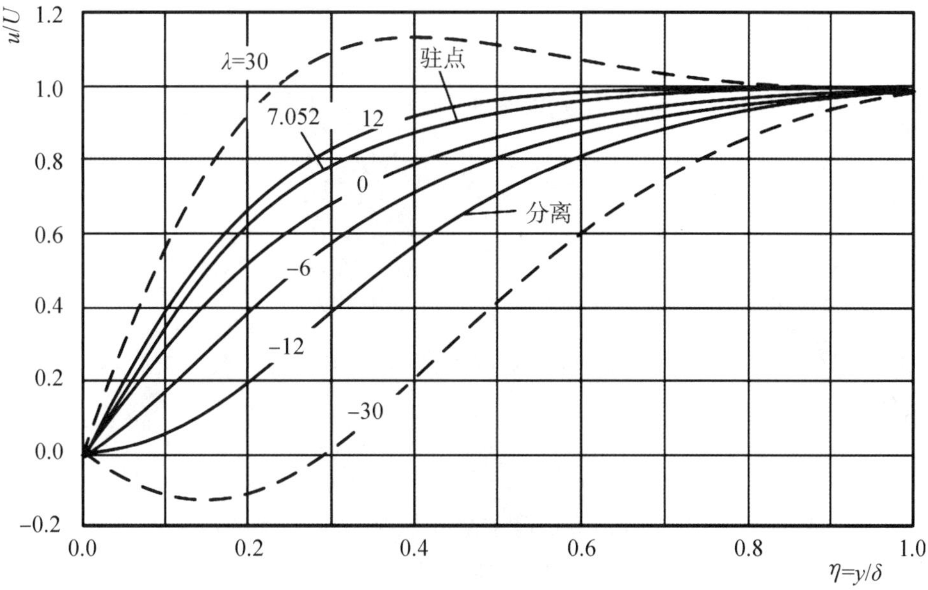

图 5.3.13　波尔豪森速度剖面

已知流速分布后，由(5.3.105)式可得

$$\beta_1(\lambda)=\frac{1}{120}(36-\lambda)$$

$$\beta_2(\lambda)=\frac{1}{315}\left(37-\frac{\lambda}{3}-\frac{5\lambda^2}{144}\right) \tag{5.3.121}$$

$$\beta_0(\lambda)=2+\frac{\lambda}{6}$$

将以上各式代入动量积分方程(5.3.91)式中，并整理可得

$$\frac{\mathrm{d}Z}{\mathrm{d}x}=\frac{1}{U}G(\lambda)+U''H(\lambda)Z^2 \tag{5.3.122}$$

式中 $Z=\delta^2/\nu$，为新引入的变量，而函数 $G(\lambda)$ 和 $H(\lambda)$ 分别为

$$G(\lambda)=\frac{15120-2784\lambda+79\lambda^2+5\lambda^3/3}{(12-\lambda)(37+25\lambda/12)} \tag{5.3.123}$$

$$H(\lambda)=\frac{8+5\lambda/3}{(12-\lambda)(37+25\lambda/12)} \tag{5.3.124}$$

因为 $\lambda=ZU'$，即 λ 也是 Z 的函数，所以(5.3.122)式是一个关于 $Z(x)$ 的常微分方程。

(5.3.122)式一般需要采用数值积分的方法进行求解。积分一般从驻点（设为 $x=0$ 点）开始，所以需要给出驻点处的两个起始条件。因为在驻点有 $U(0)=0$，而 δ 和 $\mathrm{d}\delta/\mathrm{d}x$ 应为有限值，从而 $\mathrm{d}Z/\mathrm{d}x$ 也应为有限值，由(5.3.122)式可知，这要求 $G(\lambda)=0$，于是由(5.3.123)式可得 $\lambda(0)=7.052$ 或 17.80 或 -72.26，而只有 $\lambda(0)=7.052$ 在 λ 的取值范围内。于是得到第一个起始条件

$$Z(0)=7.052/U'(0) \tag{5.3.125}$$

另外，由(5.3.122)式可得

$$\lim_{x\to0}\frac{\mathrm{d}Z}{\mathrm{d}x}=\lim_{x\to0}\left[\frac{G(\lambda)}{U}+U''H(\lambda)Z^2\right]$$
$$=\lim_{x\to0}\left[\frac{G'(\lambda)\lambda'}{U'}+\frac{U''}{U'^2}H(\lambda)\lambda^2\right]$$
$$=\lim_{x\to0}\left[\frac{G'(\lambda)}{U}\left(\frac{U''}{U}\lambda+U'\frac{\mathrm{d}Z}{\mathrm{d}x}\right)+\frac{U''}{U'^2}H(\lambda)\lambda^2\right]$$

于是可得

$$\lim_{x\to0}\frac{\mathrm{d}Z}{\mathrm{d}x}=\frac{1}{1-\lim\limits_{x\to0}G'(\lambda)}\lim_{x\to0}\left\{\frac{U''}{U'^2}[\lambda G'(\lambda)++H(\lambda)\lambda^2]\right\}$$

注意，上式中 $G'(\lambda)$ 表示 $G(\lambda)$ 对 λ 的一阶导数。将 $\lambda(0)=7.052$ 代入上式，可确定第二个起始条件

$$\left(\frac{\mathrm{d}Z}{\mathrm{d}x}\right)_{x=0}=-5.391\frac{U''(0)}{U'(0)} \tag{5.3.126}$$

基于以上两个起始条件，可用数值方法解常微分方程(5.3.122)式。当 $Z(x)$ 求出后，可得 $\lambda(x)$，于是可确定流速分布(5.3.119)式，然后由(5.3.102)～(5.3.104)式求出 δ_1、δ_2 和 τ_w 等物理量。

波尔豪森的方法在增速区能给出令人满意的结果，但在减速区尤其是在分离点附近所给出的结果相当差，因此采用此方法计算分离点位置一般来说不甚可靠，甚至计算不出来。此后，许多学者如霍尔斯坦(H. Holstein)、波伦(T. Bohlen)、华尔茨(A. Walz)和斯危茨(B. Thwaites)等都对卡门—波尔豪森方法做了发展和改进，其中斯危茨的改进使得数值积分更为方便，该方法在许多教材中也都有介绍，有兴趣的读者可以参看相关资料。接下来我们再介绍华尔茨(Walz, 1966)基于哈特里速度剖面提出的一种近似解法，该方法在数值积分方法上与斯危茨方法有类似之处。

3. 华尔茨法

与波尔豪森法不同，华尔茨选择的速度剖面为满足福克纳—斯坎方程(5.3.73)式的速度剖面，即哈特里剖面。当流动不具有相似解时，(5.3.73)式中的参数 α_3 不再是常数，而是位置 x 的函数，因此(5.3.73)式给出的速度剖面是依赖参数 $\alpha_3(x)$ 的单参数剖面簇。同时也要注意，因为当不具相似解时，无量纲流函数 f 的控制方程应该是(5.3.62)式，其方程的右端并不为零，因此(5.3.73)式中的速度剖面并不是位置 x 处速度的精确解，而只是近似解。

仍采用(5.3.75)式表示的相似变量和(5.3.76)式表示的比例因子，即有

$$\eta=y/g(x),\ g(x)=\sqrt{2-\alpha_3}\sqrt{\frac{\nu x}{U}}$$

动量积分方程(5.3.91)式中的边界层物理量 δ_1、δ_2 和 τ_w 仍分别由(5.3.81)式、(5.3.83)式和(5.3.85)式计算，其中 β_1、β_2 和 β_0 等均是参数 α_3 的函数，因此动量积分方程只包含 α_3 一个未知量。

以 $2U\delta_2/\nu$ 乘以动量积分方程(5.3.91)式，并整理可得

$$\frac{\mathrm{d}}{\mathrm{d}x}\left(\frac{\delta_2^2}{\nu}U\right)+\left(3+2\frac{\beta_1}{\beta_2}\right)\frac{\delta_2^2}{\nu}\frac{\mathrm{d}U}{\mathrm{d}x}=2\frac{\delta_2}{\nu U}\frac{\tau_w}{\rho} \tag{5.3.127}$$

引入两个新的独立变量

$$Z(x)=\frac{\delta_2^2}{\nu}U \tag{5.3.128}$$

$$\lambda(x)=-\frac{\delta_2^2}{U}\left(\frac{\partial^2 u}{\partial y^2}\right)_{y=0} \tag{5.3.129}$$

其中 $Z(x)$ 具有长度的量纲，代表了边界层厚度的度量。$\lambda(x)$ 是一个无量纲量，由相容性条件(5.3.99)式我们可以得到

$$\left(\nu\frac{\partial^2 u}{\partial y^2}\right)_{y=0}=\nu\left[\frac{\partial^2}{\partial y^2}(Uf')\right]_{y=0}=\nu\frac{U}{g^2}f'''(0)=-U\frac{\mathrm{d}U}{\mathrm{d}x}$$

其中 $f'''(0)$ 表示壁面处 f 的三阶导数值。应用(5.3.53)式和(5.3.63)式，由上式可得

$$f'''(0)=-\frac{g^2}{\nu}\frac{\mathrm{d}U}{\mathrm{d}x}=-\alpha_3 \tag{5.3.130}$$

于是

$$\lambda(x)=-\frac{\delta_2^2}{U}\left(\frac{\partial^2 u}{\partial y^2}\right)_{y=0}=-\frac{\delta_2^2}{U}\frac{U}{g^2}f'''(0)=-\beta_2^2 f'''(0)=\alpha_3\beta_2^2 \tag{5.3.131}$$

因为 β_2 也是 α_3 的函数，可见无量纲数 $\lambda(x)$ 与参数 α_3 具有固定的对应关系，与 α_3 一样，也是速度剖面的参数。应用(5.3.99)式，$\lambda(x)$ 还可表示成

$$\lambda(x)=\frac{Z(x)}{U}\frac{\mathrm{d}U}{\mathrm{d}x} \tag{5.3.132}$$

于是应用(5.3.128)式、(5.3.132)式以及(5.3.85)式，动量积分方程(5.3.127)式可改写成

$$\frac{\mathrm{d}Z}{\mathrm{d}x}+\left(3+2\frac{\beta_1}{\beta_2}\right)\lambda=2\beta_0\beta_2 \tag{5.3.133}$$

或写成

$$\frac{\mathrm{d}Z}{\mathrm{d}x}=F(\lambda) \tag{5.3.134}$$

其中

$$F(\lambda)=2\beta_0\beta_2-\left(3+2\frac{\beta_1}{\beta_2}\right)\lambda \tag{5.3.135}$$

注意，因为 β_1、β_2 和 β_0 等是参数 α_3 的函数，所以也是 λ 的函数，同时也都是 x 的函数。

不同 α_3 对应的哈特里速度剖面的计算结果见表 5.3.3。$F(\lambda)$ 与 λ 具有近似的线性关系，如图 5.3.14 所示，因此可将函数 $F(\lambda)$ 近似表示成

$$F(\lambda)=a-b\lambda \tag{5.3.136}$$

则动量积分方程(5.3.134)可改写成

$$\frac{\mathrm{d}Z}{\mathrm{d}x}+\frac{b}{U}\frac{\mathrm{d}U}{\mathrm{d}x}Z=a \tag{5.3.137}$$

上式的解可表示成

$$Z(x)=Z(x_i)\left[\frac{U(x_i)}{U(x)}\right]^b+\frac{a}{[U(x)]^b}\int_{x_i}^{x}[U(x)]^b\mathrm{d}x \tag{5.3.138}$$

若积分起点位置 $x_i=0$ 选在边界层的起点($\delta_2(0)=0$) 或驻点($U(0)=0$),则有 $Z(0)=0$,于是有

$$Z(x)=\frac{a}{[U(x)]^b}\int_0^x [U(x)]^b \mathrm{d}x \tag{5.3.139}$$

以 $\lambda=0$ 为分界点,(5.3.136) 式可分成两段,$\lambda>0$ 时,$a=0.441$,$b=4.165$,$\lambda<0$ 时,$a=0.441$,$b=4.579$。当已知外层流速 $U(x)$,则可由(5.3.139) 式计算出 $Z(x)$,进而可计算出边界层的主要物理量如 δ、δ_1、δ_2 和 τ_w 等。

从上述计算过程可知,华尔茨方法比波尔豪森方法在计算上要更方便。

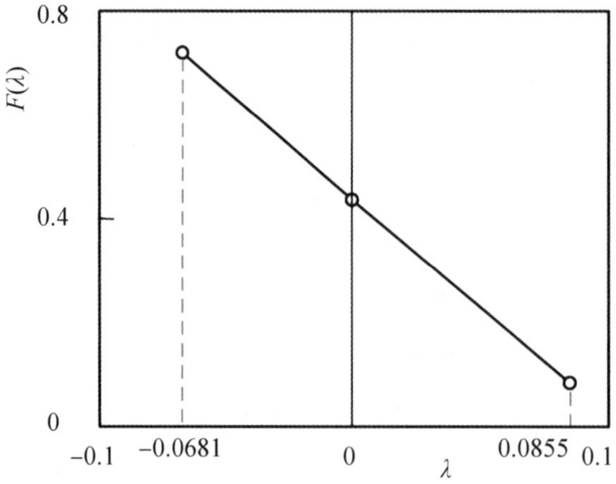

图 5.3.14　函数 $F(\lambda)$ 的图形

表 5.3.3　哈特里速度剖面的物理量

α_3	β_1	β_2	β_0	η_{99}	λ	$F(\lambda)$	备注
−0.199	2.357	0.585	0.000	4.8	−0.0681	0.754	边界层分离点
−0.1	1.443	0.515	0.319	3.8	−0.0265	0.557	
0.0	1.218	0.470	0.470	3.6	0.0000	0.441	零压强梯度
0.1	1.079	0.435	0.587	3.4	0.0190	0.360	
0.2	0.984	0.408	0.687	3.2	0.0333	0.300	
0.3	0.916	0.386	0.775	3.1	0.0439	0.253	
0.4	0.853	0.367	0.854	3.0	0.0538	0.215	
0.5	0.804	0.350	0.928	2.9	0.0612	0.184	
0.6	0.764	0.336	0.996	2.8	0.0677	0.158	
0.7	0.728	0.322	1.059	2.7	0.0725	0.137	
0.8	0.699	0.312	1.120	2.6	0.0778	0.117	
0.9	0.671	0.301	1.178	2.5	0.0816	0.101	
1.0	0.647	0.292	1.233	2.4	0.0855	0.085	驻点

5.3.6　高阶边界层方程

在 5.3.2 节我们采用量级分析的方法推导出了边界层的微分方程，在本节我们将采用更具普遍性的摄动方法来推导更高阶的边界层方程微分方程。

以弯曲壁面前缘点为坐标原点，沿壁面指向下游为 x 坐标，自壁面算起沿壁面法线方向为 y 坐标，这种正交坐标系通常习惯称为边界层坐标系，或自然坐标系，如图 5.3.15 所示。

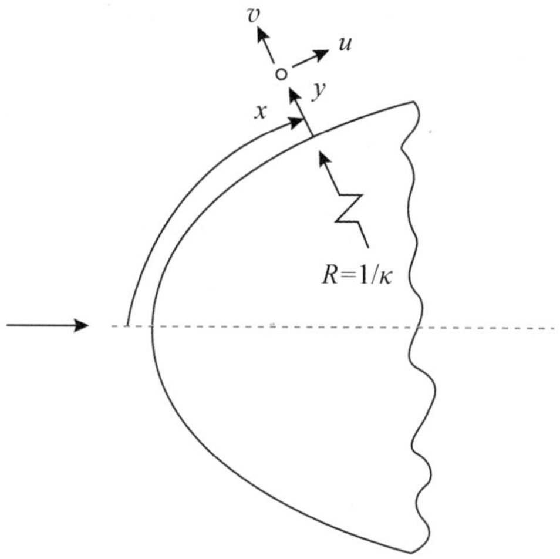

图 5.3.15　二维平面边界层坐标系

采用与 5.3.2 节相同的特征参数对方程进行无量纲化，特征长度为 l_0，特征流速为 u_0，而压强的比尺为 ρu_0^2。壁面无量纲量曲率为 $\kappa(x)=l_0/R(x)$，其中 $R(x)$ 为位置 x 处的曲率半径。正交曲线坐标系中流体流动的连续方程和 N-S 方程在众多教材中都有，读者也可利用附录 B 中的相关知识自行推导，在此不做详细的推导，而是直接给出无量纲形式的连续方程

$$\frac{\partial u}{\partial x}+\frac{\partial v}{\partial y}+\kappa v=0 \tag{5.3.140}$$

和 N-S 方程

$$\begin{aligned}\frac{1}{1+\kappa y}u\frac{\partial u}{\partial x}+v\frac{\partial u}{\partial y}+\frac{\kappa}{1+\kappa y}uv=-\frac{1}{1+\kappa y}\frac{\partial p}{\partial x}+\frac{1}{Re}\Big[\frac{1}{(1+\kappa y)^2}\frac{\partial^2 u}{\partial x^2}+\frac{\partial^2 u}{\partial y^2}+\\ \frac{\kappa}{1+\kappa y}\frac{\partial u}{\partial y}-\frac{\kappa^2}{(1+\kappa y)^2}u+\frac{2\kappa}{(1+\kappa y)^2}\frac{\partial v}{\partial x}+\frac{1}{(1+\kappa y)^3}\frac{\mathrm{d}\kappa}{\mathrm{d}x}v-\frac{y}{(1+\kappa y)^3}\frac{\mathrm{d}\kappa}{\mathrm{d}x}\frac{\partial u}{\partial x}\Big]\end{aligned} \tag{5.3.141}$$

$$\begin{aligned}\frac{1}{1+\kappa y}u\frac{\partial v}{\partial x}+v\frac{\partial v}{\partial y}-\frac{\kappa}{1+\kappa y}u^2=-\frac{\partial p}{\partial y}+\frac{1}{Re}\Big[\frac{1}{(1+\kappa y)^2}\frac{\partial^2 v}{\partial x^2}+\frac{\partial^2 v}{\partial y^2}-\\ \frac{2\kappa}{(1+\kappa y)^2}\frac{\partial u}{\partial x}+\frac{\kappa}{1+\kappa y}\frac{\partial v}{\partial y}-\frac{\kappa^2}{(1+\kappa y)^2}v-\frac{1}{(1+\kappa y)^3}\frac{\mathrm{d}\kappa}{\mathrm{d}x}u-\frac{y}{(1+\kappa y)^3}\frac{\mathrm{d}\kappa}{\mathrm{d}x}\frac{\partial v}{\partial x}\Big]\end{aligned} \tag{5.3.142}$$

在本小节中，所有物理量均采用无量纲的形式，为书写方便起见，无量纲量均省略了右上标"^{0}"。

接下来，我们运用奇异摄动法的原理推导出边界层内、外流动 N-S 方程的一阶和二阶近似方程。为此，引入摄动参数

$$\varepsilon=\frac{1}{\sqrt{Re}}=\frac{1}{\sqrt{u_0 l_0/\nu}} \tag{5.3.143}$$

根据 5.3.2 节的量级分析可知，摄动参数 ε 的量级应为 $O(\delta/l_0)$，是一个小量。

我们将边界层坐标系下 N-S 方程的解写成如下的展开形式

$$\begin{cases}u(x,y,\varepsilon)=u_{e1}(x,y)+\varepsilon u_{e2}(x,y)+\cdots\\ v(x,y,\varepsilon)=v_{e1}(x,y)+\varepsilon v_{e2}(x,y)+\cdots\\ p(x,y,\varepsilon)=p_{e1}(x,y)+\varepsilon p_{e2}(x,y)+\cdots\end{cases} \tag{5.3.144}$$

这种展开形式称为外部展开，或称欧拉展开(Euler expansion)。将(5.3.144)式代入(5.3.140)～(5.3.142)式中，并按摄动参数 ε 的幂次进行排列，然后令 ε 各幂次的系数为零，即得到不同阶次的近似方程。当令 ε^0 的系数为零时，可得一阶近似解(u_{e1},v_{e1},p_{e1})对应的方程组为

$$\begin{cases}\dfrac{\partial u_{e1}}{\partial x}+\dfrac{\partial v_{e1}}{\partial y}+\kappa v_{e1}=0\\ \dfrac{1}{1+\kappa y}u_{e1}\dfrac{\partial u_{e1}}{\partial x}+v_{e1}\dfrac{\partial u_{e1}}{\partial y}+\dfrac{\kappa}{1+\kappa y}u_{e1}v_{e1}=-\dfrac{1}{1+\kappa y}\dfrac{\partial p_{e1}}{\partial x}\\ \dfrac{1}{1+\kappa y}u_{e1}\dfrac{\partial v_{e1}}{\partial x}+v_{e1}\dfrac{\partial v_{e1}}{\partial y}-\dfrac{\kappa}{1+\kappa y}u_{e1}^2=-\dfrac{\partial p_{e1}}{\partial y}\end{cases} \tag{5.3.145}$$

(5.3.145)式中并未包含黏性项，因此是描述无黏性影响时流体运动的方程组。若不考虑曲率的影响，即 $\kappa\to 0$，上述方程组与直角坐标系中的方程组完全一致。可见，大雷诺数下 N-S 方程外部展开的一阶近似解(u_{e1},v_{e1},p_{e1})即无黏性影响时运动方程组的解。一阶近似方程组(5.3.145)式对应的边界条件为

$$\begin{aligned}&y=0: v_{e1}(x,0)=0\\ &y\to\infty: u_{e1}^2+v_{e1}^2=1\end{aligned} \tag{5.3.146}$$

对于无黏性影响的流体流动，在壁面上流速满足 $u_{e1}(x,0)\neq 0$，根据伯努利方程，可得壁面处的压强为

$$p_{e1}(x,0)=[1-u_{e1}^2(x,0)]/2 \tag{5.3.147}$$

要得到外部展开的二阶近似，只需令 ε^1 的系数为零，对应的方程组为

$$\begin{cases}\dfrac{\partial u_{e2}}{\partial x}+\dfrac{\partial v_{e2}}{\partial y}+\kappa v_{e2}=0\\ \dfrac{1}{1+\kappa y}\left(u_{e1}\dfrac{\partial u_{e2}}{\partial x}+u_{e2}\dfrac{\partial u_{e1}}{\partial x}\right)+v_{e1}\dfrac{\partial u_{e2}}{\partial y}+v_{e2}\dfrac{\partial u_{e1}}{\partial y}+\dfrac{\kappa}{1+\kappa y}(u_{e1}v_{e2}+u_{e2}v_{e1})=-\dfrac{1}{1+\kappa y}\dfrac{\partial p_{e2}}{\partial x}\\ \dfrac{1}{1+\kappa y}\left(u_{e1}\dfrac{\partial v_{e2}}{\partial x}+u_{e2}\dfrac{\partial v_{e1}}{\partial x}\right)+v_{e1}\dfrac{\partial v_{e2}}{\partial y}+v_{e2}\dfrac{\partial v_{e1}}{\partial y}-\dfrac{2\kappa}{1+\kappa y}u_{e1}u_{e2}=-\dfrac{\partial p_{e2}}{\partial y}\end{cases} \tag{5.3.148}$$

上述方程组仍不包含黏性项，所以仍表示无黏性影响时的流体运动，N-S 方程的外部展开需要到三阶近似(包含 ε^2 项)才会出现黏性项。二阶近似方程组(5.3.148)式对应的边界条件为

$$
\begin{aligned}
y=0: v_{e2}(x,0) &= \frac{1}{\varepsilon}\frac{\mathrm{d}}{\mathrm{d}x}\left[u_{e1}(x,0)\delta_1(x)\right] \\
y\to\infty: u_{e2}^2+v_{e2}^2 &= 0 \\
y=0: p_{e2}(x,0) &= -u_{e1}(x,0)u_{e2}(x,0)
\end{aligned}
\tag{5.3.149}
$$

在求解二阶近似解时，假定外部展开的一阶近似(5.3.145)式已经求解出来，因此方程组中 u_{e1}、v_{e1} 等都是已知量。在(5.3.149)式中，$\delta_1(x)$为位移厚度，需要由边界层的一阶近似方程(见下面的(5.3.153)式)来计算。

显然，N-S 方程外部展开的一阶和二阶近似在壁面上都不能满足无滑条件。如要满足壁面无滑条件，需在一阶近似中至少保留部分黏性项。为满足壁面无滑条件，在壁面附近我们可将 N-S 方程的解展开成如下形式

$$
\begin{cases}
u(x,\tilde{y},\varepsilon)=u_1(x,\tilde{y})+\varepsilon u_2(x,\tilde{y})+\cdots \\
v(x,\tilde{y},\varepsilon)=\varepsilon\tilde{v}_1(x,\tilde{y})+\varepsilon^2\tilde{v}_2(x,\tilde{y})+\cdots \\
p(x,\tilde{y},\varepsilon)=p_1(x,\tilde{y})+\varepsilon p_2(x,\tilde{y})+\cdots
\end{cases}
\tag{5.3.150}
$$

其中 $\tilde{y}=y/\varepsilon$，是经边界层变换(见(5.3.17)式)后的纵向坐标，横向流速同样经历了边界层变换。

(5.3.150)式这种展开形式称为内部展开，或称普朗特展开(Prandtl expansion)。同样将(5.3.150)式代入(5.3.140)～(5.3.142)式中，然后令摄动参数 ε 的幂次相同的系数分别等于零，即得到不同阶次的近似方程组，其中一阶近似(ε^0 的系数为零)对应的方程组为

$$
\begin{cases}
\dfrac{\partial u_1}{\partial x}+\dfrac{\partial\tilde{v}_1}{\partial\tilde{y}}=0 \\
u_1\dfrac{\partial u_1}{\partial x}+\tilde{v}_1\dfrac{\partial u_1}{\partial\tilde{y}}=-\dfrac{\partial p_1}{\partial x}+\dfrac{\partial^2 u_1}{\partial\tilde{y}^2} \\
0=-\dfrac{\partial p_1}{\partial\tilde{y}}
\end{cases}
\tag{5.3.151}
$$

上式与(5.3.18)～(5.3.20)式表示的普朗特方程完全相同，说明 N-S 方程内部展开的一阶近似即普朗特方程。同时也可以看到，内部展开的一阶近似与曲率无关，因此在 5.3.2 节推导出来的直角坐标系统下的普朗特方程同样适用于曲面边界层。需要强调的是，方程组(5.3.151)与雷诺数无关，所以其解$(u_1,\tilde{v}_1)$也与雷诺数无关，如果忽略高阶效应，边界层分离点位置也将与雷诺数无关。

内部张开的一阶近似方程组(5.3.151)式对应的边界条件为

$$
\begin{aligned}
\tilde{y}=0: u_1(x,0)&=\tilde{v}_1(x,0)=0 \\
\tilde{y}\to\infty: u_1(x)&=u_{e1}(x,0),\ p_1(x)=p_{e1}(x,0)
\end{aligned}
\tag{5.3.152}
$$

其中 $u_{e1}(x,0)$、$p_{e1}(x,0)$为外部展开一阶近似(5.3.145)式所得的解。

由内部展开的一阶近似解可计算得到位移厚度

$$\delta_1(x)=\varepsilon\int_0^{\infty}[1-u_1(x,\tilde{y})/u_{e1}(x,0)]\mathrm{d}\tilde{y} \tag{5.3.153}$$

上式的结果在计算外部展开的二阶近似解时需要用到。

内部展开的二阶近似(ε^1 的系数为零) 对应的方程组为

$$\begin{cases}\dfrac{\partial u_2}{\partial x}+\dfrac{\partial \tilde{v}_2}{\partial \tilde{y}}+\kappa\tilde{v}_1=0\\ u_1\dfrac{\partial u_2}{\partial x}+u_2\dfrac{\partial u_1}{\partial x}+\tilde{v}_1\dfrac{\partial u_2}{\partial \tilde{y}}+\tilde{v}_2\dfrac{\partial u_1}{\partial \tilde{y}}+\dfrac{\partial p_2}{\partial x}-\dfrac{\partial^2 u_2}{\partial \tilde{y}^2}=\kappa\left[\tilde{y}\dfrac{\partial^2 u_1}{\partial \tilde{y}^2}+(1-\tilde{y}v_1)\dfrac{\partial u_1}{\partial \tilde{y}}-u_1\tilde{v}_1\right]\\ \kappa u_1^2=-\dfrac{\partial p_2}{\partial \tilde{y}}\end{cases} \tag{5.3.154}$$

称为二阶边界层方程。对应的边界条件为

$$\begin{gathered}\tilde{y}=0: u_2(x,0)=\tilde{v}_2(x,0)=0\\ \tilde{y}\to\infty: v_2(x)=u_{e2}(x,0)-\kappa\tilde{y}u_{e1}(x,0),\ p_2(x)=p_{e2}(x,0)+\kappa\tilde{y}u_{e1}^2(x,0)\end{gathered} \tag{5.3.155}$$

同样,二阶边界层方程仍然与雷诺数无关。

内部展开的二阶近似(5.3.154) 式体现了壁面曲率的影响,因此壁面曲率是二阶效应。如果需要考虑二阶效应,通常需要进行四次计算,即依次进行一阶外部展开、一阶内部展开、二阶外部展开和二阶内部展开。内部展开解的外边界($\tilde{y}\to\infty$) 条件与外部展开解的内边界($y=0$) 条件依据流速和压强相匹配的原则确定。也可应用相互作用边界层理论,在 N-S 方程渐进展开式中包含二阶边界层方程中的所有项,进行一次计算即可,但这种计算方法计算分离点时与雷诺数有关,不同的雷诺数要独立计算。

5.4 层流向湍流的过渡

5.4.1 过渡区流动特性

1883 年,雷诺首次在圆管流动实验中通过注入"染色细丝" 观察到黏性流动有着两种截然不同的流动型态。当流速较小时,染色流体细丝与其他流体之间泾渭分明,染色流体均沿着与管道中心线平行的直线匀速前进,不同流层间的流体质点互不掺混,这种情形的流动属于层流流动。当流速增加到一定数值后,染色流体细丝开始破裂,流动开始变得杂乱无章,不同流层间的流体质点相互掺混,流线蜿蜒曲折,流体质点的横向脉动最终导致管内流体的颜色趋于均化,并使圆管断面上的流速分布趋于均匀,此种情形的流动属于湍流流动。圆管流动由层流转化为湍流时的雷诺数称为临界雷诺数。一般来讲,圆管流动由层流转变为湍流时对应的临界雷诺数,并不等于由湍流转变为层流时对应的临界雷诺数,前者称为上临界雷诺数，后者称为下临界雷诺数。上临界雷诺数对外界扰动非常敏感，其数值与外部扰动情况密切相关，而下临界雷诺数受外界扰动影响较小。当流动的雷诺数小于下临界雷诺数时，圆管内的流动都能保持稳定的层流状态，因此通常以下临界雷诺数作为临界雷诺数。

对圆管层流向湍流过渡的进一步实验观测表明，当雷诺数处于某一范围内时，流动存在"间歇现象"，在固定的某一点处，流动时而为层流时而为湍流。图 5.4.1(a) 所示为 1956 年罗塔(J. C. Rotta) 在距离管道中心不同距离处测量的流速随时间的变化，其中 $Re = 2550$，平均流速为 4.27m/s，测量断面位于 $x/D = 322$，x 为距离进口断面的距离，D 为管径，图中 r 为测量点距离管道中心的距离。从图中可以看出，流速有时稳定不变，表现出层流流动的特征，而有时候又剧烈地脉动，符合湍流的流速变化特点。在距离管道中心较近处，层流的流速大于湍流流速的时间平均值，而在靠近管壁处则相反。通常用间歇因子来表示层流向湍流过渡的流动特征。间歇因子(intermittency factor) 定义为

$$\gamma = \frac{t'}{t} \tag{5.4.1}$$

其中 t' 表示测量过程中流速呈脉动部分的时间，t 为总的测量时间。$\gamma = 1$ 表示流动为完全湍流，反之，$\gamma = 0$ 表示流动属于层流。图 5.4.1(b) 所示为间歇因子随雷诺数和距离变化的关系，实验的雷诺数范围为 2300 ～ 2600。从图中可知，在同一雷诺数下，距离进口断面越远，间歇因子越大。雷诺数越大，层流转捩成湍流所需的距离越短，当雷诺数接近下限 2300 时，流动需要流过相当长的距离才可能转捩为湍流。

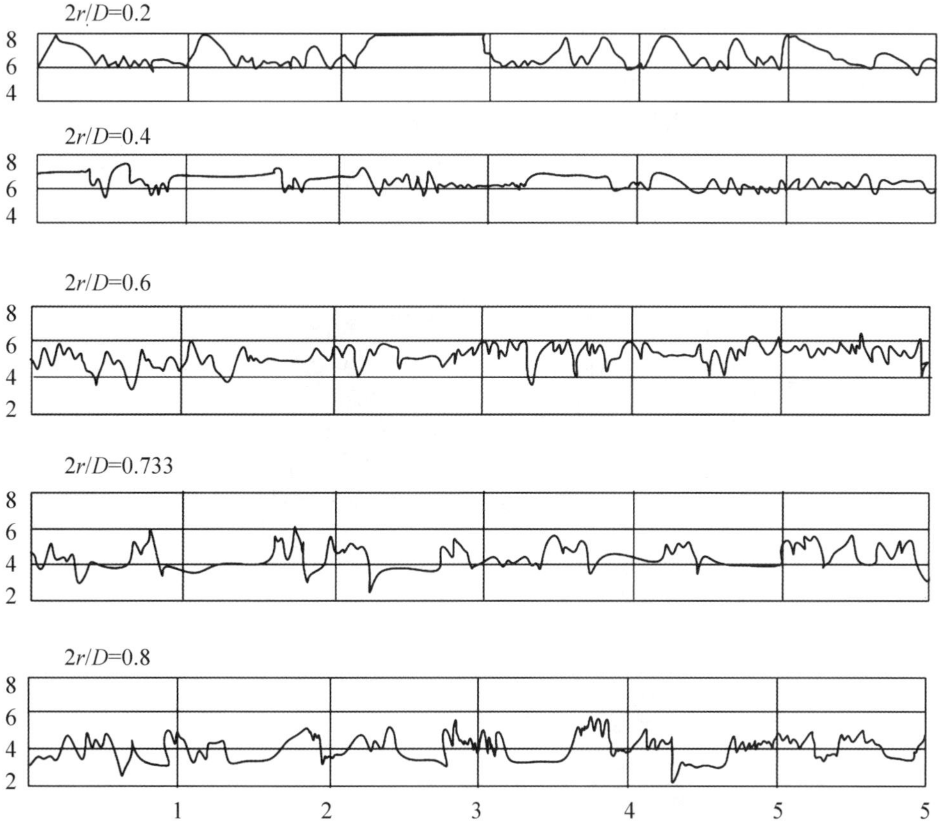

(a)

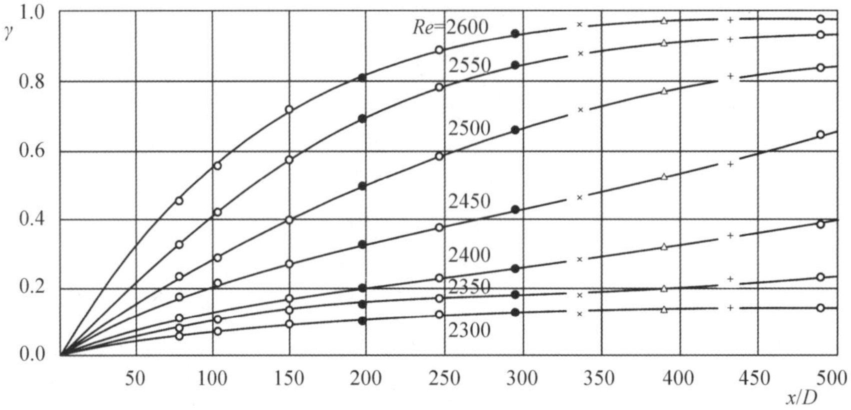

(b)

图 5.4.1　间隙现象

(引自 Rotta，1956)

除圆管流动外，其他流动同样也存在层流和湍流两种不同流动型态。相比于圆管流态转变的研究，针对边界层内层流向湍流转捩的研究要晚很多，始于 20 世纪 20 年代中期。20 世纪 60 年代以来，随着实验技术的进步，通过对壁面边界层流动的研究，人们对湍流现象有了进一步的认识，逐渐认识到湍流并不是完全不规则的随机运动，在表面看来不规则的运动中隐藏着某些可分辨的有序运动，称为拟序结构，或称相干结构(coherent structure)，如下文提到的低速条带、发卡涡、喷射、剪切层、清扫等都是拟序结构。尽管目前人们对这些拟序结构的产生、发展、维持机制等尚未达成普遍的共识，拟序结构与计算模型的结合问题也没有得到解决，但毕竟对壁面湍流已经有了相当深入的认识。

通过人为对流动产生周期性的扰动，研究者观察到了二维平板边界层从层流向湍流转捩的流动现象。怀特(F. M. White) 给出了整个转捩过程的示意图，如图 5.4.2 所示(White，1974)。边界层内的流动沿下游方向经历以下几个阶段：

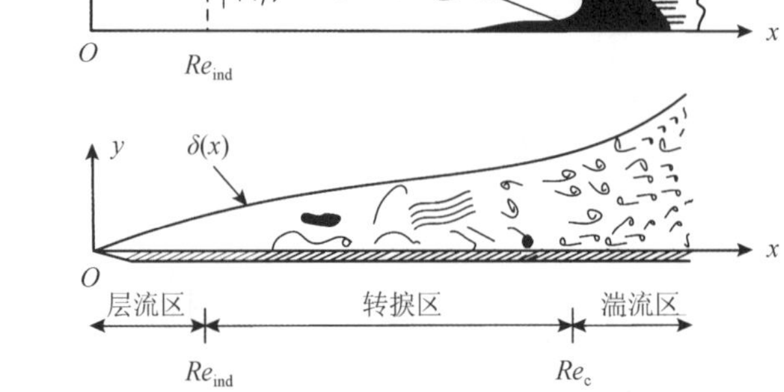

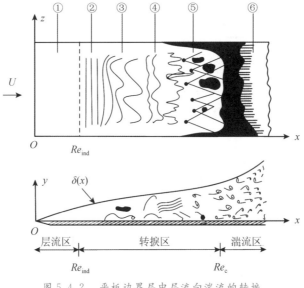

图 5.4.2　平板边界层中层流向湍流的转捩

(引自 White，1974)

(1) 在平板前端总有一段边界层是稳定的层流边界层(图 5.4.2 中的 ① 区),在这一区域,无论怎样扰动,流动都保持稳定。

(2) 从平板的某一点处开始,流动发生初次失稳,周期性扰动发展成不稳定波的运动(图 5.4.2 中的 ② 区),此种波称为托尔明—施利希廷波(Tollmien-Schlichting wave),简称 TS 波。Squire(1933) 的研究表明,二维扰动比三维扰动更容易失稳,因此 TS 扰动波首先是二维的不稳定波。

(3) 随着 TS 波向下游传播,很快在平板展向方向(z 方向)上发生二次失稳,二维波变成三维波(图 5.4.2 中的 ③ 区)。在近壁面的黏性底层中,沿平板展向产生流速高低相间的条带结构(streaks)。流动的低速带在向下游流动过程中,头部缓慢上举,在低速带与壁面之间形成横向旋涡,横向旋涡在继续向下游运动的过程中发展成为发卡涡(hairpin vortex),或称马蹄形涡,并发生涡的拉伸和变形,马蹄形涡的头部由于涡旋的诱导作用也逐渐上举。

(4) 发生猝发现象(图 5.4.2 中的 ④ 区)。马蹄形涡头部的上举最终形成底部低速流体向上层高速流动区域的喷射(ejections),在上层高速与底层低速流体之间形成强烈的剪切层(shear layers),并使 x 方向的速度剖面发生弯曲并出现拐点。低速流体向上喷射将伴随上层高速流体向下层俯冲而形成清扫(sweeps)。从马蹄形涡的形成、发展到发生喷射和清扫,整个过程称为猝发(burst)。清扫过后瞬时的流速分布恢复正常,拐点消失,黏性底层中重新出现低速带,开始下一个新的猝发过程。猝发现象在湍流的产生和输运中起着重要的作用,是近壁面区湍流的一种重要的拟序运动,许多迹象表明,湍流猝发事件是湍流雷诺应力的主要贡献者。

(5) 在发生猝发现象的下游出现局部的湍流斑(turbulent spots)(图 5.4.2 中的 ⑤ 区)。湍流斑被脉动很弱的层流流体所围绕,斑内的流动类似于完全发展的湍流。如果在转捩区某固定点进行流速测量,则有湍流斑通过时流速就出现脉动,如果没有湍流斑经过流速则维持稳定,呈现类似在圆管流动转捩时所观测到的间歇现象。湍流斑向下游方向移动时,不断地将周围的层流流体卷入其中,范围不断扩大。

(6) 当湍流斑扩大到相当大时,它们相互交错而没有留下层流的空隙,层流便过渡到完全的湍流(图 5.4.2 中的 ⑥ 区)。从层流流动开始失稳到完全转捩成湍流的这段区域称为过渡区或转捩区(transition region)。

必须说明的是,上述描绘的过程只发生在壁面边界层中,在没有壁面约束的自由剪切流动(如射流)中,转捩区的情况会有较大的差别。例如,壁面剪切流动中有湍流斑,湍流斑先在局部出现然后影响到整体,而自由剪切流动中没有湍流斑,在整个转捩区中,湍流几乎在同一时刻出现。

层流向湍流的转捩受诸多因素的影响,包括来流的雷诺数、湍流度、压强梯度以及壁面粗糙度等,甚至还包括体积力、热传导、边界层的吸出和吹入等都对转捩点的发生位置产生影响。总之,层流向湍流转捩的过程非常复杂,相关机理的研究还远远不够深入。

5.4.2 层流稳定性理论

层流稳定性理论认为任何一个真实的流动都不可避免地存在一些小的扰动，流体的层流流动只有在满足一定的条件下才能不受扰动的影响而保持稳定状态，这一条件称为稳定条件。如果层流流动不能满足稳定条件，则小的扰动会自发地增长而导致流动失去稳定，失稳后的层流流动可能直接转捩为湍流状态，或进入另一稳定状态，当稳定条件进一步发生变化后，如雷诺数持续增大，则最终也会转捩成湍流流动。层流稳定性理论需要解决的主要问题是确定流动开始失稳时的雷诺数。在本小节我们应用小扰动分析方法来对这一问题进行研究。需要说明的是，在本书中仅讨论层流流动失稳的初级稳定性理论(primary stability theory)，有关二维扰动由于二次失稳变成三维扰动并产生各种不同涡结构(如发卡涡)的二次失稳理论(secondary stability theory)，请有兴趣的读者自行参看相关文献。

层流流动会经常受到小的扰动，例如管道内流动受到进口处的扰动，壁面边界层流动受到壁面粗糙或外层流动的扰动等，研究层流对这些小扰动的抑制能力即层流的稳定性问题。小扰动分析方法是目前研究层流稳定性问题的主要方法，该方法假定扰动量远小于主流所对应的物理量，因此可以忽略扰动量的二次项，从而所得到的扰动量控制方程为线性方程，小扰动分析方法也因此称为线性稳定性理论。应当说明的是，小扰动分析方法有其固有的局限性，它虽然可以确定流动失稳的条件，描述扰动在初始时刻的变化过程，但随着扰动的增大，小扰动方法不再适用，因此无法给出失稳后流动的状态以及回答层流如何向湍流转捩的问题。另外需要说明的是，一个流动在小扰动下是稳定的，而在有限大小扰动下则可能变得不稳定，对于有限大小扰动的分析则需要应用更为复杂的非线性稳定性理论，有兴趣的读者请自行参看相关文献资料。

为分析层流的稳定性，根据小扰动分析的原理，首先将流动分解成主流部分 u、v、w 和 p，以及扰动部分 u'、v'、w' 和 p'。显然，除 u、v、w 和 p 是 N-S 方程的解外，$u+u'$、$v+v'$、$w+w'$ 和 $p+p'$ 亦是 N-S 方程的解。

我们假设主流流动为二维不可压缩定常流动，即 $w=0$，且 u、v 和 p 与时间无关。由 5.3 节可知，边界层流动的纵向流速 u 可近似认为只依赖于横向坐标 y，即 $u=u(y)$。若同时忽略横向流动，即假设 $v=0$，则壁面边界层流动近似符合平行剪切流动的假设。对于压强而言，由于纵向压强梯度通常是维持流动的主要动力，因此必须需假定压强同时依赖于纵向坐标 x 和横向坐标 y，即 $p=p(x,y)$。根据 Squire(1933) 的研究，三维扰动失稳所需雷诺数更大，亦即二维扰动更容易失稳，因此我们可假定扰动只是二维的，且是非定常的，即扰动量是随时间变化的，故有 $u'=u'(x,y,t)$，$v'=v'(x,y,t)$，$w'=0$，$p'=p'(x,y,t)$。基于上述假设，且因为扰动量是小量，可忽略扰动量的二次项，由二维不可压缩流体非定常流动的 N-S 方程可得

$$\frac{\partial u'}{\partial t}+u\frac{\partial u'}{\partial x}+v'\frac{\mathrm{d}u}{\mathrm{d}y}+\frac{1}{\rho}\frac{\partial p}{\partial x}+\frac{1}{\rho}\frac{\partial p'}{\partial x}=\nu\left(\frac{\mathrm{d}^2u}{\mathrm{d}y^2}+\nabla^2u'\right) \tag{5.4.2}$$

$$\frac{\partial v'}{\partial t}+u\frac{\partial v'}{\partial x}+\frac{1}{\rho}\frac{\partial p}{\partial y}+\frac{1}{\rho}\frac{\partial p'}{\partial y}=\nu\nabla^2v' \tag{5.4.3}$$

由于主流流动本身满足二维不可压缩定常流动的 N-S 方程，即有

$$\frac{1}{\rho}\frac{\partial p}{\partial x}=\nu\frac{\mathrm{d}^2u}{\mathrm{d}y^2} \tag{5.4.4}$$

$$\frac{1}{\rho}\frac{\partial p}{\partial y}=0 \tag{5.4.5}$$

将以上两式代入(5.4.2) 式和(5.4.3) 式中可得

$$\frac{\partial u'}{\partial t}+u\frac{\partial u'}{\partial x}+v'\frac{\mathrm{d}u}{\mathrm{d}y}+\frac{1}{\rho}\frac{\partial p'}{\partial x}=\nu\nabla^2u' \tag{5.4.6}$$

$$\frac{\partial v'}{\partial t}+u\frac{\partial v'}{\partial x}+\frac{1}{\rho}\frac{\partial p'}{\partial y}=\nu\nabla^2v' \tag{5.4.7}$$

将(5.4.6) 式对 y 微分，然后减去(5.4.7) 式对 x 的微分，可消去方程中的压强扰动项，于是可得

$$\frac{\partial}{\partial t}\left(\frac{\partial u'}{\partial y}-\frac{\partial v'}{\partial x}\right)+u\frac{\partial}{\partial x}\left(\frac{\partial u'}{\partial y}-\frac{\partial v'}{\partial x}\right)+v'\frac{\mathrm{d}u}{\mathrm{d}y}=\nu\nabla^2\left(\frac{\partial u'}{\partial y}-\frac{\partial v'}{\partial x}\right) \tag{5.4.8}$$

由连续方程还可得到

$$\frac{\partial u'}{\partial x}+\frac{\partial v'}{\partial y}=0 \tag{5.4.9}$$

(5.4.8) 式和(5.4.9) 式构成了层流初级稳定分析理论的基本方程组，待确定的未知量为扰动流速 u' 和 v'。

假定扰动是由不同波长的沿 x 方向传播的扰动波(即 TS 波)组成的。每一个具有特定波长的扰动波均满足连续方程(5.4.9) 式，故可以引入流函数

$$\psi(x,y,t)=\phi(y)\mathrm{e}^{\mathrm{i}(\kappa x-\beta t)} \tag{5.4.10}$$

其中 $\phi(y)$表示复幅度；κ 为波数，$\lambda=2\pi/\kappa$ 为扰动波的波长；β 为复数，$\beta=\beta_r+\mathrm{i}\beta_i$，其中 β_r 为扰动的圆频率，β_i 为放大系数。如果 $\beta_i<0$ 则扰动被衰减，主流的层流流动是稳定的；反之，若 $\beta_i>0$ 则扰动被放大，流动将失稳。

引入组合变量

$$c=\beta/\kappa=c_r+\mathrm{i}c_i \tag{5.4.11}$$

其中 c_r 表示扰动波的相速度，而 c_i 的正负则决定了扰动波是被放大还是被衰减。

由流函数(5.4.10) 式可得扰动流速

$$u'=\frac{\partial\psi}{\partial y}=\phi'(y)\mathrm{e}^{\mathrm{i}(\kappa x-\beta t)} \tag{5.4.12}$$

$$v'=-\frac{\partial\psi}{\partial x}=-\mathrm{i}\kappa\phi(y)\mathrm{e}^{\mathrm{i}(\kappa x-\beta t)} \tag{5.4.13}$$

将(5.4.12) 式和(5.4.13) 式代入(5.4.8) 式中，并进行无量化可得

$$(u-c)(\phi''-\kappa^2\phi)-u''\phi=-\frac{\mathrm{i}}{\kappa Re}(\phi''''-2\kappa^2\phi''+\kappa^4\phi) \tag{5.4.14}$$

此即奥尔—索末菲方程(Orr-Sommerfeld equation)。需要说明的是,为书写简便起见,(5.4.14)式中无量纲量仍采用了有量纲量的书写符号。雷诺数依据所采用的特征长度而定,若采用边界层厚度$\delta(x)$为特征长度,则雷诺数可表示成$U\delta/\nu$,其中U为主流的最大流速,即来流流速。(5.4.14)式中"′"表示对无量纲坐标y/δ的微分。在固体壁面和无穷远处,扰动消失,因此对应的边界条件为

$$y=0:\phi=0,\phi'=0;y=\infty:\phi=0,\phi'=0 \tag{5.4.15}$$

于是,层流的稳定性问题归结为求解奥尔—索末菲方程的特征值问题。方程(5.4.14)式的四个线性无关解应满足(5.4.15)式的四个齐次边界条件,从而得到四个用来确定任意常数的齐次线性代数方程组。要使该方程组有不恒为零的解,其系数行列式应等于零,由此可得到一个关于κ、Re和c的方程

$$f(\kappa,Re,c)=0 \tag{5.4.16}$$

当主流给定时,雷诺数Re可视为已知量,扰动波的波数κ亦可视作给定的量。因此,对于每一组给定的(κ,Re)值,由方程(5.4.16)可到复数特征值$c=c_r+\mathrm{i}c_i$。当$c_i<0$时,主流对于波数为κ的扰动波是稳定的,反之,当$c_i>0$时主流将变得不稳定。

奥尔—索末菲方程左端项由惯性项而来,而右端项则是由黏性项得到。一般转捩发生时雷诺数都较大,黏性项的影响较小,因此右端项可以忽略不计,于是方程(5.4.14)变为

$$(u-c)(\phi''-\kappa^2\phi)-u''\phi=0 \tag{5.4.17}$$

此即无黏性流体的稳定性方程,亦称瑞利方程(Rayleigh equation)。由于不考虑流体的黏性,此时无滑条件不再满足,(5.4.15)式中的边界条件只保留两个

$$y=0:\phi=0;y=\infty:\phi=0 \tag{5.4.18}$$

由瑞利方程可得到有关层流稳定速度分布的两个重要结论:一是速度剖面具有拐点时是不稳定的,二是中性扰动($c_i=0$)的传播速度小于主流的最大流速,即$c_r<U$。

接下来我们以边界层流动的稳定性为例来阐述由奥尔—索末菲方程得到的有关层流稳定性的主要结论。

图5.4.3为二维边界层层流稳定性计算结果的示意图,横坐标为雷诺数$Re_\delta=U\delta/\nu$,其中δ为边界层厚度,U为断面主流的最大流速,纵坐标为$\kappa\delta$,也是一个无量纲数。平面上每一点均有一个相应的$c=c_r+\mathrm{i}c_i$值,其中$c_i=0$是稳定和不稳定的分界线,称为中性稳定曲线(neutral stability curve),因其形状像拇指,也称拇指曲线。中性曲线上雷诺数最小的点称为失稳点,该点对应的雷诺数记为Re_{ind}。当雷诺数小于Re_{ind}时,对于任何波长的扰动,层流都是稳定的。而当雷诺数大于Re_{ind}时,则某些具有特定波长的扰动将使层流变得不稳定。另外,从图5.4.3中还可看到,速度剖面具有拐点的流动(曲线a)的不稳定区域要大于没有拐点的流动(曲线b)的稳定区域,且失稳点的雷诺数Re_{ind}也要更小,说明具有拐点的流速分布其流动的稳定性要差,与瑞利根据无黏性稳定理论所得的结论一致。当雷诺数趋于无穷大时,有拐点流速分布的中性曲线上下两支趋于平行,此时相当于无黏性层流稳定理论的计算结果。

在*Boundary Layer Theory*(Schlichting and Gersten,2000)中将Re_{ind}称为无差异雷诺数(indifference Reynolds number),在《流体力学》(吴望一,2021)一书中称之为稳定

性极限(limit of stability)，而在有些文献中则直接称之为临界雷诺数(critical Reynolds number)。由于临界雷诺数(记为 Re_c) 通常指层流完全转变为湍流时所对应的雷诺数，从流动开始失稳到完全转变为湍流仍需要再经过相当一段距离，也就是说 Re_{ind} 通常要小于 Re_c，因此将失稳点对应的雷诺数称为临界雷诺数并不恰当。

我们具体来看平板边界层稳定性分析的结果。平板边界层的流速分布已由布拉修斯得到了精确解，因为具有相似解，所以各个断面上的无量纲流速分布是相同的，速度剖面在固壁壁面上存在一个拐点，恰好是速度剖面具有拐点和不具有拐点的分界。平板边界层流动稳定性的计算结果如图 5.4.4 所示。

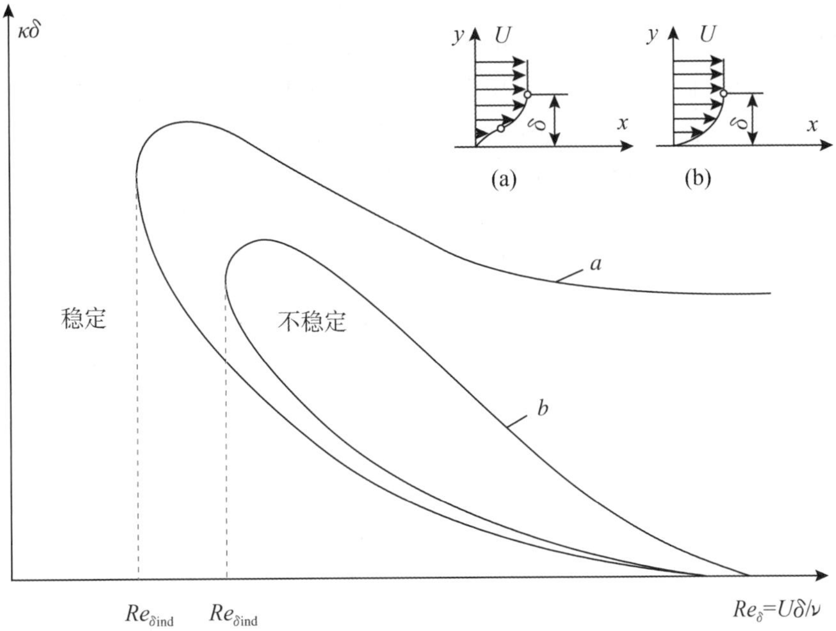

图 5.4.3　边界层流动的稳定性

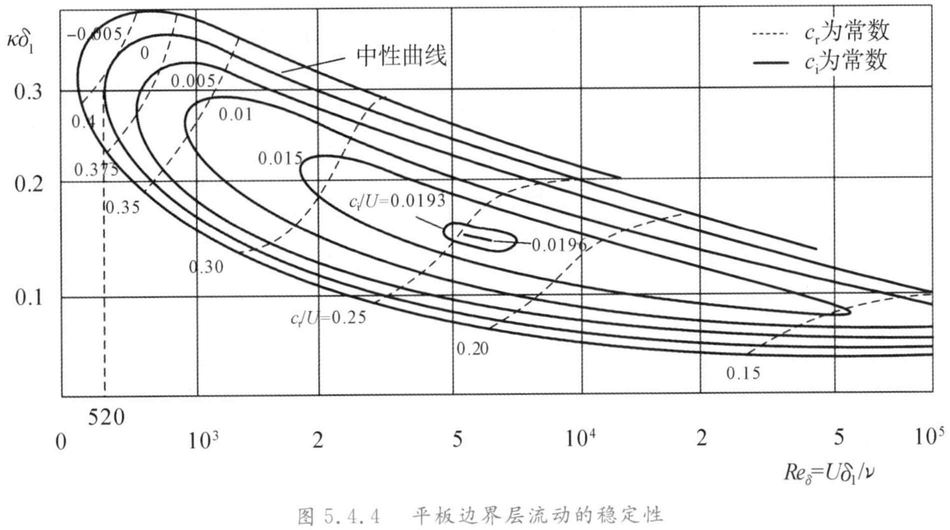

图 5.4.4　平板边界层流动的稳定性

从图中可以得到如下重要计算结果：

(1) 由中性稳定曲线($c_i=0$)得到的失稳点的雷诺数为

$$Re_{\delta \text{ind}}=\frac{U\delta_1}{\nu}=520 \text{ 或 } Re_{x\text{ind}}=\frac{Ux}{\nu}=91400$$

对光滑平板边界层而言，转捩点($x=x_c$)处的雷诺数约为$Re_c=Ux_c/\nu=5\times10^5$。可见$Re_c>Re_{x\text{ind}}$，也就是说流动到达临界雷诺数前流动已经开始变得不稳定了，但直至雷诺数达到临界雷诺数时，流动才完全转捩为湍流流动。

(2) 不稳定扰动波的最大波数为$\kappa\delta_1=0.36$，因而扰动波的最小波长为

$$\lambda_{\min}=2\pi/\kappa=17.5\delta_1\approx6\delta$$

可见不稳定的TS波是一种波长很长的扰动波，最小的波长也有边界层厚度的6倍。

(3) 扰动波随时间增长的最大速率为$c_i/U=0.0196$，扰动波的最大传播速度$c_r/U=0.4$，表明不稳定波的传播速度小于边界层外部势流流速U，验证了瑞利关于扰动波传播速度的结论，即中性扰动的传播速度小于主流的最大流速。

平板边界层因为具有相似解，各断面的速度剖面形似，因而计算得到的失稳定点的雷诺数Re_{ind}并不因断面位置改变而变化。对于一般曲面壁面边界层而言，因为不存在相似解，压强梯度也沿程变化，从而各断面的Re_{ind}也各不相同，每个断面必须分别计算。

第5章习题

第6章

不可压缩流体的湍流流动

在工程实际中，流体做层流流动的情况很少，绝大多数流动都属于湍流流动。在上一章最后一节，我们扼要介绍了层流如何向湍流转变的问题，在本章我们将对流体的湍流流动进行详细的阐述。

许多流体力学大师针对湍流都给出了各种定性的描述。雷诺把湍流称为一种蜿蜒曲折、起伏不定的流动。泰勒(G. I. Taylor) 和卡门将湍流定义为“常在流体流过固体表面或者相同流体的分层流动中出现的一种不规则流动”。欣策(J. O. Hinze) 认为“湍流是流体运动的一种不规则的情形，在湍流中流动的各种物理量随时间和空间坐标而呈现随机的变化，因而具有明确的统计平均值”。钱宁(N. Chien) 教授曾形象地对层流和湍流做过一个比喻：层流恰似一支排列整齐、训练有素的士兵列队沿街道前进，而湍流则是沿街道行进的一群醉汉，虽然总体上是沿街道前进，但每一个醉汉却做杂乱无章的运动。近几十年来，人们对湍流又有了更深入的了解，但应当说明的是，由于湍流流动的复杂性，人们至今仍未能彻底揭示湍流的本质，对湍流的许多认识尚未达成共识，甚至要给湍流下一个精确的定义都十分困难，给出湍流的某些流动特征仍是描述湍流的主流方法。湍流的流动特征主要包括：(1) 随机性。在湍流运动中流动的各种特征量均随时间和空间坐标呈现随机的脉动。湍流的随机性决定了统计方法是解决湍流问题的主要途径，而确定性方法则难以实现。(2) 扩散性。湍流的扩散性使流动的动量、能量、含有物质等向各个方向扩散、混掺和传输。若只有随机性的变化而没有扩散则并不是湍流。(3) 有涡性。湍流是三维有涡运动，在本章我们可以看到，湍流中各种不同尺度的旋涡在流动中起着不同的作用，大尺度涡从平均流动中取得能量，而小尺度涡则通过流体的黏性将能量耗散掉。(4) 耗散性。湍流总是耗散的，湍流需要持续的能量供应以弥补黏性损耗，因此相比于层流，湍流运动的能量损失要大得多。(5) 拟序性。湍流并不是完全不规则的随机运动，表面看来不规则的运动中隐藏着某些可检测的有序运动，称为拟序运动或拟序结构，在 5.4.1 节介绍层流流向湍流转变的过程中，我们扼要介绍了湍流的拟序结构。

湍流是一种由不同大小涡的运动构成的随机运动。通常来讲，湍流中最小涡的尺度仍远大于任何分子的尺度，湍流的主要流动特性并不受流体的分子特性所控制，因此流体的连续性假设在湍流中仍然成立。另外，湍流仍然满足流体运动的连续方程和动量方程，也就是说，对牛顿流体而言 N-S 方程仍适合于描述湍流运动。尽管层流和湍流均可用同一方程组进行描述，但流动的随机性和动量方程的非线性结合在一起，使得湍流问题的求解更加困难。鉴于湍流流动是一种随机运动，因此统计方法是研究湍流问题的主要手段。雷诺最早采用平均的方法，建立了描述流体平均运动的方程，即雷诺方程。此后，针对湍流问题的研究主要沿着两条途径开展。第一条途径是以泰勒为代表所建立的湍流统计理论(turbulence statistical theory)，在湍流涡尺度、湍动能传递等湍流机理研究方面，湍流统计理论发挥了重要的作用，但在解决工程中复杂湍流问题时却仍无能为力。因此，从 20 世纪 20 年代开始，以普朗特为代表，以流动平均方程为基础，建立了湍流模式理论(turbulence model theory)，开辟出了湍流研究的第二条途径，迄今仍是解决实际湍流问题的主要途径。

本章在 6.1 节首先对描述湍流随机性的统计方法做必要的介绍，然后介绍基于平均方法如何建立描述流体平均运动的方程。流体运动的基本方程平均化后，会产生新的未知量，即雷诺应力，导致流体运动方程组中未知量数多于方程数，即出现所谓的方程组封闭问题。围绕湍流运动方程组的封闭问题，6.2 节介绍了湍流模式理论中各种不同的湍流计算模式。除湍流模式理论外，湍流统计理论也是研究湍流流动的重要方法。湍流统计理论的研究成果往往是建立新的湍流计算模式或提出新的数值模拟方法的理论基础，为此，在 6.3 节将对湍流统计理论的有关方法和研究成果进行介绍。随着计算机技术的发展，数值模拟逐渐成为研究复杂湍流问题的主要手段，在本章最后 6.4 节将对近几十年来得到快速发展的几种湍流数值模拟方法进行扼要的介绍，包括直接数值模拟(DNS)、大涡模拟(LES) 和分离涡模拟(DES) 等。

6.1 湍流平均方程

质点的互相混掺使得湍流流动中各点的流速、压强等运动要素在空间上和时间上均呈现随机性，也就是说描述湍流流动的物理量在空间上和时间上都是随机变量，从而统计方法是处理湍流流动的基本方法。为此，本节我们先简要介绍湍流中经常遇到的统计学概念和描述随机特性的统计量，然后再介绍描述湍流平均流动的基本方程。

6.1.1 统计描述

1. 累计分布函数与概率密度函数

从统计学的观点来看，湍流流动中的物理量均为随机变量。设某随机变量 u(可以是流速、压强等任何物理量）在流场中某一点处的某次测量的结果为 U，将一次测量（或者说实验）称为一个事件，所有可能的事件 U 的集合称为样本空间。定义

$$F(U)=P\{u<U\} \tag{6.1.1}$$

其中 $P\{\quad\}$ 表示一切"$u<U$"的事件出现的概率，$F(U)$ 称为累积分布函数(cumulative distribution function，CDF)。累计分布函数具有如下性质：

(1) $0\leqslant F(U)\leqslant 1$。

(2) $F(U)$ 是不减函数，即若 $U_2>U_1$，则有 $F(U_2)\geqslant F(U_1)$。

(3) $F(-\infty)=0$，$F(\infty)=1$。

由累计分布函数可得随机变量的概率密度函数(probability density function，PDF)

$$f(U)=\frac{\mathrm{d}F(U)}{\mathrm{d}U} \tag{6.1.2}$$

概率密度函数具有以下性质：

(1) $f(U)\geqslant 0$。因为累积分布函数 $F(U)$ 是不减函数，所以 $f(U)$ 必是非负函数。

(2) $\int_{-\infty}^{\infty} f(U)\mathrm{d}U=1$。

(3) $f(-\infty)=f(\infty)=0$。

单一随机变量的累计分布函数和概率密度等概念可推广到任意多个随机变量。以两个随机变量为例，其联合累计分布函数和联合概率密度函数可分别表示为

$$F_{12}(U,V)=P\{u<U,v<V\} \tag{6.1.3}$$

$$f_{12}(U,V)=\frac{\partial^2 F_{12}(U,V)}{\partial U\partial V} \tag{6.1.4}$$

其中 u 和 v 为随机变量，所有 U 和 V 的集合分别为 u 和 v 对应的样本空间。联合概率密度函数具有如下性质

$$\int_{-\infty}^{\infty} f_{12}(U,V)\mathrm{d}V=f_1(U) \tag{6.1.5}$$

$$\int_{-\infty}^{\infty} f_{12}(U,V)\mathrm{d}U=f_2(V) \tag{6.1.6}$$

$$\int_{-\infty}^{\infty}\int_{-\infty}^{\infty} f_{12}(U,V)\mathrm{d}U\mathrm{d}V=1 \tag{6.1.7}$$

其中 $f_1(U)$、$f_2(V)$ 分别表示随机变量 u 和 v 的边际概率密度函数(marginal PDF)。一般来讲，由每个随机变量的边际概率密度不能直接计算出联合概率密度，除非两个随机变量是相互独立的，才可由 $f_{12}(U,V)=f_1(U)f_2(V)$ 计算出联合概率密度。

如果随机变量是时间的函数，即 $u=u(t)$，一般称为随机过程。类似的，随机变量也可能是空间位置矢量 $\boldsymbol{x}$ 的函数，即 $u=u(\boldsymbol{x})$，称为随机场。若随机变量既是时间变量又是空间变量的函数，即 $u=u(\boldsymbol{x},t)$，则表示随机变量是时空随机变量。当随机变量为某些自变量（如时间、空间）的函数时，我们统称为随机函数。随机变量的累计分布函数和概率密度函数的定义可推广到随机函数，即

$$F(U;\boldsymbol{x},t)=P\{u(\boldsymbol{x},t)<U\} \tag{6.1.8}$$

$$f(U;\boldsymbol{x},t)=\frac{\mathrm{d}F(U;\boldsymbol{x},t)}{\mathrm{d}U} \tag{6.1.9}$$

其中 F 和 f 括号中分号左侧 U 表示样本空间变量，右侧 $\boldsymbol{x}$ 和 t 表示自变量。可以看出，随机函数和随机变量的累计分布函数和概率密度函数除在书写上存在差异外，并没有本质上的区别。为方便起见，在下文中都称为随机变量，不再区分随机变量和随机函数。

设 $\{(\boldsymbol{x}^{(n)},t^{(n)}),n=1,2,\cdots,N\}$ 为 N 个时空点，则随机变量 $u(\boldsymbol{x},t)$ 在 N 个时空点上的联合概率密度函数可表示为

$$f_N(\{U^{(1)};\boldsymbol{x}^{(1)},t^{(1)}\},\cdots,\{U^{(n)};\boldsymbol{x}^{(n)},t^{(n)}\},\cdots,\{U^{(N)};\boldsymbol{x}^{(N)},t^{(N)}\}) \tag{6.1.10}$$

要完全掌握湍流运动，理论上需要知道所有随机变量在任意一组时空点上的联合概率分布函数，但这在现实中是不可能做到的。

概率密度函数包含了随机变量的全部信息，可完全描述该变量的随机特性。由概率密度函数可计算出随机变量的各种统计量，接下来我们介绍在湍流流动分析中经常遇到的一些相关统计量。

2. 均值和脉动值

随机变量 $u(\boldsymbol{x},t)$ 的均值(mean) 定义为

$$\bar{u}(\boldsymbol{x},t)=\int_{-\infty}^{\infty}Uf(U;\boldsymbol{x},t)\mathrm{d}U \tag{6.1.11}$$

均值不再具有随机性，即均值不再是随机变量。一般地，如果 $Q(u)$ 是随机变量 u 的函数，则 $Q(u)$ 的均值定义为

$$\bar{Q}(u)=\int_{-\infty}^{\infty}Q(U)f(U;\boldsymbol{x},t)\mathrm{d}U \tag{6.1.12}$$

随机变量和它的均值之差也是随机变量，称为脉动(fluctuation)，即

$$u'(\boldsymbol{x},t)=u(\boldsymbol{x},t)-\bar{u}(\boldsymbol{x},t) \tag{6.1.13}$$

上述分解方式由雷诺在 1883 年引入，称为雷诺分解(Reynolds decomposition)。由于均值不再是随机变量，因此对均值再求均值仍为均值本身，于是根据(6.1.12)式可计算脉动的均值

$$\begin{aligned}\overline{u'}(\boldsymbol{x},t)&=\int_{-\infty}^{\infty}(U-\bar{u})f(U;\boldsymbol{x},t)\mathrm{d}U\\&=\int_{-\infty}^{\infty}Uf(U;\boldsymbol{x},t)\mathrm{d}U-\bar{u}\int_{-\infty}^{\infty}f(U;\boldsymbol{x},t)\mathrm{d}U\\&=\bar{u}-\bar{u}\\&=0\end{aligned} \tag{6.1.14}$$

亦即脉动量的均值为零。

求均值的主要代数运算法则如下：

$$\overline{\lambda u}=\lambda\bar{u},\overline{uv}=\bar{u}\,\bar{v},\overline{u\pm v}=\bar{u}\pm\bar{v},\overline{uv}=\bar{u}\,\bar{v}+\overline{u'v'} \tag{6.1.15}$$

式中 u 和 v 为任意两个随机变量，u' 和 v' 分别为 u 和 v 的脉动，λ 为常数。为简化求均值运

算的书写，式中上横杠线“—”既表示变量的均值，也可表示求均值的运算。当对随机变量进行微分或积分运算时，微分(或积分)运算与求均值运算可交换顺序，即

$$\overline{\frac{\partial u}{\partial t}}=\frac{\partial \bar{u}}{\partial t},\overline{\frac{\partial u}{\partial x}}=\frac{\partial \bar{u}}{\partial x},\overline{\int u\mathrm{d}t}=\int \bar{u}\mathrm{d}t,\overline{\int u\mathrm{d}x}=\int \bar{u}\mathrm{d}x \tag{6.1.16}$$

物理量的均值除根据概率密度进行定义外，在流体力学实验或数值模拟中，还有多种求平均值的方法。以流速为例，对于统计平稳的流场(即统计意义上的定常流动，见 6.3.1 节)，通常采用时间平均(time average)，即

$$\bar{u}_T=\frac{1}{T}\int_t^{t+T}u(\boldsymbol{x},t')\mathrm{d}t' \tag{6.1.17}$$

式中 T 为时间区间长度。

对于统计均匀的流场(即统计意义上的均匀流动，见 6.3.1 节)，则可采用空间平均(spatial average)，即

$$\bar{u}_L=\frac{1}{L}\int_0^L u(\boldsymbol{x},t)\mathrm{d}l \tag{6.1.18}$$

式中 L 表示求平均的空间范围，可以是体积、面积或长度。

当流动既非统计平稳也非统计均匀时，可以通过多次重复实验或多组平行实验，然后计算系综平均(ensemble average)，即

$$\bar{u}_N=\frac{1}{N}\sum_{n=1}^{N}u^{(n)}(\boldsymbol{x},t) \tag{6.1.19}$$

式中 N 为重复实验的次数，$u^{(n)}$ 表示第 n 次测量结果。

需要强调的是，$\bar{u}_T$、$\bar{u}_L$ 或 $\bar{u}_N$ 仍是随机变量，分别随统计的时间区间长短、空间范围大小或实验次数多少而变化。这些均值可作为均值 $\bar{u}$ 的估计值，但不宜作为均值的定义。基于概率密度函数来定义均值，在数学描述上更为严谨，且对于所有类型的流动都适用，未对流动的类型做任何的限定。

3. 统计矩

随机变量 $u(\boldsymbol{x},t)$ 的 n 次幂的均值

$$\overline{u^n}=\int_{-\infty}^{\infty}U^n f(U;\boldsymbol{x},t)\mathrm{d}U \tag{6.1.20}$$

称为随机变量 $u(\boldsymbol{x},t)$ 的 n 阶统计矩(moments)。显然，随机变量的一阶统计矩即随机变量的均值。同样可计算脉动的 n 阶矩

$$\overline{u'^n}=\int_{-\infty}^{\infty}(U-\bar{u})^n f(U;\boldsymbol{x},t)\mathrm{d}U \tag{6.1.21}$$

特别地，脉动的二阶矩，亦即脉动平方的均值，称为随机变量的方差(variance)，即

$$\mathrm{var}(u)=\overline{u'^2}=\int_{-\infty}^{\infty}(U-\bar{u})^2 f(U;\boldsymbol{x},t)\mathrm{d}U \tag{6.1.22}$$

方差的算术平方根称为标准差(standard deviation)，亦即

$$\mathrm{sdev}(u)=\sqrt{\mathrm{var}(u)}=\sqrt{\overline{u'^2}} \tag{6.1.23}$$

4. 特征函数

概率密度函数的傅里叶变换(有关傅里叶变换的基础知识见附录D.2节)称为随机变量的特征函数(characteristic function),即

$$\psi(s)=\int_{-\infty}^{\infty} f(U;\boldsymbol{x},t)\mathrm{e}^{\mathrm{i}Us}\mathrm{d}U \tag{6.1.24}$$

反过来,若已知特征函数,通过傅里叶逆变换可以求得随机变量的概率密度函数

$$f(U;\boldsymbol{x},t)=\frac{1}{2\pi}\int_{-\infty}^{\infty}\psi(s)\mathrm{e}^{-\mathrm{i}Us}\mathrm{d}s \tag{6.1.25}$$

由于概率密度函数 $f(U;\boldsymbol{x},t)$是绝对可积的,因此 $\psi(s)$必为连续可微的解析函数,将$\psi(s)$在 $s=0$ 处做泰勒展开,可得

$$\psi(s)=\sum\frac{s^n}{n!}\left(\frac{\mathrm{d}^n\psi}{\mathrm{d}s^n}\right)_{s=0}=\sum\frac{(\mathrm{i}s)^n}{n!}\overline{u^n} \tag{6.1.26}$$

式中

$$\left(\frac{\mathrm{d}^n\psi}{\mathrm{d}s^n}\right)_{s=0}=\mathrm{i}^n\int_{-\infty}^{\infty}U^n f(U;\boldsymbol{x},t)\mathrm{d}U=\mathrm{i}^n\,\overline{u^n}$$

将(6.1.26)式代回(6.1.25)式可得

$$f(U;\boldsymbol{x},t)=\frac{1}{2\pi}\int_{-\infty}^{\infty}\left[\sum\frac{(\mathrm{i}s)^n}{n!}\overline{u^n}\mathrm{e}^{-\mathrm{i}Us}\right]\mathrm{d}s \tag{6.1.27}$$

上式表明,若已知随机变量的无穷多阶统计矩,就可以得到随机变量的概率密度函数,已知统计矩的阶数越高,所得概率密度函数越精确。概率密度函数包含了随机变量的全部信息,因此可以推断各阶统计矩也可以充分表达随机变量的统计特性。可见,用概率密度函数和各阶统计矩来表征随机变量的统计特性在方法上是等效的。

6.1.2 雷诺方程

根据雷诺分解(6.1.13)式,可以将湍流流动的流速和压强等表示成平均值与脉动之和,即

$$u_i(\boldsymbol{x},t)=\bar{u}_i(\boldsymbol{x},t)+u_i'(\boldsymbol{x},t),\ p(\boldsymbol{x},t)=\bar{p}(\boldsymbol{x},t)+p'(\boldsymbol{x},t) \tag{6.1.28}$$

将(6.1.28)式代入不可压缩流体的连续方程可得

$$\frac{\partial u_i}{\partial x_i}=\frac{\partial(\bar{u}_i+u_i')}{\partial x_i}=0 \tag{6.1.29}$$

根据求均值的运算法则,对上式进行平均可得

$$\overline{\frac{\partial u_i}{\partial x_i}}=\overline{\frac{\partial(\bar{u}_i+u_i')}{\partial x_i}}=\frac{\partial\bar{u}_i}{\partial x_i}=0 \tag{6.1.30}$$

此即湍流平均运动的连续方程。将(6.1.29)式减去(6.1.30)式,可得脉动运动的连续方程

$$\frac{\partial u_i'}{\partial x_i}=0 \tag{6.1.31}$$

可见,对于不可压缩流体,平均运动和脉动运动的连续方程在形式上都与瞬时运动的连续

方程相同。

应用瞬时运动的连续方程(6.1.29)式，将对流项 $u_j(\partial u_i/\partial x_j)$ 改写成 $\partial(u_iu_j)/\partial x_j$，并将流速、压强等均表示成平均值与脉动量之和，但不考虑密度的脉动，即假设密度为常数，则不可压缩流体的动量方程可表示成

$$\frac{\partial(\bar{u}_i+u_i')}{\partial t}+\frac{\partial(\bar{u}_i+u_i')(\bar{u}_j+u_j')}{\partial x_j}=-\frac{1}{\rho}\frac{\partial(\bar{p}+p')}{\partial x_i}+\frac{\mu}{\rho}\frac{\partial^2(\bar{u}_i+u_i')}{\partial x_j\partial x_j} \tag{6.1.32}$$

然后对上式求平均，其中

$$\overline{\frac{\partial(\bar{u}_i+u_i')(\bar{u}_j+u_j')}{\partial x_j}}=\frac{\partial}{\partial x_j}\overline{(\bar{u}_i\bar{u}_j+u_i'\bar{u}_j+\bar{u}_iu_j'+u_i'u_j')}$$

$$=\frac{\partial(\bar{u}_i\bar{u}_j)}{\partial x_j}+\frac{\partial\overline{u_i'u_j'}}{\partial x_j}=\bar{u}_j\frac{\partial\bar{u}_i}{\partial x_j}+\frac{\partial\overline{u_i'u_j'}}{\partial x_j}$$

上式最后一步应用了平均运动的连续方程(6.1.30)式。于是可得平均运动的动量方程

$$\frac{\partial\bar{u}_i}{\partial t}+\bar{u}_j\frac{\partial\bar{u}_i}{\partial x_j}=-\frac{1}{\rho}\frac{\partial\bar{p}}{\partial x_i}+\frac{1}{\rho}\frac{\partial}{\partial x_j}\left(\mu\frac{\partial\bar{u}_i}{\partial x_j}-\rho\overline{u_i'u_j'}\right) \tag{6.1.33}$$

将瞬时动量方程(6.1.32)式减去平均运动的动量方程(6.1.33)式，可得脉动运动的动量方程

$$\frac{\partial u_i'}{\partial t}+\bar{u}_j\frac{\partial u_i'}{\partial x_j}+u_j'\frac{\partial\bar{u}_i}{\partial x_j}=-\frac{1}{\rho}\frac{\partial p'}{\partial x_i}+\frac{\mu}{\rho}\frac{\partial^2u_i'}{\partial x_j\partial x_j}-\frac{\partial}{\partial x_j}(u_i'u_j'-\overline{u_i'u_j'}) \tag{6.1.34}$$

平均运动的动量方程(6.1.33)式称为雷诺方程(Reynolds equation)。与不可压缩流体瞬时运动的动量方程相比，在形式上雷诺方程中多了与脉动流速有关的 $-\rho\overline{u_i'u_j'}$ 一项，体现了湍流脉动对平均运动的影响。$-\rho\overline{u_i'u_j'}$ 具有应力的量纲，称为雷诺应力(Reynolds stress)，是由于脉动所引起的应力。下面我们说明雷诺应力的产生机理。

为叙述简单起见，研究如图 6.1.1 所示的二维流动，该流动的平均运动只有流速 $\bar{u}_1$，并假设 $\mathrm{d}\bar{u}_1/\mathrm{d}x_2>0$，即流速剖面凸向下游。在流动中取流体微团，当在 x_2 处的流体微团由于向上的脉动流速 u_2' 运动至一个新位置时，因为它原来的平均流速较新位置处的平均流速要小，从而使得新位置处在 x_1 方向的流速出现负的扰动，即 x_1 方向的脉动流速为 $-u_1'$。反之，如流体微团以 $-u_2'$ 向下脉动时，必然引起 x_1 方向的流速出现正的扰动，可见 u_1' 和 u_2' 总是方向相反的。

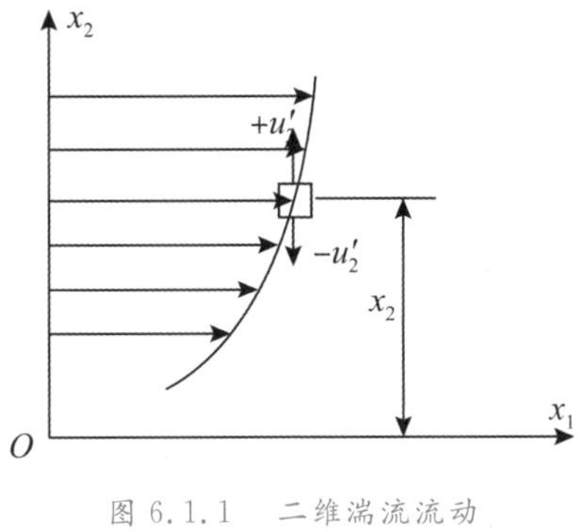

图 6.1.1　二维湍流流动

在脉动流速 u'_2 作用下,有质量从下层流入上层,同时由于这些流体质点在 x_1 方向有流速 $u_1=\bar{u}_1+u'_1$,所以在单位时间内,通过垂直 x_2 轴的微小面积 $\mathrm{d}A_2$ 在 x_1 方向的动量应为

$$\mathrm{d}K_1=-\rho u'_2(\bar{u}_1+u'_1)\mathrm{d}A_2$$

相应动量交换的平均值为

$$\overline{\mathrm{d}K_1}=-\rho\overline{u'_2(\bar{u}_1+u'_1)}\mathrm{d}A_2=-\rho\overline{u'_2u'_1}\mathrm{d}A_2$$

也就是说,在湍流中由于有脉动流速的存在,在任一截面两边的流层里,在平均意义上有动量从截面的一侧向另一侧流通,即有动量的传递或交换。根据动量定律,控制面单位时间内的动量传递相当于在这个截面上作用一个同样大小的力,即有

$$\tau'_{21}\mathrm{d}A_2=-\rho\overline{u'_2u'_1}\mathrm{d}A_2$$

亦即

$$\tau'_{21}=-\rho\overline{u'_2u'_1}$$

可见,τ'_{21} 就是由于湍流脉动所引起的切应力。τ'_{21} 第一个下标表示切应力所在平面的法线方向为 x_2,第二个下标则表示切应力的方向为 x_1。

对于一般的三维湍流流动,雷诺应力为一个二阶对称张量,即

$$\sigma'_{ij}=-\rho\overline{u'_iu'_j}=\begin{bmatrix}-\rho\overline{u'_1u'_1} & -\rho\overline{u'_1u'_2} & -\rho\overline{u'_1u'_3}\\ -\rho\overline{u'_2u'_1} & -\rho\overline{u'_2u'_2} & -\rho\overline{u'_2u'_3}\\ -\rho\overline{u'_3u'_1} & -\rho\overline{u'_3u'_2} & -\rho\overline{u'_3u'_3}\end{bmatrix}\tag{6.1.35}$$

因为对称,共有 6 个雷诺应力分量,其中对角线上的分量 $-\rho\overline{u'_iu'_i}$ 为正应力项,$-\rho\overline{u'_iu'_j}$($i\neq j$)为切应力项。与应力张量分解类似,可将雷诺应力张量分解成一个各向同性张量和一个偏张量之和,即

$$\begin{aligned}-\rho\overline{u'_iu'_j}&=-\frac{1}{3}\rho\overline{u'_iu'_i}\begin{bmatrix}1&0&0\\0&1&0\\0&0&1\end{bmatrix}+\rho\begin{bmatrix}-\overline{u'_1u'_1}+\overline{u'_iu'_i}/3 & -\overline{u'_1u'_2} & -\overline{u'_1u'_3}\\ -\overline{u'_2u'_1} & -\overline{u'_2u'_2}+\overline{u'_iu'_i}/3 & -\overline{u'_2u'_3}\\ -\overline{u'_3u'_1} & -\overline{u'_3u'_2} & -\overline{u'_3u'_3}+\overline{u'_iu'_i}/3\end{bmatrix}\\ &=-\frac{1}{3}\rho\overline{u'_iu'_i}\delta_{ij}+\tau'_{ij}\end{aligned}\tag{6.1.36}$$

其中 τ'_{ij} 表示偏应力张量,而 $\rho\overline{u'_iu'_i}\delta_{ij}/3$ 则为各向同性张量。定义

$$k=\frac{1}{2}\overline{\boldsymbol{u}'\cdot\boldsymbol{u}'}=\frac{1}{2}\overline{u'_iu'_i}\tag{6.1.37}$$

称为湍动能(turbulent kinetic energy)。应用(6.1.37)式,将(6.1.36)式代入雷诺方程(6.1.33)式,可得

$$\begin{aligned}\frac{\partial\bar{u}_i}{\partial t}+\bar{u}_j\frac{\partial\bar{u}_i}{\partial x_j}&=-\frac{1}{\rho}\frac{\partial\bar{p}}{\partial x_i}+\frac{\mu}{\rho}\frac{\partial^2\bar{u}_i}{\partial x_j\partial x_j}+\frac{1}{\rho}\frac{\partial}{\partial x_j}\left(-\frac{2}{3}\rho k\delta_{ij}+\tau'_{ij}\right)\\ &=-\frac{1}{\rho}\frac{\partial\bar{p}}{\partial x_i}+\frac{\mu}{\rho}\frac{\partial^2\bar{u}_i}{\partial x_j\partial x_j}-\frac{1}{\rho}\frac{\partial}{\partial x_i}\left(\frac{2}{3}\rho k\right)+\frac{1}{\rho}\frac{\partial\tau'_{ij}}{\partial x_j}\end{aligned}$$

$$= -\frac{1}{\rho}\frac{\partial}{\partial x_i}\left(\bar{p}+\frac{2}{3}\rho k\right)+\frac{1}{\rho}\frac{\partial}{\partial x_j}\left(\mu\frac{\partial \bar{u}_i}{\partial x_j}+\tau'_{ij}\right) \tag{6.1.38}$$

上式表明由于脉动所引起的雷诺应力的各向同部分可吸收到压强项当中去，相当于增加了流动的压强，而各向异性部分则可吸收到阻力项当中去，相当于增大了流动的阻力。令

$$p_t = 2\rho k/3 \tag{6.1.39}$$

称为湍流压强(turbulent pressure)。将湍流压强 p_t 和平均压强 $\bar{p}$ 合并，并仍用 $\bar{p}$ 表示湍流流动中的平均总压强，则(6.1.38) 可写成

$$\frac{\partial \bar{u}_i}{\partial t}+\bar{u}_j\frac{\partial \bar{u}_i}{\partial x_j} = -\frac{1}{\rho}\frac{\partial \bar{p}}{\partial x_i}+\frac{1}{\rho}\frac{\partial}{\partial x_j}\left(\mu\frac{\partial \bar{u}_i}{\partial x_j}+\tau'_{ij}\right) \tag{6.1.40}$$

湍流的平均运动方程组仍由连续方程和动量方程(即雷诺方程) 共 4 个方程组成，但未知量有 3 个平均流速、1 个平均压强和 6 个雷诺应力共有 10 个未知量，由此产生了湍流方程组不封闭的问题。湍流方程组的封闭问题至今仍在不断研究探索当中，在 6.2 节中我们将介绍湍流方程组封闭的主要方法。

6.1.3　能量方程

本小节介绍不可压缩流体湍流瞬时流动、平均流动以及脉动流动的能量方程。能量方程的建立有助于解决湍流方程的不封闭问题，基于湍流的能量方程来对雷诺方程组进行封闭是湍流数值模拟的主要方法之一。另外，研究湍流脉动如何从平均流动中取得能量，以及湍流中如何传递、扩散和耗损能量，也是探讨湍流内部机理以及湍流的发展和衰减规律的重要内容。

1. 瞬时总动能方程

以流速 u_i 点乘不可压缩流体的动量方程可得

$$u_i\left(\frac{\partial u_i}{\partial t}+u_j\frac{\partial u_i}{\partial x_j}\right) = u_i\left(-\frac{1}{\rho}\frac{\partial p}{\partial x_i}+\nu\frac{\partial^2 u_i}{\partial x_j\partial x_j}\right) \tag{6.1.41}$$

假设密度为常数，即流体为均质不可压缩流体。应用不可压缩流体的连续方程 $\partial u_j/\partial x_j = 0$，可将上式右端括号中的第一项可改写成

$$u_i\frac{\partial}{\partial x_i}\left(\frac{p}{\rho}\right) = u_j\frac{\partial}{\partial x_j}\left(\frac{p}{\rho}\right)+\frac{p}{\rho}\frac{\partial u_j}{\partial x_j} = \frac{\partial}{\partial x_j}\left(\frac{u_j p}{\rho}\right) \tag{6.1.42}$$

上式推导过程中对哑标做了更换。类似地，可将(6.1.41) 式右端括号中的第二项改写成

$$u_i\nu\frac{\partial^2 u_i}{\partial x_j\partial x_j} = u_i\nu\left[\frac{\partial}{\partial x_j}\left(\frac{\partial u_i}{\partial x_j}\right)+\frac{\partial}{\partial x_i}\left(\frac{\partial u_j}{\partial x_j}\right)\right] = u_i\frac{\partial}{\partial x_j}\left[\nu\left(\frac{\partial u_i}{\partial x_j}+\frac{\partial u_j}{\partial x_i}\right)\right]$$

$$= \frac{\partial}{\partial x_j}\left[\nu\left(\frac{\partial u_i}{\partial x_j}+\frac{\partial u_j}{\partial x_i}\right)u_i\right]-\nu\left(\frac{\partial u_i}{\partial x_j}+\frac{\partial u_j}{\partial x_i}\right)\frac{\partial u_i}{\partial x_j} \tag{6.1.43}$$

将(6.1.42) 式、(6.1.43) 式代入(6.1.41) 式，可得湍流瞬时运动的总动能方程为

$$\frac{\partial K}{\partial t}+u_j\frac{\partial K}{\partial x_j} = -\frac{\partial}{\partial x_j}\left(\frac{u_j p}{\rho}\right)+\frac{\partial}{\partial x_j}\left[\nu\left(\frac{\partial u_i}{\partial x_j}+\frac{\partial u_j}{\partial x_i}\right)u_i\right]-\nu\left(\frac{\partial u_i}{\partial x_j}+\frac{\partial u_j}{\partial x_i}\right)\frac{\partial u_i}{\partial x_j} \tag{6.1.44}$$

式中 $K=u_iu_i/2$，表示单位质量流体的动能，为湍流瞬时运动的总动能。(6.1.44) 式左端表示单位质量流体总动能的物质导数；右端第一项表示单位质量流体的压能与位能的迁移变化率，即单位质量流体势能的迁移变化率；右端第二项为黏性应力对单位质量流体在单位时间内所做的功，为扩散项；右端最后一项表示黏性应力对变形速率所做的功，为耗散项，即单位质量流体在单位时间内消耗的机械能，它转化为流体的内能，这种转化是不可逆的。

2. 平均总动能方程

继续应用连续方程 $\partial u_j/\partial x_j=0$，将(6.1.44) 式中左端第二项改写成

$$u_j\frac{\partial K}{\partial x_j}=u_j\frac{\partial K}{\partial x_j}+K\frac{\partial u_j}{\partial x_j}=\frac{\partial}{\partial x_j}(u_jK)$$

并将(6.1.44) 式中的物理量表示成平均值与脉动值之和，得

$$\begin{aligned}&\frac{\partial}{\partial t}\left[\frac{1}{2}(\bar{u}_i+u'_i)(\bar{u}_i+u'_i)\right]+\frac{\partial}{\partial x_j}\left[\frac{1}{2}(\bar{u}_j+u'_j)(\bar{u}_i+u'_i)(\bar{u}_i+u'_i)\right]\\&=-\frac{\partial}{\partial x_j}\left[\frac{1}{\rho}(\bar{u}_j+u'_j)(\bar{p}+p')\right]+\frac{\partial}{\partial x_j}\left\{\nu\left[\frac{\partial(\bar{u}_i+u'_i)}{\partial x_j}+\frac{\partial(\bar{u}_j+u'_j)}{\partial x_i}\right](\bar{u}_i+u'_i)\right\}\\&\quad-\nu\left[\frac{\partial(\bar{u}_i+u'_i)}{\partial x_j}+\frac{\partial(\bar{u}_j+u'_j)}{\partial x_i}\right]\frac{\partial(\bar{u}_i+u'_i)}{\partial x_j}\end{aligned}$$

对上式进行平均，整理后得

$$\begin{aligned}&\frac{1}{2}\frac{\partial}{\partial t}(\bar{u}_i\bar{u}_i+\overline{u'_iu'_i})+\frac{1}{2}\frac{\partial}{\partial x_j}(\bar{u}_j\bar{u}_i\bar{u}_i+\bar{u}_j\overline{u'_iu'_i}+2\bar{u}_i\overline{u'_iu'_j}+\overline{u'_ju'_iu'_i})\\&=-\frac{\partial}{\partial x_j}\left(\frac{\bar{u}_j\bar{p}}{\rho}+\frac{\overline{u'_jp'}}{\rho}\right)+\nu\frac{\partial}{\partial x_j}\left[\frac{1}{2}\frac{\partial(\bar{u}_i\bar{u}_i)}{\partial x_j}+\frac{1}{2}\frac{\partial\overline{u'_iu'_i}}{\partial x_j}+\frac{\partial(\bar{u}_i\bar{u}_j)}{\partial x_i}+\frac{\partial\overline{u'_iu'_j}}{\partial x_i}\right]\\&\quad-\nu\frac{\partial\bar{u}_i}{\partial x_j}\frac{\partial\bar{u}_i}{\partial x_j}-\nu\overline{\frac{\partial u'_i}{\partial x_j}\frac{\partial u'_i}{\partial x_j}}-\nu\frac{\partial\bar{u}_i}{\partial x_j}\frac{\partial\bar{u}_j}{\partial x_i}-\nu\overline{\frac{\partial u'_i}{\partial x_j}\frac{\partial u'_j}{\partial x_i}}\end{aligned}$$

令 $\bar{K}=\bar{u}_i\bar{u}_i/2$，称为平均动能，$k=\overline{u'_iu'_i}/2$，即(6.1.37) 式定义的湍动能，可将上式改写成

$$\begin{aligned}&\underbrace{\frac{\partial}{\partial t}(\bar{K}+k)}_{(1)}+\underbrace{\bar{u}_j\frac{\partial}{\partial x_j}(\bar{K}+k)}_{(2)}+\underbrace{\frac{\partial}{\partial x_j}(\bar{u}_i\overline{u'_iu'_j})}_{(6)}+\underbrace{\frac{\partial\overline{u'_jk}}{\partial x_j}}_{(4)}\\&=\underbrace{-\frac{\partial}{\partial x_j}\left(\frac{\bar{u}_j\bar{p}}{\rho}\right)}_{(3)}-\underbrace{\frac{\partial}{\partial x_j}\left(\frac{\overline{u'_jp'}}{\rho}\right)}_{(4)}+\nu\frac{\partial}{\partial x_j}\left[\underbrace{\frac{1}{2}\frac{\partial(\bar{u}_i\bar{u}_i)}{\partial x_j}}_{(5)}+\underbrace{\frac{1}{2}\frac{\partial\overline{u'_iu'_i}}{\partial x_j}}_{(7)}+\underbrace{\frac{\partial(\bar{u}_i\bar{u}_j)}{\partial x_i}}_{(5)}+\underbrace{\frac{\partial\overline{u'_iu'_j}}{\partial x_i}}_{(7)}\right]\\&\quad\underbrace{-\nu\frac{\partial\bar{u}_i}{\partial x_j}\frac{\partial\bar{u}_i}{\partial x_j}}_{(8)}\underbrace{-\nu\overline{\frac{\partial u'_i}{\partial x_j}\frac{\partial u'_i}{\partial x_j}}}_{(9)}\underbrace{-\nu\frac{\partial\bar{u}_i}{\partial x_j}\frac{\partial\bar{u}_j}{\partial x_i}}_{(8)}\underbrace{-\nu\overline{\frac{\partial u'_i}{\partial x_j}\frac{\partial u'_j}{\partial x_i}}}_{(9)}\end{aligned}$$

进一步合并上式中编号相同的项，可将上式改写成

$$\underbrace{\frac{\partial}{\partial t}(\bar{K}+k)}_{(1)}+\underbrace{\bar{u}_j\frac{\partial}{\partial x_j}(\bar{K}+k)}_{(2)}+\underbrace{\frac{\partial}{\partial x_j}\left(\frac{\bar{u}_j\bar{p}}{\rho}\right)}_{(3)}+\underbrace{\frac{\partial}{\partial x_j}\overline{u'_j\left(\frac{p'}{\rho}+k\right)}}_{(4)}$$

$$= \underbrace{\nu \frac{\partial}{\partial x_j}\left[\bar{u}_i\left(\frac{\partial \bar{u}_i}{\partial x_j}+\frac{\partial \bar{u}_j}{\partial x_i}\right)\right]}_{(5)} + \underbrace{\frac{\partial}{\partial x_j}\left[\bar{u}_i(-\overline{u'_i u'_j})\right]}_{(6)} + \underbrace{\nu \frac{\partial}{\partial x_j}\overline{u'_i\left(\frac{\partial u'_i}{\partial x_j}+\frac{\partial u'_j}{\partial x_i}\right)}}_{(7)}$$

$$- \underbrace{\nu \frac{\partial \bar{u}_i}{\partial x_j}\left(\frac{\partial \bar{u}_i}{\partial x_j}+\frac{\partial \bar{u}_j}{\partial x_i}\right)}_{(8)} - \underbrace{\nu \overline{\frac{\partial u'_i}{\partial x_j}\left(\frac{\partial u'_i}{\partial x_j}+\frac{\partial u'_j}{\partial x_i}\right)}}_{(9)} \tag{6.1.45}$$

此即湍流平均总动能方程。(6.1.45) 式中各项的物理意义如下：(1) 为平均总动能(包括平均动能 $\bar{K}$ 和湍动能 k) 的当地变化率；(2) 为平均总动能的迁移变化率；(3) 为平均总势能(包括压能和位能) 的迁移变化率；(4) 为脉动压能和湍动能的迁移变化率；(5) 表示平均黏性应力所做的功，为扩散项；(6) 表示雷诺应力对平均流场所做的功，也是扩散项，称为湍流扩散项；(7) 为脉动黏性应力对脉动流速场所做的功，属于湍流扩散项的一种；(8) 为黏性应力所做的变形功，即平均运动耗散项；(9) 为脉动黏性力对脉动流场的变形速率所做的变形功，即脉动运动耗散项。

3. 平均动能方程

以平均流速 $\bar{u}_i$ 乘以湍流平均运动的动量方程，即雷诺方程(6.1.33) 式，得

$$\bar{u}_i\left(\frac{\partial \bar{u}_i}{\partial t}+\bar{u}_j\frac{\partial \bar{u}_i}{\partial x_j}\right) = \bar{u}_i\left[-\frac{1}{\rho}\frac{\partial \bar{p}}{\partial x_i}+\nu\frac{\partial}{\partial x_j}\left(\frac{\partial \bar{u}_i}{\partial x_j}\right)+\frac{\partial}{\partial x_j}(-\rho\overline{u'_i u'_j})\right] \tag{6.1.46}$$

应用平均流动的连续方程 $\partial \bar{u}_j/\partial x_j = 0$，与(6.1.42) 和(6.1.43) 式的推导类似，有

$$\bar{u}_i\frac{\partial}{\partial x_i}\left(\frac{\bar{p}}{\rho}\right) = \bar{u}_j\frac{\partial}{\partial x_j}\left(\frac{\bar{p}}{\rho}\right)+\frac{\bar{p}}{\rho}\frac{\partial \bar{u}_j}{\partial x_j} = \frac{\partial}{\partial x_j}\left(\frac{\bar{u}_j\bar{p}}{\rho}\right)$$

$$\nu\bar{u}_i\frac{\partial}{\partial x_j}\left(\frac{\partial \bar{u}_i}{\partial x_j}\right) = \nu\bar{u}_i\frac{\partial}{\partial x_j}\left(\frac{\partial \bar{u}_i}{\partial x_j}+\frac{\partial \bar{u}_j}{\partial x_i}\right) = \nu\frac{\partial}{\partial x_j}\left[\bar{u}_i\left(\frac{\partial \bar{u}_i}{\partial x_j}+\frac{\partial \bar{u}_j}{\partial x_i}\right)\right]-\nu\left(\frac{\partial \bar{u}_i}{\partial x_j}+\frac{\partial \bar{u}_j}{\partial x_i}\right)\frac{\partial \bar{u}_i}{\partial x_j}$$

另外还有

$$\bar{u}_i\frac{\partial}{\partial x_j}(-\overline{u'_i u'_j}) = \frac{\partial}{\partial x_j}\left[\bar{u}_i(-\overline{u'_i u'_j})\right]-(-\overline{u'_i u'_j})\frac{\partial \bar{u}_i}{\partial x_j}$$

将以上诸式代入(6.1.46) 式，可得

$$\frac{\partial \bar{K}}{\partial t}+\bar{u}_j\frac{\partial \bar{K}}{\partial x_j} = -\frac{\partial}{\partial x_j}\left(\frac{\bar{u}_j\bar{p}}{\rho}\right)+\nu\frac{\partial}{\partial x_j}\left[\bar{u}_i\left(\frac{\partial \bar{u}_i}{\partial x_j}+\frac{\partial \bar{u}_j}{\partial x_i}\right)\right]$$

$$-\nu\frac{\partial \bar{u}_i}{\partial x_j}\left(\frac{\partial \bar{u}_i}{\partial x_j}+\frac{\partial \bar{u}_j}{\partial x_i}\right)+\frac{\partial}{\partial x_j}\left[\bar{u}_i(-\overline{u'_i u'_j})\right]-(-\overline{u'_i u'_j})\frac{\partial \bar{u}_i}{\partial x_j} \tag{6.1.47}$$

此即湍流平均运动的能量方程。式中最后一项表示雷诺应力对平均流场所做的变形功，对平均流动来说这项为负值，是能量的损失，但这部分能量损失并不是变成热能耗散掉了，而是变为脉动的能量，在下面的脉动运动的能量方程中将可以看到，此项为脉动能量的产生项。其余各项的物理意义在(6.1.45) 式中已经说明。

4. 湍动能方程

将湍流平均总动能方程(6.1.45) 式减去湍流平均动能方程(6.1.47) 式，即得湍动能方程，即

$$\frac{\partial k}{\partial t}+\bar{u}_j\frac{\partial k}{\partial x_j}=-\frac{\partial}{\partial x_j}\overline{u'_j\left(\frac{p'}{\rho}+k\right)}+\nu\frac{\partial}{\partial x_j}\overline{u'_i\left(\frac{\partial u'_i}{\partial x_j}+\frac{\partial u'_j}{\partial x_i}\right)}$$
$$-\nu\overline{\frac{\partial u'_i}{\partial x_j}\left(\frac{\partial u'_i}{\partial x_j}+\frac{\partial u'_j}{\partial x_i}\right)}+(-\overline{u'_iu'_j})\frac{\partial\bar{u}_i}{\partial x_j}\tag{6.1.48}$$

将(6.1.48)式右端第二项展开成两项,可得

$$\nu\overline{\frac{\partial}{\partial x_j}\left(u'_i\frac{\partial u'_i}{\partial x_j}\right)}=\nu\overline{\frac{\partial}{\partial x_j}\left[\frac{\partial}{\partial x_j}\left(\frac{1}{2}u'_iu'_i\right)\right]}=\nu\frac{\partial^2 k}{\partial x_j\partial x_j}$$

$$\nu\overline{\frac{\partial}{\partial x_j}\left(u'_i\frac{\partial u'_j}{\partial x_i}\right)}=\nu\overline{\frac{\partial u'_i}{\partial x_j}\frac{\partial u'_j}{\partial x_i}+\nu u'_i\frac{\partial}{\partial x_j}\left(\frac{\partial u'_j}{\partial x_i}\right)}=\nu\overline{\frac{\partial u'_i}{\partial x_j}\frac{\partial u'_j}{\partial x_i}}$$

将上述两式代回(6.1.48)式,并整理可得

$$\underbrace{\frac{\partial k}{\partial t}+\bar{u}_j\frac{\partial k}{\partial x_j}}_{(1)}=\underbrace{-\overline{u'_iu'_j}\frac{\partial\bar{u}_i}{\partial x_j}}_{(2)}\underbrace{-\frac{\partial}{\partial x_j}\overline{u'_j\left(\frac{p'}{\rho}+k\right)}}_{(3)}+\underbrace{\nu\frac{\partial^2 k}{\partial x_j\partial x_j}}_{(4)}\underbrace{-\nu\overline{\frac{\partial u'_i}{\partial x_j}\frac{\partial u'_i}{\partial x_j}}}_{(5)}\tag{6.1.49}$$

此即通用的湍动能方程(turbulent kinetic energy equation),也称为 k 方程。式中各项的物理意义分别为:(1) 为湍动能的当地变化率和迁移变化率;(2) 为雷诺应力对平均流场所做的变形功,亦即(6.1.47)式中的最后一项,对脉动流场而言为正值,即能量的产生项;(3) 为湍动能和压能的脉动迁移变化率;(4) 为湍动能的扩散项;(5) 为脉动黏性耗散项,称为湍动能耗散率(rate of dissipation of turbulent kinetic energy),即

$$\varepsilon=\nu\overline{\frac{\partial u'_i}{\partial x_j}\frac{\partial u'_i}{\partial x_j}}\tag{6.1.50}$$

(6.1.48)式中右端第三项表示流场的总脉动耗散 $\tilde{\varepsilon}$。因为

$$\tilde{\varepsilon}=\nu\overline{\frac{\partial u'_i}{\partial x_j}\left(\frac{\partial u'_i}{\partial x_j}+\frac{\partial u'_j}{\partial x_i}\right)}=\nu\overline{\frac{\partial u'_i}{\partial x_j}\frac{\partial u'_i}{\partial x_j}}+\nu\overline{\frac{\partial u'_i}{\partial x_j}\frac{\partial u'_j}{\partial x_i}}=\varepsilon+\nu\overline{\frac{\partial u'_i}{\partial x_j}\frac{\partial u'_j}{\partial x_i}}$$

又因为

$$\nu\overline{\frac{\partial u'_i}{\partial x_j}\frac{\partial u'_j}{\partial x_i}}=\nu\overline{\frac{\partial}{\partial x_i}\left(u'_j\frac{\partial u'_i}{\partial x_j}+u'_i\frac{\partial u'_j}{\partial x_j}\right)}=\nu\frac{\partial^2\overline{u'_iu'_j}}{\partial x_i\partial x_j}$$

所以总脉动耗散 $\tilde{\varepsilon}$ 与湍动能耗散率 ε 具有如下关系

$$\tilde{\varepsilon}=\varepsilon+\nu\frac{\partial^2\overline{u'_iu'_j}}{\partial x_i\partial x_j}\tag{6.1.51}$$

对于均匀各向同性湍流(见 6.3.1 节),由于不存在方向偏差,$\overline{u'_iu'_j}=0$,因此上式右端第二项等于零,从而 $\tilde{\varepsilon}=\varepsilon$。对于高雷诺数的非均匀湍流,该项也很小,仅占百分之几,故通常用 ε 表示湍动能耗散率。

6.1.4 耗散率方程

将脉动运动的动量方程(6.1.34)式改写成如下形式

$$\frac{\partial u'_i}{\partial t}+u'_j\frac{\partial\bar{u}_i}{\partial x_j}+\bar{u}_j\frac{\partial u'_i}{\partial x_j}+u'_j\frac{\partial u'_i}{\partial x_j}-\frac{\partial\overline{u'_iu'_j}}{\partial x_j}=-\frac{1}{\rho}\frac{\partial p'}{\partial x_j}+\nu\frac{\partial^2 u'_i}{\partial x_j\partial x_j}\tag{6.1.52}$$

上式对 x_k 取偏微分得

$$\frac{\partial}{\partial t}\left(\frac{\partial u_i'}{\partial x_k}\right)+\bar{u}_j\frac{\partial^2 u_i'}{\partial x_j\partial x_k}+\frac{\partial \bar{u}_j}{\partial x_k}\frac{\partial u_i'}{\partial x_j}+u_j'\frac{\partial^2 \bar{u}_i}{\partial x_j\partial x_k}+\frac{\partial u_j'}{\partial x_k}\frac{\partial \bar{u}_i}{\partial x_j}+\frac{\partial u_j'}{\partial x_k}\frac{\partial u_i'}{\partial x_j}$$

$$+u_j'\frac{\partial^2 u_i'}{\partial x_j\partial x_k}-\frac{\partial^2\overline{u_i'u_j'}}{\partial x_j\partial x_k}=-\frac{1}{\rho}\frac{\partial^2 p'}{\partial x_i\partial x_k}+\nu\frac{\partial^3 u_i'}{\partial x_i\partial x_j\partial x_k}$$

以 $2\nu\dfrac{\partial u_i'}{\partial x_k}$ 乘以上式得

$$\underbrace{2\nu\frac{\partial u_i'}{\partial x_k}\frac{\partial}{\partial t}\left(\frac{\partial u_i'}{\partial x_k}\right)+\bar{u}_j 2\nu\frac{\partial u_i'}{\partial x_k}\frac{\partial}{\partial x_j}\left(\frac{\partial u_i'}{\partial x_k}\right)}_{(1)}+\underbrace{2\nu\frac{\partial \bar{u}_j}{\partial x_k}\frac{\partial u_i'}{\partial x_j}\frac{\partial u_i'}{\partial x_k}}_{(2)}+\underbrace{2\nu u_j'\frac{\partial u_i'}{\partial x_k}\frac{\partial^2\bar{u}_i}{\partial x_j\partial x_k}}_{(3)}$$

$$+\underbrace{2\nu\frac{\partial u_j'}{\partial x_k}\frac{\partial u_i'}{\partial x_k}\frac{\partial \bar{u}_i}{\partial x_j}}_{(4)}+\underbrace{2\nu\frac{\partial u_j'}{\partial x_k}\frac{\partial u_i'}{\partial x_j}\frac{\partial u_i'}{\partial x_k}}_{(5)}+\underbrace{u_j' 2\nu\frac{\partial u_i'}{\partial x_k}\frac{\partial}{\partial x_j}\left(\frac{\partial u_i'}{\partial x_k}\right)}_{(6)}$$

$$=\underbrace{-\frac{2\nu}{\rho}\frac{\partial u_i'}{\partial x_k}\frac{\partial^2 p'}{\partial x_i\partial x_k}}_{(7)}+\underbrace{2\nu\nu\frac{\partial u_i'}{\partial x_k}\frac{\partial^2}{\partial x_j\partial x_j}\left(\frac{\partial u_i'}{\partial x_k}\right)}_{(8)}\underbrace{-2\nu\frac{\partial u_i'}{\partial x_k}\frac{\partial^2\overline{u_i'u_j'}}{\partial x_k\partial x_j}}_{(9)}$$

将上式第(8) 项改写成

$$2\nu\nu\frac{\partial u_i'}{\partial x_k}\frac{\partial^2}{\partial x_j\partial x_j}\left(\frac{\partial u_i'}{\partial x_k}\right)=\nu\frac{\partial^2}{\partial x_j\partial x_j}\left(\nu\frac{\partial u_i'}{\partial x_k}\frac{\partial u_i'}{\partial x_k}\right)-2\left(\nu\frac{\partial^2 u_i'}{\partial x_j\partial x_k}\right)^2$$

并利用连续方程 $\partial u_i'/\partial x_i=0,\partial u_j'/\partial x_j=0$，在第(6) 和第(7) 项各添加一项零项，得

$$\underbrace{\frac{\partial}{\partial t}\left(\nu\frac{\partial u_i'}{\partial x_k}\frac{\partial u_i'}{\partial x_k}\right)+\bar{u}_j\frac{\partial}{\partial x_j}\left(\nu\frac{\partial u_i'}{\partial x_k}\frac{\partial u_i'}{\partial x_k}\right)}_{(1)}+\underbrace{2\nu\frac{\partial \bar{u}_j}{\partial x_k}\frac{\partial u_i'}{\partial x_j}\frac{\partial u_i'}{\partial x_k}}_{(2)}+\underbrace{2\nu u_j'\frac{\partial u_i'}{\partial x_k}\frac{\partial^2\bar{u}_i}{\partial x_j\partial x_k}}_{(3)}+$$

$$\underbrace{2\nu\frac{\partial u_j'}{\partial x_k}\frac{\partial u_i'}{\partial x_k}\frac{\partial \bar{u}_i}{\partial x_j}}_{(4)}+\underbrace{2\nu\frac{\partial u_j'}{\partial x_k}\frac{\partial u_i'}{\partial x_j}\frac{\partial u_i'}{\partial x_k}}_{(5)}+\underbrace{u_j'\frac{\partial}{\partial x_j}\left(\nu\frac{\partial u_i'}{\partial x_k}\frac{\partial u_i'}{\partial x_k}\right)+\left(\nu\frac{\partial u_i'}{\partial x_k}\frac{\partial u_i'}{\partial x_k}\right)\frac{\partial u_j'}{\partial x_j}}_{(6)}$$

$$=\underbrace{-\frac{2\nu}{\rho}\left[\frac{\partial u_i'}{\partial x_k}\frac{\partial}{\partial x_i}\left(\frac{\partial p'}{\partial x_k}\right)+\frac{\partial p'}{\partial x_k}\frac{\partial}{\partial x_i}\left(\frac{\partial u_i'}{\partial x_k}\right)\right]}_{(7)}+\underbrace{\nu\frac{\partial^2}{\partial x_j\partial x_j}\left(\nu\frac{\partial u_i'}{\partial x_k}\frac{\partial u_i'}{\partial x_k}\right)-2\left(\nu\frac{\partial^2 u_i'}{\partial x_k\partial x_j}\right)^2}_{(8)}$$

$$+\underbrace{2\nu\frac{\partial u_i'}{\partial x_k}\frac{\partial^2\overline{u_i'u_j'}}{\partial x_k\partial x_j}}_{(9)}$$

令 $\varepsilon'=\nu\dfrac{\partial u_i'}{\partial x_k}\dfrac{\partial u_i'}{\partial x_k}$，$\varepsilon=\nu\overline{\dfrac{\partial u_i'}{\partial x_k}\dfrac{\partial u_i'}{\partial x_k}}$，对上式进行平均，并注意到其中第(9) 项进行平均后等于零，可得

$$\underbrace{\frac{\partial\varepsilon}{\partial t}+\bar{u}_j\frac{\partial\varepsilon}{\partial x_j}}_{(1)}=\underbrace{-2\nu\frac{\partial \bar{u}_j}{\partial x_k}\overline{\frac{\partial u_i'}{\partial x_j}\frac{\partial u_i'}{\partial x_k}}}_{(2)}\underbrace{-2\nu\overline{u_j'\frac{\partial u_i'}{\partial x_k}}\frac{\partial^2\bar{u}_i}{\partial x_j\partial x_k}}_{(3)}\underbrace{-2\nu\overline{\frac{\partial u_j'}{\partial x_k}\frac{\partial u_i'}{\partial x_k}}\frac{\partial \bar{u}_i}{\partial x_j}}_{(4)}$$

$$-\underbrace{2\nu\overline{\frac{\partial u_j'}{\partial x_k}\frac{\partial u_i'}{\partial x_j}\frac{\partial u_i'}{\partial x_k}}}_{(5)}-\underbrace{\frac{\partial\overline{\varepsilon' u_j'}}{\partial x_j}}_{(6)}-\underbrace{\frac{2\nu}{\rho}\frac{\partial}{\partial x_i}\left(\overline{\frac{\partial u_i'}{\partial x_k}\frac{\partial p'}{\partial x_k}}\right)}_{(7)}+\underbrace{\nu\frac{\partial^2\varepsilon}{\partial x_j\partial x_j}-2\left(\nu\overline{\frac{\partial^2 u_i'}{\partial x_k\partial x_j}}\right)^2}_{(8)}$$

将上式第(2)项的哑标进行更换：$i\to k, j\to i, k\to j$，第(7)项的哑标也进行更换：$i\to j$，然后合并整理可得

$$\underbrace{\frac{\partial\varepsilon}{\partial t}+\bar{u}_j\frac{\partial\varepsilon}{\partial x_j}}_{(1)}=-\frac{\partial}{\partial x_j}\left(\underbrace{\overline{\varepsilon' u_j'}}_{(6)}+\underbrace{\frac{2\nu}{\rho}\overline{\frac{\partial u_j'}{\partial x_k}\frac{\partial p'}{\partial x_k}}}_{(7)}-\underbrace{\nu\frac{\partial\varepsilon}{\partial x_j}}_{(8)}\right)-\underbrace{2\nu\overline{u_j'\frac{\partial u_i'}{\partial x_k}}\frac{\partial^2\bar{u}_i}{\partial x_j\partial x_k}}_{(3)}-$$

$$2\nu\frac{\partial\bar{u}_i}{\partial x_j}\left(\underbrace{\overline{\frac{\partial u_k'}{\partial x_i}\frac{\partial u_k'}{\partial x_j}}}_{(2)}+\underbrace{\overline{\frac{\partial u_j'}{\partial x_k}\frac{\partial u_i'}{\partial x_k}}}_{(4)}\right)-\underbrace{2\nu\overline{\frac{\partial u_j'}{\partial x_k}\frac{\partial u_i'}{\partial x_j}\frac{\partial u_i'}{\partial x_k}}}_{(5)}-\underbrace{2\overline{\left(\nu\frac{\partial^2 u_i'}{\partial x_j\partial x_k}\right)^2}}_{(8)}\tag{6.1.53}$$

此即精确的湍动能耗散方程(transport equation for rate of dissipation of turbulent kinetic energy)，也称为 ε 方程。式中各项的物理意义将在 6.2.1 节对 ε 方程进行模化时再进行说明。

6.1.5 雷诺应力方程

(6.1.52) 式中下标 j 为哑标，为进一步推导方便，将其改为 k，得

$$\frac{\partial u_i'}{\partial t}+u_k'\frac{\partial\bar{u}_i}{\partial x_k}+\bar{u}_k\frac{\partial u_i'}{\partial x_k}+u_k'\frac{\partial u_i'}{\partial x_k}-\frac{\partial\overline{u_i'u_k'}}{\partial x_k}=-\frac{1}{\rho}\frac{\partial p'}{\partial x_k}+\nu\frac{\partial^2 u_i'}{\partial x_k\partial x_k}\tag{6.1.54}$$

将上式自由指标 i 换成 j，则得到 j 方向的对应方程

$$\frac{\partial u_j'}{\partial t}+u_k'\frac{\partial\bar{u}_j}{\partial x_k}+\bar{u}_k\frac{\partial u_j'}{\partial x_k}+u_k'\frac{\partial u_j'}{\partial x_k}-\frac{\partial\overline{u_j'u_k'}}{\partial x_k}=-\frac{1}{\rho}\frac{\partial p'}{\partial x_k}+\nu\frac{\partial^2 u_j'}{\partial x_k\partial x_k}\tag{6.1.55}$$

将(6.1.54) 式乘以 u_j' 加上(6.1.55) 式乘以 u_i'，然后进行平均，可得

$$\frac{\partial\overline{u_i'u_j'}}{\partial t}+\bar{u}_k\frac{\partial\overline{u_i'u_j'}}{\partial x_k}+\left(\overline{u_j'u_k'}\frac{\partial\bar{u}_i}{\partial x_k}+\overline{u_i'u_k'}\frac{\partial\bar{u}_j}{\partial x_k}\right)+\overline{u_j'u_k'\frac{\partial u_i'}{\partial x_k}+u_i'u_k'\frac{\partial u_j'}{\partial x_k}}$$

$$=-\frac{1}{\rho}\left(\overline{u_j'\frac{\partial p'}{\partial x_i}}+\overline{u_i'\frac{\partial p'}{\partial x_j}}\right)+\nu\left(\overline{u_j'\frac{\partial^2 u_i'}{\partial x_k\partial x_k}}+\overline{u_i'\frac{\partial^2 u_j'}{\partial x_k\partial x_k}}\right)\tag{6.1.56}$$

上式各项做如下变形：

$$\overline{u_j'u_k'\frac{\partial u_i'}{\partial x_k}+u_i'u_k'\frac{\partial u_j'}{\partial x_k}}=\overline{u_j'u_k'\frac{\partial u_i'}{\partial x_k}+u_i'u_k'\frac{\partial u_j'}{\partial x_k}+u_i'u_j'\frac{\partial u_k'}{\partial x_k}}=\frac{\partial\overline{u_i'u_j'u_k'}}{\partial x_k}$$

$$\frac{1}{\rho}\overline{u_j'\frac{\partial p'}{\partial x_i}}=\frac{1}{\rho}\left[\frac{\partial\overline{p'u_j'}}{\partial x_i}-\overline{p'\frac{\partial u_j'}{\partial x_i}}\right]=\frac{\partial}{\partial x_k}\overline{\frac{p'}{\rho}u_j'}\delta_{ik}-\overline{\frac{p'}{\rho}\frac{\partial u_j'}{\partial x_i}}$$

$$\frac{1}{\rho}\overline{u_i'\frac{\partial p'}{\partial x_j}}=\frac{1}{\rho}\left[\frac{\partial\overline{p'u_i'}}{\partial x_j}-\overline{p'\frac{\partial u_i'}{\partial x_j}}\right]=\frac{\partial}{\partial x_k}\overline{\frac{p'}{\rho}u_i'}\delta_{jk}-\overline{\frac{p'}{\rho}\frac{\partial u_i'}{\partial x_j}}$$

$$\nu\left(\overline{u_j'\frac{\partial^2 u_i'}{\partial x_k\partial x_k}}+\overline{u_i'\frac{\partial^2 u_j'}{\partial x_k\partial x_k}}\right)=\nu\frac{\partial^2\overline{u_i'u_j'}}{\partial x_k\partial x_k}-2\nu\overline{\frac{\partial u_i'}{\partial x_k}\frac{\partial u_j'}{\partial x_k}}$$

将以上诸式代回(6.1.56) 式中，可得

$$\underbrace{\frac{\partial \overline{u_i'u_j'}}{\partial t}+\bar{u}_k\frac{\partial \overline{u_i'u_j'}}{\partial x_k}}_{(1)}=-\underbrace{\left(\overline{u_j'u_k'}\frac{\partial \bar{u}_i}{\partial x_k}+\overline{u_i'u_k'}\frac{\partial \bar{u}_j}{\partial x_k}\right)}_{(2)}$$
$$-\frac{\partial}{\partial x_k}\left[\underbrace{\overline{u_i'u_j'u_k'}}_{(3)}+\underbrace{\frac{1}{\rho}(\overline{p'u_j'}\delta_{ik}+\overline{p'u_i'}\delta_{jk})}_{(4)}-\underbrace{\nu\frac{\partial \overline{u_i'u_j'}}{\partial x_k}}_{(5)}\right]$$
$$-\underbrace{2\nu\overline{\frac{\partial u_i'}{\partial x_k}\frac{\partial u_j'}{\partial x_k}}}_{(6)}+\underbrace{\overline{\frac{p'}{\rho}\left(\frac{\partial u_i'}{\partial x_j}+\frac{\partial u_j'}{\partial x_i}\right)}}_{(7)} \tag{6.1.57}$$

上式即雷诺应力方程(Reynolds stress equation)。上式中各项的物理意义说明如下：

(1) 为雷诺应力的物质导数。

(2) 为雷诺应力对平均流速场所做的变形功，属产生项(production tensor)，表示成

$$P_{ij}=-\left(\overline{u_j'u_k'}\frac{\partial \bar{u}_i}{\partial x_k}+\overline{u_i'u_k'}\frac{\partial \bar{u}_j}{\partial x_k}\right) \tag{6.1.58}$$

(3) ～ (5) 项为扩散项(Reynolds stress flux)，其中(3) 实质上为脉动流速场中雷诺应力 $-\overline{u_i'u_j'}$ 的迁移变化率，该项为三阶张量，共 27 项，因为对称，独立的只有 18 项；(4) 为脉动压力引起的湍流扩散；(5) 为由于黏性引起的湍流应力扩散，实质为分子扩散。记扩散项为

$$T_{kij}=\overline{u_i'u_j'u_k'}+\frac{1}{\rho}(\overline{p'u_j'}\delta_{ik}+\overline{p'u_i'}\delta_{jk})-\nu\frac{\partial \overline{u_i'u_j'}}{\partial x_k} \tag{6.1.59}$$

(6) 为湍流耗散项，称为耗散率张量(dissipation tensor)，记作

$$\varepsilon_{ij}=2\nu\overline{\frac{\partial u_i'}{\partial x_k}\frac{\partial u_j'}{\partial x_k}} \tag{6.1.60}$$

(7) 为湍流脉动压力与脉动变形速率的作用，称为压力应变速率张量(pressure-rate-of strain tensor)，记作

$$R_{ij}=\overline{\frac{p'}{\rho}\left(\frac{\partial u_i'}{\partial x_j}+\frac{\partial u_j'}{\partial x_i}\right)} \tag{6.1.61}$$

于是，雷诺应力方程(6.1.57) 式可改写成

$$\frac{\mathrm{D}}{\mathrm{D}t}\overline{u_i'u_j'}+\frac{\partial}{\partial x_k}T_{kij}=P_{ij}+R_{ij}-\varepsilon_{ij} \tag{6.1.62}$$

若在(6.1.57) 式中令 $i=j$，$k=\overline{u_i'u_i'}/2$，也可得到湍流湍动能方程(即 k 方程)，即

$$\frac{\partial k}{\partial t}+\bar{u}_j\frac{\partial k}{\partial x_j}=-\overline{u_i'u_j'}\frac{\partial \bar{u}_i}{\partial x_j}-\frac{\partial}{\partial x_j}\overline{u_j'\left(k+\frac{p'}{\rho}\right)}+\nu\frac{\partial^2 k}{\partial x_j\partial x_j}-\nu\overline{\frac{\partial u_i'}{\partial x_j}\frac{\partial u_i'}{\partial x_j}} \tag{6.1.63}$$

为了与(6.1.49) 式保持一致，将(6.1.63) 式中的哑标 k 更换成(6.1.49) 式中的哑标 j，可见(6.1.63) 式与(6.1.49) 式完全相同。

6.2 湍流模式理论

雷诺方程含有流速的二阶统计矩，即雷诺应力，方程是不封闭的。针对雷诺方程组的封闭问题，迄今已发展出了一系列的方法，统称为湍流模式理论。最早应用的湍流模式是涡黏性模式，这种模式通过引入涡黏度的假设，建立雷诺应力与平均速度梯度场之间的联系，如混合长度理论、k-ε 模型都属于这一类模式。另一种方程组封闭的策略是直接建立关于雷诺应力的输运方程，即(6.1.62)式，从而无须引入涡黏度假设，但建立的雷诺应力方程又新增加了脉动速度的三阶统计矩等新的未知量，方程组仍是不封闭的，因此仍需要对三阶统计矩进行模化。如果继续建立三阶统计矩的输运方程，则会引入四阶统计矩，以此类推，方程组永远都是不封闭的。雷诺方程中的平均速度、雷诺应力分别是速度概率密度函数的一阶矩和二阶矩，因此方程组封闭最自然的方法是建立关于概率密度函数的输运方程，这种封闭方法称为概率密度函数法。由于概率密度函数方法可通过建立速度－组分联合概率密度函数的输运方程，来精确地处理化学反应问题，因此在带化学反应的湍流流动中得到了广泛应用。本节主要介绍涡黏性模式，对雷诺应力方程即二阶矩模式和概率密度函数法两种封闭方法仅做扼要介绍。

6.2.1 涡黏性模式

1. 涡黏性假设

1877 年，法国力学家布辛尼斯克(J. V. Boussinesq)通过对湍流脉动产生的附加应力(即雷诺应力，雷诺于 1895 年提出雷诺方程，雷诺应力的称呼要晚于涡黏性假设的提出)与黏性应力的类比，提出了著名的涡黏性假设(turbulent viscosity hypothesis)。类似于不可压缩流体黏性应力与流速梯度之间的关系(2.2.59)式，布辛尼斯克将雷诺应力与平均流速梯度之间的关系表示成

$$\sigma'_{ij} = -p_t\delta_{ij} + \tau'_{ij} = -p_t\delta_{ij} + \rho\nu_t\left(\frac{\partial \bar{u}_i}{\partial x_j} + \frac{\partial \bar{u}_j}{\partial x_i}\right) \tag{6.2.1}$$

式中 ν_t 称为涡黏度(turbulent viscosity)。与运动黏度 ν 不同，涡黏度并非流体的物理属性，而是流体运动状态的函数，是一种运动属性。在雷诺方程(6.1.40)式中，已将(6.2.1)式中各向同性部分 $p_t\delta_{ij}$ 吸收到压力项当中去了。若将(6.2.1)式中各向异性部分 τ'_{ij} 代入雷诺方程(6.1.40)式，可得

$$\frac{\partial \bar{u}_i}{\partial t} + \bar{u}_j\frac{\partial \bar{u}_i}{\partial x_j} = -\frac{1}{\rho}\frac{\partial \bar{p}}{\partial x_i} + \frac{\partial}{\partial x_j}\left[(\nu+\nu_t)\frac{\partial \bar{u}_i}{\partial x_j}\right] \tag{6.2.2}$$

基于涡黏度的假设，可将雷诺方程组的封闭问题转化为如何确定涡黏度的大小和分

布问题。涡黏度在不同的流动中具有不同的数值，即使是同一流动也不一定是常数，可在流场中发生明显的变化。根据量纲分析，涡黏度正比于速度尺度 u_t 和长度尺度 l_t 的乘积，即

$$\nu_t \propto u_t l_t \tag{6.2.3}$$

因此，确定涡黏度通常通过量化速度尺度和长度尺度来实现的。

接下来我们介绍涡黏性模式(turbulent viscosity models) 中具有代表性的两种模型，一是混合长度理论，二是 k-ε 模型。在混合长度理论中，长度尺度通过混合长度来表征，而在 k-ε 模型中，速度尺度和长度尺度则与湍动能 k 和能量耗散率 ε 相联系，湍动能 k 和能量耗散率 ε 则通过建立相应的输运方程来求解。

2. 混合长度理论

只考虑雷诺切应力与时均流速梯度的关系，未引入表征湍流高阶统计量的微分方程，这一类湍流封闭模型通常称为湍流代数模型或半经验理论，因为未补充其他的微分控制方程，所以也称为零方程模型(zero equation model)。其中普朗特于 1925 年提出的混合长度理论是发展最完善、应用最广泛的一种零方程模型，其他零方程模型还有泰勒 1932 年提出的涡量传递理论、冯・卡门提出的相似性理论以及 Baldwin-Lomax 模型等。

普朗特假设在湍流运动中，流体微团运行某一距离后才与周围其他的流体混合，失去原有的流动特征，而在运行过程中流体微团则保持其原有流动特征不变。流体微团运行的这段距离称为混合长度(mixing length)。分析如图 6.2.1 所示的二维湍流流动，流体微团在横向脉动流速的作用下向上或向下运动距离 l_m 后，该流体微团才在新的地点与四周流体互相混合而失去原来的特征，l_m 即混合长度。设在 x_2-l_m 处的流体微团在脉动流速 u_2' 作用下横向运动距离 l_m 后到达新位置 x_2，此时 u_2' 为正，设想在 x_2 处的流体在 x_1 方向的脉动是由于这个新到的微团所引起的，即

$$u_1' = \bar{u}_1(x_2 - l_m) - \bar{u}_1(x_2) \approx -l_m \frac{\mathrm{d}\bar{u}_1}{\mathrm{d}x_2} < 0$$

同样，当流体微团从 x_2+l_m 运动至 x_2 时，$u_1' = \bar{u}_1(x_2+l_m) - \bar{u}_1(x_2) \approx l_m(\mathrm{d}\bar{u}_1/\mathrm{d}x_2) > 0$，此时 u_2' 为负。正如在图 6.1.1 中所分析的那样，u_1' 和 u_2' 总是符号相反的。

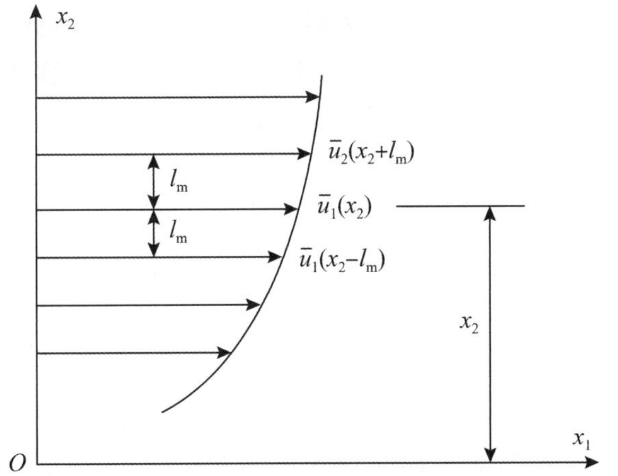

图 6.2.1　混合长度

根据连续性原理，x_2 方向的脉动流速与 x_1 方向的脉动流速 u_1' 应为同一数量级，即

$$|u_2'| \sim |u_1'| = l_m \frac{d\bar{u}_1}{dx_2}$$

因此有

$$\overline{u_1'u_2'} = -Cl_m^2 \left(\frac{d\bar{u}_1}{dx_2}\right)^2$$

式中 C 为常数，可将其包含在混合长度 l_m 内，因而湍流切应力

$$\tau_{21}' = -\rho\overline{u_1'u_2'} = \rho l_m^2 \left(\frac{d\bar{u}_1}{dx_2}\right)^2 \tag{6.2.4}$$

为了使湍流切应力与黏性切应力 $\mu d\bar{u}_1/dx_2$ 具有一致的符号，上式可改写成

$$\tau_{21}' = \rho l_m^2 \left|\frac{d\bar{u}_1}{dx_2}\right| \frac{d\bar{u}_1}{dx_2} \tag{6.2.5}$$

此即根据普朗特混合长度假设得到的湍流切应力与时均流速的关系，切应力方向由流速梯度 $d\bar{u}_1/dx_2$ 决定，混合长度由实验确定，它是与流动情况有关的一个量，而不是流体的一种物理性质。

由(6.2.5)式可得涡黏度的表达式为

$$\nu_t = l_m^2 \left|\frac{d\bar{u}_1}{dx_2}\right| \tag{6.2.6}$$

混合长度理论能较好地描述渠道、圆管以及平板边界层中的湍流流动，但在更复杂的湍流流动中应用的效果较差。

3. 湍动能模型

在混合长度理论中，取湍流长度尺度为 $l_t = l_m$，则根据(6.2.3)式和(6.2.6)式，对应速度尺度应为

$$u_t = l_m \left|\frac{d\bar{u}_1}{dx_2}\right|$$

上式意味着流动的速度尺度是由局部的平均流速梯度决定的，而且当速度梯度为零时，速度尺度也为零，这显然与实际并不相符。例如在圆形射流的中心，速度梯度为零，但实测的涡黏度并不为零。另外，混合长度理论仅着眼于涡黏度与平均运动的关系，未考虑湍流的扩散和对流输运，这意味着任一点的湍动能不可能通过湍动输运而影响到流场中的其他点，这也显然不合理。为克服混合长度理论的不足，科尔莫戈罗夫和普朗特分别独立地提出用湍动能来表征速度尺度，即

$$u_t = \sqrt{k} \tag{6.2.7}$$

于是，(6.2.3)式的涡黏度可表示成

$$\nu_t = C_\mu \sqrt{k}\, l_t \tag{6.2.8}$$

此即著名的科尔莫戈罗夫—普朗特公式(Kolmogorov-Prandtl formula)，式中 C_μ 为常数，而湍动能 k 可通过求解湍动能方程(即 k 方程)得到，故称为湍动能模型(turbulent kinetic energy model)。因为在求解涡黏度过程中补充了一个有关脉动量(即湍动能 k)的方程，所

以也称为一方程模型(one equation model)。

湍流的湍动能方程已经在 6.1.3 节中推导出，即(6.1.49) 式。湍动能方程中的第(2) 项为能量产生项，将(6.2.1) 式代入第(2) 项中，可得

$$P=-\overline{u_i'u_j'}\frac{\partial \bar{u}_i}{\partial x_j}=\left[-\frac{2}{3}k\delta_{ij}+\nu_t\left(\frac{\partial \bar{u}_i}{\partial x_j}+\frac{\partial \bar{u}_j}{\partial x_i}\right)\right]\frac{\partial \bar{u}_i}{\partial x_j}=-\frac{2}{3}k\frac{\partial \bar{u}_i}{\partial x_i}+\nu_t\left(\frac{\partial \bar{u}_i}{\partial x_j}+\frac{\partial \bar{u}_j}{\partial x_i}\right)\frac{\partial \bar{u}_i}{\partial x_j}$$

称 P 为湍动能产生项。对于不可压缩流体，有 $\partial \bar{u}_i/\partial x_i=0$，所以有

$$P=\nu_t\left(\frac{\partial \bar{u}_i}{\partial x_j}+\frac{\partial \bar{u}_j}{\partial x_i}\right)\frac{\partial \bar{u}_i}{\partial x_j} \tag{6.2.9}$$

上式表明湍动能产生项可用平均速度梯度和涡黏度表示，未增加新的未知量，因此不需要模化。

湍动能方程中的第(3) 项为压强速度相关项和三阶脉动速度相关项，属于新的未知量，因此需要进行模化处理。通常认为三阶脉动速度相关项和压强速度相关项的作用是从高强度湍流区向低强度湍流区以扩散的形式输送湍动能，为湍动能扩散项，可假定与湍动能自身梯度 $\partial k/\partial x_j$ 成正比，即所谓梯度扩散假设(gradient diffusion hypothesis)，于是第(3) 项可表示成

$$-\overline{u_j'\left(\frac{p'}{\rho}+k\right)}=C_k\left(\frac{l_t^2}{t_t}\right)\frac{\partial k}{\partial x_j}$$

式中 C_k 为无量纲常数，$t_t=l_t/u_t$ 为时间尺度，l_t^2/t_t 是为了保持量纲一致而添加的系数。若假设湍动能耗散率等于湍动能的输送效率，即 $\varepsilon\propto k/t_t$，则有

$$\frac{l_t^2}{t_t}=u_t^2t_t\sim(\sqrt{k})^2\frac{k}{\varepsilon}=\frac{k^2}{\varepsilon}$$

于是，湍动能方程中的第(3) 项模化后可表示成

$$-\overline{u_j'\left(\frac{p'}{\rho}+k\right)}=C_k\frac{k^2}{\varepsilon}\frac{\partial k}{\partial x_j} \tag{6.2.10}$$

湍动能方程中的第(4) 项也为湍动能的扩散项，不包含新的未知量，因此不需要模化。

湍动能方程中的第(5) 项为能量耗散项，因为假设 $\varepsilon\propto k/t_t$，所以湍动能耗散率合理的模化形式为

$$\varepsilon=\nu\overline{\frac{\partial u_i'}{\partial x_j}\frac{\partial u_i'}{\partial x_j}}=C_\varepsilon\frac{k}{t_t}=C_\varepsilon\frac{ku_t}{l_t}=C_\varepsilon\frac{k^{3/2}}{l_t} \tag{6.2.11}$$

其中 C_ε 为常数。

将(6.2.9) 式、(6.2.10) 式和(6.2.11) 式代入(6.1.49) 式中，可得模化后的 k 方程为

$$\frac{\mathrm{D}k}{\mathrm{D}t}=\frac{\partial}{\partial x_j}\left[\left(\nu+C_k\frac{k^2}{\varepsilon}\right)\frac{\partial k}{\partial x_j}\right]+P-\varepsilon \tag{6.2.12}$$

4. *k*-*ε* 模型

在湍动能模型中，湍动能耗散率 ε 模化项(6.2.11) 式仍有一个长度尺度 l_t 需要通过实验来确定，对具体问题的依赖性较强，因此未并得到广泛应用。涡黏度(6.2.8) 式中包含的速度尺度 u_t 在一方程模型中由湍动能来表征，而湍动能则通过湍动能输运方程来确定。

受此启发，长度尺度 l_t 也可通过相应的输运方程来确定。为推导方便，一般不直接选 l_t 作为未知量，而是以 $Z = k^m l_t^n$ 的形式作为未知量来间接确定 l_t。在诸多关于长度尺度的输运方程中，以湍动能耗散率 $\varepsilon(\sim k^{3/2}/l_t)$ 作为未知量的输运方程应用最广。主要原因是 ε 有明确的物理意义，可推导出精确的输运方程。另外，ε 已经出现在 k 方程中，如果建立关于 ε 的输运方程，则在 k 方程中不需要对 ε 进行模化，这种湍流模型称为 k-ε 模型(k-ε model)。

由(6.2.11)式可知，$l_t \sim k^{3/2}/\varepsilon$，代入涡黏度(6.2.8)式中，可得

$$\nu_t = C_\mu \frac{k^2}{\varepsilon} \tag{6.2.13}$$

因此，涡黏度可通过湍动能 k 和湍动能耗散率 ε 这两个物理量来确定，而 k 和 ε 则通过相应的输运方程在全流场中计算，从而避免了混合长度理论中涡黏度由局部速度场确定的不足。

k-ε 模型中的 k 方程仍为湍动能模型中的 k 方程(6.2.12)式，只是方程中的 ε 不需要模化成(6.2.11)式，而是直接作为待求量。应用(6.2.13)式，可将 k 方程(6.2.12)式改写成

$$\frac{\mathrm{D}k}{\mathrm{D}t} = \frac{\partial}{\partial x_j}\left[\left(\nu + \frac{\nu_t}{\sigma_k}\right)\frac{\partial k}{\partial x_j}\right] + P - \varepsilon \tag{6.2.14}$$

式中 $\sigma_k = C_\mu / C_k$。

关于 ε 方程(6.1.53)式的模化过程概述如下。为叙述方便起见，将(6.1.53)式中各项重新编号如下：

$$\begin{aligned}\underbrace{\frac{\partial \varepsilon}{\partial t} + \bar{u}_j \frac{\partial \varepsilon}{\partial x_j}}_{(1)} =& -\frac{\partial}{\partial x_j}\Bigg(\underbrace{\overline{\varepsilon' u_j'}}_{(2)} + \underbrace{\frac{2\nu}{\rho}\overline{\frac{\partial u_j'}{\partial x_k}\frac{\partial p'}{\partial x_k}}}_{(3)} - \underbrace{\nu\frac{\partial \varepsilon}{\partial x_j}}_{(4)}\Bigg) - \underbrace{2\nu\overline{u_j'\frac{\partial u_i'}{\partial x_k}}\frac{\partial^2 \bar{u}_i}{\partial x_j \partial x_k}}_{(5)} \\ & - 2\nu\frac{\partial \bar{u}_i}{\partial x_j}\Bigg(\underbrace{\overline{\frac{\partial u_k'}{\partial x_i}\frac{\partial u_k'}{\partial x_j}}}_{(6)} + \underbrace{\overline{\frac{\partial u_j'}{\partial x_k}\frac{\partial u_i'}{\partial x_k}}}_{(7)}\Bigg) - 2\nu\underbrace{\overline{\frac{\partial u_j'}{\partial x_k}\frac{\partial u_i'}{\partial x_j}\frac{\partial u_i'}{\partial x_k}}}_{(8)} - 2\underbrace{\overline{\left(\nu\frac{\partial^2 u_i'}{\partial x_j \partial x_k}\right)^2}}_{(9)}\end{aligned} \tag{6.2.15}$$

ε 方程除右端第(4)项不含新的物理量而不需要进行模化外，其余各项均需要进行模化。方程中第(2)、(3)项为扩散项，仍采用梯度扩散假设，可模化为成

$$-\overline{\varepsilon' u_j'} - \frac{2\nu}{\rho}\overline{\frac{\partial u_j'}{\partial x_k}\frac{\partial p'}{\partial x_k}} = \frac{\nu_t}{\sigma_\varepsilon}\frac{\partial \varepsilon}{\partial x_j}$$

第(5)项为产生项，通过量级比较，该项与雷诺数 Re 的倒数同量级，即

$$-2\nu\overline{u_j'\frac{\partial u_i'}{\partial x_k}}\frac{\partial^2 \bar{u}_i}{\partial x_j \partial x_k} \sim O\left(\frac{1}{Re}\right)$$

因此，在高雷诺数下，该项可以忽略不计。

当湍流为均匀各向同性湍流时，四阶张量 $\overline{(\partial u_i'/\partial x_k)(\partial u_j'/\partial x_l)}$ 是各向同性张量(参看(1.3.20)式)，可以表示成

$$\nu\overline{\frac{\partial u_i'}{\partial x_k}\frac{\partial u_j'}{\partial x_l}} = \nu\overline{\frac{\partial u_i'}{\partial x_j}\frac{\partial u_i'}{\partial x_j}}\frac{1}{30}(4\delta_{ij}\delta_{kl} - \delta_{ik}\delta_{jl} - \delta_{il}\delta_{jk}) = \frac{\varepsilon}{30}(4\delta_{ij}\delta_{kl} - \delta_{ik}\delta_{jl} - \delta_{il}\delta_{jk}) \tag{6.2.16}$$

当指标 $k = l$ 时，由上式可得

$$\nu \overline{\frac{\partial u_i'}{\partial x_k}\frac{\partial u_j'}{\partial x_k}} = \frac{1}{3}\varepsilon\delta_{ij} \tag{6.2.17}$$

所以，ε 方程中的第(6)、(7) 两项可写成

$$-2\nu\frac{\partial \bar{u}_i}{\partial x_j}\left(\overline{\frac{\partial u_k'}{\partial x_i}\frac{\partial u_k'}{\partial x_j}}+\overline{\frac{\partial u_j'}{\partial x_k}\frac{\partial u_i'}{\partial x_k}}\right)=-2\frac{\partial \bar{u}_i}{\partial x_j}\left(\frac{2}{3}\varepsilon\delta_{ij}\right)=-\frac{4}{3}\frac{\partial \bar{u}_i}{\partial x_i}\varepsilon=0$$

对于高雷诺数的湍流，可近似采用均匀各向同性湍流的结论，即可认为 ε 方程中第(6)、(7) 两项很小，也可以忽略不计。

方程式中第(8) 项表示小涡拉伸引起的产生项，是湍动能耗散率的源项，从物理角度来看应正比于(6.2.9) 式的湍动能产生项 P。第(9) 项为黏性耗散项，应与湍动能耗散率 ε 成正比，这两项之差对 ε 的发展起主要作用。Lumley(1978) 根据湍流在局部平衡状态下 $P=\varepsilon$ 的条件，认为这两项之差应与($P/\varepsilon-1$)成比例，通过量纲分析，可表示成

$$-2\nu\overline{\frac{\partial u_j'}{\partial x_k}\frac{\partial u_i'}{\partial x_j}\frac{\partial u_i'}{\partial x_k}}-2\overline{\left(\nu\frac{\partial^2 u_i'}{\partial x_j\partial x_k}\right)^2}\propto\frac{\varepsilon^2}{k}\left(\frac{P}{\varepsilon}-1\right)$$

写成等式形式为

$$-2\nu\overline{\frac{\partial u_j'}{\partial x_k}\frac{\partial u_i'}{\partial x_j}\frac{\partial u_i'}{\partial x_k}}-2\overline{\left(\nu\frac{\partial^2 u_i'}{\partial x_j\partial x_k}\right)^2}=C_{\varepsilon 1}\frac{\varepsilon}{k}P-C_{\varepsilon 2}\frac{\varepsilon^2}{k}$$

将上述诸项代入(6.1.53) 式，可得模式化后的 ε 方程为

$$\frac{D\varepsilon}{Dt}=\frac{\partial}{\partial x_j}\left[\left(\nu+\frac{\nu_t}{\sigma_\varepsilon}\right)\frac{\partial\varepsilon}{\partial x_j}\right]+C_{\varepsilon 1}\frac{\varepsilon}{k}P-C_{\varepsilon 2}\frac{\varepsilon^2}{k} \tag{6.2.18}$$

k-ε 模型的参数可根据简单湍流流动的实验结果近似确定，一般取 $C_\mu=0.09$，$C_{\varepsilon 1}=1.44$，$C_{\varepsilon 2}=1.92$，$\sigma_k=1.0$，$\sigma_\varepsilon=1.3$。

k-ε 模型由于在计算涡黏度时补充了两个脉动量的方程，这一类模型通常称为二方程模型(two equations model)。其他常用的二方程模型还有如 k-ω 模型、k-ω-SST 模型等。k-ω 模型也是目前在湍流数值模拟中得到广泛应用的二方程模型之一，ω 表示湍流的频率，具有时间倒数的量纲，且 $\omega\equiv\varepsilon/k$。在 k-ω 模型中，用频率 ω 的输运方程替代 k-ε 模型中的 ε 方程，涡黏度则由 k 和 ω 两个参数计算确定。关于 ω 的输运方程有兴趣的读者可以参阅相关文献。

确定涡黏度的另一条研究思路是直接建立和求解涡黏度的输运方程，其中最流行的是 Spalart-Allmaras 模式，在 6.4.3 节中给出了该模式的涡黏度输运方程。

6.2.2　二阶矩模式

不同于涡黏性模式的封闭策略，二阶矩模式是通过求解雷诺应力方程来对湍流流动的控制方程组进行封闭，不再需要涡黏度假设。但由于雷诺应力方程中包含了三阶速度相关项等新的未知量，因此仍要对这些新的未知量进行模化。

1. 雷诺应力模型

在雷诺应力方程(6.1.57) 式中，产生项(2) 和黏性引起的湍流应力扩散项(5) 无须模

化，而湍流耗散项(6) 仍近似采用均匀各向同性湍流的表达式(6.2.17) 式。需要模化的量包括扩散项中的三阶速度关联项(3)、压强速度关联项(4) 以及压强应变速率项(7)。对各项的模化有许多学者提出了相应的模化策略，其中最简单和最常用的模化过程简要介绍如下。

扩散项(3) 和(4) 仍采用梯度扩散假设，与 k 方程湍动能扩散项同样模化，可表示为

$$-\overline{u'_i u'_j u'_k}-\overline{\frac{p'}{\rho}(u'_j\delta_{ik}+u'_i\delta_{jk})}=\frac{\nu_t}{\sigma_k}\frac{\partial\,\overline{u'_i u'_j}}{\partial x_k}$$

脉动压力与脉动变形速率相关性项(7) 可分解成两部分，一部分是脉动速度相互作用引起的，另一部分是平均变形速率和脉动速度相互作用引起的，即

$$\overline{\frac{p'}{\rho}\left(\frac{\partial u'_i}{\partial x_j}+\frac{\partial u'_j}{\partial x_i}\right)}=-C_{R1}\frac{\varepsilon}{k}\left(\overline{u'_i u'_j}-\frac{2}{3}\delta_{ij}k\right)-C_{R2}\left(P_{ij}-\frac{2}{3}\delta_{ij}P\right)$$

将上述诸项代入雷诺应力精确方程(6.1.57) 式，可得模化后的雷诺应力方程为

$$\frac{\mathrm{D}\,\overline{u'_i u'_j}}{\mathrm{D}t}=\frac{\partial}{\partial x_k}\left[\left(\nu+\frac{\nu_t}{\sigma_k}\right)\frac{\partial\,\overline{u'_i u'_j}}{\partial x_k}\right]+P_{ij}-\frac{2}{3}\delta_{ij}\varepsilon-C_{R1}\frac{\varepsilon}{k}\left(\overline{u'_i u'_j}-\frac{2}{3}\delta_{ij}k\right)-C_{R2}\left(P_{ij}-\frac{2}{3}\delta_{ij}P\right) \tag{6.2.19}$$

其中相关经验常数 $C_{R1}=2.3$，$C_{R2}=0.4$。

雷诺应力模型(Reynolds stress model) 仍需要联立 k 方程和 ε 方程进行求解。此时，k 方程和 ε 方程在形式上做如下改变：

$$\frac{\mathrm{D}k}{\mathrm{D}t}=\frac{\partial}{\partial x_j}\left[\left(\nu+\frac{\nu_t}{\sigma_k}\right)\frac{\partial k}{\partial x_j}\right]-\overline{u'_i u'_k}\frac{\partial\bar{u}_i}{\partial x_k}-\varepsilon \tag{6.2.20}$$

$$\frac{\mathrm{D}\varepsilon}{\mathrm{D}t}=\frac{\partial}{\partial x_j}\left[\left(\nu+\frac{\nu_t}{\sigma_\varepsilon}\right)\frac{\partial\varepsilon}{\partial x_j}\right]-C_{\varepsilon1}\frac{\varepsilon}{k}\overline{u'_i u'_k}\frac{\partial\bar{u}_i}{\partial x_k}-C_{\varepsilon2}\frac{\varepsilon^2}{k} \tag{6.2.21}$$

另外，在雷诺应力模型中没有涡黏度的概念，k 方程和 ε 方程中的涡黏度用(6.2.13) 式 $\nu_t=C_\mu k^2/\varepsilon$ 表示。

雷诺应力方程(6 个方程) 和连续方程、雷诺方程(3 个方程)、k 方程和 ε 方程联立求解，共 12 个方程，未知量也是 12 个，包括 3 个平均流速、1 个平均压强、6 个雷诺应力、1 个湍动能和 1 个湍动能耗散率，方程组是封闭的。雷诺应力为脉动流速的二阶矩，因此雷诺应力方程的封闭模式也称二阶矩模式(second order moment model)。二阶矩模式能较好地预测复杂湍流，在许多情况下优于 k-ε 模型，但计算工作量大，总体精度也不总是高于其他模式。

2. 代数应力模式

雷诺应力模型与二方程模型相比，需要多求解 6 个雷诺应力偏微分方程，因此需要更多的计算内存和时间。由雷诺应力方程可知，雷诺应力的导数项只出现在对流项和扩散项中，在某些情况下，这两项可以忽略，如在高剪切的流动中，雷诺应力的生成项很大，对流和扩散项相对很小；或在局部平衡流动中，生成项与耗散项基本相当，而对流项也与扩散项相当。在这两种情况下，可忽略对流项和扩散项的影响，则雷诺应力方程简化为 6 个代数方程，即

$$(1-C_{R2})P_{ij}-C_{R1}\frac{\varepsilon}{k}\left(\overline{u_i'u_j'}-\frac{2}{3}\delta_{ij}k\right)-\frac{2}{3}\delta_{ij}(\varepsilon-C_{R2}P)=0$$

整理后得

$$\frac{\overline{u_i'u_j'}}{k}=\frac{2}{3}\delta_{ij}+\frac{(1-C_{R2})}{C_{R1}}\frac{P_{ij}}{\varepsilon}+\frac{2}{3}\delta_{ij}\left(\frac{C_{R2}}{C_{R1}}\frac{P}{\varepsilon}-\frac{1}{C_{R1}}\right) \tag{6.2.22}$$

上式称为代数应力模型(algebraic stress model)。另一种代数应力模型部分保留了对流项和扩散项，假设雷诺应力的输运与湍动能的输运成正比，且比例因子为$\overline{u_i'u_j'}/k$，即

$$\frac{\mathrm{D}\overline{u_i'u_j'}}{\mathrm{D}t}-\frac{\partial}{\partial x_k}\left[\left(\nu+\frac{\nu_t}{\sigma_k}\right)\frac{\partial\overline{u_i'u_j'}}{\partial x_k}\right]=\frac{\mathrm{D}}{\mathrm{D}t}\left(\frac{\overline{u_i'u_j'}}{k}k\right)-\frac{\partial}{\partial x_k}\left[\left(\nu+\frac{\nu_t}{\sigma_k}\right)\frac{\partial}{\partial x_k}\left(\frac{\overline{u_i'u_j'}}{k}k\right)\right]$$

$$=\frac{\overline{u_i'u_j'}}{k}\left\{\frac{\mathrm{D}k}{\mathrm{D}t}-\frac{\partial}{\partial x_k}\left[\left(\nu+\frac{\nu_t}{\sigma_k}\right)\frac{\partial k}{\partial x_k}\right]\right\}$$

利用湍动能方程(6.2.12)式，上式可改写成

$$\frac{\mathrm{D}\overline{u_i'u_j'}}{\mathrm{D}t}-\frac{\partial}{\partial x_k}\left[\left(\nu+\frac{\nu_t}{\sigma_k}\right)\frac{\partial\overline{u_i'u_j'}}{\partial x_k}\right]=\frac{\overline{u_i'u_j'}}{k}(P-\varepsilon)$$

将此式代回雷诺应力方程(6.2.19)式中，可得

$$\frac{\overline{u_i'u_j'}}{k}(P-\varepsilon)=(1-C_{R2})P_{ij}-C_{R1}\frac{\varepsilon}{k}\left(\overline{u_i'u_j'}-\frac{2}{3}\delta_{ij}k\right)-\frac{2}{3}\delta_{ij}(\varepsilon-C_{R2}P)$$

整理后得

$$\frac{\overline{u_i'u_j'}}{k}=\frac{2}{3}\delta_{ij}+(1-C_{R2})\left(\frac{P_{ij}}{\varepsilon}-\frac{2}{3}\delta_{ij}\frac{P}{\varepsilon}\right)\Big/\left(C_{R1}+\frac{P}{\varepsilon}-1\right) \tag{6.2.23}$$

代数应力模型相比于雷诺应力模型，计算工作量大大减少了。

6.2.3　概率密度函数方法

不同于涡黏性模式和二阶矩模式这两种封闭策略，概率密度函数方法(PDF method)是通过建立并求解概率密度函数的输运方程来对方程组进行封闭的。速度概率密度函数的输运方程可表示成

$$\frac{\partial f}{\partial t}+U_i\frac{\partial f}{\partial x_i}=-\frac{\partial}{\partial U_i}\left[f\left(\overline{\frac{\mathrm{D}u_i}{\mathrm{D}t}\bigg|\boldsymbol{U}}\right)\right] \tag{6.2.24}$$

其中$\overline{(\mathrm{D}u_i/\mathrm{D}t)\,|\boldsymbol{U}}$表示在$\boldsymbol{u}(\boldsymbol{x},t)=\boldsymbol{U}$时加速度的条件均值(期望)。

将 N-S 方程代入上式可推导出精确的速度概率密度函数 $f(U;\boldsymbol{x},t)$的输运方程

$$\frac{\partial f}{\partial t}+U_i\frac{\partial f}{\partial x_i}=\frac{1}{\rho}\frac{\partial\bar{p}}{\partial x_i}\frac{\partial f}{\partial U_i}-\frac{\partial}{\partial U_i}\left[f\,\overline{\left(\nu\nabla^2u_i-\frac{1}{\rho}\frac{\partial p'}{\partial x_i}\right)\bigg|\boldsymbol{U}}\right] \tag{6.2.25}$$

可以证明，上式乘以 U_i，然后在速度空间上积分，即可得到平均动量方程，即雷诺方程(6.1.33)式。乘以$U_j'U_k'$，其中$\boldsymbol{U}'(\boldsymbol{x},t)=\boldsymbol{U}(\boldsymbol{x},t)-\bar{\boldsymbol{u}}(\boldsymbol{x},t)$，同样在整个速度空间上积分则可得雷诺应力方程(6.1.57)式。

应用广义朗之万模型(generalized Langevin model, GLM)，可以将(6.2.25)式改写成(为简化起见，忽略了黏性项)

$$\frac{\partial f}{\partial t}+U_i\frac{\partial f}{\partial x_i}=\frac{1}{\rho}\frac{\partial \bar{p}}{\partial x_i}\frac{\partial f}{\partial U_i}-\frac{\partial}{\partial U_i}[fG_{ij}(U_j-\bar{u}_j)]+\frac{1}{2}C_{\mathrm{L}}\varepsilon\frac{\partial^2 f}{\partial U_i\partial U_i}\qquad(6.2.26)$$

其中$G_{ij}(\boldsymbol{x},t)$和$C_{\mathrm{L}}(\boldsymbol{x},t)$为系数，选择不同的$G_{ij}$和$C_{\mathrm{L}}$则对应不同的模型，因此GLM是一个模型簇。

应用概率密度函数输运方程(6.2.26)式封闭雷诺平均方程组时，雷诺应力的输运方程(6.1.62)式需要部分模化，写成

$$\frac{\mathrm{D}}{\mathrm{D}t}\overline{u'_iu'_j}+\frac{\partial}{\partial x_k}\overline{u'_iu'_ju'_k}=P_{ij}+G_{ik}\overline{u'_ju'_k}+G_{jk}\overline{u'_iu'_k}+C_{\mathrm{L}}\varepsilon\delta_{ij}\qquad(6.2.27)$$

与(6.1.62)式相比，(6.2.27)式左端第二项忽略了压力和黏性的输运项，而压力应变速率张量和耗散张量相当于右端的后三项，即

$$R_{ij}-\varepsilon_{ij}=G_{ik}\overline{u'_ju'_k}+G_{jk}\overline{u'_iu'_k}+C_{\mathrm{L}}\varepsilon\delta_{ij}\qquad(6.2.28)$$

由于(6.2.26)式和(6.2.27)式中仍包含湍动能耗散率ε，因此求解方程组时仍需要联立ε方程，所以仍存在ε方程需要模化的问题。由于频率$\omega=\varepsilon/k$，因此另一个解决办法是建立速度－频率联合概率密度函数的输运方程

$$\frac{\partial g}{\partial t}+U_i\frac{\partial g}{\partial x_i}=\frac{1}{\rho}\frac{\partial \bar{p}}{\partial x_i}\frac{\partial g}{\partial U_i}-G_{ij}\frac{\partial}{\partial U_i}[g(U_j-u_j)]+\frac{1}{2}C_{\mathrm{L}}\Omega k\frac{\partial^2 g}{\partial U_i\partial U_i}$$

$$+\frac{\partial}{\partial\theta}\{g[C_\theta(\theta-\bar{\omega})\Omega+\Omega\theta S_\omega]\}+C_\theta\sigma^2\bar{\omega}\Omega\frac{\partial^2}{\partial\theta^2}(g\theta)\qquad(6.2.29)$$

式中θ为频率的样本空间，σ^2为$\omega^*/\bar{\omega}$的方差，其中ω^*为拉格朗日法的频率，$\bar{\omega}$为欧拉法的频率均值，Ω为湍流频率的条件均值，S_ω与均值$\bar{\omega}$的输运方程有关，C_θ为参数，其余参数含义与(6.2.26)式中的相同。由概率密度函数$g(\boldsymbol{U},\theta;\boldsymbol{x},t)$可计算$\bar{u}_i$、$\bar{\omega}$、$\Omega$、$k$和$\overline{u'_iu'_j}$等，因此方程组是封闭的。

对于一般的三维流动而言，在给定时间的情况下，速度－频率联合概率密度函数有7个独立的变量，即3个速度样本空间U_i、1个频率样本空间θ和3个空间位置x_i，如果采用离散的方法如有限差分法、有限体积法、有限元法等进行求解通常是不合适或不可行的，因此一般采用粒子法(particle method)进行求解。有关粒子法的基本原理，读者可参考其他相关文献。

6.3 湍流统计理论

统计方法是研究湍流运动的另一条重要途径。湍流统计理论研究的对象通常是一种最简单的理想化的湍流模型，即均匀各向同性湍流模型，所采用的研究方法有两种：一是在物理空间中研究湍流随机变量的相关函数，二是在谱空间中研究湍流随机变量的谱函数。本节在介绍湍流的类型、湍流涡的尺度等基本概念的基础上，重点介绍采用相关函数和谱函数如何描述均匀各向同性湍流，以及湍动能的传输过程及传输机理。

6.3.1　基本概念

1. 湍流的类型

我们可以用概率密度函数来定义不同类型的湍流流动。对于湍流流场中的任意随机变量，如果平移一个时间段 T 后随机变量的任意统计量（如均值、方差等）仍保持不变，或者说如果以 $t^{(n)}+T$ 代替(6.1.10)式的联合概率密度函数 f_N 中的 $t^{(n)}$ 后，f_N 仍保持不变，则表明该湍流场是统计平稳场(statistical stationarity field)，称为定常湍流(steady turbulence)。显然，因为湍流中物理量的随机性，在湍流中只有统计意义上的定常流动。类似地，如果以 $\boldsymbol{x}^{(n)}+\boldsymbol{r}$（$\boldsymbol{r}$ 为空间矢量）代替联合概率密度函数 f_N 中的 $\boldsymbol{x}^{(n)}$，若 f_N 仍保持不变，则该湍流场必是统计均匀场(statistical homogeneity field)，称为均匀湍流(homogeneous turbulence)。与定常湍流原因相同，在湍流中也只有统计意义上的均匀流动。湍流虽是均匀的，但仍可以是各向异性的。如果湍流随机变量的联合概率密度函数 f_N 不但在坐标平移情况下保持不变（即是统计均匀的），而且在坐标轴旋转和反射后也仍保持不变，则表示该湍流是统计各向同性(statistical isotropic)的，称为均匀各向同性湍流(isotropic turbulence)。1935 年，泰勒(G. I. Taylor)首先提出了均匀各向同性湍流的概念，在均匀各向同性湍流中，随机变量的统计量与空间位置无关，也没有方向偏好，因此流场中不存在对流、扩散等过程。

然而，在通常情况下，湍流中的大尺度涡受流动边界的影响，都是各向异性的。由 3.1.3 节可知，流场速度分布的不均匀将使湍流涡发生变形，湍流涡在一个方向的拉伸会引起另外两个方向的涡也产生拉伸。布拉德肖(P. Bradshaw)用湍流涡的“家谱图”来描述湍流涡的发展过程，如图 6.3.1 所示。若第一代湍流涡在某个方向发生拉伸，将诱发在另外两个方向上涡的拉伸，此为第二代湍流涡。以此类推，依次出现第三代、第四代……。可以看出，到了第七代，湍流涡在方向上的分布已经非常均匀了。上述分析表明，流场中大尺度涡随着涡的拉伸变形，涡的尺度越来越小，而在方向上的分布则越来越均匀。可见，在足够大雷诺数的湍流流动中，大尺度涡的各向异性会在运动过程中逐渐消失，小尺度涡在统计意义上具有各向同性的性质，此所谓科尔莫戈罗夫(A. N. Komogorov)局部各向同性假设(local isotropic hypothesis)。在自然界中并不存在严格意义上的均匀各向同性湍流，但根据科尔莫戈罗夫局部各向同性假设，高频的小尺度涡是可以近似地用均匀各向同性湍流模型来描述的。均匀各向同性湍流在湍流结构的研究中具有重要的意义，是湍流统计理论主要研究的一种理想化的湍流模型。

2. 湍流涡的尺度

如前所述，对于实际的湍流流动而言，大尺度涡一般是各向异性的，而小尺度涡则近似具有各向同性的性质。最大尺度涡所具有的特征长度与流场的特征长度相当，所具有的特征流速也应与流场的特征流速相当。对于高雷诺数的湍流流动，大尺度涡具有很高的雷诺数，从而可以忽略流体的黏性效应。同时，大尺度涡又是不稳定的湍流涡，容易破碎成小

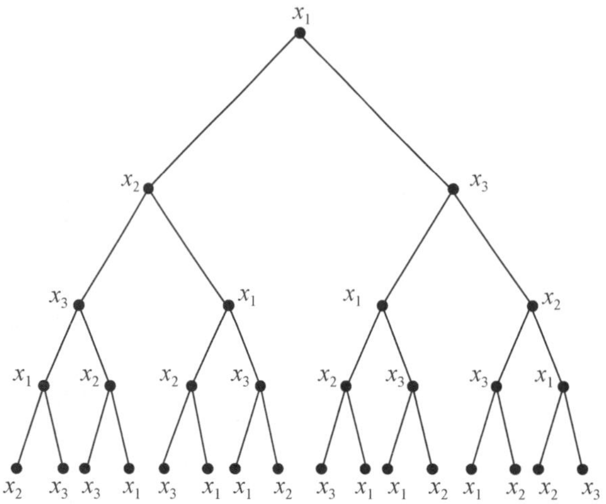

代	x_1	x_2	x_3
一	1	0	0
二	0	1	1
三	2	1	1
四	2	3	3
五	6	5	5
六	10	11	11
七	22	21	21
⋮	⋮	⋮	⋮

图 6.3.1　湍流涡的家谱图

尺度的涡，并将能量传递给小尺度的涡。以此类推，小尺度的涡继续破碎并将能量传递给更小尺度的涡。流场中最小尺度的涡所具有的雷诺数足够小，此时黏性起主要作用，最小尺度涡将所接收到的能量通过黏性作用耗散掉，变为流体的内能。英国气象学家理查德森(L. F. Richardson)将湍流大尺度涡失稳破碎成小尺度涡并将能量逐级传递的过程，称为能量串级(energy cascade)。

为了方便表述起见，引入长度尺度 l_{EI} 作为各向异性大尺度涡与各向同性小尺度涡的界限。将湍流涡的特征尺度大于 l_{EI} 的区域称为含能区(energy containing range)，含能区湍流脉动几乎拥有全部的湍动能，是湍动能的产生区。在含能区，雷诺数很大，黏性作用可以忽略不计，含能涡通过惯性作用逐级向更小尺度的涡传递能量，因此含能区又称惯性区。

大尺度涡的特征时间远大于小尺度涡的特征时间，对小尺度涡而言，除了接收大尺度涡传递过来的能量外，感受不到大尺度涡流场的各向异性及其整体上随时间的变化，因此特征尺度小于 l_{EI} 的小尺度涡或多或少是各向同性的。小尺度涡总能量与大尺度涡的能量保持统计意义上的平衡，小尺度涡从大尺度涡那儿接收能量的速率几乎等于能量消散为热量的速率，流动处于平衡状态，这种状态与具体的湍流流动没有关系，具有普适性，因此科尔莫戈罗夫将特征尺度小于 l_{EI} 的区域称为普适平衡区(universal equilibrium range)。对于足够高雷诺数的湍流流动，将会有一个非常宽的普适平衡区，一个合理的推断是存在这样一个区间：在该区域的湍流涡的长度尺度相比最大涡的长度尺度足够小，但相比最小涡的长度尺度又足够大。由于在这个区间的涡远小于最大涡，所以该区域受各向异性大尺度涡的影响已经十分微弱。同时又因为远大于最小涡，且仍具有较高的雷诺数，涡的运动受黏性的影响仍很小，可以忽略不计。若引入长度尺度 l_{DI} 作为是否考虑黏性作用的分界线，则可将普适平衡区又分成两个子区：长度尺度大于 l_{DI} 的称为惯性子区(inertial subrange)，在此区域仍可以忽略黏性耗散；长度尺度小于 l_{DI} 的称为耗散子区(dissipation range)，湍流的黏性耗散绝大部分发生在此区域。

因此，可根据湍流涡的长度尺度，由大到小依次将湍流涡的范围划分为含能涡区（或称惯性区）、惯性子区和耗散子区，惯性子区和耗散子区合并称为普适平衡区，如图 6.3.2 所示。含能涡区为各向异性区，而普适平衡区属于局部各向同性区。

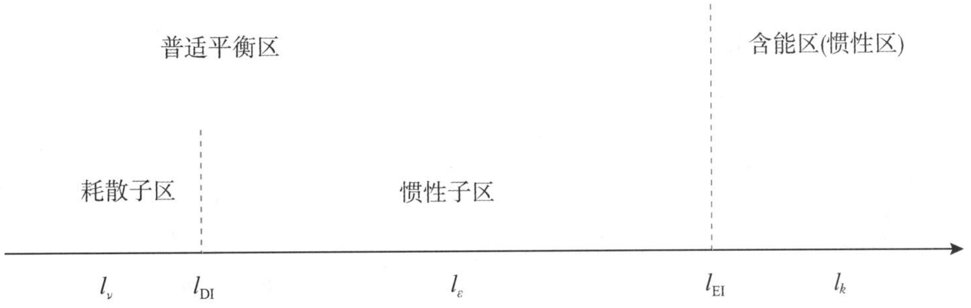

图 6.3.2　湍流涡的分区

接下来，我们分析每个湍流涡区的特征尺度，以及其能量传输和耗散的特征。

由于含能涡是大尺度涡，其大小具有流场的尺度，且含能涡区几乎包含了湍流的所有湍动能，因此可用(6.2.7)式来定义含能涡的流速尺度，即

$$u_k = \sqrt{k} \tag{6.3.1}$$

另外，由于含能区湍动能的耗散可以忽略，因此含能涡传递能量的效率近似等于小尺度涡的湍动能耗散率 ε，亦即

$$\varepsilon = \frac{k}{t_k} = \frac{ku_k}{l_k} = \frac{k^{3/2}}{l_k} \tag{6.3.2}$$

于是，可将含能涡的长度尺度定义为

$$l_k = k^{3/2}/\varepsilon \tag{6.3.3}$$

而时间尺度 t_k 则可表示成

$$t_k = \frac{k}{\varepsilon} \tag{6.3.4}$$

同时，含能区的雷诺数可定义为

$$Re_k = \frac{u_k l_k}{\nu} = \frac{\sqrt{k}\,l_k}{\nu} = \frac{k^2}{\nu\varepsilon} \tag{6.3.5}$$

从以上诸式我们已经看到，在含能区主导湍流运动的过程是湍动能的输送，决定湍流尺度的参数是湍动能的总量 k，以及能量输送率，或者说湍动能耗散率 ε。

在耗散子区，湍流的主导过程是黏性耗散，主导参数为能量耗散率 ε 和流体的运动黏度 ν，也就是说在耗散子区中的统计量只取决于能量耗散率 ε 和运动黏度 ν，此称为科尔莫戈罗夫第一相似性假设(Kolmogorov first similarity hypothesis)。通过量纲分析，可由 ε 和 ν 两个参数得到的特征尺度为

$$l_\nu = (\nu^3/\varepsilon)^{1/4} \tag{6.3.6}$$

$$u_\nu = (\varepsilon\nu)^{1/4} \tag{6.3.7}$$

$$t_\nu = (\nu/\varepsilon)^{1/2} \tag{6.3.8}$$

式中 l_ν、u_ν 和 t_ν 分别为小尺度涡的长度尺度、速度尺度和时间尺度，统称为科尔莫戈罗夫微尺度(Kolmogorov microscales)。基于科尔莫戈罗夫微尺度可得雷诺数

$$Re_\nu = \frac{u_\nu l_\nu}{\nu} = 1 \tag{6.3.9}$$

雷诺数近似等于 1 说明科尔莫戈罗夫微尺度是最小涡（也称耗散涡）的特征尺度。由(6.3.6)～(6.3.8)式，可将能量耗散率表示为

$$\varepsilon = \nu t_\nu^2 = \nu (u_\nu / l_\nu)^2 \tag{6.3.10}$$

上式表明湍动能耗散率(6.1.50)式中的速度梯度 $\partial u_i'/\partial x_j$ 与耗散涡的速度梯度 u_ν/l_ν 是一致的，说明在湍动能耗散率中出现的脉动速度梯度是耗散涡的速度梯度。

由(6.3.3)式、(6.3.5)式、(6.3.9)式和(6.3.10)式，可得耗散涡和含能涡两者长度尺度的关系为

$$l_\nu / l_k = Re_k^{-3/4} \tag{6.3.11}$$

可见，对于高雷诺数（含能区的雷诺数 Re_k 与整个流场的雷诺数相当）的湍流流动，耗散涡的长度尺度相比含能涡的长度尺度而言是很小的量。类似地，可得

$$u_\nu / u_k = Re_k^{-1/4} \tag{6.3.12}$$

$$t_\nu / t_k = Re_k^{-1/2} \tag{6.3.13}$$

在惯性子区，湍流涡的尺度应介于含能涡和耗散涡之间。由于惯性子区的黏性耗散仍可以忽略不计，因此惯性子区的特征尺度与流体的黏度无关，从而只取决于湍动能耗散率 ε，此称为科尔莫戈罗夫第二相似性假设(Kolmogorov second similarity hypothesis)。从量纲的角度来看，长度尺度、速度尺度和时间尺度都不能单独由 ε 得到，因此惯性子区湍流涡的速度尺度和时间尺度需要由 ε 和长度尺度一起来表示，即

$$u_\varepsilon = (\varepsilon l_\varepsilon)^{1/3} \tag{6.3.14}$$

$$t_\varepsilon = (l_\varepsilon^2 / \varepsilon)^{1/3} \tag{6.3.15}$$

从以上两式可以看出，在惯性子区，速度尺度和时间尺度随长度尺度 l_ε 减小而减小。在能量串级过程中，如果由尺度为 l_ε 的涡将能量从尺度大于 l_ε 的涡传递给尺度小于 l_ε 的涡，能量输送率的量级可表示为 $u_\varepsilon^2/t_\varepsilon$，根据(6.3.14)式和(6.3.15)式可得

$$u_\varepsilon^2 / t_\varepsilon = \varepsilon \tag{6.3.16}$$

上式表明，在惯性子区的能量输送率与涡的尺度 l_ε 无关，均等于湍动能耗散率 ε，即能量输送率为恒定值。

6.3.2 相关函数

湍流流动中的流速、压强等都是随机变量，不同随机变量之间乘积的统计平均称为互相关函数(correlation function)，本小节主要研究相关函数的有关性质。将随机变量分解成均值和脉动后，只有脉动是随机性的，因此接下来我们只讨论脉动量的相关性。鉴于只考虑脉动量，为简化书写，以下脉动量的上标“′”均省略不写，但要牢记 u_i、p 等均表示的

是脉动量。我们以两个脉动速度分量之间的相关性为例来进行叙述，相关方法和结论可推广至任意多个和多种(比如速度与压强之间的相关性)随机变量之间的相关性。

设位于两个不同时空点$(\boldsymbol{x},t)$和$(\boldsymbol{x}+\boldsymbol{r},t+\tau)$上的两个脉动速度分量为$u_i$和$u_j$(见图6.3.3)，两者乘积的均值定义为时空互相关函数，即

$$R_{ij}(\boldsymbol{x},\boldsymbol{r},t,\tau)=\overline{u_i(\boldsymbol{x},t)u_j(\boldsymbol{x}+\boldsymbol{r},t+\tau)} \tag{6.3.17}$$

规定R_{ij}中第一个下标表示位于点$(\boldsymbol{x},t)$的随机变量，第二个下标表示位于点$(\boldsymbol{x}+\boldsymbol{r},t+\tau)$的随机变量。互相关函数$R_{ij}$为两个矢量的并矢，因此是一个二阶张量，其中$\boldsymbol{r}$和$\tau$分别为两个脉动速度之间的相关距离和相关时间。显然，当$\boldsymbol{r}\to\infty$和$\tau\to\infty$时，脉动速度u_i和u_j相互独立，此时必有$R_{ij}=0$。

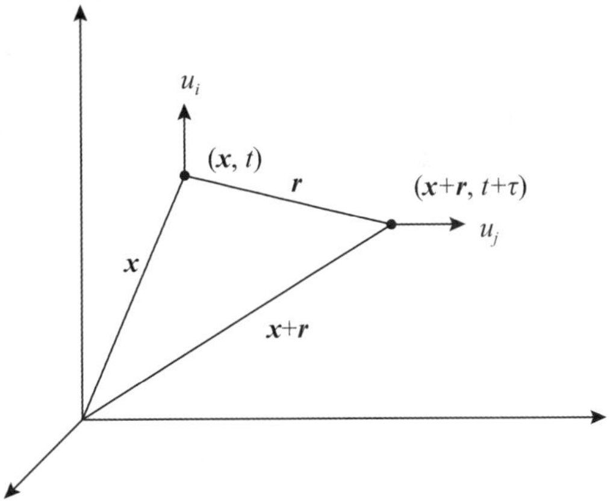

图 6.3.3　两点相关

也可用相关系数来表示两个随机变量之间的相关性，由(6.3.17)式可定义两个不同时空点上随机变量的相关系数(correlation coefficient)为

$$\rho_{ij}(\boldsymbol{x},\boldsymbol{r},t,\tau)=\frac{\overline{u_i(\boldsymbol{x},t)u_j(\boldsymbol{x}+\boldsymbol{r},t+\tau)}}{\left[\overline{u_i^2(\boldsymbol{x},t)}\,\overline{u_j^2(\boldsymbol{x}+\boldsymbol{r},t+\tau)}\right]^{1/2}} \tag{6.3.18}$$

相关系数满足$0\leqslant\rho_{ij}\leqslant 1$，$\rho_{ij}=1$表示两个随机变量完全相关，$\rho_{ij}=0$则表示不相关。

当两个下标相同，即$i=j$时，(6.3.17)式和(6.3.18)式表示同一随机变量在不同时空点上的相关性，此时R_{ii}和ρ_{ii}分别称为自相关函数(autocorrelation function)和自相关系数(autocorrelation coefficient)。

1. 单点一次双速度相关

在互相关函数(6.3.17)式中，当$\boldsymbol{r}=\boldsymbol{0}$和$\tau=0$时，称为单点一次双速度相关(one-point one-time velocity correlation)，表示同一时刻同一点的两个随机变量之间的相关性，在统计学上称为协方差(covariance)，即

$$R_{ij}(\boldsymbol{x},t)=\overline{u_i(\boldsymbol{x},t)u_j(\boldsymbol{x},t)} \tag{6.3.19}$$

显然，两个脉动流速的协方差$\overline{u_iu_j}$即为雷诺应力，此时R_{ij}表示空间位置点$\boldsymbol{x}$处在时刻t的雷诺应力张量。对于均匀各向同性湍流，由于同一空间点上的两个不同速度分量之间不存在相关性，即$i\neq j$时，$\overline{u_iu_j}=0$。同时由于均匀各向同性湍流在方向上没有偏好，所以当

$i = j$ 时，在不同方向上的脉动流速的方差应相等，即

$$\overline{u_1^2} = \overline{u_2^2} = \overline{u_3^2} = u_m^2 = \frac{2}{3}k \tag{6.3.20}$$

式中 u_m 表示脉动速度的均方根，k 即为湍动能。因此，均匀各向同性湍流的雷诺应力张量为对角线张量，可表示成

$$\overline{u_i u_j} = u_m^2 \delta_{ij} = \frac{2}{3}k\delta_{ij} \tag{6.3.21}$$

2. 两点一次双速度相关

两点一次双速度相关(two-point one-time velocity correlation) 表示同一时刻两个脉动速度分量在不同空间点上的相关性，又称为空间互相关函数(spatial correlation)。对于均匀湍流，由于物理量与空间位置无关，相关函数只是相关距离 $\boldsymbol{r}$ 的函数，所以空间位置变量 $\boldsymbol{x}$ 可以省略不写，且由于讨论的是物理量在不同空间点上的相关性，所以时间自变量 t 也可以省略不写，但读者应记住这些物理量都是时间 t 的函数。于是，在(6.3.17) 式中令 $\tau = 0$ 可得均匀湍流的两点一次双速度相关

$$R_{ij}(\boldsymbol{r}) = \overline{u_i(\boldsymbol{x})u_j(\boldsymbol{x}+\boldsymbol{r})} \tag{6.3.22}$$

令 $\boldsymbol{x}' = \boldsymbol{x}+\boldsymbol{r}$，代入上式可得 $R_{ij}(\boldsymbol{r}) = \overline{u_i(\boldsymbol{x}'-\boldsymbol{r})u_j(\boldsymbol{x}')} = R_{ji}(-\boldsymbol{r})$，即两点一次双速度相关满足

$$R_{ij}(\boldsymbol{r}) = R_{ji}(-\boldsymbol{r}) \tag{6.3.23}$$

对于均匀各向同性湍流，由于没有方向的偏好，因此 $R_{ij}(\boldsymbol{r})$ 必为各向同性张量。根据张量理论，当各向同性二阶张量 $R_{ij}(\boldsymbol{r})$ 是矢量 $\boldsymbol{r}$ 的函数时，$R_{ij}(\boldsymbol{r})$ 可唯一地表示成

$$R_{ij}(\boldsymbol{r}) = \alpha(r)r_i r_j + \beta(r)\delta_{ij} \tag{6.3.24}$$

式中 $r = |\boldsymbol{r}|$。上式表明，两点一次双速度相关函数可由两个独立的标量函数 $\alpha(r)$ 和 $\beta(r)$ 确定。

通常选择具有明确物理意义的函数来代替标量函数 $\alpha(r)$ 和 $\beta(r)$。令矢量 $\boldsymbol{r}$ 的方向为 x_1 方向，即 $\boldsymbol{r} = \boldsymbol{e}_1 r$，则由(6.3.24) 式可得

$$R_{11}(\boldsymbol{e}_1 r) = \alpha(r)r^2 + \beta(r),\quad R_{22}(\boldsymbol{e}_1 r) = \beta(r)$$

其中 R_{11} 和 R_{22} 分别表示纵向相关函数和横向相关函数，其物理意义如图 6.3.4 所示。令

$$f(r) = R_{11}(\boldsymbol{e}_1 r)/u_m^2,\quad g(r) = R_{22}(\boldsymbol{e}_1 r)/u_m^2 \tag{6.3.25}$$

$f(r)$ 和 $g(r)$ 分别称为纵向自相关系数和横向自相关系数，并满足 $f(0) = g(0) = 1$。于是可得

$$\alpha(r) = \frac{u_m^2}{r^2}[f(r) - g(r)],\quad \beta(r) = u_m^2 g(r)$$

将上述 $\alpha(r)$ 和 $\beta(r)$ 代入(6.3.24) 式可得

$$\frac{R_{ij}(\boldsymbol{r})}{u_m^2} = [f(r) - g(r)]\frac{r_i r_j}{r^2} + g(r)\delta_{ij} \tag{6.3.26}$$

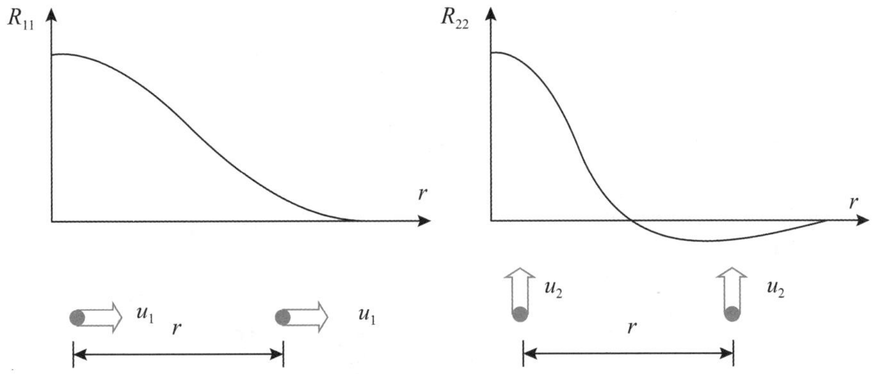

图 6.3.4　纵向和横向相关函数

令 $\boldsymbol{x}' = \boldsymbol{x} + \boldsymbol{r}$，(6.3.22) 式分别对 x_i 和 x'_j 微分，可得

$$\frac{\partial R_{ij}}{\partial x_i} = \frac{\partial}{\partial x_i}\overline{u_i(\boldsymbol{x})u_j(\boldsymbol{x}')} = \overline{u_j(\boldsymbol{x}')\frac{\partial}{\partial x_i}u_i(\boldsymbol{x})} + \overline{u_i(\boldsymbol{x})\frac{\partial}{\partial x_i}u_j(\boldsymbol{x}')}$$

$$\frac{\partial R_{ij}}{\partial x'_j} = \frac{\partial}{\partial x'_j}\overline{u_i(\boldsymbol{x})u_j(\boldsymbol{x}')} = \overline{u_j(\boldsymbol{x}')\frac{\partial}{\partial x'_j}u_i(\boldsymbol{x})} + \overline{u_i(\boldsymbol{x})\frac{\partial}{\partial x'_j}u_j(\boldsymbol{x}')}$$

由于 $\boldsymbol{x}'$ 和 $\boldsymbol{x}$ 是相互独立的变量，故 $\partial u_j(\boldsymbol{x}')/\partial x_i = 0$，$\partial u_i(\boldsymbol{x})/\partial x'_j = 0$。对于不可压缩流体，根据脉动流速的连续方程有 $\partial u_i/\partial x_i = 0$，$\partial u_j/\partial x'_j = 0$，因此以上两式微分的结果都等于零。同时考虑到 $\partial/\partial x_i = -\partial/\partial r_i$ 和 $\partial/\partial x'_j = \partial/\partial r_j$，于是由以上两式可得

$$\frac{\partial R_{ij}}{\partial r_i} = \frac{\partial R_{ij}}{\partial r_j} = 0 \tag{6.3.27}$$

由(6.3.26) 式对 r_j 微分，并应用(6.3.27) 式，可得 $f(r)$ 和 $g(r)$ 之间满足

$$g(r) = f(r) + \frac{1}{2}r\frac{\partial f(r)}{\partial r} \tag{6.3.28}$$

可见，当流体不可压缩时，$f(r)$ 和 $g(r)$ 只有一个是独立的，$R_{ij}(\boldsymbol{r})$ 只需一个标量函数即可唯一确定。将(6.3.28) 式代入(6.3.26) 式可得

$$\frac{R_{ij}(\boldsymbol{r})}{u_{\mathrm{m}}^2} = -\frac{1}{2}\frac{r_i r_j}{r}\frac{\partial f(r)}{\partial r} + \left[f(r) + \frac{1}{2}r\frac{\partial f(r)}{\partial r}\right]\delta_{ij} \tag{6.3.29}$$

3. 积分长度尺度

如果流场中两点之间的速度存在相关性，表明两点处于同一湍流涡内，因此相关函数可以用于定义湍流中最大涡的长度尺度。对于均匀湍流，沿 l 方向的积分长度尺度(integral length scale) 定义为

$$l_{ij} = \int_0^\infty \rho_{ij}(r\boldsymbol{e}_l)\,\mathrm{d}r \tag{6.3.30}$$

其中 $\rho_{ij}(r\boldsymbol{e}_l)$ 为与相关函数 $R_{ij}(r\boldsymbol{e}_l)$ 相对应的相关系数，$\boldsymbol{e}_l$ 表示 l 方向的单位向量。

最常用的两个积分尺度分别为纵向积分尺度和横向积分尺度，其中纵向积分尺度(longitudinal integral scale) 定义为

$$l_{11} = \int_0^\infty f(r)\,\mathrm{d}r \tag{6.3.31}$$

横向积分长度尺度(transverse integral scale)定义为

$$l_{22}=\int_0^\infty g(r)\mathrm{d}r \tag{6.3.32}$$

根据(6.3.28)式中 $f(r)$ 和 $g(r)$ 的关系,可得

$$l_{22}=l_{11}/2 \tag{6.3.33}$$

由 $f(r)$ 和 $g(r)$ 还可定义另外两个长度尺度。由(6.3.25)式中 $f(r)$ 对 r 求二阶导数可得

$$f''(0)=\lim_{r\to 0}\frac{\partial^2}{\partial r^2}\left[\frac{R_{11}(\boldsymbol{e}_1 r)}{u_{\mathrm{m}}^2}\right]=\frac{1}{u_{\mathrm{m}}^2}\lim_{r\to 0}\frac{\partial^2}{\partial r^2}\left[\overline{u_1(\boldsymbol{x})u_1(\boldsymbol{x}+\boldsymbol{e}_1 r)}\right]$$

$$=\frac{1}{u_{\mathrm{m}}^2}\lim_{r\to 0}\overline{u_1(\boldsymbol{x})\frac{\partial^2 u_1(\boldsymbol{x}+\boldsymbol{e}_1 r)}{\partial x_1^2}}=\frac{1}{u_{\mathrm{m}}^2}\overline{u_1\frac{\partial^2 u_1}{\partial x_1^2}}=\frac{1}{u_{\mathrm{m}}^2}\overline{\frac{\partial}{\partial x_1}\left(u_1\frac{\partial u_1}{\partial x_1}\right)-\left(\frac{\partial u_1}{\partial x_1}\right)^2}$$

$$=-\frac{1}{u_{\mathrm{m}}^2}\overline{\left(\frac{\partial u_1}{\partial x_1}\right)^2}$$

定义

$$\lambda_f=\left[-\frac{1}{2}f''(0)\right]^{-1/2}=\sqrt{\frac{2u_{\mathrm{m}}^2}{\overline{(\partial u_1/\partial x_1)^2}}} \tag{6.3.34}$$

称为纵向泰勒微尺度(longitudinal Taylor microscale)。

类似地,可定义横向泰勒微尺度(transverse Taylor microscale)为

$$\lambda_g=\left[-\frac{1}{2}g''(0)\right]^{-1/2}=\sqrt{\frac{2u_{\mathrm{m}}^2}{\overline{(\partial u_1/\partial x_2)^2}}} \tag{6.3.35}$$

(6.3.28)式对 r 求两次导数,可得

$$g''(r)=2f''(r)+\frac{1}{2}rf'''(r)$$

当 $r=0$ 时,有 $g''(0)=2f''(0)$,于是可得纵向和横向泰勒微尺度之间的关系

$$\lambda_f=\sqrt{2}\lambda_g \tag{6.3.36}$$

纵向积分长度尺度 l_{11} 与纵向泰勒微尺度 λ_f 之间的关系如图 6.3.5 所示,相关系数曲线 $f(r)$ 在原点的密切抛物线与横坐标交点的长度即表示纵向泰勒微尺度 λ_f。同理,两个横向尺度之间具有类似的关系。

应当说明的是,泰勒微尺度既不代表湍流中最大涡(含能涡)的长度尺度,也不代表最小涡(耗散涡)的长度尺度,但泰勒微尺度仍是一个有明确定义的经常使用的长度尺度。例如,对于均匀各向同性湍流,可以用泰勒微尺度来估计湍动能耗散率,即

$$\varepsilon=\nu\overline{\frac{\partial u_i}{\partial x_j}\frac{\partial u_i}{\partial x_j}}=\nu\overline{\left(\frac{\partial u_1}{\partial x_1}\right)^2}(2\delta_{ii}\delta_{jj}-\delta_{ij}\delta_{ij})=15\nu\overline{\left(\frac{\partial u_1}{\partial x_1}\right)^2}=15\nu\left(\frac{\sqrt{2}u_{\mathrm{m}}}{\lambda_f}\right)^2$$

$$=15\nu\left(\frac{u_{\mathrm{m}}}{\lambda_g}\right)^2=10\nu\frac{k}{\lambda_g^2} \tag{6.3.37}$$

由(6.3.37)式我们还可以得到泰勒微尺度与(6.3.3)式的含能涡尺度和(6.3.6)式的科尔莫戈罗夫微尺度之间的关系

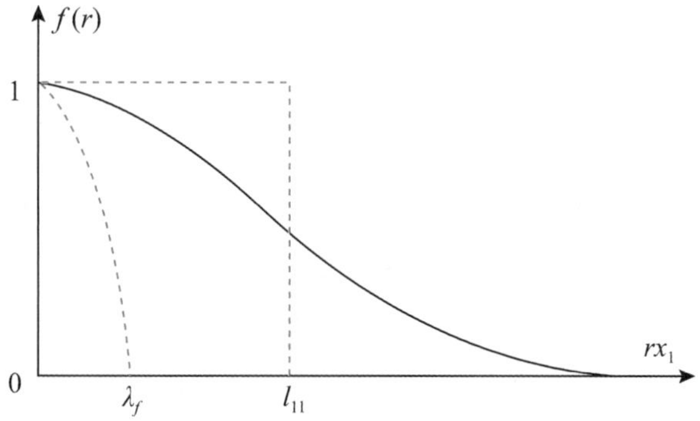

图 6.3.5　积分长度尺度和泰勒微尺度

$$\lambda_g/l_k = \sqrt{10}Re_k^{-1/2} \tag{6.3.38}$$

$$\lambda_g/l_\nu = \sqrt{10}Re_k^{1/4} \tag{6.3.39}$$

式中 Re_k 为含能区的雷诺数，见(6.3.5)式。对于高雷诺数的湍流流动，泰勒微尺度既远小于最大涡尺度 l_k，同时又远大于最小涡尺度 l_ν。用泰勒微尺度定义的雷诺数也是在湍流研究中经常使用的一个物理量，其定义为

$$Re_\lambda = \frac{u_m\lambda_g}{\nu} \tag{6.3.40}$$

式中 u_m 表示脉动速度的均方根，即(6.3.20)式。容易推导出 Re_λ 与 Re_k 之间具有如下关系

$$Re_\lambda = \sqrt{\frac{20}{3}Re_k} \tag{6.3.41}$$

4. 两点一次三速度相关

两点一次三速度相关可表示成

$$R_{ij,k}(\boldsymbol{r}) = \overline{u_i(\boldsymbol{x})u_j(\boldsymbol{x})u_k(\boldsymbol{x}+\boldsymbol{r})} \tag{6.3.42}$$

式中 $R_{ij,k}$ 下标用逗号隔开表示速度分量分别位于两个不同的空间点，其中 u_i 和 u_j 位于 $\boldsymbol{x}$，u_k 位于 $\boldsymbol{x}+\boldsymbol{r}$。与两点一次双速度相关函数类似，对于不可压缩各向同性湍流，两点一次三速度相关张量也可以只用一个标量函数来表示，即

$$\frac{R_{ij,k}(\boldsymbol{r})}{u_m^3} = \left(h - r\frac{\partial h}{\partial r}\right)\frac{r_i r_j r_k}{2r^3} - \frac{h}{2}\frac{r_k}{r}\delta_{ij} + \frac{1}{4r}\frac{\partial}{\partial r}(r^2 h)\left(\delta_{jk}\frac{r_i}{r} + \delta_{ik}\frac{r_j}{r}\right) \tag{6.3.43}$$

式中 h 为一个标量函数，可用三阶纵向相关系数表示，即 $h(r) = R_{11,1}(\boldsymbol{e}_1 r)/u_m^3$。读者可自行推导(6.3.43)式，或参看有关文献。容易证明 $R_{ij,k}(\boldsymbol{r})$ 是奇函数，即

$$R_{ij,k}(-\boldsymbol{r}) = -R_{ij,k}(\boldsymbol{r}) \tag{6.3.44}$$

5. 两点一次速度 — 压强相关

由于速度是矢量，压强是标量，因此两点一次速度 — 压强相关函数为矢量。同样在均匀湍流中也只是相关距离 $\boldsymbol{r}$ 的函数，即

$$R_{pi}(\boldsymbol{r}) = \overline{p(\boldsymbol{x})u_i(\boldsymbol{x}+\boldsymbol{r})} \tag{6.3.45}$$

对于不可压缩流体，类似(6.3.27)式的推导，容易证明(请读者自行证明)

$$\frac{\partial R_{pi}}{\partial r_i} = 0 \tag{6.3.46}$$

同样，根据张量理论，若 $R_{pi}(\boldsymbol{r})$ 是矢量 $\boldsymbol{r}$ 的函数，则其唯一形式为 $R_{pi}(\boldsymbol{r})=\gamma(r)\boldsymbol{r}$，其中 $\gamma(r)$ 为标量函数，代入(6.3.46)式可得

$$\frac{\partial R_{pi}}{\partial r_i}=3\gamma(r)+r\frac{\partial}{\partial r}\gamma(r)=0$$

上式解得 $\gamma(r)=C/r^3$，由于 $r=0$ 时，$\gamma(r)$ 应是有限值，因此常数 C 须为 0，即 $\gamma(r)=0$，从而有 $R_{pi}(\boldsymbol{r})=0$。这表明对于不可压缩各向同性湍流，速度和压强不相关。其原因是压强在流场中的作用是在不同脉动速度分量间重新分配能量，使湍流脉动速度趋于各向同性化，一旦湍流场达到了各向同性状态，压强与速度就不再相关，相关分析详见6.3.4 节。

6.3.3 谱函数

在上一小节中，我们在物理空间讨论了湍流脉动速度的相关函数及其特性。通过傅里叶变换，我们也可以在谱空间中对湍流脉动速度的相关性进行研究，有时候在谱空间中比在物理空间中能更直接地探究湍流的流动特性，比如在湍动能分布的研究上就更为直观和方便。

1. 速度谱张量

均匀湍流(6.3.22)式的两点一次双速度相关张量 $R_{ij}(\boldsymbol{r})$ 与速度谱张量(velocity spectrum tensor) $\phi_{ij}(\boldsymbol{\kappa})$ 构成了一对傅里叶变换，即

$$\phi_{ij}(\boldsymbol{\kappa})=\frac{1}{(2\pi)^3}\int_{-\infty}^{\infty}\int_{-\infty}^{\infty}\int_{-\infty}^{\infty}R_{ij}(\boldsymbol{r})\mathrm{e}^{-\mathrm{i}\boldsymbol{\kappa}\cdot\boldsymbol{r}}\mathrm{d}r_1\mathrm{d}r_2\mathrm{d}r_3 \tag{6.3.47}$$

$$R_{ij}(\boldsymbol{r})=\int_{-\infty}^{\infty}\int_{-\infty}^{\infty}\int_{-\infty}^{\infty}\phi_{ij}(\boldsymbol{\kappa})\mathrm{e}^{\mathrm{i}\boldsymbol{\kappa}\cdot\boldsymbol{r}}\mathrm{d}\kappa_1\mathrm{d}\kappa_2\mathrm{d}\kappa_3 \tag{6.3.48}$$

式中 $\mathrm{e}^{\mathrm{i}\boldsymbol{\kappa}\cdot\boldsymbol{r}}=\cos(\boldsymbol{\kappa}\cdot\boldsymbol{r})+\mathrm{i}\sin(\boldsymbol{\kappa}\cdot\boldsymbol{r})$，$\boldsymbol{\kappa}=\kappa_i\boldsymbol{e}_i$ 为波数矢量，$|\boldsymbol{\kappa}|=2\pi/\lambda$，$\lambda$ 为波长。注意，速度谱张量也是时间的函数，这里同样省略不写。

下面进一步分析速度谱张量所具有的性质。由(6.3.23)式可知，$R_{ij}(\boldsymbol{r})=R_{ji}(-\boldsymbol{r})$，两边同时进行傅里叶变换可得

$$\begin{aligned}\frac{1}{(2\pi)^3}\int_{-\infty}^{\infty}\int_{-\infty}^{\infty}\int_{-\infty}^{\infty}R_{ij}(\boldsymbol{r})\mathrm{e}^{-\mathrm{i}\boldsymbol{\kappa}\cdot\boldsymbol{r}}\mathrm{d}r_1\mathrm{d}r_2\mathrm{d}r_3&=\frac{1}{(2\pi)^3}\int_{-\infty}^{\infty}\int_{-\infty}^{\infty}\int_{-\infty}^{\infty}R_{ji}(-\boldsymbol{r})\mathrm{e}^{-\mathrm{i}\boldsymbol{\kappa}\cdot\boldsymbol{r}}\mathrm{d}r_1\mathrm{d}r_2\mathrm{d}r_3\\&=\frac{1}{(2\pi)^3}\int_{-\infty}^{\infty}\int_{-\infty}^{\infty}\int_{-\infty}^{\infty}R_{ji}(-\boldsymbol{r})\mathrm{e}^{-\mathrm{i}(-\boldsymbol{\kappa})\cdot(-\boldsymbol{r})}\mathrm{d}r_1\mathrm{d}r_2\mathrm{d}r_3\\&=\phi_{ji}(-\boldsymbol{k})\end{aligned} \tag{6.3.49}$$

亦即有

$$\phi_{ij}(\boldsymbol{\kappa})=\phi_{ji}(-\boldsymbol{\kappa}) \tag{6.3.50}$$

若令 $\boldsymbol{r}'=-\boldsymbol{r}$，则(6.3.50)式的右端可表示成

$$\begin{aligned}\phi_{ji}(-\boldsymbol{\kappa})&=\frac{1}{(2\pi)^3}\int_{-\infty}^{\infty}\int_{-\infty}^{\infty}\int_{-\infty}^{\infty}R_{ji}(-\boldsymbol{r})\mathrm{e}^{-\mathrm{i}\boldsymbol{\kappa}\cdot\boldsymbol{r}}\mathrm{d}r_1\mathrm{d}r_2\mathrm{d}r_3\\&=\frac{1}{(2\pi)^3}\int_{-\infty}^{\infty}\int_{-\infty}^{\infty}\int_{-\infty}^{\infty}R_{ji}(\boldsymbol{r}')\mathrm{e}^{\mathrm{i}\boldsymbol{\kappa}\cdot\boldsymbol{r}'}\mathrm{d}r_1'\mathrm{d}r_2'\mathrm{d}r_3'\end{aligned} \tag{6.3.51}$$

另外，根据(6.3.47)式的定义，可得

$$\phi_{ji}(\boldsymbol{\kappa})=\frac{1}{(2\pi)^3}\int_{-\infty}^{\infty}\int_{-\infty}^{\infty}\int_{-\infty}^{\infty}R_{ji}(\boldsymbol{r}')\mathrm{e}^{-\mathrm{i}\boldsymbol{\kappa}\cdot\boldsymbol{r}'}\mathrm{d}r_1'\mathrm{d}r_2'\mathrm{d}r_3' \tag{6.3.52}$$

由于 $R_{ij}(\boldsymbol{r}')$ 和 $\boldsymbol{r}'$ 均为实数，所以上式 $\phi_{ji}(\boldsymbol{\kappa})$ 的复共轭等于

$$\phi_{ji}^*(\boldsymbol{\kappa})=\frac{1}{(2\pi)^3}\int_{-\infty}^{\infty}\int_{-\infty}^{\infty}\int_{-\infty}^{\infty}R_{ji}(\boldsymbol{r}')\mathrm{e}^{\mathrm{i}\boldsymbol{\kappa}\cdot\boldsymbol{r}'}\mathrm{d}r_1'\mathrm{d}r_2'\mathrm{d}r_3' \tag{6.3.53}$$

比较(6.3.51)式和(6.3.53)式，可得

$$\phi_{ji}(-\boldsymbol{\kappa})=\phi_{ji}^*(\boldsymbol{\kappa}) \tag{6.3.54}$$

由(6.3.50)式和(6.3.54)式，可得速度谱张量 $\phi_{ij}(\boldsymbol{\kappa})$ 具有如下重要性质：

$$\phi_{ij}(\boldsymbol{\kappa})=\phi_{ji}(-\boldsymbol{\kappa})=\phi_{ji}^*(\boldsymbol{\kappa}) \tag{6.3.55}$$

对 $\partial R_{ij}(\boldsymbol{r})/\partial r_i$ 进行傅里叶变换，可得

$$\begin{aligned}\frac{1}{(2\pi)^3}\int_{-\infty}^{\infty}\int_{-\infty}^{\infty}\int_{-\infty}^{\infty}\frac{\partial R_{ij}(\boldsymbol{r})}{\partial r_i}\mathrm{e}^{-\mathrm{i}\boldsymbol{\kappa}\cdot\boldsymbol{r}}\mathrm{d}r_1\mathrm{d}r_2\mathrm{d}r_3 &= \frac{1}{(2\pi)^3}\int_{-\infty}^{\infty}\int_{-\infty}^{\infty}\int_{-\infty}^{\infty}\frac{\partial}{\partial r_i}[R_{ij}(\boldsymbol{r})\mathrm{e}^{-\mathrm{i}\boldsymbol{\kappa}\cdot\boldsymbol{r}}]\mathrm{d}r_1\mathrm{d}r_2\mathrm{d}r_3\\ &\quad-\frac{1}{(2\pi)^3}\int_{-\infty}^{\infty}\int_{-\infty}^{\infty}\int_{-\infty}^{\infty}R_{ij}(\boldsymbol{r})\frac{\partial}{\partial r_i}(\mathrm{e}^{-\mathrm{i}\boldsymbol{\kappa}\cdot\boldsymbol{r}})\mathrm{d}r_1\mathrm{d}r_2\mathrm{d}r_3\end{aligned}$$

由于 $\boldsymbol{r}\to\pm\infty$ 时，$R_{ij}(\boldsymbol{r})\to 0$，且 $|\mathrm{e}^{-\mathrm{i}\boldsymbol{\kappa}\cdot\boldsymbol{r}}|\leqslant 1$ 又是大小有限的，从而上式右端第一项积分结果等于零，于是有

$$\begin{aligned}&\frac{1}{(2\pi)^3}\int_{-\infty}^{\infty}\int_{-\infty}^{\infty}\int_{-\infty}^{\infty}\frac{\partial R_{ij}(\boldsymbol{r})}{\partial r_i}\mathrm{e}^{-\mathrm{i}\boldsymbol{\kappa}\cdot\boldsymbol{r}}\mathrm{d}r_1\mathrm{d}r_2\mathrm{d}r_3\\ &=-\frac{1}{(2\pi)^3}\int_{-\infty}^{\infty}\int_{-\infty}^{\infty}\int_{-\infty}^{\infty}R_{ij}(\boldsymbol{r})\frac{\partial}{\partial r_i}(\mathrm{e}^{-\mathrm{i}\boldsymbol{\kappa}\cdot\boldsymbol{r}})\mathrm{d}r_1\mathrm{d}r_2\mathrm{d}r_3\\ &=\mathrm{i}\kappa_i\frac{1}{(2\pi)^3}\int_{-\infty}^{\infty}\int_{-\infty}^{\infty}\int_{-\infty}^{\infty}R_{ij}(\boldsymbol{r})\mathrm{e}^{-\mathrm{i}\boldsymbol{\kappa}\cdot\boldsymbol{r}}\mathrm{d}r_1\mathrm{d}r_2\mathrm{d}r_3\\ &=\mathrm{i}\kappa_i\phi_{ij}(\boldsymbol{\kappa})\end{aligned}$$

对于不可压缩流体，由(6.3.27)式可知 $\partial R_{ij}(\boldsymbol{r})/\partial r_i=0$，由此可得

$$\frac{1}{(2\pi)^3}\int_{-\infty}^{\infty}\int_{-\infty}^{\infty}\int_{-\infty}^{\infty}\frac{\partial R_{ij}(\boldsymbol{r})}{\partial r_i}\mathrm{e}^{-\mathrm{i}\boldsymbol{\kappa}\cdot\boldsymbol{r}}\mathrm{d}r_1\mathrm{d}r_2\mathrm{d}r_3=\mathrm{i}\kappa_i\phi_{ij}(\boldsymbol{\kappa})=0$$

同理可得

$$\frac{1}{(2\pi)^3}\int_{-\infty}^{\infty}\int_{-\infty}^{\infty}\int_{-\infty}^{\infty}\frac{\partial R_{ij}(\boldsymbol{r})}{\partial r_j}\mathrm{e}^{-\mathrm{i}\boldsymbol{\kappa}\cdot\boldsymbol{r}}\mathrm{d}r_1\mathrm{d}r_2\mathrm{d}r_3=\mathrm{i}\kappa_j\phi_{ij}(\boldsymbol{\kappa})=0$$

于是，可得速度谱张量 $\phi_{ij}(\boldsymbol{\kappa})$ 的另外一条重要性质，即

$$\kappa_i\phi_{ij}(\boldsymbol{\kappa})=\kappa_j\phi_{ij}(\boldsymbol{\kappa})=0 \tag{6.3.56}$$

2. 能谱

根据湍动能的定义，由(6.3.48)式可得

$$k=\frac{1}{2}\overline{u_iu_i}=\frac{1}{2}R_{ii}(\mathbf{0})=\frac{1}{2}\int_{-\infty}^{\infty}\int_{-\infty}^{\infty}\int_{-\infty}^{\infty}\phi_{ii}(\boldsymbol{\kappa})\mathrm{d}\kappa_1\mathrm{d}\kappa_2\mathrm{d}\kappa_3 \tag{6.3.57}$$

可见速度谱的迹 $\phi_{ii}(\boldsymbol{\kappa})$ 的物理意义是湍动能在三维波数空间中的分布密度。将上述在三维波数空间上的积分改成

$$k=\frac{1}{2}\int_{-\infty}^{\infty}\int_{-\infty}^{\infty}\int_{-\infty}^{\infty}\phi_{ii}(\boldsymbol{\kappa})\mathrm{d}\kappa_1\mathrm{d}\kappa_2\mathrm{d}\kappa_3=\int_0^{\infty}\frac{1}{2}\left(\oiint\phi_{ii}(\boldsymbol{\kappa})\mathrm{d}S\right)\mathrm{d}\kappa$$

式中 $\kappa=|\boldsymbol{\kappa}|=\sqrt{\kappa_1^2+\kappa_2^2+\kappa_3^2}$，$S$ 表示波数空间上半径为 κ 的球面。记封闭曲面积分

$$E(\kappa)=\frac{1}{2}\oiint\phi_{ii}(\boldsymbol{\kappa})\mathrm{d}S \tag{6.3.58}$$

称为能量谱，简称能谱(energy spectrum function)。于是有

$$k=\int_0^{\infty}E(\kappa)\mathrm{d}\kappa \tag{6.3.59}$$

所以 $E(\kappa)\mathrm{d}\kappa$ 可以看成是 κ 和 $\kappa+\mathrm{d}\kappa$ 之间波数对湍动能的贡献。与速度谱的迹 $\phi_{ii}(\boldsymbol{\kappa})$ 相比，能谱函数 $E(\boldsymbol{\kappa})$ 通过在所有波数范围上积分，消除了速度谱函数所包含的方向信息。

3. 耗散谱

因为 $\boldsymbol{x}'=\boldsymbol{x}+\boldsymbol{r}$ 和 $\boldsymbol{x}$ 是相互独立的变量，故 $\partial u_i(\boldsymbol{x})/\partial x'_k=0$，$\partial u_j(\boldsymbol{x}')/\partial x_k=0$，且 $\partial/\partial x_k=-\partial/\partial r_k$，$\partial/\partial x'_k=\partial/\partial r_k$，于是均匀湍流中速度梯度的二阶相关可以表示为

$$\overline{\frac{\partial u_i(\boldsymbol{x})}{\partial x_k}\frac{\partial u_j(\boldsymbol{x}')}{\partial x'_k}}=\overline{\frac{\partial}{\partial x_k}\left[u_i(\boldsymbol{x})\frac{\partial u_j(\boldsymbol{x}')}{\partial x'_k}\right]}=\frac{\partial^2\overline{u_i(\boldsymbol{x})u_j(\boldsymbol{x}')}}{\partial x_k\partial x'_k}=\frac{\partial^2R_{ij}(\boldsymbol{r})}{\partial x_k\partial x'_k}=-\frac{\partial^2R_{ij}(\boldsymbol{r})}{\partial r_k\partial r_k}$$

将(6.3.48)式代入上式可得

$$\overline{\frac{\partial u_i(\boldsymbol{x})}{\partial x_k}\frac{\partial u_j(\boldsymbol{x}')}{\partial x'_k}}=-\frac{\partial^2R_{ij}(\boldsymbol{r})}{\partial r_k\partial r_k}=\int_{-\infty}^{\infty}\int_{-\infty}^{\infty}\int_{-\infty}^{\infty}\kappa^2\phi_{ij}(\boldsymbol{\kappa})\mathrm{e}^{\mathrm{i}\boldsymbol{\kappa}\cdot\boldsymbol{r}}\mathrm{d}\kappa_1\mathrm{d}\kappa_2\mathrm{d}\kappa_3 \tag{6.3.60}$$

令 $\boldsymbol{r}=\boldsymbol{0}$，于是 $\boldsymbol{x}'=\boldsymbol{x}$，由上式可得

$$\varepsilon_{ij}=2\nu\overline{\frac{\partial u_i}{\partial x_k}\frac{\partial u_j}{\partial x_k}}=2\nu\int_{-\infty}^{\infty}\int_{-\infty}^{\infty}\int_{-\infty}^{\infty}\kappa^2\phi_{ij}(\boldsymbol{\kappa})\mathrm{d}\kappa_1\mathrm{d}\kappa_2\mathrm{d}\kappa_3 \tag{6.3.61}$$

上式即(6.1.60)式的湍流耗散率张量。令 $i=j$，则可得(6.1.50)式的湍动能耗散率

$$\varepsilon=\nu\overline{\frac{\partial u_i}{\partial x_k}\frac{\partial u_i}{\partial x_k}}=\nu\int_{-\infty}^{\infty}\int_{-\infty}^{\infty}\int_{-\infty}^{\infty}\kappa^2\phi_{ii}(\boldsymbol{\kappa})\mathrm{d}\kappa_1\mathrm{d}\kappa_2\mathrm{d}\kappa_3 \tag{6.3.62}$$

同样，也可用能谱来表示湍动能耗散率

$$\varepsilon=\int_0^{\infty}2\nu\kappa^2E(\kappa)\mathrm{d}\kappa=\int_0^{\infty}D(\kappa)\mathrm{d}\kappa \tag{6.3.63}$$

其中 $D(\kappa)$ 称为能量耗散谱，简称耗散谱(dissipation spectrum function)，其与能谱的关系为

$$D(\kappa)=2\nu\kappa^2E(\kappa) \tag{6.3.64}$$

4. 速度谱与能谱的关系

与二阶相关张量类似，对于均匀各向同性湍流，因为速度谱张量 $\phi_{ij}(\boldsymbol{\kappa})$ 是波数矢量 $\boldsymbol{\kappa}$ 的函数，所以 $\phi_{ij}(\boldsymbol{\kappa})$ 也可表示成如下唯一形式

$$\phi_{ij}(\boldsymbol{\kappa})=A(\kappa)\delta_{ij}+B(\kappa)\kappa_i\kappa_j \tag{6.3.65}$$

式中 $A(\kappa)$ 和 $B(\kappa)$ 为 κ 的标量函数。上式两端同时乘以 κ_i，应用不可压缩条件(6.3.56)式，可得

$$B(\kappa)=-A(\kappa)/\kappa^2 \tag{6.3.66}$$

于是有

$$\phi_{ij}(\boldsymbol{\kappa}) = A(\kappa)\left(\delta_{ij} - \frac{\kappa_i\kappa_j}{\kappa^2}\right) \tag{6.3.67}$$

当 $i=j$ 时，由上式可得 $\phi_{ii}(\boldsymbol{\kappa}) = 2A(\kappa)$，代入(6.3.58) 式得

$$E(\kappa) = \frac{1}{2}\oiint 2A(\kappa)\mathrm{d}S = 4\pi\kappa^2 A(\kappa)$$

所以有

$$A(\kappa) = E(\kappa)/4\pi\kappa^2$$

将上式回代到(6.3.67) 式，可得

$$\phi_{ij}(\boldsymbol{\kappa}) = \frac{E(\kappa)}{4\pi\kappa^2}\left(\delta_{ij} - \frac{\kappa_i\kappa_j}{\kappa^2}\right) \tag{6.3.68}$$

这表明，对于各向同性湍流，速度谱张量可由唯一的标量函数即能谱 $E(\kappa)$来表示。

5. 一维能谱

严格来说，$E(\kappa)$是三维的能谱，而在实验中更容易测量的是一维能谱。速度谱 $\phi_{ij}(\kappa)$表示的是湍动能在三维波数空间中的分布密度，而一维能谱反映的是湍动能在一维波数空间上的分布。将 $\phi_{ij}(\boldsymbol{\kappa})$在$(\kappa_2,\kappa_3)$平面上积分，即可得到湍动能在 κ_1 方向的分布，即

$$E_{ij}(\kappa_1) = \frac{1}{2}\int_{-\infty}^{\infty}\int_{-\infty}^{\infty}\phi_{ij}(\boldsymbol{\kappa})\mathrm{d}\kappa_2\mathrm{d}\kappa_3 \tag{6.3.69}$$

式中系数 1/2 是为了与三维能谱的定义即(6.3.58) 式保持一致，也有不少文献中一维谱的定义不包含系数 1/2。

由于

$$\begin{aligned}R_{ij}(\boldsymbol{e}_1 r_1) &= \int_{-\infty}^{\infty}\int_{-\infty}^{\infty}\int_{-\infty}^{\infty}\phi_{ij}(\boldsymbol{\kappa})\mathrm{e}^{\mathrm{i}\kappa_1 r_1}\mathrm{d}\kappa_1\mathrm{d}\kappa_2\mathrm{d}\kappa_3\\ &= \int_{-\infty}^{\infty}\left(\int_{-\infty}^{\infty}\int_{-\infty}^{\infty}\phi_{ij}(\boldsymbol{\kappa})\mathrm{d}\kappa_2\mathrm{d}\kappa_3\right)\mathrm{e}^{\mathrm{i}\kappa_1 r_1}\mathrm{d}\kappa_1\\ &= \int_{-\infty}^{\infty}2E_{ij}(\kappa_1)\mathrm{e}^{\mathrm{i}\kappa_1 r_1}\mathrm{d}\kappa_1\end{aligned}$$

于是，一维能谱也可通过上式的傅里叶逆变换得到

$$E_{ij}(\kappa_1) = \frac{1}{4\pi}\int_{-\infty}^{\infty}R_{ij}(\boldsymbol{e}_1 r_1)\mathrm{e}^{-\mathrm{i}\kappa_1 r_1}\mathrm{d}r_1 \tag{6.3.70}$$

最常用的一维谱是纵向谱 E_{11}，当 $i=j=1$ 时，由(6.3.69) 式可得

$$E_{11}(\kappa_1) = \frac{1}{2}\int_{-\infty}^{\infty}\int_{-\infty}^{\infty}\phi_{11}(\boldsymbol{\kappa})\mathrm{d}\kappa_2\mathrm{d}\kappa_3 \tag{6.3.71}$$

一维能谱 $E_{11}(\kappa_1)$的物理意义表示脉动能量$\overline{u_1^2}/2$ 沿 κ_1 方向的分布。将(6.3.68) 式代入(6.3.71) 式可得

$$E_{11}(\kappa_1) = \frac{1}{2}\int_{-\infty}^{\infty}\int_{-\infty}^{\infty}\frac{E(\kappa)}{4\pi\kappa^2}\left(1 - \frac{\kappa_1^2}{\kappa^2}\right)\mathrm{d}\kappa_2\mathrm{d}\kappa_3$$

在(κ_2,κ_3)平面上可以采用极坐标积分，令 $\kappa_r^2 = \kappa_2^2 + \kappa_3^2$，则 $\mathrm{d}\kappa_2\mathrm{d}\kappa_3 = 2\pi\kappa_r\mathrm{d}\kappa_r$，于是上式积分可改写成

$$E_{11}(\kappa_1) = \frac{1}{2}\int_0^{\infty} \frac{E(\kappa)}{2\kappa^2}\left(1 - \frac{\kappa_1^2}{\kappa^2}\right)\kappa_r \mathrm{d}\kappa_r$$

由于 $\kappa_r^2 = \kappa^2 - \kappa_1^2$，即有 $\kappa_r \mathrm{d}\kappa_r = \kappa \mathrm{d}\kappa$，将上式积分变量换成 κ，于是有

$$E_{11}(\kappa_1) = \frac{1}{4}\int_{\kappa_1}^{\infty} \frac{E(\kappa)}{\kappa}\left(1 - \frac{\kappa_1^2}{\kappa^2}\right)\mathrm{d}\kappa \tag{6.3.72}$$

注意，κ 的积分区间为(κ_1, ∞)。上式对 κ_1 求导可得

$$\frac{\mathrm{d}E_{11}(\kappa_1)}{\mathrm{d}\kappa_1} = -\frac{\kappa_1}{2}\int_{\kappa_1}^{\infty} \frac{E(\kappa)}{\kappa^3}\mathrm{d}\kappa \tag{6.3.73}$$

对 κ_1 求二次导可得

$$E(\kappa) = 2\kappa^2 \left.\frac{\mathrm{d}^2 E_{11}(\kappa_1)}{\mathrm{d}\kappa_1^2}\right|_{\kappa_1 = \kappa} - 2\kappa \left.\frac{\mathrm{d}E_{11}(\kappa_1)}{\mathrm{d}\kappa_1}\right|_{\kappa_1 = \kappa}$$

上式也可写成

$$E(\kappa) = 2\kappa^3 \frac{\mathrm{d}}{\mathrm{d}\kappa}\left[\frac{1}{\kappa}\frac{\mathrm{d}E_{11}(\kappa)}{\mathrm{d}\kappa}\right] \tag{6.3.74}$$

(6.3.72)～(6.3.74)式给出了一维纵向能谱与三维能谱之间的相互关系。

类似可以得到一维横向能谱与三维能谱之间的关系

$$E_{22}(\kappa_1) = \frac{1}{8}\int_{\kappa_1}^{\infty} \frac{E(\kappa)}{\kappa}\left(1 + \frac{\kappa_1^2}{\kappa^2}\right)\mathrm{d}\kappa \tag{6.3.75}$$

6. 各向同性湍流的能谱

湍动能主要分布在大尺度涡的范围，而在小尺度涡的范围内进行耗散，因此湍流的能谱和耗散谱分布如图 6.3.6 所示。当雷诺数足够大时，能谱和耗散谱完全分开，且雷诺数越大两者分离得越开，惯性子区越宽。对于各向同性湍流，湍动能从大尺度(小波数)的含能区，以恒定输送速率(即湍动能耗散率 ε)向更小尺度(大波数)的惯性区传递，直至达到耗散区以热量的形式消散。

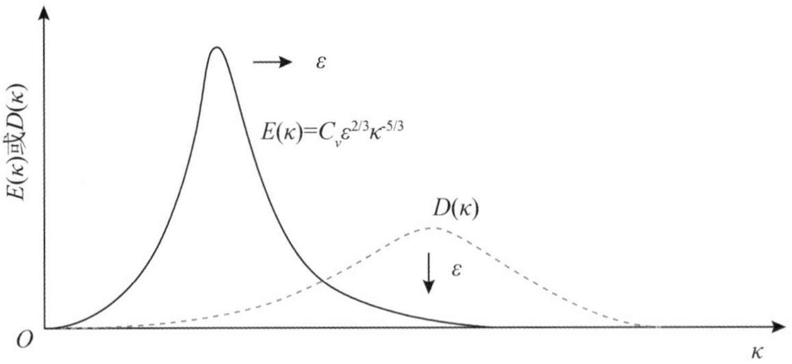

图 6.3.6　能谱与耗散谱

根据科尔莫戈罗夫第一相似性假设，在普适平衡区的统计量具有普适的函数形式，并由 ε 和 ν 唯一确定。因此，在普适平衡区能谱函数 $E(\kappa)$ 是波数 κ、耗散率 ε 和运动黏度 ν 的函数。用 ε 和 ν 对波数 κ 和能谱函数 $E(\kappa)$ 进行无量纲化，通过量纲分析可得能谱函数应具有如下的普适形式

$$E(\kappa)=(\varepsilon\nu^5)^{1/4}\varphi(\kappa l_\nu)=u_\nu^2 l_\nu\varphi(\kappa l_\nu) \tag{6.3.76}$$

式中 $\varphi(\kappa l_\nu)$称为科尔莫戈罗夫谱函数，κl_ν 为无量纲数，φ 也是无量纲函数。

如果用 ε 和 κ 无量纲化能谱函数，则能谱函数应具有如下普适形式

$$E(\kappa)=\varepsilon^{2/3}\kappa^{-5/3}\psi(\kappa l_\nu) \tag{6.3.77}$$

式中 $\psi(\kappa l_\nu)$称为补偿科尔莫戈罗夫谱函数，同样为无量纲函数。两个普适能谱函数的关系为

$$\psi(\kappa l_\nu)=(\kappa l_\nu)^{5/3}\varphi(\kappa l_\nu) \tag{6.3.78}$$

在惯性子区，根据科尔莫戈罗夫第二相似性假设，能谱函数的普适形式应由 ε 唯一确定，与 ν 无关。在(6.3.77)式中，只有 l_ν 与 ν 有关，所以在惯性子区如果要求能谱函数与 ν 无关，则 $\psi(\kappa l_\nu)$应当为常数，因此能谱函数的普适形式为

$$E(\kappa)=C_\nu\varepsilon^{2/3}\kappa^{-5/3} \tag{6.3.79}$$

此即著名的能谱函数的科尔莫戈罗夫 $-5/3$ 幂次律，C_ν 为普适科尔莫戈罗夫常数，实验测得 $C_\nu=1.5$。

图 6.3.7 所示为不同雷诺数下不可压缩均匀各向同性湍流通过直接数值模拟得到的能谱(Gotoh 等，2002)，图中能谱曲线的水平段即惯性子区的范围，从图中可以看到，雷诺数越高，惯性子区越宽。水平段的常数直接数值模拟的结果为 $C_\nu=1.64$。

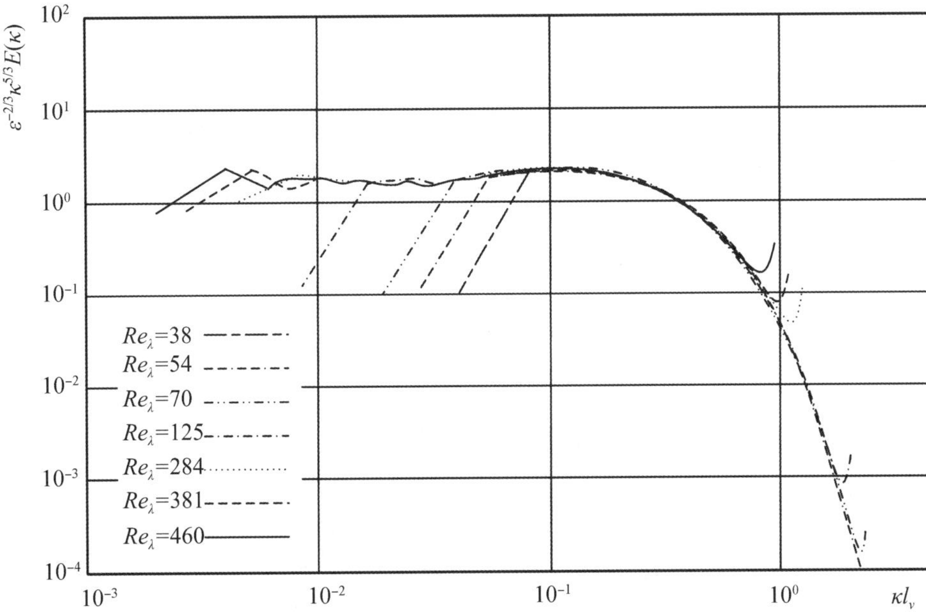

图 6.3.7　科尔莫戈罗夫能谱的数值模拟结果

6.3.4　能量输运

在前面两小节中，我们分别介绍了速度在物理空间中的相关函数和谱空间中的谱函数，在本小节我们将介绍这些函数在不可压缩均匀湍流中的演化方程，然后再介绍均匀各

向同性湍流中的能量输运过程。

1. 卡门 — 霍华斯方程

基于 N-S 方程，我们先推导两点一次双速度相关 $R_{ij}(\boldsymbol{r})$ 随时间变化的演化方程。

对于均匀湍流而言，平均流动与空间位置无关，所以假设平均场为零仍不失一般性。于是不可压缩均匀湍流的脉动场所满足的控制方程为

$$\frac{\partial u_i}{\partial x_i}=0 \tag{6.3.80}$$

$$\frac{\partial u_i}{\partial t}+u_j\frac{\partial u_i}{\partial x_j}=-\frac{1}{\rho}\frac{\partial p}{\partial x_i}+\nu\frac{\partial^2 u_i}{\partial x_j\partial x_j} \tag{6.3.81}$$

注意在本节中脉动量仍然省略上标符号“′”。记 A 点的脉动速度和压强为 $\boldsymbol{u}_A$ 和 p_A，B 点的则记为 $\boldsymbol{u}_B$ 和 p_B，记 $\boldsymbol{r}=\boldsymbol{x}_B-\boldsymbol{x}_A$。将 A 点脉动速度 u_{Ai} 的 N-S 方程乘上 B 点的脉动速度分量 u_{Bj} 可得

$$u_{Bj}\frac{\partial u_{Ai}}{\partial t}=-u_{Bj}\frac{\partial(u_{Ai}u_{Ak})}{\partial x_{Ak}}-\frac{1}{\rho}u_{Bj}\frac{\partial p_A}{\partial x_{Ai}}+\nu u_{Bj}\frac{\partial^2 u_{Ai}}{\partial x_{Ak}\partial x_{Ak}}$$

由于 B 点脉动速度分量 u_{Bj} 与 $\boldsymbol{x}_A$ 无关，上式可改写成

$$u_{Bj}\frac{\partial u_{Ai}}{\partial t}=-\frac{\partial(u_{Ai}u_{Ak}u_{Bj})}{\partial x_{Ak}}-\frac{1}{\rho}\frac{\partial(p_A u_{Bj})}{\partial x_{Ai}}+\nu\frac{\partial^2(u_{Ai}u_{Bj})}{\partial x_{Ak}\partial x_{Ak}}$$

类似地，将 B 点脉动速度 u_{Bj} 的 N-S 方程乘上 A 点的脉动速度分量 u_{Ai} 得

$$u_{Ai}\frac{\partial u_{Bj}}{\partial t}=-\frac{\partial(u_{Bj}u_{Bk}u_{Ai})}{\partial x_{Bk}}-\frac{1}{\rho}\frac{\partial(p_B u_{Ai})}{\partial x_{Bj}}+\nu\frac{\partial^2(u_{Bj}u_{Ai})}{\partial x_{Bk}\partial x_{Bk}}$$

以上两式相加，然后取平均可得

$$\begin{aligned}\frac{\partial\,\overline{u_{Ai}u_{Bj}}}{\partial t}=&-\frac{\partial\,\overline{u_{Ai}u_{Ak}u_{Bj}}}{\partial x_{Ak}}-\frac{\partial\,\overline{u_{Bj}u_{Bk}u_{Ai}}}{\partial x_{Bk}}-\frac{1}{\rho}\left(\frac{\partial\,\overline{p_A u_{Bj}}}{\partial x_{Ai}}+\frac{\partial\,\overline{p_B u_{Ai}}}{\partial x_{Bj}}\right)\\&+\nu\left(\frac{\partial^2\,\overline{u_{Ai}u_{Bj}}}{\partial x_{Ak}\partial x_{Ak}}+\frac{\partial^2\,\overline{u_{Bj}u_{Ai}}}{\partial x_{Bk}\partial x_{Bk}}\right)\end{aligned}$$

由于

$$\begin{gathered}\partial/\partial x_{Ak}=-\partial/\partial r_k,\ \partial/\partial x_{Bk}=\partial/\partial r_k,\\ \overline{u_{Ai}u_{Bj}}=R_{ij}(\boldsymbol{r}),\ \overline{u_{Bj}u_{Ai}}=R_{ji}(-\boldsymbol{r})=R_{ij}(\boldsymbol{r}),\\ \overline{u_{Ai}u_{Ak}u_{Bj}}=R_{ik,j}(\boldsymbol{r}),\ \overline{u_{Bj}u_{Bk}u_{Ai}}=R_{jk,i}(-\boldsymbol{r})=-R_{jk,i}(\boldsymbol{r}),\\ \overline{p_A u_{Bj}}=R_{pj}(\boldsymbol{r}),\ \overline{p_B u_{Ai}}=R_{pi}(\boldsymbol{r})\end{gathered}$$

于是上式可改写成

$$\frac{\partial R_{ij}(\boldsymbol{r})}{\partial t}=\frac{\partial}{\partial r_k}[R_{ik,j}(\boldsymbol{r})+R_{jk,i}(\boldsymbol{r})]+\frac{1}{\rho}\left(\frac{\partial R_{pj}}{\partial r_i}-\frac{\partial R_{pi}}{\partial r_j}\right)+2\nu\frac{\partial^2 R_{ij}(\boldsymbol{r})}{\partial r_k\partial r_k} \tag{6.3.82}$$

对于不可压缩各向同性湍流，速度 — 压强相关等于零，上式可进一步简化为

$$\frac{\partial R_{ij}(\boldsymbol{r})}{\partial t}=\frac{\partial}{\partial r_k}[R_{ik,j}(\boldsymbol{r})+R_{jk,i}(\boldsymbol{r})]+2\nu\frac{\partial^2 R_{ij}(\boldsymbol{r})}{\partial r_k\partial r_k} \tag{6.3.83}$$

将(6.3.29)式和(6.3.43)式代入上式，经整理可得

$$\frac{\partial}{\partial t}(u_{\mathrm{m}}^2 f)=\frac{u_{\mathrm{m}}^3}{r^4}\frac{\partial}{\partial r}(r^4 h)+\frac{2\nu u_{\mathrm{m}}^2}{r^4}\frac{\partial}{\partial r}\left(r^4\frac{\partial f}{\partial r}\right) \tag{6.3.84}$$

此即著名的卡门—霍华斯方程(Karman-Howarth equation),方程右端第一项和第二项分别代表惯性过程和黏性过程。卡门—霍华斯方程有两个未知函数 f 和 h,因此并不是封闭的。如果进一步建立一个关于三阶矩的控制方程也不能使方程封闭,因为建立三阶矩控制方程势必再次引入更高阶的四阶矩,以此类推。关于卡门—霍华斯方程的封闭问题有兴趣的读者可以参考相关文献。

虽然卡门—霍华斯方程是不封闭的,但基于卡门—霍华斯方程仍可获得湍流耗散的一些基本性质。有关卡门—霍华斯方程的应用可参考有关文献,在此仅介绍由卡门—霍华斯推导出的不可压缩均匀各向同性湍流的湍动能耗散方程。

因为三阶速度相关系数 $h(r)$ 为奇函数,$h(0)=0$,且由连续方程还可得到 $h'(0)=0$,于是当 $r=0$ 时,卡门—霍华斯方程简化为

$$\frac{\partial}{\partial t}(u_{\mathrm{m}}^2 f)=\frac{2\nu u_{\mathrm{m}}^2}{r^4}\frac{\partial}{\partial r}\left(r^4\frac{\partial f}{\partial r}\right) \tag{6.3.85}$$

二阶相关系数 $f(r)$ 为偶函数,故 $f'(0)=0$,且 $f(0)=1$,所以 $f(r)$ 在 $r=0$ 处的泰勒展开为

$$f(r)=1+\frac{r^2}{2}f''(0)+\cdots \tag{6.3.86}$$

将 $f(r)$ 的展开式代入(6.3.85)式,可得

$$\frac{\mathrm{d}u_{\mathrm{m}}^2}{\mathrm{d}t}=10\nu u_{\mathrm{m}}^2 f''(0)=-10\nu\frac{u_{\mathrm{m}}^2}{\lambda_g^2} \tag{6.3.87}$$

应用(6.3.37)式,可得

$$\frac{\mathrm{d}u_{\mathrm{m}}^2}{\mathrm{d}t}=-\frac{2}{3}\varepsilon \text{ 或者 } \frac{\mathrm{d}k}{\mathrm{d}t}=-\varepsilon \tag{6.3.88}$$

这表明,当 $r=0$ 时,卡门—霍华斯方程即各向同性湍流的湍动能耗散方程。

2. 能谱的演化方程

对相关函数的演化方程(6.3.83)式做傅里叶变换,即可得到谱空间中的能谱演化方程。首先类似二阶相关张量的傅里叶变换,引入三阶速度相关张量的傅里叶变换,即

$$R_{ik,j}(\boldsymbol{r})=-\mathrm{i}\int_{-\infty}^{\infty}\int_{-\infty}^{\infty}\int_{-\infty}^{\infty}\psi_{ikj}(\boldsymbol{\kappa})\mathrm{e}^{\mathrm{i}\boldsymbol{\kappa}\cdot\boldsymbol{r}}\mathrm{d}\kappa_1\mathrm{d}\kappa_2\mathrm{d}\kappa_3 \tag{6.3.89}$$

于是对(6.3.83)式做傅里叶变换后,得

$$\frac{\partial\phi_{ij}(\boldsymbol{\kappa})}{\partial t}=\kappa_k[\psi_{ikj}(\boldsymbol{\kappa})+\psi_{jki}(\boldsymbol{\kappa})]-2\nu\kappa^2\phi_{ij}(\boldsymbol{\kappa}) \tag{6.3.90}$$

令 $i=j$,则得

$$\frac{\partial\phi_{ii}(\boldsymbol{\kappa})}{\partial t}=2\kappa_k\psi_{iki}(\boldsymbol{\kappa})-2\nu\kappa^2\phi_{ii}(\boldsymbol{\kappa}) \tag{6.3.91}$$

由(6.3.68)式可得 $\phi_{ii}(\boldsymbol{\kappa})=E(\kappa)/(2\pi\kappa^2)$,代入上式可得

$$\frac{\partial}{\partial t}E(\kappa)=T(\kappa)-2\nu\kappa^2E(\kappa) \tag{6.3.92}$$

其中非线性惯性项 $T(\kappa)=4\pi\kappa^2\kappa_k\psi_{iki}(\boldsymbol{\kappa})$ 与速度脉动的三阶相关项有关。(6.3.92) 式是各向同性湍流的能谱演化方程，也称为 Lin 方程(Lin equation)，Lin 即林家翘(C. C. Lin)。能谱演化方程表明，能谱随时间变化是因为能量在不同尺度(即不同波数) 涡之间的传递，即 $T(\kappa)$ 项，以及线性黏性项 $2\nu\kappa^2E(\kappa)$ 的变化。能谱的演化方程同样是不封闭的，需要对输运项 $T(\kappa)$ 进行建模，有关封闭的方法请读者参考其他相关文献。

在所有波数上对(6.3.92) 积分，可得

$$\underbrace{\frac{\partial}{\partial t}\int_0^{\infty}E(\kappa)\mathrm{d}k}_{\mathrm{d}k/\mathrm{d}t}=\int_0^{\infty}T(\kappa)\mathrm{d}k-\underbrace{2\nu\int_0^{\infty}\kappa^2E(\kappa)\mathrm{d}k}_{\varepsilon}$$

上式左端项表示湍动能的变化率，右端最后一项表示湍动能的耗散率。对于各向同性湍流，结合湍动能方程(6.3.88) 式可知

$$\int_0^{\infty}T(\kappa)\mathrm{d}k=0 \tag{6.3.93}$$

$T(\kappa)$表示由于惯性作用能量从大尺度涡向小尺度涡传递的速率，(6.3.93) 式表明惯性作用只是在各波段间进行能量传输，并不改变物理空间中的湍动能总量。

在 6.3.1 节中，我们基于能量串级的概念，对湍动能的输运过程做了定性的描述。卡门 — 霍华斯方程虽然给出了相关函数的演化过程，但并不容易看出湍动能的传输机理。谱空间中的能谱演化方程则清楚地揭示了压强项和惯性项在湍动能输运过程中所起的不同作用。为进一步说明这一点，接下来我们先推导 N-S 在谱空间中的表达形式，然后再研究湍动能的输运过程。

3. 谱空间中的 N-S 方程

将附录傅里叶级数(D.1.9) 式推广到三维空间，则脉动量可表示成如下傅里叶级数形式

$$u_i(\boldsymbol{x})=\sum_{\boldsymbol{\kappa}}\hat{u}_i(\boldsymbol{\kappa})\mathrm{e}^{\mathrm{i}\boldsymbol{\kappa}\cdot\boldsymbol{x}} \tag{6.3.94}$$

$$p(\boldsymbol{x})=\sum_{\boldsymbol{\kappa}}\hat{p}(\boldsymbol{\kappa})\mathrm{e}^{\mathrm{i}\boldsymbol{\kappa}\cdot\boldsymbol{x}} \tag{6.3.95}$$

式中 $-L/2\leqslant x_i\leqslant L/2$，$L$ 表示空间展开的最大长度，$\boldsymbol{\kappa}$ 为波数矢量，$\boldsymbol{\kappa}=(2\pi/L)\boldsymbol{n}$，$\boldsymbol{n}$ 为整数矢量，即 $\boldsymbol{n}=n_1\boldsymbol{e}_1+n_2\boldsymbol{e}_2+n_3\boldsymbol{e}_3$，可见 $2\pi/L$ 为最小波数。傅里叶系数 $\hat{u}_i(\boldsymbol{\kappa})$和 $\hat{p}(\boldsymbol{\kappa})$分别为速度和压强的离散谱。

将附录中傅里叶级数(D.1.10) 式推广到三维空间，可得

$$\mathscr{F}\{u_i(\boldsymbol{x})\}=\hat{u}_i(\boldsymbol{\kappa})=\frac{1}{L^3}\int_{-L/2}^{L/2}\int_{-L/2}^{L/2}\int_{-L/2}^{L/2}u_i(\boldsymbol{x})\mathrm{e}^{-\mathrm{i}\boldsymbol{\kappa}\cdot\boldsymbol{x}}\mathrm{d}x_1\mathrm{d}x_2\mathrm{d}x_3 \tag{6.3.96}$$

$$\mathscr{F}\{p(\boldsymbol{x})\}=\hat{p}(\boldsymbol{\kappa})=\frac{1}{L^3}\int_{-L/2}^{L/2}\int_{-L/2}^{L/2}\int_{-L/2}^{L/2}p(\boldsymbol{x})\mathrm{e}^{-\mathrm{i}\boldsymbol{\kappa}\cdot\boldsymbol{x}}\mathrm{d}x_1\mathrm{d}x_2\mathrm{d}x_3 \tag{6.3.97}$$

式中符号$\mathscr{F}\{\ \}$表示傅里叶变换。因为速度和压强均为实数，因此速度和压强的谱均具有共轭对称性，即

$$\hat{u}_i(\boldsymbol{\kappa})=\hat{u}_i^*(-\boldsymbol{\kappa}),\hat{p}(\boldsymbol{\kappa})=\hat{p}^*(-\boldsymbol{\kappa}) \tag{6.3.98}$$

其中 $\hat{u}_i^*$、$\hat{p}^*$ 分别为 $\hat{u}_i$ 和 $\hat{p}$ 的复共轭。

应用傅里叶变换的求导规则(见(D.2.10)式)，首先对脉动的连续方程(6.3.80)式做傅里叶变换

$$\mathscr{F}\left\{\frac{\partial u_i}{\partial x_i}\right\}=\mathrm{i}\kappa_i\hat{u}_i(\boldsymbol{\kappa})$$

因为 $\partial u_i/\partial x_i=0$，所以有

$$\kappa_i\hat{u}_i(\boldsymbol{\kappa})=0 \tag{6.3.99}$$

上式表明，在谱空间中，速度向量与波数向量相互垂直。

继续对脉动量的 N-S 方程(6.3.81)式做傅里叶变换，其中时变加速度项的傅里叶变换为

$$\mathscr{F}\left\{\frac{\partial u_i}{\partial t}\right\}=\frac{\partial\hat{u}_i(\boldsymbol{\kappa},t)}{\partial t} \tag{6.3.100}$$

黏性项经变换后为

$$\mathscr{F}\left\{\nu\frac{\partial^2 u_i}{\partial x_j\partial x_j}\right\}=-\nu\kappa^2\hat{u}_i(\boldsymbol{\kappa}) \tag{6.3.101}$$

为方便起见，可将(6.3.97)式重新定义成

$$\hat{p}(\boldsymbol{\kappa})=\mathscr{F}\left\{\frac{p(\boldsymbol{x})}{\rho}\right\} \tag{6.3.102}$$

则压强梯度项的傅里叶变换可表示成

$$\mathscr{F}\left\{-\frac{1}{\rho}\frac{\partial p}{\partial x_i}\right\}=-\mathrm{i}\kappa_i\hat{p}(\boldsymbol{\kappa}) \tag{6.3.103}$$

对流项的傅里叶变换稍微复杂些。由于

$$\begin{aligned}u_i(\boldsymbol{x})u_j(\boldsymbol{x})&=\left[\sum_{\boldsymbol{\kappa}'}\hat{u}_i(\boldsymbol{\kappa}')\mathrm{e}^{\mathrm{i}\boldsymbol{\kappa}'\cdot\boldsymbol{x}}\right]\left[\sum_{\boldsymbol{\kappa}''}\hat{u}_j(\boldsymbol{\kappa}'')\mathrm{e}^{\mathrm{i}\boldsymbol{\kappa}''\cdot\boldsymbol{x}}\right]\\&=\sum_{\boldsymbol{\kappa}'}\sum_{\boldsymbol{\kappa}''}\hat{u}_i(\boldsymbol{\kappa}')\hat{u}_j(\boldsymbol{\kappa}'')\mathrm{e}^{\mathrm{i}(\boldsymbol{\kappa}'+\boldsymbol{\kappa}'')\cdot\boldsymbol{x}}\end{aligned}$$

于是有

$$\begin{aligned}\mathscr{F}\left\{u_j\frac{\partial u_i}{\partial x_j}\right\}&=\mathscr{F}\left\{\frac{\partial(u_iu_j)}{\partial x_j}\right\}\\&=\frac{1}{L^3}\int_{-L/2}^{L/2}\int_{-L/2}^{L/2}\int_{-L/2}^{L/2}\frac{\partial}{\partial x_j}\left[\sum_{\boldsymbol{\kappa}'}\sum_{\boldsymbol{\kappa}''}\hat{u}_i(\boldsymbol{\kappa}')\hat{u}_j(\kappa'')\mathrm{e}^{\mathrm{i}(\boldsymbol{\kappa}'+\boldsymbol{\kappa}'')\cdot\boldsymbol{x}}\right]\mathrm{e}^{-\mathrm{i}\boldsymbol{\kappa}\cdot\boldsymbol{x}}\mathrm{d}x_1\mathrm{d}x_2\mathrm{d}x_3\\&=\mathrm{i}(\kappa_j'+\kappa''_j)\frac{1}{L^3}\int_{-L/2}^{L/2}\int_{-L/2}^{L/2}\int_{-L/2}^{L/2}\left[\sum_{\boldsymbol{\kappa}'}\sum_{\boldsymbol{\kappa}''}\hat{u}_i(\boldsymbol{\kappa}')\hat{u}_j(\boldsymbol{\kappa}'')\mathrm{e}^{\mathrm{i}(\boldsymbol{\kappa}'+\boldsymbol{\kappa}'')\cdot\boldsymbol{x}}\right]\mathrm{e}^{-\mathrm{i}\boldsymbol{\kappa}\cdot\boldsymbol{x}}\mathrm{d}x_1\mathrm{d}x_2\mathrm{d}x_3\\&=\mathrm{i}(\kappa_j'+\kappa''_j)\left[\sum_{\boldsymbol{\kappa}'}\sum_{\boldsymbol{\kappa}''}\hat{u}_i(\boldsymbol{\kappa}')\hat{u}_j(\boldsymbol{\kappa}'')\right]\frac{1}{L^3}\int_{-L/2}^{L/2}\int_{-L/2}^{L/2}\int_{-L/2}^{L/2}\mathrm{e}^{\mathrm{i}(\boldsymbol{\kappa}'+\boldsymbol{\kappa}''-\boldsymbol{\kappa})\cdot\boldsymbol{x}}\mathrm{d}x_1\mathrm{d}x_2\mathrm{d}x_3\end{aligned}$$

又因为

$$\int_{-L/2}^{L/2}\int_{-L/2}^{L/2}\int_{-L/2}^{L/2}\mathrm{e}^{\mathrm{i}(\boldsymbol{\kappa}'+\boldsymbol{\kappa}''-\boldsymbol{\kappa})\cdot\boldsymbol{x}}\mathrm{d}x_1\mathrm{d}x_2\mathrm{d}x_3=\begin{cases}L^3,\boldsymbol{\kappa}'+\boldsymbol{\kappa}''=\boldsymbol{\kappa}\\0,\boldsymbol{\kappa}'+\boldsymbol{\kappa}''\neq\boldsymbol{\kappa}\end{cases}$$

所以只有当 $\boldsymbol{\kappa}'+\boldsymbol{\kappa}''=\boldsymbol{\kappa}$，亦即波速矢量 $\boldsymbol{\kappa}'$、$\boldsymbol{\kappa}''$ 和 $\boldsymbol{\kappa}$ 组成封闭矢量三角形时，非线性相互作用项 $\hat{u}_i(\boldsymbol{\kappa}')\hat{u}_j(\boldsymbol{\kappa}'')$ 才对波数 $\boldsymbol{\kappa}$ 的谱分量有贡献。于是，对流项的傅里叶变换可表示成

$$\mathscr{F}\left\{u_j\frac{\partial u_i}{\partial x_j}\right\}=\mathrm{i}\kappa_j\sum_{\boldsymbol{\kappa}'}\hat{u}_i(\boldsymbol{\kappa}')\hat{u}_j(\boldsymbol{\kappa}-\boldsymbol{\kappa}') \tag{6.3.104}$$

根据(6.3.100)式、(6.3.101)式、(6.3.103)式和(6.3.104)式，N-S方程(6.3.81)式做傅里叶变换后，变为

$$\frac{\partial\hat{u}_i(\boldsymbol{\kappa})}{\partial t}+\nu\kappa^2\hat{u}_i(\boldsymbol{\kappa})=-\mathrm{i}\kappa_i\hat{p}(\boldsymbol{\kappa})-\mathrm{i}\kappa_j\sum_{\boldsymbol{\kappa}'}\hat{u}_i(\boldsymbol{\kappa}')\hat{u}_j(\boldsymbol{\kappa}-\boldsymbol{\kappa}') \tag{6.3.105}$$

以 κ_i 乘以(6.3.105)式，并应用连续方程(6.3.99)式，可得

$$\hat{p}(\boldsymbol{\kappa})=-\frac{\kappa_i\kappa_j}{\kappa^2}\sum_{\boldsymbol{\kappa}'}\hat{u}_i(\boldsymbol{\kappa}')\hat{u}_j(\boldsymbol{\kappa}-\boldsymbol{\kappa}') \tag{6.3.106}$$

然后将(6.3.106)式代回到(6.3.105)式，消除压强项，可得

$$\begin{aligned}\frac{\partial\hat{u}_i(\boldsymbol{\kappa})}{\partial t}+\nu\kappa^2\hat{u}_i(\boldsymbol{\kappa})&=-\mathrm{i}\kappa_i\left[-\frac{\kappa_k\kappa_l}{\kappa^2}\sum_{\boldsymbol{\kappa}'}\hat{u}_k(\boldsymbol{\kappa}')\hat{u}_l(\boldsymbol{\kappa}-\boldsymbol{\kappa}')\right]-\mathrm{i}\kappa_l\sum_{\boldsymbol{\kappa}'}\delta_{ik}\hat{u}_k(\boldsymbol{\kappa}')\hat{u}_l(\boldsymbol{\kappa}-\boldsymbol{\kappa}')\\&=-\mathrm{i}\kappa_l\left(\delta_{ik}-\frac{\kappa_k\kappa_i}{\kappa^2}\right)\sum_{\boldsymbol{\kappa}'}\hat{u}_k(\boldsymbol{\kappa}')\hat{u}_l(\boldsymbol{\kappa}-\boldsymbol{\kappa}')\end{aligned} \tag{6.3.107}$$

注意，为了合并同类项，对(6.3.106)式右端和(6.3.105)式右端第二项中的哑标进行了统一更换。(6.3.107)式即谱空间中的流速谱 $\hat{u}_i(\boldsymbol{\kappa})$ 的演化方程，由方程求解出谱空间中的速度谱 $\hat{u}_i(\boldsymbol{\kappa})$ 后，代入(6.3.94)式即可得到物理空间中的脉动速度 $u_i(\boldsymbol{x})$。

以 $\hat{u}_j(\boldsymbol{\kappa})$ 乘以(6.3.107)式的共轭方程，再加上 $\hat{u}_i^*(\boldsymbol{\kappa})$ 乘以(6.3.107)式的 $\hat{u}_j(\boldsymbol{\kappa})$ 方程，经整理可得

$$\begin{aligned}&\left(\frac{\partial}{\partial t}+2\nu\kappa^2\right)\hat{u}_i^*(\boldsymbol{\kappa})\hat{u}_j(\boldsymbol{\kappa})\\&=\frac{\mathrm{i}}{\kappa^2}\sum_{\boldsymbol{\kappa}'}\left[\kappa_i\kappa_k\kappa_l\hat{u}_j(\boldsymbol{\kappa})\hat{u}_k^*(\boldsymbol{\kappa}')\hat{u}_l^*(\boldsymbol{\kappa}-\boldsymbol{\kappa}')+\kappa_j\kappa_k\kappa_l\hat{u}_i^*(\boldsymbol{\kappa})\hat{u}_k(\boldsymbol{\kappa}')\hat{u}_l(\boldsymbol{\kappa}-\boldsymbol{\kappa}')\right]\\&\quad-\mathrm{i}\sum_{\boldsymbol{\kappa}'}\kappa_l\left[\hat{u}_i^*(\boldsymbol{\kappa}')\hat{u}_j(\boldsymbol{\kappa})\hat{u}_l^*(\boldsymbol{\kappa}-\boldsymbol{\kappa}')+\hat{u}_i^*(\boldsymbol{\kappa})\hat{u}_j(\boldsymbol{\kappa}')\hat{u}_l(\boldsymbol{\kappa}-\boldsymbol{\kappa}')\right]\end{aligned} \tag{6.3.108}$$

上式左端 $\hat{u}_i^*(\boldsymbol{\kappa})\hat{u}_j(\boldsymbol{\kappa})$ 表示谱空间中能量的分布，右端第一项表示压强作用项，而第二项则为惯性作用项。

记(6.3.108)式右端第一项为

$$\Pi_{ij}(\boldsymbol{\kappa})=\frac{i}{\kappa^2}\sum_{\boldsymbol{\kappa}'}\left[\kappa_i\kappa_k\kappa_l\hat{u}_j(\boldsymbol{\kappa})\hat{u}_k^*(\boldsymbol{\kappa}')\hat{u}_l^*(\boldsymbol{\kappa}-\boldsymbol{\kappa}')+\kappa_j\kappa_k\kappa_l\hat{u}_i^*(\boldsymbol{\kappa})\hat{u}_k(\boldsymbol{\kappa}')\hat{u}_l(\boldsymbol{\kappa}-\boldsymbol{\kappa}')\right]$$

对上式进行张量收缩，即令 $i=j$，由于不可压缩流体满足连续方程 $\kappa_i\hat{u}_i(\boldsymbol{\kappa})=\kappa_i\hat{u}_i^*(\boldsymbol{\kappa})=0$，所以有 $\Pi_{ii}(\boldsymbol{\kappa})=0$。这表明压强对于任意给定波数 $\boldsymbol{\kappa}$ 的湍动能增量 $\partial[\hat{u}_i^*(\boldsymbol{\kappa})\hat{u}_j(\boldsymbol{\kappa})]/\partial t$ 没有贡献。如果对所波数求和，可知压强项对湍动能总量也没有贡献。这表明压强项的作用是在各速度分量之间传输动量和动能，对于各向同性湍流，由于各方向的流速分量不再

有差异，所以此时压强项不再起作用。

记(6.3.108)式右端第二项为

$$\Gamma_{ij}(\boldsymbol{\kappa})=-\mathrm{i}\sum_{\boldsymbol{\kappa}'}\kappa_l[\hat{u}_i^*(\boldsymbol{\kappa}')\hat{u}_j(\boldsymbol{\kappa})\hat{u}_l^*(\boldsymbol{\kappa}-\boldsymbol{\kappa}')-\hat{u}_i^*(\boldsymbol{\kappa})\hat{u}_j(\boldsymbol{\kappa}')\hat{u}_l(\boldsymbol{\kappa}-\boldsymbol{\kappa}')]$$

上式对所有波数求和，得到惯性作用下所有波段动能输运之和

$$\begin{aligned}\sum_{\boldsymbol{\kappa}}\Gamma_{ij}(\boldsymbol{\kappa})&=-\mathrm{i}\sum_{\boldsymbol{\kappa}}\sum_{\boldsymbol{\kappa}'}\kappa_l[\hat{u}_i^*(\boldsymbol{\kappa}')\hat{u}_j(\boldsymbol{\kappa})\hat{u}_l^*(\boldsymbol{\kappa}-\boldsymbol{\kappa}')-\hat{u}_i^*(\boldsymbol{\kappa})\hat{u}_j(\boldsymbol{\kappa}')\hat{u}_l(\boldsymbol{\kappa}-\boldsymbol{\kappa}')]\\&=-\mathrm{i}\sum_{\boldsymbol{\kappa}}\sum_{\boldsymbol{\kappa}'}\kappa_l[\hat{u}_i^*(\boldsymbol{\kappa})\hat{u}_j(\boldsymbol{\kappa}')\hat{u}_l^*(\boldsymbol{\kappa}'-\boldsymbol{\kappa})-\hat{u}_i^*(\boldsymbol{\kappa})\hat{u}_j(\boldsymbol{\kappa}')\hat{u}_l(\boldsymbol{\kappa}-\boldsymbol{\kappa}')]\\&=-\mathrm{i}\sum_{\boldsymbol{\kappa}}\sum_{\boldsymbol{\kappa}'}\kappa_l[\hat{u}_i^*(\boldsymbol{\kappa})\hat{u}_j(\boldsymbol{\kappa}')\hat{u}_l(\boldsymbol{\kappa}-\boldsymbol{\kappa}')-\hat{u}_i^*(\boldsymbol{\kappa})\hat{u}_j(\boldsymbol{\kappa}')\hat{u}_l(\boldsymbol{\kappa}-\boldsymbol{\kappa}')]\\&=0\end{aligned}$$

上式第二步是因为求和时 $\boldsymbol{\kappa}$ 和 $\boldsymbol{\kappa}'$ 可以互换，第三步由(6.3.98)式有 $\hat{u}_l^*(\boldsymbol{\kappa}'-\boldsymbol{\kappa})=\hat{u}_l(\boldsymbol{\kappa}-\boldsymbol{\kappa}')$。这表明惯性项并不改变湍动能的总量。如果令 $i=j$，有 $\sum\Gamma_{ii}(\boldsymbol{\kappa})=0$(这里对 i 不求和)，表明惯性作用也不改变各个方向上的湍动能。所以，惯性作用只是在脉动速度的各波段间传递动量和动能。

综上所述，在均匀湍流中，压强和惯性作用对于物理空间中的湍动能具有守恒性，都不能使均匀湍流场中质点的湍动能增加或减少，它们只能在脉动分量之间或不同尺度湍流涡之间调节能量。压强在脉动速度间重新分配能量，而惯性则在不同尺度湍流涡之间传递能量。

对(6.3.108)式进行张量收缩，同时考虑到收缩后压强项对湍动能的增量没有贡献，于是可得

$$\left(\frac{\partial}{\partial t}+2\nu\kappa^2\right)\hat{u}_i^*(\boldsymbol{\kappa})\hat{u}_i(\boldsymbol{\kappa})=-\mathrm{i}\sum_{\boldsymbol{\kappa}'}\kappa_l[\hat{u}_i(\boldsymbol{\kappa})\hat{u}_i^*(\boldsymbol{\kappa}')\hat{u}_l^*(\boldsymbol{\kappa}-\boldsymbol{\kappa}')+\hat{u}_i^*(\boldsymbol{\kappa})\hat{u}_i(\boldsymbol{\kappa}')\hat{u}_l(\boldsymbol{\kappa}-\boldsymbol{\kappa}')]$$

对上式在 κ 等于常数的球面上积分，并记

$$E(\kappa)=\oiint\hat{u}_i^*(\boldsymbol{\kappa})\hat{u}_i(\boldsymbol{\kappa})\mathrm{d}S(\kappa)$$

$$T(\kappa)=\oiint\left\{-\mathrm{i}\sum_{\boldsymbol{\kappa}'}\kappa_l[\hat{u}_i(\boldsymbol{\kappa})\hat{u}_i^*(\boldsymbol{\kappa}')\hat{u}_l^*(\boldsymbol{\kappa}-\boldsymbol{\kappa}')+\hat{u}_i^*(\boldsymbol{\kappa})\hat{u}_i(\boldsymbol{\kappa}')\hat{u}_l(\boldsymbol{\kappa}-\boldsymbol{\kappa}')]\right\}\mathrm{d}S(\kappa)$$

其中 $S(\kappa)$ 为半径等于 κ 的球面面积。于是谱空间中各向同性湍流的湍动能输运方程可写成

$$\left(\frac{\partial}{\partial t}+2\nu\kappa^2\right)E(\kappa)=T(\kappa)\tag{6.3.109}$$

于是，我们再次得到了能谱的输运方程，即(6.3.92)式的 Lin 方程。

6.4 高级数值模拟

湍流数值模拟方法根据模拟的精细化程度不同，可分为三个层次。在工程实用中，往往只需要预测湍流的平均运动，获得平均流速、平均压强等，因此数值模拟可基于雷诺平均方程进行，称为雷诺平均数值模拟(Reynolds averaged Navier-Stokes simulation, RANS)。直接针对 N-S 方程进行数值模拟的方法称为直接数值模拟(direct numerical simulation, DNS)，该方法对所有空间尺度和时间尺度的湍流运动都进行模拟，可以得到所有的湍流脉动，然后通过统计计算可以得到所有平均量，如平均速度、雷诺应力等，是最为精确的数值模拟方法。然而，由于湍流运动的最小尺度很小，所以直接数值模拟所需的网格也很小，导致计算成本极高，目前仍只能满足中低雷诺数流动模拟的需要，主要用于探索湍流流动本质等基础研究，尚无法满足工程应用的需要。湍流的小尺度脉动具有局部普适的统计规律，其对大尺度运动的统计作用是普适的，因此在数值计算时可以考虑只对大尺度的脉动进行计算，而对小尺度脉动进行模化处理，这种方法称为大涡模拟(large eddy simulation, LES)。

雷诺平均数值模拟的控制方程在 6.2 节中做了详细叙述，本节对直接数值模拟、大涡模拟，以及雷诺平均和大涡模拟组合模型(如分离涡模拟)做些扼要介绍。

6.4.1 直接数值模拟(DNS)

湍流是一种极其复杂的多尺度流动，如果需要掌握湍流场的全部信息，必须从完全精确的控制方程出发，开展全尺度湍流运动的模拟。相比实验测量仅能获得有限的流场信息，直接数值模拟可以获得全部湍流场信息，因此是研究湍流机理的强有力工具，同时也可用于评价已有的湍流模式，进而研究出改进湍流模式的途径。

为了保证能模拟湍流最小涡的运动，直接数值模拟最小尺度 Δ 应小于耗散尺度，即科尔莫戈罗夫尺度 l_ν，而模拟的最大范围应大于流场中最大涡的尺度，即含能涡尺度 l_k。以一个均匀各向同性湍流的立方体流场为例，一维方向的网格数至少应满足 $N_1 > l_k/l_\nu \sim Re_k^{3/4}$(见(6.3.11)式，其中 $Re_k = u_k l_k/\nu$)，因此总网格数应满足

$$N = N_1 N_2 N_3 > Re_k^{9/4} \tag{6.4.1}$$

对于高雷诺数的湍流运动而言，即使仅模拟单个最大湍流涡的流场，所需的网格数也是惊人的。在模拟非各向同性湍流流动的实际工程时，对网格分辨率的要求更高。例如计算边界层湍流时，横向计算长度为 $\sim O(\delta)$，纵向计算长度为 $\sim 10\delta$，都大于湍流脉动的含能涡尺度。为了能实现边界层湍流这类流动的模拟，我们不得不放松对网格计算尺度的要求。由于湍动能耗散的峰值尺度大于科尔莫戈罗夫尺度 l_ν，因此不一定要求网格计算尺度 Δ

小于耗散。实际上，在大多数壁面湍流的 DNS 算例中，除近壁面处垂直壁面方向的分辨率外，纵向和展向的分辨率多在$(5 \sim 10) l_\nu$。此外，最小计算网格长度还与所采用的数值方法有关，在同等的计算精度下，谱方法的网格可以比差分法的网格更大些。

数值计算除了对空间分辨率有要求外，为了保证计算的稳定性，计算的时间步长必须满足

$$\Delta t < \frac{\Delta}{u_k} \tag{6.4.2}$$

由于时间推进的积分长度应数倍于大涡的特征时间尺度 l_k/u_k，因此可以推算总的计算步长应大于 $l_k/l_\nu \sim Re_k^{3/4}$。(6.4.2)式关于时间步长的要求是针对显示差分格式的，如果采用的数值方法是全隐式格式，或部分隐式格式(例如黏性项采用隐式格式，对流项采用显示格式)，时间步长还可以大些。

在直接数值模拟中，确定流动的初始条件和开边界上的条件是相当困难的。湍流流动是随机的，需要给出的初始流场和开边界上速度样本是流场解的一部分，但在没有得到数值解以前，并不清楚初始流场和开边界上速度的分布，因此不可能给出准确的初始流场和边界条件。由于脉动速度场的长时间相关总是等于零，只要经过足够长时间后，初始流场的随机状态对湍流脉动场以后的发展几乎没有影响。因此，在实际操作中，往往先给出近似的初始条件和边界条件，然后开始进行数值模拟计算，当计算相当多的时间步后，可认为已经再现了“真实”的湍流状态，只要继续推进足够的时间步后即可获得足够的统计样本。对于边界条件也有类似情况，远距离的相关总等于零，因此可以将计算的边界向外扩展，从计算边界到实际边界间的流场不是“真实”的湍流场，真实的湍流场从计算域下游截面开始，而“真实”流场可通过随时监视统计量来进行判断。具体如何构造初始场和边界条件，读者可参考有关文献资料。

实现直接数值模拟的方法有两种，一种是在谱空间进行的谱方法，另一种是在物理空间进行的直接差分法。对于湍流的直接数值模拟而言，差分方法最主要的是选择差分格式，一般需要选择高精度的格式。差分方法的原理比较简单，因此不再赘述，在此仅对谱方法的基本原理做扼要介绍。

设有微分方程

$$\ell(u) = f(u) \tag{6.4.3}$$

其中 ℓ 表示微分算子，$f(u)$是已知函数。将方程中的待求未知量 u 用一组完备的线性独立函数族展开

$$u^N = \sum_k^N \hat{u}_k \phi_k \tag{6.4.4}$$

式中独立函数族 ϕ_k 称为试探函数，$\hat{u}_k$ 为函数的展开系数。展开式取有限项的值 u^N 作为原函数的近似，将 u^N 代入原来的微分方程，所产生的误差称为残差或余量，记为

$$R^N = \ell(u^N) - f(u^N) \tag{6.4.5}$$

再选择另一组完备的线性独立函数族 ψ_k 作为权函数，要求余量的加权积分等于零

$$\int_{\Omega}[\ell(u^N)-f(u^N)]\psi_k \mathrm{d}\Omega=0 \tag{6.4.6}$$

式中 Ω 为流动问题的求解域。由于试探函数 ϕ_k 和权函数 ψ_k 都是已知的函数族，上式仅是展开系数 $\hat{u}_k$ 的代数方程组。因此，谱方法将求解流动的偏微分控制方程组转化求解代数方程组，从而具有计算速度快、计算精度高的优点。如果试探函数和权函数选用三角函数，可利用快速傅里叶变换求解。

在谱空间中，湍流脉动 N-S 方程即(6.3.107) 式。物理空间中 N-S 方程中的非线性对流项经谱变换后在谱空间中为卷积求和，即(6.3.107) 式的右端项。若流速的展开项数为 N，则卷积求和的运算次数为 N^2，这对于分辨率要求很高的直接数值模拟来说，是耗时量很大的计算。为减少计算工作量，对流项的计算可以在物理空间中进行，然后把它作为一个原函数在谱空间中进行展开，这种方法称为伪谱法(pseudo spectral method)。一次快速傅里叶变换的运算次数为 $N\ln N$，在伪谱法中对流项的总计算次数为 $(3N\ln N+N)$ 次，当 N 很大时，此计算次数远小于 N^2。因此，伪谱法可充分利用快速傅里叶变换，大大提高谱方法的计算效率。

对于线性微分方程，谱方法的精度取决于谱展开的精度，即谱截断误差。对于非线性微分方程，除截断误差外，伪谱法中非线性项的有限项谱展开还会产生附加误差，称为混淆误差，这部分误差可采用适当的算法予以消除。

谱方法的优点是计算精度高、运算速度快，缺点是只能适用于简单的几何边界，对于复杂的几何边界的湍流需要采用有限差分法或有限体积法等离散方法。

6.4.2 大涡模拟(LES)

从数值模拟获得信息量来讲，直接数值模拟无疑是最理想的方法，此方法能得到湍流的所有信息，然而受制于目前计算能力的限制，直接数值模拟还只能应用于中低雷诺数的湍流机理研究，对于实际中复杂的工程湍流问题尚无能为力。假以时日，计算机能力取得重大突破，如量子计算机成为现实，直接数值模拟方法或将是解决湍流问题的终极算法。在解决实际工程湍流问题中，雷诺平均数值模拟能提供流场的平均信息，但若需要进一步获得流场的动态信息，雷诺平均方法则不能满足要求。雷诺平均方法还有一个明显的不足，就是每种湍流模式只对某些特定的湍流问题有效，其原因是在方程组封闭过程中掩盖了所有湍流的脉动信息，因此湍流模式的普适性较差。大涡模拟是介于直接数值模拟和雷诺平均方法之间的一种数值方法，该方法只计算大尺度脉动，而小尺度脉动则通过模化来考虑。湍流场中的大尺度涡的运动受边界条件等影响很大，表现出明显的各向异性，但小尺度涡的运动受大尺度涡的影响较小，表现出局部各向同性，因此可能存在局部普适的统计规律，通过构造出更具普适性的描述小尺度脉动的模型，可以提升数值模拟方法的适应性。由于大涡模拟只对大尺度脉动进行模拟，因此计算网格的最小尺度要远大于直接数值模拟所要求的最小尺度，但一般也要求与惯性子区尺度处于同一量级，因为惯性子区以下尺度的脉动才可能有局部普适性。

因为大涡模拟只对大尺度脉动进行计算，所以大涡模拟的第一步是过滤小尺度脉动，其目的是将需要直接求解的尺度和需要建模的尺度（也称亚格子尺度）分离开来。物理空间上的滤波运算在数学上可表示成卷积

$$\widetilde{u}_i(\boldsymbol{x},t)=\int\Theta(\boldsymbol{x},\boldsymbol{y})u_i(\boldsymbol{x}-\boldsymbol{y},t)\,\mathrm{d}y \tag{6.4.7}$$

式中 $\widetilde{u}_i$ 为滤波后的速度场，Θ 为低通滤波算子，其必须满足正则条件

$$\int\Theta(\boldsymbol{x},\boldsymbol{y})\,\mathrm{d}y=1 \tag{6.4.8}$$

选择不同的滤波算子，将得到不同的滤波器。

经过过滤后，湍流速度可分解成低通脉动（或称解析尺度脉动）和剩余脉动（或称亚格子尺度脉动）之和

$$u_i(\boldsymbol{x},t)=\widetilde{u}_i(\boldsymbol{x},t)+u''_i(x,t) \tag{6.4.9}$$

解析尺度脉动 $\widetilde{u}_i$ 由求解过滤后的控制方程解出，亚格子尺度脉动 u''_i 需要通过建模来表示。上述速度分解与雷诺分解非常类似，但是要注意，过滤运算与雷诺平均在运算性质上有很大的不同。一般情况下，物理空间中的过滤运算 $\widetilde{\widetilde{u}}\neq\widetilde{u}$，$\widetilde{(u-\widetilde{u})}=\widetilde{u}''\neq 0$。同时，$\widetilde{\partial u/\partial x}\neq\partial\widetilde{u}/\partial x$，这表明过滤运算和求导不可交换，只有均匀过滤才满足过滤和求导的交换性。过滤和求导不可交换时会产生误差，函数本身的不均匀性和网格的不均匀性都会产生交换误差。交换误差对复杂湍流来说十分重要，应当加以控制，如通过设计特定的过滤器来控制。

假设过滤和求导可以交换，将连续方程和 N-S 方程进行过滤，可得过滤后的控制方程

$$\frac{\partial\widetilde{u}_i}{\partial x_i}=0 \tag{6.4.10}$$

$$\frac{\partial\widetilde{u}_i}{\partial t}+\frac{\partial(\widetilde{u}_i\widetilde{u}_j)}{\partial x_j}=-\frac{1}{\rho}\frac{\partial\widetilde{p}}{\partial x_i}+\nu\frac{\partial^2\widetilde{u}_i}{\partial x_j\partial x_j}+\frac{\partial(\widetilde{u}_i\widetilde{u}_j-\widetilde{u_iu_j})}{\partial x_j} \tag{6.4.11}$$

与雷诺方程类似，(6.4.11) 式右端也出现不封闭项，记

$$\widetilde{\tau}_{ij}=\rho\widetilde{u}_i\widetilde{u}_j-\rho\widetilde{u_iu_j} \tag{6.4.12}$$

称为亚格子应力。与雷诺应力类似，亚格子应力是亚格子尺度脉动和可解析尺度脉动间的动量输运。将湍流速度表示成可解析尺度脉动和亚格子尺度脉动之和，可将(6.4.12)式改写成

$$\widetilde{\tau}_{ij}=\rho\widetilde{u}_i\widetilde{u}_j-\rho\widetilde{\widetilde{u}_i\widetilde{u}_j}-\rho\widetilde{\widetilde{u}_iu''_j}-\rho\widetilde{\widetilde{u}_ju''_i}-\rho\widetilde{u''_iu''_j}=L_{ij}+C_{ij}+R_{ij} \tag{6.4.13}$$

其中 $L_{ij}=\rho\widetilde{u}_i\widetilde{u}_j-\rho\widetilde{\widetilde{u}_i\widetilde{u}_j}$，称为 Leonard 应力，是解析尺度的动量输运；$C_{ij}=-\rho\widetilde{\widetilde{u}_iu''_j}-\rho\widetilde{\widetilde{u}_ju''_i}$，称为交叉应力，是解析尺度和亚格子尺度脉动间的输运量；$R_{ij}=-\rho\widetilde{u''_iu''_j}$，称为亚格子雷诺应力，是亚格子脉动之间的动量输运。

大涡模拟方法接下来的工作就是构造亚格子应力模型，目前学者们提出了许多的亚

格子模型，有关这方面的内容，读者可参考相关文献，在本教材中不再详述。以上在物理空间中介绍了大涡模拟的主要原理，大涡模拟方法同样也可以在谱空间中进行。

6.4.3 RANS/LES 组合模拟

大涡模拟过滤掉了小尺度湍流脉动，虽然可以采用相对较粗的计算网格，但计算工作量仍很大，对于雷诺数很高和几何形状复杂的流场，目前仍难以实现。雷诺平均方法中的涡黏性模式在平衡或接近平衡的流动区中具有较好的适应性，在这种地方没有必要采用大涡模拟。由于复杂的流动也并非处处都是非平衡的复杂湍流，因此可以采用 RANS 和 LES 组合应用的策略，在接近平衡的湍流区采用 RANS，而在非平衡的湍流区采用 LES。

RANS/LES 组合模型主要采用分区算法，最简单的方法是固定分区，应用自适应网格也可实现动态分区。由于 RANS 和 LES 在流动尺度上相差很大，因此在分区交界面上需要做特殊处理。针对分区界面的处理方法有多种，如直接交换数据法、附加过渡区方法、附加力方法等。在本教材中扼要介绍 Spalart 等提出的分离涡模拟（detached eddy simulation, DES）方法，该方法以网格分辨尺度来区分 RANS 和 LES 计算区域。

流体流动的控制方程为过滤后的连续方程和动量方程，即（6.4.10）式和（6.4.11）式。亚格子应力采用涡黏性模式，即

$$\tilde{\tau}_{ij} - \frac{2}{3}\delta_{ij}\tilde{\tau}_{kk} = -2\nu_t\tilde{S}_{ij} = -\nu_t\left(\frac{\partial \tilde{u}_i}{\partial x_j} + \frac{\partial \tilde{u}_j}{\partial x_i}\right) \tag{6.4.14}$$

而涡黏度通过求解 Spalart-Allmadas 涡黏度输运方程获得（Spalart and Allmadas, 1992），即

$$\frac{\partial \tilde{\nu}}{\partial t} + \tilde{u}_j\frac{\partial \tilde{\nu}}{\partial x_j} = c_{b1}\tilde{S}\tilde{\nu} - c_{w1}f_w\left(\frac{\tilde{\nu}}{\tilde{d}}\right)^2 + \frac{1}{\sigma}\left\{\frac{\partial}{\partial x_j}[(\nu+\tilde{\nu})\tilde{\nu}] + c_{b2}\frac{\partial \tilde{\nu}}{\partial x_j}\frac{\partial \tilde{\nu}}{\partial x_j}\right\} \tag{6.4.15}$$

式中各参数由以下公式确定

$$\nu_t = \tilde{\nu}f_{\nu 1},\ f_{\nu 1} = \frac{\chi^3}{\chi^3 + c_\nu^3},\ \chi = \frac{\tilde{\nu}}{\nu},\ \tilde{S} = |\tilde{S}| + \frac{\tilde{\nu}}{\kappa^2\tilde{d}^2}f_{\nu 2},\ |\tilde{S}| = \sqrt{2\tilde{S}_{ij}\tilde{S}_{ij}},$$

$$f_{\nu 2} = 1 - \frac{\chi}{1+\chi f_{\nu 1}},\ f_w = g\left(\frac{1+c_{w3}^6}{g^6 + c_{w3}^6}\right)^{1/6},\ g = r + c_{w2}(r^6 - r),\ r = \frac{\tilde{\nu}}{\tilde{S}\kappa^2\tilde{d}^2},$$

其余常数分别为 $c_{b1} = 0.1355$，$c_{b2} = 0.622$，$c_{w1} = c_{b1}/\kappa^2 + (1 + c_{b2})/\sigma$，$c_{w2} = 0.3$，$c_{w3} = 2.0$，$c_\nu = 7.1$，$\sigma = 2/3$，$\kappa = 0.41$。（6.4.15）式中 $\tilde{d}$ 是 RANS 和 LES 的分辨尺度，由下式确定：

$$\tilde{d} = \min(d_{\mathrm{RANS}}, d_{\mathrm{LES}}),\ d_{\mathrm{RANS}} = y,\ d_{\mathrm{LES}} = C_{\mathrm{DES}}\Delta \tag{6.4.16}$$

其中 y 是网格点和壁面间的垂直距离，Δ 为网格尺度，对于非均匀网格，$\Delta = \max(\Delta x, \Delta y, \Delta z)$，系数 $C_{\mathrm{DES}} = 0.65$。

第 6 章习题

第7章 工程中的流动问题

在前面的章节中，我们介绍了描述流体运动的基础理论，在本章将结合工程中的典型流动问题，来阐述流体力学基础理论如何应用到工程实际当中去。对于不同专业而言，虽然所涉及的流体流动问题千差万别，但解决实际问题的思路是大致相同的。首先需要分析流动问题的特点和影响因素，在此基础上通过适当的简化建立描述该流动问题的数学模型，然后采用恰当的数学方法求解数学模型，最后结合工程实践对理论结果进行解释，分析并判断理论结果的合理性。

本章我们选取了实际生活中常见的平板流动、圆管流动、明槽流动、地下水渗流等典型流动作为研究对象，并依据流动问题的特点进行分类讨论。7.1节讨论壁面对湍流流动阻碍的影响，因此主要关注流动中阻力的计算问题。7.2节讨论流体流动的非定常问题，其中有压管道的非定常流动主要关注流速变化过程中引起的压力波动问题，亦即水击增压的计算；而无压明槽的非定常流动主要关注明槽沿程水位和流速随时间的变化问题。7.3节则讨论流体在多孔介质（如土体）中的流动问题，主要关注渗流量及地下水位的计算问题。

7.1 壁面剪切湍流

在实际工程中，许多流动会受到一个或多个固体壁面的约束作用，如通道流动、管道流动等所谓的内部流动(internal flow)，以及平板（或机翼）绕流、明渠流动等所谓的外部流动(external flow)，都是如此，这种流动可一般统称为壁面流动(wall flow)。壁面流动的共同特点是流动方向都平行或近似平行于壁面，并且在近壁面区的流动特性具有普适性。本节在分析壁面湍流基本流动特性的基础上，以圆管湍流（属于内部流动）和平板湍流（属于外部流动）为例，重点介绍实际壁面剪切流动中所关注的剖面流速分布、壁面阻力计算等问题。

7.1.1 基本方程

壁面流动通常可看成二维平面流动。考虑二维定常湍流流动，由 6.1.2 节可得二维流动平均运动的连续方程和动量方程为

$$\frac{\partial \bar{u}}{\partial x}+\frac{\partial \bar{v}}{\partial y}=0 \tag{7.1.1}$$

$$\bar{u}\frac{\partial \bar{u}}{\partial x}+\bar{v}\frac{\partial \bar{u}}{\partial y}=-\frac{1}{\rho}\frac{\partial \bar{p}}{\partial x}+\nu\left(\frac{\partial^2 \bar{u}}{\partial x^2}+\frac{\partial^2 \bar{u}}{\partial y^2}\right)-\frac{\partial\, \overline{u'u'}}{\partial x}-\frac{\partial\, \overline{u'v'}}{\partial y} \tag{7.1.2}$$

$$\bar{u}\frac{\partial \bar{v}}{\partial x}+\bar{v}\frac{\partial \bar{v}}{\partial y}=-\frac{1}{\rho}\frac{\partial \bar{p}}{\partial y}+\nu\left(\frac{\partial^2 \bar{v}}{\partial x^2}+\frac{\partial^2 \bar{v}}{\partial y^2}\right)-\frac{\partial\, \overline{u'v'}}{\partial x}-\frac{\partial\, \overline{v'v'}}{\partial y} \tag{7.1.3}$$

假定壁面流动横向（y 方向）的几何尺度远小于纵向（x 方向）的几何尺度，则上述方程组中的动量方程可退化成二维湍流边界层中的动量方程，即

$$\bar{u}\frac{\partial \bar{u}}{\partial x}+\bar{v}\frac{\partial \bar{u}}{\partial y}=-\frac{1}{\rho}\frac{\partial \bar{p}}{\partial x}+\nu\frac{\partial^2 \bar{u}}{\partial y^2}-\frac{\partial\, \overline{u'u'}}{\partial x}-\frac{\partial\, \overline{u'v'}}{\partial y} \tag{7.1.4}$$

$$0=-\frac{1}{\rho}\frac{\partial \bar{p}}{\partial y}-\frac{\partial\, \overline{u'v'}}{\partial x}-\frac{\partial\, \overline{v'v'}}{\partial y} \tag{7.1.5}$$

通常，(7.1.5) 式中雷诺应力在纵向的梯度相比在横向的梯度而言，可以忽略不计，故有

$$\frac{1}{\rho}\frac{\partial \bar{p}}{\partial y}+\frac{\partial\, \overline{v'v'}}{\partial y}=0 \tag{7.1.6}$$

由上式积分可得

$$\bar{p}/\rho+\overline{v'v'}=C$$

式中 C 为积分常数。由于在壁面上雷诺应力为零，若假设壁面压强为 p_w，则 $C=p_w/\rho$，因此可得

$$\bar{p}/\rho=p_w/\rho-\overline{v'v'} \tag{7.1.7}$$

从而纵向的压强梯度可表示成

$$\frac{1}{\rho}\frac{\partial \bar{p}}{\partial x}=\frac{1}{\rho}\frac{\partial p_w}{\partial x}-\frac{\partial\, \overline{v'v'}}{\partial x} \tag{7.1.8}$$

将上式代入纵向的动量方程(7.1.4) 式可得

$$\bar{u}\frac{\partial \bar{u}}{\partial x}+\bar{v}\frac{\partial \bar{u}}{\partial y}=-\frac{1}{\rho}\frac{\partial p_w}{\partial x}+\nu\frac{\partial^2 \bar{u}}{\partial y^2}-\frac{\partial\, \overline{u'v'}}{\partial y}-\frac{\partial}{\partial x}\left(\overline{u'u'}-\overline{v'v'}\right) \tag{7.1.9}$$

上式右端最后一项表示雷诺正应力的纵向梯度，通常来讲，此项很小而可以忽略不计。

由于壁面剪切流动通常主要沿纵向流动，纵向的平均流速梯度 $\partial\bar{u}/\partial x$ 相比横向的平均流速梯度 $\partial\bar{u}/\partial y$ 而言可以忽略不计，即 $\partial\bar{u}/\partial x=0$，进而根据连续方程(7.1.1) 式可知 $\partial\bar{v}/\partial y=0$。同时，由于流动应满足壁面无滑条件 $\bar{v}(0)=0$，所以必有 $\bar{v}(y)=0$。如进一步忽略(7.1.9) 式右端的最后一项，则纵向的动量方程可简化为

$$0=-\frac{1}{\rho}\frac{\mathrm{d}p_w}{\mathrm{d}x}+\nu\frac{\mathrm{d}^2 \bar{u}}{\mathrm{d}y^2}-\frac{\partial\, \overline{u'v'}}{\partial y} \tag{7.1.10}$$

由于 $\bar{u}$、p_w 都只是单一变量的函数，因此式中的偏微分改为了微分。(7.1.10) 式亦可写成

$$\frac{\partial \tau}{\partial y} = \frac{\mathrm{d}p_w}{\mathrm{d}x} \tag{7.1.11}$$

其中

$$\tau = \tau_v + \tau_t = \rho\nu\frac{\mathrm{d}\bar{u}}{\mathrm{d}y} - \rho\overline{u'v'} \tag{7.1.12}$$

式中 τ 为湍流流动中的总切应力，包括黏性切应力 $\tau_v = \rho\nu(\mathrm{d}\bar{u}/\mathrm{d}y)$ 和湍流切应力 $\tau_t = -\rho\overline{u'v'}$ 两部分。由于壁面压强 p_w 与 y 无关，(7.1.11) 式积分可得

$$\tau(y) = \frac{\mathrm{d}p_w}{\mathrm{d}x}y + C \tag{7.1.13}$$

根据边界条件

$$\tau(0) = \tau_w, \tau(\delta) = 0$$

可得

$$C = \tau_w, \mathrm{d}p_w/\mathrm{d}x = -\tau_w/\delta$$

其中 τ_w 为壁面切应力，δ 表示壁面法向的几何尺寸，如边界层厚度、管道半径等。于是，(7.1.13) 式可写成

$$\tau(y) = \rho\nu\frac{\mathrm{d}\bar{u}}{\mathrm{d}y} + \tau_t = \left(1 - \frac{y}{\delta}\right)\tau_w \tag{7.1.14}$$

由上式可知，控制壁面剪切流动的参数包括 ρ、ν、τ_w 和 δ。根据量纲分析，在距离壁面 y 处，由 ρ、ν、τ_w、δ 和 y 仅可构成两个独立的无量纲量，即

$$\eta = \frac{y}{\delta} \tag{7.1.15}$$

和

$$y^+ = \frac{u_* y}{\nu} = \frac{y}{l_*} \tag{7.1.16}$$

其中

$$u_* = \sqrt{\tau_w/\rho} \tag{7.1.17}$$

$$l_* = \frac{\nu}{u_*} = \frac{\nu}{\sqrt{\tau_w/\rho}} \tag{7.1.18}$$

u_* 称为摩擦流速(friction velocity)，l_* 为黏性长度尺度(viscous length scale)。于是，可将 (7.1.14) 式改写成如下无量纲形式：

$$\frac{\mathrm{d}u^+}{\mathrm{d}y^+} + \tau_t^+ = 1 - \eta \tag{7.1.19}$$

其中 $u^+ = \bar{u}/u_*$ 为无量纲流速，$\tau_t^+ = \tau_t/\tau_w$ 为无量纲湍流切应力。控制方程(7.1.19) 式包含平均流速 u^+ 和湍流切应力 τ_t^+ 两个未知数，因此并不是封的，需要补充有关湍流切应力的方程(如构建湍流模式) 才能进行求解。

7.1.2 流动特性

1. 流动分区结构

普朗特假设，对于高雷诺数的壁面流动，近壁面区域($y/\delta < 0.1$)的流速分布取决于黏性长度尺度 l_*，而与流场的几何尺度 δ 无关，该区域称为内区(inner layer)。在流场的大部分区域($y^+ = y/l_* > 70$)，流体黏性输运的作用相比湍流输运的作用而言，可以忽略不计。因此，当 $y^+ > 70$ 时可认为流速分布与黏性无关，此部分区域为壁面湍流的核心区，称为外区(outer layer)。对于高雷诺数流动，内区和外区会有明显的重叠，称 $y^+ > 70$ 且 $y/\delta < 0.1$ 的区域为重叠区(overlap layer)，由于该区同时满足内区和外区的流速分布假设，因此重叠区的流速分布既不依赖于 δ，也不依赖于黏度 ν(亦即不依赖黏性长度尺度 l_*)。此外，在非常靠近壁面的区域($y^+ < 5$)，受壁面约束的作用，流动脉动的成分很少，雷诺切应力相比黏性切应力可以忽略不计，将此区域称为黏性底层(viscous sublayer)。显然，在黏性底层与外区之间($5 < y^+ < 70$)，可以认为黏性切应力和雷诺切应力具有同等的影响，此区称为过渡区(buffer layer)。根据上述分析，可将壁面湍流流动沿法向划分成不同的流区，如图 7.1.1 所示。

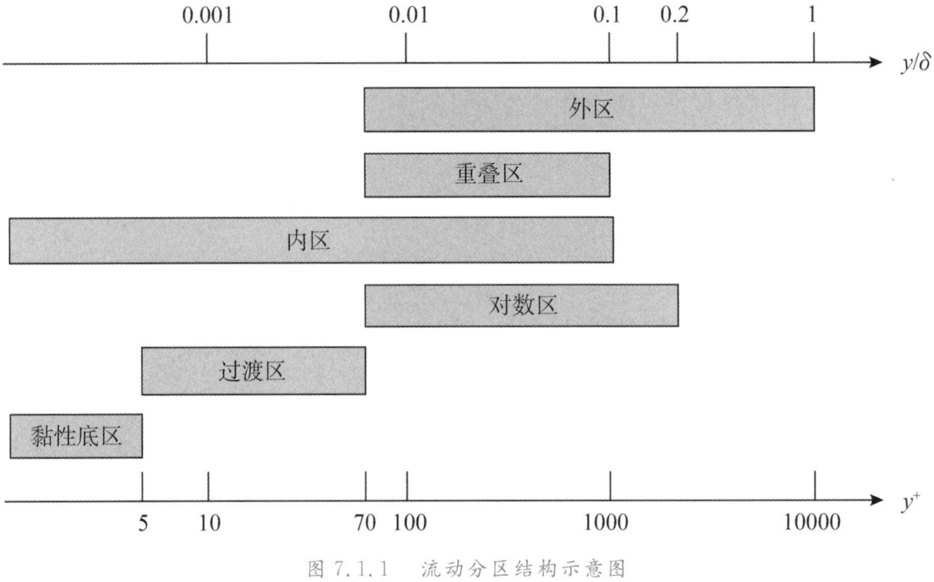

图 7.1.1 流动分区结构示意图

2. 普适壁面律

由(7.1.19)式的推导过程可知，壁面剪切流动仅与 y^+ 和 η 两个无量纲量有关，因此流速分布也仅依赖于此两个无量纲量。于是，壁面剪切流动的流速分布都可写成如下形式

$$\frac{du^+}{dy^+} = \frac{1}{y^+}\phi(y^+, \eta) \tag{7.1.20}$$

式中 $\phi(y^+, \eta)$ 为无量纲函数。(7.1.20)式并未依据任何具体的流动问题来做出假设，因此具有普适性。

根据前面流速分区的假设，在近壁面的内区($y/\delta<0.1$)，流速分布仅取决于黏性长度尺度 l_*，而与流场几何尺度 δ 无关，因此在内区的无量纲函数 $\phi(y^+,\eta)$ 应与 η 无关，(7.1.20)式可改写成

$$\frac{\mathrm{d}u^+}{\mathrm{d}y^+}=\frac{1}{y^+}\phi_1(y^+) \tag{7.1.21}$$

其中

$$\phi_1(y^+)=\lim_{\eta\to 0}\phi(y^+,\eta) \tag{7.1.22}$$

积分(7.1.21)式可得

$$u^+=f_{\mathrm{w}}(y^+) \tag{7.1.23}$$

其中

$$f_{\mathrm{w}}(y^+)=\int_0^{y^+}\frac{1}{y'}\phi_1(y')\mathrm{d}y' \tag{7.1.24}$$

(7.1.23)式表明，当 $\eta\to 0$ 时，内区的流速分布只与 y^+ 有关，且这一结论具有普适性，对于任何壁面湍流，如通道流动、管道流动、平板绕流等都适用，称为速度分布的普适壁面律(universal law of the wall)。

对内区的速度分布 f_{w} 做进一步细分，即分别讨论壁面附近($y^+\to 0$)和远离壁面($y^+\gg 1$)两种情况下的流速分布。

(1) 当 $y^+\to 0$ 时

由壁面上($y^+=0$)的无滑条件可知 $u^+(0)=f_{\mathrm{w}}(0)=0$，同时由于

$$\mu(\mathrm{d}\bar{u}/\mathrm{d}y)_{y=0}=\tau_{\mathrm{w}}$$

改写成无量纲形式，可得

$$(\mathrm{d}u^+/\mathrm{d}y^+)_{y^+=0}=f'_{\mathrm{w}}(0)=1$$

于是，函数 f_{w} 在 $y^+=0$ 处的泰勒展开为

$$u^+=f_{\mathrm{w}}(y^+)=y^++O(y^{+2}) \tag{7.1.25}$$

上式表明流速呈线性分布。大量实验测量结果表明，在 $y^+<5$ 的黏性底层，(7.1.25)式都与实验数据吻合很好。

(2) 当 $y^+\gg 1$ 时

在远离壁面的重叠区，黏性输运作用相比湍流输运作用可以忽略不计，流速分布与 ν 无关，因此(7.1.21)式中的无量纲函数 $\phi_1(y^+)$ 跟 y^+ 也无关，只能是常数，即

$$\phi_1(y^+)=1/\kappa \tag{7.1.26}$$

式中 κ 称为卡门常数，在不同文献中，κ 的取值略有不同，但差异一般不超过5%。于是，(7.1.21)式可改写成

$$\frac{\mathrm{d}u^+}{\mathrm{d}y^+}=\frac{1}{\kappa y^+} \tag{7.1.27}$$

上式积分得

$$u^+=\frac{1}{\kappa}\ln y^++C_1 \tag{7.1.28}$$

式中 C_1 为常数，通常与壁面的粗糙程度有关，关于壁面粗糙的影响详见本小节后面的介绍。(7.1.28) 式表明在重叠区流速呈对数分布，此即著名的流速分布对数律(logarithmic law)，重叠区也由此称为对数区。大量实测结果表明，不仅在 $y^+ > 70$ 且 $y/\delta < 0.1$ 的重叠区的流速分布满足对数分布律，在更大范围($y/\delta > 0.1$) 的流速分布一般也都能近似假设为对数分布，即对数区通常大于重叠区，如图 7.1.1 所示。

上述基于量纲分析得到了壁面内区的流速分布。根据控制方程(7.1.19) 式，结合具体的湍流模型，也可得到类似的流速分布。简要介绍如下。

由于在壁面的内区湍流流动仅依赖于黏性尺度，而不依赖于流场的几何尺度，因此(7.1.19) 式可退化为(令 $\eta \to 0$)

$$\frac{\mathrm{d}u^+}{\mathrm{d}y^+} + \tau_t^+ = 1 \tag{7.1.29}$$

当 $y^+ \to 0$ 时，如在黏性底层，湍流切应力 $\tau_t^+ \to 0$，于是上式进一步退化成

$$\frac{\mathrm{d}u^+}{\mathrm{d}y^+} = 1 \tag{7.1.30}$$

积分上式即得到(7.1.25) 式的线性流速分布。

而当 $y^+ \gg 1$ 时，黏性的影响可以忽略不计，(7.1.29) 式中的黏性应力项可以忽略不计，从而退化成

$$\tau_t^+ = 1 \tag{7.1.31}$$

亦即

$$-\rho\overline{u'v'} = \tau_w \tag{7.1.32}$$

上式需要通过构建湍流模型进行求解。若采用普朗特混合长度模型(6.2.4) 式，则(7.1.32) 式可表示成

$$\rho l_m^2 \left(\frac{\mathrm{d}\bar{u}}{\mathrm{d}y}\right)^2 = \tau_w \tag{7.1.33}$$

冯・卡门进一步假定混合长度 l_m 与离开壁面的距离 y 成正比，即

$$l_m = \kappa y \tag{7.1.34}$$

将(7.1.34) 式代入(7.1.33) 式，并化为无量纲形式，即可得到(7.1.27) 式，进而同样可得到对数分布(7.1.28) 式。

也有学者(参看 Gerstenand Herwig，1992) 结合其他湍流模型，建立了壁面内区流速分布的统一表达式，如

$$\frac{\mathrm{d}u^+}{\mathrm{d}y^+} = \frac{1}{1+(A+B)y^{+3}} + \frac{By^{+3}}{1+\kappa By^{+4}} \tag{7.1.35}$$

$$u^+ = \frac{1}{\Lambda}\left[\frac{1}{3}\ln\frac{\Lambda y^+ + 1}{\sqrt{(\Lambda y^+)^2 - \Lambda y^+ + 1}} + \frac{1}{\sqrt{3}}\left(\arctan\frac{2\Lambda y^+ - 1}{\sqrt{3}} + \frac{\pi}{6}\right)\right] + \frac{1}{4\kappa}\ln(1+\kappa By^{+4}) \tag{7.1.36}$$

其中有关系数取值如下：

$$\kappa = 0.41, A = 6.1\times10^{-4}, B = 1.43\times10^{-3}, \Lambda = (A+B)^{1/3} = 0.127$$

(7.1.35) 式和(7.1.36) 式的优点在于同时给出了过渡区($5 < y^+ < 70$) 的流速分布。当 $y^+ \to 0$ 时,(7.1.35) 式退化成(7.1.30) 式;而当 $y^+ \to \infty$ 时,(7.1.35) 式和(7.1.36) 式则分别退化为(7.1.27) 式和(7.1.28) 式,其中两者的常数间具有如下关系:

$$C_1 = \frac{2\pi}{3\sqrt{3}\Lambda} + \frac{1}{4\kappa}\ln(\kappa B)$$

3. 速度亏损

由于假定黏性输运作用在壁面外区($y^+ > 70$) 已经可以忽略不计,因此(7.1.20) 式中的无量纲函数 $\phi(y^+, \eta)$ 应与 ν 无关,亦即与 y^+ 无关。记

$$\phi_2(\eta) = \lim_{y^+ \to \infty} \phi(y^+, \eta) \tag{7.1.37}$$

于是(7.1.20) 式可改写成

$$\frac{\mathrm{d}u^+}{\mathrm{d}\eta} = \frac{1}{\eta}\phi_2(\eta) \tag{7.1.38}$$

令

$$U = \bar{u}(\delta) \tag{7.1.39}$$

如对于管道流动而言,U 表示管道中心的最大流速,对于平板边界层而言,U 表示边界层外的自由流速。定义 $U - \bar{u}$ 为流速亏损,则由(7.1.38) 式可得

$$\frac{U - \bar{u}}{u_*} = \int_0^1 \frac{1}{y'}\phi_2(y')\mathrm{d}y' - \int_0^\eta \frac{1}{y'}\phi_2(y')\mathrm{d}y' = \int_\eta^1 \frac{1}{y'}\phi_2(y')\mathrm{d}y' = f_\mathrm{d}(\eta) \tag{7.1.40}$$

上式表明速度亏损 f_d 仅与 η 有关。需要注意的是,与壁面速度函数 f_w 不同,速度亏损 f_d 与具体流动有关(即依赖于流场尺度 δ),因此不具有普适性。(7.1.40) 式积分从壁面($\eta = 0$) 开始,等同于默认黏性底层和过渡区的速度分布也满足(7.1.38) 式,但由于黏性底层和过渡区都非常薄,其流速分布对上式积分结果影响不大,因此这种近似是可以接受的。

在内区和外区的重叠区($y^+ > 70$,且 $y/\delta \ll 1$),(7.1.21) 式和(7.1.38) 式应同时得到满足,于是必有

$$\frac{y}{u_*}\frac{\mathrm{d}\bar{u}}{\mathrm{d}y} = y^+ \frac{\mathrm{d}u^+}{\mathrm{d}y^+} = \eta\frac{\mathrm{d}u^+}{\mathrm{d}\eta} = \phi_1(y^+) = \phi_2(\eta)$$

上式只有在 ϕ_1 和 ϕ_2 同为常数时才能成立,因此可得

$$\frac{y}{u_*}\frac{\mathrm{d}\bar{u}}{\mathrm{d}y} = \phi_1 = \phi_2 = \frac{1}{\kappa} \tag{7.1.41}$$

将上式代入(7.1.40) 式,可得

$$\frac{U - \bar{u}}{u_*} = f_\mathrm{d}(\eta) = -\frac{1}{\kappa}\ln\eta + C_2 \tag{7.1.42}$$

上式称为速度亏损律(velocity defect law),式中的常数 C_2 与具体流场有关,不过通常很小。如果速度分布假设为对数分布,即将(7.1.28) 式代入速度亏损 $U - \bar{u}$ 中,可直接得到(7.1.42) 式,此时常数 $C_2 = 0$。

需要说明的是,依据(7.1.42) 式推导过程中所做的假设,上述速度亏损率也只在重叠区(或者说对数区) 适用。不过通常来讲,即使在远离壁面的湍流核心区,平均速度偏离速

度对数律也不多，尤其是在通道流动和管道流动等流动中的偏离更小，大量实测数据和DNS结果都验证了这一点，因此通常默认(7.1.42)式适用于整个流速剖面。但在平板边界层中，湍流核心区的流速偏离对数律较为明显，需要进一步考虑，详见7.1.4节中的分析。

4. 粗糙壁面

在前面的分析中并未考虑壁面粗糙的影响，但实际中的壁面总是表现出不同程度的粗糙。壁面粗糙的实际情况十分复杂，因此工程实践中常使用当量粗糙度的概念。当某实际粗糙壁面与粒径为 k_s 的均匀砂粒粗糙壁面具有相同的阻力特性时，可以认为 k_s 能表征与之对应的实际粗糙壁面的粗糙程度，k_s 称为当量粗糙高度(equivalent roughness height)。对于实用中的每一种粗糙壁面均可通过实验确定出相应的当量粗糙高度，这些数据也可以在相关手册中查到。应用黏性长度尺度 l_*，可将当量粗糙高度 k_s 表示成一个无量纲量，即

$$k_s^+ = \frac{k_s}{l_*} = \frac{u_* k_s}{\nu} \tag{7.1.43}$$

通常称 k_s^+ 为粗糙雷诺数(roughness Reynolds number)。

当壁面粗糙对流动会产生影响时，(7.1.20)式中的无量纲函数 ϕ 还与 k_s^+ 有关，即有

$$\frac{du^+}{dy^+} = \frac{1}{y^+}\phi(y^+, \eta, k_s^+) \tag{7.1.44}$$

与前述假设相同，在粗糙壁面的剪切流动内区 ϕ 不依赖于 δ，即与 η 无关。下面分两种情况讨论粗糙对壁面流速分布的影响。

(1) k_s^+ 很小($k_s^+ \to 0$)

此时假设流动不受粗糙影响显然是合适的，因此 ϕ 将不依赖于 k_s^+，于是有

$$\lim_{\substack{\eta\to 0\\ k_s^+\to 0}} \phi(y^+, \eta, k_s^+) = \phi_1(y^+) \tag{7.1.45}$$

可见，这种情况下($k_s^+ \to 0$)的流速分布与前面所介绍的光滑壁面剪切流动的流速分布是相同的，即流速在黏性底层呈线性分布，而在对数区流速分布满足对数律(7.1.28)式。

(2) k_s^+ 很大($k_s^+ \to \infty$)

由于 $k_s \gg l_*$，此时流体施加给壁面的影响主要通过流体对壁面粗糙的拖拽作用实现，而不是通过黏性传递，黏性的作用可以忽略不计，因此 ϕ 应与 ν(亦即 l_*)无关，于是有

$$\lim_{\substack{\eta\to 0\\ k_s^+\to \infty}} \phi(y^+, \eta, k_s^+) = \phi_s\left(\frac{y}{k_s}\right) \tag{7.1.46}$$

对于给定粗糙的壁面，ϕ_s 是普适的无量纲函数。于是可将(7.1.44)式可改写成

$$\frac{du^+}{d\hat{y}} = \frac{1}{\hat{y}}\phi_s(\hat{y}) \tag{7.1.47}$$

式中 $\hat{y} = y/k_s$。在 $y \gg k_s$ 区域，可以假设湍流流动不受 k_s 的影响，因此 ϕ_s 应近似为常数，令 $\phi_s = 1/\kappa$，然后对(7.1.47)式积分，可得

$$u^+=\frac{1}{\kappa}\ln\left(\frac{y}{k_s}\right)+C_3 \tag{7.1.48}$$

上式表明，对于粗糙壁面而言，流速对数分布律仍然成立，只是常数项不同。尼古拉兹在管道流动中实验所测得普适常数 $C_3=8.5$，而 κ 仍为卡门常数。

粗糙壁面的流速分布(7.1.48)式也可由对数律(7.1.28)式直接导出。将(7.1.28)式中的常数项 C_1 改写成关于 k_s 的函数，并对公式进行适当变形，得

$$u^+=\frac{1}{\kappa}\ln y^+ + C_1=\frac{1}{\kappa}\ln\left(\frac{y}{k_s}\frac{u_* k_s}{\nu}\right)+C_1=\frac{1}{\kappa}\ln\left(\frac{y}{k_s}\right)+\frac{1}{\kappa}\ln k_s^+ + C_1=\frac{1}{\kappa}\ln\left(\frac{y}{k_s}\right)+C_s(k_s^+) \tag{7.1.49}$$

其中

$$C_s(k_s^+)=\frac{1}{\kappa}\ln k_s^+ + C_1 \tag{7.1.50}$$

根据尼古拉兹的实验结果，$C_s(k_s^+)$ 随粗糙雷诺数 k_s^+ 的变化如图 7.1.2 所示。当 $k_s^+\to 0$ 时，粗糙对流速分布不产生影响，此时流速分布与壁面光滑的情况相同，于是 $C_s(k_s^+)$ 按(7.1.50)式变化，与 k_s^+ 的对数呈线性关系，如图 7.1.2 中曲线 ① 所示。当 $k_s^+\to\infty$ 时，黏性的作用可以忽略不计，$C_s(k_s^+)$ 与 ν(通过 k_s^+ 表现)无关，如图 7.1.2 中曲线 ② 所示，$C_s(k_s^+)$ 为常数，即

$$\lim_{k_s^+\to\infty} C_s(k_s^+)=C_3=8.5 \tag{7.1.51}$$

所以，(7.1.49)式即变成壁面完全粗糙情况下的流速分布(7.1.48)式。

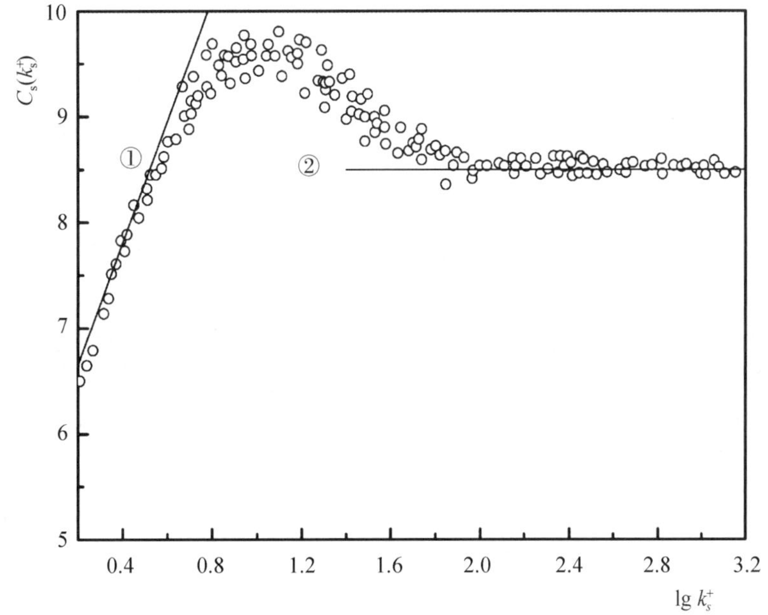

图 7.1.2　$C_s(k_s^+)$ 与 k_s^+ 的关系

(实验数据来自尼古拉兹实验)

5. 壁面阻力

在研究壁面流动的流速分布时，通常认为壁面切应力 τ_w 是已知量。反之，如果需要计

算壁面阻力，则应当知道流速分布。接下来我们讨论壁面阻力计算的问题。

壁面阻力的计算问题通常转化为切应力系数的计算问题。根据选用的特征速度不同，切应力系数有不同的表达式，如

$$C_{f0}=\frac{\tau_w}{\rho U^2/2}=2\left(\frac{u_*}{U}\right)^2 \tag{7.1.52}$$

$$C_f=\frac{\tau_w}{\rho V^2/2}=2\left(\frac{u_*}{V}\right)^2 \tag{7.1.53}$$

其中 $U=\bar{u}(\delta)$，即(7.1.39)式，而 V 为整体平均流速，即

$$V=\frac{1}{\delta}\int_0^\delta \bar{u}\mathrm{d}y \tag{7.1.54}$$

由于湍流核心区的流速分布通常与对数分布相当接近，在近壁面的黏性底层和过渡区，虽然流速分布显著偏离对数分布，但这些区域的范围很小，速度也较小，对计算 V 影响不大，因此采用对数律来计算 V 是较为合适的选择。于是，由(7.1.42)式可得

$$\frac{U-V}{u_*}=\frac{1}{\delta}\int_0^\delta \frac{U-\bar{u}}{u_*}\mathrm{d}y=-\frac{1}{\delta}\int_0^\delta \frac{1}{\kappa}\ln\left(\frac{y}{\delta}\right)\mathrm{d}y=\frac{1}{\kappa} \tag{7.1.55}$$

上式给出了 U、V 和 u_* 之间的关系。

将对数律(7.1.28)式改写成

$$\frac{\bar{u}}{u_*}=\frac{1}{\kappa}\ln\left(\frac{y}{l_*}\right)+C_1 \tag{7.1.56}$$

然后与(7.1.42)式相加后，可得

$$\frac{U}{u_*}=\frac{1}{\kappa}\ln\left(\frac{\delta}{l_*}\right)+C_1+C_2=\frac{1}{\kappa}\ln\left[Re_\delta\left(\frac{U}{u_*}\right)^{-1}\right]+C_1+C_2 \tag{7.1.57}$$

其中 $Re_\delta=U\delta/\nu$。对于给定的流场雷诺数 Re_δ，可由(7.1.57)式计算得到 U/u_*，进而由(7.1.52)式计算出 C_{f0}。也可结合(7.1.55)式，计算得到 V/u_*，然后由(7.1.53)式计算出 C_f。

7.1.3 圆管湍流

压力梯度驱动下的圆管流动是工程中常见的流动之一，如供水管网中的流动就是典型的有压圆管流动，此类流动需要解决的核心问题之一是流动阻力的计算问题。在工程中，一般通过沿程水头损失系数来计算流动的水头损失。因此，本节的主要任务是介绍不同流动情况下，圆管流动的沿程水头损失系数的计算方法。

考虑圆管流动为充分发展(即不考虑进口段的影响)的定常湍流流动。采用圆柱坐标系(r,θ,z)，坐标原点在管道中心，如图7.1.3所示。圆柱坐标系下的湍流边界层连续方程和动量方程分别为

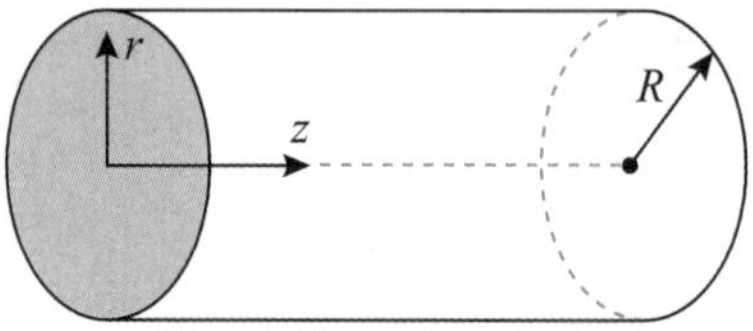

图7.1.3 圆管流动

$$\frac{\partial \bar{u}}{\partial z}+\frac{1}{r}\frac{\partial}{\partial r}(r\bar{v})=0 \tag{7.1.58}$$

$$\bar{u}\frac{\partial \bar{u}}{\partial z}+\bar{v}\frac{\partial \bar{u}}{\partial r}=-\frac{1}{\rho}\frac{\partial p_{\mathrm{w}}}{\partial z}+\frac{\nu}{r}\frac{\partial}{\partial r}\left(r\frac{\bar{u}}{\partial r}\right)-\frac{1}{r}\frac{\partial}{\partial r}(r\overline{u'v'})$$
$$-\frac{\partial}{\partial z}\left(\overline{u'u'}-\overline{v'v'}+\int_r^{\infty}\frac{\overline{v'v'}-\overline{w'w'}}{r'}\mathrm{d}r'\right) \tag{7.1.59}$$

式中 $\bar{u}$、$\bar{v}$ 分别为轴向 z 和径向 r 的平均流速，u'、v' 和 w' 为三个方向的脉动速度，最后一项表示雷诺正应力在轴向的梯度，通常也可以忽略不计。类似(7.1.7)式的推导，可由径向的动量方程得到平均压强为

$$\frac{\bar{p}}{\rho}=\frac{p_{\mathrm{w}}}{\rho}-\overline{v'v'}+\int_r^{\infty}\frac{\overline{v'v'}-\overline{w'w'}}{r'}\mathrm{d}r' \tag{7.1.60}$$

对于无限长的轴对称圆管流动，因为 $\partial\bar{u}/\partial z=0$，由连续方程(7.1.58)式以及边界条件 $r=R$，$\bar{v}=0$，可知径向平均流速 $\bar{v}$ 应为零。进一步忽略雷诺切应力沿轴向的变化，于是动量方程(7.1.59)式可简化为

$$0=-\frac{1}{\rho}\frac{\partial p_{\mathrm{w}}}{\partial z}+\frac{\nu}{r}\frac{\partial}{\partial r}\left(r\frac{\bar{u}}{\partial r}\right)-\frac{1}{r}\frac{\partial}{\partial r}(r\overline{u'v'}) \tag{7.1.61}$$

上式可改写成

$$\frac{\partial p_{\mathrm{w}}}{\partial z}=\frac{1}{r}\frac{\partial}{\partial r}(r\tau) \tag{7.1.62}$$

其中

$$\tau(r)=\tau_{\mathrm{v}}+\tau_{\mathrm{t}}=\rho\nu\frac{\partial\bar{u}}{\partial r}-\rho\overline{u'v'} \tag{7.1.63}$$

式中 τ 表示总切应力，为黏性切应力 τ_{v} 和湍流切应力 τ_{t} 之和。需要注意的是，在当前坐标系下，$\partial\bar{u}/\partial r$ 为负值，而 $\overline{u'v'}$ 为正值。由于 p_{w} 仅为 z 的函数，与 r 无关，同时因为轴对称必有 $r=0$，$\tau(0)=0$，于是积分(7.1.62)式可得

$$\tau(r)=\frac{r}{2}\frac{\mathrm{d}p_{\mathrm{w}}}{\mathrm{d}z} \tag{7.1.64}$$

在管壁上 $r=R$，$\tau(R)=-\tau_{\mathrm{w}}$（$\tau_{\mathrm{w}}$ 即管壁切应力，设为正值），则有

$$\tau_{\mathrm{w}}=-\frac{R}{2}\frac{\mathrm{d}p_{\mathrm{w}}}{\mathrm{d}z} \tag{7.1.65}$$

将(7.1.65)式和(7.1.64)式代入(7.1.63)式，并令 $y=R-r$，整理后可得

$$\frac{\mathrm{d}u^+}{\mathrm{d}y^+}+\tau_{\mathrm{t}}^+=1-\eta \tag{7.1.66}$$

式中 $\eta=y/R$，$u^+=\bar{u}/u_*$，$\tau_{\mathrm{t}}^+=\bar{\tau}_{\mathrm{t}}/\tau_{\mathrm{w}}$。若令 $R=\delta$，则上式与(7.1.19)式完全相同，因此 7.1.2 节中有关壁面剪切流动特性的分析完全适合于圆管湍流。

1. 流速分布

根据 7.1.2 节的分析，流速在黏性底层呈线性分布，而在对数区呈对数分布。同时有大量实测数据表明，不仅在对数区，在管道大部分区域中的流速分布都能与对数分布较好

地吻合。尼古拉兹曾对光滑圆管湍流进行了大量的实验，实验雷诺数范围为 $4\times10^3\leqslant Re\leqslant3.2\times10^6$。图 7.1.4 所示为根据尼古拉兹大量光滑圆管实验资料绘出的流速分布，从图中可以看到，理论结果与实验结果都吻合非常好。流动分布具有明显的分区性质，在黏性底层（$y^+<5$）流速呈线性分布，在对数区（$y^+>70$）流速呈对数分布，其流速分布为

$$u^+=5.76\lg y^++5.5 \tag{7.1.67}$$

在过渡区（$5<y^+<70$）的流速分布可采用（7.1.36）式。

黏性底层位于 $y^+<5$ 范围内，可定义 $y^+=5$ 的厚度为黏性底层厚度，用 δ' 表示，即

$$\delta'=5l_*\tag{7.1.68}$$

图 7.1.4 中黏性底层的流速曲线与对数分布曲线的交点所对应的厚度称为黏性底层名义厚度，用 δ'_0 表示，对应点 $y^+=11.6$，所以

$$\delta'_0=11.6l_*\tag{7.1.69}$$

根据实验资料，圆管湍流流速分布也可以用经验性的指数公式表示，即

$$\frac{\bar{u}}{U}=\left(\frac{y}{R}\right)^{1/n}\tag{7.1.70}$$

式中 U 为断面中心处最大流速，指数 n 与雷诺数有关，如 $Re=1.1\times10^5$ 时，$n=7.0$。

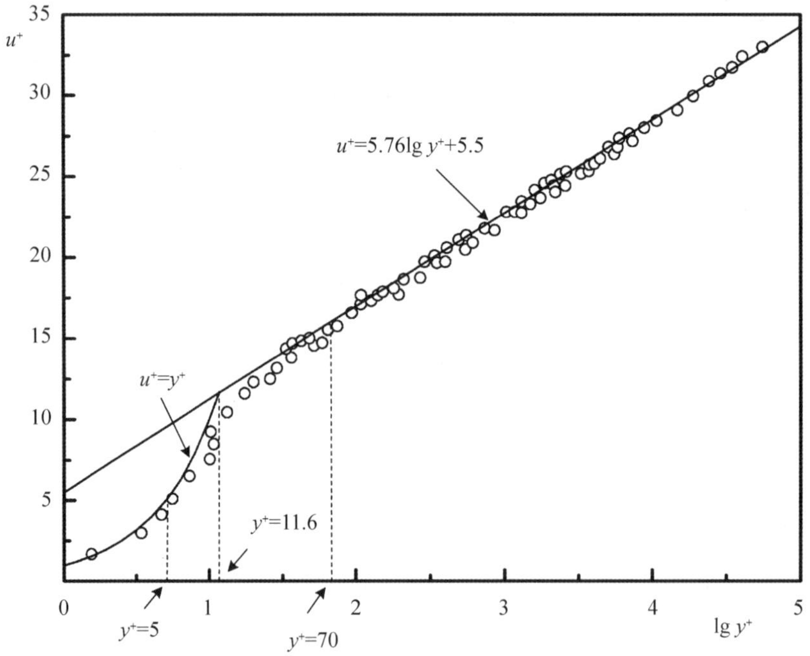

图 7.1.4　圆管湍流的流速分布

（引自 Nikuradse，1942）

2. 沿程水头损失系数

将（7.1.65）式中的壁面压强梯度 $\mathrm{d}p_w/\mathrm{d}z$ 表示单位管道长度上的压降，对于圆管定常湍流流动，$\mathrm{d}p_w/\mathrm{d}z$ 为常数，可以写成

$$-\frac{\mathrm{d}p_w}{\mathrm{d}z}=\frac{\gamma h_f}{L}$$

式中 h_f 表示沿程水头损失(frictional head loss),L 表示管道长度,$\gamma=\rho g$ 表示流体的重度。于是(7.1.65)式可改写成

$$\tau_w=\gamma\frac{R}{2}\frac{h_f}{L}=\gamma R_h J_f \tag{7.1.71}$$

式中 $R_h=R/2$ 称为水力半径(hydraulic radius),$J_f=h_f/L$ 称为水力坡度(hydraulic slope)。

通常将沿程水头损失 h_f 表示成

$$h_f=\lambda\frac{L}{D}\frac{V^2}{2g} \tag{7.1.72}$$

式中 λ 即沿程水头损失系数,$D=2R$ 为管道直径,V 为管道平均流速。将(7.1.72)式代入(7.1.71)式可得

$$\lambda=8\left(\frac{u_*}{V}\right)^2 \tag{7.1.73}$$

由(7.1.53)式,还可得沿程水头系数 λ 与切应力系数 C_f 的关系

$$\lambda=4C_f \tag{7.1.74}$$

需要强调的是,(7.1.73)式是由壁面切应力导出来的,不涉及流动的流态,因此对于层流和湍流均适用。对于圆管层流流动,可获得沿程水头损失系数的精确表达式,即(5.1.30)式,在层流时沿程水头损失系数与雷诺数成反比。下面我们重点讨论圆管湍流流动的沿程水头损失系数的计算。

3. 光滑圆管的沿程水头损失系数

由于圆管湍流核心区大部分区域的流速分布偏离对数分布很小,而壁面黏性底层和过渡区的流速对整个圆管断面流速的分布又影响不大,因此以对数分布律作为整个圆管断面的流速分布是一种非常好的近似。假设对数分布律适用于整个管道断面,则由(7.1.42)式可得

$$\frac{U-\bar{u}}{u_*}=-\frac{1}{\kappa}\ln\frac{y}{R} \tag{7.1.75}$$

上式沿圆管断面积分,并考虑到 $y=R-r$,于是可得

$$\frac{U-V}{u_*}=\frac{1}{\pi R^2}\int_0^R\left(\frac{U-\bar{u}}{u_*}\right)2\pi r\mathrm{d}r=\frac{1}{\pi R^2}\int_0^R-\frac{1}{\kappa}\ln\left(1-\frac{r}{R}\right)2\pi r\mathrm{d}r=\frac{3}{2\kappa} \tag{7.1.76}$$

又因为 $y=R$,$\bar{u}=U$,由流速分布(7.1.28)式可得

$$\frac{U}{u_*}=\frac{1}{\kappa}\ln\frac{Ru_*}{\nu}+C_1 \tag{7.1.77}$$

于是由(7.1.76)式可得

$$\begin{aligned}\frac{V}{u_*}&=\frac{U}{u_*}-\frac{3}{2\kappa}=\frac{1}{\kappa}\ln\frac{Ru_*}{\nu}+C_1-\frac{3}{2\kappa}=\frac{1}{\kappa}\ln\left(\frac{1}{2}\frac{VD}{\nu}\frac{u_*}{V}\right)+C_1-\frac{3}{2\kappa}\\&=\frac{1}{\kappa}\ln\left[\frac{1}{2}Re\left(\frac{u_*}{V}\right)\right]+C_1-\frac{3}{2\kappa}\end{aligned} \tag{7.1.78}$$

其中,$Re=VD/\nu$ 为圆管流动的雷诺数。将(7.1.73)式代入(7.1.78)式,整理可得

$$\frac{1}{\sqrt{\lambda}}=\frac{1}{2\sqrt{2}\kappa}\ln(Re\sqrt{\lambda})-\frac{3+5\ln2-2\kappa C_1}{4\sqrt{2}\kappa} \tag{7.1.79}$$

将实验常数 $\kappa=0.4, C_1=5.5$ 代入上式,可得

$$\frac{1}{\sqrt{\lambda}}=2.035\lg(Re\sqrt{\lambda})-0.91$$

上式中的系数略作修正,可得

$$\frac{1}{\sqrt{\lambda}}=2.0\lg(Re\sqrt{\lambda})-0.8 \tag{7.1.80}$$

此公式最初由普朗特提出,称为普朗特阻力公式(Prandtl drag formula)。对于光滑圆管而言,沿程水头损失系数 λ 只与雷诺数 Re 有关。

布拉修斯在研究大量实验资料后,也提出了一个光滑圆管湍流沿程水头损失系数的经验公式,即

$$\lambda=0.3164Re^{-1/4} \tag{7.1.81}$$

光滑圆管沿程水头损失系数随雷诺数变化的规律如图 7.1.5 所示,其中层流情况下沿程水头损失系数 λ 与雷诺数 Re 成反比,即(5.1.30)式。从图中可以看到,布拉修斯所提出的湍流沿程水头损失系数公式(7.1.81)式可用到 $Re\leqslant10^5$,而普朗特所提出的公式(7.1.80)则具有更大的适用范围。

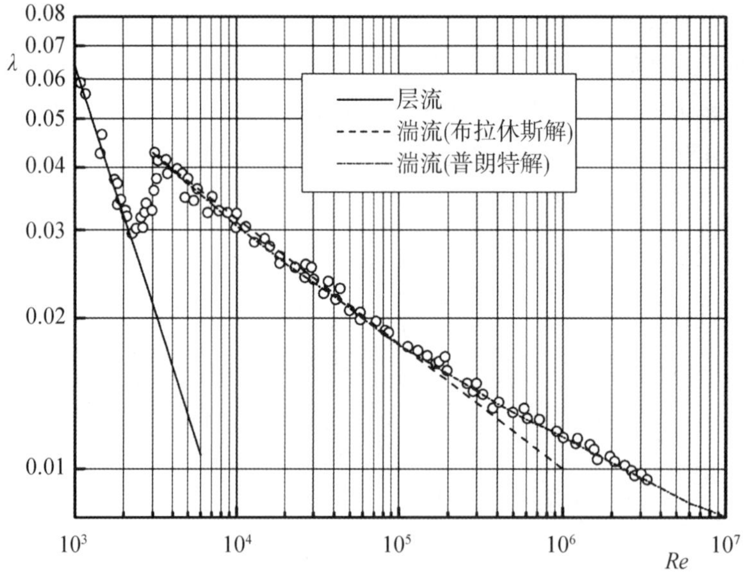

图 7.1.5　光滑圆管的沿程水头损失系数

4. 粗糙圆管的沿程水头损失系数

当管道管壁完全粗糙时,流速分布采用(7.1.48)式,由此可得管道中心处的流速为

$$\frac{U}{u_*}=\frac{1}{\kappa}\ln\frac{R}{k_s}+C_3 \tag{7.1.82}$$

再次应用(7.1.76)式,可得

$$\frac{V}{u_*}=\frac{U}{u_*}-\frac{3}{2\kappa}=\frac{1}{\kappa}\ln\frac{R}{k_s}+C_3-\frac{3}{2\kappa} \tag{7.1.83}$$

将(7.1.73)式代入上式,可得

$$\lambda=\left(\frac{1}{2\sqrt{2}\kappa}\ln\frac{R}{k_s}+\frac{2\kappa C_3-3}{4\sqrt{2}\kappa}\right)^{-2} \tag{7.1.84}$$

以 $\kappa=0.4, C_3=8.5$ 代入上式,可得

$$\lambda=\left(2.035\lg\frac{R}{k_s}+1.68\right)^{-2} \tag{7.1.85}$$

此即由冯·卡门导出的完全粗糙管的沿程水头损失系数计算公式。经实验资料修正后为

$$\lambda=\left(2.0\lg\frac{R}{k_s}+1.74\right)^{-2} \tag{7.1.86}$$

对于过渡区,科尔布鲁克(C. F. Colebrook)提出了如下经验公式

$$\frac{1}{\sqrt{\lambda}}=1.74-2.0\lg\left(\frac{k_s}{R}+\frac{18.7}{Re\sqrt{\lambda}}\right) \tag{7.1.87}$$

当 $k_s\to 0$ 时,上式变为光滑圆管的沿程水头损失系数公式(7.1.80)式,当 $Re\to\infty$ 时,则退化为粗糙圆管的沿程水头损失系数公式(7.1.86)式。

尼古拉兹基于人工砂粒粗糙管道实验所得到的管流沿程水头损失系数 λ 与雷诺数 Re 和管道相对粗糙度 k_s/R 的关系如图 7.1.6 所示。图中 OA 曲线表示沿程水头损失系数 λ 与管流雷诺数 Re 成反比的线性关系,此时属于层流流动。从图中 A 点到 B 点属于层流向湍流过渡的过渡区。当管流转变为湍流时,流动又可分为三个区域。

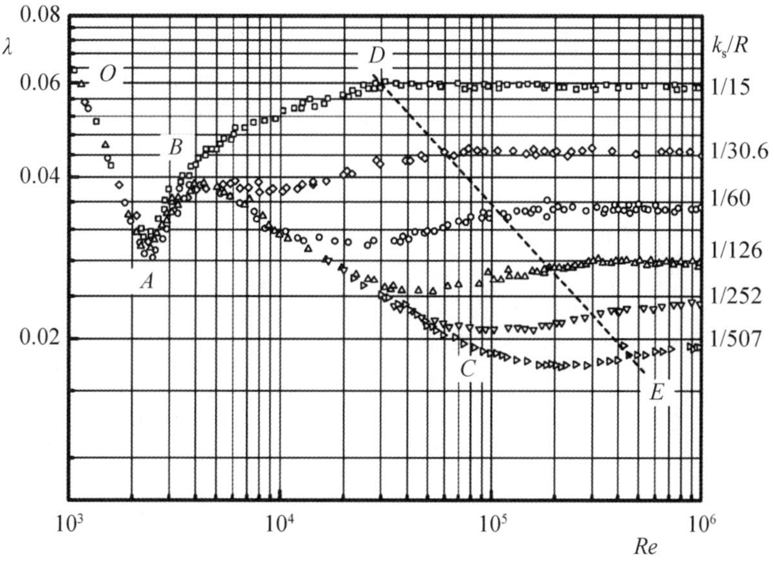

图 7.1.6　圆管流动的沿程水头损失系数

水力光滑区:如图中 BC 线,此时沿程水头损失系数 λ 只与雷诺数有关,与相对粗糙度无关,表示粗糙对流动阻力没有影响,称为水力光滑(hydraulically smooth)。对于水力光滑圆管,沿程水头损失可按光滑圆管计算。对于粗糙管道而言,只在一定的雷诺数下才表

现为水力光滑，相对粗糙度越大，脱离水力光滑区而进入过渡区对应的雷诺数越小。可以根据粗糙雷诺数来判别管道是否属于水力光滑管，当 $0 \leqslant k_s/l_* < 5$ 时，流动属于水力光滑区，此时粗糙高度 k_s 小于黏性底层厚度 $\delta' = 5l_*$，粗糙完全淹没在黏性底层内，因此粗糙对于流动的阻力没有影响，相当于光滑圆管。

水力粗糙区：当 $k_s/l_* \geqslant 70$ 时，表明粗糙高度已经进入湍流的对数区，称为水力粗糙(hydraulically rough)或完全粗糙区。在图 7.1.6 中 DE 线以右为水力粗糙区，此时沿程水头损失系数 λ 随相对粗糙度 k_s/R 不同而不同，而与管流的雷诺数无关。

过渡区：水力光滑向水力粗糙过渡的区域范围为 $5 \leqslant k_s/l_* < 70$，在过渡区沿程水头损失系数 λ 既与雷诺数有关又与相对粗糙度有关。

7.1.4 平板湍流

1. 流速分布

我们先考虑无湍流的匀来流(流速为 U)绕光滑平板的流动。与有压圆管湍流流动不同，平板湍流流动边界层的厚度 δ 随流动距离 x 增大而增大，即边界层厚度是 x 的函数。另外，壁面切应力 τ_w 也是不能预先确定的。尽管如此，在平板壁面内层的流动仍符合 7.1.2 节中所描述的特性。不过在边界层外层，流速的分布偏离对数律更明显(见图 7.1.7)，为此需要对外层流速分布特征做进一步分析。

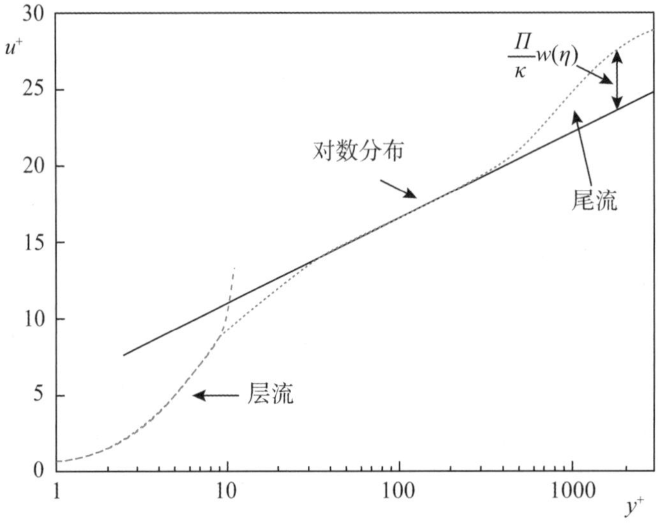

图 7.1.7 平板湍流边界层的流速分布

科尔斯(Coles，1956)假设边界层内的平均流速由两部分构成：一部分只依赖于 y^+ $(= y/l_*)$，另一部分则只依赖于 $\eta(= y/\delta)$，于是平均速度可表示成

$$u^+ = f_w(y^+) + \frac{\Pi}{\kappa} w(\eta) \tag{7.1.88}$$

其中 $f_w(y^+)$ 即壁面律，$w(\eta)$ 为尾流律，称为尾流函数(wake function)。假设 $w(\eta)$ 具有普

适性，即对所有边界层都是相同的，并满足 $w(0)=0,w(1)=2$ 的边界条件，则可近似设

$$w(\eta)=2\sin^2(\pi\eta/2) \tag{7.1.89}$$

Π 称为尾流强度(wake strength)，其不具普适性，不同流动的尾流强度不同，对于零压强梯度的湍流边界层，当 $Re_{\delta_2}=U\delta_2/\nu\geqslant 5000$ 时(δ_2 为边界层动量厚度)，$\Pi=0.55$。对于 $Re_{\delta_2}\leqslant 5000$ 的情况则如图 7.1.8 所示。

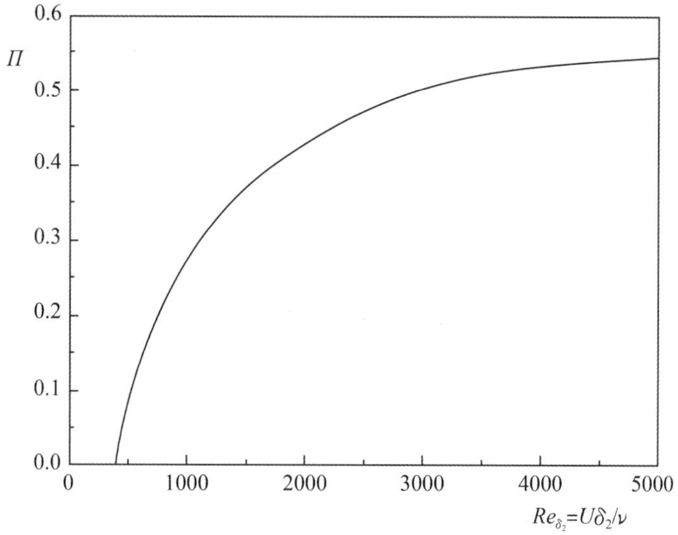

图 7.1.8　尾流强度

若壁面律 $f_w(y^+)$ 仍近似用对数律(7.1.28)式，(7.1.88)式可用速度亏损表示：

$$\frac{U-\bar{u}}{u_*}=\frac{1}{\kappa}\{-\ln\eta+\Pi[2-w(\eta)]\} \tag{7.1.90}$$

其中 $U=\bar{u}(\delta)$。上式与 Klebanoff(1954)的实验结果比较如图 7.1.9 所示，可以看到，(7.1.90)式与实验结果吻合良好。

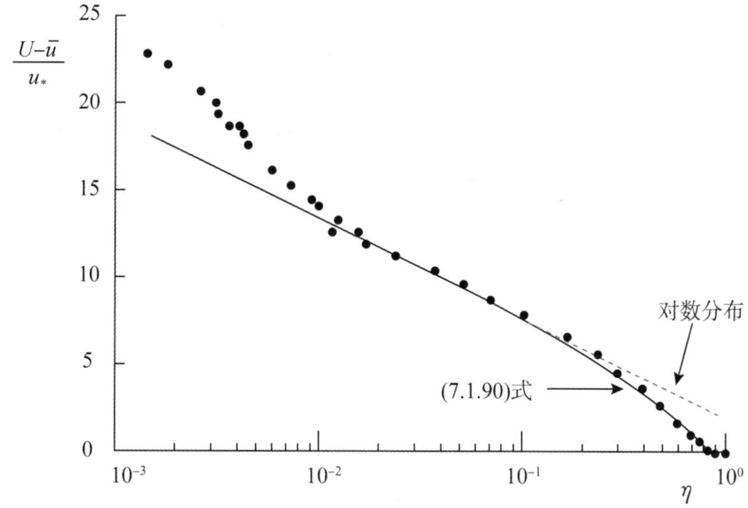

图 7.1.9　平板边界层速度亏损

2. 边界层厚度

普朗特假定在平板湍流边界层中流速分布与圆管内的流速分布相同，并假定平板边界层内的流速分布可采用流速分布的1/7次方律，即

$$\frac{\bar{u}}{U}=\left(\frac{y}{\delta}\right)^{1/7} \tag{7.1.91}$$

由上式可得到边界层位移厚度 δ_1 和动量厚度 δ_2 为

$$\delta_1=\int_0^{\delta}\left(1-\frac{\bar{u}}{U}\right)\mathrm{d}y=\frac{\delta}{8} \tag{7.1.92}$$

$$\delta_2=\int_0^{\delta}\frac{\bar{u}}{U}\left(1-\frac{\bar{u}}{U}\right)\mathrm{d}y=\frac{7}{72}\delta \tag{7.1.93}$$

同时由实验资料可以得到

$$\tau_{\mathrm{w}}(x)=0.0225\rho U^2\left(\frac{\nu}{U\delta}\right)^{1/4} \tag{7.1.94}$$

根据边界层动量积分方程(5.3.91)式，且考虑到对于平板边界层而言，满足 $\mathrm{d}U/\mathrm{d}x=0$，于是有

$$\frac{\mathrm{d}\delta_2}{\mathrm{d}x}=\frac{7}{72}\frac{\mathrm{d}\delta}{\mathrm{d}x}=\frac{\tau_{\mathrm{w}}}{\rho U^2}=0.0225\left(\frac{\nu}{U\delta}\right)^{1/4} \tag{7.1.95}$$

假设自平板前缘即为湍流边界层，则根据边界条件 $x=0,\delta=0$，上式积分可得

$$\delta(x)=0.37\frac{x}{Re_x^{1/5}} \tag{7.1.96}$$

式中 $Re_x=Ux/\nu$。上式即沿 x 方向湍流平板边界层厚度的计算公式，与层流边界层厚度公式(5.3.40)式相比，在湍流中边界层厚度与 $x^{4/5}$ 成正比，而在层流中边界层厚度与 $x^{1/2}$ 成正比，可见，在湍流边界层中边界层厚度沿流动方向的增长比在层流边界层中更快。

相应位移厚度和动量厚度的计算公式分别为

$$\delta_1(x)=0.048\frac{x}{Re_x^{1/5}} \tag{7.1.97}$$

$$\delta_2(x)=0.036\frac{x}{Re_x^{1/5}} \tag{7.1.98}$$

3. 边界层阻力

切应力系数

$$C_{\mathrm{f0}}=\frac{\tau_{\mathrm{w}}}{\rho U^2/2}=2\frac{\mathrm{d}\delta_2}{\mathrm{d}x}=0.0576{Re_x}^{-1/5} \tag{7.1.99}$$

平板阻力

$$F_{\mathrm{D}}=b\int_0^l\tau_{\mathrm{w}}(x)\mathrm{d}x=b\rho U^2\delta_2(l)=0.036bl\rho U^2{Re_l}^{-1/5} \tag{7.1.100}$$

阻力系数

$$C_{\mathrm{D}}=\frac{F_{\mathrm{D}}}{\rho U^2bl/2}=0.072{Re_l}^{-1/5} \tag{7.1.101}$$

式中 b 表示平板的宽度，l 表示平板长度。阻力系数经实验稍加修正后，得

$$C_D = 0.074 Re_l^{-1/5} \tag{7.1.102}$$

阻力公式(7.1.102)式是基于(7.1.91)式的流速分布得到的，适用于$5\times10^5 < Re_l = Ul/\nu < 10^7$。对于适用更大范围雷诺数情况下的阻力公式，可以由(7.1.88)式的流速分布得到。

同样假设壁面率$f_w(y^+)$用对数律(7.1.28)式代替，由于$U=\bar{u}(\delta)$，则由(7.1.88)式可得

$$\frac{U}{u_*} = \frac{1}{\kappa}\ln\left(\frac{\delta u_*}{\nu}\right) + C + 2\frac{\Pi}{\kappa} = \frac{1}{\kappa}\ln\left(\frac{U\delta}{\nu}\frac{u_*}{U}\right) + C + 2\frac{\Pi}{\kappa} = \frac{1}{\kappa}\ln\left(Re_\delta\frac{u_*}{U}\right) + C + 2\frac{\Pi}{\kappa} \tag{7.1.103}$$

将(7.1.52)式代入上式，可得

$$\sqrt{\frac{2}{C_{f0}}} = \frac{1}{\kappa}\ln\left(Re_\delta\sqrt{\frac{C_{f0}}{2}}\right) + C + 2\frac{\Pi}{\kappa} \tag{7.1.104}$$

对于给定雷诺数$Re_\delta = U\delta/\nu$，可由(7.1.104)式计算出切应力系数C_{f0}。(7.1.104)式为C_{f0}的隐式形式，计算非常麻烦，施利希廷根据计算结果给出了切应力系数和阻力系数的显式计算公式，即

$$C_{f0} = (2\lg Re_x - 0.65)^{-2.3} \tag{7.1.105}$$

$$C_D = \frac{0.455}{(\lg Re_l)^{2.58}} \tag{7.1.106}$$

其中$Re_x = Ux/\nu$，上式可适用的雷诺数范围达到$Re_l = 10^9$。此外还有一些其他的平板阻力公式，如舒尔茨—格鲁诺(F. Schultz-Grunow)阻力公式

$$C_D = 0.427\,(\lg Re_l - 0.407)^{-2.64} \tag{7.1.107}$$

图 7.1.10 所示为光滑平板湍流边界层各种阻力系数公式与实测数据的对比。

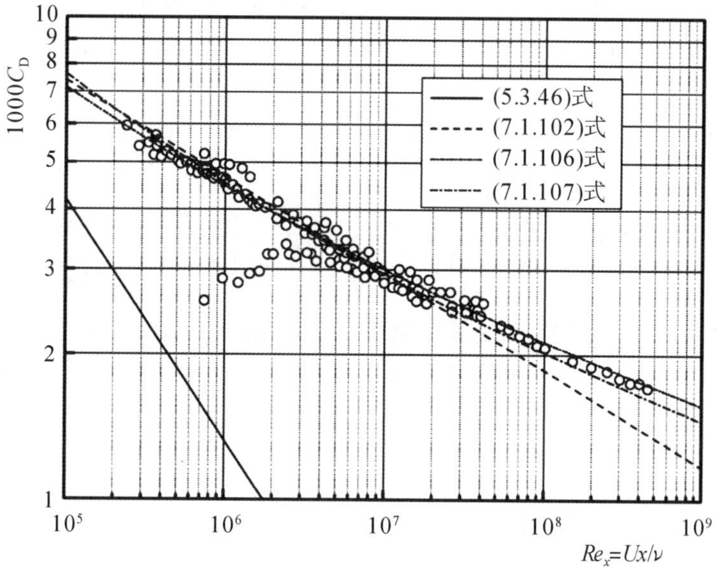

图 7.1.10　平板边界层的阻力系数

上述阻力计算公式均假定自平板前缘$x=0$开始就是湍流边界层。事实上，不管雷诺

数多大，平板前端总有一段属于层流边界层。由于层流和湍流两种流态的边界层阻力差异较大，因此需要对阻力公式进行修正。普朗特假设整段平板边界层的阻力等于整段按湍流计算的阻力，减去层流段的按湍流计算的阻力，再加上层流段的按层流计算的阻力。层流段按湍流计算的阻力和按层流计算的阻力的差值为

$$\Delta F_{\mathrm{D}} = \frac{1}{2}\rho U^2 b x_{\mathrm{c}}(C_{\mathrm{D_T}} - C_{\mathrm{D_L}})$$

式中 x_{c} 为自 $x=0$ 到转捩点的距离，$C_{\mathrm{D_T}}$、$C_{\mathrm{D_L}}$ 为层流段平板的湍流阻力系数和层流阻力系数。则阻力系数的差值为

$$\Delta C_{\mathrm{D}} = \frac{\Delta F_{\mathrm{D}}}{\frac{1}{2}\rho U^2 bl} = \frac{x_{\mathrm{c}}}{l}(C_{\mathrm{D_T}} - C_{\mathrm{D_L}}) = \frac{Re_{\mathrm{c}}}{Re_l}(C_{\mathrm{D_T}} - C_{\mathrm{D_L}}) = \frac{A}{Re_l} \tag{7.1.108}$$

式中 $A = Re_{\mathrm{c}}(C_{\mathrm{D_T}} - C_{\mathrm{D_L}})$，$Re_{\mathrm{c}} = Ux_{\mathrm{c}}/\nu$ 为临界雷诺数，对于平板绕流流动一般取 $Re_{\mathrm{c}} = 5\times 10^5$。于是平板实际的阻力系数为(假设湍流阻力系数采用(7.1.102)式)

$$C_{\mathrm{D}} = \frac{0.074}{Re_l^{1/5}} - \frac{A}{Re_l} = \frac{0.074}{Re_l^{1/5}} - \frac{Re_{\mathrm{c}}}{Re_l}\left(\frac{0.074}{Re_{x_{\mathrm{c}}}^{1/5}} - \frac{1.328}{Re_{x_{\mathrm{c}}}^{1/2}}\right) \tag{7.1.109}$$

4. 粗糙平板

平板粗糙的定义与圆管湍流中对粗糙的定义相同。当粗糙雷诺数 $k_{\mathrm{s}}/l_* < 5$ 时，由于粗糙高度 k_{s} 淹没在黏性底层内而对湍流流动不产生影响，称为水力光滑；当 $k_{\mathrm{s}}/l_* > 70$ 时则称为水力粗糙；当 $5 < k_{\mathrm{s}}/l_* < 70$ 时为过渡区。然而，粗糙平板湍流与粗糙圆管湍流有一个重要区别，在圆管中沿程的相对粗糙度 k_{s}/R 和边界层厚度 $\delta = R$ 保持不变，黏性底层的厚度 $\delta' = 5l_*$ 也保持不变。在湍流粗糙平板边界层中，由于边界层厚度 δ 沿程增大，相对粗糙度 k_{s}/δ 将沿程减小，而从切应力计算公式可以看到，切应力顺流是减小的，摩擦流速 u_* 将沿程减小，黏性底层厚度 δ' 于是沿程增大。因此对于粗糙高度 k_{s} 一定的粗糙平板，在平板前部分可能是完全粗糙的，但随着流程的增加在距前缘一定距离后可能变为水力光滑。

在水力粗糙区，切应力系数和阻力系数可用下列经验公式计算

$$C_{\mathrm{f0}} = \left(1.58\lg\frac{x}{k_{\mathrm{s}}} + 2.87\right)^{-2.5} \tag{7.1.110}$$

$$C_{\mathrm{D}} = \left(1.62\lg\frac{l}{k_{\mathrm{s}}} + 1.89\right)^{-2.5} \tag{7.1.111}$$

上式适用于 $10^2 < l/k_{\mathrm{s}} < 10^6$。从上式可以看出，与粗糙圆管流动类似，在水力粗糙区切应力系数 C_{f0} 和阻力系数 C_{D} 也与雷诺数无关。

7.2 一维非定常流动

在实际生活中，有许多流动只有一个主要的流动方向，其在横断面(称为过水断面)上

流速分布的不均匀性并不重要，过水断面上的流动要素，如流速、压强等，可以用平均值来表示。本节以有压管道流动和无压明槽流动两种典型的流动为例，来讨论这类流动做非定常运动时的流动特性。有压管道流动是在压力梯度驱动下的一种流动，而无压明槽流动是重力驱动的一种流动，两者既有共同点，又有各自的独特特性。

本节先推导出一维非定常流动的基本方程，包括连续方程和运动方程，然后分别讨论有压管道和无压明槽非定常运动的有关问题。

7.2.1　基本方程

1. 连续方程

对于有限空间（如管道、明槽）内的非定常流动，一般需要考虑过水断面面积 A 和流体密度 ρ 随时间的变化，即 $A = A(s,t)$，$\rho = \rho(s,t)$。取一段长为 $\mathrm{d}s$ 的流段为控制体（见图 7.2.1），有流体从断面 1—1 流入，从断面 2—2 流出。

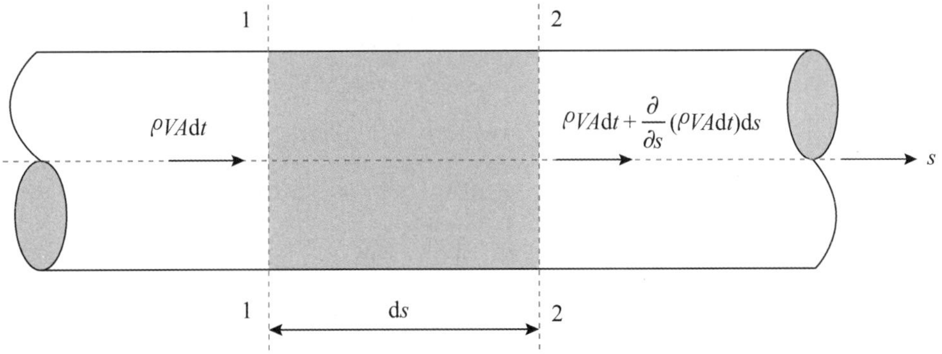

图 7.2.1　连续方程推导示意图

在 $\mathrm{d}t$ 时段内，从控制体内净流出的质量为

$$\mathrm{d}m_\mathrm{s} = \rho VA\,\mathrm{d}t + \frac{\partial}{\partial s}(\rho VA\,\mathrm{d}t)\,\mathrm{d}s - \rho VA\,\mathrm{d}t = \frac{\partial}{\partial s}(\rho VA\,\mathrm{d}t)\,\mathrm{d}s$$

式中 V 为过水断面平均流速。在同一时段内，控制体内的流体质量变化为

$$\mathrm{d}m_\mathrm{t} = \frac{\partial}{\partial t}(\rho A\,\mathrm{d}s)\,\mathrm{d}t$$

根据质量守恒原理，$\mathrm{d}t$ 时段内流出控制体的净质量应等于该时段内控制体内减少的质量，即 $\mathrm{d}m_\mathrm{s} = -\mathrm{d}m_\mathrm{t}$，于是有

$$\frac{\partial}{\partial s}(\rho VA\,\mathrm{d}t)\,\mathrm{d}s = -\frac{\partial}{\partial t}(\rho A\,\mathrm{d}s)\,\mathrm{d}t$$

亦即

$$\frac{\partial}{\partial s}(\rho VA) + \frac{\partial}{\partial t}(\rho A) = 0 \tag{7.2.1}$$

此即一维非定常流动的连续方程。若不考虑过水断面面积的变化，(7.2.1) 式与连续方程 (2.3.4) 式完全一致。

2. 运动方程

取一元流段，其断面面积为 $\mathrm{d}A$，长度为 $\mathrm{d}s$，流动方向为 s，管道轴线与水平线的夹角为 θ，如图 7.2.2 所示。

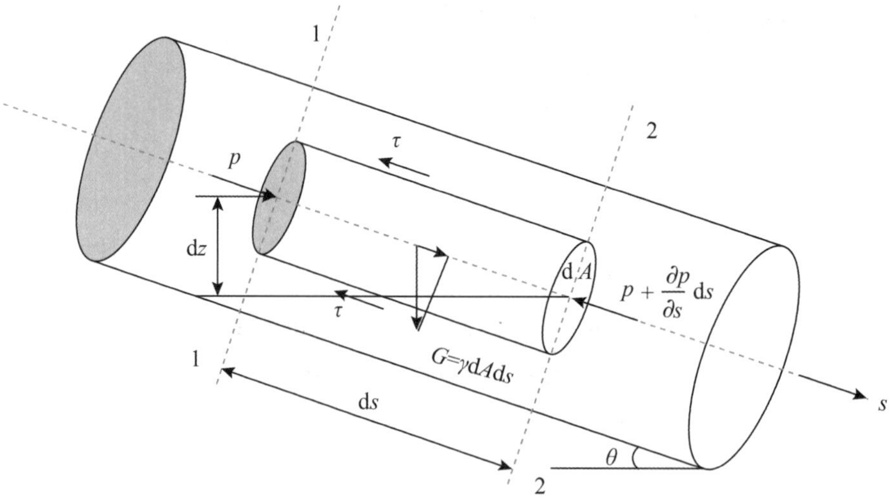

图 7.2.2　管内元流段受力示意图

作用于该元流上的力包括重力、压力，以及作用在元流四周表面的阻力，所受合力为

$$\sum F = \gamma \mathrm{d}A\mathrm{d}s\sin\theta + p\mathrm{d}A - \left(p + \frac{\partial p}{\partial s}\mathrm{d}s\right)\mathrm{d}A - \tau l\,\mathrm{d}s = -\gamma \mathrm{d}A\mathrm{d}s\,\frac{\partial z}{\partial s} - \frac{\partial p}{\partial s}\mathrm{d}s\mathrm{d}A - \tau l\,\mathrm{d}s$$

式中 l 为元流断面湿周。根据牛顿第二定律，可得

$$\sum F = -\gamma \mathrm{d}A\mathrm{d}s\,\frac{\partial z}{\partial z} - \frac{\partial p}{\partial s}\mathrm{d}s\mathrm{d}A - \tau l\,\mathrm{d}s = \rho \mathrm{d}s\mathrm{d}A\left(\frac{\partial u}{\partial t} + u\,\frac{\partial u}{\partial s}\right)$$

整理得

$$\frac{\partial z}{\partial s} + \frac{1}{\gamma}\,\frac{\partial p}{\partial s} + \frac{1}{g}\left(\frac{\partial u}{\partial t} + u\,\frac{\partial u}{\partial s}\right) + \frac{\tau}{\gamma r_{\mathrm{h}}} = 0 \qquad (7.2.2)$$

式中 $r_{\mathrm{h}} = \mathrm{d}A/l$ 为元流的水力半径。

假设总流是渐变流，忽略断面上流速分布不均的影响，将上述元流的运动方程扩大到总流，可得一维非定常渐变总流的运动方程

$$\frac{\partial z}{\partial s} + \frac{1}{\gamma}\,\frac{\partial p}{\partial s} + \frac{1}{g}\left(\frac{\partial V}{\partial t} + V\,\frac{\partial V}{\partial s}\right) + \frac{\tau_{\mathrm{w}}}{\gamma R_{\mathrm{h}}} = 0 \qquad (7.2.3)$$

此即一维非定常流动的运动方程。式中 z、p、V 分别为断面平均高程、平均压强和断面平均流速，R_{h} 为总流断面水力半径，τ_{w} 为平均壁面切应力。

7.2.2　有压管道非定常流动

1. 水击与水击波

当管道中的流量迅速改变时，流速的骤然减小或增加会伴有压强大幅度的波动，这种

压力波动在管道中交替升降、来回传播的现象称为水击，或水锤(water hammer)。管道中压力波动是通过波的形式进行传播和反射的，所以也称为水击波。

下面以引水管道阀门突然关闭为例，来阐述有压管道中水击的产生和传播。如图 7.2.3 所示引水管，管道首端与水库相连，末端设有调节流量的阀门。管道定常流动情况下的平均流速为 V_0，平均压强为 p_0，管长为 L，忽略水头损失。设水击波的传播速度为 c，当阀门突然关闭时，管中水击波传播过程可分为四个阶段。

(1) 减速增压阶段

设阀门在 $t=0$ 时刻突然关闭，在 Δt 时段内，紧靠阀门(断面 A 处)上游长度为 Δs 的水体首先停止运动，流速由 V_0 变为零；而压强则由原来的 p_0 增加到 $p_0+\Delta p$；同时水体被压缩，其密度由原来的 ρ_0 变为 $\rho_0+\Delta\rho$；管壁发生膨胀，其截面面积由原来的 A_0 变为 $A_0+\Delta A$，如图 7.2.3(a) 所示。此后紧靠 Δs 段的上游另一段水体相继停止运动，同时压强升高、密度增加和管壁膨胀。以此类推，管道中的水体逐段向上游停止流动，向上游传播的速度为波速 c。由于这一阶段水击波传播方向与恒定流时的流速 V_0 的方向相反，故称为逆行波。到 $t=L/c$ 时刻，整个管道内流速均变为零，压强为 $p_0+\Delta p$，密度为 $\rho_0+\Delta\rho$，管道断面面积为 $A_0+\Delta A$，如图 7.2.3(b) 所示。这一阶段为水击的第一阶段，属于减速增压阶段。

(2) 减速减压阶段

由于管道上游水库体积很大，水库水位不受管道流动变化的影响，紧邻水库的断面 B 左侧压强受水库水位控制，仍保持为 p_0。而在 $t=L/c$ 时刻，断面 B 右侧管道内压强为 $p_0+\Delta p$，该处水体受力处于不平衡状态。在压强差的作用下，该处管中的水体由静止状态以流速 V_0 向水库方向流动。于是断面 B 处右侧水体从被压缩状态恢复至原状，而周围管道也由膨胀状态恢复至原状，亦即管内压强恢复为 p_0，密度恢复为 ρ_0，管道断面面积恢复为 A_0，如图 7.2.3(c) 所示。同样，这种流动的变化以速度 c 逐渐向阀门断面 A 传递。由于该阶段水击波传递的方向与恒定流时的流速 V_0 的方向相同，因此称为顺行波。至 $t=2L/c$ 时刻，整个管道内压强均恢复为 p_0，密度恢复为 ρ_0，管道断面面积恢复为 A_0，而流速为 $-V_0$，如图 7.2.3(d) 所示。这个过程是水击的第二阶段，属于减速减压阶段。

(3) 增速减压阶段

在 $t=2L/c$ 时刻，从水库反射回来的顺行波减压传到阀门断面 A 处，此时断面 A 处有一反向流速 $-V_0$，水体继续向水库流动，但由于此时阀门已关闭，水体得不到补充，为保持水体的连续性，紧靠断面 A 处的流动被迫再次停止，流速由 $-V_0$ 变为零，而压强由 p_0 减小为 $p_0-\Delta p$，同时水体膨胀，密度减小为 $\rho_0-\Delta\rho$，管壁截面积收缩为 $A_0-\Delta A$。这种流动变化由阀门向水库方向逐段向上游传播，如图 7.2.3(e) 所示。至 $t=3L/c$ 时刻，整个管道内压强均减小为 $p_0-\Delta p$，密度减小为 $\rho_0-\Delta\rho$，管道断面面积减小为 $A_0-\Delta A$，而流速为零，如图 7.2.3(f) 所示。这个过程是水击的第三阶段，属于增速减压阶段。

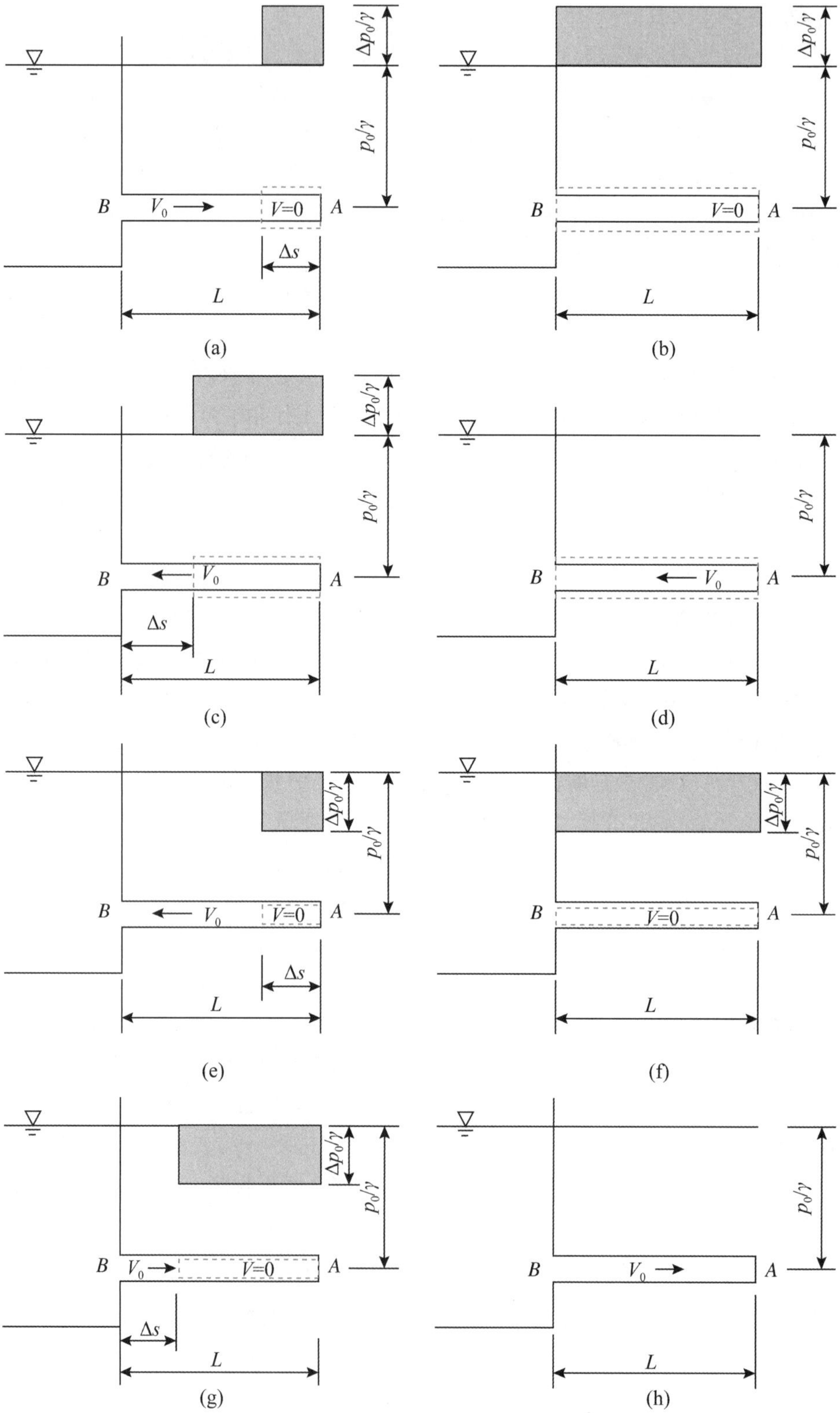

图 7.2.3　水击波的传播过程

(4) 增速增压阶段

在 $t=3L/c$ 时刻，第三阶段的逆行增速减压波传至断面 B 处，这时断面 B 左侧压强为 p_0，大于右侧压强 $p_0-\Delta p$，在压强差的作用下，水库中的水又开始流入管道，管道中的水体由静止以流速 V_0 向阀门方向流动，压强恢复到原来的压强 p_0，水体的密度也恢复到原来的 ρ_0，管道截面面积恢复到 A_0，如图 7.2.3(g) 所示。至 $t=4L/c$ 时刻，整个管道内压强、密度、管道断面面积、流速均恢复至阀门关闭以前的状态，如图 7.2.3(h) 所示。这个过程是水击的第四阶段，属于增速增压阶段。

水击波在经历了以上四个阶段后，已恢复到起始的恒定流状态，但由于阀门仍是关闭的，上述过程将重复进行，如果没有能量的损耗，将会一直循环下去。

在上述分析中，假定阀门是突然关闭的，即关闭的时间为零。实际上阀门关闭总是需要一定的时间的，在这种情况下，可以把整个关闭过程看成是一系列微小瞬时关闭的叠加，每一个微小瞬时关闭都产生一个相应的水击波，每一个水击波又各自依次按上述四个阶段循环发展，因此整个水击过程是由不同时刻产生的水击波的传播、反射和叠加而成的。

阀门开始关闭到由上游反射回来的减压波传到断面 A 为止，所需的时间为 $2L/c$，称为水击的相长(phase length)，用 t_r 表示，即

$$t_r=\frac{2L}{c} \tag{7.2.4}$$

当阀门关闭的时间 $t_s<t_r$ 时，最早产生的水击波向上传播后，反射回来的减压顺行波在阀门完全关闭前还未能到达阀门处，因此将在断面 A 处会产生最大的水击压强，这种水击称为直接水击(direct water hammer)。相反，当 $t_s>t_r$ 时，由最早产生的水击波所反射回来的减压顺行波在阀门尚未完全关闭前已到达阀门处，从而会对消一部分水击增压，使断面 A 的水击增压不致达到直接水击所产生的增压值，这种水击称为间接水击(indirect water hammer)。

下面我们重点介绍水击压强的计算方法，为此，先介绍水击的基本方程。

2. 水击基本方程

(1) 连续方程

展开一维非定常流动的连续方程(7.2.1) 式，可得

$$VA\frac{\partial\rho}{\partial s}+\rho A\frac{\partial V}{\partial s}+\rho V\frac{\partial A}{\partial s}+A\frac{\partial\rho}{\partial t}+\rho\frac{\partial A}{\partial t}=0$$

由于

$$\frac{\mathrm{D}A}{\mathrm{D}t}=\frac{\partial A}{\partial t}+V\frac{\partial A}{\partial s},\quad \frac{\mathrm{D}\rho}{\mathrm{D}t}=\frac{\partial\rho}{\partial t}+V\frac{\partial\rho}{\partial s}$$

于是连续方程可改写成

$$\frac{1}{\rho}\frac{\mathrm{D}\rho}{\mathrm{D}t}+\frac{1}{A}\frac{\mathrm{D}A}{\mathrm{D}t}+\frac{\partial V}{\partial s}=0 \tag{7.2.5}$$

或者写成

$$\frac{1}{\rho}\frac{\mathrm{D}\rho}{\mathrm{D}p}\frac{\mathrm{D}p}{\mathrm{D}t}+\frac{1}{A}\frac{\mathrm{D}A}{\mathrm{D}p}\frac{\mathrm{D}p}{\mathrm{D}t}+\frac{\partial V}{\partial s}=0 \tag{7.2.6}$$

式中$(1/\rho)(\mathrm{D}\rho/\mathrm{D}p)$反映了液体的压缩性，用体积压缩模量 K 表示，有

$$\frac{1}{\rho}\frac{\mathrm{D}\rho}{\mathrm{D}p}=\frac{1}{K} \tag{7.2.7}$$

而$(1/A)(\mathrm{D}A/\mathrm{D}p)$反映了管壁的弹性，可表示成

$$\frac{1}{A}\frac{\mathrm{D}A}{\mathrm{D}p}=\frac{D}{E\delta} \tag{7.2.8}$$

式中 D 表示管道直径，E 为管壁材料的弹性模量，δ 为管壁厚度。将(7.2.7)式和(7.2.8)式代入(7.2.6)式得

$$\frac{1}{K}\frac{\mathrm{D}p}{\mathrm{D}t}\left(1+\frac{K}{E}\frac{D}{\delta}\right)+\frac{\partial V}{\partial s}=0 \tag{7.2.9}$$

或写成

$$\frac{1}{\rho}\frac{\mathrm{D}p}{\mathrm{D}t}+c^2\frac{\partial V}{\partial s}=0 \tag{7.2.10}$$

其中

$$c=\sqrt{\frac{K}{\rho}}\Bigg/\sqrt{1+\frac{DK}{\delta E}} \tag{7.2.11}$$

为水击波波速(water hammer wave velocity)。当 $E\to\infty$ 时，即认为管道是绝对刚体时，c 值达到最大，用 c_{m} 表示，即

$$c_{\mathrm{m}}=\sqrt{\frac{K}{\rho}} \tag{7.2.12}$$

此即声波在流体中的传播速度，在水中，$c_{\mathrm{m}}=1435\mathrm{m/s}$。

由于 $p=\gamma(h-z)=\rho g(h-z)$，其中 h 为水头，z 为管道位置高程。而且 ρ 随 s 或 t 的变化远小于 h 随 s 或 t 的变化，因此讨论 p 的变化时可认为 ρ 为常数，于是有

$$\frac{\mathrm{D}p}{\mathrm{D}t}=\frac{\partial p}{\partial t}+V\frac{\partial p}{\partial s}=\rho g\left(\frac{\partial h}{\partial t}-\frac{\partial z}{\partial t}\right)+V\rho g\left(\frac{\partial h}{\partial s}-\frac{\partial z}{\partial s}\right) \tag{7.2.13}$$

由于 $\partial z/\partial t=0$，$\partial z/\partial s=-\sin\theta$，其中 θ 为管轴线与水平线的夹角，代入(7.2.13)式得

$$\frac{1}{\rho}\frac{\mathrm{D}p}{\mathrm{D}t}=g\frac{\partial h}{\partial t}+Vg\left(\frac{\partial h}{\partial s}+\sin\theta\right) \tag{7.2.14}$$

将(7.2.14)式代入(7.2.10)式中，可得

$$\frac{\partial h}{\partial t}+V\frac{\partial h}{\partial s}+V\sin\theta+\frac{c^2}{g}\frac{\partial V}{\partial s}=0 \tag{7.2.15}$$

一般高程的沿程变化 $\partial z/\partial s$ 以及水头的沿程变化 $\partial h/\partial s$ 都远小于水头的当地变化 $\partial h/\partial t$。若这两项忽略不计，则上式可简化为

$$\frac{\partial h}{\partial t}=-\frac{c^2}{g}\frac{\partial V}{\partial s} \tag{7.2.16}$$

(7.2.15)式或(7.2.16)式即水击连续方程。

(2) 运动方程

由(7.1.73)式可知 $\tau_w = \lambda\rho V^2/8$，且管道水力半径 $R_h = D/4$，代入一维非定常流动的运动方程(7.2.3)式，得

$$\frac{\partial}{\partial s}\left(z+\frac{p}{\gamma}\right)+\frac{1}{g}\left(\frac{\partial V}{\partial t}+V\frac{\partial V}{\partial s}\right)+\frac{\lambda}{D}\frac{V^2}{2g}=0 \tag{7.2.17}$$

将上式阻力项中的 V^2 改为 $V|V|$，且考虑到 $z+p/\gamma=h$，上式可改写成

$$g\frac{\partial h}{\partial s}+\frac{\partial V}{\partial t}+V\frac{\partial V}{\partial s}+\frac{\lambda}{2D}V|V|=0 \tag{7.2.18}$$

此即考虑阻力的水击运动方程。由于 $\partial V/\partial s \ll \partial V/\partial t$，当同时忽略阻力项时，上式可简化为

$$\frac{\partial h}{\partial s}=-\frac{1}{g}\frac{\partial V}{\partial t} \tag{7.2.19}$$

3. 水击增压计算

在工程上，主要关注水击发生后水击压强的增值大小，因此水击计算重点在于计算水击压强的大小。水击计算的方法一般有解析法和特征线法，解析法多用于不计阻力情况下的简单管道计算，求解的是由(7.2.16)式和(7.2.19)式组成的水击微分方程组。特征线法是一种精度较高的近似解法，能考虑阻力的影响，并可以处理复杂管道系统，随着计算机技术的发展，该方法已成为水击计算的主要方法之一。特征线法求解的是由(7.2.15)式和(7.2.18)式组成的微分方程组。由于水击计算的特性线法与明槽非定常流动的特征线法雷同，因此本小节只对解析法进行介绍，而特征线法则可参照明槽非定常流动中的介绍。

(1) 水击联锁方程

由(7.2.16)式和(7.2.19)式组成的水击微分方程组为一阶拟线性双曲型偏微分方程组，其自变量为(s,t)，因变量为(V,h)。将方程组中的坐标 s 换成以阀门为原点，指向上游的坐标 x，即 $\partial/\partial s=-\partial/\partial x$，则由(7.2.16)式和(7.2.19)式水击基本方程组可改写成

$$\begin{cases}\dfrac{\partial h}{\partial x}=\dfrac{1}{g}\dfrac{\partial V}{\partial t}\\[2ex]\dfrac{\partial h}{\partial t}=\dfrac{c^2}{g}\dfrac{\partial V}{\partial x}\end{cases} \tag{7.2.20}$$

两个方程分别对 x 和 t 各进行一次微分，然后分别消除 V 或 h，可得到新的微分方程组

$$\begin{cases}\dfrac{\partial^2 h}{\partial x^2}=\dfrac{1}{c^2}\dfrac{\partial^2 h}{\partial t^2}\\[2ex]\dfrac{\partial^2 V}{\partial x^2}=\dfrac{1}{c^2}\dfrac{\partial^2 V}{\partial t^2}\end{cases} \tag{7.2.21}$$

上述方程组中的两个方程均为数理方程中的波动方程，其解的一般形式为

$$\begin{cases}(h-h_0)=F\left(t-\dfrac{x}{c}\right)+f\left(t+\dfrac{x}{c}\right)\\[2ex](V-V_0)=-\dfrac{g}{c}\left[F\left(t-\dfrac{x}{c}\right)-f\left(t+\dfrac{x}{c}\right)\right]\end{cases} \tag{7.2.22}$$

式中 h_0 和 V_0 分别为水击发生前定常流动情况下的水头和流速，h 和 V 为任意时刻 t 在任

意断面 x 处的水头和流速。F 和 f 分别为两个未知函数，其中 $F(t-x/c)$ 代表以速度 c 向 x 方向传播的逆行波，如图 7.2.4 中实线所示，它是由阀门扰动所产生的和由阀门反射的全部波叠加而形成的。而 $f(t+x/c)$ 则代表以速度 c 向 $-x$ 方向传播的顺行波，如图7.2.4 中虚线所示，它是由水库边界反射的波叠加而形成的。(7.2.22) 式说明在任意断面 x 和任意时刻 t 的水头增量 $\Delta h=h-h_0$ 以及流速增量 $\Delta V=V-V_0$ 是顺行和逆行两组水击波叠加的结果。$F(t-x/c)$ 和 $f(t+x/c)$ 的具体波形取决于管道两端的边界条件。

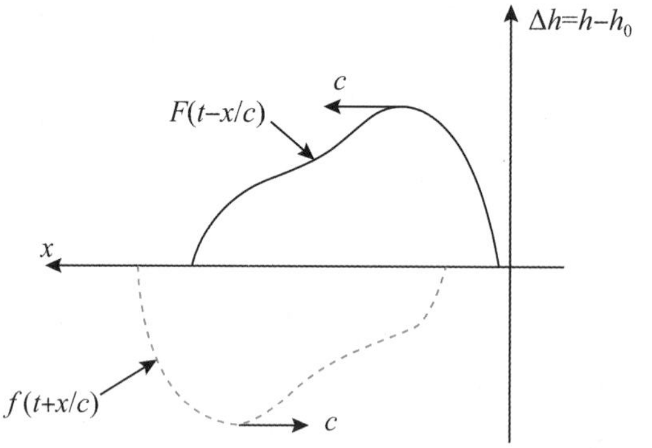

图 7.2.4　水击波的叠加

由于确定 F 和 f 的具体函数形式相当困难，为避免求 F 和 f 的具体形式，将(7.2.22)式中的两个方程相减，消除函数 f，得

$$2F\left(t-\frac{x}{c}\right)=h-h_0-\frac{c}{g}(V-V_0) \tag{7.2.23}$$

在管道中取位于 $x=x_1$ 处的断面 A，设其在 $t=t_1$ 时刻的水头为 $h_{t_1}^A$，流速为 $V_{t_1}^A$。同时取位于 $x=x_2$ 处的断面 B，设其在 $t=t_2$ 时刻的水头为 $h_{t_2}^B$，流速为 $V_{t_2}^B$。此两个断面均满足(7.2.23) 式，即有

$$2F\left(t_1-\frac{x_1}{c}\right)=h_{t_1}^A-h_0-\frac{c}{g}(V_{t_1}^A-V_0),\ 2F\left(t_2-\frac{x_2}{c}\right)=h_{t_2}^B-h_0-\frac{c}{g}(V_{t_2}^B-V_0)$$

如果 $t_1-x_1/c=t_2-x_2/c$，即 $t_2-t_1=(x_2-x_1)/c$，则上述两式左端相等。表明当时间间隔 (t_2-t_1) 恰好是逆行波从下游断面 A 传到上游断面 B 的时间 $(x_2-x_1)/c$ 时，A、B 两断面在两个时刻的水头和流速必满足以下关系

$$h_{t_1}^A-h_{t_2}^B=\frac{c}{g}(V_{t_1}^A-V_{t_2}^B) \tag{7.2.24}$$

类似地，将(7.2.22) 式中的两个方程相加，可消除函数 F。同样，当时间间隔满足 $t'_2-t'_1=(x_2-x_1)/c$ 时，可得如下关系

$$h_{t'_1}^A-h_{t'_2}^B=-\frac{c}{g}(V_{t'_1}^A-V_{t'_2}^B) \tag{7.2.25}$$

(7.2.24) 式和(7.2.25) 式组成的方程组称为水击联锁方程(water hammer interlocking equation)。

定义相对水头增量(relative head increment)

$$\zeta=(h-h_0)/h_0=\Delta h/h_0 \tag{7.2.26}$$

以及相对流速(relative velocity)

$$\eta = V/V_{\mathrm{m}} \tag{7.2.27}$$

其中 V_{m} 为阀门全开时管道的最大平均流速。则水击联锁方程可改写成无量纲形式

$$\zeta_{t_1}^A - \zeta_{t_2}^B = 2\mu(\eta_{t_1}^A - \eta_{t_2}^B) \tag{7.2.28}$$

$$\zeta_{t_1'}^A - \zeta_{t_2'}^B = -2\mu(\eta_{t_1'}^A - \eta_{t_2'}^B) \tag{7.2.29}$$

其中

$$\mu = \frac{cV_{\mathrm{m}}}{2gh_0} \tag{7.2.30}$$

称为管道特征系数(pipe characteristic coefficient)。

(2) 边界条件

应用联锁方程求解水击问题时,首先必须确定初始条件和边界条件。初始条件为水击发生前沿管各断面的运动要素(如 h_0、V_0 等),而边界条件要根据具体情况而定。

当管道上游与水库相连时,进口断面 B 的压强受水库水位控制而固定不变,即

$$\zeta^B = 0 \tag{7.2.31}$$

若管道上游为调压井,则该处压强受调压井水位控制,可将调压井水面振荡过程线作为该处压强的边界条件。

管道另一端通常为调节流量的导水叶或阀门,阀门处的流速变化与阀门的关闭规律有关。定义

$$\tau = \frac{A_t}{A_{\mathrm{m}}} \tag{7.2.32}$$

为阀门的相对开度(relative opening),式中 A_t 为 t 时刻阀门的出口断面面积,A_{m} 为阀门全开时的出口断面面积。将阀门看成一个孔口,通过阀门的流量可按孔口出流公式近似计算

$$Q_t = \mu_0 A_t \sqrt{2gh_t^A} \tag{7.2.33}$$

式中 μ_0 为阀门的流量系数,h_t^A 为阀门前断面 A 处在 t 时刻的水头。由流量可确定相应时刻断面 A 处的流速为

$$V_t^A = \frac{Q_t}{A} = \mu_0 \frac{A_t}{A} \sqrt{2gh_t^A} \tag{7.2.34}$$

式中 A 为管道截面面积。同样,可计算在阀门全开时恒定流情况下断面 A 处的最大流速为

$$V_{\mathrm{m}} = \mu_0 \frac{A_{\mathrm{m}}}{A} \sqrt{2gh_0} \tag{7.2.35}$$

由(7.2.34)式和(7.2.35)式可得

$$\eta_t^A = \frac{V_t^A}{V_{\mathrm{m}}} = \frac{A_t}{A_{\mathrm{m}}} \sqrt{\frac{h_t^A}{h_0}} = \tau \sqrt{1 + \zeta_t^A} \tag{7.2.36}$$

上式即阀门处的边界条件,知道了阀门的相对开度随时间的变化过程就可确定阀门前断面 A 处流速和水头之间的关系。

(3) 水击增压求解过程

水击计算的主要目的是确定最大水击增压值。由于水击波在阀门断面 A 处产生,而从

上游反射回来的减压波又是最后到达此处，因此最大水击压强一定发生在断面 A 处。该处水击压强经过一个相长的时间会由增变减或由减变增，所以只需计算各相末时断面 A 处的水击压强，即可找出最大水击压强。若水击为直接水击，则阀门完全关闭时的水击压强即为最大的水击增压，可直接由下式计算

$$\Delta h = -\frac{c}{g}\Delta V \tag{7.2.37}$$

上述公式是茹可夫斯基 1898 年依据动量定理得到的直接水击压强计算公式，给出了弹性波压强增值、流速变化以及传播速度之间的关系。由于水击波波速通常很大，达数百米乃至上千米每秒，即使很小的速度变化，都会产生非常高的直接水击增压，所以在工程中应避免出现直接水击的情况。若发生的是间接水击，可应用联锁方程求出阀门断面 A 处各相相末的压强，计算过程如下。

若上游 B 断面为水库，并假设其水位保持不变，则 B 断面的相对水头增量始终为零。若 B 断面为调压井，则其水面振荡过程线可作为 B 断面的压力边界条件。在下面水击增压的计算过程中，假设 B 断面的水击增压始终为零。以相长作为单位时间，应用逆行波联锁方程(7.2.28) 式有

$$\zeta_0^A - \zeta_{0.5}^B = 2\mu(\eta_0^A - \eta_{0.5}^B)$$

由于 $\zeta_0^A = 0, \eta_0^A = \tau_0\sqrt{1+\zeta_0^A} = \tau_0, \zeta_{0.5}^B = 0$，代入上式可得

$$\eta_{0.5}^B = \eta_0^A = \tau_0$$

其中 τ_0 为 $t = 0$ 时刻阀门的相对开度。再应用顺行波联锁方程(7.2.29) 式，得

$$\zeta_1^A - \zeta_{0.5}^B = -2\mu(\eta_1^A - \eta_{0.5}^B)$$

其中断面 B 的水头 $\zeta_{0.5}^B$ 已知，而流速 $\eta_{0.5}^B$ 已在上一步逆行波连锁方程中求出，所以将边界条件 $\eta_1^A = \tau_1\sqrt{1+\zeta_1^A}$ 代入上式，可得

$$\tau_1\sqrt{1+\zeta_1^A} = \tau_0 - \frac{\zeta_1^A}{2\mu} \tag{7.2.38}$$

由上式即可求出第一相相末断面 A 处的水击增压 ζ_1^A，其中 τ_1 为第一相相末阀门的相对开度。

依此类推，可得第 n 相相末断面 A 处的水击增压计算公式为

$$\tau_n\sqrt{1+\zeta_n^A} = \tau_0 - \frac{\zeta_n^A}{2\mu} - \frac{1}{\mu}\sum_{i=1}^{n-1}\zeta_i^A \tag{7.2.39}$$

实践表明，最大水击增压值，可能发生在第一相末，称为第一相水击(first phase water hammer)，也可能发生在阀门关闭的最后一相，称为末相水击(final phase water hammer)。当 $\zeta_1^A < \zeta_2^A$ 时可判断为末相水击，反之为第一相水击。当在阀门关闭时间内所经历的相数较多时，水击增压在后期增加很缓慢，由此可推导出末相水击增压计算公式。

根据(7.2.39) 式，可写出第 $n+1$ 相相末的水击压强计算公式

$$\tau_{n+1}\sqrt{1+\zeta_{n+1}^A} = \tau_0 - \frac{\zeta_{n+1}^A}{2\mu} - \frac{1}{\mu}\sum_{i=1}^{n}\zeta_i^A$$

上式减去(7.2.39) 式可得

$$\tau_{n+1}\sqrt{1+\zeta_{n+1}^{A}}-\tau_n\sqrt{1+\zeta_n^{A}}=-\frac{1}{2\mu}(\zeta_{n+1}^{A}-\zeta_n)-\frac{\zeta_n^{A}}{\mu}$$

由于在接近末相时，水击压强的递增变化较小，因此可以假设 $\zeta_{n+1}^{A}\approx\zeta_n^{A}=\zeta_{\mathrm{m}}$，于是上式可近似写成

$$(\tau_{n+1}-\tau_n)\sqrt{1+\zeta_{\mathrm{m}}}=-\frac{\zeta_{\mathrm{m}}}{\mu} \tag{7.2.40}$$

假设阀门为线性关闭，则有

$$\Delta\tau=\tau_{n+1}-\tau_n=-\frac{t_{\mathrm{r}}}{t_{\mathrm{s}}}=-\frac{2L}{ct_{\mathrm{s}}}$$

代入(7.2.40)式可得

$$\zeta_{\mathrm{m}}=\sigma\sqrt{1+\zeta_{\mathrm{m}}}$$

或写成

$$\zeta_{\mathrm{m}}=\frac{\sigma}{2}(\sqrt{\sigma^2+4}+\sigma) \tag{7.2.41}$$

式中 $\sigma=LV_{\mathrm{m}}/(gh_0t_{\mathrm{s}})$，$\zeta_{\mathrm{m}}$ 即为末相相末水击压强。

阀门关闭会产生水击现象，阀门开启同样也会发生水击，只是此时水击压强为负压，相应的计算公式只需将上述正水击压强计算公式中的 ζ 改为 $-\zeta$ 即可，同时定义 $\zeta=(h_0-h)/h_0$。设阀门为线性开启，则对应的第一相水击压强计算公式为

$$\tau_1\sqrt{1-\zeta_1^{A}}=\tau_0+\frac{\zeta_1^{A}}{2\mu} \tag{7.2.42}$$

而末相水击压强的计算公式为

$$\zeta_{\mathrm{m}}=\frac{\sigma}{2}(\sqrt{\sigma^2+4}-\sigma) \tag{7.2.43}$$

7.2.3　无压明槽非定常流动

与有压管道非定常流动一样，明槽非定常流动也是一种波动现象，只是有压管道中的水击波是弹性波，水体的弹性力和惯性力起主要作用，而明槽非定常流动是重力波，重力、惯性力和阻力起主要作用。

波浪运动中的波也属于重力波，但在波浪运动中，流体质点基本上做往复循环运动，几乎没有流量的传递，各质点之间存在相位差，而形成水面波形的推进，这种波称为振动波。与波浪运动中的波不同，在明槽非定常流动中，不但波形向前传播，同时流体质点也向前移动，这种波称为位移波。

根据波的传播方向与原来水流的方向是否一致，明槽非定常流动的波同样可分为顺行波和逆行波，波的传播方向与原来水流方向一致称为顺行波，反之称为逆行波。根据波所到之处是使水位上涨还是下降，则可分为涨水波和落水波，水位升高称为涨水波，水位降低称为落水波。两种分类组合起来共有四种类型的波，即顺涨波、逆涨波、顺落波和逆落

波，如图 7.2.5 所示。波传到之处，水面高出或低于原水面线的水体称为波体，波体的前峰称为波峰，波峰的推进速度称为波速，波峰顶点到原水面的高度称为波高。

在本小节我们主要研究在波行进过程中，如何计算波高和波速等明槽非恒定流动中的重要流动参数，通常是计算断面水深、流速、流量等等价的流动参数。

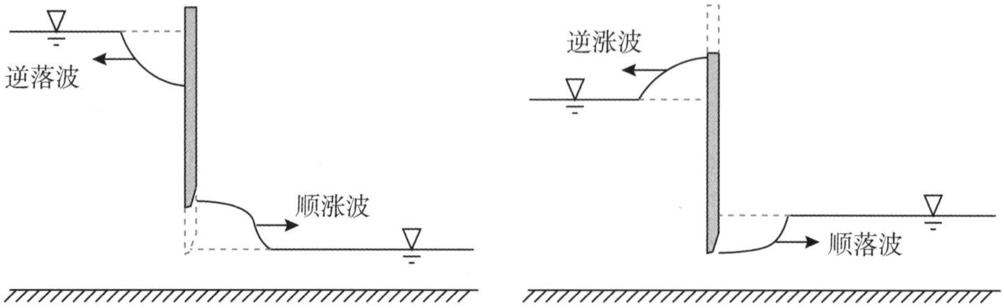

图 7.2.5　明槽流动中的重力波

1. 圣维南方程组

明槽非恒定渐变流动的基本方程组同样可以由 7.2.1 节中的一维非定常流动方程组简化得到。

(1) 连续方程

对于明槽非定常流动，ρ 可视为常数，于是(7.2.1) 式可简化为

$$\frac{\partial A}{\partial t}+V\frac{\partial A}{\partial s}+A\frac{\partial V}{\partial s}=0 \tag{7.2.44}$$

由于

$$\frac{\partial A}{\partial t}=\frac{\partial A}{\partial h}\frac{\partial h}{\partial t}=B\frac{\partial h}{\partial t},\frac{\partial A}{\partial s}=\frac{\partial A}{\partial h}\frac{\partial h}{\partial s}+\left.\frac{\partial A}{\partial s}\right|_h=B\frac{\partial h}{\partial s}+\left.\frac{\partial A}{\partial s}\right|_h$$

式中 B 为水面宽度，h 为水深，$(\partial A/\partial s)\,|_h$ 表示水深 h 为常数时，过水断面面积的沿程变化率。将以上两式代入(7.2.44) 式中可得

$$\frac{\partial h}{\partial t}+V\frac{\partial h}{\partial s}+\frac{A}{B}\frac{\partial V}{\partial s}=-\frac{V}{B}\left.\frac{\partial A}{\partial s}\right|_h \tag{7.2.45}$$

对于棱柱形明槽，因为 $(\partial A/\partial s)\,|_h=0$，于是有

$$\frac{\partial h}{\partial t}+V\frac{\partial h}{\partial s}+\frac{A}{B}\frac{\partial V}{\partial s}=0 \tag{7.2.46}$$

对于矩形断面的棱柱形槽，不仅 $(\partial A/\partial s)\,|_h=0$，且 $A/B=h$，于是对应的连续方程可写成

$$\frac{\partial h}{\partial t}+V\frac{\partial h}{\partial s}+h\frac{\partial V}{\partial s}=0 \tag{7.2.47}$$

(2) 运动方程

假定过水断面满足渐变流流动，断面上动水压强在铅垂线上按静压强分布，断面上的水面高程 z_s 即测压管水头，运动方程(7.2.3) 式中左端前两项可写成

$$\frac{\partial z}{\partial s}+\frac{1}{\gamma}\frac{\partial p}{\partial s}=\frac{\partial z_s}{\partial s}$$

忽略局部水头损失，只考虑沿程水头损失，则(7.2.3) 式中的阻力项

$$\frac{\tau_w}{\gamma R_h} = \frac{\gamma R_h J_f}{\gamma R_h} = J_f$$

式中 J_f 即水力坡度。于是，明槽非定常渐变流的运动方程可写成

$$\frac{\partial z_s}{\partial s} + \frac{1}{g}\left(\frac{\partial V}{\partial t} + V\frac{\partial V}{\partial s}\right) + J_f = 0 \tag{7.2.48}$$

在明槽非定常流动中，沿程水头损失一般假定可以按定常流动中的水头损失来进行计算，则水力坡度可表示为

$$J_f = \frac{V^2}{C^2 R_h} \tag{7.2.49}$$

式中 C 为谢才系数。同时，由图 7.2.6 可知

$$\frac{\partial z_s}{\partial s} = \frac{\partial(z_b + h\cos\theta)}{\partial s} = \frac{\partial z_b}{\partial s} + \cos\theta\frac{\partial h}{\partial s} = -i + \cos\theta\frac{\partial h}{\partial s}$$

式中 z_b 为明槽槽底高程，i 为明槽底坡，$i = \sin\theta$。当 $\theta \leqslant 6°$ 时，可近似取 $\cos\theta = 1$。将以上两式代入(7.2.48) 式中，可将明槽非定常流动的运动方程改写成

$$\frac{\partial V}{\partial t} + V\frac{\partial V}{\partial s} + g\frac{\partial h}{\partial s} = g\left(i - \frac{V^2}{C^2 R_h}\right) \tag{7.2.50}$$

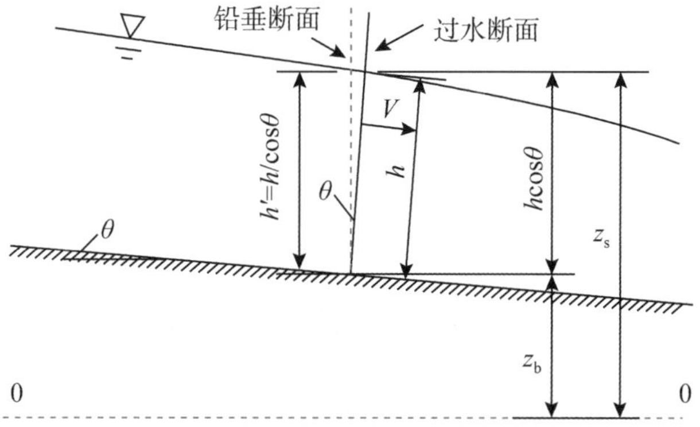

图 7.2.6　明槽流动中的水头线

明槽过水断面垂直于流动方向，因而水深 h 也应垂直流动方向进行测量，但为了量测和计算方便，当底坡 $i \leqslant 0.1(\theta \leqslant 6°)$ 时，常取铅垂断面作为过水断面，用铅垂水深 h' 代替实际水深 h(图 7.2.6)，其误差一般不超过 1%。

以(h, V) 为因变量的连续方程(7.2.47) 式和运动方程(7.2.50) 式组成了明槽非定常流动的基本方程组，同样也可将这些方程表示成以其他参数为因变量的方程，如以(z_s, Q)、(z_s, V) 或 (h, Q) 等为因变量的方程组，这些方程组均称为圣维南方程组(de Saint-Venant equations)。圣维南方程组属于一阶拟线性双曲线型偏微分方程组，在一般情况下无法获得解析解，只能采用数值解法或简化方法求其近似解。简化方法在水文学中有计算洪水演进的马斯京根法、抵偿河长法等，在水力学中有瞬态法、微幅波法、经验槽蓄曲线法、单位线法等。数值方法中包括特征线法、直接差分法和有限元法等。双曲线型方程组在一定条件下具有两簇不同的实数特征线，沿特征线可以把两个偏微分方程化为四个常微分方程进行求解。下面以明槽非定常流动方程组为例来阐述这种方法的基本原理，有

压管道非定常流方程组同样也可用特征线法进行求解。

2. 特征线方程与特征方程

以(7.2.47)式和(7.2.50)式组成的矩形断面明槽的非定常流动方程组为例，通过线性组合将两个偏微分方程化为常微分方程。由于(7.2.47)式各项具有速度量纲，而(7.2.50)式各项具有加速度的量纲，所以在组合过程中以某具有量纲为 T^{-1} 的量 φ 乘以连续方程，再与运动方程相加，可得

$$\frac{\partial V}{\partial t}+V\frac{\partial V}{\partial s}+g\frac{\partial h}{\partial s}+\varphi\left(\frac{\partial h}{\partial t}+V\frac{\partial h}{\partial s}+h\frac{\partial V}{\partial s}\right)=g\left(i-\frac{V^2}{C^2R_{\mathrm{h}}}\right)$$

上式可写成

$$\frac{\partial V}{\partial t}+(V+\varphi h)\frac{\partial V}{\partial s}+\varphi\left[\frac{\partial h}{\partial t}+\left(V+\frac{g}{\varphi}\right)\frac{\partial h}{\partial s}\right]=g\left(i-\frac{V^2}{C^2R_{\mathrm{h}}}\right) \qquad (7.2.51)$$

由于

$$\frac{\mathrm{D}V}{\mathrm{D}t}=\frac{\partial V}{\partial t}+\frac{\partial V}{\partial s}\frac{\mathrm{d}s}{\mathrm{d}t},\frac{\mathrm{D}h}{\mathrm{D}t}=\frac{\partial h}{\partial t}+\frac{\partial h}{\partial s}\frac{\mathrm{d}s}{\mathrm{d}t}$$

因此(7.2.51)式化为常微分方程的条件是

$$\frac{\mathrm{d}s}{\mathrm{d}t}=V+\varphi h=V+\frac{g}{\varphi}$$

由此可得

$$\varphi=\pm\sqrt{g/h} \qquad (7.2.52)$$

于是有

$$\frac{\mathrm{d}s}{\mathrm{d}t}=\lambda^{\pm}=V\pm\sqrt{gh} \qquad (7.2.53)$$

此即特征线方程(characteristic line equation)。该方程表明，在自变量域 s-t 平面上任一点(s,t)具有两个特征方向，λ^{+} 称为顺特征方向，每一点都与顺特征方向相切的曲线称为顺特征线；λ^{-} 称为逆特征方向，每一点都与逆特征方向相切的曲线称为逆特征线。

在两条特征线上，方程(7.2.51)式可以化为两个相应的常微分方程，即

$$\frac{\mathrm{d}V}{\mathrm{d}t}\pm\sqrt{\frac{g}{h}}\frac{\mathrm{d}h}{\mathrm{d}t}=g\left(i-\frac{V^2}{C^2R_{\mathrm{h}}}\right) \qquad (7.2.54)$$

或写成

$$\mathrm{d}(V\pm2\sqrt{gh})=g\left(i-\frac{V^2}{C^2R_{\mathrm{h}}}\right)\mathrm{d}t \qquad (7.2.55)$$

(7.2.54)式或(7.2.55)式称为特征方程(characteristic equation)。

于是，原来一对偏微分方程组化为了两对常微分方程组，即

(1) 沿顺特征 λ^{+} 方向

$$\begin{cases}\dfrac{\mathrm{d}s}{\mathrm{d}t}=V+\sqrt{gh}\\[2ex]\mathrm{d}(V+2\sqrt{gh})=g\left(i-\dfrac{V^2}{C^2R_{\mathrm{h}}}\right)\mathrm{d}t\end{cases} \qquad (7.2.56)$$

(2) 沿逆特征 λ^- 方向

$$\begin{cases}\dfrac{\mathrm{d}s}{\mathrm{d}t}=V-\sqrt{gh}\\ \mathrm{d}(V-2\sqrt{gh})=g\left(i-\dfrac{V^2}{C^2R_{\mathrm{h}}}\right)\mathrm{d}t\end{cases}\tag{7.2.57}$$

3. 特征线法

特征线方程(7.2.53)式实际上表示明槽流动中微干扰波的传播速度,因此在自变量域 s-t 平面上某点两条特征线的切线方向,表示从该断面该时刻出发的微干扰波向上游和向下游传播的速度。在 s-t 平面上的两条特征线曲线可以看成是微干扰波的轨迹。在缓流中,由于 $V<\sqrt{gh}$,因此 λ^+ 具有正值,随时间的推移,正特征线指向下游,而 λ^- 具有负值,负特征线指向上游。在急流中,由于 $V>\sqrt{gh}$,$\lambda^{\pm}>0$,因此任一点的两条特征线随时间推移均指向下游。

特征线法即是对与圣维南方程组等价的四个常微分方程进行求解,其求解域根据干扰波沿特征线传播的特点以及缓流、急流的不同,可分成若干各不同区域,各个区域有着不同的定解条件。

(1) 求解域的划分

在自变量域 s-t 平面上建立特征线网格,如图 7.2.7 所示。在 $t=0$ 线上给定初始条件,而在 $s=0$ 和 $s=L$ 线上分别给定上游边界和下游边界条件。

当水流为缓流时,s-t 平面上可分为四个定解区,如图 7.2.7(a) 所示。

- Ⅰ 区的解受初始条件控制;
- Ⅱ 区的解受初始条件和上游边界条件控制,且上游只要给定一个边界条件即可;
- Ⅲ 区的解受初始条件和下游边界条件控制,且下游只要给定一个边界条件即可;
- Ⅳ 区的解同时受初始条件和上下游边界条件控制,而初始条件的影响相对小得多。

当水流为急流时,可分为三个定解区,如图 7.2.7(b) 所示。

- Ⅰ 区的解受初始条件控制;
- Ⅱ 区的解受上游边界条件控制,且需在上游给定两个边界条件;
- Ⅲ 区同时受初始条件和上游边界条件控制。

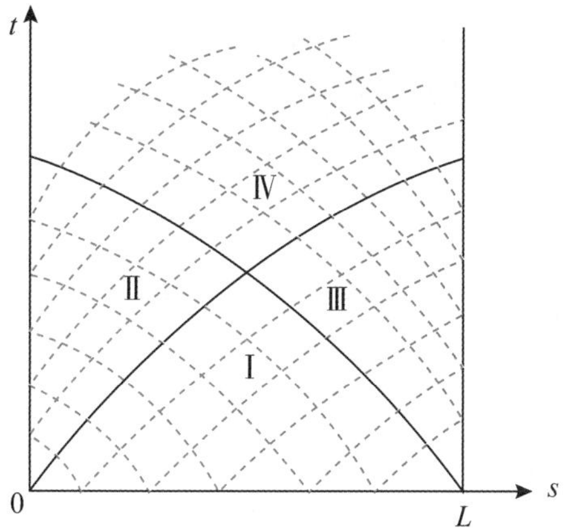

(a) 缓流

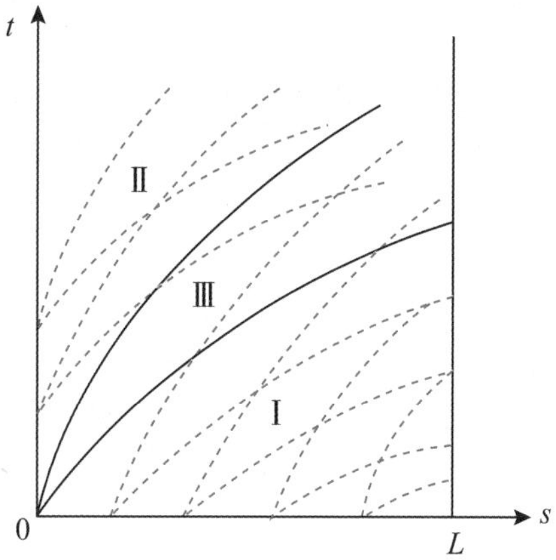

(b) 急流

图 7.2.7　特征线网格

(2) 网格划分

在一般情况下，沿特征线积分常微分方程仍有困难，因此主要采用数值解法，用差商代替微商，将微分方程化为有限差分方程。求解域离散化的网格可分为特征线网格和矩形网格两类。如图 7.2.7 所示的特征线网格很不规则，目前多采用矩形网格，如图 7.2.8 所示。网格中(m,n)表示坐标(s_m,t_n)，$\Delta s_m = s_{m+1} - s_m$ 称为距离步长，$\Delta t_n = t_{n+1} - t_n$ 称为时间步长，步长可以相等，也可以采用非等步长。

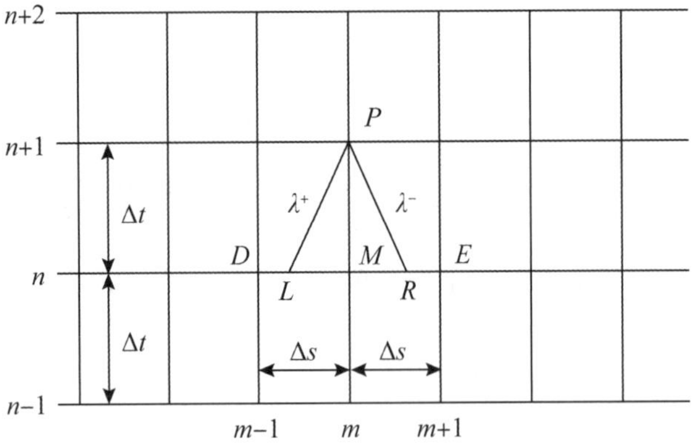

图 7.2.8　差分网格

(3) 特征差分方程

讨论等时间步长 Δt 及等距离步长 Δs 的情况。假定 n 时层及 n 以下时层的水力要素(如流速和水头)都通过计算已成为已知时层。由 $n+1$ 时层待求点 P 出发向已知的 n 时层分别作 λ^+ 和 λ^- 特征线，与 n 时层分别交于 L 和 R 点，如图 7.2.8 所示。L 和 R 点一般不会恰好落在网格节点上，其位置可由两条特征线分别确定。L 和 R 点水力要素是未知的，但其邻近网格节点 D、M、E 三点的水力要素是已知的，因此 L 和 R 两点的水力要素可以由该三点的水力要素采用内插法求得。采用不同的内插法可构造出不同的差分格式，下面介绍库朗差分格式。

库朗差分格式(Courant difference scheme)首先以已知点 M 的特征方向替代待求点 P 的特征方向，则可确定 L 和 R 点的位置为

$$s_L = s_P - \lambda_P^+ \Delta t = s_P - \lambda_M^+ \Delta t,\; s_R = s_P - \lambda_P^- \Delta t = s_P - \lambda_M^- \Delta t \tag{7.2.58}$$

其次，采用线性插值公式确定 L 和 R 点的水力要素，对 L 点有

$$\frac{h_M - h_L}{h_M - h_D} = \frac{s_M - s_L}{\Delta s} = \frac{s_P - s_L}{\Delta s},\; \frac{V_M - V_L}{V_M - V_D} = \frac{s_M - s_L}{\Delta s} = \frac{s_P - s_L}{\Delta s}$$

对 R 点有

$$\frac{h_M - h_R}{h_M - h_E} = \frac{s_R - s_M}{\Delta s} = \frac{s_R - s_P}{\Delta s},\; \frac{V_M - V_R}{V_M - V_E} = \frac{s_R - s_M}{\Delta s} = \frac{s_R - s_P}{\Delta s}$$

将(7.2.58)式分别相应代入上述线性插值公式中，可求得 L 和 R 点的水力要素

$$\begin{cases} h_L = \dfrac{\Delta t}{\Delta s}\lambda_M^+ (h_D - h_M) + h_M \\ V_L = \dfrac{\Delta t}{\Delta s}\lambda_M^+ (V_D - V_M) + V_M \end{cases} \tag{7.2.59}$$

$$\begin{cases} h_R = \dfrac{\Delta t}{\Delta s}\lambda_M^+(h_M - h_E) + h_M \\ V_R = \dfrac{\Delta t}{\Delta s}\lambda_M^+(V_M - V_E) + V_M \end{cases} \tag{7.2.60}$$

然后，将特征方程写成差分格式，系数及非导数项用 M 点的已知量代替，可得

$$\begin{cases} \dfrac{V_P - V_L}{\Delta t} + \sqrt{\dfrac{g}{h_M}}\dfrac{h_P - h_L}{\Delta t} = g\left[i - \left(\dfrac{V^2}{C^2 R_h}\right)_M\right] \\ \dfrac{V_P - V_R}{\Delta t} - \sqrt{\dfrac{g}{h_M}}\dfrac{h_P - h_R}{\Delta t} = g\left[i - \left(\dfrac{V^2}{C^2 R_h}\right)_M\right] \end{cases} \tag{7.2.61}$$

由以上两个方程即可求得 P 点的水力要素 h_P 和 V_P。依此类推，可计算出 $n+1$ 时层任何非边界节点的水力要素。

(4) 边界节点的计算

对于边界节点的计算，因为只有一条特征线和一个特征方程，因此需利用一个边界条件。如图 7.2.9 所示的上游($s=0$ 处) 节点 P，与其有关的未知数有 s_R、h_P 和 V_P，利用逆特征线差分方程和逆特征差分方程，再结合一个上游边界条件，可确定三个未知数。同理，可进行下游($s=L$ 处) 边界节点 P' 的计算。

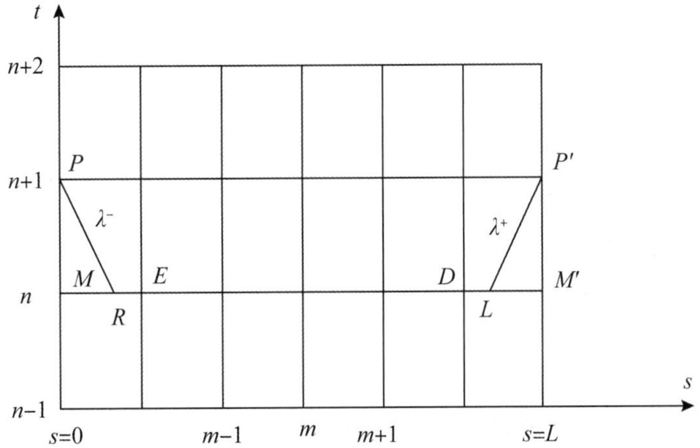

图 7.2.9　边界节点的计算

(5) 稳定条件

当用差分方法求解常微分方程时，往往会遇到计算是否收敛的问题。特征差分格式计算稳定的条件应满足库朗条件，即

$$\frac{\Delta t}{\Delta s} \leqslant \frac{dt}{ds} \tag{7.2.62}$$

7.3 地下水渗流

7.3.1 基本方程

1. 基本概念

地下水一般指埋藏在地表下岩(土)层孔隙中的水,如图 7.3.1 所示。根据地下水所处岩层位置的不同,可分为潜水和承压水。潜水(phreatic water)指在第一个隔水层以上土体孔隙中的重力水,直接与包气带相连而具有自由表面。承压水(confined water)则指充满两个隔水层之间的重力水,经常处于承压状态。地下水渗流指潜水或承压水在岩(土)层中的运动,而具有孔隙的岩(土)层等称为多孔介质(porous medium)。

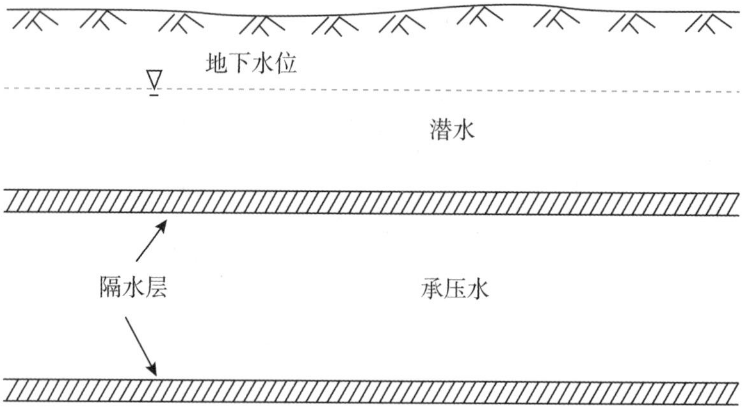

图 7.3.1 地下水

多孔介质的一个主要特征是含有孔隙,通常用孔隙度来表征多孔介质所含孔隙的多少。孔隙度(porosity)指孔隙体积与总体积之比,即

$$n=\frac{V_{\mathrm{p}}}{V_{\mathrm{b}}} \tag{7.3.1}$$

其中 V_{p} 为孔隙体积,而 V_{b} 为总体积。

多孔介质的另一主要特征是具有压缩性。多孔介质的压缩包括固体颗粒本身的压缩,以及固体颗粒骨架产生变形导致孔隙体积的改变。通常固体颗粒本身的压缩性很小,可以忽略不计。因此多孔介质的压缩主要是因为固体颗粒骨架在荷载作用下发生了变形而导致孔隙体积的变化。多孔介质的压缩性可用其固体骨架压缩系数(coefficient of compressibility of solid skeleton)来表示,即

$$\alpha_{\mathrm{s}}=-\frac{1}{V_{\mathrm{b}}}\frac{\mathrm{d}V_{\mathrm{b}}}{\mathrm{d}\sigma'} \tag{7.3.2}$$

式中 σ' 为作用在多孔介质固体颗粒骨架上的应力，称为有效应力(effective stress)。

同样，水的压缩性也可用压缩系数来表示，即

$$\alpha_w = -\frac{1}{V_w}\frac{dV_w}{dp} \tag{7.3.3}$$

式中 p 为水的压强，V_w 为水的体积，当多孔介质完全饱和时等于孔隙体积，即 $V_w = V_p$。压缩系数 α_w 的倒数即(7.2.7)式中的体积模量。

根据太沙基(K. Terzaghi)有效应力原理，多孔介质所承担的总荷载由固体颗粒骨架和孔隙中流体分别承担，即

$$\sigma = \sigma' + p \tag{7.3.4}$$

式中 σ 为作用在多孔介质上的总应力，p 为孔隙中流体所承担的荷载，即为水的压强。当含水层中的水头下降 1 个单位时，有效应力 σ' 将增大 ρg。根据(7.3.2)式，相应含水层单位体积变化为

$$-dV_b = \alpha_s V_b d\sigma' = \alpha_s \times 1 \times \rho g = \alpha_s \rho g$$

式中的负号表示体积的减少。与此同时，在总应力不变的情况下，由(7.3.4)式可知，水头下降 1 个单位将导致水的压强 p 减小 ρg，则单位体积含水层中水的体积也会发生变化(产生膨胀)，变化量为

$$dV_w = -\alpha_w V_w dp = -\alpha_w \times n \times (-\rho g) = \alpha_w n \rho g$$

因此，当水头下降 1 个单位时，饱和含水层单位体积所能释放出来的水量为

$$\mu_s = -dV_b + dV_w = \rho g(\alpha_s + n\alpha_w) \tag{7.3.5}$$

称为贮水率(specific storativity)，又称弹性给水度，表示单位体积的含水层在水头降低 1 个单位时，由多孔介质压缩以及水的膨胀所释放出来的水量，称为弹性释水。

由于多孔介质孔隙大小和形状都很复杂，描述流体质点在孔隙中的流动非常困难，往往只能采用统计的方法，研究具有平均性质的流体运动规律。因此，通常用假想水流(imagine flow)代替在多孔介质中运动着的真实水流。假想水流应满足如下条件：(1) 流体连续地充满整个介质空间(包括孔隙和骨架所占住的空间)；(2) 通过过水断面的流量与真实水流通过的流量相同；(3) 在断面上的水头与真实水流的水头相同；(4) 在多孔介质中运动所受阻力等于真实水流所受的阻力。以下关于渗流问题的分析都是基于假想水流的流动模型来进行的。

2. 连续方程

根据质量守恒定律有

$$\left[\frac{\partial(\rho u)}{\partial x} + \frac{\partial(\rho v)}{\partial y} + \frac{\partial(\rho w)}{\partial z}\right]\Delta x\Delta y\Delta z = -\frac{\partial}{\partial t}(n\rho\Delta x\Delta y\Delta z) \tag{7.3.6}$$

上式左端表示从控制体中净流出的水量，而右端表示控制体中减少的水量。若只考虑垂直方向(z 方向)上的压缩，Δx、Δy 由于受到侧向约束可假设为常量，上式右端可写成

$$\frac{\partial}{\partial t}(n\rho\Delta x\Delta y\Delta z) = \left[n\Delta z\frac{\partial\rho}{\partial t} + \rho\Delta z\frac{\partial n}{\partial t} + n\rho\frac{\partial}{\partial t}(\Delta z)\right]\Delta x\Delta y \tag{7.3.7}$$

若假设固体颗粒体积 V_s 的变化可以忽略不计，即 $dV_s = 0$。由于 $V_s = V_b - V_p = (1-n)V_b$，于是有

$$dV_s = d[(1-n)V_b] = dV_b - ndV_b - V_b dn = 0$$

由此可得

$$\frac{dV_b}{V_b} = \frac{dn}{1-n} \tag{7.3.8}$$

在总应力不变的条件下，由(7.3.4)式可知，有效应力的变化与水的压强变化大小相等方向相反，即 $-d\sigma' = dp$。于是，由(7.3.2)式和(7.3.8)式可得

$$dn = (1-n)\frac{dV_b}{V_b} = -(1-n)\alpha_s d\sigma' = (1-n)\alpha_s dp \tag{7.3.9}$$

因为只考虑含水层垂直方向的压缩，所以有

$$\frac{dV_b}{V_b} = \frac{d(\Delta z)}{\Delta z} \tag{7.3.10}$$

与推导(7.3.9)式类似，由(7.3.2)式和(7.3.10)式可得垂直方向厚度变化与水的压强变化之间的关系为

$$d(\Delta z) = \Delta z \alpha_s dp \tag{7.3.11}$$

由于 $d(\rho V_w) = V_w d\rho + \rho dV_w = 0$，由(7.3.3)式可得

$$d\rho = \rho\alpha_w dp \tag{7.3.12}$$

将(7.3.9)式、(7.3.11)式和(7.3.12)式代入(7.3.7)式，可得

$$\frac{\partial}{\partial t}(n\rho\Delta x\Delta y\Delta z) = (\alpha_s + n\alpha_w)\rho\frac{\partial p}{\partial t}\Delta x\Delta y\Delta z \tag{7.3.13}$$

因为 $p = \rho g(H - z_b)$，其中 H 表示总水头，z_b 为底板高程。所以有

$$\frac{\partial p}{\partial t} = \rho g\frac{\partial}{\partial t}(H - z_b) + (H - z_b)g\frac{\partial \rho}{\partial t} = \rho g\frac{\partial H}{\partial t} + \frac{p}{\rho}\frac{\partial \rho}{\partial t} = \rho g\frac{\partial H}{\partial t} + \alpha_w p\frac{\partial p}{\partial t}$$

因为 $d\rho/\rho = -dV_w/V_w$，应用(7.3.3)式可推导得到上式最后一步。于是有

$$\frac{\partial p}{\partial t} = \frac{\rho g}{1-\alpha_w p}\frac{\partial H}{\partial t}$$

因为水的压缩性很小，$1-\alpha_w p \approx 1$，所以有

$$\frac{\partial p}{\partial t} = \rho g\frac{\partial H}{\partial t} \tag{7.3.14}$$

于是(7.3.13)式可改写成

$$\frac{\partial}{\partial t}(n\rho\Delta x\Delta y\Delta z) = \rho^2 g(\alpha_s + n\alpha_w)\frac{\partial H}{\partial t}\Delta x\Delta y\Delta z \tag{7.3.15}$$

考虑到密度 ρ 随位置变化也很小，从而(7.3.6)式的左端可近似表示成

$$\left[\frac{\partial(\rho u)}{\partial x} + \frac{\partial(\rho v)}{\partial y} + \frac{\partial(\rho w)}{\partial z}\right]\Delta x\Delta y\Delta z \approx \rho\left(\frac{\partial u}{\partial x} + \frac{\partial v}{\partial y} + \frac{\partial w}{\partial z}\right)\Delta x\Delta y\Delta z \tag{7.3.16}$$

结合(7.3.5)式、(7.3.15)式和(7.3.16)式，可将(7.3.6)式改写成

$$\frac{\partial u}{\partial x} + \frac{\partial v}{\partial y} + \frac{\partial w}{\partial z} = -\mu_s\frac{\partial H}{\partial t} \tag{7.3.17}$$

此即渗流的连续方程。当固体颗粒骨架不变形且流体不可压缩时，由于 $\mu_s = 0$，连续方程(7.3.17)式可进一步简化成

$$\frac{\partial u}{\partial x}+\frac{\partial v}{\partial y}+\frac{\partial w}{\partial z}=0 \tag{7.3.18}$$

此时的连续方程与不可压缩流体的连续方程在形式上完全相同。

3. 达西定律

流体在多孔介质中流动时，由于黏性的作用而必然伴随有能量损失。达西(H. Darcy)在 1852 年至 1855 年间通过大量实验研究，得到了渗流能量损失与渗流速度之间的关系，即

$$u=k\frac{H_1-H_2}{L}=kJ_f \tag{7.3.19}$$

式中比例系数 k 为反映多孔介质透水性能的参数，称为渗透系数(coefficient of permeability)，J_f 即水力坡度。另外，H_1 和 H_2 为水头，L 为渗流长度，如图 7.3.2 所示。(7.3.19)式称为达西定律(Darcy law)，表示渗流流速与水力坡度成正比，故也称渗流线性定律。

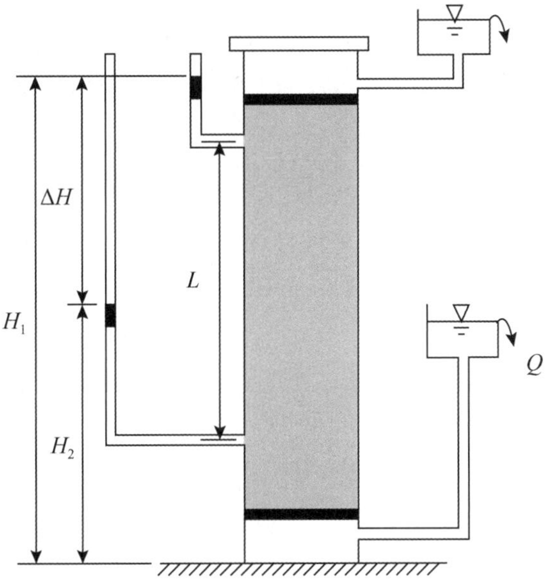

图 7.3.2　达西渗流实验

需要注意的是，达西定律并不是适用于所有情况下的地下水渗流流动，一般认为地下水流动处于层流流动时才符合线性定律。通常以 $Re=ud/\nu=1.0$ 作为线性定律的上限值，d 代表颗粒的"有效"直径，ν 为液体的运动黏度。实验表明，当 $Re>(1\sim10)$ 时，渗流速度与水力坡度之间呈非线性关系，常用福熙海麦公式(Forchheimer formula)表示，即

$$J_f=au+bu^m \tag{7.3.20}$$

式中 a 和 b 为常数，系数 m 介于 $1\sim2$ 范围。当 $a=0$，$m=2$ 时，上式可改写成

$$u=kJ_f^{1/2} \tag{7.3.21}$$

称为谢才公式(Chezy formula)，$k=1/\sqrt{b}$ 为渗透系数。

4. 拉普拉斯方程

根据达西定律(7.3.19)式有

$$u=-k_x\frac{\partial H}{\partial x},v=-k_y\frac{\partial H}{\partial y},w=-k_z\frac{\partial H}{\partial z} \tag{7.3.22}$$

式中 H 为渗流中某点的总水头，k_x、k_y、k_z 分别为 x、y、z 方向的渗透系数，当 $k_x = k_y = k_z$ 时，称为各向同性渗流。

(7.3.17) 式和(7.3.22) 式组成的方程组共四个微分方程，包含 u、v、w 和 H 四个未知数，解此四个微分方程可得到渗流的流速场和压强场。

将(7.3.22) 式代入(7.3.17) 式中，得

$$\frac{\partial}{\partial x}\left(k_x \frac{\partial H}{\partial x}\right)+\frac{\partial}{\partial y}\left(k_y \frac{\partial H}{\partial y}\right)+\frac{\partial}{\partial z}\left(k_z \frac{\partial H}{\partial z}\right)=\mu_s \frac{\partial H}{\partial t} \tag{7.3.23}$$

此即渗流基本方程，对定常渗流和非定常渗流都适用。对于均质各向同性的含水层，由于 $k_x = k_y = k_z = k$，(7.3.23) 式可简化成

$$\frac{\partial^2 H}{\partial x^2}+\frac{\partial^2 H}{\partial y^2}+\frac{\partial^2 H}{\partial z^2}=\frac{\mu_s}{k}\frac{\partial H}{\partial t} \tag{7.3.24}$$

当土体骨架不变形和流体不可压缩时，(7.3.23) 式和(7.3.24) 式则分别简化成

$$\frac{\partial}{\partial x}\left(k_x \frac{\partial H}{\partial x}\right)+\frac{\partial}{\partial y}\left(k_y \frac{\partial H}{\partial y}\right)+\frac{\partial}{\partial z}\left(k_z \frac{\partial H}{\partial z}\right)=0 \tag{7.3.25}$$

$$\frac{\partial^2 H}{\partial x^2}+\frac{\partial^2 H}{\partial y^2}+\frac{\partial^2 H}{\partial z^2}=0 \tag{7.3.26}$$

以上两式通常称为渗流的拉普拉斯方程(Laplace equation)。求解地下水渗流问题可归结为求解水头函数 H 的拉普拉斯方程。

5. 初始条件和边界条件

(1) 初始条件

渗流初始条件一般指初始水头的分布，即

$$H(x,y,z,t)\big|_{t=t_0} = H_0(x,y,z) \tag{7.3.27}$$

式中 H_0 为已知的水头函数。

(2) 边界条件

边界条件指渗流区域几何边界上的水力特性，通常分为第一类边界条件和第二类边界条件。第一类边界条件又称为给定水头边界，可表示为

$$H(x,y,z,t)\big|_{S_1} = H_1(x,y,z,t) \tag{7.3.28}$$

式中 H_1 为已知的水头函数。

第二类边界条件又称为给定流量边界，可表示为

$$k\frac{\partial H}{\partial n}\bigg|_{S_2} = q_2(x,y,z,t) \tag{7.3.29}$$

式中 q_2 为已知的流量。

6. 渗流方程组的解法

求解渗流问题的方法很多，大致可分为四类。

(1) 解析法

解析法又可分为两种类型。一种为空间流场分析法(也称流体力学法)，该法根据渗流的基本定律，应用渗流运动的微分方程组，结合具体的边界条件和初始条件，求解渗流运

动的流速场和压强场。这种方法能得到渗流的严格解析解，但求解非常复杂，且能解决的问题很少。另一种是渐变流分析法（也称水力学法），当渗流运动的边界条件比较简单，符合渐变渗流的条件时，可根据裘皮依（J. Dupuit）假设来处理，忽略次要方向的流动，而抓住渗流运动的主要流动。在接下来的 7.3.2 和 7.3.3 小节，我们将依据裘皮依假设来计算一维和井的渗流问题。

（2）数值法

渗流计算中常用的数值法有有限元法和有限差分法。有限元法是将实际的渗流场离散为有限个以结点互相连系的单元体，并首先求得单元体结点处的水头，同时假定在每个单元体内的渗流水头呈线性变化，因而求得渗流场中任一点处的水头和其他渗流要素。有限差分法是将渗流基本方程转变为差分方程，并采用逐步逼近的计算方法求得渗流场中各点的水头。

（3）图解法

图解法即流网法，采用绘制渗流区流线和等势线的网状图，并据此计算渗流要素。

（4）实验法

实验法是用按一定比例缩制的模型以模拟自然条件来研究渗流问题的一种方法，目前常用的有砂槽（土槽）模型法、黏滞流模型法、水力网模型法、电拟实验法和电阻网模型法等。

7.3.2　一维渗流

在地下水流动中，有很多情况是具有潜水面（地下水面）的渗流，称为无压渗流（seepage in an unconfined aquifer），也叫地下明槽渗流。由于地层广阔，地下明槽渗流经常按一维流动来处理，并将渗流的过水断面简化为宽阔的矩形断面来计算。

1. 无入渗的潜水层定常渗流

假定一维渗流满足渐变流条件，可以将过水断面近似认为是一平面，过水断面上的压强分布为静水压强分布。由于流速很小，可忽略速度水头，即认为总水头等于测管水头，所以渐变渗流过水断面上各点的总水头相等。如图 7.3.3 所示，断面 1-1 和断面 2-2 之间任一流线上的水头损失都相同，任一流线的长度也都相等，渐变渗流过水断面上各点的水力坡度也都相等，过水断面上流速均匀分布，断面平均流速等于任一点的渗流流速，即有

$$V=-k\frac{\mathrm{d}H}{\mathrm{d}x}=kJ_{\mathrm{f}} \tag{7.3.30}$$

上式即渐变渗流的一般公式，称为裘皮依公式（Dupuit formula）。在形式上，裘皮依公式与达西定律一样，但含义不同，它表示渐变渗流过水断面平均流速和水力坡度的关系。当渗流过水断面变化较大、水力坡度较大时，裘皮依公式不再适用，因为此时过水断面已不再是平面，存在垂直槽底方向的流速，过水断面上各点的水力坡度和渗流流速也不再是均匀分布。

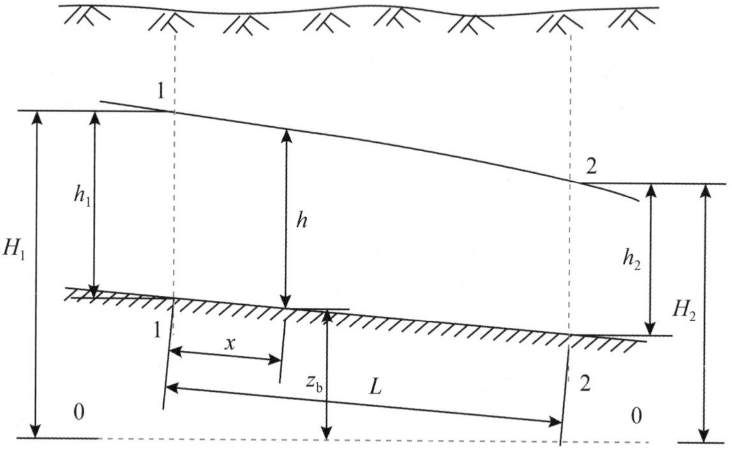

图 7.3.3　无入渗潜水层渗流

由(7.3.30)式可计算渗流量

$$Q = VA = Vbh = -k\frac{\mathrm{d}H}{\mathrm{d}x}bh \tag{7.3.31}$$

式中 b 为渗流过水断面宽度。当过水断面取单位宽度时，可写成

$$q = \frac{Q}{b} = -k\frac{\mathrm{d}H}{\mathrm{d}x}h \tag{7.3.32}$$

式中 q 称为单宽流量。

将(7.3.32)式在断面1-1到断面2-2范围内积分，变量 h 近似用 $(h_1+h_2)/2$ 代替，则得

$$q = k\frac{h_1+h_2}{2}\frac{H_1-H_2}{L} \tag{7.3.33}$$

已知断面水深，可由(7.3.33)式计算渗流量的大小。

根据连续性原理，由(7.3.33)式可得

$$\frac{(h_1+h_2)}{2}\frac{(H_1-H_2)}{L} = \frac{(h_1+h)}{2}\frac{(H_1-h-z_b)}{x} \tag{7.3.34}$$

式中 z_b 为所计算断面隔水底板的高程，x 为所计算断面距离断面1-1的距离。由上式可计算任意断面 x 处的水深 h，从而得到渗流的浸润线。

2. 地表均匀入渗的潜水层定常渗流

两条平行河流之间的地区称为河间地区，如图7.3.4所示。设单位时间内在单位面积上入渗的水量为 W。任意断面 x 处的单宽流量可表示为

$$q_x = q_1 + Wx \tag{7.3.35}$$

则根据裘皮依公式有

$$-h\mathrm{d}h = \frac{q_1}{k}\mathrm{d}x + \frac{Wx}{k}\mathrm{d}x \tag{7.3.36}$$

积分上式可得

$$\frac{h_1^2-h^2}{2} = \frac{q_1}{k}x + \frac{W}{2k}x^2 \tag{7.3.37}$$

当 $x = L$ 时，$h = h_2$，代入上式可得

$$q_1 = k\frac{h_1^2 - h_2^2}{2L} - \frac{WL}{2} \tag{7.3.38}$$

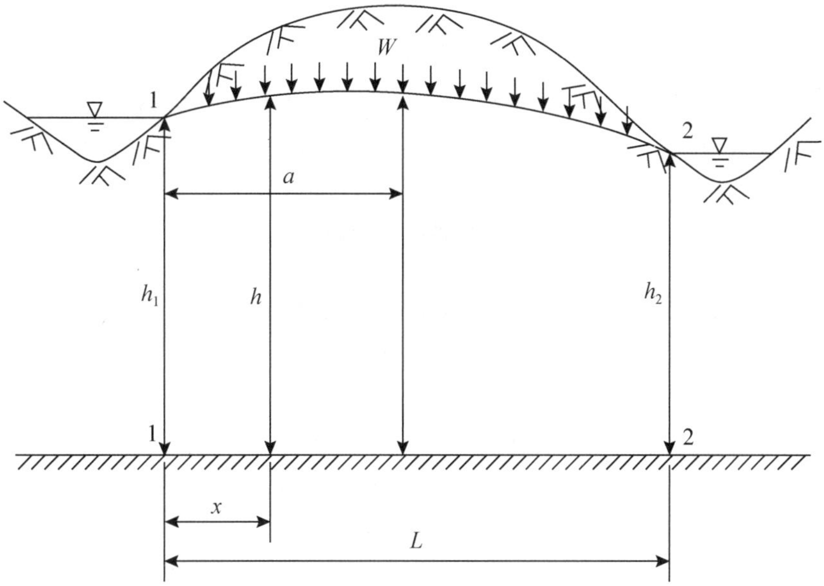

图 7.3.4　有地表水入渗时的地下水渗流

结合(7.3.37)式和(7.3.38)式，即可用于计算浸润线。在浸润线高程最高的断面处，$J_f = 0$，$q_x = 0$，为渗流的分水岭，其位置可通过对(7.3.37)式求极值得到，为

$$a = \frac{L}{2} - \frac{h_1^2 - h_2^2}{2L}\frac{k}{W} \tag{7.3.39}$$

当 $a > 0$ 时，入渗水量分别向两边流动；当 $a = 0$ 时，则浸润线向低河槽倾斜，全部入渗水量向一边流；当 $a < 0$ 时，则不仅全部入渗水量流入低水位河槽，高水位河槽的部分水量也流向低水位河槽。

3. 潜水层非定常渗流

对于具有自由液面的无压潜水层渗流，可以不考虑水的压缩性，当认为固体颗粒骨架是不变形的，则在连续方程中可以不考虑弹性释放水量，即 $\mu_s = 0$。当考虑有水量补给时，无压渐变流的连续方程可表示为

$$\frac{\partial(V_x h)}{\partial x} + \frac{\partial(V_y h)}{\partial y} + \mu_w\frac{\partial h}{\partial t} - W = 0 \tag{7.3.40}$$

式中 V_x 和 V_y 分别为 x 和 y 方向的断面平均流速，W 为地面单位水平投影面积上单位时间垂直补给(或蒸发)强度，μ_w 为给水度(specific yield)，指当潜水面下降时在重力作用下多孔介质中能释放出来的水的体积与总体积的比值。假设渗流满足渐变流条件，裘皮依公式(7.3.30)式适用，则(7.3.40)式可写成

$$\frac{\partial}{\partial x}\left(hk_x\frac{\partial H}{\partial x}\right) + \frac{\partial}{\partial y}\left(hk_y\frac{\partial H}{\partial y}\right) - \mu_w\frac{\partial h}{\partial t} + W = 0 \tag{7.3.41}$$

此即无压渐变渗流的基本方程，也称为布森内斯克方程(Boussinesq equation)，适用于骨

架不变形、液体不可压缩、符合达西定律的无压渐变流。

设土层为均质土层($k_x=k_y=k$),地表无补给($W=0$),具有水平不透水层($h=H$)。假设均质土层宽阔,可按一维问题处理,如图 7.3.5 所示。于是,由(7.3.41) 式可得

$$\frac{\partial}{\partial x}\left(H\frac{\partial H}{\partial x}\right)=\frac{\mu_w}{k}\frac{\partial H}{\partial t} \tag{7.3.42}$$

上式为非线性方程,通常需要通过数值方法求近似解。若渗流水深 H 的变化值比 H 本身小得多,则可近似用某一不变的平均水深 $\bar{H}$ 来代替左端括号内的系数项 H,从而把(7.3.42) 式化为线性方程,即

$$\frac{k\bar{H}}{\mu_w}\frac{\partial^2 H}{\partial x^2}=\frac{\partial H}{\partial t} \tag{7.3.43}$$

假设水深从 H_0 骤然下降到 h_0,则对应的初始条件为

$$H(x,0)=H_0$$

边界条件为

$$H(0,t)=h_0,H(\infty,t)=H_0$$

从数学上来讲,(7.3.43) 式为数理方程中的热传导方程,结合上述初始条件和边界条件,可得方程(7.3.43) 式的解为

$$H_0-H=(H_0-h_0)\left(1-\frac{2}{\sqrt{\pi}}\int_0^{\theta_h}e^{-\theta^2}d\theta\right) \tag{7.3.44}$$

其中

$$\theta_h=\sqrt{\frac{x^2\mu_w}{4k\bar{H}t}}$$

由(7.3.44) 式可计算出任意时刻的渗流水面线。

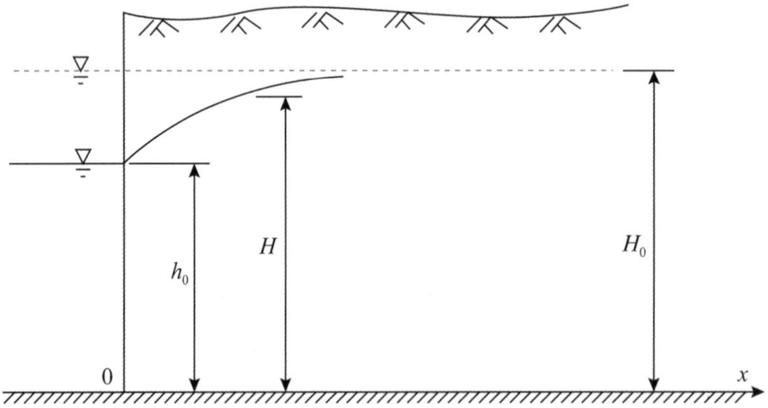

图 7.3.5　潜水层非定常渗流

7.3.3　井的渗流

1. 井的分类

井是一种汲取地下水或排水用的集水建筑物,在水文地质勘探工作和开发地下水资

源中有着广泛的应用。

根据水文地质情况，可将井按其位置分为潜水井(well in a phreatic aquifer) 和承压井(well in a confined aquifer) 两种基本类型(见图 7.3.6)。潜水井也称为普通井，位于地表下潜水含水层中，汲取无压地下水。承压井也称自流井，穿过一层或多层不透水层，在承压含水层中汲取承压水。潜水井和承压井根据是否穿透含水层，又可分为完整井和非完整井。当井直达不透水层时称为完整井(fully penetrating well) 或完全井，而井底未达到不透水层则称为非完整井(partially penetrating well) 或非完全井。

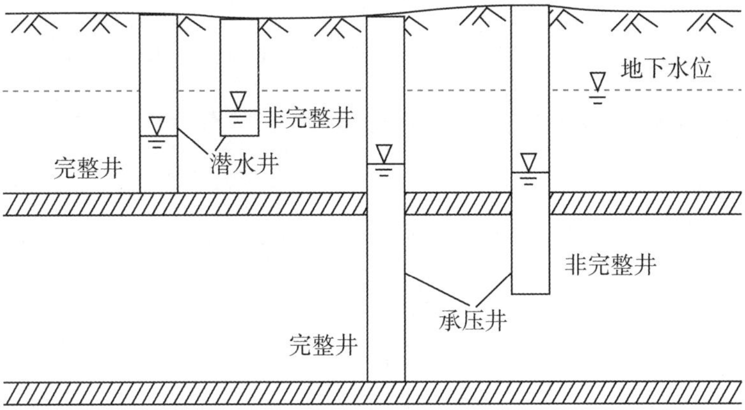

图 7.3.6　井的分类

井的渗流运动一般来说属于非定常流动，当地下水开采量较大或需要较精确地测量水文地质参数时，应按非定常流动考虑。但在地下水补给来源充沛、开采量远小于天然补给量的地区，经过相当长时间的抽水后，井的渗流可以近似按定常流动进行分析。

井的渗流运动严格来说属于三维渗流，可以从渗流运动的微分方程组出发来求解渗流运动要素的空间分布，但这样求解非常复杂。通常井的渗流具有轴对称性，因此可以简化为二维问题，若忽略运动要素沿竖向的变化，则可近似用一维定常渐变流的裘皮依公式来分析井的渗流问题。下面我们分不同的情况来讨论完整井的渗流计算问题，对于非完整井的渗流问题，有兴趣的读者可参考相关文献。

2. 完整潜水井的定常渗流

如图 7.3.7 所示水平不透水层上的完整普通井，原天然水面是水平的，当不从井中取水时，井内水面与原有天然水面齐平。当从井中汲水时，井中水位下降，四周地下水向井汇聚，并形成漏斗形的浸润表面，称为降水漏斗(cone of depress)。

将井的渗流作为轴对称渗流考虑，并认为除井四周附近地区外，浸润线曲率很小，可近似认为属于渐变渗流，可运用裘皮依公式进行分析。

设 z 为距井轴 r 处的浸润线高度(以不透水表面为基准)，则根据一维渐变渗流的裘皮依公式，在半径为 r 处流向井轴的断面平均流速为

$$V = k\frac{\mathrm{d}z}{\mathrm{d}r}$$

过水断面为圆柱表面，面积为 $A = 2\pi rz$，于是流量

$$Q = AV = 2\pi rzk\frac{\mathrm{d}z}{\mathrm{d}r}$$

上式积分可得

$$z^2 = \frac{Q}{\pi k}\ln r + C$$

利用 $r = r_w$ 时，$z = h_w$ 的边界条件，可确定积分常数 C。于是有

$$z^2 - h_w^2 = \frac{Q}{\pi k}\ln\frac{r}{r_w} = 0.73\frac{Q}{k}\lg\frac{r}{r_w} \tag{7.3.45}$$

式中 h_w 为井中水深，r_w 为井的半径。

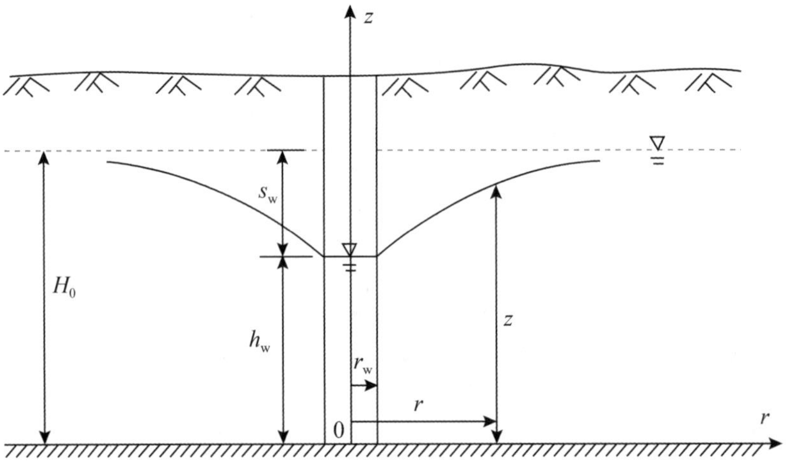

图 7.3.7　完整潜水井的定常渗流

浸润线在离井较远的地方，逐步接近原有的地下水位。在井的渗流计算中，常引入一个近似的概念，认为抽水的影响有一个影响半径(radius of influence)。在影响半径以外的区域，地下水位不受影响，即可近似认为在 $r = R$ 处，$z = H_0$(H_0 为原有地下水深度)，则由(7.3.45)式可得

$$H_0^2 - h_w^2 = (2H_0 - s_w)s_w = 0.73\frac{Q}{k}\lg\frac{R}{r_w} \tag{7.3.46}$$

或写成

$$Q = 2.73\frac{kH_0 s_w(1 - s_w/2H_0)}{\lg(R/r_w)} \tag{7.3.47}$$

(7.3.46)式和(7.3.47)式称为潜水井的裘皮依公式。式中 $s_w = H_0 - h_w$，为井中的降深。若降深相对含水层厚度而言很小，则 $s_w/2H_0$ 数值很小，于是(7.3.47)式可改写成

$$Q = 2.73\frac{kH_0 s_w}{\lg(R/r_w)} \tag{7.3.48}$$

从式中可以看出，出水量 Q 与 k、H_0 和 s_w 成正比。

影响半径 R 的大小需根据实验确定或根据经验来确定，对细沙可取 100 ～ 200m，中沙可取 250 ～ 500m，粗沙可取 700 ～ 1000m，也可按经验公式计算，如

$$R = 3000s_w\sqrt{k} \text{ 或 } R = 575s_w\sqrt{H_0 k} \tag{7.3.49}$$

用不同方法确定的影响半径可能差别较大，但因流量与影响半径的对数值成反比，所以影响半径的估算误差对流量的计算精度影响并不大。

将水注入的井通常称为注水井，常应用于回灌地下水和测定水文地质参数。注入井的流量计算仍可用(7.3.48) 式，只是此时出水量为负值。

3. 完整承压井的定常渗流

当含水层位于两个不透水层之间时，由于地质构造的关系，含水层中的地下水通常处于承压状态。如果井凿穿上面的不透水层，如图 7.3.8 所示，则井中水位在不抽水时将会上升到一定高度，此高度 H_0 即承压地下水的水头，其值大于含水层的厚度 M。

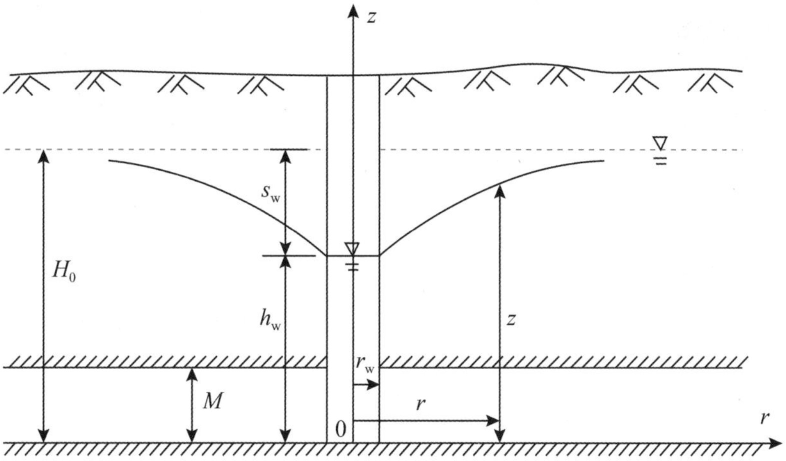

图 7.3.8　完整承压井的定常渗流

设承压含水层为具有同一厚度的水平含水层，在定常工况下，井中水面比原有水面下降 s_w，地下水的水头如图 7.3.8 中所示，同样会形成一个漏斗形的曲面。和完整潜水井一样，仍可按一维渐变渗流来处理。根据裘皮依公式有

$$V = k\frac{\mathrm{d}z}{\mathrm{d}r}$$

与井轴距离为 r 处的过水断面面积 $A = 2\pi rM$，因此可得

$$Q = 2\pi rMk\frac{\mathrm{d}z}{\mathrm{d}r}$$

积分可得

$$z = \frac{Q}{2\pi kM}\ln r + C$$

利用 $r = r_w$ 时，$z = h_w$ 的边界条件可确定上式的积分常数，然后整理得

$$z - h_w = \frac{Q}{2\pi kM}\ln\frac{r}{r_w} = 0.37\frac{Q}{kM}\lg\frac{r}{r_w} \qquad (7.3.50)$$

同样引入影响半径 R，设 $r = R$ 时，$z = H_0$，则可得完整承压井的裘皮依公式为

$$s_w = H_0 - h_w = \frac{Q}{2\pi kM}\ln\frac{R}{r_w} = 0.37\frac{Q}{kM}\lg\frac{R}{r_w} \qquad (7.3.51)$$

或写成

$$Q = 2.73\frac{kMs_{w}}{\lg(R/r_{w})} \tag{7.3.52}$$

4. 井群的定常渗流

当有多个井同时工作且井的间距又不是很大时，由于井的互相影响，井的出水量与单井工作时的出水量不同。同时工作且相互影响的多个井称为井群(multiple well system)。

井群所形成的渗流场可看成是由每个单独井所形成的渗流场的叠加。考虑由多个完整井组成的井群，引入势函数，对于完整潜水井，其势函数可表示成

$$\phi = \frac{1}{2}kz^2 \tag{7.3.53}$$

完整承压井的势函数为

$$\phi = kMz \tag{7.3.54}$$

则可得潜水井和承压井出水量与势函数的关系为

$$Q = 2\pi rzk\frac{\mathrm{d}z}{\mathrm{d}r} = 2\pi r\frac{\mathrm{d}\phi}{\mathrm{d}r} \tag{7.3.55}$$

$$Q = 2\pi rMk\frac{\mathrm{d}z}{\mathrm{d}r} = 2\pi r\frac{\mathrm{d}\phi}{\mathrm{d}r} \tag{7.3.56}$$

两种井的出水量计算公式在形式上完全相同，只是势函数的定义不一样。积分上式，可得完整井势函数的普遍表达式

$$\phi = \frac{Q}{2\pi}\ln r + c \tag{7.3.57}$$

需要说明的是，完整井势函数 ϕ 与第 4 章所介绍的流速势有所不同，$\mathrm{d}\phi/\mathrm{d}r$ 并不表示流速，而是单位长度上的流量。根据叠加原理，当多个井同时工作时，任一点势函数 ϕ 值为各井单独作用时在该点的势函数值之和，即

$$\phi = \sum\phi_i = \sum_{i=1}^{n}\frac{Q_i}{2\pi}\ln r_i + C \tag{7.3.58}$$

式中 r_i 为计算点距第 i 个井井轴的距离，C 为由边界条件确定的常数。若假定各井的出水量相同，即 $Q_1 = Q_2 = \cdots = Q/n$，Q_0 为总出水量，则有

$$\phi = \frac{Q}{2\pi n}\sum_{i=1}^{n}\ln r_i + C = \frac{Q}{2\pi n}\ln(r_1 r_2\cdots r_n) + C \tag{7.3.59}$$

假定井群也有影响半径，且影响半径 R 远大于井群的尺度，故可近似认为在影响半径处 $r_1 \approx r_2 \approx \cdots \approx R$。设在影响半径处的势函数值为 ϕ_R，则有

$$\phi_R - \phi = \frac{Q}{2\pi}\left[\ln R - \frac{1}{n}\ln(r_1 r_2\cdots r_n)\right] \tag{7.3.60}$$

对于完整潜水井，$\phi_R = kH_0^2/2$，$\phi = kz^2/2$，代入上式可得

$$z^2 = H_0^2 - 0.73\frac{Q}{k}\left[\ln R - \frac{1}{n}\ln(r_1 r_2\cdots r_n)\right] \tag{7.3.61}$$

对于完整承压井，$\phi_R = kH_0 M$，$\phi = kzM$，可得

$$z = H_0 - 0.37\frac{Q}{kM}\left[\ln R - \frac{1}{n}\ln(r_1 r_2\cdots r_n)\right] \tag{7.3.62}$$

以上两式可分别用于计算普通井和自流井井群的浸润线，或反求井群出水流量 Q。

5. 完整承压井的非定常渗流

当承压含水层侧向边界离井很远时，可以将井的渗流看成在无外界补给的无限含水层中的渗流，如图 7.3.9 所示。假设：(1) 不考虑外界的补给；(2) 含水层为侧向无限的等厚度水平含水层；(3) 含水层为各向同性；(4) 抽水井做定流量抽水；(5) 井径无限小；(6) 满足达西定律；(7) 水头下降引起的地下水释放瞬时完成。

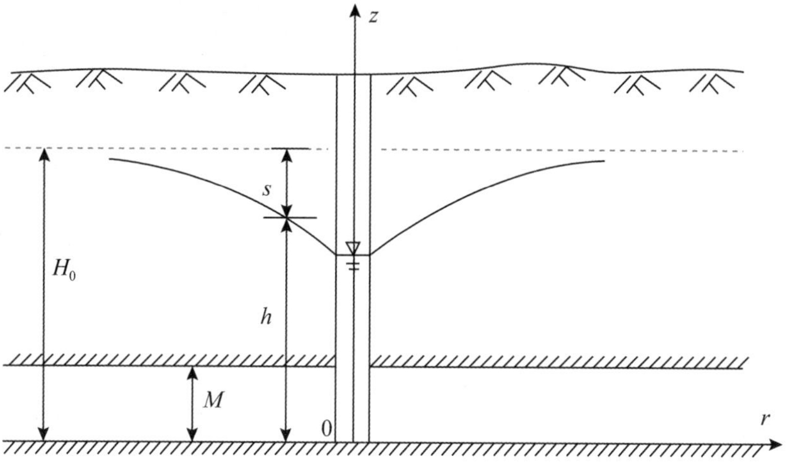

图 7.3.9　完整承压井的非定常渗流

根据(7.3.24) 式，以降深为待求的未知量，并采用圆柱坐标系，则可建立完整承压井渗流的控制方程为

$$\frac{\partial^2 s}{\partial r^2}+\frac{1}{r}\frac{\partial s}{\partial r}=\frac{\mu_s}{k}\frac{\partial s}{\partial t} \tag{7.3.63}$$

对应的初始条件为

$$s(r,0)=0 \tag{7.3.64}$$

边界条件包括

$$s(\infty,t)=0 \tag{7.3.65}$$

$$\left.\frac{\partial s}{\partial r}\right|_{r\to\infty}=0 \tag{7.3.66}$$

$$\lim_{r\to 0} r\frac{\partial s}{\partial r}=\frac{Q}{2\pi T} \tag{7.3.67}$$

式中 $T=kM$ 称为导水系数(transmissivity)。

利用 Hankel 变换，可将上述定解问题化为常微分方程的初值问题，其解为

$$s(r,t)=\frac{Q}{4\pi T}\int_u^{\infty}\mathrm{e}^{-y}\frac{\mathrm{d}y}{y}=\frac{Q}{4\pi T}W(u) \tag{7.3.68}$$

此即无补给的承压完整井定流量非定常渗流计算公式，即著名的泰斯公式(Theis formula)。式中

$$u=\frac{r^2 S}{4Tt} \tag{7.3.69}$$

其中 $S=\mu_s M$ 称为贮水系数(storativity),是一个无量纲量。而

$$W(u)=\int_u^{\infty}e^{-y}\frac{dy}{y}$$

称为井函数(well function),可以展开成无穷级数的形式,即

$$W(u)=-0.577216-\ln u+u-\sum_{n=2}^{\infty}(-1)\frac{u^n}{n\cdot n!} \tag{7.3.70}$$

当抽水时间较长时(即 u 较小时),井函数(7.3.70)式可近似取前两项,即

$$W(u)=-0.577216-\ln u=\ln\frac{2.25Tt}{r^2S}$$

于是,可将(7.3.68)式近似表示成

$$s(r,t)=\frac{Q}{4\pi T}\ln\frac{2.25Tt}{r^2S} \tag{7.3.71}$$

称为雅克公式(Jacob formula)。当 $u\leqslant 0.05$,即 $t\geqslant 5r^2S/T$ 时,上式的误差不超过2%。

如果将(7.3.71)式改写成如下形式

$$s(r,t)=\frac{Q}{2\pi T}\ln\frac{1.5\sqrt{Tt/S}}{r}$$

上式与完整承压井定常渗流的(7.3.51)式相比,$1.5\sqrt{Tt/S}$ 相当于 t 时刻的"影响半径"。

以上推导的是定流量情况下完整承压井非定常渗流的公式,也可类似推导出定降深、有越流补给等情况下的非定常渗流计算公式,有兴趣的读者可参考相关文献。

6. 完整潜水井的非定常渗流

与承压井相比,完整潜水井的非定常渗流要复杂得多,主要体现在:(1) 潜水井的导水系数 $T=kh$ 随距离 r 和时间 t 而变化,而在承压井中则为常数,与 r 和 t 无关。(2) 潜水井在降深较大的情况下,垂直方向的流速不可忽略,在井附近为三维流动,而在水平含水层的承压井中一般可视为只有水平向的流动。(3) 在承压井中,假设弹性释水是瞬时完成的,贮水系数是常数,而从潜水井中抽出的水主要来自重力疏干。重力疏水不能瞬时完成,明显滞后于水位下降,因此给水度在抽水期间是逐渐增大的量,只有抽水时间足够长后才趋于常数。

目前还没有同时考虑上述三种情况的潜水井非定常渗流公式。在本书中介绍一种可考虑垂直速度分量以及潜水层弹性释水的渗流模型,即纽曼模型(Neuman model),其他潜水井非定常渗流模型读者可参考相关文献。

纽曼假设:(1) 不考虑外界的补给;(2) 含水层为侧向无限的等厚度水平含水层;(3) 含水层为均质各向异性;(4) 抽水井做定流量抽水;(5) 井径无限小;(6) 满足达西定律;(7) 潜水面降深与含水层厚度相比很小,因此可以忽略水头对距离 r 的导数。与承压井的泰斯渗流模型相比,其主要区别在于假设(3) 和假设(7)。

采用极坐标,如图 7.3.10 所示,可建立完整潜水井的数学模型如下:

$$k_r\left(\frac{\partial^2 s}{\partial r^2}+\frac{1}{r}\frac{\partial s}{\partial r}\right)+k_z\frac{\partial^2 s}{\partial z^2}=\mu_s\frac{\partial s}{\partial t} \tag{7.3.72}$$

初始条件为

$$s(r,z,0)=0 \tag{7.3.73}$$

边界条件为

$$s(\infty,z,t)=0 \tag{7.3.74}$$

$$\frac{\partial}{\partial z}s(r,0,t)=0 \tag{7.3.75}$$

$$k_z\frac{\partial}{\partial z}s(r,H_0,t)=-\mu_w\frac{\partial}{\partial t}s(r,H_0,t) \tag{7.3.76}$$

$$\lim_{r\to 0}\int_0^{H_0}r\frac{\partial s}{\partial r}\mathrm{d}z=\frac{Q}{2\pi k_r} \tag{7.3.77}$$

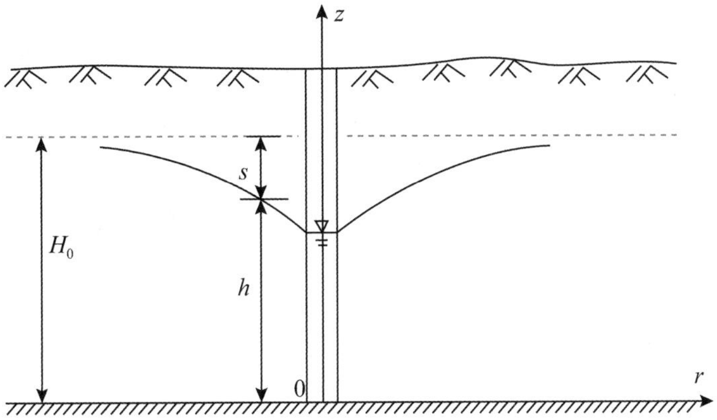

图 7.3.10　完整潜水井的非定常渗流

利用 Laplace 和 Hankel 变换，可得完整潜水井非定常渗流的降深为

$$s(r,z,t)=\frac{Q}{4\pi T}\int_0^{\infty}4yJ_0(y\sqrt{\beta})\left[\omega_0(y)+\sum_{n=1}^{\infty}\omega_n(y)\right]\mathrm{d}y \tag{7.3.78}$$

式中 J_0 为第一类零阶 Bessel 函数，而

$$\omega_0(y)=\frac{\{1-\exp[-t_d\beta(y^2-\gamma_0^2)]\}\cosh(\gamma_0 z_d)}{[y^2+(1+\sigma)\gamma_0^2-(y^2-\gamma_0^2)/\sigma]\cosh(\gamma_0)} \tag{7.3.79}$$

$$\omega_n(y)=\frac{\{1-\exp[-t_d\beta(y^2+\gamma_n^2)]\}\cosh(\gamma_n z_d)}{[y^2-(1+\sigma)\gamma_n^2-(y^2+\gamma_n^2)/\sigma]\cosh(\gamma_n)} \tag{7.3.80}$$

其中 γ_0 和 γ_n 分别为以下两个方程的根

$$\sigma\gamma_0\sinh(\gamma_0)-(y^2-\gamma_0^2)\cosh(\gamma_0)=0,\gamma_0^2<y^2$$

$$\sigma\gamma_n\sinh(\gamma_n)+(y^2+\gamma_n^2)\cosh(\gamma_n)=0,\ (2n-1)\pi/2<\gamma_n<n\pi$$

以上诸式中的有关无量纲数分别为

$$\sigma=\frac{S}{\mu_w},z_d=\frac{z}{H_0},t_d=\frac{Tt}{r^2S},\beta=\frac{k_d}{h_d^2},k_d=\frac{k_z}{k_r},h_d=\frac{H_0}{r}$$

图 7.3.11 所示为完整潜水井降深随时间的变化关系。图中的降深－时间曲线描述了抽水过程中的三个阶段。在抽水早期，由于重力疏水滞后，抽水量主要来自弹性释水，因此曲线与泰斯曲线(7.3.68) 式一致。在第二阶段，由于重力排水的影响，曲线与有越流补给

的情况类似，而且重力排水作用越大（σ 越小），这个阶段越长。随着抽水时间进一步延长，抽水进入第三个阶段，此阶段弹性释水的影响基本消失，重力排水已经可以跟上水位的下降，曲线再次与泰斯曲线一致。

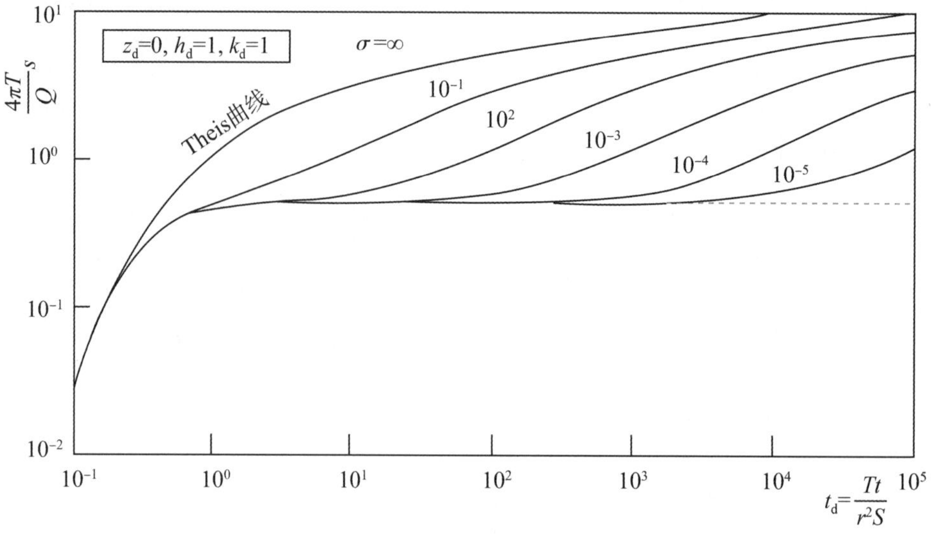

图 7.3.11　完整潜水井降深与时间的关系

第 7 章习题

附录 A　矢量运算的常用公式

A.1　代数运算

下列运算公式中，$\boldsymbol{a}$、$\boldsymbol{b}$、$\boldsymbol{c}$ 和 $\boldsymbol{d}$ 为任意矢量，λ 为实数。

$$\boldsymbol{a}\cdot\boldsymbol{b}=\boldsymbol{b}\cdot\boldsymbol{a} \tag{A.1.1}$$

$$\boldsymbol{a}\cdot(\boldsymbol{b}+\boldsymbol{c})=\boldsymbol{a}\cdot\boldsymbol{b}+\boldsymbol{a}\cdot\boldsymbol{c} \tag{A.1.2}$$

$$(\lambda\boldsymbol{a})\cdot\boldsymbol{b}=\boldsymbol{a}\cdot(\lambda\boldsymbol{b})=\lambda(\boldsymbol{a}\cdot\boldsymbol{b}) \tag{A.1.3}$$

$$\boldsymbol{a}\times\boldsymbol{b}=-\boldsymbol{b}\times\boldsymbol{a} \tag{A.1.4}$$

$$\boldsymbol{a}\times(\boldsymbol{b}+\boldsymbol{c})=\boldsymbol{a}\times\boldsymbol{b}+\boldsymbol{a}\times\boldsymbol{c} \tag{A.1.5}$$

$$(\lambda\boldsymbol{a})\times\boldsymbol{b}=\boldsymbol{a}\times(\lambda\boldsymbol{b})=\lambda(\boldsymbol{a}\times\boldsymbol{b}) \tag{A.1.6}$$

$$\boldsymbol{a}\times(\boldsymbol{b}\times\boldsymbol{c})+\boldsymbol{b}\times(\boldsymbol{c}\times\boldsymbol{a})+\boldsymbol{c}\times(\boldsymbol{a}\times\boldsymbol{b})=\boldsymbol{0} \tag{A.1.7}$$

$$(\boldsymbol{a}\times\boldsymbol{b})\times\boldsymbol{c}=\boldsymbol{b}(\boldsymbol{a}\cdot\boldsymbol{c})-\boldsymbol{a}(\boldsymbol{b}\cdot\boldsymbol{c}) \tag{A.1.8}$$

$$\boldsymbol{a}\times(\boldsymbol{b}\times\boldsymbol{c})=\boldsymbol{b}(\boldsymbol{a}\cdot\boldsymbol{c})-\boldsymbol{c}(\boldsymbol{a}\cdot\boldsymbol{b}) \tag{A.1.9}$$

$$\boldsymbol{a}\cdot(\boldsymbol{b}\times\boldsymbol{c})=\boldsymbol{c}\cdot(\boldsymbol{a}\times\boldsymbol{b})=\boldsymbol{b}\cdot(\boldsymbol{c}\times\boldsymbol{a}) \tag{A.1.10}$$

$$(\boldsymbol{a}\times\boldsymbol{b})\cdot(\boldsymbol{c}\times\boldsymbol{d})=(\boldsymbol{a}\cdot\boldsymbol{c})(\boldsymbol{b}\cdot\boldsymbol{d})-(\boldsymbol{b}\cdot\boldsymbol{c})(\boldsymbol{a}\cdot\boldsymbol{d}) \tag{A.1.11}$$

A.2　微分运算

下列运算公式中，$\boldsymbol{a}$、$\boldsymbol{b}$ 为任意矢量，ϕ 为任意标量。

$$\nabla\times(\nabla\phi)=\boldsymbol{0} \tag{A.2.1}$$

$$\nabla\cdot(\nabla\times\boldsymbol{a})=0 \tag{A.2.2}$$

$$\nabla\cdot(\phi\boldsymbol{a})=\phi\nabla\cdot\boldsymbol{a}+\boldsymbol{a}\cdot\nabla\phi \tag{A.2.3}$$

$$\nabla\times(\phi\boldsymbol{a})=\nabla\phi\times\boldsymbol{a}+\phi(\nabla\times\boldsymbol{a}) \tag{A.2.4}$$

$$\nabla\cdot(\boldsymbol{a}\times\boldsymbol{b})=\boldsymbol{b}\cdot(\nabla\times\boldsymbol{a})-\boldsymbol{a}\cdot(\nabla\times\boldsymbol{b}) \tag{A.2.5}$$

$$\nabla(\boldsymbol{a}\cdot\boldsymbol{b})=(\boldsymbol{a}\cdot\nabla)\boldsymbol{b}+(\boldsymbol{b}\cdot\nabla)\boldsymbol{a}+\boldsymbol{a}\times(\nabla\times\boldsymbol{b})+\boldsymbol{b}\times(\nabla\times\boldsymbol{a}) \tag{A.2.6}$$

$$\nabla(\boldsymbol{a}\cdot\boldsymbol{a})/2=(\boldsymbol{a}\cdot\nabla)\boldsymbol{a}+\boldsymbol{a}\times(\nabla\times\boldsymbol{a}) \tag{A.2.7}$$

$$\nabla\times(\nabla\times\boldsymbol{a})=\nabla(\nabla\cdot\boldsymbol{a})-\nabla^2\boldsymbol{a} \tag{A.2.8}$$

$$\nabla\times(\boldsymbol{a}\times\boldsymbol{b})=\boldsymbol{a}(\nabla\cdot\boldsymbol{b})-\boldsymbol{b}(\nabla\cdot\boldsymbol{a})-(\boldsymbol{a}\cdot\nabla)\boldsymbol{b}+(\boldsymbol{b}\cdot\nabla)\boldsymbol{a} \tag{A.2.9}$$

A.3　积分运算

下列运算公式中，$\boldsymbol{a}$、$\boldsymbol{b}$ 为任意矢量，ϕ 为任意标量。

斯托克斯公式：

$$\oint_L \boldsymbol{a} \cdot \mathrm{d}\boldsymbol{l} = \iint_S (\nabla \times \boldsymbol{a}) \cdot \boldsymbol{n} \mathrm{d}S \tag{A.3.1}$$

高斯公式：

$$\iiint_V \nabla \phi \mathrm{d}V = \oiint_S \boldsymbol{n} \phi \mathrm{d}S \tag{A.3.2}$$

$$\iiint_V \nabla \times \boldsymbol{a} \mathrm{d}V = \oiint_S \boldsymbol{n} \times \boldsymbol{a} \mathrm{d}S \tag{A.3.3}$$

$$\iiint_V (\boldsymbol{b} \cdot \nabla) \boldsymbol{a} \mathrm{d}V = \oiint_S (\boldsymbol{b} \cdot \boldsymbol{n}) \boldsymbol{a} \mathrm{d}S \tag{A.3.4}$$

$$\iiint_V (\nabla \cdot \nabla) \phi \mathrm{d}V = \oiint_S \boldsymbol{n} \cdot \nabla \phi \mathrm{d}S \tag{A.3.5}$$

$$\iiint_V (\nabla \cdot \nabla) \boldsymbol{a} \mathrm{d}V = \oiint_S (\boldsymbol{n} \cdot \nabla) \boldsymbol{a} \mathrm{d}S \tag{A.3.6}$$

在以上各种形式的高斯公式中，只需将体积积分中哈密顿算子∇换成封闭曲面积分中的法向方向 $\boldsymbol{n}$。

附录 B　正交曲线坐标系

B.1　正交曲线坐标的基矢量

在直角坐标系中一点 M 的位置矢量可表示成

$$\boldsymbol{x}=\boldsymbol{x}(x_1,x_2,x_3) \tag{B.1.1}$$

在正交曲线坐标系中，该位置矢量可表示成

$$\boldsymbol{x}=\boldsymbol{x}(\xi_1,\xi_2,\xi_3) \tag{B.1.2}$$

设位置矢量 $\boldsymbol{x}$ 在正交曲线坐标 ξ_i 轴方向的变化率为 $\partial\boldsymbol{x}/\partial\xi_i$。由于 $\partial\boldsymbol{x}/\partial\xi_i$ 与 ξ_i 轴相切，因此矢量 $\partial\boldsymbol{x}/\partial\xi_i$ 的方向即 ξ_i 轴的方向，于是在正交曲线坐标系中，坐标轴 ξ_i 的基矢量可表示成

$$\boldsymbol{e}_i=\frac{\partial\boldsymbol{x}/\partial\xi_i}{|\partial\boldsymbol{x}/\partial\xi_i|} \tag{B.1.3}$$

注意，上式中两个相同下标"i"不表示求和，下标仅对 1、2、3 轮流取值。令

$$h_i=\left|\frac{\partial\boldsymbol{x}}{\partial\xi_i}\right|=\sqrt{\left(\frac{\partial x_1}{\partial\xi_i}\right)^2+\left(\frac{\partial x_2}{\partial\xi_i}\right)^2+\left(\frac{\partial x_2}{\partial\xi_i}\right)^2} \tag{B.1.4}$$

称为拉梅(G. Lame) 系数。则正交曲线坐标系的基矢量可写成

$$\boldsymbol{e}_i=\frac{1}{h_i}\frac{\partial\boldsymbol{x}}{\partial\xi_i} \tag{B.1.5}$$

同样，上式中两个相同下标"i"不表示求和。

微元矢量 $\mathrm{d}\boldsymbol{x}$ 在正交曲线坐标系中可表示为

$$\mathrm{d}\boldsymbol{x}=\frac{\partial\boldsymbol{x}}{\partial\xi_1}\mathrm{d}\xi_1+\frac{\partial\boldsymbol{x}}{\partial\xi_2}\mathrm{d}\xi_2+\frac{\partial\boldsymbol{x}}{\partial\xi_3}\mathrm{d}\xi_3=h_1\mathrm{d}\xi_1\boldsymbol{e}_1+h_1\mathrm{d}\xi_2\boldsymbol{e}_2+h_3\mathrm{d}\xi_3\boldsymbol{e}_3 \tag{B.1.6}$$

由上式可知，微元矢量 $\mathrm{d}\boldsymbol{x}$ 在正交曲线坐标轴上的投影分别为

$$\mathrm{d}x_1=h_1\mathrm{d}\xi_1,\mathrm{d}x_2=h_2\mathrm{d}\xi_2,\mathrm{d}x_3=h_3\mathrm{d}\xi_3 \tag{B.1.7}$$

在直角坐标系中，基矢量不随位置发生改变，基矢量对坐标轴的微分等于零。而正交曲线坐标系的基矢量方向随位置发生改变，基矢量对坐标的微分 $\partial\boldsymbol{e}_i/\partial\xi_i(i,j=1,2,3)$ 并不为零，且有

$$\frac{\partial\boldsymbol{e}_i}{\partial\xi_i}=-\frac{1}{h_j}\frac{\partial h_i}{\partial\xi_j}\boldsymbol{e}_j-\frac{1}{h_k}\frac{\partial h_i}{\partial\xi_k}\boldsymbol{e}_k\,(i\neq j\neq k) \tag{B.1.8}$$

$$\frac{\partial\boldsymbol{e}_i}{\partial\xi_j}=\frac{1}{h_i}\frac{\partial h_j}{\partial\xi_i}\boldsymbol{e}_j\,(i\neq j) \tag{B.1.9}$$

以上式中两个相同下标不表示求和。

B.2　正交曲线坐标中的微分

在流体力学中，有很多重要的微分关系，下面我们给出这些重要微分关系在正交曲线

坐标系中的表达形式。

设 ϕ 为一标量函数，根据梯度的性质，梯度在曲线坐标轴上的投影分别是该方向上的方向导数，即

$$\boldsymbol{e}_1 \cdot \nabla\phi = \frac{\partial\phi}{\partial x_1} = \frac{1}{h_1}\frac{\partial\phi}{\partial\xi_1}, \boldsymbol{e}_2 \cdot \nabla\phi = \frac{\partial\phi}{\partial x_2} = \frac{1}{h_2}\frac{\partial\phi}{\partial\xi_2}, \boldsymbol{e}_3 \cdot \nabla\phi = \frac{\partial\phi}{\partial x_3} = \frac{1}{h_3}\frac{\partial\phi}{\partial\xi_3}$$

或写成

$$\nabla\phi = \frac{1}{h_1}\frac{\partial\phi}{\partial\xi_1}\boldsymbol{e}_1 + \frac{1}{h_2}\frac{\partial\phi}{\partial\xi_2}\boldsymbol{e}_2 + \frac{1}{h_3}\frac{\partial\phi}{\partial\xi_3}\boldsymbol{e}_3 \tag{B.2.1}$$

此即正交曲线坐标中标量函数的梯度公式。由上式可知，正交曲线坐标中的哈密度算子为

$$\nabla = \frac{1}{h_1}\frac{\partial}{\partial\xi_1}\boldsymbol{e}_1 + \frac{1}{h_2}\frac{\partial}{\partial\xi_2}\boldsymbol{e}_2 + \frac{1}{h_3}\frac{\partial}{\partial\xi_3}\boldsymbol{e}_3 \tag{B.2.2}$$

正交曲线坐标系中的任一矢量 $\boldsymbol{a}$ 可表示为

$$\boldsymbol{a} = a_1\boldsymbol{e}_1 + a_2\boldsymbol{e}_2 + a_3\boldsymbol{e}_3$$

其中 a_1、a_2 和 a_3 分别为矢量 $\boldsymbol{a}$ 在三个曲线坐标上的投影分量。矢量 $\boldsymbol{a}$ 的散度可表示为

$$\begin{aligned}\nabla\cdot\boldsymbol{a} &= \nabla\cdot(a_1\boldsymbol{e}_1 + a_2\boldsymbol{e}_2 + a_3\boldsymbol{e}_3)\\ &= a_1(\nabla\cdot\boldsymbol{e}_1) + \nabla a_1\cdot\boldsymbol{e}_1 + a_2(\nabla\cdot\boldsymbol{e}_2) + \nabla a_1\cdot\boldsymbol{e}_2 + a_3(\nabla\cdot\boldsymbol{e}_3) + \nabla a_3\cdot\boldsymbol{e}_3\end{aligned}$$

应用标量梯度公式(B. 2. 1)式和基矢量微分公式(B. 1. 8)～(B. 1. 9)式，由上式可得矢量的散度公式为

$$\nabla\cdot\boldsymbol{a} = \frac{1}{h_1h_2h_3}\left[\frac{\partial}{\partial\xi_1}(a_1h_2h_3) + \frac{\partial}{\partial\xi_2}(a_2h_1h_3) + \frac{\partial}{\partial\xi_3}(a_3h_1h_2)\right] \tag{B.2.3}$$

在上式中，若令 $\boldsymbol{a} = \nabla\phi$ 可得

$$\nabla^2\phi = \frac{1}{h_1h_2h_3}\left[\frac{\partial}{\partial\xi_1}\left(\frac{h_2h_3}{h_1}\frac{\partial\phi}{\partial\xi_1}\right) + \frac{\partial}{\partial\xi_2}\left(\frac{h_1h_3}{h_2}\frac{\partial\phi}{\partial\xi_2}\right) + \frac{\partial}{\partial\xi_3}\left(\frac{h_1h_2}{h_3}\frac{\partial\phi}{\partial\xi_3}\right)\right] \tag{B.2.4}$$

因此，正交曲线坐标中的拉普拉斯算子可表示为

$$\nabla^2 = \frac{1}{h_1h_2h_3}\left[\frac{\partial}{\partial\xi_1}\left(\frac{h_2h_3}{h_1}\frac{\partial}{\partial\xi_1}\right) + \frac{\partial}{\partial\xi_2}\left(\frac{h_1h_3}{h_2}\frac{\partial}{\partial\xi_2}\right) + \frac{\partial}{\partial\xi_3}\left(\frac{h_1h_2}{h_3}\frac{\partial}{\partial\xi_3}\right)\right] \tag{B.2.5}$$

曲线坐标系中矢量 $\boldsymbol{a}$ 的旋度可表示为

$$\begin{aligned}\nabla\times\boldsymbol{a} &= \nabla\times(a_1\boldsymbol{e}_1 + a_2\boldsymbol{e}_2 + a_3\boldsymbol{e}_3)\\ &= a_1(\nabla\times\boldsymbol{e}_1) + \nabla a_1\times\boldsymbol{e}_1 + a_2(\nabla\times\boldsymbol{e}_2) + \nabla a_1\times\boldsymbol{e}_2 + a_3(\nabla\times\boldsymbol{e}_3) + \nabla a_3\times\boldsymbol{e}_3\end{aligned}$$

同样，根据(B. 1. 8)、(B. 1. 9)式和哈密顿算子(B. 2. 2)式，由上式可得正交曲线坐标系中矢量的旋度公式

$$\begin{aligned}\nabla\times\boldsymbol{a} = &\frac{1}{h_2h_3}\left[\frac{\partial(h_3a_3)}{\partial\xi_2} - \frac{\partial(h_2a_2)}{\partial\xi_3}\right]\boldsymbol{e}_1 + \frac{1}{h_1h_3}\left[\frac{\partial(h_1a_1)}{\partial\xi_3} - \frac{\partial(h_3a_3)}{\partial\xi_1}\right]\boldsymbol{e}_2\\ &+ \frac{1}{h_1h_2}\left[\frac{\partial(h_2a_2)}{\partial\xi_1} - \frac{\partial(h_1a_1)}{\partial\xi_2}\right]\boldsymbol{e}_3\end{aligned} \tag{B.2.6}$$

或写成

$$\nabla\times\boldsymbol{a} = \frac{1}{h_1h_2h_3}\begin{vmatrix} h_1\boldsymbol{e}_1 & h_2\boldsymbol{e}_2 & h_3\boldsymbol{e}_3\\ \dfrac{\partial}{\xi_1} & \dfrac{\partial}{\xi_2} & \dfrac{\partial}{\xi_3}\\ h_1a_1 & h_2a_2 & h_3a_3\end{vmatrix} \tag{B.2.7}$$

利用(A.2.8)式可得

$$\nabla^2 \boldsymbol{a} = \nabla(\nabla\cdot \boldsymbol{a}) - \nabla\times(\nabla\times \boldsymbol{a})$$

应用(B.2.1)式和(B.2.6)式，可得

$$\begin{aligned}\nabla^2 \boldsymbol{a} = & \left\{\frac{1}{h_1}\frac{\partial}{\partial\xi_1}(\nabla\cdot \boldsymbol{a}) - \frac{1}{h_2 h_3}\frac{\partial}{\partial\xi_2}\left\{\frac{h_3}{h_1 h_2}\left[\frac{\partial(h_2 a_2)}{\partial\xi_1} - \frac{\partial(h_1 a_1)}{\partial\xi_2}\right]\right\}\right. \\ & \left. + \frac{1}{h_2 h_3}\frac{\partial}{\partial\xi_3}\left\{\frac{h_2}{h_1 h_3}\left[\frac{\partial(h_1 a_1)}{\partial\xi_3} - \frac{\partial(h_3 a_3)}{\partial\xi_1}\right]\right\}\right\}\boldsymbol{e}_1 + \\ & \left\{\frac{1}{h_2}\frac{\partial}{\partial\xi_2}(\nabla\cdot \boldsymbol{a}) - \frac{1}{h_1 h_3}\frac{\partial}{\partial\xi_3}\left\{\frac{h_1}{h_2 h_3}\left[\frac{\partial(h_3 a_3)}{\partial\xi_2} - \frac{\partial(h_2 a_2)}{\partial\xi_3}\right]\right\}\right. \\ & \left. + \frac{1}{h_1 h_3}\frac{\partial}{\partial\xi_1}\left\{\frac{h_3}{h_1 h_2}\left[\frac{\partial(h_2 a_2)}{\partial\xi_1} - \frac{\partial(h_1 a_1)}{\partial\xi_2}\right]\right\}\right\}\boldsymbol{e}_2 + \\ & \left\{\frac{1}{h_3}\frac{\partial}{\partial\xi_3}(\nabla\cdot \boldsymbol{a}) - \frac{1}{h_1 h_2}\frac{\partial}{\partial\xi_1}\left\{\frac{h_2}{h_1 h_3}\left[\frac{\partial(h_1 a_1)}{\partial\xi_3} - \frac{\partial(h_3 a_3)}{\partial\xi_1}\right]\right\}\right. \\ & \left. + \frac{1}{h_1 h_2}\frac{\partial}{\partial\xi_2}\left\{\frac{h_1}{h_2 h_3}\left[\frac{\partial(h_3 a_3)}{\partial\xi_2} - \frac{\partial(h_2 a_2)}{\partial\xi_3}\right]\right\}\right\}\boldsymbol{e}_3 \end{aligned} \tag{B.2.8}$$

式中$\nabla\cdot \boldsymbol{a}$按(B.2.3)式计算。

流体力学中，$(\boldsymbol{u}\cdot\nabla)$是个非常重要的微分算子，下面给出当该算子作用于矢量$\boldsymbol{a}$时在正交曲线坐标系中的表达式。由于

$$\begin{aligned}(\boldsymbol{u}\cdot\nabla)\boldsymbol{a} &= \boldsymbol{u}\cdot\nabla(a_1\boldsymbol{e}_1 + a_2\boldsymbol{e}_2 + a_3\boldsymbol{e}_3) \\ &= (\boldsymbol{u}\cdot\nabla a_1)\boldsymbol{e}_1 + (\boldsymbol{u}\cdot\nabla a_2)\boldsymbol{e}_2 + (\boldsymbol{u}\cdot\nabla a_3)\boldsymbol{e}_3 + a_1(\boldsymbol{u}\cdot\nabla\boldsymbol{e}_1) + a_2(\boldsymbol{u}\cdot\nabla\boldsymbol{e}_2) + a_3(\boldsymbol{u}\cdot\nabla\boldsymbol{e}_3)\end{aligned}$$

上式最后三项可根据哈密顿算子(B.2.2)式以及(B.1.8)式和(B.1.9)式进行计算。于是，由上式可得

$$\begin{aligned}(\boldsymbol{u}\cdot\nabla)\boldsymbol{a} = & \left[(\boldsymbol{u}\cdot\nabla)a_1 + \frac{a_2}{h_1 h_2}\left(u_1\frac{\partial h_1}{\partial\xi_2} - u_2\frac{\partial h_2}{\partial\xi_1}\right) + \frac{a_3}{h_1 h_3}\left(u_1\frac{\partial h_1}{\partial\xi_3} - u_3\frac{\partial h_3}{\partial\xi_1}\right)\right]\boldsymbol{e}_1 \\ & + \left[(\boldsymbol{u}\cdot\nabla)a_2 + \frac{a_3}{h_2 h_3}\left(u_2\frac{\partial h_2}{\partial\xi_3} - u_3\frac{\partial h_3}{\partial\xi_2}\right) + \frac{a_1}{h_1 h_2}\left(u_2\frac{\partial h_2}{\partial\xi_1} - u_1\frac{\partial h_1}{\partial\xi_2}\right)\right]\boldsymbol{e}_2 \\ & + \left[(\boldsymbol{u}\cdot\nabla)a_3 + \frac{a_1}{h_1 h_3}\left(u_3\frac{\partial h_3}{\partial\xi_1} - u_1\frac{\partial h_1}{\partial\xi_3}\right) + \frac{a_2}{h_2 h_3}\left(u_3\frac{\partial h_3}{\partial\xi_2} - u_2\frac{\partial h_2}{\partial\xi_3}\right)\right]\boldsymbol{e}_3\end{aligned} \tag{B.2.9}$$

其中

$$\boldsymbol{u}\cdot\nabla = \frac{u_1}{h_1}\frac{\partial}{\partial\xi_1} + \frac{u_2}{h_2}\frac{\partial}{\partial\xi_2} + \frac{u_3}{h_3}\frac{\partial}{\partial\xi_3} \tag{B.2.10}$$

B.3 圆柱坐标系

圆柱坐标系如图B.3.1所示，坐标轴分别为$\xi_1 = r, \xi_2 = \theta, \xi_3 = z$，基矢量分别为$\boldsymbol{e}_1 = \boldsymbol{e}_r, \boldsymbol{e}_2 = \boldsymbol{e}_\theta, \boldsymbol{e}_3 = \boldsymbol{e}_z$。与直角坐标系的关系为$x_1 = r\cos\theta, x_2 = r\sin\theta, x_3 = z$。由(B.1.4)式得圆柱坐标系的拉梅系数为$h_1 = 1, h_2 = r, h_3 = 1$。

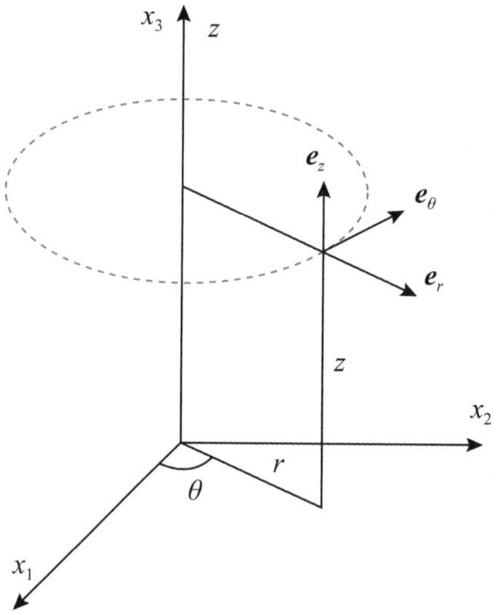

图 B.3.1　圆柱坐标系

设 ϕ 为任意标量，$\boldsymbol{a}$ 为任意矢量，将圆柱坐标系的拉梅系数代入 B.2 节中的相关公式，可得以下微分公式

$$\nabla\phi = \frac{\partial\phi}{\partial r}\boldsymbol{e}_r + \frac{1}{r}\frac{\partial\phi}{\partial\theta}\boldsymbol{e}_\theta + \frac{\partial\phi}{\partial z}\boldsymbol{e}_z \tag{B.3.1}$$

$$\nabla^2\phi = \frac{1}{r}\frac{\partial}{\partial r}\left(r\frac{\partial\phi}{\partial r}\right) + \frac{1}{r^2}\frac{\partial^2\phi}{\partial\theta^2} + \frac{\partial^2\phi}{\partial z^2} \tag{B.3.2}$$

$$\nabla\cdot\boldsymbol{a} = \frac{\partial(a_r r)}{r\partial r} + \frac{\partial a_\theta}{r\partial\theta} + \frac{\partial a_z}{\partial z} \tag{B.3.3}$$

$$\nabla\times\boldsymbol{a} = \left(\frac{\partial a_z}{r\partial\theta} - \frac{\partial a_\theta}{\partial z}\right)\boldsymbol{e}_r + \left(\frac{\partial a_r}{\partial z} - \frac{\partial a_z}{\partial r}\right)\boldsymbol{e}_\theta + \left(\frac{\partial a_\theta}{\partial r} + \frac{a_\theta}{r} - \frac{\partial a_r}{r\partial\theta}\right)\boldsymbol{e}_z \tag{B.3.4}$$

$$\nabla^2\boldsymbol{a} = \left(\nabla^2 a_r - \frac{a_r}{r^2} - \frac{2}{r^2}\frac{\partial a_\theta}{\partial\theta}\right)\boldsymbol{e}_r + \left(\nabla^2 a_\theta + \frac{2}{r^2}\frac{\partial a_r}{\partial\theta} - \frac{a_\theta}{r^2}\right)\boldsymbol{e}_\theta + \nabla^2 a_z\boldsymbol{e}_z \tag{B.3.5}$$

$$(\boldsymbol{u}\cdot\nabla)\boldsymbol{a} = \left[(\boldsymbol{u}\cdot\nabla)a_r - \frac{a_\theta u_\theta}{r^2}\right]\boldsymbol{e}_r + \left[(\boldsymbol{u}\cdot\nabla)a_\theta + \frac{a_r u_\theta}{r}\right]\boldsymbol{e}_\theta + (\boldsymbol{u}\cdot\nabla)a_z\boldsymbol{e}_z \tag{B.3.6}$$

B.4　球坐标系

球坐标系如图 B.4.1 所示，坐标轴分别为 $\xi_1 = r, \xi_2 = \theta, \xi_3 = \varphi$，基矢量分别为 $\boldsymbol{e}_1 = \boldsymbol{e}_r$，$\boldsymbol{e}_2 = \boldsymbol{e}_\theta, \boldsymbol{e}_3 = \boldsymbol{e}_\varphi$。与直角坐标系的关系为 $x_1 = r\sin\theta\cos\varphi, x_2 = r\sin\theta\sin\varphi, x_3 = r\cos\theta$。由(B.1.4)式得球坐标系的拉梅系数为 $h_1 = 1, h_2 = r, h_3 = r\sin\theta$。

设 ϕ 为任意标量，$\boldsymbol{a}$ 为任意矢量，将求坐标系的拉梅系数代入 B.2 节中的相关公式，可得以下微分公式

$$\nabla\phi = \frac{\partial\phi}{\partial r}\boldsymbol{e}_r + \frac{1}{r}\frac{\partial\phi}{\partial\theta}\boldsymbol{e}_\theta + \frac{1}{r\sin\theta}\frac{\partial\phi}{\partial\varphi}\boldsymbol{e}_\varphi \tag{B.4.1}$$

$$\nabla^2\phi = \frac{1}{r^2}\frac{\partial}{\partial r}\left(r^2\frac{\partial\phi}{\partial r}\right) + \frac{1}{r^2\sin\theta}\frac{\partial}{\partial\theta}\left(\sin\theta\frac{\partial\phi}{\partial\theta}\right) + \frac{1}{r^2\sin\theta}\frac{\partial^2\phi}{\partial\varphi^2} \tag{B.4.2}$$

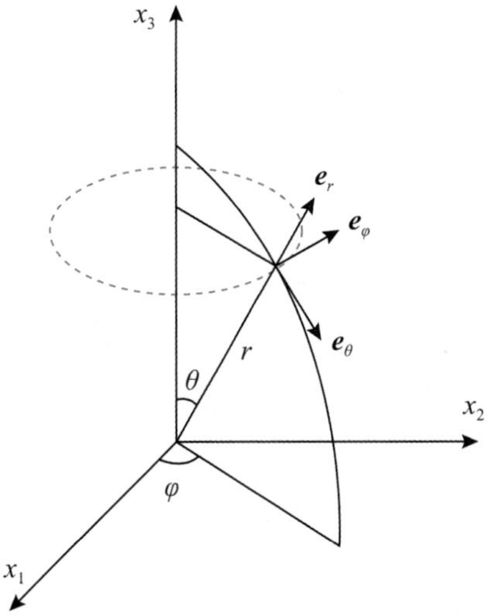

图 B.4.1 球坐标系

$$\nabla\cdot \boldsymbol{a} = \frac{1}{r^2}\frac{\partial(a_r r^2)}{\partial r} + \frac{1}{r\sin\theta}\frac{\partial(a_\theta \sin\theta)}{\partial\theta} + \frac{1}{r\sin\theta}\frac{\partial a_\varphi}{\partial\varphi} \tag{B.4.3}$$

$$\nabla\times \boldsymbol{a} = \left(\frac{\partial a_\varphi}{r\partial\theta} + \frac{a_\varphi \cot\theta}{r} - \frac{1}{r\sin\theta}\frac{\partial a_\theta}{\partial\varphi}\right)\boldsymbol{e}_r + \left(\frac{1}{r\sin\theta}\frac{\partial a_r}{\partial\varphi} - \frac{\partial a_\varphi}{\partial r} - \frac{a_\varphi}{r}\right)\boldsymbol{e}_\theta + \left(\frac{\partial a_\theta}{\partial r} + \frac{a_\theta}{r} - \frac{\partial a_r}{r\partial\theta}\right)\boldsymbol{e}_\varphi \tag{B.4.4}$$

$$\begin{aligned}\nabla^2 \boldsymbol{a} = &\left[\nabla^2 a_r - \frac{2a_r}{r^2} - \frac{2}{r^2\sin\theta}\frac{\partial}{\partial\theta}(a_\theta \sin\theta) - \frac{2}{r^2\sin\theta}\frac{\partial a_\varphi}{\partial\varphi}\right]\boldsymbol{e}_r \\ &+ \left(\nabla^2 a_\theta + \frac{2}{r^2}\frac{\partial a_r}{\partial\theta} - \frac{a_\theta}{r^2\sin^2\theta} - \frac{2\cos\theta}{r^2\sin^2\theta}\frac{\partial a_\varphi}{\partial\varphi}\right)\boldsymbol{e}_\theta \\ &+ \left(\nabla^2 a_z + \frac{2}{r^2\sin\theta}\frac{\partial a_r}{\partial\varphi} + \frac{2\cos\theta}{r^2\sin^2\theta}\frac{\partial a_\theta}{\partial\varphi} - \frac{a_\varphi}{r^2\sin^2\theta}\right)\boldsymbol{e}_\varphi\end{aligned} \tag{B.4.5}$$

$$\begin{aligned}(\boldsymbol{u}\cdot\nabla)\boldsymbol{a} = &\left[(\boldsymbol{u}\cdot\nabla)a_r - \frac{a_\theta u_\theta + a_\varphi u_\varphi}{r}\right]\boldsymbol{e}_r + \left[(\boldsymbol{u}\cdot\nabla)a_\theta + \frac{a_r u_\theta}{r} - \frac{a_\varphi u_\varphi}{r}\cot\theta\right]\boldsymbol{e}_\theta \\ &+ \left[(\boldsymbol{u}\cdot\nabla)a_\varphi + \frac{a_r u_\varphi}{r} + \frac{a_\theta u_\varphi}{r}\cot\theta\right]\boldsymbol{e}_\varphi\end{aligned} \tag{B.4.6}$$

附录C　复变函数

C.1　解析函数

如果有一个复变数 w 与复数 $z = x + \mathrm{i}y$ 存在函数关系，$w = W(z)$，则称 w 为 z 的复变函数。

$$w = W(z) = \phi(x, y) + \mathrm{i}\psi(x, y)$$

给定一个复变函数，等于给定了两个含有实变量的函数 $\phi(x, y)$ 和 $\psi(x, y)$。

如果函数 $W(z)$ 在 z_0 的某个邻域内满足

$$\lim_{z \to z_0} W(z) = W(z_0)$$

则称函数 $W(z)$ 在点 z_0 处连续。显然 $W(z)$ 在点 z_0 处连续的充要条件是函数 $\phi(x, y)$ 和 $\psi(x, y)$ 都在点 (x_0, y_0) 处连续。

设函数 $W(z)$ 在 z_0 的某个邻域内，如果极限

$$\lim_{\Delta z \to 0} \frac{W(z_0 + \Delta z) - W(z_0)}{\Delta z}$$

存在，则称 $W(z)$ 在 z_0 处可微，此极限为函数 $W(z)$ 在 z_0 处的导数。如果在区域 D 内的每一点上，$W(z)$ 处处可微，则称 $W(z)$ 为区域 D 内的解析函数。

C.2　复变函数的导数

函数 $W(z) = \phi(x, y) + \mathrm{i}\psi(x, y)$ 在点 z 处可微的充要条件是在该点满足

$$\frac{\partial \phi}{\partial x} = \frac{\partial \psi}{\partial y}, \frac{\partial \phi}{\partial y} = -\frac{\partial \psi}{\partial x}$$

称为柯西—黎曼条件（证明从略）。由柯西—黎曼条件容易证明，函数 ϕ 和 ψ 都满足拉普拉斯方程，即 $\nabla^2 \phi = 0$ 和 $\nabla^2 \psi = 0$。

解析函数 $W(z)$ 的导数与求导方向无关，即

$$\frac{\mathrm{d}W}{\mathrm{d}z} = \frac{\partial W}{\partial x} = \frac{\partial W}{\partial(\mathrm{i}y)}$$

如果 $W(z)$ 在以 L 为封闭边界的区域 D 内是解析的，则它在 D 内的每一点处都具有各阶导数，并且也都是解析的，n 阶导数可表示为

$$W^{(n)}(z_0) = \frac{\mathrm{d}^n W(z_0)}{\mathrm{d}z^n} = \frac{n!}{2\pi \mathrm{i}} \oint_L \frac{W(z)}{(z - z_0)^{n+1}} \mathrm{d}z \quad (n \geqslant 1) \tag{C.2.1}$$

函数在 z_0 点可表示为

$$W(z_0)=\frac{1}{2\pi i}\oint_L \frac{W(z)}{z-z_0}dz \tag{C.2.2}$$

C.3　泰勒级数和罗朗级数

如果函数 $W(z)$ 在以点 z_0 为中心的任意的开圆内($r<r_0$)是解析的，则 $W(z)$ 可用泰勒(B. Taylor)级数来表示为

$$W(z)=W(z_0)+(z-z_0)\frac{dW(z_0)}{dz}+\frac{(z-z_0)^2}{2!}\frac{d^2W(z_0)}{dz^2}+\cdots \tag{C.3.1}$$

当 $z_0=0$ 时，称为麦克劳林(C. Maclaurin)级数。

设函数 $W(z)$ 在圆环区域($r_0<r<r_1$)内处处解析，则 $W(z)$ 可表示成如下级数形式

$$W(z)=\cdots+\frac{c_{-2}}{(z-z_0)^2}+\frac{c_{-1}}{z-z_0}+c_0+c_1(z-z_0)+c_2(z-z_0)^2+\cdots \tag{C.3.2}$$

式中

$$c_n=\frac{1}{2\pi i}\oint_L \frac{W(\xi)}{(\xi-z_0)^{n+1}}d\xi \quad (n=0,\pm1,\pm2,\cdots) \tag{C.3.3}$$

其中 L 为圆环区域内绕 z_0 的任意一条简单封闭曲线。(C.3.2)式称为罗朗级数，当 $r_0=0$ 时，变为泰勒级数。

C.4　奇点及其分类

如果函数 $W(z)$ 在 z_0 的邻域内除 z_0 外解析，称 z_0 为函数 $W(z)$ 的一个孤立奇点。孤立奇点分三类：

(1) 当 $\lim\limits_{z\to z_0}W(z)=C$($C$ 为有限数)时，称 z_0 为 $W(z)$ 的可去奇点，此时 $W(z)$ 在 z_0 邻域内的罗朗级数中不含 $(z-z_0)$ 的负幂次项。

(2) 当 $\lim\limits_{z\to z_0}W(z)=\infty$ 时，称 z_0 为 $W(z)$ 的极点，此时 $W(z)$ 在 z_0 邻域内的罗朗级数中只有有限多个 $(z-z_0)$ 的负幂次项，如果 $(z-z_0)$ 的负幂次最高是 m，则称 z_0 为 $W(z)$ 的 m 阶极点。

(3) 当 $\lim\limits_{z\to z_0}W(z)$ 不存在时，称 z_0 为 $W(z)$ 的本性奇点，此时 $W(z)$ 在 z_0 邻域内的罗朗级数中有无限个 $(z-z_0)$ 的负幂次项。

C.5　留数和留数定理

设 z_0 为函数 $W(z)$ 的一个孤立奇点，$W(z)$ 在 z_0 的留数定义为

$$R=\frac{1}{2\pi i}\oint_L W(z)dz \tag{C.5.1}$$

即罗朗级数的系数 c_{-1}。

设 L 为区域 D 内的一条简单封闭曲线，在 L 内和 L 上函数 $W(z)$ 除孤立奇点 z_1、z_2、z_3、…、z_n 外，处处解析，则

$$\oint_L W(z)\mathrm{d}z = 2\pi \mathrm{i}\sum_{k=1}^{n} R_k \tag{C.5.2}$$

此即留数定理。式中 $R_k(k = 1,2,\cdots,n)$ 分别为孤立奇点 z_1、z_2、z_3、…、z_n 的留数。

孤立奇点的留数计算符合以下法则：

(1) 可去奇点的留数等于零。

(2) 若 z_0 是 $W(z)$ 的一阶极点，则留数为

$$R = \lim_{z\to z_0}(z - z_0)W(z)$$

(3) 若 z_0 是 $W(z)$ 的 m 阶极点，则留数为

$$R = \frac{1}{(m-1)!}\lim_{z\to z_0}\frac{\mathrm{d}^{m-1}}{\mathrm{d}z^{m-1}}\left[(z - z_0)^m W(z)\right]$$

(4) 设分式函数 $W(z) = P(z)/Q(z)$，函数 $P(z)$ 和 $Q(z)$ 在 z_0 点解析，且 $Q(z_0) = 0$，$\mathrm{d}Q(z_0)/\mathrm{d}z \neq 0$，$P(z_0) \neq 0$，则留数为

$$R = \lim_{z\to z_0}\frac{P(z)}{\mathrm{d}Q(z)/\mathrm{d}z}$$

附录 D　傅里叶级数与傅里叶变换

D.1　傅里叶级数

1. 以 2π 为周期的函数

对于以 2π 为周期的函数 $f(x)$ 可表示成如下傅里叶(J. Fourier) 级数形式

$$f(x)=a_0+\sum_{n=1}^{\infty}\left[a_n\cos(nx)+b_n\sin(nx)\right] \tag{D.1.1}$$

式中 a_0、a_n 和 b_n 为傅里叶系数，由如下公式给出

$$a_0=\frac{1}{2\pi}\int_{-\pi}^{\pi}f(x)\mathrm{d}x \tag{D.1.2}$$

$$a_n=\frac{1}{\pi}\int_{-\pi}^{\pi}f(x)\cos(nx)\mathrm{d}x \tag{D.1.3}$$

$$b_n=\frac{1}{\pi}\int_{-\pi}^{\pi}f(x)\sin(nx)\mathrm{d}x \tag{D.1.4}$$

2. 以任意数 T 为周期的函数

对于以任意数 T 为周期的函数 $f(x)$ 可表示成如下傅里叶级数形式

$$f(x)=a_0+\sum_{n=1}^{\infty}\left[a_n\cos(\omega_n x)+b_n\sin(\omega_n x)\right] \tag{D.1.5}$$

其中 $\omega_n=2\pi n/T(n=1,2,\cdots)$，对应傅里叶系数为

$$a_0=\frac{1}{T}\int_{-T/2}^{T/2}f(x)\mathrm{d}x \tag{D.1.6}$$

$$a_n=\frac{2}{T}\int_{-T/2}^{T/2}f(x)\cos(\omega_n x)\mathrm{d}x \tag{D.1.7}$$

$$b_n=\frac{2}{T}\int_{-T/2}^{T/2}f(x)\sin(\omega_n x)\mathrm{d}x \tag{D.1.8}$$

3. 傅里叶级数的复数形式

设函数 $f(x)$ 是以 T 为周期的分段光滑函数，则其傅里叶级数的复数形式为

$$f(x)=\sum_{n=-\infty}^{\infty}c_n\mathrm{e}^{\mathrm{i}\omega_n x} \tag{D.1.9}$$

其中 $\omega_n=2\pi n/T(n=0,\pm1,\pm2,\cdots)$，傅里叶系数由下式给出

$$c_n=\frac{1}{T}\int_{-T/2}^{T/2}f(x)\mathrm{e}^{-\mathrm{i}\omega_n x}\mathrm{d}x \tag{D.1.10}$$

D.2　傅里叶变换

当函数 $f(x)$ 不是周期函数时，将不能表示成傅里叶级数的形式，但可以得到一个傅

里叶积分表示。设定义在无限域上的函数 $f(x)$，在任意一个有限域上分段光滑，且满足

$$\int_{-\infty}^{\infty} |f(x)| \mathrm{d}x < \infty$$

则函数 $f(x)$ 具有如下傅里叶积分表示

$$f(x) = \int_{0}^{\infty} [A(\omega)\cos(\omega x) + B(\omega)\sin(\omega x)]\mathrm{d}\omega \tag{D.2.1}$$

其中，对所有 $\omega > 0$，有

$$A(\omega) = \frac{1}{\pi}\int_{-\infty}^{\infty} f(t)\cos(\omega t)\mathrm{d}t \tag{D.2.2}$$

$$B(\omega) = \frac{1}{\pi}\int_{-\infty}^{\infty} f(t)\sin(\omega t)\mathrm{d}t \tag{D.2.3}$$

若 $f(x)$ 在点 x 处连续，则(D.2.1)式收敛到 $f(x)$。否则，收敛到 $[f(x^+) + f(x^-)]/2$。

将傅里叶积分表示(D.2.1)式改写成

$$\begin{aligned}
f(x) &= \int_{0}^{\infty} [A(\omega)\cos(\omega x) + B(\omega)\sin(\omega x)]\mathrm{d}\omega \\
&= \frac{1}{\pi}\int_{0}^{\infty}\int_{-\infty}^{\infty} f(t)[\cos(\omega t)\cos(\omega x) + \sin(\omega t)\sin(\omega x)]\mathrm{d}t\mathrm{d}\omega \\
&= \frac{1}{\pi}\int_{0}^{\infty}\int_{-\infty}^{\infty} f(t)\cos[\omega(x-t)]\mathrm{d}t\mathrm{d}\omega \\
&= \frac{1}{2\pi}\int_{0}^{\infty}\int_{-\infty}^{\infty} f(t)[\mathrm{e}^{\mathrm{i}\omega(x-t)} + \mathrm{e}^{-\mathrm{i}\omega(x-t)}]\mathrm{d}t\mathrm{d}\omega \\
&= \frac{1}{2\pi}\int_{0}^{\infty}\int_{-\infty}^{\infty} f(t)\mathrm{e}^{\mathrm{i}\omega(x-t)}\mathrm{d}t\mathrm{d}\omega + \frac{1}{2\pi}\int_{0}^{\infty}\int_{-\infty}^{\infty} f(t)\mathrm{e}^{-\mathrm{i}\omega(x-t)}\mathrm{d}t\mathrm{d}\omega
\end{aligned}$$

在上式中第二项将 ω 换成 $-\omega$，积分区间改为从 $-\infty$ 到 0，然后两项相加可得

$$f(x) = \frac{1}{2\pi}\int_{0}^{\infty}\int_{-\infty}^{\infty} f(t)\mathrm{e}^{\mathrm{i}\omega(x-t)}\mathrm{d}t\mathrm{d}\omega + \frac{1}{2\pi}\int_{-\infty}^{0}\int_{-\infty}^{\infty} f(t)\mathrm{e}^{\mathrm{i}\omega(x-t)}\mathrm{d}t\mathrm{d}\omega$$

$$= \int_{-\infty}^{\infty} \mathrm{e}^{\mathrm{i}\omega x}\overbrace{\left(\frac{1}{2\pi}\int_{-\infty}^{\infty} f(t)\mathrm{e}^{-\mathrm{i}\omega t}\mathrm{d}t\right)}^{g(\omega)}\mathrm{d}\omega \tag{D.2.4}$$

此即傅里叶积分表示的复形式，由此可得到傅里叶变换

$$g(\omega) = \frac{1}{2\pi}\int_{-\infty}^{\infty} f(x)\mathrm{e}^{-\mathrm{i}\omega x}\mathrm{d}x \tag{D.2.5}$$

记作 $\mathscr{F}\{f(x)\} = g(\omega)$。(D.2.4)式则为对应的傅里叶逆变换，即

$$f(x) = \int_{-\infty}^{\infty} g(\omega)\mathrm{e}^{\mathrm{i}\omega x}\mathrm{d}\omega \tag{D.2.6}$$

记作 $\mathscr{F}^{-1}\{g(\omega)\} = f(x)$。

傅里叶变换的微分为

$$\mathscr{F}\left\{\frac{\mathrm{d}^n f(x)}{\mathrm{d}x^n}\right\} = (\mathrm{i}\omega)^n g(\omega) \tag{D.2.7}$$

从傅里叶变换的微分公式可以看出，对于只有一个变量的常微分方程，经傅里叶变换后变为关于 $g(\omega)$ 的代数方程。求解出 $g(\omega)$ 后，再经傅里叶逆变换则可得到对应常微分方

程的解 $f(x)$。

在物理学中，物理量通常是空间和时间的多变量函数。当有多个变量时，进行傅里叶变换时需要注意变换所针对的是哪个变量。对于给定函数 $u(x,t)$，其中 $-\infty < x < \infty$，$t > 0$，关于变量 x 的傅里叶变换为

$$\mathscr{F}\{u(x,t)\} = \hat{u}(\omega,t) = \frac{1}{2\pi}\int_{-\infty}^{\infty} u(x,t)\mathrm{e}^{-\mathrm{i}\omega x}\,\mathrm{d}x \tag{D.2.8}$$

傅里叶变换的偏导数为

$$\mathscr{F}\left\{\frac{\partial^n}{\partial t^n}u(x,t)\right\} = \frac{\mathrm{d}^n}{\mathrm{d}t^n}\hat{u}(\omega,t) \tag{D.2.9}$$

$$\mathscr{F}\left\{\frac{\partial^n}{\partial x^n}u(x,t)\right\} = (\mathrm{i}\omega)^n\hat{u}(\omega,t) \tag{D.2.10}$$

从以上两式可以看出，当对物理学的控制方程应用傅里叶变换时，可以将关于 $u(x,t)$ 的偏微分方程变成一个关于 $\hat{u}(\omega,t)$ 的常微分方程，方程的变量为 t。通过求解该常微分方程得到 $\hat{u}(\omega,t)$，然后利用傅里叶逆变换得到 $u(x,t)$。

参考文献

1. 董曾南，章梓雄. 无粘性流体力学[M]. 北京：清华大学出版社，2003.
2. 董曾南. 水力学上册 [M]. 4 版. 北京：高等教育出版社，1995.
3. 余常昭. 水力学下册[M]. 4 版. 北京：高等教育出版社，1995.
4. 吴望一. 流体力学[M]. 2 版. 北京：北京大学出版社，2021.
5. 薛禹群，吴吉春. 地下水动力学[M]. 3 版. 北京：地质出版社，2010.
6. 张鸣远，景思睿，李国君. 高等工程流体力学[M]. 北京：高等教育出版社，2012.
7. 张燕，毛根海. 应用流体力学[M]. 2 版. 北京：高等教育出版社，2020.
8. 张兆顺. 湍流[M]. 北京：国防工业出版社，2002.
9. 张兆顺，崔桂香，许春晓，等. 湍流理论与模拟模型 [M]. 2 版. 北京：清华大学出版社，2017.
10. 章梓雄，董曾南. 粘性流体力学[M]. 2 版. 北京：清华大学出版社，2011.
11. 郑群，高杰，姜玉廷，等. 高等流体力学[M]. 北京：科学出版社，2021.
12. 周光坰，严宗毅，许世雄，等. 流体力学上、下册[M]. 2 版. 北京：高等教育出版社，2000.
13. Bailly C，Comte-Bellot G. 湍流[M]. 陈植，路波，吴军强，等译. 北京：国防工业出版社，2018.
14. Oertel H，等. 普朗特流体力学基础[M]. 朱自强，钱翼稷，李宗瑞，译. 北京：科学出版社，2008.
15. Bear J. Hydraulics of Groundwater[M]. New York：Dover Publication Inc. ，2007.
16. Coles D. The law of the wake in the turbulent boundary layer[J]. Journal of Fluid Mechanics，1956(1)：191-226.
17. Dhawan S. Direct measurements of skin friction[R/OL]. (2023-10-01). https://digital.library.unt.edu/ark:/67531/metadc60487/m2/1/high_res_d/19930092157.pdf
18. Gersten K，Herwig H. Strömungsmechanik. Grundlagen der Impuls-，Wärme-und Stoffübertragung aus asymptotischer Sicht [M]. Vieweg-Verlag，Braun-schweig/Wiesbaden，1992.
19. Gotoh T，Fukayama D，Nakano T. Velocity field statistics in homogeneous steady turbulence obtained using a high-resolution direct numerical simulation[J]. Physics of Fluids，2002，14(3)：1065-1081.
20. Hartee，D R. On an equation occuring in Falker and Skan's approximate treatment of

the equations of the boundary layer[J]. Proceedings of the Cambridge Pilosophical Society,1973,33,2:223-239.

21. Karman Th. Von. On laminar and turbulent friction[R]. NACA,TM 1092,1921.
22. Klebanoff P S. Characteristics of turbulence in boundary layer with zero pressure gradient[R]. NACA,TN 3178,1954.
23. Liepmann,H W,Dhawan S. Direct measurements of local skin friction in low-speed and high-speed flow[J]. Proc. First US Nat. Congr. Appl. Mech. ,1951:869.
24. Lumy J L. Computational modeling of turbulent flows[J]. Advances in Applied Mechanics,1978,18:123-176.
25. Pohlhausen K. Zur näherungsweisen Integration der Differentialgleichung der laminaren Grenzschicht[J]. ZAMM. Z. angew. Math. Mech. ,1921,Bd. 1,252-268.
26. Pope SB. Turbulent Flows[M]. Cambridge :Cambridge University Press,2000.
27. Rotta JC. Experimenteller Beitrag zur Entstehung turbulenter Strömung im Rohr[J]. Ingenieur-Archiv,1956,24:258-281.
28. Schlichting H,Gersten K. Boundary Layer Theory[M]. 8th ed. New York:Springer, 2000.
29. Schobeiri M T. Fluid Mechanics for Engineers[M]. New York:Springer,2010.
30. Spalart P R,Allmaras S R. A one-equation turbulence model for aerodynamic flows [EB/OL]. (2023-10-01). https://arc. aiaa. org/doi/10. 2514/6. 1992-439.
31. Squire HB. On the stability of three-dimensional distribution of viscous fluid between parallel walls[J]. Proceedings of The Royal Society A: Mathematical, Physical and Engineering Sciences,1933,142:621-628.
32. Walz A. Boundary Layers of Flow and Temperature[M]. Cambridge:The MIT Press, 1969.
33. White F M. Viscous Fluid Flow[M]. New York:McGraw-Hill,1974.

索　引